武汉大学规划教材建设项目资助出版

电　路（下）

主　编　胡　钋

副主编　专祥涛　文　武　石　晶　谭甜源

王　静　潘　成　龙志军　虞莉娟

郭四海　丁坚勇　左小琼　乔　岩

WUHAN UNIVERSITY PRESS

武汉大学出版社

图书在版编目(CIP)数据

电路.下/胡钋主编;专祥涛等副主编.—武汉:武汉大学出版社,2024.9
ISBN 978-7-307-24386-6

Ⅰ.电…　Ⅱ.①胡…　②专…　Ⅲ.电路理论—高等学校—教材
Ⅳ.TM13

中国版本图书馆 CIP 数据核字(2024)第 086359 号

责任编辑:胡　艳　　　责任校对:汪欣怡　　　版式设计:马　佳

出版发行:**武汉大学出版社**　(430072　武昌　珞珈山)
(电子邮箱:cbs22@ whu.edu.cn　网址:www.wdp. com.cn)
印刷:武汉图物印刷有限公司
开本:787×1092　1/16　印张:23　字数:542 千字　插页:1
版次:2024 年 9 月第 1 版　　2024 年 9 月第 1 次印刷
ISBN 978-7-307-24386-6　　定价:60.00 元

前　言

本教材针对目前高等学校对电路课程教学知识内容的需求并广泛吸收国内外传统和现代电路教学体系的特点，基于知识体系完备、基础与深化互补、概念与应用并重的原则编写而成。内容安排循序渐进，叙述简洁明晰，便于读者自学。

本教材以线性电路最基本的三大内容，即电阻电路分析、动态电路的稳态分析和暂态分析为主体，系统地介绍了电路基本理论和分析方法，并在电路基本理论的知识体系下有机融汇其教学内容。

本教材分上、下两册，共 19 章，在具体内容和例题的选取上注重宽口径、厚基础，特别是基本概念、基本内容、基本方法以及数学物理的有机渗透，兼顾了强、弱电专业的知识需求，也考虑到了各类高等学校对电路课程的教学要求（标注"*"的内容为可选教学内容），因而十分有助于现代大学生构筑独立完备的电路基础知识体系，也非常有利于授课教师灵活柔性地组织教学。

编者精心编写了各类典型例题，以帮助读者深入理解、牢固掌握书中各重点内容，并能灵活应用电路的基本理论和分析方法。书中大量的"阶梯式"习题有助于锻炼和提高学生自主学习能力，启发创造性思维，使学生更好地掌握基本教学内容，培养自己独立分析问题和解决问题的能力，在融会贯通、深刻理解所学内容的基础上进一步学好后续课程，并能够将在电路课程中所获取的电路知识灵活地应用于实际。

本书下册由胡钋担任主编，武汉大学专祥涛、文武、石晶、谭甜源、王静、龙志军、潘成，武汉理工大学虞莉娟、郭四海，武汉晴川学院丁坚勇，以及武汉东湖学院左小琼、乔岩担任副主编，胡钋负者统稿全书。本书下册共 8 章，第 12 章由胡钋、专祥涛、文武、石晶、谭甜源编写，第 13 章由胡钋、专祥涛、文武、石晶、王静编写，第 14 章由胡钋、虞莉娟、文武、谭甜源、郭四海、王静编写，第 15 章由胡钋、虞莉娟、文武、龙志军、郭四海、潘成编写，第 16 章由胡钋、文武、郭四海、潘成、虞莉娟、龙志军编写，第 17 章由胡钋、左小琼 、文武、丁坚勇、乔岩、虞莉娟、郭四海编写，第 18 章由胡钋、丁坚勇、乔岩 、文武、左小琼编写，第 19 章由胡钋、左小琼 、丁坚勇、文武、乔岩编写。

在本书的编写过程中，武汉大学电气与自动化学院电路课程组的全体教师以及李裕能、夏长征、熊元新、董旭柱、袁佳歆、徐箭、查晓明、刘开培、龚庆武等有关方面专家及学者提出了很多有益的建议，在此一并表示衷心感谢。

限于作者的水平，书中恐有疏误之处，热切期待各位专家、教师和读者赐教指正。

胡　钋

2024 年 8 月于武汉珞珈山

前言

目　　录

习题参考答案（扫下方二维码）

第 12 章　非正弦周期稳态电路分析

本章主要讨论傅里叶级数展开、周期函数的频谱、波形对称性与傅里叶系数的关系、非正弦周期信号的有效值、平均值和平均功率以及非正弦周期稳态电路的分析计算。

12.1　非正弦周期信号和非正弦周期电路

前面讨论了直流、正弦信号激励下线性时不变电路的稳态响应，但是，在电气、电子、通讯等工程实际中，还会经常遇到电路的激励或响应是非正弦周期信号的情况，例如，虽然交流发电机设计方案缜密，制造工艺精良，但是，其实际所发出的电压如图 12-1 所示，只是近似于正弦波，严格说来是非正弦的；在现代电子、通信、计算机和自动控制电路中，常会有图 12-2(a)、(b)、(c)所示的方波、锯齿波和尖脉冲波；含有二极管这种非线性元件的全波整流电路在正弦电压激励下，输出电压如图 12-2(d)所示，为其周期以输入信号周期计的全波整流波，此外，在忽略磁滞和涡流影响的情况下，由于磁饱和的作用，在正弦电压激励下的铁芯线圈和铁芯变压器的电流为图 12-2(e)所示的尖顶波。

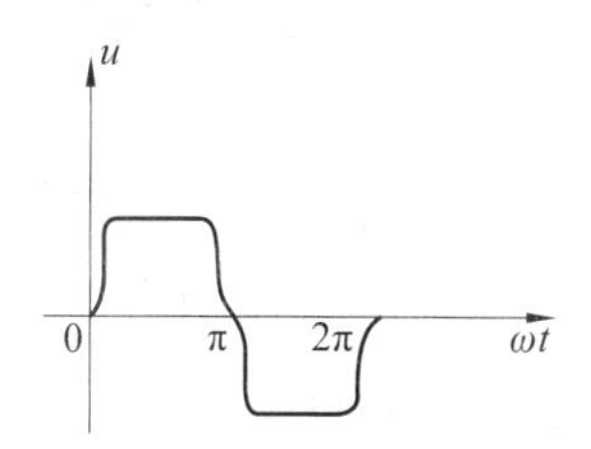

图 12-1　实际发电机发出的电压波形

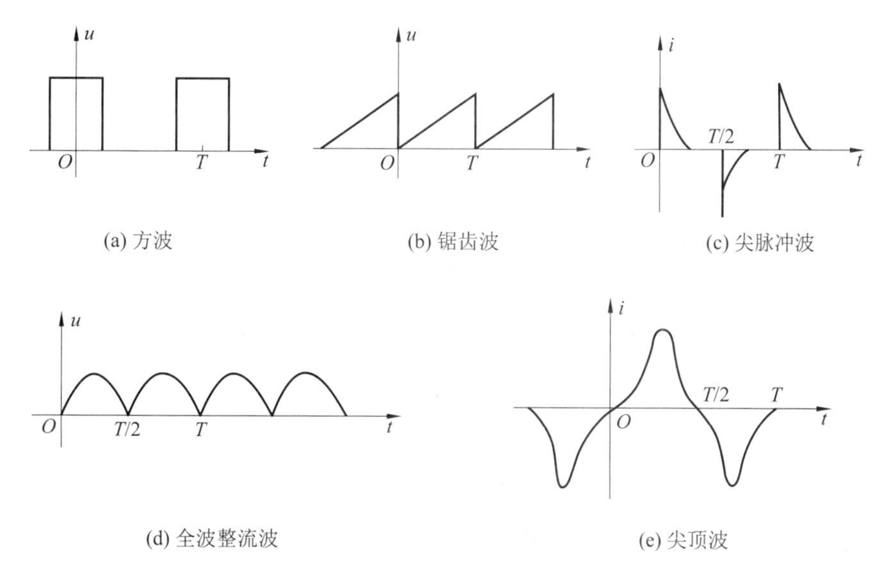

图 12-2　非正弦周期信号波形示例

含有非正弦周期信号(激励和/或响应)的电路称为非正弦周期电路。通过以上讨论可知,这种电路的形成主要有以下四种情况:①非正弦周期激励源作用于线性时不变电路;②若干不同频率的正弦激励源(可以还有直流激励源)作用于线性时不变电路;③正弦激励源作用于非线性或时变电路;④兼有以上情况。

本章仅讨论上述第①②种情况,对于第①种情况,利用傅里叶级数将电路中所给定的非正弦周期激励分解为一个直流分量和一系列不同频率的正弦分量之和,再依据叠加定理,分别求出每一激励分量单独作用下所产生的响应分量,最后将所得的这些分量按时域形式叠加,从而得到所求响应。对于第②种情况,则无需进行傅里叶级数分解而直接分别对各个频率的激励源作对应的响应分量计算。由于这种分析方法中的每一频率分量均称为一个谐波分量,因此,称其为谐波分析法,它实际上是将非正弦周期激励和不同频率的正弦激励下线性时不变电路的计算化为一个直流稳态电路(应用直流电路分析方法求取直流激励响应分量)和一系列不同频率正弦稳态电路(应用相量法求取对应的正弦激励响应分量)的计算问题。

12.2　非正弦周期信号的傅里叶级数展开

若一个周期为 T 的周期函数 $f(t)$ 满足狄利赫利条件:①在任一周期内连续或只有有限个第一类间断点;②在任一周期内只有有限个极值;③绝对可积:$\int_0^T |f(t)| \mathrm{d}t < \infty$,则可以展开成傅里叶级数。

工程实际中所遇到的非正弦周期信号 $f(t)$ 均能满足狄利赫利条件。因此可以将其展开三角级数形式的傅里叶级数,即

$$f(t) = a_0 + \sum_{n=1}^{\infty}(a_n \cos n\omega_1 t + b_n \sin n\omega_1 t) \tag{12-1}$$

式中,$\omega_1 = \omega = \frac{2\pi}{T}$(rad/s),$T$ 为 $f(t)$ 的周期。a_0, a_n, b_n 称为 $f(t)$ 的三角形式傅里叶级数的系数,按式(12-2)计算,即

$$\left.\begin{aligned}
a_0 &= \frac{1}{T}\int_0^T f(t)\mathrm{d}t = \frac{1}{T}\int_{-T/2}^{T/2} f(t)\mathrm{d}t \\
a_n &= \frac{2}{T}\int_0^T f(t)\cos n\omega_1 t\mathrm{d}t = \frac{2}{T}\int_{-T/2}^{T/2} f(t)\cos n\omega_1 t\mathrm{d}t \\
&= \frac{1}{\pi}\int_0^{2\pi} f(t)\cos n\omega_1 t\mathrm{d}(\omega_1 t) = \frac{1}{\pi}\int_{-\pi}^{\pi} f(t)\cos n\omega_1 t\mathrm{d}(\omega_1 t) \\
b_n &= \frac{2}{T}\int_0^T f(t)\sin n\omega_1 t\mathrm{d}t = \frac{2}{T}\int_{-T/2}^{T/2} f(t)\sin n\omega_1 t\mathrm{d}t \\
&= \frac{1}{\pi}\int_0^{2\pi} f(t)\sin n\omega_1 t\mathrm{d}(\omega t) = \frac{1}{\pi}\int_{-\pi}^{\pi} f(t)\sin n\omega_1 t\mathrm{d}(\omega_1 t)
\end{aligned}\right\} \tag{12-2}$$

若将式(12-1)中同频率的正弦项和余弦项合并,则可以得到傅里叶级数以正弦函数表示的形式,即

$$f(t)=A_0+\sum_{n=1}^{\infty}A_{nm}\sin(n\omega_1 t+\varphi_n) \tag{12-3}$$

将上式改写为

$$f(t)=A_0+\sum_{n=1}^{\infty}A_{nm}(\sin n\omega_1 t\cos\varphi_n+\cos n\omega_1 t\sin\varphi_n) \tag{12-4}$$

对比式(12-4)、式(12-1)，可得 A_{nm}、φ_n 与 a_n、b_n 之间的关系为

$$\left.\begin{aligned}&A_0=a_0,A_{nm}=\sqrt{a_n^2+b_n^2},\varphi_n=\arctan\left(\frac{a_n}{b_n}\right)\\&a_n=A_{nm}\sin\varphi_n,\quad b_n=A_{nm}\cos\varphi_n\end{aligned}\right\} \tag{12-5}$$

式(12-5)可以用图 12-3 表示。

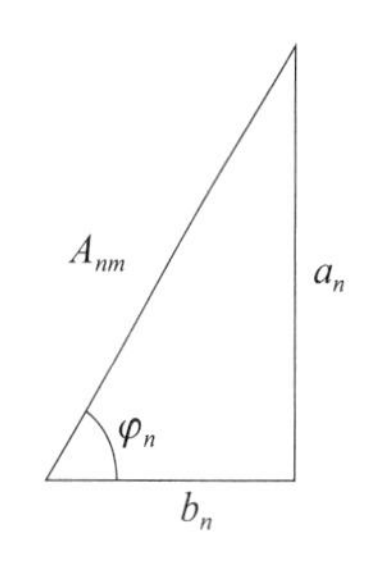

图 12-3 A_{nm}、φ_n 与 a_n、b_n 之间的关系

式(12-3)中的每一项称为正弦谐波分量，简称谐波，其中 $A_0=a_0$，称为 $f(t)$的恒定分量或直流分量，它是 $f(t)$在一个周期内的平均值，称为零次谐波，在电路中，该分量为一直流电流或电压；$A_{nm}\sin(n\omega_1 t+\varphi_n)$称为 $f(t)$的 $n(=1,2,\cdots)$次谐波，A_{nm}当 $n=1$ 时，$A_{1m}\sin(\omega_1 t+\varphi_1)$称为 $f(t)$的基波分量或一次谐波(分量)，基波意指该谐波的周期或频率与函数 $f(t)$的相同，A_{1m}、ω_1、φ_n 分别为基波幅值、角频率和初相位，对于 $A_{nm}\sin(n\omega_1 t+\varphi_n)$ 中 $n\geqslant 2$ 的各项，由于它们的频率为非正弦周期量 $f(t)$的频率即基波频率的整数倍，所以统称为高次谐波(分量)，具体而言，$n=2,3,\cdots$对应的各项 $A_{nm}\sin(n\omega_1 t+\varphi_n)$分别称为 $f(t)$的二次谐波(分量)、三次谐波(分量)，等等。实际中，还按 n 为奇数或偶数将对应的谐波分量分别称为奇次谐波(分量)或偶次谐波(分量)。

【例 12-1】 试求图 12-4 所示周期方波信号 $f(t)$的傅里叶级数展开式。

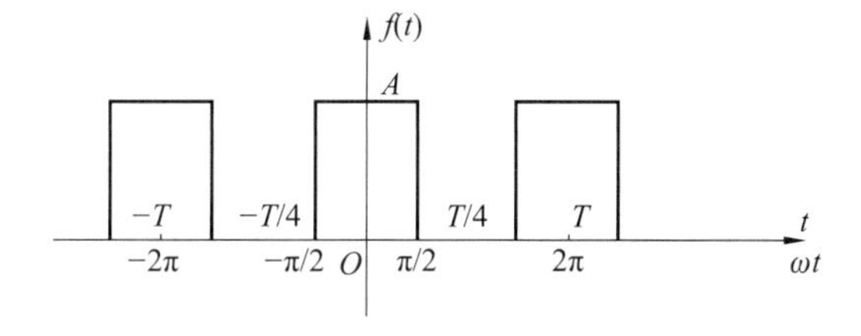

图 12-4 例 12-1 图

解 由式(12-2)可得

$$a_0=\frac{1}{T}\int_{-T/2}^{T/2}f(t)\mathrm{d}t=\frac{1}{T}\int_{-T/4}^{T/4}A\mathrm{d}t=\frac{A}{2}$$

$$\begin{aligned}a_{\mathrm{n}}&=\frac{1}{\pi}\int_{-\pi}^{\pi}f(t)\cos n\omega_1 t\mathrm{d}(\omega_1 t)\\&=\frac{1}{\pi}\int_{-\pi/2}^{\pi/2}A\cos n\omega_1 t\mathrm{d}(\omega_1 t)=\frac{2A}{n\pi}\sin\frac{n\pi}{2}\end{aligned}$$

$$
= \begin{cases} 0, & n = 2,4,6,\cdots \\ \dfrac{2A}{n\pi}, & n = 1,5,9,\cdots \\ -\dfrac{2A}{n\pi}, & n = 3,7,11,\cdots \end{cases}
$$

$$
b_n = \frac{1}{\pi}\int_{-\pi}^{\pi} f(t)\sin n\omega_1 t\mathrm{d}(\omega_1 t) = \frac{1}{\pi}\int_{-\pi/2}^{\pi/2} A\sin n\omega_1 t\mathrm{d}(\omega_1 t) = 0
$$

将所得傅里叶系数代入式(12-1)可得 $f(t)$的傅里叶级数展开式为

$$
f(t) = \frac{A}{2} + \frac{2A}{\pi}\left(\cos\omega_1 t - \frac{1}{3}\cos 3\omega_1 t + \frac{1}{5}\cos 5\omega_1 t - \frac{1}{7}\cos 7\omega_1 t + \cdots\right)
$$

傅里叶级数是一个收敛的无穷三角级数，也就是说，尽管周期函数 $f(t)$展开式中各次谐波分量的幅值 A_{nm}($n=1,2,3,\cdots$)随着谐波次数的增高有起伏，但其总体趋势却是逐渐减小的，当谐波次数无限增高时，A_{nm} 无限减小，这种性质称为 A_{nm} 的收敛性。因此，在工程实际中利用傅里叶级数对非正弦周期量进行谐波分析时，一般只需取其前面为数不多的若干次谐波项叠加起来，就能够在一定程度上近似表示原有的非正弦周期信号。由于频率越高的谐波，其幅值越小，所以具体所应取到的谐波次数应根据所给定的非正弦周期信号的傅立叶级数展开式的收敛速度和所需工程计算的精度要求而定。一般来说，非正弦周期信号的波形越光滑、越接近于正弦波形，其傅里叶级数就收敛得越快，例如，一个正弦函数 $A\sin\omega t$ 的傅里叶级数就是该函数本身，即一个谐波就收敛于原函数。若傅里叶级数收敛得很快，则只需取其前几次谐波就足够了，这时，5 次以上的谐波通常都可以略去而不会对计算结果带来多大误差。对于例 12-1 中的周期方波信号 $f(t)$的傅里叶级数展开式，若仅取其前 4 项即取到 5 次谐波，它们合成的波形如图 12-5(a)所示，若仅取其前 7 项即取到 11 次谐波，它们合成的波形如图 12-5(b)所示，由此可见，所取谐波项数越多，其合成的波形越接近原信号波形。

实际上，工程上经常采用查表的方法直接得到周期函数的傅里叶级数。

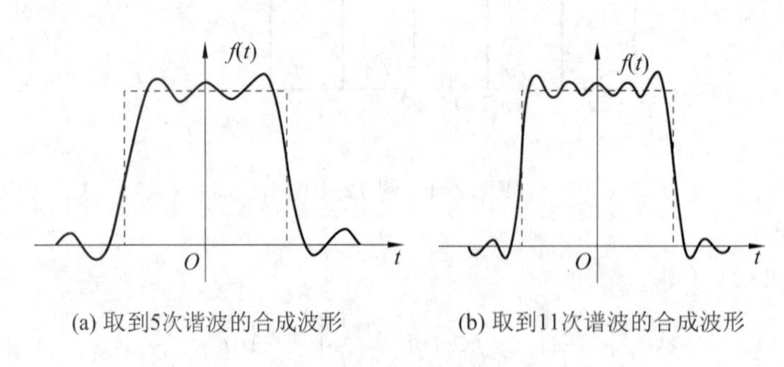

(a) 取到5次谐波的合成波形　　(b) 取到11次谱波的合成波形

图 12-5　谐波合成的波形

12.3 非正弦周期信号的频谱

式(12-3)中各次谐波幅值 A_0、A_{nm}($n=1,2,3,\cdots$)和初相位 φ_n 与频率 $n\omega_1$ 的关系可以在直角坐标系中采用频谱图表示，其中 A_0、A_{nm}($n=1,2,3,\cdots$)与 $n\omega_1$ 的关系图简称为幅度频谱，它是按照一定的比例将各次谐波幅值、以适当长度的直线段分别垂直地画在相应的频率处；φ_n 与频率 $n\omega_1$ 的关系简称为相位频谱，它是以适当长度的直线段表示各次谐波的初相。频谱图中的竖线称为谱线，它们只出现在离散频率点 $n\omega_1$ 处，因此是非正弦周期信号的频谱是离散频谱(离散性)，同时也具有谐波性。谱线的间距取决于信号 $f(t)$的周期 T，T 愈大，ω_1 愈小，谱线间距越窄，谱线越密。

需要指出的是，由于幅值为正值，所以幅度频谱中的谱线均位于横轴 $n\omega_1$ 的上方，在相位频谱中，当 $\varphi_n>0$ 时，其对应的谱线位于横轴的上方，当 $\varphi_n<0$ 时，其对应的谱线则位于横轴的下方，常数 A_0 可以写作

$$A_0 = A_0\sin\left(0t+\frac{\pi}{2}\right)=A_0\sin(0t+\varphi_0)$$

因此，当 $A_0>0$，有 $\varphi_0=\pi/2$，其谱线位于横轴的上方，当 $A_0<0$，有 $\varphi_0=-\pi/2$。其谱线则位于横轴的下方，但是，在大多数相位频谱中一般不画出 φ_0。

按照式(12-3)，例 12-1 中 $f(t)$可以改写为

$$\begin{aligned}
f(t) &= \frac{A}{2}+\frac{2A}{\pi}\left(\cos\omega_1 t-\frac{1}{3}\cos3\omega_1 t+\frac{1}{5}\cos5\omega_1 t-\frac{1}{7}\cos7\omega_1 t+\cdots\right)\\
&= \frac{A}{2}+\frac{2A}{\pi}\left[\sin\left(\omega_1 t+\frac{\pi}{2}\right)-\frac{1}{3}\sin\left(3\omega_1 t+\frac{\pi}{2}\right)+\frac{1}{5}\sin\left(5\omega_1 t+\frac{\pi}{2}\right)-\frac{1}{7}\sin\left(7\omega_1 t+\frac{\pi}{2}\right)+\cdots\right]\\
&= \frac{A}{2}+\frac{2A}{\pi}\left[\sin\left(\omega_1 t+\frac{\pi}{2}\right)+\frac{1}{3}\sin\left(3\omega_1 t-\frac{\pi}{2}\right)+\frac{1}{5}\sin\left(5\omega_1 t+\frac{\pi}{2}\right)+\frac{1}{7}\sin\left(7\omega_1 t-\frac{\pi}{2}\right)+\cdots\right]
\end{aligned}\tag{12-6}$$

由式(12-6)可以画出周期方波信号 $f(t)$的幅度频谱和相位频谱分别如图 12-6(a)、(b)所示。

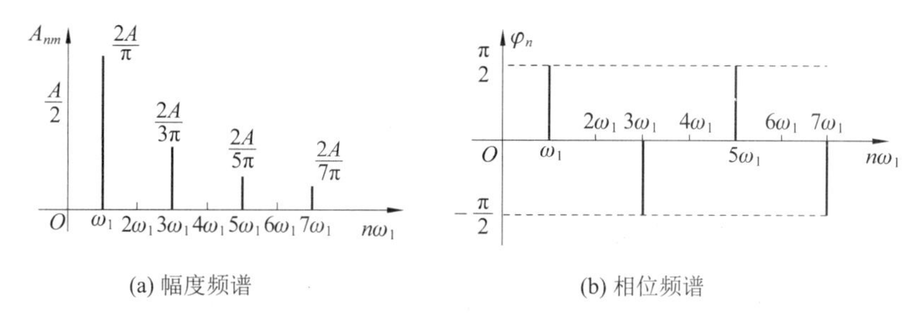

图 12-6 周期方波信号的幅度频谱和相位频谱

显然，利用频谱图可以清晰地看出各次谐波分量所占的比重和初相位随频率变化的情况，从而便于比较和确定非正弦周期量输入信号通过电路后其各次谐波分量的幅值和初相

位所产生的变化，为电路分析和设计提供依据。此外，信号的幅度频谱和相位频谱的重要性在不同场合也有所不同，例如，在传送语音信号时，重要的是使各频率分量的幅值相对不变，以保持原来的音调，即做到不失真，因此这时幅度频谱很重要，而相位频谱并不重要，因为人的听觉对各频率分量的相位关系并不敏感。但是，在传送图像信号时，保持各频率分量间的相位关系则对图像的不失真具有十分重要的意义。

频谱图为信号分析从时域到频域提供了一种方法，这十分有利于对信号本质的认识，它也是实现信号的转换、传输、检测和处理的理论依据。

12.4　波形对称性与傅里叶系数的关系

一个非正弦周期信号的傅里叶级数展开式中含有哪些谐波分量以及这些谐波分量的幅值大小，仅仅取决于该函数的波形，而所含各谐波的初相不仅决定于周期函数的波形，还与坐标原点的位置有关。实际工程中常见的非正弦周期量的波形往往具有某种对称性，根据这种对称性，可以很方便地确定哪些傅里叶系数不为零，哪些傅里叶系数为零，从而能够直观地判断哪些谐波存在，哪些谐波不存在，以简化傅里叶系数的计算工作。下面讨论对称性与傅里叶系数的关系。

12.4.1　一个周期内均值为零函数的傅里叶级数

一个周期内，若函数 $f(t)$的波形在时间轴上部与下部的面积相等，则 $f(t)$的傅里叶系数 a_0 等于零。即

$$a_0 = \frac{1}{T}\int_0^T f(t)\mathrm{d}t = \frac{1}{T}\int_{-T/2}^{T/2} f(t)\mathrm{d}t = 0$$

12.4.2　奇函数的傅里叶级数

奇函数 $f(t)$满足 $f(-t)=-f(t)$，因此，其波形关于坐标原点对称，故也称之为原点对称函数，图 12-2(e)所示信号为奇函数波形。由于 $f(t)$为奇函数，故而其傅里叶系数计算式中 $f(t)\mathrm{con}\omega_1 t$ 为奇函数，而 $f(t)\sin n\omega_1 t$ 为偶函数，所以有 $a_0=0$，$a_n=0(n=1,2,3,\cdots)$。因此，周期奇函数 $f(t)$的傅里叶级数展开式中，只含有正弦谐波分量，即它只可能含有奇函数类型的谐波，有

$$f(t) = \sum_{n=1}^{\infty} b_n \sin n\omega_1 t$$

12.4.3　偶函数的傅里叶级数

偶函数 $f(t)$满足 $f(-t)=f(t)$，因此，其波形对称于纵坐标轴，故也称其为纵轴对称函数。图 12-2(a)所示信号为偶函数波形。由于 $f(t)$为偶函数，故而其傅里叶系数计算式中 $f(t)\cos n\omega_1 t$ 为偶函数，而 $f(t)\sin n\omega_1 t$ 为奇函数，于是有 $b_n=0$。一般来说，一个周期偶函数 $f(t)$的傅里叶级数展开式中，只含有余弦谐波项和恒定分量 a_0，而是否含有恒定分量取决于 $f(t)$在一个周期内的积分值是否为零，为零则不含有恒定分量。因此，周期偶函数 $f(t)$

的傅里叶级数的一般展开形式可以表示为

$$f(t)=a_0+\sum_{n=1}^{\infty}a_n\cos n\omega_1 t$$

这表明，一个周期偶函数最多只能含有恒定分量和偶函数类型的谐波分量。

任意函数 $f(t)$ 总可以表示成一个偶函数和一个奇函数的叠加，即

$$\begin{aligned}f(t)&=\frac{1}{2}[f(t)+f(-t)+f(t)-f(-t)]\\&=\frac{1}{2}[f(t)+f(-t)]+\frac{1}{2}[f(t)-f(-t)]=f_e(t)+f_o(t)\end{aligned}$$

式中，$f_e(t)$ 和 $f_o(t)$ 分别为偶函数和奇函数，有

$$f_e(t)=\frac{1}{2}[f(t)+f(-t)],\quad f_o(t)=\frac{1}{2}[f(t)-f(-t)]$$

因此，对于既非偶函数又非奇函数的周期函数 $f(t)$ 用傅里叶级数展开时，应当既含有正弦谐波项又含有余弦谐波项。

12.4.4　奇谐波函数（半周期镜像对称函数）的傅里叶级数

奇谐波函数 $f(t)$ 满足 $f(t)=-f\left(t\pm\frac{T}{2}\right)$，即将 $f(t)$ 的波形向左或向右平移半个周期 $T/2$ 后，与原函数 $f(t)$ 的波形对于横轴为上下镜像，也可以说这种函数波形的前半周期和后半周期互为镜像，因此，将具有这种波形对称性的周期函数称为半周期镜像对称函数。图 12-7 所示为这种函数的波形。

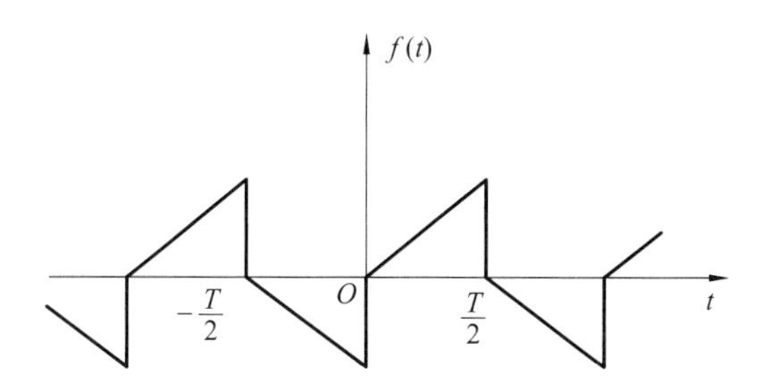

图 12-7　半周期镜像对称函数波形

由于这种函数的波形前半周期和后半周期互为镜像，所以它在一个周期内的积分值等于零，这表明其傅里叶级数中不含有恒定分量，即有 $a_0=0$ 或 $A_0=0$，$a_{2n}=b_{2n}=A_{2nm}=0(n=1,2,3,\cdots)$。即半周期镜像对称函数的傅里叶系数 a_n、b_n 只有在 n 取奇数时才为非零值，因而这种对称函数的傅里叶级数展开式中只会含有奇次谐波分量。据此，习惯上也称这种函数为奇谐（波）函数，其傅里叶级数的一般表示式为 $f(t)=\sum\limits_{n=1}^{\infty}(a_n\cos n\omega_1 t+b_n\sin n\omega_1 t)$，$(n=1,3,5,\cdots)$ 或 $f(t)=\sum\limits_{n=1}^{\infty}A_{nm}\sin(n\omega_1 t+\varphi_n)(n=1,3,5,\cdots)$。一般交流发电机所产生

的电压波形中不含有恒定分量和偶次谐波分量。

12.4.5　偶谐波函数(半周期重叠函数)的傅里叶级数

偶谐波函数满足 $f(t)=f\left(t\pm\frac{T}{2}\right)$，即将其波形平移半个周期后所得出的波形与原函数 $f(t)$ 的波形完全重合，因此也称其为半周期重叠函数。图 12-2(d)所示为偶谐波函数波形。

由于 $f(t)=f\left(t\pm\frac{T}{2}\right)$，所以必须有 $a_{2n-1}=b_{2n-1}=0\,(n=1,2,3,\cdots)$ 或 $A_{nm}=0\,(n=1,3,5,\cdots)$。于是，这种函数的傅里叶级数展开式中不含奇次谐波分量，即半周期重叠函数的傅里叶级数展开式最多只能含有恒定分量、正弦和余弦的偶次谐波项。因此，习惯上将半周期重叠函数称为偶谐波函数，其傅里叶级数的一般表达式为

$$f(t)=a_0+\sum_{n=2}^{\infty}(a_n\cos n\omega_1 t+b_n\sin n\omega_1 t)\,,\quad n=2,4,6,\cdots$$

或

$$f(t)=A_0+\sum_{n=2}^{\infty}A_{nm}\sin(n\omega_1 t+\varphi_n)\,,\quad n=2,4,6,\cdots$$

偶谐波函数 $f(t)$ 的傅里叶级数展开式中是否包含恒定分量 $a_0\,(=A_0)$，也完全取决于其在一个周期内的积分值是否为零。

12.5　非正弦周期信号的有效值和平均值

12.5.1　非正弦周期信号的有效值

我们知道，任何周期信号的有效值为其在一个周期内的方均根值，因此，对于非正弦周期电流 $i(t)$，其有效值为

$$I=\sqrt{\frac{1}{T}\int_0^T[i(t)]^2\mathrm{d}t}\tag{12-7}$$

将 $i(t)$ 的傅里叶级数展开式代入式 (12-7) 可得

$$I=\sqrt{\frac{1}{T}\int_0^T\left[I_0+\sum_{n=1}^{\infty}I_{nm}\sin(n\omega_1 t+\varphi_n)\right]^2\mathrm{d}t}\tag{12-8}$$

再将式(12-8)积分号内的被积函数按多项式平方展开后便可以得到下面四种类型的积分项：

(1) 直流分量的平方在一个周期内的平均值：$\frac{1}{T}\int_0^T I_0^2\,\mathrm{d}t=I_0^2$；

(2) n 次谐波的平方在一个周期内的平均值：$\frac{1}{T}\int_0^T I_{nm}^2\,\sin^2(n\omega_1 t+\varphi_n)\,\mathrm{d}t=\frac{I_{nm}^2}{2}=I_n^2$；

(3) 直流分量与各次谐波乘积的 2 倍在一个周期内的平均值等于零：$\frac{1}{T}\int_0^T 2I_0I_{nm}\sin(n\omega_1 t+\varphi_n)\,\mathrm{d}t=0$；

(4) 两个不同频率谐波分量乘积的 2 倍在一个周期内的平均值等于零：$\frac{1}{T}\int_0^T 2I_{nm}I_{km}\sin(n\omega_1 t+\varphi_n)\sin(k\omega_1 t+\varphi_k)\mathrm{d}t=0(n\neq k)$，其中应用了三角学中积化和差公式，这说明不同频率的正弦量乘积在一个周期内的平均值为零。

因此，由式(12-8)可得非正弦周期电流 $i(t)$ 的有效值 I 为

$$I=\sqrt{I_0^2+\sum_{n=1}^{\infty}\frac{1}{2}I_{nm}^2}=\sqrt{I_0^2+I_1^2+I_2^2+\cdots}=\sqrt{\sum_{n=0}^{\infty}I_n^2} \tag{12-9}$$

同理，非正弦周期电压 $u(t)$ 的有效值 U 为

$$U=\sqrt{U_0^2+\sum_{n=1}^{\infty}\frac{1}{2}U_{nm}^2}=\sqrt{U_0^2+U_1^2+U_2^2+\cdots}=\sqrt{\sum_{n=0}^{\infty}U_n^2} \tag{12-10}$$

式(12-9)、式(12-10)表明，非正弦周期信号的有效值等于其直流分量与各次谐波分量有效值平方和的平方根。

应该注意的是，非正弦周期量的有效值与它的最大值一般不再存在$\frac{1}{\sqrt{2}}$倍的关系，例如，$I\neq\frac{1}{\sqrt{2}}I_m$。因此，即使两个非正弦周期量的有效值相等，其波形和最大值也不一定相同。此外，由于周期信号的有效值与各次谐波的符号和初相无关，因此，若某次谐波为余弦函数，则无需将其化为正弦函数，此外，若某次谐波前面出现了负号，也无需处理该负号。

【例 12-2】 一非正弦周期电流为 $i=-10+8\sin(2t+100°)-5\sin(3t-120°)-6\cos(4t-100°)+100\sin(10t+36.9°)+20\sqrt{2}\sin(10t+135°)\mathrm{A}$，试求该电流的有效值。

解 直流分量：-10 的有效值为 10，第三项负号是初相的一部分，余弦函数与正弦函数之区别仅在于初相不同，最后两项频率相同，其合成谐波为

$$\begin{aligned}&100\sin(10t+36.9°)+20\sqrt{2}\sin(10t+135°)\\&=\mathrm{Im}[(100\angle 36.9°+20\sqrt{2}\angle 135°)\mathrm{e}^{\mathrm{j}10t}]\\&=\mathrm{Im}(100\angle 53.1°\mathrm{e}^{\mathrm{j}10t})\\&=100\sin(10t+53.1°)\end{aligned}$$

于是有

$$I=\sqrt{10^2+\left(\frac{8}{\sqrt{2}}\right)^2+\left(\frac{5}{\sqrt{2}}\right)^2+\left(\frac{6}{\sqrt{2}}\right)^2+\left(\frac{100}{\sqrt{2}}\right)^2}=71.85(\mathrm{A})$$

【例 12-3】 求图 12-8 所示锯齿波电压 u 的有效值。

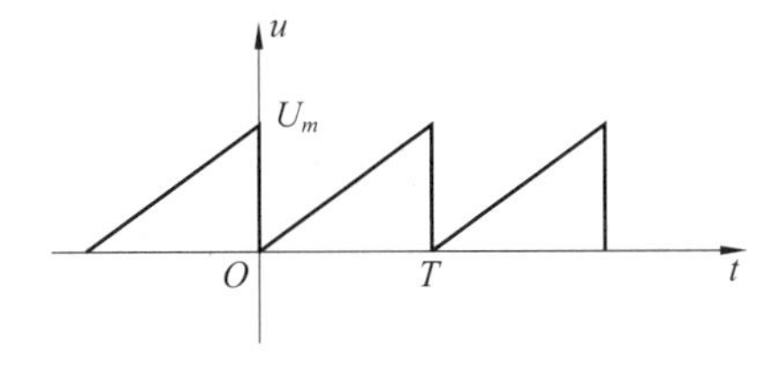

图 12-8 例 12-3 图

解　将图 12-8 所示锯齿波电压在[0,T]内的波形表示为

$$u = \frac{U_m}{T}t \quad (0 < t < T)$$

由于利用周期信号的各谐波分量有效值平方和的平方根来计算周期信号的有效值，只能取有限项，显然会出现误差，项数取得愈少，误差愈大。因此，对于可用解析式表达的周期信号，其有效值应直接用方均根值计算。于是，图 12-8 所示的锯齿波电压的有效值为

$$U = \sqrt{\frac{1}{T}\int_0^T u^2 \mathrm{d}t} = \sqrt{\frac{1}{T}\int_0^T \left(\frac{U_m}{T}\right)^2 t^2 \mathrm{d}t} = \sqrt{\frac{U_m^2}{T^3}\int_0^T t^2 \mathrm{d}t} = \sqrt{\frac{U_m^2}{T^3}\cdot \frac{t^3}{3}\bigg|_0^T} = \frac{U_m}{\sqrt{3}}$$

12.5.2　非正弦周期信号的平均值

周期信号平均值包括通常意义上的平均值和绝对平均值(简称均绝值)。

周期信号通常意义上的平均值一般就称为平均值，因此，对于非正弦周期电流 $i(t)$，有

$$I_{\mathrm{av}} = \frac{1}{T}\int_0^T i(t)\mathrm{d}t \tag{12-11}$$

显然，I_{av}是 $i(t)$的恒定分量(直流分量)。由式(12-11)可知，若某非正弦周期信号在一个周期内正负两半周与横轴所包围的面积相等时，则其平均值为零。

周期信号的绝对值在一个周期内的平均值定义为周期信号的绝对平均值，因此，对于非正弦周期电流 $i(t)$，有

$$I_{\mathrm{aav}} = \frac{1}{T}\int_0^T \mid i(t) \mid \mathrm{d}t \tag{12-12}$$

在一般情况下，平均值不同于绝对平均值。对于原点对称与横轴对称的波形来说，其平均值为零。但绝对平均值不为零，例如，正弦电流 $i=I_m\sin\omega t$ 的波形同时对称于原点和横轴，其平均值 $I_{\mathrm{av}}=0$，$|i|$的波形如图 12-9 所示，其绝对平均值为

$$\begin{aligned} I_{\mathrm{aav}} &= \frac{2}{T}\int_0^{T/2} I_m \sin\omega t\,\mathrm{d}t = \frac{2}{T}\,\frac{1}{\omega}\int_0^{\pi} I_m \sin\omega t\,\mathrm{d}(\omega t) = \frac{1}{\pi}I_m(-\cos\omega t)\bigg|_0^{\pi} \\ &= \frac{2}{\pi}I_m = 0.637I_m = 0.898I \end{aligned}$$

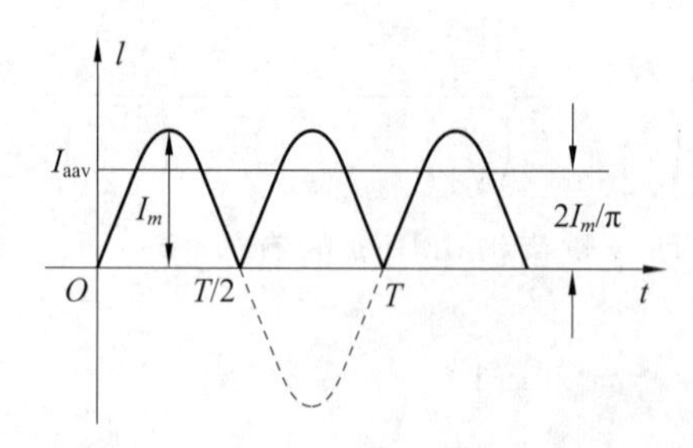

图 12-9　正弦电流的绝对平均值

12.6 非正弦周期电路的平均功率、视在功率和功率因数

设图 12-10 所示非正弦周期一端口网络的端口上电压 $u(t)$和电流 $i(t)$的傅里叶级数展开式分别为

$$u(t) = U_0 + \sum_{n=1}^{\infty} U_{nm} \sin(n\omega_1 t + \varphi_{u_n}) \tag{12-13}$$

$$i(t) = I_0 + \sum_{n=1}^{\infty} I_{nm} \sin(n\omega_1 t + \varphi_{i_n}) \tag{12-14}$$

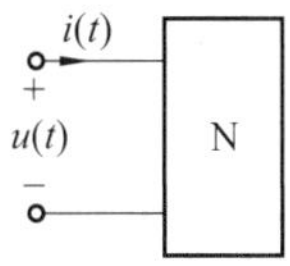

图 12-10 非正弦周期一端口网络

并且 $u(t)$和 $i(t)$取关联参考方向，则利用式(12-13)和式(12-14)可得该一端口吸收的平均功率为

$$\begin{aligned} P &= \frac{1}{T}\int_0^T p(t)\mathrm{d}t = \frac{1}{T}\int_0^T u(t)i(t)\mathrm{d}t \\ &= \frac{1}{T}\int_0^T \left[U_0 + \sum_{n=1}^{\infty} U_{nm}\sin(n\omega_1 t + \varphi_{u_n})\right]\left[I_0 + \sum_{n=1}^{\infty} I_{nm}\sin(n\omega_1 t + \varphi_{i_n})\right]\mathrm{d}t \end{aligned} \tag{12-13}$$

将式(12-13)展开后有如下五种类型的积分项：

(1) $\frac{1}{T}\int_0^T U_0 I_0 \mathrm{d}t = U_0 I_0$；

(2) $\frac{1}{T}\int_0^T U_0 I_{nm}\sin(n\omega_1 t + \varphi_{i_n})\mathrm{d}t = 0$；

(3) $\frac{1}{T}\int_0^T I_0 U_{nm}\sin(n\omega_1 t + \varphi_{u_n})\mathrm{d}t = 0$；

(4) $\int_0^T U_{nm}\sin(n\omega_1 t + \varphi_{u_n}) I_{km}\sin(k\omega_1 t + \varphi_{i_k})\mathrm{d}t = 0(n \neq k)$；

(5) $\frac{1}{T}\int_0^T U_{nm}\sin(n\omega_1 t + \varphi_{u_n}) I_{nm}\sin(n\omega_1 t + \varphi_{i_n})\mathrm{d}t = \frac{1}{2}U_{nm}I_{nm}\cos(\varphi_{u_n} - \varphi_{i_n}) = U_n I_n \cos\varphi_n$。

其中，U_n、I_n 分别为 n 次谐波电压与 n 次谐波电流的有效值，$\varphi_n = \varphi_{u_n} - \varphi_{i_n}$ 为 n 次谐波电压与 n 次谐波电流的相位差，即是一端口网络 n 次谐波的谐波输入阻抗的阻抗角，或者说是一端口网络对 n 次谐波的功率因数角。

考虑到以上五类积分结果，便可以得出非正弦周期电路中的平均功率计算式为

$$P = U_0 I_0 + \sum_{n=1}^{\infty} U_n I_n \cos\varphi_n = P_0 + \sum_{n=1}^{\infty} P_n \tag{12-14}$$

由五类积分结果和式(12-14)可知，在非正弦周期电路中，一端口网络的平均功率等于包括电压 $u(t)$和电流 $i(t)$的直流分量(零次谐波)以及各次谐波分量各自产生的平均功率的代数和(平均功率守恒)，不同频率或者说不同次谐波分量的电压与电流只能构成瞬时功率而不能构成平均功率，因为它们乘积的积分等于零，或者说不同频率下的电压和电流之间不存在相位差的概念，则平均功率计算式中的 $\cos\varphi_n$ 将不存在，所以平均功率也就不存在。对于阻值为 R 的电阻元件，若流过它的非正弦周期电流 $i(t)$的有效值为 I，则该电阻所消耗的平均功率可以直接由式 $P = I^2 R$ 求取。

图 12-10 所示的非正弦周期一端口网络的视在功率仍定义为其电压有效值与电流有效值的乘积，利用式(12-9)和式(12-10)可得其具体计算式，即

$$S=UI=\sqrt{U_0^2+\sum_{n=1}^{\infty}U_n^2}\times\sqrt{I_0^2+\sum_{n=1}^{\infty}I_n^2}=\sqrt{\sum_{n=0}^{\infty}U_n^2\sum_{n=0}^{\infty}I_n^2} \tag{12-15}$$

由式(12-14)、式(12-15)可知，在一般情况下，平均功率 P 小于视在功率 S，当电路为纯电阻负载时，两者相等即有 $P=S$。

【例 12-4】 已知某一端口网络的电压和电流分别为 $u=10+10\sin10t+10\sin30t+10\sin50t\text{V}$ 和 $i=2+1.94\sin(10t-14^\circ)+1.7\sin(50t+32^\circ)\text{A}$，试求其吸收的平均功率和视在功率。

解 一端口电路吸收的平均功率为

$$P=10\times2+\frac{10}{\sqrt{2}}\times\frac{1.94}{\sqrt{2}}\cos14^\circ+\frac{10}{\sqrt{2}}\times\frac{1.7}{\sqrt{2}}\cos(-32^\circ)=36.62(\text{W})$$

视在功率为

$$S=UI=\sqrt{10^2+\left(\frac{10}{\sqrt{2}}\right)^2+\left(\frac{10}{\sqrt{2}}\right)^2+\left(\frac{10}{\sqrt{2}}\right)^2}\cdot\sqrt{2^2+\left(\frac{1.94}{\sqrt{2}}\right)^2+\left(\frac{1.7}{\sqrt{2}}\right)^2}=42.8(\text{VA})$$

非正弦周期电路的功率因数定义为

$$\cos\varphi=\frac{P}{S}=\frac{\sum_{n=0}^{\infty}P_n}{\sqrt{\sum_{n=0}^{\infty}U_n^2\sum_{n=0}^{\infty}I_n^2}}$$

对于一个任意的正弦一端口网络 N，其端口电压 u、电流 i 均为同频率的正弦量，设 $u=\sqrt{2}U_1\sin\omega_1 t$，$i=\sqrt{2}I_1\sin(\omega_1 t+\varphi_1)$，则网络 N 的功率因数为

$$\cos\varphi=\frac{P}{S}=\frac{P_1}{S}=\frac{U_1I_1\cos\varphi_1}{U_1I_1}=\cos\varphi_1$$

对于其中含有非线性元件一端口网络 N，若端口激励电压 u 仍为正弦量，即 $u=\sqrt{2}U_1\sin\omega_1 t$，则 N 便属于非正弦周期电路，端口电流 i 中会出现高次谐波，即 $i=I_0+\sum_{n=1}^{\infty}I_{nm}\sin(n\omega_1 t+\varphi_{ni})$，由于不同频率的电压、电流不产生有功功率，所以 N 的有功功率不变，仍为 P_1，于是，此时 N 的功率因数为

$$\cos\varphi=\frac{P}{S}=\frac{P_1}{S}=\frac{U_1I_1\cos\varphi_1}{U_1\sqrt{\sum_{n=0}^{\infty}I_n^2}}=k\cos\varphi_1$$

式中，$k=\frac{I_1}{\sqrt{I_0^2+I_1^2+I_2^2+\cdots}}$，由于 $k<1$，故而 $\cos\varphi<\cos\varphi_1$，这表明，在电力系统中，应避免出现高次谐波电流，以防系统的功率因数下降。

非正弦周期电路无功功率的情况比较复杂，这里不予讨论。

12.7 非正弦周期激励作用下稳态电路的分析计算

对于非正弦周期激励作用下的线性时不变电路进行稳态分析和计算时,其理论依据是傅里叶级数和叠加原理。因此,首先应该利用傅里叶级数对非正弦周期激励进行谐波分析,即将其分解成一系列谐波分量和的形式,在工程实际中则需根据计算的精确度要求考虑所应截取的有限次谐波的项数,然后根据线性电路的叠加原理,分别计算出直流分量和各次谐波分量单独作用于电路所产生的直流稳态响应(应用直流电路的计算方法)和正弦稳态响应(采用相量法),最后在时域中将以上求解出的电路中某处的各个响应分量叠加起来便是所要求的非正弦周期激励源在该处所产生的稳态响应。这种方法称为谐波分析法。

【例 12-5】 在图 12-11(a)所示电路中,已知 $u_s(t)=50+100\sin 314t-40\cos 628t+10\sin(942t+20°)$ V,$L_1=0.01$H,$L_2=0.1$H。试求 $i(t)$和两表读数。

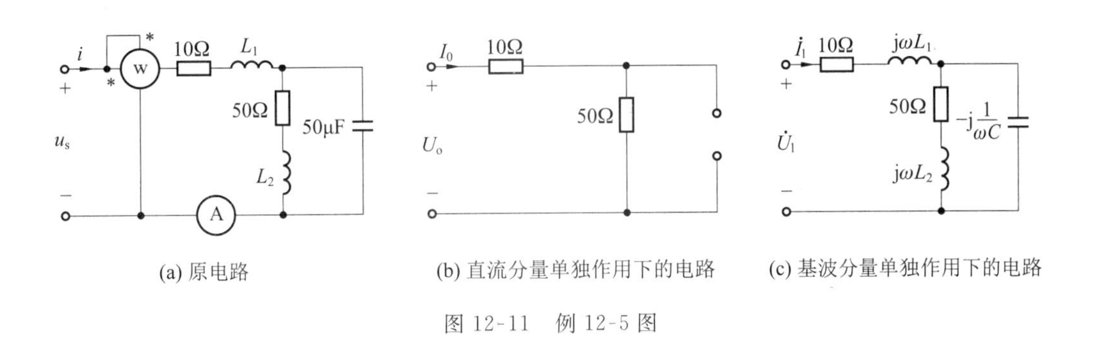

(a) 原电路　(b) 直流分量单独作用下的电路　(c) 基波分量单独作用下的电路

图 12-11　例 12-5 图

解　电源 u_s 表达式已给出,故无需展开傅里叶级数,直接求出各次谐波分量单独作用时所产生的响应分量。

(1) 直流分量单独作用下电路如图 12-11(b)所示,可以求出

$$I_0=\frac{U_0}{10+50}=\frac{50}{10+50}=0.833(\text{A})$$

$$P_0=I_0^2\times 60 \text{ 或 } P_0=U_0I_0=50\times\frac{5}{6}\approx 41.67(\text{W})$$

(2) 基波单独作用时的电路如图 12-11(c),应用相量法求解,电路中各参数为

$$\dot{U}_1=\frac{100}{\sqrt{2}}\angle 0°\text{V},\quad \omega L_1=3.14\Omega,\quad \omega L_2=31.4\Omega,\quad \frac{1}{\omega C}=63.69\Omega$$

电路等效复阻抗 $Z_1=10+\text{j}3.14+\dfrac{-\text{j}63.69\times 59.04\angle 32.13°}{59.52\angle -32.85°}=71.26\angle -19.32°(\Omega)$,

电路入端电流为

$$\dot{I}_1=\frac{\dot{U}_1}{Z_1}=\frac{\dfrac{100}{\sqrt{2}}}{71.26\angle -19.32°}\approx\frac{1.4}{\sqrt{2}}\angle 19.32°(\text{A})$$

电路吸收的功率为

$$P_1 = U_1 I_1 \cos\varphi_1 = \frac{100}{\sqrt{2}} \times \frac{1.4}{\sqrt{2}} \cos(0 - 19.32^\circ) \approx 66.06(\text{W})$$

基波响应电流为

$$i_1 = 1.4\sin(314t + 19.32^\circ)\text{A}$$

(3) 二次谐波单独作用时，电路连接形式仍如 12-11(c)所示，但其中参数由于电源频率改变而不同，有

$$\dot{U}_2 = \frac{40}{\sqrt{2}}\angle -90^\circ\text{V},\quad 2\omega L_1 = 6.28\Omega,\quad 2\omega L_2 = 62.8\Omega,\quad \frac{1}{2\omega C} = 31.845\Omega$$

电路等效复阻抗 $Z_2 = 10 + \text{j}6.28 + \dfrac{-\text{j}31.845 \times (50 + \text{j}62.8)}{-\text{j}31.845 + (50 + \text{j}62.8)} = 42.528\angle -54.55^\circ(\Omega)$，电路入端电流为

$$\dot{I}_2 = \frac{\dot{U}_2}{Z_2} = \frac{\dfrac{40}{\sqrt{2}}\angle -90^\circ}{42.528\angle -54.55^\circ} \approx \frac{0.941}{\sqrt{2}}\angle -35.45^\circ(\text{A})$$

电路吸收的功率为

$$P_2 = U_2 I_2 \cos\varphi_2 = \frac{40}{\sqrt{2}} \times \frac{0.941}{\sqrt{2}} \cos(-90^\circ + 35.45^\circ) = 10.92(\text{W})$$

二次谐波响应电流为

$$i_2 = 0.941\sin(628t - 35.45^\circ)\text{A}$$

(4)三次谐波单独作用时，电路形式如 12-11(c)所示，保持不变，其中参数为

$$\dot{U}_3 = \frac{10}{\sqrt{2}}\angle 20^\circ\text{V},\quad 3\omega L_1 = 9.42\Omega,\quad 3\omega L_2 = 94.2\Omega,\quad \frac{1}{3\omega C} = 21.23\Omega$$

电路等效复阻抗 $Z_3 = 10 + \text{j}9.42 + \dfrac{-\text{j}21.23 \times (50 + \text{j}94.2)}{-\text{j}21.23 + (50 + \text{j}94.2)} = 20.55\angle -51.19^\circ(\Omega)$，电路入端电流为

$$\dot{I}_3 = \frac{\dot{U}_3}{Z_3} = \frac{0.487}{\sqrt{2}}\angle 71.19^\circ(\text{A})$$

电路吸收的功率为

$$P_3 = U_3 I_3 \cos\varphi_3 = \frac{10}{\sqrt{2}} \times \frac{0.487}{\sqrt{2}} \cos(20^\circ - 71.19^\circ) = 1.53(\text{W})$$

三次谐波响应电流为

$$i_3 = 0.487\sin(942t + 71.19^\circ)\text{A}$$

最后，在时域中进行叠加可得所求响应电流 i 为

$$\begin{aligned} i &= I_0 + i_1 + i_2 + i_3 \\ &= 0.833 + 1.4\sin(314t + 19.32^\circ) + 0.941\sin(628t - 35.45^\circ) + 0.487\sin(942t + 71.19^\circ)\text{A} \end{aligned}$$

电流表读数为 i 的有效值，即

$$I = \sqrt{0.833^2 + \left(\frac{1.4}{\sqrt{2}}\right)^2 + \left(\frac{0.941}{\sqrt{2}}\right)^2 + \left(\frac{0.487}{\sqrt{2}}\right)^2} \approx 2.23(\text{A})$$

功率表读数为电源发出的功率，同时也是负载所吸收的功率，其大小为

$$P = P_0 + P_1 + P_2 + P_3 = 41.67 + 66.06 + 10.92 + 1.53 \approx 120.2(\mathrm{W})$$

【例 12-6】 在图 12-12(a)所示的电路中，$R_1 = X_1 = X_M = 1\Omega$，$R_2 = X_2 = 2\Omega$，$X_C = 4\Omega$，$\dot{U}_s$ 和 $\dot{U}_{s0}$ 分别为交流和直流电压源，电压表 V 和电流表 A 的读数分别为 12V 和 2.5A，试求各电源发出的功率。

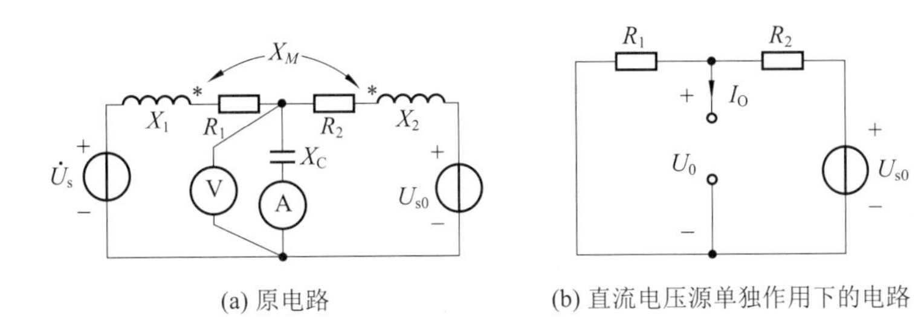

(a) 原电路　　(b) 直流电压源单独作用下的电路

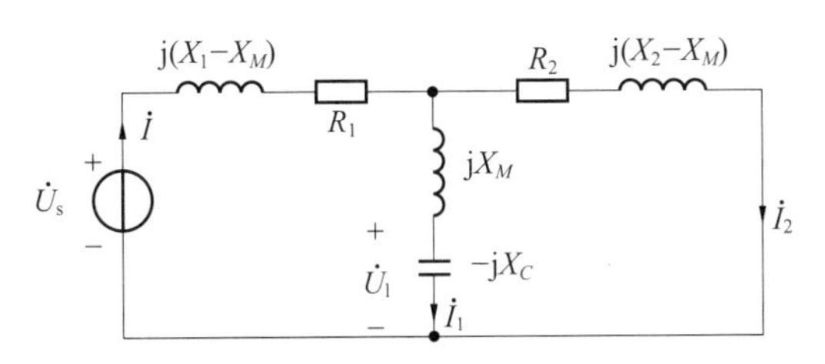

(c) 交流电压源单独作用下的电路

图 12-12　例 12-6 图

解　显然，由于 U_{s0} 仅发出直流功率，$\dot{U}_s$ 仅发出平均功率，因此计算这两个电源发出的功率，应先通过电压表和电流表的读数求出 U_{s0} 和 U_s 之值。

(1) U_{s0} 单独作用下的电路如图 12-12(b)所示，由此可得

$$I_0 = 0, \quad U_0 = \frac{U_{s0}R_1}{R_1 + R_2} = \frac{U_{s0} \times 1}{1+2} = \frac{U_{s0}}{3}$$

(2) $\dot{U}_s$ 单独作用下的电路经去耦后如图 12-12(c)所示，这时利用电流表读数可得

$$I_A = \sqrt{I_0^2 + I_1^2} = 2.5\mathrm{A}$$

在上式中代入 $I_0 = 0$ 可求得 $I_1 = 2.5\mathrm{A}$，利用电容的伏安关系可得

$$U_1 = I_1 X_C = 2.5 \times 4 = 10(\mathrm{V})$$

设 $\dot{U}_1$ 为参考相量即 $\dot{U}_1 = 10\angle 0^\circ$，则

$$\dot{I}_1 = \frac{\dot{U}_1}{-\mathrm{j}X_C} = \frac{10\angle 0^\circ}{-4\mathrm{j}} = \mathrm{j}2.5(\mathrm{A})$$

于是可得

$$\dot{I}_2 = \frac{\mathrm{j}(X_M - X_C) \times \dot{I}_1}{R_2 + \mathrm{j}(X_2 - X_M)}$$

$$= \frac{\mathrm{j}(1-4) \times \mathrm{j}2.5}{2 + \mathrm{j}(2-1)} = 3 - \mathrm{j}1.5(\mathrm{A})$$

利用 KCL 可得

$$\dot{I} = \dot{I}_1 + \dot{I}_2 = \mathrm{j}2.5 + 3 - \mathrm{j}1.5 = 3 + \mathrm{j} = 3.16\angle 18.43(\mathrm{A})$$

因此可得

$$\begin{aligned}\dot{U}_s &= \dot{I} \times [R_1 + \mathrm{j}(X_1 - X_M)] + \dot{I}_1 \times \mathrm{j}(X_M - X_C) \\ &= (3+\mathrm{j}) \times (1 + \mathrm{j}0) + \mathrm{j}2.5 \times (-\mathrm{j}3) \\ &= 10.5 + \mathrm{j} = 10.55\angle 5.44^\circ(\mathrm{V})\end{aligned}$$

于是，可求得交流电压源 u_s 发出的功率为

$$P_{u_s} = U_s I\cos(\varphi_{u_s} - \varphi_i) = 10.55 \times 3.16 \times \cos(5.44 - 18.43) = 32.5(\mathrm{W})$$

利用电压表读数可得

$$U_V = \sqrt{U_0^2 + U_1^2} = \sqrt{U_0^2 + 10^2} = 12\mathrm{V}$$

解之可得 $U_0 = 6.63\mathrm{V}$。

利用分压公式可得

$$U_{s0} = 3 \times U_0 = 19.9\mathrm{V}$$

因此可以求得直流电压源 U_{s0} 发出的功率为

$$P_{U_{s0}} = \frac{U_{s0}^2}{R_1 + R_2} = \frac{19.9^2}{1+2} = 132(\mathrm{W})$$

【例 12-7】 在图 12-13(a)所示电路中，已知 $u_s = 10 + 4\sqrt{2}\sin 2t\mathrm{V}$，$i_s = 4\sqrt{2}\sin t\mathrm{A}$，试求 i_1 和 u_2。

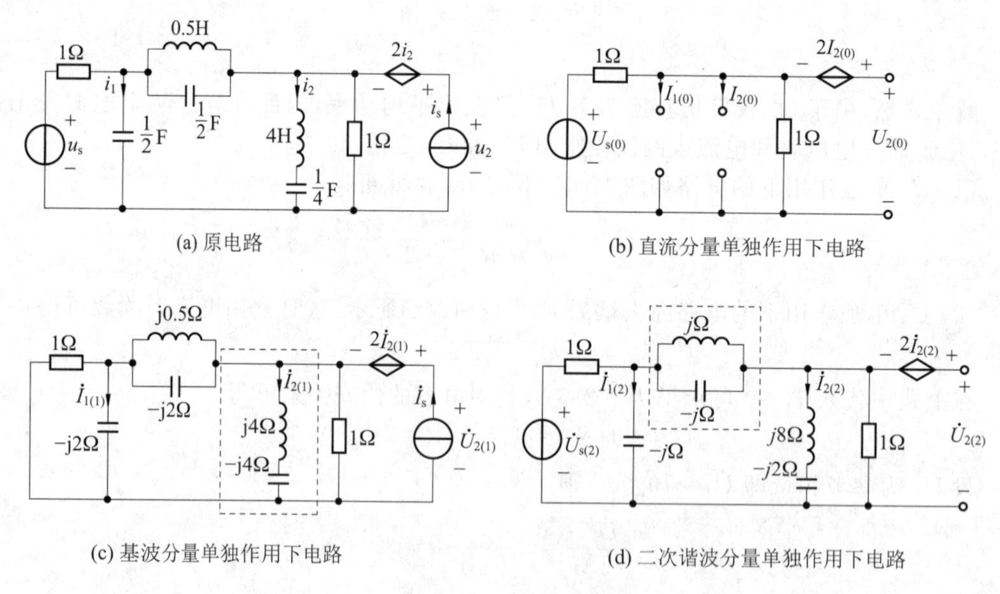

图 12-13　例 12-7 图

解　(1) 电压源中直流分量单独作用下的电路如图 12-13(b)所示。据此可得

$$I_{1(0)} = 0,\quad I_{2(0)} = 0,\quad U_{2(0)} = \frac{1}{1+1}U_{s(0)} = \frac{1}{2} \times 10 = 5(\mathrm{V})$$

(2) 基波分量单独作用下的电路如图 12-13(c)所示,其中将不含基波分量的 u_s 置零。此时,LC 串联支路发生串联谐振,相当于短路,于是得出

$$\dot{I}_{2(1)}=\dot{I}_s=4\angle 0^\circ \mathrm{A},\quad \dot{I}_{1(1)}=0$$

故而

$$\dot{U}_{2(1)}=2\dot{I}_{2(1)}=8\angle 0^\circ(\mathrm{V})$$

(3) 二次谐波分量作用下的电路如图 12-13(d)所示,其中将不含二次谐波分量的电流源置零,虚线框内的 LC 并联支路发生并联谐振,相当于开路,因而得到

$$\dot{U}_{2(2)}=0$$

于是

$$\dot{I}_{1(2)}=\frac{\dot{U}_{s(2)}}{1-\mathrm{j}}=\frac{4\angle 0^\circ}{1-\mathrm{j}}=\frac{4}{\sqrt{2}}\angle 45^\circ(\mathrm{A})$$

(4) 将 i_1 和 u_2 各分量的瞬时值叠加得

$$i_1=I_{1(0)}+i_{1(1)}+i_{1(2)}=4\sin(2t+45^\circ)\mathrm{A}$$

$$u_2=U_{2(0)}+u_{2(1)}+u_{2(2)}=(5+8\sqrt{2}\sin t)\mathrm{V}$$

【例 12-8】 电路如图 12-14(a)所示的电路中,已知 $u_s=4\sqrt{2}\sin t\mathrm{V}$,$i_s=I_s$,功率表 W_1 读数为 16W,W_2 读数为 27W,电压表 V 与电流表 A_1、A_2 的读数(有效值)分别为 4V、5A、3A,试求 I_s、R_1、R_2、L、C 之值。

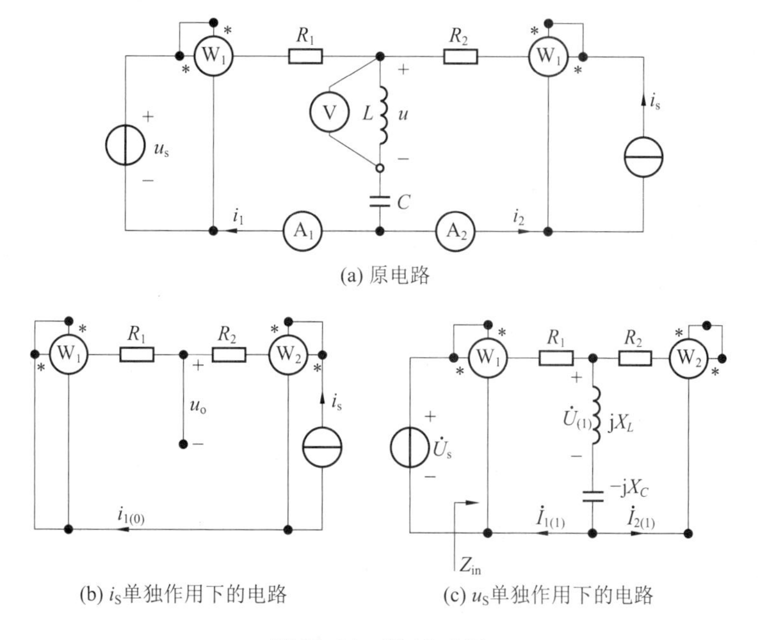

图 12-14 例 12-8 图

解 利用叠加定理求解。

(1) i_s 单独激励。这时,从图 12-14(a)中可以看出,直流电流源 i_s 的值由电流表 A_2 给

出为 $i_s=I_s=3A$。i_s 单独激励的等效电路如图 12-14(b)所示，其中

$$u_0=0,\quad i_{1(0)}=-i_s=-3A$$

考虑到功率表 W_1 的端电压为零，故有 $P_{10}=0$，功率表 W_2 的功率分量为

$$P_{2(0)}=(R_1+R_2)i_s^2=(R_1+R_2)\times 3^2=9(R_1+R_2)$$

(2) u_s 单独激励。此时电路如图 12-14(c)所示，其中$\dot I_{21}=0$，即流经功率表 W_2 的电流为零，因此有 $P_{2(1)}=0$。图 12-14(a)中电流表 A_1 的读数为

$$\dot I_{A_1}=\sqrt{i_{1(0)}^2+I_{1(1)}^2}=\sqrt{(-3)^2+I_{1(1)}^2}=5A$$

解之得 $I_{1(1)}=4A$。电压表 V 的读数为

$$U_V=\sqrt{u_0^2+U_{(1)}^2}=U_{(1)}=4V$$

由于$\dot I_{2(1)}=0$，因而由图 12-14(c)可知有

$$X_L=\frac{U_{(1)}}{I_{1(1)}}=\frac{4}{4}=1(\Omega),\quad L=\frac{X_L}{\omega}=\frac{1}{1}=1(H)$$

功率表 W_1 的功率分量为

$$P_{1(1)}=R_1I_{1(1)}^2=R_1 4^2=16R_1$$

功率表 W_1 的读数是功率分量 $P_{1(0)}$ 与 $P_{1(1)}$ 之代数和，即

$$P_{W_1}=P_{1(0)}+P_{1(1)}=0+16R_1=16W$$

解之得 $R_1=1\Omega$。图 12-14(c)中输入阻抗的模为

$$|Z_{in}|=\frac{U_s}{I_{1(1)}}=\sqrt{R_1^2+(X_L-X_C)^2}=\sqrt{1^2+(1-X_C)^2}=\frac{4}{4}$$

解之得 $X_C=1\Omega,C=\dfrac{1}{\omega X_C}=\dfrac{1}{1\times 1}=1(F)$。

功率表 W_2 的读数是功率分量 P_{20} 与 P_{21} 之代数和，即

$$P_{W_2}=P_{2(0)}+P_{2(1)}=9(R_1+R_2)+0=9(1+R_2)=27W$$

解之得 $R_2=2\Omega$。

【例 12-9】 在如图 12-15(a)所示的电路中，已知 $R_1=R_2=10\Omega,L_1=5mH,L_2=15mH,M=5mH,C=100\mu F,u_0(t)=(100+50\sqrt{2}\sin 1000t)V$，试求：(1) 电流 i 及电流表 A 的读数(有效值)；(2) 功率表 W 的读数。

解 (1) 图 12-15(a)所示电路的去耦等效电路如图 12-15(b)所示。直流电源单独作用时，电路如图 12-15(c)所示，由此可得

$$I_0=\frac{100}{10}=10(A),\quad P_0=\frac{100^2}{10}=1000(W)$$

(2) 交流电源单独作用时，电路如图 12-15(d)所示，其中等效电感与电容发生串联谐振，于是，等效电路如图 12-15(e)所示，由此可得

$$\dot I_1=\frac{50\angle 0^\circ}{(10//10)+j5}==\frac{50\angle 0^\circ}{5+j5}=\frac{10}{\sqrt{2}}\angle -45^\circ=7.07\angle -45^\circ(A)$$

$$\dot I_2=\frac{\dot I_1}{2}=\frac{5}{\sqrt{2}}\angle -45^\circ=3.536\angle -45^\circ(A)$$

$$P_1=50\times 3.536\times\cos 45^\circ=125(W)$$

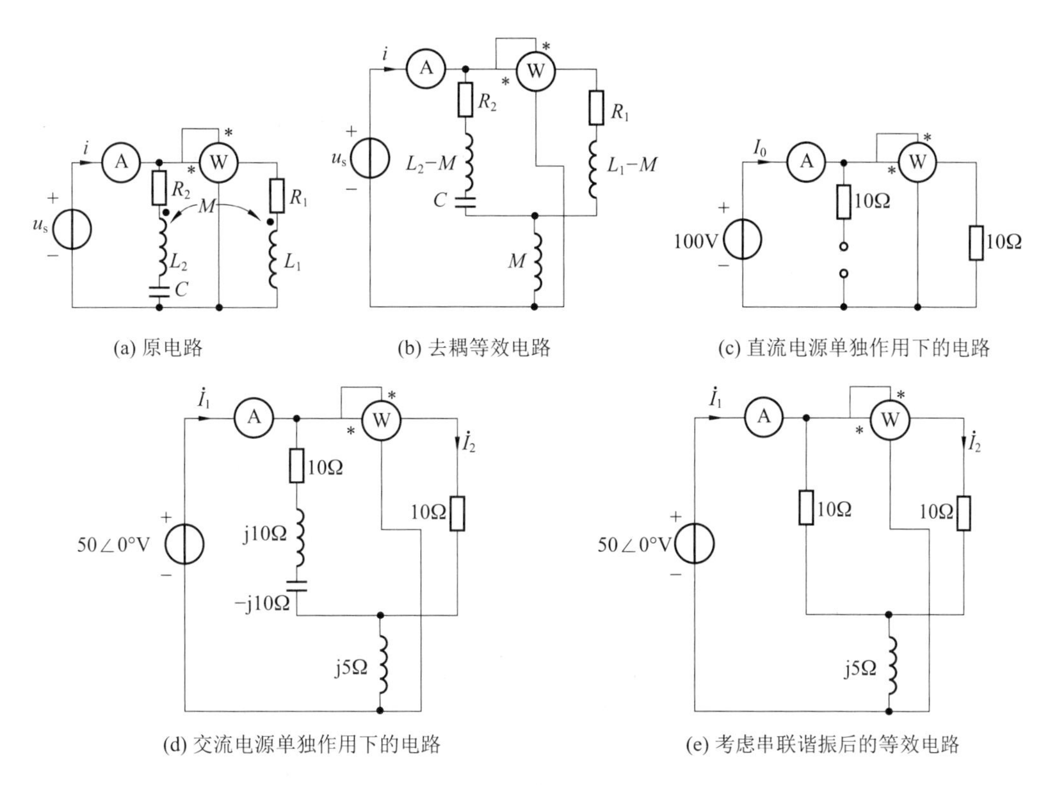

图 12-15　例 12-9 图

故而有

$$i = 10 + 10\cos(1000t - 45°)\text{A}, \quad I = \sqrt{10^2 + (7.07^2)} = \sqrt{150} = 12.2(\text{A})$$

于是，电流表 A 的读数为 12.2A，功率表 W 的读数为 $P_0 + P_1 = 1125\text{W}$。

【例 12-10】 在如图 12-16(a)所示电路中，已知直流电源 $U_{s0} = 30\text{V}$，其发出功率 $P_0 = 60\text{W}$，电流源 $i_{s1} = 5\sqrt{2}\sin 1000t\text{A}$，其发出有功功率 $P_1 = 100\text{W}$，无功功率为零；电压源 $u_{s2} = 40\sqrt{2}\sin 2000t\text{V}$。试求：(1)图 12-16(a)中元件参数 R、L、C 之值；(2)电压源 u_{s2} 发出的功率。

解 (1) 当直流电源 U_{s0} 单独作用时，电路图如图 12-16(b)所示，由此可得

$$P_0 = \frac{U_{s0}^2}{1.5R}$$

于是可求得

$$R = \frac{U_{s0}^2}{1.5P_0} = \frac{30^2}{1.5 \times 60} = 10(\Omega)$$

(2) 当基波电流源 i_{s1} 单独作用时，其对应电路为如图 12-16(c)所示的相量模型。因为电流源不发出无功功率，故这时 R、L 串联支路与电容 C 支路发生并联谐振，图中所示相量 $\dot{U}_1$、$\dot{I}_1$ 同相位，$\dot{I}_{R1}$ 又与$\dot{U}_1$ 同相位，因此。$\dot{I}_{s1}$ 与 $\dot{I}_{R1}$、$\dot{I}_1$ 以及$\dot{U}_1$ 同相位，由 KCL、VCR、KVL 以及功率关系分别可得

$$I_{R1} + I_1 = I_{s1} = 5, \quad U_1 = \frac{R}{2} \times I_{R1}, \quad I_{R1}^2 \frac{R}{2} + U_1 I_1 = 100$$

对这三式联立求解可得

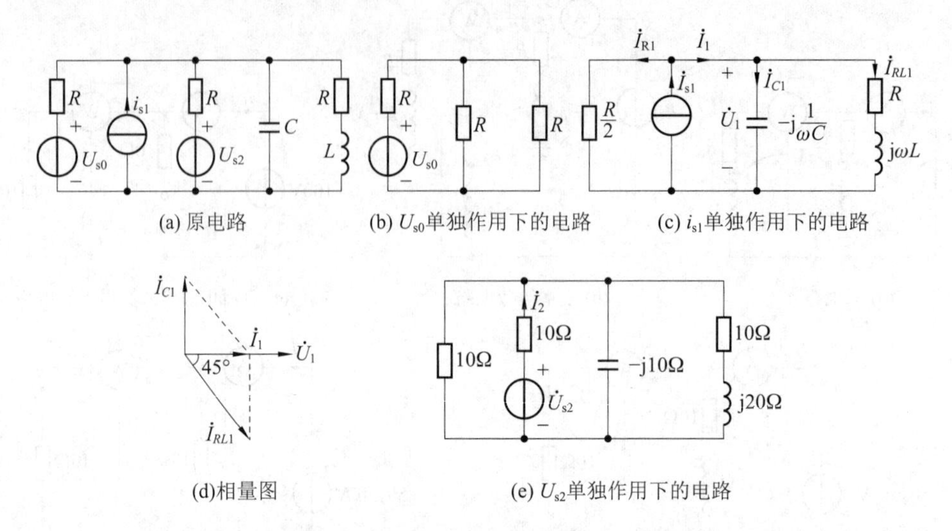

图 12-16　例 12-10 图

$$I_{R1}=4\text{A},\quad I_1=1\text{A},\quad U_1=20\text{V}$$

由于 R、L 支路与 C 支路发生并联谐振时，R 元件吸收的功率为 U_1I_1，故而有

$$U_1I_1=20=I_{RL1}^2R=10I_{RL1}^2$$

解之可得 $I_{RL1}=\sqrt{2}\text{A}$，由于 $\dot{I}_{C1}$ 超前 $U_1\,90°$，并且 $\dot{I}_1=\dot{I}_{C1}+\dot{I}_{RL1}$，由此作出 R、L 支路与 C 支路并联电路的相量图如图 12-16(d)所示，由此可求得

$$I_{C1}=1\text{A},\quad \frac{1}{\omega C}=20\Omega,\quad \omega L=R=10\Omega$$

进而求得电感和电容分别为

$$L=\frac{\omega L}{\omega}=\frac{10}{1000}=10(\text{mH}),\quad C=\frac{1}{20\omega}=\frac{1}{20\times 1000}=50(\mu\text{F})$$

（3）当 u_{s2} 单独作用时，其对应电路为如图 12-16(e)所示的相量模型，这时，$\dot{U}_{s2}=40\angle 0°\text{V}$，从 $\dot{U}_{s2}$ 看出去，电路的总阻抗为

$$Z=R+\frac{1}{\frac{1}{R}+\text{j}2\omega C+\frac{1}{R+\text{j}2\omega L}}=10+\frac{1}{0.1+\text{j}0.1+\frac{1}{10+\text{j}20}}=17\angle-11.3°(\Omega)$$

于是 $\dot{I}_2$ 为

$$\dot{I}_2=\frac{\dot{U}_{s2}}{Z}=\frac{40\angle 0°}{17\angle-11.3°}=2.35\angle 11.3°(\text{A})$$

因此，u_{s2} 发出的功率为

$$P_2=40\times 2.35\times\cos(-11.3°)=92.2(\text{W})$$

【例 12-11】 在如图 12-17(a)所示电路中，已知电压源 u_s 含有直流、基波和二次谐波 3 个分量，基波角频率 $\omega=10^3\,\text{rad/s}$，在基波作用下，$X_{L1}=10\Omega$，$X_{C1}=40\Omega$。各电压、电流有效

值分别为：$I_1=5\text{A}$，$I_2=3\text{A}$，$U=115.7\text{V}$，$U_s=216.8\text{V}$，电路吸收的平均功率为 360W，试求 R 和 C 以及 u_s 各次谐波分量的有效值。

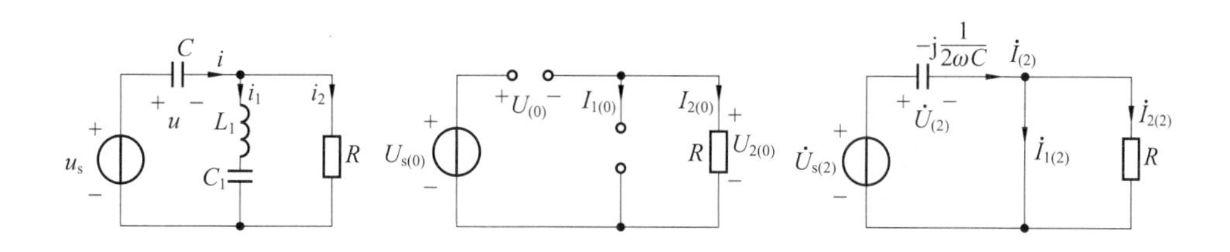

(a) 原电路　　(b) 直流分量单独作用时电路　　(c) 二次谐波分量单独作用时电路

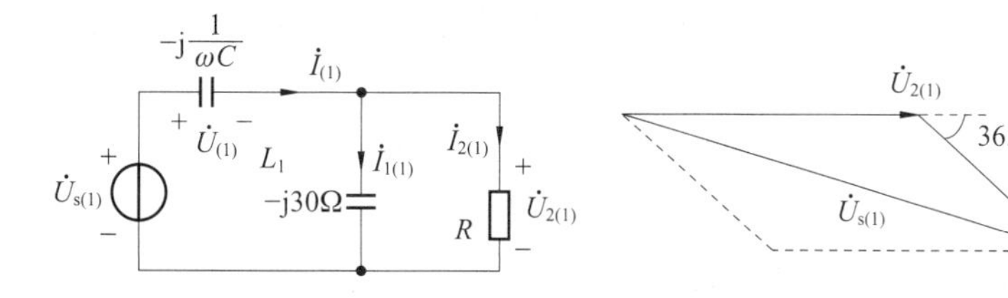

(d) 基波分量单独作用时电路　　(e) 基波分量单独作用时的电压相量图

图 12-17　例 12-11 图

解　(1)由已知数据可得

$$L_1=\frac{X_{L1}}{\omega}=\frac{10}{10^3}=10^{-2}(\text{H}),\quad C_1=\frac{1}{X_{C1}\omega}=\frac{1}{40\times 10^3}=2.5\times 10^{-5}(\text{F})$$

(2) 直流分量单独作用时，电路如图 12-17(b)所示，由此可得

$$U_{(0)}=U_{s(0)},\quad I_{1(0)}=I_{2(0)}=0,\quad P_{(0)}=0$$

(3) 二次谐波分量单独作用时，电路如图 12-16(c)所示，由此可得

$$\text{j}2\omega L_1=\text{j}20\Omega,\quad -\text{j}\frac{1}{2\omega C_1}=-\text{j}\frac{1}{2}\times 40=-\text{j}20\Omega$$

由此可知，L_1 与 C_1 发生了串联谐振，故有

$$\dot{I}_{2(2)}=0,\quad P_{(2)}=0,\quad \dot{I}_{1(2)}=\frac{\dot{U}_{s(2)}}{-\text{j}\dfrac{1}{2\omega C}},\quad \dot{U}_{(2)}=\dot{U}_{s(2)}$$

(4) 基波分量单独作用时电路如图 12-17(d)所示，这时有

$$P=P_{(0)}+P_{(1)}+P_{(2)}=0+P_{(1)}+0=P_{(1)}$$

$$\dot{I}_2=I_{2(0)}+\dot{I}_{2(1)}+\dot{I}_{2(2)}=0+\dot{I}_{2(1)}+0=\dot{I}_{2(1)}$$

因此有

$$P=I_{2(1)}{}^2R=I_2^2R$$

解得

$$R=\frac{P}{I_2^2}=\frac{360}{3^2}=40(\Omega)$$

令 $\dot{I}_{2(1)}=3\angle 0^\circ\text{A}$，则

$$\dot{U}_{2(1)}=\dot{I}_{2(1)}R=3\angle 0^\circ\times 40=120\angle 0^\circ(\text{V})$$

$$\dot{I}_{1(1)}=\frac{\dot{U}_{2(1)}}{-\text{j}30}=\frac{120\angle 0^\circ}{30\angle -90^\circ}=\text{j}4(\text{A})$$

根据 KCL 可得

$$\dot{I}_{(1)}=\dot{I}_{1(1)}+\dot{I}_{2(1)}=4\angle 90^\circ+3\angle 0^\circ=5\angle 53.13^\circ(\text{A})$$

由电容的伏安特性可得

$$\dot{U}_{(1)}=\dot{I}_{(1)}\left(-\text{j}\frac{1}{\omega C}\right)=5\angle 53.13^\circ\cdot\left(-\text{j}\frac{1}{10^3 C}\right)=\frac{1}{2\times 10^2 C}\angle -36.87^\circ(\text{V})$$

根据 KVL：$\dot{U}_{s(1)}=\dot{U}_{(1)}+\dot{U}_{2(1)}$ 画出基波分量单独作用时的电压相量图如图 12-17(e)所示，应用余弦定理可得

$$\begin{aligned}U_{s(1)}^2&=U_{(1)}^2+U_{2(1)}^2-2U_{(1)}U_{2(1)}\cos(180^\circ-36.87^\circ)\\&=U_{(1)}^2+U_{2(1)}^2+2U_{(1)}U_{2(1)}\cos 36.87^\circ\end{aligned}\tag{12-16}$$

根据非正弦量有效值关系式可得

$$U_s^2=U_{s(0)}^2+U_{s(1)}^2+U_{s(2)}^2\tag{12-17}$$

$$U^2=U_{(0)}^2+U_{(1)}^2+U_{(2)}^2\tag{12-18}$$

前面已经求出 $U_{(0)}=U_{s(0)}$，$U_{(2)}=U_{s(2)}$，用式(12-17)减去式(12-18)可得

$$U_s^2-U^2=U_{s(1)}^2-U_{(1)}^2\tag{12-19}$$

在式(12-16)中，$U_{2(1)}$ 前面已经求出，待求量为 $U_{s(1)}$ 和 $U_{(1)}$；在式(12-19)中已知 U_s 和 U，待求量为 $U_{s(1)}$ 和 $U_{(1)}$，即有

$$U_{s(1)}^2-U_{(1)}^2=120^2+240U_{(1)}\cos 36.87^\circ\tag{12-20}$$

$$U_{s(1)}^2-U_{(1)}^2=216.8^2-115.7^2\tag{12-21}$$

联立求解式(12-20)、式(12-21)，可得

$$U_{s(1)}=208.8\text{V},\quad U_{(1)}=100\text{V}$$

因此有

$$X_C=\frac{1}{\omega C}=\frac{U_{(1)}}{I_{(1)}}=\frac{100}{5}=20(\Omega)$$

$$C=50\mu\text{F}$$

根据非正弦量有效值关系式可得

$$I_1^2=I_{1(0)}^2+I_{1(1)}^2+I_{1(2)}^2\tag{12-22}$$

式(12-22)中已知 $I_1=5\text{A}$，而前面又已经求出 $I_{1(0)}=0$，$I_{1(1)}=4\text{A}$，因此可以求出 $I_{1(2)}=3\text{A}$。由于 $U_{(2)}=U_{s(2)}$，故有

$$U_{s(2)}=U_{(2)}=I_{(2)}\times\frac{1}{2\omega C}=I_{2(1)}\times\frac{1}{2\omega C}=3\times 10=30(\text{V})$$

因此可得

$$U_{s(0)}=\sqrt{U_s^2-U_{s(1)}^2-U_{s(2)}^2}=\sqrt{216.8^2-208.8^2-30^2}=50(\text{V})$$

【例 12-12】 在图 12-18 所示的电路中，N 不含独立源。当 $u_s=5\sin(1000t+40°)$V 和 $i_s=0.1\sin(500t-20°)$A 时，$u_{ab}=[2\sin(1000t-10°)+3\sin(500t-30°)]$V；当 $u_s=5\sin(500t+40°)$V 和 $i_s=0.1\sin(1000t-20°)$A 时，$u_{ab}=[3\sin(1000t-20°)+2\sin(500t-10°)]$V。若 $u_s=(20\sin1000t+10\sin500t)$V 和 $i_s=(0.3\sin1000t-0.2\sin500t)$A，试求 u_{ab}。

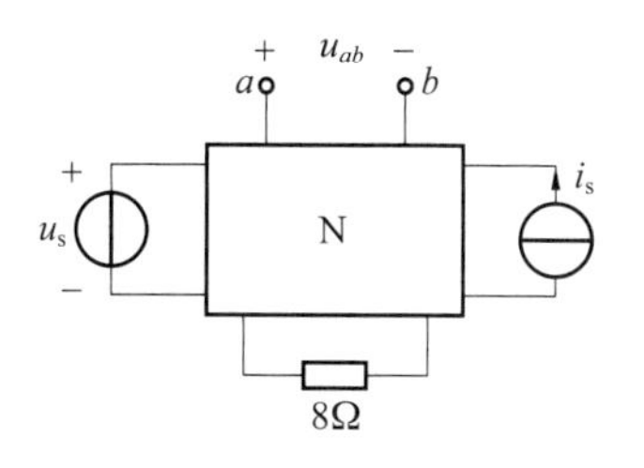

图 12-18 例 12-12 图

解 根据齐性原理并应用最大值相量可知：

(1) 当 $u_s=5\sin(1000t+40°)$V 单独作用时，有 $2\angle-10°=A_{1000}\times5\angle40°$；

(2) 当 $i_s=0.1\sin(500t-20°)$A 单独作用时，有 $3\angle-30°=B_{500}\times0.1\angle-20°$；

(3) 当 $u_s=5\sin(500t+40°)$V 单独作用时，有 $2\angle-10°=A_{500}\times5\angle40°$；

(4) 当 $i_s=0.1\sin(1000t-20°)$A 单独作用时，有 $3\angle-20°=B_{1000}\times0.1\angle-20°$；

(5) 当 $u_s=20\sin1000t+10\sin500t$V 和 $i_s=0.3\sin1000t-0.2\sin500t$A 共同作用于电路时，应用叠加定理将频率为 $\omega=1000$rad/s 的正弦激励分为一组，将频率为 $\omega=500$rad/s 的正弦激励分为另一组，它们所对应的响应分别为$\dot{U}'_{ab}$和$\dot{U}''_{ab}$，于是有

$$\dot{U}'_{ab}=A_{1000}\times20\angle0°+B_{1000}\times0.3\angle0°$$

$$\dot{U}''_{ab}=A_{500}\times10\angle0°-B_{500}\times(0.2)\angle0°$$

代入已知条件可得

$$\dot{U}'_{ab}=\frac{2\angle-10°}{5\angle40°}\times20\angle0°+\frac{3\angle-20°}{0.1\angle-20°}\times0.3\angle0°=14.142-\mathrm{j}6.128$$
$$=15.413\angle-23.43°(\mathrm{V})$$

$$\dot{U}''_{ab}=\left[\frac{2\angle-10°}{5\angle40°}\times10\angle0°-\frac{3\angle-30°}{0.1\angle-20°}\times(0.2)\angle0°\right]=-3.34-\mathrm{j}2.02$$
$$=3.903\angle-148.83°(\mathrm{V})$$

将$\dot{U}'_{ab}$和$\dot{U}''_{ab}$对应的时域表示式相加可得

$$u_{ab}=15.413\sin(1000t-23.43°)+3.903\sin(500t-148.83°)\mathrm{V}$$

【例 12-13】 在如图 12-19(a)所示电路中，已知 N 为线性无源电阻网络，$u_s=(8+16\sin2t)$V，$R=1\Omega$，$L=0.25$H，电流表读数为 3A，电压表读数为 1V(均为有效值)。若将图中 R、L 改成串联连接，试求电流表、电压表的读数。

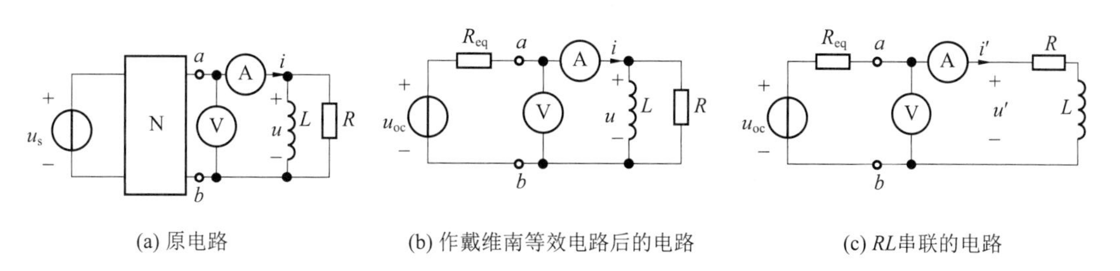

(a) 原电路　(b) 作戴维南等效电路后的电路　(c) RL串联的电路

图 12-19 例 12-13 图

解　(1) 作戴维南等效电路。对图 12-19(a)中 a-b 端口左边电路作戴维南等效电路得到如图 12-19 (b)所示电路。根据叠加原理，可设其中开路电压为

$$u_{oc}=U_{dc}+2U_{dc}\sin 2t\text{V} \tag{12-23}$$

式中，U_{dc} 和 $2U_{dc}\sin 2t$V 分别为直流分量和交流分量单独作用时产生的开路电压，两者的幅值关系满足齐性原理。

(2) 应用叠加原理求解戴维南等效电路参数。设图 12-19 (b)所示电路中，$u=U_0+u_{ac}$，$i=I_0+i_{ac}$。

已知 $U=1$V，$I=3$A，当直流分量单独作用时，电感 L 短路，有

$$I_0=\frac{U_{dc}}{R_{eq}},\quad U_0=0$$

当交流分量单独作用时，利用用相量法求出电路 RL 并联连接的等效阻抗为

$$Z_{eq}=\frac{R\times j\omega L}{R+j\omega L}=\frac{j0.5}{1+j0.5}=\frac{0.5\angle 90^\circ}{1.118\angle 26.6^\circ}=0.447\angle 63.4^\circ=0.2+j0.4(\Omega)$$

于是，由 $\dot{I}_{ac}=\dot{U}_{ac}/Z_{eq}$ 以及 $U^2=\sqrt{U_0+U_{ac}^2}=\sqrt{0^2+U_{ac}^2}=U_{ac}^2$，即 $U_{ac}=U$，可得

$$I_{ac}=\frac{U_{ac}}{|Z_{eq}|}=\frac{U}{|Z_{eq}|}=\frac{1}{0.447}=2.236(\text{A})$$

再由电流表的读数可得

$$I_0=\sqrt{I^2-I_{ac}^2}=\sqrt{3^2-2.236^2}=2.00(\text{A})$$

在图 12-19 (b)所示电路中，当 $2U_{dc}\sin 2t$V 单独作用时可得

$$\dot{I}_{ac}=\frac{\frac{2U_{dc}}{\sqrt{2}}\angle 0^\circ}{R_{eq}+Z_{eq}}=\frac{\sqrt{2}U_{dc}\angle 0^\circ}{R_{eq}+0.2+j0.4} \tag{12-24}$$

由 $I_0=U_{dc}/R_{eq}$ 和 $I_0=2.00$A 可得 $U_{dc}=2R_{eq}$，利用该式以及式(12-24)可得

$$I_{ac}=\frac{\sqrt{2}U_{dc}}{\sqrt{(R_{eq}+0.2)^2+0.4^2}}=\frac{2\sqrt{2}R_{eq}}{\sqrt{(R_{eq}+0.2)^2+0.4^2}}=2.236$$

解之得 $R_{eq}=1.00\Omega$，于是 $U_{dc}=2$V，因此可得

$$u_{oc}=2.00+4.00\sin 2t\text{V}$$

(3) 应用戴维南等效电路求解 R，L 改为串联时电流表和电压表的读数。在图 12-19 (c)中，直流分量单独作用时，有

$$I'_0=\frac{U_{dc}}{R_{eq}+R}=\frac{2}{1+1}=1(\text{A}),\quad U'_0=1\text{V}$$

交流分量单独作用时，有

$$\dot{I}'_{ac}=\frac{\dot{U}'_{ocac}}{Z'_{eq}}=\frac{\frac{4}{\sqrt{2}}\angle 0^\circ}{1+1+j0.5}=\frac{2\sqrt{2}\angle 0^\circ}{2.062\angle 14.04^\circ}=1.372\angle -14.04^\circ(\text{A})$$

$$\dot{U}'_{ac}=\sqrt{1^2+0.5^2}I'_{ac}=1.118\times 1.372=1.534(\text{V})$$

因此，电流表的读数为

$$I'=\sqrt{(I'_0)^2+(I'_{ac})^2}=\sqrt{1^2+(1.372)^2}=1.70(\text{A})$$

电压表的读数为

$$U' = \sqrt{(U'_0)^2 + (U'_{ac})^2} = \sqrt{1^2 + 1.534^2} = 1.83(\mathrm{V})$$

通过以上讨论可以归纳得出非正弦周期电路稳态响应计算时应该注意的问题：

(1) 由于将给定电源的非正弦周期电压 $u_s(t)$ 或电流 $i_s(t)$ 按傅里叶级数作谐波分解后的形式分别为 $u_s(t) = U_0 + \sum_{n=1}^{\infty} u_{ns}(t)$ 或 $i_s(t) = I_0 + \sum_{n=1}^{\infty} i_{ns}(t)$，所以原电压源可以等效表示为各个谐波电压源相串联的形式，原电流源则可以等效表示为各个谐波电流源相并联的形式，若题目已给出激励源的傅里叶级数式，则无需展开作等效电源；

(2) 在应用叠加原理计算直流分量和各次谐波分量单独作用产生的稳态响应时，对于直流分量单独作用下的电路，其中的电感相当于短路，电容相当于开路，电路为一电阻性直流等效电路，这时可以采用电阻电路任意一种方便的分析计算方法来求直流分量，但是要特别注意电感元件上的直流电流分量和电容元件上的直流电压分量在叠加时不要遗漏了；

(3) 电感元件的感抗和电容元件的容抗随频率而变，就 n 次谐波而言，感抗 $X_{nL} = n\omega L$，是基波感抗的 n 倍，而容抗 $X_{nC} = \dfrac{1}{n\omega C}$，是基波容抗的 $\dfrac{1}{n}$ 倍，由此可知：①电感元件对高次谐波电流呈现出较大的阻碍作用，容易使较低次谐波电流顺利通过；电容元件则对较低次的谐波电流有很大的遏制作用，却易于使高次谐波电流顺畅通过，两者的作用正好相反；②电源中不同频率的谐波激励分量不能一起计算；

(4) 如果电路中有两个或多个激励源同时作用于电路，根据线性电路的叠加原理，可以按频率分类进行计算，即将各电源中的同频部分放在一起计算；

(5) 在含有电感元件 L 和电容元件 C 的电路中，L 和 C 的组合部分有可能在电源某个频率谐波分量作用下发生串联谐振或并联谐振，计算时对每一个频率都要注意根据谐振条件判断；仅含 L 和 C 的组合模块是否会对该频率发生谐振；

(6) 对于含有耦合电感元件又满足去耦条件的电路在用相量法计算各次谐波分量时，一般多采用去耦的方法；

(7) 应用叠加原理求电路中某处响应时，只能将该响应的直流分量和各次谐波分量的时域函数叠加，写出最终响应的时域表达式，而不能直接将用相量法所求出的各次谐波响应分量的相量与直流响应分量的相量相加，因为对应着不同频率的正弦激励函数的相量，相加后所得到的相量和没有任何物理意义；

(8) 不同频率的电压和电流不能构成平均功率。

12.8 L、C元件构成的无源滤波器

由于电感和电容对不同的谐波有着不同的谐波阻抗，即电感的感抗随频率的增高而增大，电容的容抗则正好与之相反，或者说电感和电容具有彼此相反而又互补的频率特性，所以在非正弦周期电流电路中，可以利用电感元件和电容元件对各种谐波具有不同作用的特点，组成含有电感和电容的各种不同形式的无源滤波电路，抑制非正弦周期输入信号(多频输入信号)中某些不需要的谐波分量，而让那些所需要的谐波分量顺利地通过。此外，在工

程实际中,经常还会用到由调谐至不同频率上的 LC 串联支路和 LC 并联支路组合构成的所谓谐振滤波器,以达到对非正弦周期信号进行分解的目的。这种滤波器可以滤除输入信号中个别或某些谐波分量,使之无法到达输出端,例如,在图 12-20 所示的电路中,将 L_1C_1 并联支路和 L_2C_2 串联支路分别调谐至对输入信号中的 k 次谐波和 l 次谐波发生谐振,则 k 次谐波电流受到了扼制,无法通过 L_1C_1 并联谐振支路,而 l 次谐波电流则从 L_2C_2 串联谐振等效短路支路上流走,使输出电压 u_0 中的 l 次谐波成分为零,从而也就滤除了输入信号中的 k 次谐波和 l 次谐波。这种滤波器实际上是一种带阻滤波器,它阻止谐振频率邻域内的信号通过。与此相反,谐振滤波器还能用来选取输入信号中的某个或某些谐波分量,即仅允许所选中的谐波分量到达输出端,例如,在图 12-21 所示的这种滤波器中,L_1C_1 串联支路调谐至对输入信号中的 p 次谐波发生串联谐振,该次谐波电流顺利通过,L_2C_2 并联支路则调谐至对输入信号中的 q 次谐波发生并联谐振,该次谐波电压输出作为 u_0 的一部分。这种滤波器实际上是一种带通滤波器,它利用谐振电路的频率特性,只允许谐振频率邻域内的信号通过。

但是,L、C 元件构成的无源、无损滤波器的电感元件体积较大,难以做到滤波器的小型化和集成化。因此,目前,在滤波器的设计中广泛使用运算放大器或其他 VCVS 有源器件而不再使用电感元件,称为 RC 有源滤波器,从而实现了滤波器的集成化。

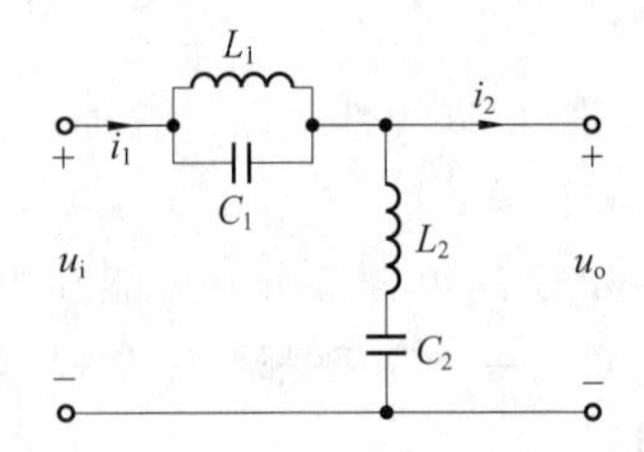

图 12-20　抑制某些频率的滤波器(带阻滤波器)

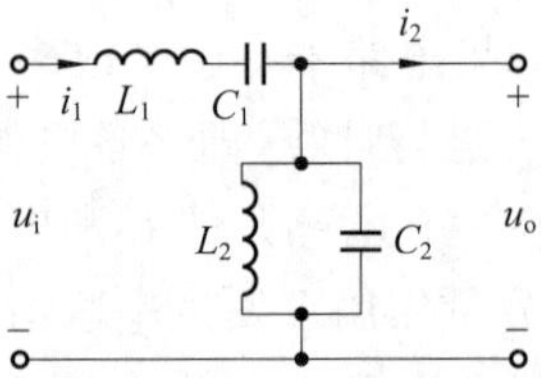

图 12-21　选取某些频率的滤波器(带通滤波器)

【例 12-14】　一滤波器电路如图 12-22 所示,已知 $u_1(t)=(U_1\sin\omega t+U_3\sin3\omega t)\text{V}$,$L_1=0.1\text{H}$,$\omega=314\text{rad/s}$,若要使输出电压 $u_2(t)=U_1\sin\omega t\text{V}$,试求:(1) C_1;(2) 方框 X 对应的元件及其参数值。

解　$u_2(t)$中不含 3 次谐波,这表明 L_1,C_1 对 3 次谐波发生了并联谐振,即有 $3\omega C_1=1/3\omega L_1$,解之得

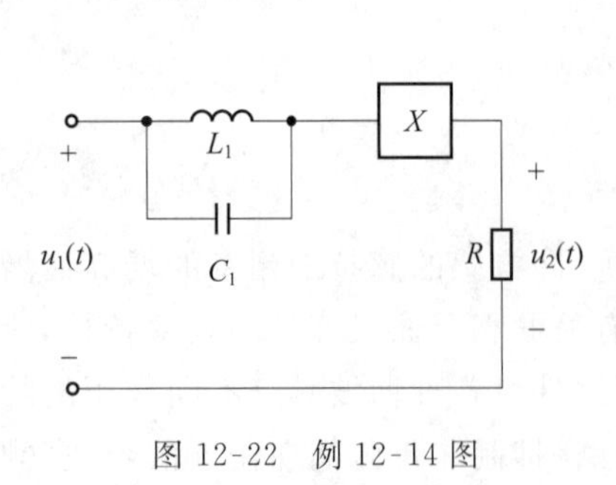

图 12-22　例 12-14 图

$$C_1=\frac{1}{9\omega^2L_1}=\frac{1}{9\times314^2\times0.1}=11.3(\mu\text{F})$$

$u_2(t)$中只含基波电压且等于基波电压,这说明 L_1 和 C_1 并联后,与 X 发生串联谐振。由 $3\omega C_1=1/3\omega L_1$ 可得 $1/\omega L_1=9\omega C_1$,可见对于基波而言,感纳大于容纳,即 L_1 和 C_1 并联部分为感性,因此,X 必为电容(设为 C_X),才可与 L_1 和 C_1 并联部分发生串联谐振,这时,该串联部分的总阻抗应为零,即

$$\frac{1}{\mathrm{j}\left(\omega C_1-\dfrac{1}{\omega L_1}\right)}+\frac{1}{\mathrm{j}\omega C_X}=0$$

解之得 $C_X=\dfrac{1}{\omega^2 L_1}-C_1=\dfrac{1}{314^2\times0.1}-11.3\times10^{-6}=90.1(\mu\mathrm{F})$。

12.9 非正弦对称三相电路稳态响应的分析和计算

在第 11 章中，三相电路的电源均为三相对称的正弦交流电源，但是实际上，三相发电机产生的电压并非理想的正弦波，而是非正弦周期波，由于发电机内部结构的原因，它不含偶次谐波，而只含奇次谐波，所以发电机产生的电压是奇谐波函数，因此实际三相电路严格地说是非正弦电路，于是将其电压和电流中含有高次谐波的三相电路称为非正弦三相电路，而将具有对称三相周期性非正弦电源和线性对称三相负载的三相电路则称为对称三相周期性非正弦电路，简称为非正弦对称三相电路，本节讨论这种电路的分析问题。

在一般情况下，三相电源电压的波形畸变程度较低，可近似将三相电路按正弦电路来处理，倘若三相电源产生的电压波形与正弦波形差别较大，则应将三相电路作为非正弦电路处理。

12.9.1 非正弦对称三相电源的输出电压

对称三相周期性非正弦电源是指各相电压为周期性非正弦函数，但波形完全相同，而在时间上依次相差三分之一周期的三相电源，简称为非正弦对称三相电源。其三相电压可表示为

$$\left.\begin{aligned}u_{\mathrm{A}}&=u(t)\\u_{\mathrm{B}}&=u\left(t-\frac{T}{3}\right)\\u_{\mathrm{C}}&=u\left(t-\frac{2T}{3}\right)=u\left(t+\frac{T}{3}\right)\end{aligned}\right\}\tag{12-25}$$

式中，$u(t)$为非正弦周期函数，T 为基波的周期。

非正弦对称三相电路中的电压、电流均为奇谐波函数，因此，其傅里叶级数展开式中不含直流分量和偶次谐波，即各相电压、电流一般由 1,3,5,…奇次谐波组成，它们可按相序分为正序、负序和零序三个组别，每个组别含有不同的谐波分量。

将 u_{A} 展开成博里叶级数可得

$$\begin{aligned}u_{\mathrm{A}}=u_{\mathrm{A1}}+u_{\mathrm{A3}}+u_{\mathrm{A5}}+u_{\mathrm{A7}}+\cdots&=\sqrt{2}U_1\sin(\omega_1 t+\varphi_1)+\sqrt{2}U_3\sin(3\omega_1 t+\varphi_3)\\&+\sqrt{2}U_5\sin(5\omega_1 t+\varphi_5)+\sqrt{2}U_7\sin(7\omega_1 t+\varphi_7)+\cdots\end{aligned}\tag{12-26}$$

式中，$\omega_1=2\pi/T$。将式中的 t 改为 $t-T/3$ 或将 $\omega_1 t$ 改作 $\omega_1 t-120°$，并注意到

$$\sin[n(\omega_1 t-120°)+\varphi_n]=\begin{cases}\sin(n\omega_1 t+\varphi_n-120°), & n=1,7,\cdots\\\sin(n\omega_1 t+\varphi_n), & n=3,9,\cdots\\\sin(n\omega_1 t+\varphi_n+120°), & n=5,11,\cdots\end{cases}$$

便可得到 B 相电压的表达式 u_B，即

$$\begin{aligned} u_B &= u_{B1} + u_{B3} + u_{B5} + u_{B7} + \cdots \\ &= \sqrt{2}U_1 \sin(\omega_1 t + \varphi_1 - 120^\circ) + \sqrt{2}U_3 \sin(3\omega_1 t + \varphi_3) \\ &\quad + \sqrt{2}U_5 \sin(5\omega_1 t + \varphi_5 + 120^\circ) + \sqrt{2}U_7 \sin(7\omega_1 t + \varphi_7 - 120^\circ) + \cdots \end{aligned}$$

类似地，可得 C 相电压的表达式 u_C，即

$$\begin{aligned} u_C &= u_{C1} + u_{C2} + u_{C5} + u_{C7} \cdots \\ &= \sqrt{2}U_1 \sin(\omega_1 t + \varphi_1 + 120^\circ) + \sqrt{2}U_3 \sin(3\omega_1 t + \varphi_3) \\ &\quad + \sqrt{2}U_5 \sin(5\omega_1 t + \varphi_5 - 120^\circ) + \sqrt{2}U_7 \sin(7\omega_1 t + \varphi_7 + 120^\circ) + \cdots \end{aligned}$$

比较非正弦对称三相电压 u_A、u_B、u_C 谐波展开式中同次谐波分量之间的相位关系可知，u_A、u_B、u_C 中的基波（u_{A_1}、u_{B_1}、u_{C_1}）、7 次（u_{A_7}、u_{B_7}、u_{C_7}）、13 次（$u_{A_{13}}$、$u_{B_{13}}$、$u_{C_{13}}$）等谐波分别构成正序对称三相电压即 $3k+1(k=0,2,4,\cdots)$ 奇数次谐波构成正序对称组；u_A、u_B、u_C 中的 5 次（u_{A_5}、u_{B_5}、u_{C_5}）、11 次（$u_{A_{11}}$、$u_{B_{11}}$、$u_{C_{11}}$）、17 次（$u_{A_{17}}$、$u_{B_{17}}$、$u_{C_{17}}$）等谐波分别构成负序对称三相电压即 $3k-1(k=2,4,6,\cdots)$ 奇数次谐波构成负序对称组；u_A、u_B、u_C 中的 3 次（u_{A_3}、u_{B_3}、u_{C_3}）、9 次（u_{A_9}、u_{B_9}、u_{C_9}）、15 次（$u_{A_{15}}$、$u_{B_{15}}$、$u_{C_{15}}$）等谐波均是大小相等、相位相同的正弦量，无相序可言，它们分别构成零序对称三相电压即 $3k(k=1,3,5,\cdots)$ 奇数次谐波构成零序对称组。

图 12-23 给出了基波、3 次谐波和 5 次谐波电压的相量图。

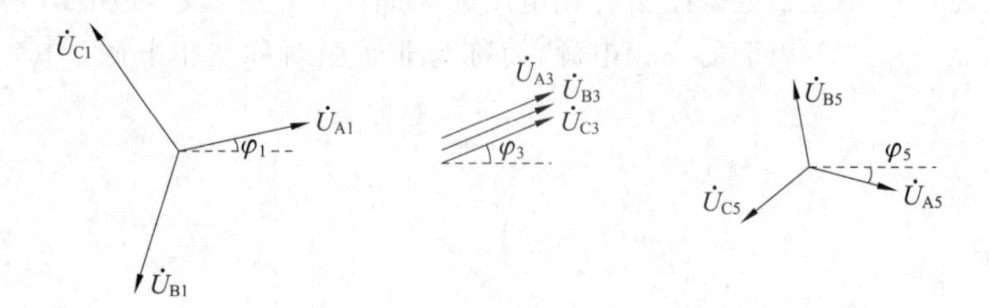

图 12-23　1、3、5 次谐波电压相量图

12.9.2　非正弦对称三相电路的特点

下面按非正弦对称三相 Y-Y 连接电路、非正弦对称三相 Y_0-Y_0 连接电路以及非正弦对称三相△-△连接电路分别讨论其电压、电流的特点。

1. 非正弦对称三相 Y-Y 连接电路

非正弦对称三相 Y-Y 连接电路如图 12-24 所示。$n(n=3,9,15,\cdots)$ 次零序谐波电压激励下的对称 Y-Y 电路如图 12-25 所示。

1）线电压中不含零序谐波分量

由于电源相电压 u_A、u_B、u_C 为奇谐波函数，含有全部谐波分量，因此，电源相电压的有效值为

$$U_p = \sqrt{U_{p1}^2 + U_{p3}^2 + U_{p5}^2 + U_{p7}^2 + \cdots} \tag{12-27}$$

式中，U_{p1}，U_{p3}，U_{p5}，U_{p7}，…是基波、3 次、5 次、7 次……谐波的有效值。

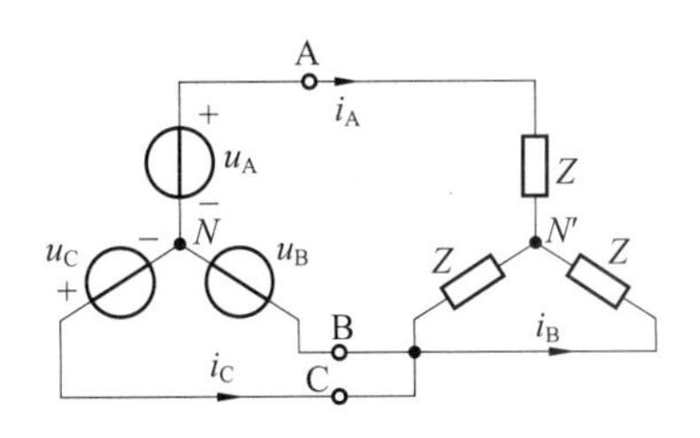

图 12-24 对称 Y-Y 电路

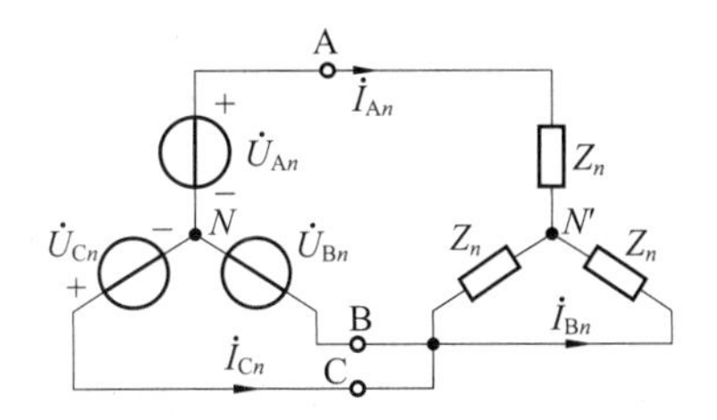

图 12-25 $n(n=3,9,15,\cdots)$次零序谐波电压激励下的对称 Y-Y 电路

在 Y 连接电源相电压的零序分量中，设 $n(n=3,9,15,\cdots)$次零序谐波为 u_{An}、u_{Bn}、u_{Cn}，它们对应的线电压为相电压之差，即

$$u_{ABn} = u_{An} - u_{Bn}, \quad u_{BCn} = u_{Bn} - u_{Cn}, \quad u_{CAn} = u_{Cn} - u_{An}$$

则由于各相的零序谐波大小相等而且同相即 $u_{An}=u_{Bn}=u_{Cn}$，故而

$$u_{ABn} = u_{BCn} = u_{CAn} = 0$$

这表明，非正弦对称三相电源作 Y 连接时，其线电压中无零序谐波分量即无 3 次、9 次谐波等分量，但是，线电压中仍然含有正序和负序各次谐波即基波、5 次、7 次谐波，等等。由于电源正序和负序各次谐波的线电压有效值与相电压有效值的关系仍为$\sqrt{3}$的关系，即

$$U_{l1} = \sqrt{3}U_{p1}, \quad U_{l5} = \sqrt{3}U_{p5}, \quad U_{l7} = \sqrt{3}U_{p7}, \quad \cdots$$

因此，Y 连接电源线电压的有效值为

$$U_l = \sqrt{U_{l1}^2 + U_{l5}^2 + U_{l7}^2 + \cdots} = \sqrt{3}\sqrt{U_{p1}^2 + U_{p5}^2 + U_{p7}^2 + \cdots} \tag{12-28}$$

对比式(12-27)和式(12-28)可知，对称三相 Y 连接电源的线电压有效值与相电压有效值满足如下关系：

$$U_l < \sqrt{3}U_p$$

这表明，Y 连接电源线电压和相电压有效值之间不再有$\sqrt{3}$倍的关系，而是线电压有效值小于相电压有效值的$\sqrt{3}$倍。

实际上，对于任何连接形式(Y-Y 或△-△)的对称三相电路(三线制或四线制)，电源线电压中不含零序谐波分量这一结论都是成立的。

2) 线电流中不含零序谐波分量

如图 12-25 所示为 $n(n=3,9,15,\cdots)$次零序谐波对应的非正弦对称三相 Y-Y 连接电路，其中$\dot{U}_{An}$、$\dot{U}_{Bn}$、$\dot{U}_{Cn}$为电源相电压的 n 次零序谐波相量，Z_n 是负载对应于 n 次零序谐波频率的阻抗。

由于$\dot{U}_{An}=\dot{U}_{Bn}=\dot{U}_{Cn}$且电路对称，因此线电流$\dot{I}_{An}$、$\dot{I}_{Bn}$、$\dot{I}_{Cn}$满足：

$$\dot{I}_{An} = \dot{I}_{Bn} = \dot{I}_{Cn}$$

而又由 KCL 可得

$$\dot{I}_{An} + \dot{I}_{Bn} + \dot{I}_{Cn} = 0$$

于是必有

$$\dot{I}_{An} = \dot{I}_{Bn} = \dot{I}_{Cn} = 0$$

这表明，非正弦对称三相 Y-Y 连接电路的线电流不含零序分量，即由于不存在中线，无法形成零序谐波电流通路。实际上，该结论对于任何连接形式的对称三相三线制（Y-Y 或△-△）电路均成立，这时，线电流有效值为

$$I_l = \sqrt{I_{l1}^2 + I_{l5}^2 + I_{l7}^2 + \cdots} \tag{12-29}$$

3）负载相电压中不含零序谐波分量

由于线电流（相电流）中不含有零序谐波分量，因此各相负载电压中也不含零序谐波分量（负载中不含零序谐波分量）。于是，负载相电压的有效值为

$$U'_p = \sqrt{U'^2_{p1} + U'^2_{p5} + U'^2_{p7} + \cdots} \tag{12-30}$$

式中，U'_{p1}，U'_{p5}，U'_{p7}，…分别是负载相电压中的基波、5 次、7 次……正负序谐波的有效值。由于负载相电压中不含零序谐波分量加之电路对称，故而负载线电压中也不含零序谐波分量，因此，Y 形连接负载线电压与相电压的有效值之间满足$\sqrt{3}$倍关系，即

$$U'_l = \sqrt{3}U'_p$$

4）中性点电压只含有零序谐波分量

在图 12-25 中，根据 KVL，负载中性点 N' 与电源中性点 N 之间的 n（$n=3,9,15,\cdots$）次零序谐波电压分量为

$$\dot{U}_{N'n} = -Z_n\dot{I}_{An} + \dot{U}_{An} = -Z_n \times 0 + \dot{U}_{An} = \dot{U}_{An} \tag{12-31}$$

因此，中性点电压的有效值为

$$U_{N'} = \sqrt{U_{p3}^2 + U_{p9}^2 + U_{p15}^2 + \cdots} \tag{12-32}$$

式中，U_{p3}，U_{p9}，U_{p15}，…为电源相电压的 3 次、9 次、15 次……零序谐波分量的有效值。

由式（12-31）可知，中性点零序谐波电压和电源一相电压中的零序谐波分量相平衡，即

$$u_{N'} = \sqrt{2}U_3\sin(3\omega_1 t + \varphi_3) + \sqrt{2}U_9\sin(9\omega_1 t + \varphi_9) + \cdots$$

2. 非正弦对称三相 Y_0-Y_0 连接电路

1）线电流中含零序谐波分量

如图 12-26(a)所示为 n（$n=3,9,15,\cdots$）次零序谐波分量对应的非正弦对称三相 Y_0-Y_0 连接电路，由于电路对称，故而有

$$\dot{I}_{An} = \dot{I}_{Bn} = \dot{I}_{Cn} \tag{12-33}$$

根据 KCL 并利用式（12-33），可得中线电流为

$$\dot{I}_{Nn} = \dot{I}_{An} + \dot{I}_{Bn} + \dot{I}_{Cn} = 3\dot{I}_{An} \tag{12-34}$$

对 A 相电源及其串联阻抗以及中线形成的回路列写 KVL 可得

$$Z_n\dot{I}_{An} + Z_{Nn}\dot{I}_{Nn} = \dot{U}_{An} \tag{12-35}$$

将式（12-34）代入式（12-35）可得

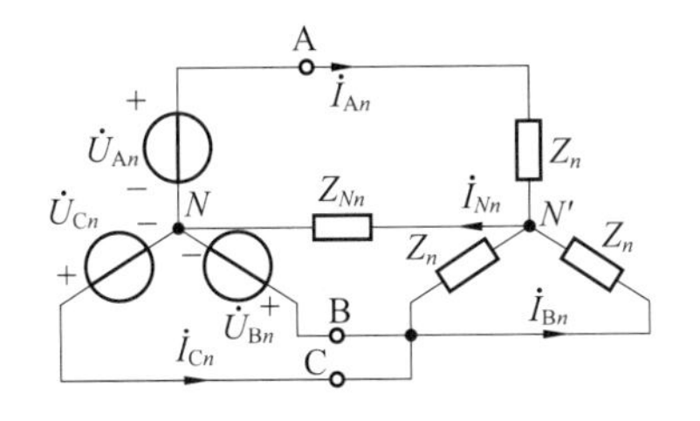

(a) $n(n=3,9,15,\cdots)$次零序谐波电压激励下的电路

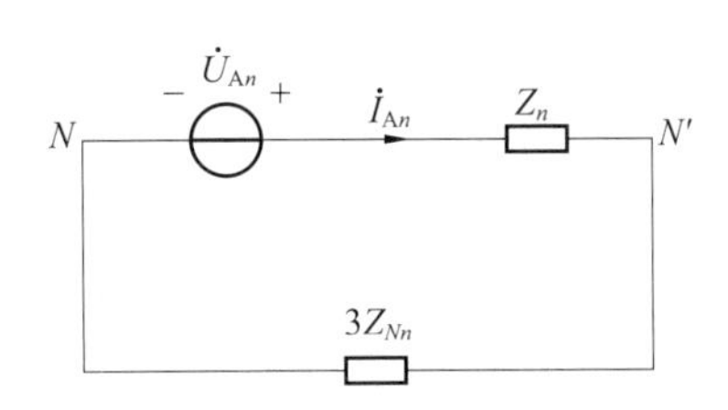

(b) $n(n=3,9,15\cdots)$次零序谐波电压激励下的单相计算电路

图 12-26　$n(n=3,9,15,\cdots)$次零序谐波电压激励下的对称 Y_0-Y_0 电路

$$Z_n\dot{I}_{An}+Z_{Nn}\times 3\dot{I}_{An}=\dot{U}_{An} \tag{12-36}$$

由式(12-36)可得

$$\dot{I}_{An}=\frac{\dot{U}_{An}}{Z_n+3Z_{Nn}} \tag{12-37}$$

根据式(12-37)可以得出 $n(n=3,9,15,\cdots)$次零序谐波单相计算电路如图 12-26(b)所示，需要注意的是，在零序单相计算电路中的中线阻抗等于其对应零序阻抗的 3 倍。此外，可以看到，与非正弦对称三相 Y-Y 连接电路中负载相电压中不含零序谐波分量的情况相反，非正弦对称三相 Y_0-Y_0 连接电路负载相电压中是含有零序谐波分量的。

以上分析表明，非正弦对称三相 Y_0-Y_0 连接电路中，线电流除含正、负序谐波外，还含有零序谐波分量，因为中线为零序谐波电流分量提供了通路。线电流的有效值为

$$I_l=\sqrt{I_{l1}^2+I_{l3}^2+I_{l5}^2+I_{l7}^2+\cdots}$$

2）中线电流仅含零序谐波分量

由式(12-34)和式(12-37) 可得

$$\dot{I}_{Nn}=3\dot{I}_{An}=\frac{3\dot{U}_{An}}{Z_n+3Z_{Nn}} \tag{12-38}$$

上式说明，根据 KCL，中线电流等于三相正序组、负序组和零序组电流之和，但因正序组、负序组三相电流之和均为零，故而中线电流仅含零序谐波分量，对于非正弦对称三相 Y_0-Y_0 连接电路，中线电流为

$$i_N=\sum_k(i_{A3k}+i_{B3k}+i_{C3k})=\sum_k 3i_{3k}\quad (k=1,3,5,\cdots) \tag{12-39}$$

式中，i_{3k}为任一相零序谐波电流。中线电流的有效值为

$$I_N=3I_{3k}=3\sqrt{I_3^2+I_9^2+I_{15}^2+\cdots}$$

或

$$I_N=\sqrt{I_{N3}^2+I_{N9}^2+I_{N15}^2+\cdots}$$

由于线电流的零序谐波分量在负载上会产生零序相电压，因此，负载相电压含有零序谐波分量，负载相电压的有效值为

$$U'_p=\sqrt{U'^2_{p1}+U'^2_{p3}+U'^2_{p5}+U'^2_{p7}+\cdots}$$

3）线电压中不含零序谐波分量

线电压中不含零序谐波分量这一结论可以采用三相三线制 Y-Y 连接电路中对应的分

析方法得出。由于负载线电压不含零序谐波分量，因此这时负载线电压有效值小于相电压有效值的$\sqrt{3}$倍，即

$$U'_l < \sqrt{3}U'_p$$

3. 非正弦对称三相△-△连接电路

1）线电压（相电压）中不含零序谐波分量

根据 KVL，电源回路中，三相电源中的各正序、负序对称电压之和均为零，而零序组沿回路电压之和 u_0 不为零，它等于一相电源中零序谐波电压 u_{3k} 的 3 倍，即

$$u_0 = \sum_k u_{3k} = 3(u_{p3} + u_{p9} + u_{p15} + \cdots)$$

于是，回路中存在零序组环流，它们会在电源内阻抗上产生零序分量。

图 12-27 所示为 $n(n=3,9,15,\cdots)$ 次零序谐波电压分量对应的非正弦对称三相△-△连接电路，其中 Z_{Sn} 为实际电源对应于 $n(n=3,9,15,\cdots)$ 次零序谐波的内阻抗。

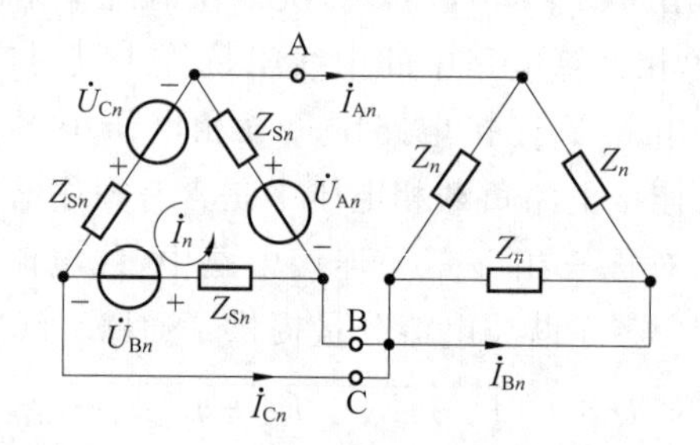

图 12-27　$n(n=3,9,15,\cdots)$ 次零序谐波电压激励下的对称△-△电路

当负载开路时，由于$\dot{U}_{An}=\dot{U}_{Bn}=\dot{U}_{Cn}$，故而根据 KVL 可得零序谐波环流$\dot{I}_n$ 为

$$\dot{I}_n = \frac{\dot{U}_{An} + \dot{U}_{Bn} + \dot{U}_{Cn}}{3Z_{Sn}} = \frac{3\dot{U}_{An}}{3Z_{Sn}} = \frac{\dot{U}_{An}}{Z_{Sn}} \tag{12-40}$$

再根据 KVL 并利用式(12-40)可得负载开路下的线电压（相电压）$\dot{U}_{ABn}$，即

$$\dot{U}_{ABn} = \dot{U}_{An} - Z_{sn}\dot{I}_n = \dot{U}_{An} - \dot{U}_{An} = 0 \tag{12-41}$$

同理可得

$$\dot{U}_{BCn} = \dot{U}_{CAn} = 0$$

式(12-41)表明，每相电源中由零序谐波环流在零序谐波内阻抗上产生的电压与该相电源中的零序谐波电压大小相等，极性相反，两者代数和为零，因此，电源每相的端电压中不含零序谐波，即非正弦对称三相电源接成三角形时，其线电压（相电压）仅含有正序和负序谐波而不含零序谐波分量。

由式(12-40)可知，由于实际电源的内阻抗 Z_{sn} 很小，因此环流 $\dot{I}_n$ 非常大，它会使电源发热，故而对其运行不利，因此，三相同步发电机的电枢绕组不能连接成△形。

2）线电流中不含零序谐波分量

由于非正弦对称三相电源接成三角形时，电源的线电压只有正序谐波和负序谐波，因此，这种电源接至对称三相负载组成三相电路，线电流、负载的相电压和相电流中也都只有正序和负序谐波而不含零序谐波分量。

12.9.3 非正弦对称三相电路中的平均功率

非正弦对称三相电路中的平均功率，等于各次谐波单独激励时，三相功率之代数和，即

$$P=\sum_{k=1}^{\infty}P_k=\sum_{k=1}^{\infty}3U_{p_k}I_{p_k}\cos\varphi_{Z_k}$$

式中，U_{p_k}、I_{p_k}是 k 次谐波相电压、相电流有效值，φ_{Z_k} 是频率为 $k\omega_1$ 时的负载阻抗角。

12.10 非正弦对称三相电路的稳态分析

非正弦对称三相电路的稳态分析也采用谐波分析法，这时，对于 $3k+1$ 次正序和 $3k-1$ 次负序电压激励下的电路，其分析方法与第 11 章（三相电路）中介绍的分析法相仿；而对于 $3k$ 次零序电压激励下的三线制电路，其线电压、线电流、负载相电压与相电流中均无 $3k$ 次谐波分量。

【例 12-15】 在图 12-28(a)所示非正弦对称三相电路中，已知 $R=R_N=10\Omega$，$C_N=1/40\text{F}$，基波角频率 $\omega_1=1\text{rad/s}$，A 相电源相电压为 $u_A=30\sqrt{2}\sin t+20\sqrt{2}\sin 3t+10\sqrt{2}\sin 5t\text{V}$，试在开关 S 打开与闭合两种情况下，求功率表以及电流表、电压表的读数（均为有效值）。

解 根据叠加原理进行计算。

(1) S 打开。基波电压单独作用。正序基波电压单独激励下的电路为对称三相电路，其单相电路如图 12-28(b)所示。A 相电流、电压为

$$\dot{U}_{A1}=30\angle 0°\text{V},\quad \dot{I}_{A1}=\frac{\dot{U}_{A1}}{R}=\frac{30\angle 0°}{10}=3\angle 0°(\text{A}),\quad \dot{U}_{A'1}=\dot{U}_{A1}=30\angle 0°\text{V}$$

线电压、中性点间电压以及功率表中的基波功率分量分别为

$$U_{BC1}=\sqrt{3}U_{A1}=30\sqrt{3}\text{V},\quad U_{N'N1}=0$$

$$P_{11}=U_{A'1}I_{A1}\cos(\varphi_{u_{A'1}}-\varphi_{i_{A1}})=30\times 3\cos(0°-0°)=90(\text{W})$$

3 次谐波电压单独作用。3 次谐波电压（零序）激励下的电路如图 12-28(c)所示，利用 $\dot{U}_{A3}=\dot{U}_{B3}=\dot{U}_{C3}$，可得中性点之间的电压为

$$\dot{U}_{N'N3}=\frac{\dfrac{\dot{U}_{A3}}{R}+\dfrac{\dot{U}_{B3}}{R}+\dfrac{\dot{U}_{C3}}{R}}{\dfrac{1}{R}+\dfrac{1}{R}+\dfrac{1}{R}}=\frac{\dot{U}_{A3}+\dot{U}_{B3}+\dot{U}_{C3}}{3}=\dot{U}_{A3}=20\angle 0°(\text{V})$$

A 相线电流为

$$\dot{I}_{A3}=\frac{\dot{U}_{A3}-\dot{U}_{N'N3}}{R}=\frac{\dot{U}_{A3}-\dot{U}_{A3}}{R}=0$$

同理可得 $\dot{I}_{B3}=\dot{I}_{C3}=0$。由于在线电流，即负载相电流中无 3 次谐波分量。所以在负载

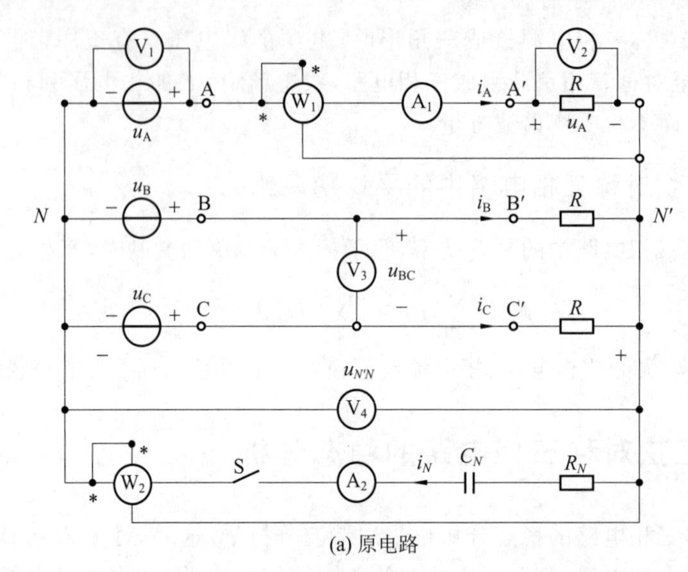

(a) 原电路

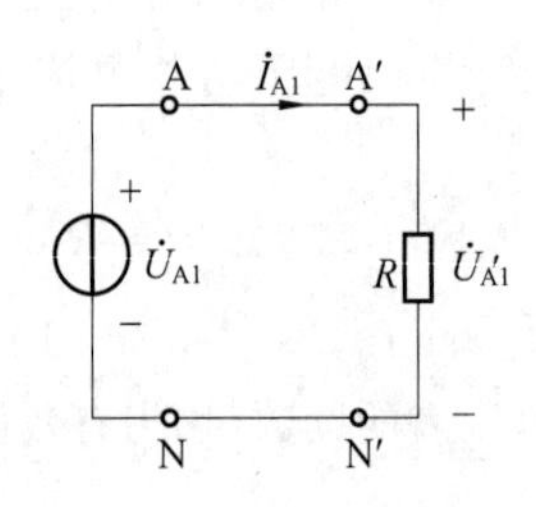

(b) S打开时基波电压激励下单相电路

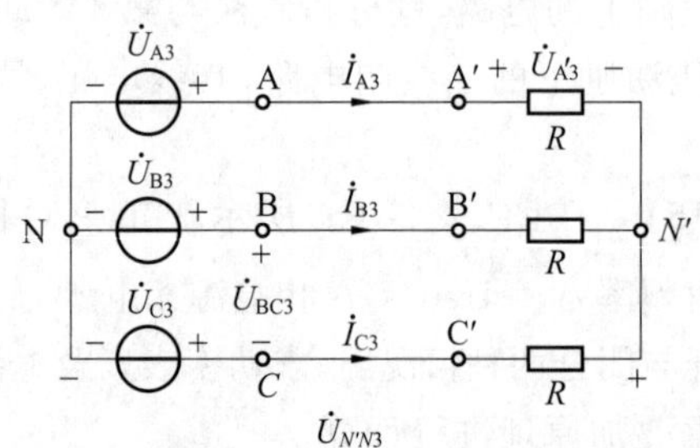

(c) S打开时3次谐波电压激励下电路

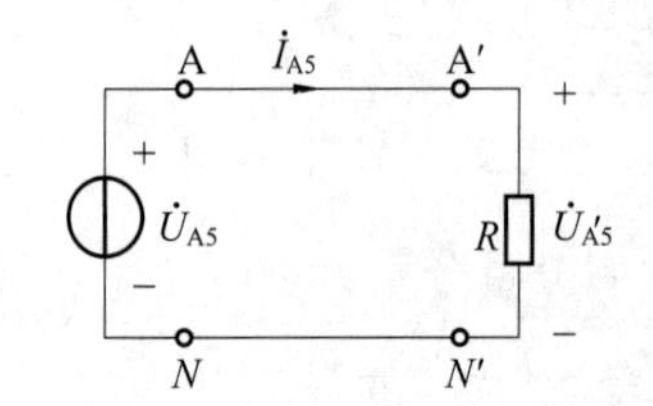

(d) S打开时5次谐波电压激励下单相电路

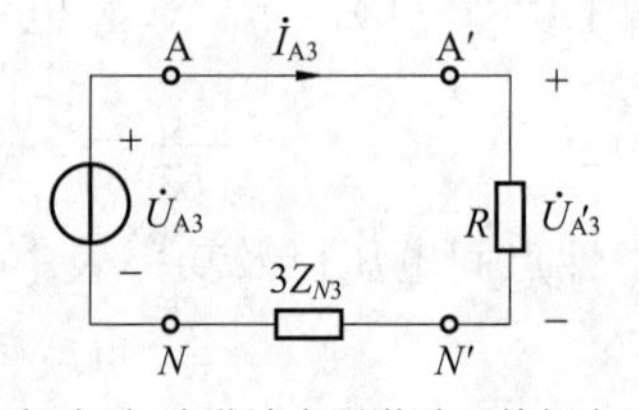

(e) S闭合时3次谐波电压激励下单相电路

图 12-28　例 12-15 图

相电压、线电压中亦无 3 次谐波分量，功率表中的 3 次谐波功率分量亦为零，即

$$U_{A'3}=0,\quad U_{BC3}=0,\quad P_{13}=0$$

5 次谐波电压单独作用。5 次谐波电压（负序）激励下的单相电路如图 12-28(d)所示，这时 $\dot{U}_{A5}=10\angle 0^\circ\text{V}$，于是 A 相电流、电压分别为

$$\dot{I}_{A5}=\frac{\dot{U}_{A5}}{R}=\frac{10\angle 0^\circ}{10}=1\angle 0^\circ(\text{A}),\quad \dot{U}_{A'5}=\dot{U}_{A5}=10\angle 0^\circ\text{V}$$

线电压、中性点间电压以及功率表的 5 次谐波功率分量分别为

$$U_{BC5}=\sqrt{3}U_{A5}=10\sqrt{3}\text{V},\quad U_{N'N5}=0$$

$$P_{15}=U_{A'5}I_{A5}\cos(\varphi_{u_{A'5}}-\varphi_{i_{A5}})=10\times 1\cos(0°-0°)=10(\text{W})$$

1、3、5 次谐波电压共同作用时的各表的读数。这时，线电流有效值即电流表 A_1 的读数为

$$I_A=\sqrt{I_{A1}^2+I_{A3}^2+I_{A5}^2}=\sqrt{3^2+0+1^2}=\sqrt{10}=3.16(\text{A})$$

电压表 V_1 读数是 A 相电源电压有效值，即

$$U_{V_1}=\sqrt{U_{A1}^2+U_{A3}^2+U_{A5}^2}=\sqrt{30^2+20^2+10^2}=10\sqrt{14}=37.4(\text{V})$$

负载相电压有效值为

$$U_{V_2}=\sqrt{U_{A'1}^2+U_{A'3}^2+U_{A'5}^2}=\sqrt{30^2+0+10^2}=10\sqrt{10}=31.6(\text{V})$$

线电压有效值为

$$U_{V_3}=\sqrt{U_{BC1}^2+U_{BC3}^2+U_{BC5}^2}=\sqrt{(30\sqrt{3})^2+0+(10\sqrt{3})^2}=\sqrt{3}\sqrt{30^2+10^2}=54.7(\text{V})$$

中性点间的电压有效值为

$$U_{V_4}=\sqrt{U_{N'1}^2+U_{N'3}^2+U_{N'5}^2}=\sqrt{0+20^2+0}=20(\text{V})$$

功率表 W_1 的读数，即 A 相负载的平均功率为

$$P_{W_1}=P_{11}+P_{13}+P_{15}=90+0+10=100(\text{W})$$

由于 S 打开，因此中性线上电流表 A_2 与功率表 W_2 读数为零。

(2) S 闭合。1、5 次谐波分别单独电压激励。1、5 次谐波电压单独激励激励时的电路响应与 S 打开时相同，并且中线上电流以及功率表 W_2 的功率分量均为零，即

$$I_{N1}=0,\quad I_{N5}=0,\quad P_{21}=0,\quad P_{25}=0$$

3 次谐波电压单独激励。这时，由图 12-28(a)可求出中性线阻抗为

$$Z_{N3}=R_N-\text{j}\frac{1}{3\omega_1 C_N}=10-\text{j}\frac{1}{3\times 1\times 1/40}=10-\text{j}\frac{40}{3}(\Omega)$$

因此，中性点之间的电压相量为

$$\dot{U}_{N'N3}=\frac{\dfrac{\dot{U}_{A3}}{R}+\dfrac{\dot{U}_{B3}}{R}+\dfrac{\dot{U}_{C3}}{R}}{\dfrac{3}{R}+\dfrac{1}{Z_{N3}}}=\frac{3Z_{N3}\dot{U}_{A3}}{R+3Z_{N3}}=\frac{3\left(10-\text{j}\dfrac{40}{3}\right)\times 20\angle 0°}{10+3\left(10-\text{j}\dfrac{40}{3}\right)}=12.5\sqrt{2}\angle-8.1°(\text{V})$$

因此，求得 A 相线电流为

$$\begin{aligned}\dot{I}_{A3}&=\frac{\dot{U}_{A3}-\dot{U}_{N'N3}}{R}=\frac{\dot{U}_{A3}-\dfrac{3Z_{N3}\dot{U}_{A3}}{R+3Z_{N3}}}{R}\\&=\frac{\dot{U}_{A3}}{R+3Z_{N3}}=\frac{20\angle 0°}{10+3\left(10-\text{j}\dfrac{40}{3}\right)}=0.25\sqrt{2}\angle 45°(\text{A})\end{aligned}\tag{12-42}$$

因有 $\dot{U}_{A3}=\dot{U}_{B3}=\dot{U}_{C3}$，所以有 $\dot{I}_{A3}=\dot{I}_{B3}=\dot{I}_{C3}$。

式(12-42)所对应的 3 次谐振电压激励下单相电路如图 12-28(e)所示，由此可得负载相电压为

$$\dot{U}_{A'3}=R\dot{I}_{A3}=10\times 0.25\sqrt{2}\angle 45°=2.5\sqrt{2}\angle 45°(\text{V})$$

W_1 的 3 次谐波功率分量为

$$P_{13}=U_{A'3}I_{A3}\cos(\theta_{u_{A'3}}-\theta_{i_{A3}})=2.5\sqrt{2}\times0.25\sqrt{2}\cos(45^\circ-45^\circ)=1.25(\text{W})$$

由于 $\dot{U}_{A3}=\dot{U}_{B3}=\dot{U}_{C3}$，因此 BC 间的线电压为

$$\dot{U}_{BC3}=\dot{U}_{B3}-\dot{U}_{C3}=0$$

中性线电流为

$$\dot{I}_{N3}=\dot{I}_{A3}+\dot{I}_{B3}+\dot{I}_{C3}=3\dot{I}_{A3}=3\times0.25\sqrt{2}\angle45^\circ=0.75\sqrt{2}\angle45^\circ(\text{A})$$

由于功率表 W_2 上 $\dot{U}_{N'N3}$ 与 $\dot{I}_{N3}$ 取为关联参考方向，因此，W_2 的 3 次谐波功率分量为

$$\begin{aligned}P_{23}&=U_{N'N3}I_{N3}\cos(\varphi_{u_{N'N3}}-\varphi_{i_{N3}})\\&=12.5\sqrt{2}\times0.75\sqrt{2}\cos(-8.1^\circ-45^\circ)=11.25(\text{W})\end{aligned}$$

(3) 1、3、5 次谐波电压共同激励时各表的读数。这时，线电流有效值即电流表 A_1 的读数为

$$I_A=\sqrt{I_{A1}^2+I_{A3}^2+I_{A5}^2}=\sqrt{3^2+(0.25\sqrt{2})^2+1^2}=3.18(\text{A})$$

负载相电压有效值即电压表 V_2 读数为

$$U_{V_2}=\sqrt{U_{A'1}^2+U_{A'3}^2+U_{A'5}^2}=\sqrt{30^2+(2.5\sqrt{2})^2+10^2}=31.8(\text{V})$$

电压表 V_1、V_3 读数与 S 打开时相同。中性点之间的电压有效值即电压表 V_4 读数为

$$U_{V_4}=\sqrt{U_{N'N1}^2+U_{N'N3}^2+U_{N'N5}^2}=\sqrt{0^2+(12.5\sqrt{2})^2+0^2}=17.7(\text{V})$$

功率表 W_1 的读数为

$$P_{W_1}=P_{11}+P_{13}+P_{15}=90+1.25+10=101.25(\text{W})$$

功率表 W_2 的读数即中线上元件吸收的平均功率为

$$P_{W_2}=P_{21}+P_{23}+P_{25}=0+11.25+0=11.25(\text{W})$$

中线电流有效值即电流表 A_2 的读数为

$$I_{A_2}=\sqrt{I_{N1}^2+I_{N3}^2+I_{N5}^2}=\sqrt{0+(0.75\sqrt{2})^2+0}=1.06(\text{A})$$

习　　题

12-1　求题 12-1 图所示周期性方波 $u(t)$ 的傅里叶级数展开式。

12-2　求如题 12-2 图中波形的傅里叶级数的系数。

12-3　已知某信号半周期的波形如题 12-3 图所示。试在下列不同条件下画出整个周期的波形：

(1) $a_0=0$；

(2) 对所有 n，$b_n=0$；

(3) 对所有 n，$a_n=0$；

(4) 当 n 为偶数时，$a_n=0$，$b_n=0$。

12-4　试将题 12-4 图所示的信号展开成傅里叶级数，并画出其幅值频谱。

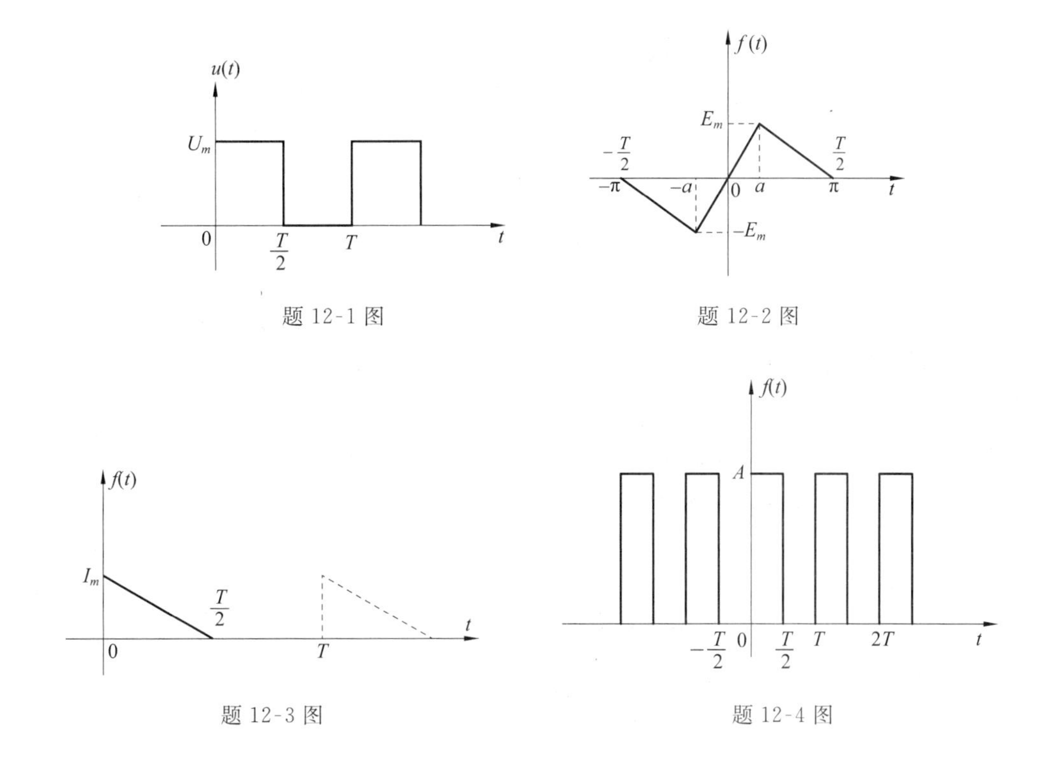

题 12-1 图　　　　题 12-2 图

题 12-3 图　　　　题 12-4 图

12-5　已知一周期性电压的傅里叶级数式为

$$u(t)=40\sin(314t)+13.3\sin(3\times 314t)+8\sin(7\times 317t)\text{V}$$

求出其有效值。

12-6　题 12-6 图为某电路中的一部分，两个支路的电流分别为 $i_1=5+3\sin\omega t+\sin3\omega t\text{A}$，$i_2=5\sin(\omega t+30°)+2\sin(3\omega t-25°)\text{A}$。问：图中电磁式电流表 A（测有效值）的读数是多少？

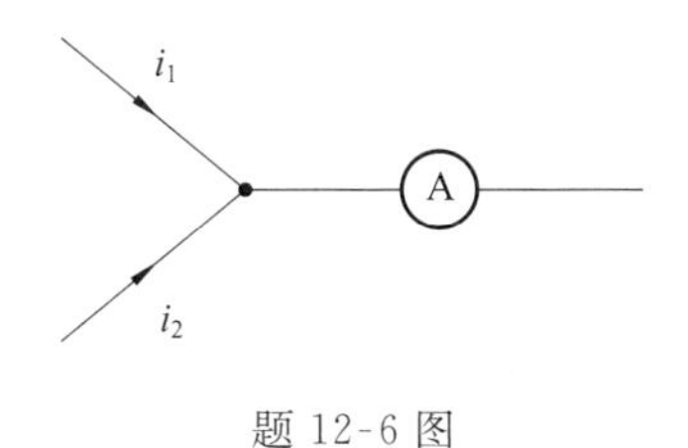

题 12-6 图

12-7　题 12-7 图所示电路各电源的电压为 $U_0=60\text{V}$，$u_1=100\sqrt{2}\cos(\omega_1 t)+20\sqrt{2}\cos(5\omega_1 t)\text{V}$，$u_2=50\sqrt{2}\cos(3\omega_1 t)\text{V}$，$u_3=30\sqrt{2}\cos(\omega_1 t)+20\sqrt{2}\cos(3\omega_1 t)\text{V}$，$u_4=80\sqrt{2}\cos(\omega_1 t)+10\sqrt{2}\cos(5\omega_1 t)\text{V}$，$u_5=10\sqrt{2}\sin(\omega_1 t)\text{V}$。

（1）试求 U_{ab}、U_{ac}、U_{ad}、U_{ae}、U_{af}；

（2）如将 U_0 换为电流源 $i_s=2\sqrt{2}\cos(7\omega_1 t)$，试求电压 U_{ac}、U_{ad}、U_{ae}、U_{ag}（U_{ab} 等为对应电压的有效值）。

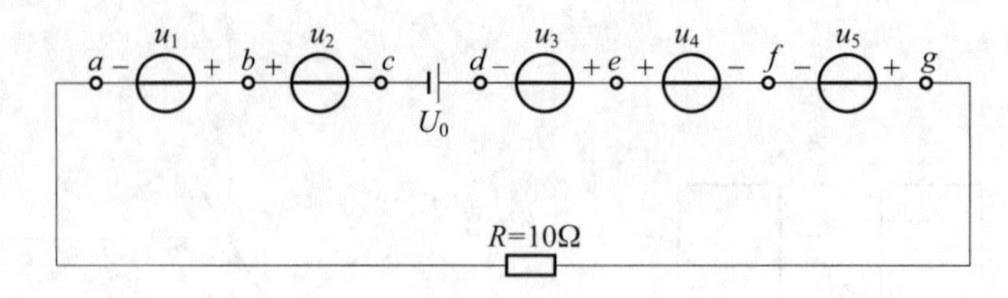

题 12-7 图

12-8　如题 12-8 图(a)所示电路中，D 为理想二极管，$R_1=6\Omega$，$R_2=6\Omega$，电源电压 $u(t)$ 的波形图如题 12-8 图(b)所示，其中 $U=8\text{V}$，$T=0.02\text{s}$。试求电流 i 的电流有效值 I 及绝对平均值 I_P。

12-9　如题 12-9 图所示，已知 $u(t)=-10+3\sin t+4\cos t\text{V}$，$i(t)=5+\sqrt{2}\cos(t+45°)+\sqrt{2}\cos(t-45°)\text{A}$，求功率表的读数。

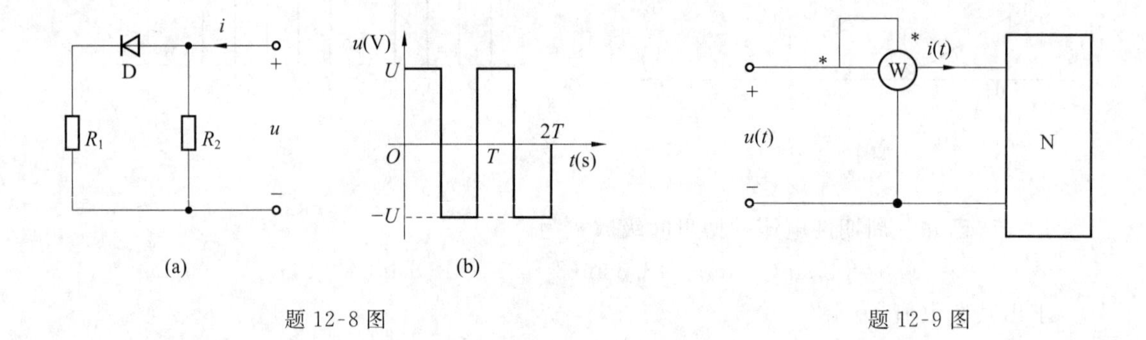

题 12-8 图　　　　题 12-9 图

12-10　二端网络的端口电压为 $u_{ab}(t)=100+100\cos\omega t+30\cos3\omega t\text{V}$，流入二端网络的电流(与端电压方向一致)为 $i(t)=50\cos(\omega t-45°)+10\sin(3\omega t-60°)+20\cos5\omega t\text{A}$。求：(1) u_{ab} 的有效值；(2) i_{ab} 的有效值；(3)平均功率 P。

12-11　在题 12-11 图所示网络中，已知 $u=10+10\sin314t+5\sin942t\text{V}$，$i=4\sin\left(314t-\frac{\pi}{6}\right)+2\sin\left(942t-\frac{\pi}{3}\right)\text{A}$。求电压有效值 U、电流有效值 I 及网络 N 吸收的平均功率 P。

12-12　已知题 12-12 图(a)所示线性无源网络中，所加电压、电流如题 12-12 图(b)(c)所示。求此网络消耗的平均功率。

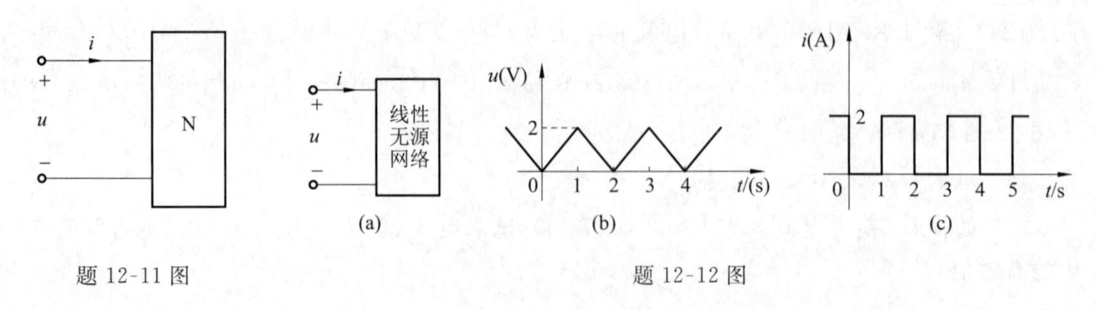

题 12-11 图　　　　题 12-12 图

12-13　已知题 12-13 图所示电路中的 $R=100\Omega$，$u(t)=20+200\sin\omega t+68.5\sin(2\omega t+30^\circ)$V。$\omega L=\dfrac{1}{\omega C}=200\Omega$，试求 $u_{ab}(t)$ 和 $u_R(t)$。

12-14　在题 12-14 图(a)所示电路中，激励 $u(t)$ 为含有一直流分量和一正弦交变分量的周期函数，其周期为 6.28μs，波形如题 12-14 图(b)所示。试求响应 $i(t)$ 和 $u_C(t)$。

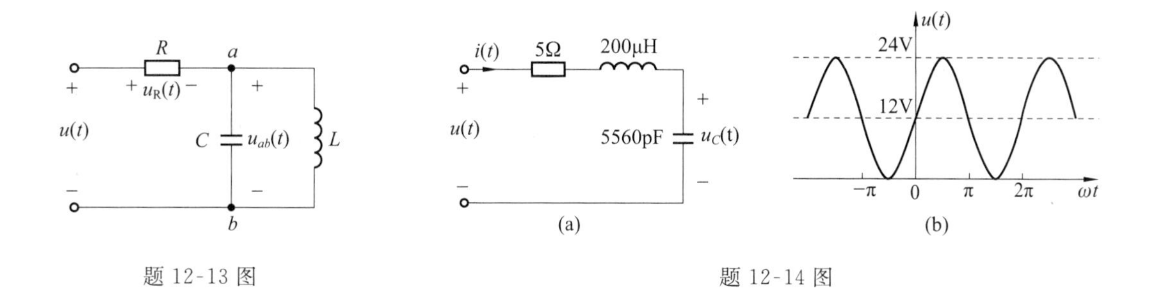

题 12-13 图　　　　题 12-14 图

12-15　在题 12-15 图(a)(b)所示两电路中，输入电压均为

$$u(t)=100\sin 314t+25\sin(3\times 314t)+10\sin(5\times 314t)\text{V}$$

试求两电路中的电流有效值和它们各自消耗的功率。

12-16　在题 12-16 图所示电路中，$R=4.5\Omega$，$\omega L_1=\omega L_2=\dfrac{1}{\omega C_1}=12\Omega$，$\dfrac{1}{\omega C_2}=108\Omega$，$u(t)=40+100\sqrt{2}\sin\omega t+13.5\sqrt{2}\sin 3\omega t$V，求各电表的读数。

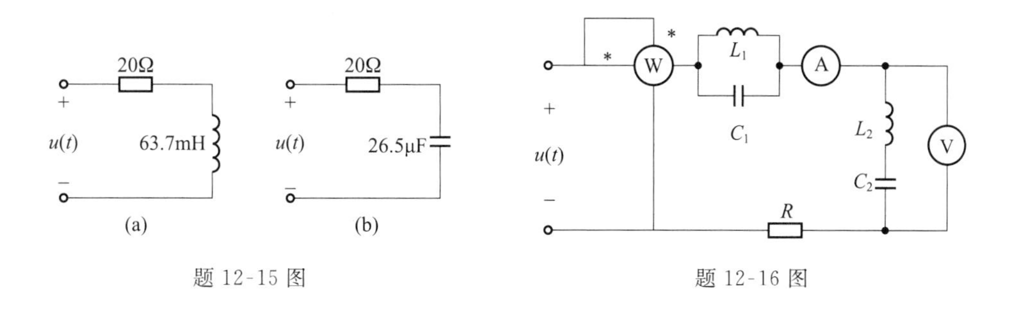

题 12-15 图　　　　题 12-16 图

12-17　已知题 12-17 图所示电路中电压源 $u_s(t)=\sin t+\dfrac{8}{3}\sqrt{2}\sin 3t$V。求电流表读数（有效值）。

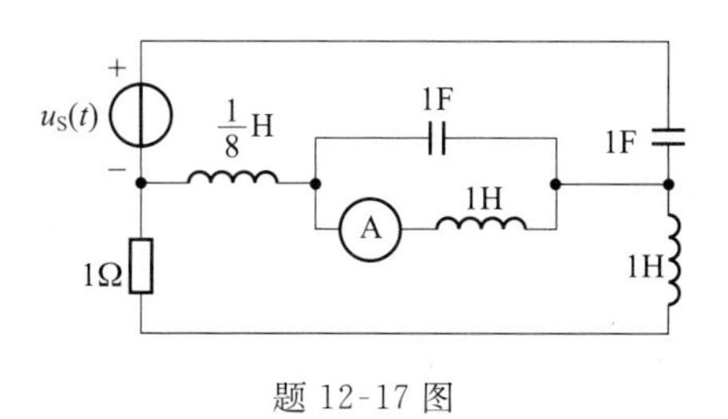

题 12-17 图

12-18　在题 12-18 图所示电路中，已知 N 为 R、L、C 串联电路。$u(t)=100\sin 314t+50\sin(942t-30°)\mathrm{V}$，$i(t)=10\sin 314t+1.755\sin(942t-\theta_2)\mathrm{A}$。求：(1) R,L,C 的值；(2) θ_2 的值；(3) 电路消耗的功率 P。

12-19　题 12-19 图所示电路中，已知 $R=1200\Omega$，$L=1\mathrm{H}$，$C=4\mu\mathrm{F}$，$u_s(t)=50\sqrt{2}\sin(\omega t+30°)\mathrm{V}$，$i_s(t)=100\sqrt{2}\sin(3\omega t+60°)\mathrm{mA}$。求 $u_R(t)$ 及其有效值 U_R。

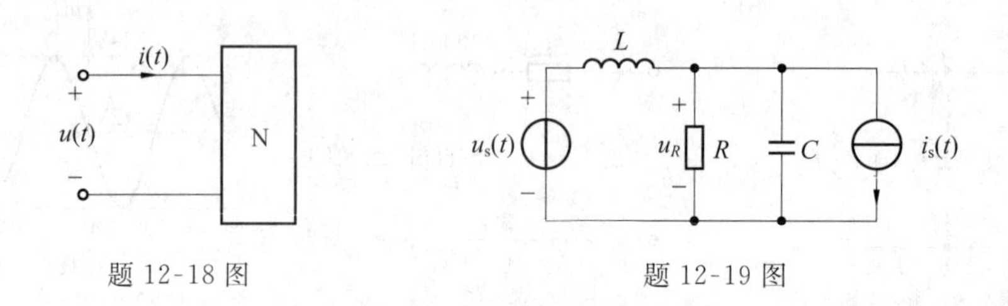

题 12-18 图　　　　题 12-19 图

12-20　题 12-20 图所示电路中，$C=0.5\mu\mathrm{F}$，$L_1=2\mathrm{H}$，$L_2=1\mathrm{H}$，$M=0.5\mathrm{H}$，$R=1\mathrm{k}\Omega$，电压源 $u_s(t)=150\sin(1000t+30°)\mathrm{V}$，电流源 $i_s(t)=0.1\sqrt{2}\sin 2000t\mathrm{A}$。求电容中的电流 $i_C(t)$ 和它的有效值 I_C。

12-21　题 12-21 图为一滤波电路，已知输入电压 $u_1=U_{1m}\sin\omega t+U_{3m}\sin 3\omega t\mathrm{V}$。若要求输出电压 $u_2=U_{1m}\sin\omega t\mathrm{V}$，问：$C_1$，$C_2$ 应满足什么条件？

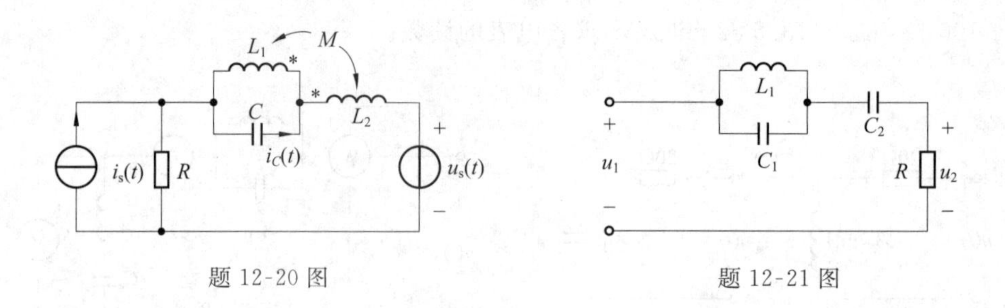

题 12-20 图　　　　题 12-21 图

12-22　题 12-22 图所示的三相电路的相序为 ABCA，A 相电源电压 $u_A=240\sqrt{2}(\sin 314t+\sin 942t)\mathrm{V}$，$314L=10\Omega$，$\dfrac{1}{314C}=30\Omega$，$R=20\Omega$，$314L_N=\dfrac{10}{9}\Omega$。求图中电流表和功率表的读数。

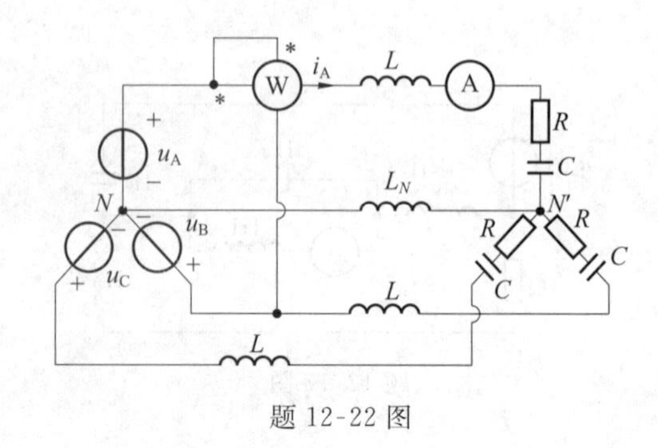

题 12-22 图

第 13 章　动态电路过渡过程的复频域分析

本章介绍拉普拉斯正、反变换的定义、拉普拉斯反变换的部分分式法、动态电路过渡过程的复频域分析方法、网络函数及其零极点以及零极点分布对时域响应的影响等。

13.1　拉普拉斯变换的定义

在第 7 章中，对于直流、阶跃、冲激、正弦信号等常见激励作用下一阶、二阶电路的分析计算过程还是较为简单的，但是，当激励为指数、斜坡（$f(t)=t$）甚至是任意信号时，电路的时域分析则是比较麻烦的，而对于其阶数 $n\geqslant 3$ 的高阶电路，除了微分方程建立，在求得各电感电流和电容电压在 $t=0_+$ 时刻值的条件下确定待求变量及其直到 $n-1$ 阶的各阶导数值（即初始条件）以及确定待定常数的计算量也都是非常大的；在第 8 章中，为了分析正弦稳态电路，采用相量法将时域里中求解微分方程的正弦函数特解的问题变换为在频域里解相量代数方程的问题，从而简化了数学演算。但是，由于这种数学变换只适用于正弦输入时的线性时不变稳态电路，所以若要按照这种思路简化本章所要讨论的线性时不变动态电路的暂态分析过程，需要引入一种新的数学工具即拉普拉斯变换，简称拉氏变换，它是一种重要的积分变换，可以将任意输入下线性时不变动态电路的线性常微分方程的求解问题也转化为代数方程的求解问题。

傅里叶变换（简称傅氏变换）是由傅里叶级数演变而来的，拉氏变换则是傅氏变换的推广。对于一个定义在区间[0，∞)上的时间函数 $f(t)$，其单边拉氏变换 $F(s)$定义为

$$F(s)=\int_{0_-}^{\infty} f(t)\mathrm{e}^{-st}\,\mathrm{d}t \tag{13-1}$$

式中，$s=\sigma+\mathrm{j}\omega$ 为一复变量，σ 是一常数，ω 为角频率，它们的单位均为 $1/s$，故称 s 为复频率，$F(s)$也称为 $f(t)$的象函数，可以用算符“L”简记为 $L[f(t)]=F(s)$，$f(t)$称为 $F(s)$的原函数。积分下限取为零的原因是通常将 $t=0$ 作为动态过程的起始时刻，研究电路中电压、电流变量在 t 为[0，∞)区间的变化情况，即激励函数 $f(t)$是从 $t=0$ 开始作用于电路的，而考虑到 $f(t)$在 $t=0$ 时刻可能包括冲激函数，所以积分下限进一步取为 0_-，以便于直接利用单边拉氏变换讨论存在跃变现象的电路。由于本书只讨论单边拉氏变换，以下将其简称为拉氏变换。通过拉氏变换将时域中的函数 $f(t)$变换为复频域（也称 s 域）中的函数 $F(s)$。

现在简要讨论拉氏变换的存在性。对于函数 $f(t)$而言，若 σ 大于某一实数 σ_0，即 $\sigma>\sigma_0$，积分 $\int_{0_-}^{\infty}|f(t)\mathrm{e}^{-\sigma t}|\,\mathrm{d}t<\infty$，$f(t)$的拉氏变换就存在，而 σ_0 是使积分 $\int_{0_-}^{\infty}|f(t)\mathrm{e}^{-\sigma t}|\,\mathrm{d}t$ 收敛的最小实数。显然，不同的函数，对应于不同的 σ_0 值，称 σ_0 为 $f(t)$的拉氏变换 $F(s)$在复

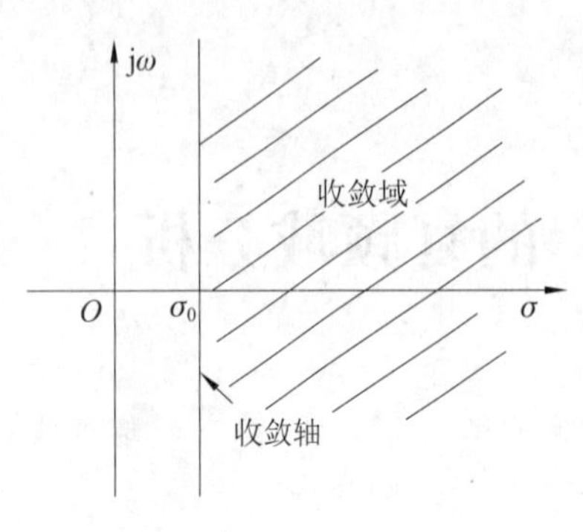

图 13-1　拉氏变换的收敛域

平面 $s=\sigma+\mathrm{j}\omega$ 上的收敛横坐标，过 $\sigma=\sigma_0$ 的垂线称为收敛轴或收敛边界，而 $\sigma>\sigma_0$ 为 $F(s)$ 的收敛域。如图13-1所示。

为了保证任意一个函数 $f(t)$ 的拉氏变换 $F(s)$ 存在，它必须满足下列两个充分条件：①在任何有限区间内，$f(t)$ 至多存在有限个有限（阶跃型）间断点，而在其他各处则是连续的，即 $f(t)$ 几乎处处连续；②存在常数 M 和 C，使得对于大于 t_0 的全部 t 均满足 $|f(t)|\leqslant Me^{Ct}$（M 为正实数，C 为有限的实数），即 $f(t)$ 为指数阶函数。

电路分析中的函数 $f(t)$ 都能满足这两个条件，当 $f(t)$ 为指数阶函数且 t_0 取为 0_- 时，则有

$$\int_{0_-}^{\infty}|f(t)|\mathrm{e}^{-\sigma t}\mathrm{d}t\leqslant\int_{0_-}^{\infty}M\mathrm{e}^{Ct}\mathrm{e}^{-\sigma t}\mathrm{d}t=\int_{0_-}^{\infty}M\mathrm{e}^{-(\sigma-C)t}\mathrm{d}t=\frac{M}{\sigma-C}\quad(\sigma>C)$$

由此可知，只要选择 $\sigma>C$，则 $f(t)\mathrm{e}^{-\sigma t}$ 的绝对积分就存在，亦即 $f(t)$ 的拉氏变换 $F(s)$ 存在，且在 $\sigma>C$ 的范围内。即使对于不收敛的指数阶函数，仍然可以选择适当的 σ 值范围使其拉氏变换存在。例如若 $f(t)=\mathrm{e}^{100t}$，可以选择 $\sigma>100$，使 $\mathrm{e}^{100t}\mathrm{e}^{-\sigma t}=\mathrm{e}^{-(\sigma-100)t}$ 成为随时间衰减的函数，当 $t\to\infty$ 时，其极限为零，故而可以对它作拉氏变换。由于非指数阶函数比指数函数增长得更快，例如 $\mathrm{e}^{e^t}\varepsilon(t)$ 或 $\mathrm{e}^{t^2}\varepsilon(t)$，所以其拉氏变换不存在，不过这种函数并无实际工程意义。

若已知 $F(s)$，则可以求出它对应的原函数 $f(t)$，这种运算称为拉氏反变换，其定义为

$$f(t)=\frac{1}{2\pi\mathrm{j}}\int_{\sigma-j\infty}^{\sigma+j\infty}F(s)\mathrm{e}^{st}\mathrm{d}s \tag{13-2}$$

式(13-2)可以用算符 L^{-1} 简记为 $f(t)=L^{-1}[F(s)]$。

【例 13-1】 计算下列常用函数的拉氏变换：(1) $f(t)=\varepsilon(t)$；(2) $f(t)=\delta(t)$；(3) $f(t)=\mathrm{e}^{at}\varepsilon(t)$（$a$ 为实数）；$f(t)=t^n\varepsilon(t)$（n 为正整数）。

解　(1) $L[\varepsilon(t)]=\int_{0_-}^{\infty}\varepsilon(t)\mathrm{e}^{-st}\mathrm{d}t=\int_{0_+}^{\infty}\mathrm{e}^{-st}\mathrm{d}t=-\frac{1}{s}\mathrm{e}^{-st}\Big|_{0_+}^{\infty}=-\frac{1}{s}(0-1)=\frac{1}{s}$

上式必须满足 $\sigma=\mathrm{Re}[s]>\sigma_0=0$，因为只有这样才能在 $t\to\infty$ 时 $\mathrm{e}^{-\sigma t}$ 变为零，因而上限值 $\lim\limits_{t\to\infty}\mathrm{e}^{-st}=\lim\limits_{t\to\infty}(\mathrm{e}^{-\sigma t}\mathrm{e}^{-\mathrm{j}\omega t})=0$；否则，若 $\sigma<0$，则当 t 增大时被积函数 $\mathrm{e}^{-st}=\mathrm{e}^{-\sigma t}\mathrm{e}^{-\mathrm{j}\omega t}$ 的幅值按指数规律增长，积分是发散的。

(2) $L[\delta(t)]=\int_{0_-}^{\infty}\delta(t)\mathrm{e}^{-st}\mathrm{d}t=\int_{0_-}^{0_+}\delta(t)\mathrm{e}^{-st}\mathrm{d}t=\mathrm{e}^{-s(0)}=1$

上式满足 $\sigma=\mathrm{Re}[s]>\sigma_0=-\infty$。

(3) $L[\mathrm{e}^{at}\varepsilon(t)]=\int_{0_-}^{\infty}\mathrm{e}^{at}\mathrm{e}^{-st}\mathrm{d}t=-\frac{1}{s-a}\mathrm{e}^{-(s-a)t}\Big|_{0_-}^{\infty}=-\frac{1}{s-a}(0-1)=\frac{1}{s-a}$

由对阶跃函数 $\varepsilon(t)$ 拉氏变换的讨论可知，上式必须满足 $\mathrm{Re}[s-a]=\sigma-a>0$，即 $\sigma=\mathrm{Re}[s]>\sigma_0=a$。由于 $\lim\limits_{a\to0}\mathrm{e}^{at}\varepsilon(t)=\varepsilon(t)$，所以在指数函数的拉氏变换中令 $a=0$ 便可得出单位阶跃函数的拉氏变换。容易证明当 a 为复数值时，上式仍然成立。因此，若用复数 $\alpha+\mathrm{j}\beta$ 代

替其中的 a，则当 $\sigma>\alpha$ 时可得同样形式的结果 $L[\mathrm{e}^{(\alpha+\mathrm{j}\beta)t}\varepsilon(t)]=\dfrac{1}{s-\alpha-\mathrm{j}\beta}$。

(4) 利用分部积分法，可得

$L[t^n\varepsilon(t)]=\int_{0_-}^{\infty}t^n\mathrm{e}^{-st}\mathrm{d}t=-\dfrac{1}{s}t^n\mathrm{e}^{-st}\Big|_{0_-}^{\infty}+\dfrac{n}{s}\int_{0_-}^{\infty}t^{n-1}\mathrm{e}^{-st}\mathrm{d}t=\dfrac{n}{s}\int_{0_-}^{\infty}t^{n-1}\mathrm{e}^{-st}\mathrm{d}t$，即有

$$L[t^n\varepsilon(t)]=\frac{n}{s}L[t^{n-1}\varepsilon(t)]$$

因此，当 $n=1$ 时，$L[t\varepsilon(t)]=\dfrac{1}{s^2}$，$\sigma>\sigma_0=0$；当 $n=2$ 时，$L[t^2\varepsilon(t)]=\dfrac{2}{s^3}$，$\sigma>\sigma_0=0$，依此类推，可得

$$L[t^n\varepsilon(t)]=\frac{n!}{s^{n+1}},\quad \sigma>\sigma_0=0 \tag{13-3}$$

一些常用函数的拉氏变换式列于表 13-1，一些较为复杂函数的拉氏变换可以应用下节所要介绍的拉氏变换性质并根据表 13-1 中基本函数的拉氏变换结果方便地求出。

表 13-1 常用函数的拉氏变换式

$f(t)$	$F(s)$	$f(t)$	$F(s)$
$\delta(t)$	1	$\sin(\omega t)\varepsilon(t)$	$\dfrac{\omega}{s^2+\omega^2}$
$\varepsilon(t)$	$\dfrac{1}{s}$	$\mathrm{sh}(\beta t)\varepsilon(t)$	$\dfrac{\beta}{s^2-\beta^2}$
$\mathrm{e}^{at}\varepsilon(t)$	$\dfrac{1}{s-a}$	$\mathrm{ch}(\beta t)\varepsilon(t)$	$\dfrac{s}{s^2-\beta^2}$
$t^n\varepsilon(t)$(n 是正整数)	$\dfrac{n!}{s^{n+1}}$	$[t\cos(\omega t)]\varepsilon(t)$	$\dfrac{s^2-\omega^2}{(s^2+\omega^2)^2}$
$\mathrm{e}^{-at}t^n\varepsilon(t)$($n$ 是正整数)	$\dfrac{n!}{(s+a)^{n+1}}$	$[t\sin(\omega t)]\varepsilon(t)$	$\dfrac{2\omega s}{(s^2+\omega^2)^2}$
$\cos(\omega t)\varepsilon(t)$	$\dfrac{s}{s^2+\omega^2}$	$[e^{-at}\cos(\omega t)]\varepsilon(t)$	$\dfrac{s+a}{(s+a)^2+\omega^2}$

由于拉氏变换的积分下限为 0_-，因此，$f(t)$ 在 $t<0$ 范围内的值对拉氏变换不起作用，故而 $f(t)\varepsilon(t)$ 的拉氏变换与 $f(t)$ 的相同，于是，除 $\delta(t)$ 外，表 13-1 中各原函数 $f(t)$ 也可写成 $f(t)\varepsilon(t)$，显然，$\varepsilon(t)$ 不需要这样写。

13.2 拉普拉斯变换的基本性质

利用拉氏变换的基本性质以及例 13-1 中介绍的常用函数的拉氏变换就可以计算一些较为复杂函数的拉氏变换并可以使原函数的微分方程变为像函数的代数方程。

13.2.1　线性性质

若 $L[f_1(t)]=F_1(s)$、$L[f_2(t)]=F_2(s)$，则

$$L[\alpha f_1(t)+\beta f_2(t)]=\alpha F_1(s)+\beta F_2(s) \tag{13-4}$$

式中，α、β 为任意实常数(或复数)。

证明

$$\begin{aligned}L[\alpha f_1(t)+\beta f_2(t)]&=\int_{0_-}^{\infty}[\alpha f_1(t)+\beta f_2(t)]\mathrm{e}^{-st}\mathrm{d}t\\&=\alpha\int_{0_-}^{\infty}f_1(t)\mathrm{e}^{-st}\mathrm{d}t+\beta\int_{0_-}^{\infty}f_2(t)\mathrm{e}^{-st}\mathrm{d}t\\&=\alpha F_1(s)+\beta F_2(s)\end{aligned}$$

拉氏变换的线性性质表明，该变换具线性变换的特性，因此，它只适用于线性时不变电路的分析，而对于非线性或时变电路则可能失效。

【例 13-2】 求函数 $f(t)=\sin\omega t\varepsilon(t)$ 的拉氏变换。

解　利用拉氏变换的线性性质可得

$$L[\sin(\omega t)\varepsilon(t)]=L\left[\frac{1}{2\mathrm{j}}(\mathrm{e}^{\mathrm{j}\omega t}-\mathrm{e}^{-\mathrm{j}\omega t})\varepsilon(t)\right]=\frac{1}{2\mathrm{j}}\left(\frac{1}{s-\mathrm{j}\omega}-\frac{1}{s+\mathrm{j}\omega}\right)=\frac{\omega}{s^2+\omega^2}$$

同理可求得

$$L[\cos(\omega t)\varepsilon(t)]=\frac{s}{s^2+\omega^2}$$

由例 13-1 中 $L[\mathrm{e}^{(\alpha+\mathrm{j}\beta)t}\varepsilon(t)]=1/(s-\alpha-\mathrm{j}\beta)$ 可知，例 13-2 中拉氏变换必须满足 $\sigma>0$。

13.2.2　时域微分性质

若 $L[f(t)]=F(s)$，则

$$L\left[\frac{\mathrm{d}f(t)}{\mathrm{d}t}\right]=sF(s)-f(0_-) \tag{13-5}$$

证明　利用分部积分可得

$$\begin{aligned}L\left[\frac{\mathrm{d}f(t)}{\mathrm{d}t}\right]&=\int_{0_-}^{\infty}\left[\frac{\mathrm{d}f(t)}{\mathrm{d}t}\right]\mathrm{e}^{-st}\mathrm{d}t=f(t)\mathrm{e}^{-st}\Big|_{0_-}^{\infty}-\int_{0_-}^{\infty}f(t)(-s\mathrm{e}^{-st})\mathrm{d}t\\&=\lim_{t\to\infty}[\mathrm{e}^{-st}f(t)]-f(0_-)+sF(s)\end{aligned}$$

当 $|f(t)|<M\mathrm{e}^{Ct}$，$t>0$ 时，对于常数 C 和 M 可知，若满足 $\mathrm{Re}[s]>C$，则有 $\lim\limits_{t\to\infty}[\mathrm{e}^{-st}f(t)]=0$，因此可得

$$\int_{0_-}^{\infty}\frac{\mathrm{d}f(t)}{\mathrm{d}t}\mathrm{e}^{-st}\mathrm{d}t=sF(s)-f(0_-)$$

由于 $\dfrac{\mathrm{d}^2f(t)}{\mathrm{d}t^2}=\dfrac{\mathrm{d}}{\mathrm{d}t}\left(\dfrac{\mathrm{d}f(t)}{\mathrm{d}t}\right)$，则利用上述结果可得

$$L\left[\frac{\mathrm{d}^2f(t)}{\mathrm{d}t^2}\right]=s\cdot L\left[\frac{\mathrm{d}}{\mathrm{d}t}f(t)\right]-f'(0_-)=s^2F(s)-sf(0_-)-f'(0_-)$$

可将上述结论推广到 $f(t)$ 的 n 阶导数，可得

$$L[f^{(n)}(t)] = s^nF(s) - s^{n-1}f(0_-) - s^{n-2}f'(0_-) - \cdots - sf^{(n-2)}(0_-) - f^{(n-1)}(0_-)$$
$$= s^nF(s) - \sum_{m=0}^{n-1} s^{n-1-m}f^{(m)}(0_-) \tag{13-6}$$

式(13-6)中，$f^{(m)}(0_-)$是 m 阶导数$\frac{\mathrm{d}^m f(t)}{\mathrm{d}t^m}$在 0_- 时刻的值。

【例 13-3】 应用时域微分性质求下列函数的拉氏变换：(1) $f(t)=\delta(t)$；(2) $f(t)=\cos(\omega t)\varepsilon(t)$。

解 (1) 由于 $\delta(t)=\frac{\mathrm{d}}{\mathrm{d}t}\varepsilon(t)$，又 $\varepsilon(t)\Big|_{t=0_-}=0$，故由微分特性可得

$$L[\delta(t)] = s \cdot \frac{1}{s} = 1$$

(2) 由于$\frac{\mathrm{d}}{\mathrm{d}t}[\sin\omega t\varepsilon(t)]=\omega\cos\omega t+\sin\omega t\delta(t)=\omega\cos\omega t\varepsilon(t)$，故由微分特性可得

$$L[\cos\omega t\varepsilon(t)] = \frac{1}{\omega}L\left[\frac{\mathrm{d}}{\mathrm{d}t}(\sin\omega t\varepsilon(t))\right] = \frac{s}{s^2+\omega^2} - \sin\omega t\varepsilon(t)\Big|_{t=0_-} = \frac{s}{s^2+\omega^2}$$

13.2.3 时域积分性质

若 $L[f(t)]=F(s)$，则

$$L\left[\int_{0_-}^{t} f(\tau)\mathrm{d}\tau\right] = \frac{F(s)}{s} \tag{13-7}$$

$$L\left[\int_{-\infty}^{t} f(\tau)\mathrm{d}\tau\right] = \frac{F(s)}{s} + \frac{f^{(-1)}(0_-)}{s} \tag{13-8}$$

式(13-8)中，$f^{(-1)}(0_-) = \int_{-\infty}^{0_-} f(t)\mathrm{d}t$，为一常数。

证明 设 $g(t) = \int_{0_-}^{t} f(\tau)\mathrm{d}\tau$ 且 $L[g(t)] = L\left[\int_{0_-}^{t} f(\tau)\mathrm{d}\tau\right] = G(s)$，由于 $g(0_-) = 0$，所以

$$\frac{\mathrm{d}g(t)}{\mathrm{d}t} = f(t),\quad L\left[\frac{\mathrm{d}g(t)}{\mathrm{d}t}\right] = L[f(t)] = F(s)$$

根据拉氏变换的微分特性可知

$$L\left[\frac{\mathrm{d}g(t)}{\mathrm{d}t}\right] = sG(s) - g(0_-) = sG(s) = F(s)$$

因此可得

$$L\left[\int_{0_-}^{t} f(\tau)\mathrm{d}\tau\right] = G(s) = \frac{F(s)}{s}$$

由单位阶跃函数的拉氏变换可知有 $L\left[\int_{-\infty}^{0_-} f(\tau)\mathrm{d}\tau\right] = \frac{f^{(-1)}(0_-)}{s}$，于是可得

$$L\left[\int_{-\infty}^{t} f(\tau)\mathrm{d}\tau\right] = L\left[\int_{-\infty}^{0_-} f(\tau)\mathrm{d}\tau + \int_{0_-}^{t} f(\tau)\mathrm{d}\tau\right] = L\left[\int_{-\infty}^{0_-} f(\tau)\mathrm{d}\tau\right] + L\left[\int_{0_-}^{t} f(\tau)\mathrm{d}\tau\right]$$
$$= \frac{F(s)}{s} + \frac{f^{(-1)}(0_-)}{s}$$

式(13-8)适用于电感、电容这些储能元件在换路前($t\leqslant 0_-$)已储有能量的情况，例如，在 $i_L(0_-)\neq 0$ 时，由电感元件的积分形式的伏安特性：$i_L(t)=\dfrac{1}{L}\int_{-\infty}^{t}u_L(\tau)\mathrm{d}\tau=i_L(0_-)+\dfrac{1}{L}\int_{0_-}^{t}u_L(\tau)\mathrm{d}\tau$ 进行拉氏变换就必须应用式(13-8)才能得出正确的结果。

【例 13-4】 利用时域积分性质求函数 $f(t)=t^n\varepsilon(t)$ 的拉氏变换。

解 $L[t\varepsilon(t)]=L\left[\int_{0_-}^{t}\varepsilon(\tau)\mathrm{d}\tau\right]=L\left[\int_{0_+}^{t}\varepsilon(\tau)\mathrm{d}\tau\right]=\dfrac{1}{s}\left(\dfrac{1}{s}\right)=\dfrac{1}{s^2}$

同理，由于 $\int_{0_-}^{t}\tau\mathrm{d}\tau=\dfrac{1}{2}t^2\varepsilon(t)$，故

$$L\left[\frac{1}{2}t^2\varepsilon(t)\right]=L\left[\int_{0_-}^{t}\tau\mathrm{d}\tau\right]=\frac{1}{s}\left(\frac{1}{s^2}\right)=\frac{1}{s^3}$$

即

$$L[t^2\varepsilon(t)]=\frac{2}{s^3}$$

反复应用式(13-7)可知，一般有

$$L[t^n\varepsilon(t)]=\frac{n!}{s^{n+1}}$$

13.2.4　初值定理和终值定理

1. 初值定理

若函数 $f(t)$ 及其导数 $\dfrac{\mathrm{d}f(t)}{\mathrm{d}t}$ 的拉普拉斯变换存在，并且 $L[f(t)]=F(s)$，则有

$$\lim_{t\to 0}f(t)=f(0_+)=\lim_{s\to\infty}sF(s)\tag{13-9}$$

证明 由微分性质可知

$$sF(s)-f(0_-)=L\left[\frac{\mathrm{d}f(t)}{\mathrm{d}t}\right]=\int_{0_-}^{\infty}\frac{\mathrm{d}f(t)}{\mathrm{d}t}\mathrm{e}^{-st}\mathrm{d}t=\int_{0_-}^{0_+}\frac{\mathrm{d}f(t)}{\mathrm{d}t}\mathrm{e}^{-st}\mathrm{d}t+\int_{0_+}^{\infty}\frac{\mathrm{d}f(t)}{\mathrm{d}t}\mathrm{e}^{-st}\mathrm{d}t$$

$$=f(0_+)-f(0_-)+\int_{0_+}^{\infty}\frac{\mathrm{d}f(t)}{\mathrm{d}t}\mathrm{e}^{-st}\mathrm{d}t$$

所以有

$$sF(s)=f(0_+)+\int_{0_+}^{\infty}\frac{\mathrm{d}f(t)}{\mathrm{d}t}\mathrm{e}^{-st}\mathrm{d}t$$

当 $s\to\infty$ 时，上式右边第二项的极限是

$$\lim_{s\to\infty}\int_{0_+}^{\infty}\frac{\mathrm{d}f(t)}{\mathrm{d}t}\mathrm{e}^{-st}\mathrm{d}t=0$$

于是有

$$\lim_{s\to\infty}sF(s)=f(0_+)$$

【例 13-5】 已知象函数为 $F(s)=\dfrac{s}{(s+1)(s+1)}$。试求原函数 $f(t)$ 的初值 $f(0_+)$。

解 由初值定理

$$f(0_+)=\lim_{s\to\infty}sF(s)=\lim_{s\to\infty}s\frac{s}{(s+1)(s+1)}=\lim_{s\to\infty}\frac{s^2}{s^2+2s+1}=\lim_{s\to\infty}\frac{1}{1+\dfrac{2}{s}+\dfrac{1}{s^2}}=1$$

2. 终值定理

若函数 $f(t)$ 及其导数 $\frac{\mathrm{d}f(t)}{\mathrm{d}t}$ 的拉普拉斯变换存在，并且 $L[f(t)]=F(s)$，$\lim\limits_{t\to\infty}f(t)$ 存在，则有

$$\lim_{t\to\infty}f(t)=\lim_{s\to0}sF(s) \tag{13-10}$$

证明　由微分性质可知

$$L\left[\frac{\mathrm{d}f(t)}{\mathrm{d}t}\right]=sF(s)-f(0_-)$$

当 $s\to0$ 时，上式左端的极限值为

$$\lim_{s\to0}\left[\int_0^\infty\frac{\mathrm{d}f(t)}{\mathrm{d}t}\mathrm{e}^{-st}\mathrm{d}t\right]=\int_0^\infty\frac{\mathrm{d}f(t)}{\mathrm{d}t}\mathrm{d}t=\lim_{t\to\infty}f(t)-f(0_-)$$

于是有

$$\lim_{s\to0}[sF(s)-f(0_-)]=\lim_{t\to\infty}f(t)-f(0_-)$$

即有

$$\lim_{t\to\infty}f(t)=\lim_{s\to0}sF(s)$$

由此可见，$\lim\limits_{t\to\infty}f(t)$ 存在是终值定理的应用条件，它是否存在也可以从 s 域作出判断，即仅当 $sF(s)$ 在 s 平面的虚轴上及其右边都为解析时终值定理才可应用。

【例 13-6】　已知象函数为 $F(s)=\frac{2}{s(s+1)(s+2)}$，试求原函数 $f(t)$ 的终值 $f(\infty)$。

解　由终值定理，有

$$f(\infty)=\lim_{s\to0}sF(s)=\lim_{s\to0}s\frac{2}{s(s+1)(s+2)}=\lim_{s\to0}\frac{2}{(s+1)(s+2)}=1$$

13.2.5　时移性质

若 $L[f(t)]=F(s)$，则对任意正实数 t_0，有

$$L[f(t-t_0)\varepsilon(t-t_0)]=F(s)\mathrm{e}^{-st_0} \tag{13-11}$$

证明　$L[f(t-t_0)\varepsilon(t-t_0)]=\int_{0_-}^\infty f(t-t_0)\varepsilon(t-t_0)\mathrm{e}^{-st}\mathrm{d}t=\int_{t_{0_-}}^\infty f(t-t_0)\mathrm{e}^{-st}\mathrm{d}t$

在该式中，令 $\tau=t-t_0$，可得

$$L[f(t-t_0)\varepsilon(t-t_0)]=\int_{0_-}^\infty f(\tau)\mathrm{e}^{-s(\tau+t_0)}\mathrm{d}\tau=\mathrm{e}^{-st_0}\int_{0_-}^\infty f(\tau)\mathrm{e}^{-s\tau}\mathrm{d}\tau=\mathrm{e}^{-st_0}F(s)$$

此性质表明，时间函数在时域中延迟 t_0，其象函数应乘以 e^{-st_0}，称 e^{-st_0} 为时移因子。注意时间左移在拉氏变换中没有对应的性质。

【例 13-7】　试计算如图 13-2 所示门函数：$G_{t0}=\varepsilon(t-t_0)-\varepsilon(t-t_0-\tau)$ 的拉氏变换。

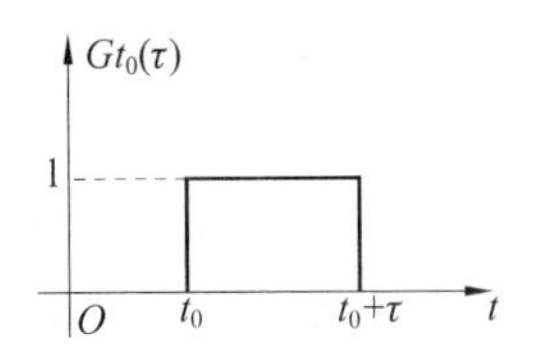

图 13-2　例 13.7 图

解　所谓门函数 $G_{t_0}(\tau)$，实际上就是 $t=t_0$ 开始，振幅为 1 的矩形脉冲，其持续时间为 τ，如图 13-2 所示。任何函数与门

函数相乘，就只有在门函数存在的区间即$[t_0, t_0+\tau]$内该函数的函数数值和波形不变，在此之外，均取零值。正是由于门函数具有这样的性质，用它表示某些脉冲信号或分段函数，具有独特的优点。因为$L[\varepsilon(t)]=1/s$，所以应用时移性质可得

$$L[G_{t_0}(\tau)] = L[\varepsilon(t-t_0)] - L[\varepsilon(t-t_0-\tau)] = \frac{1}{s}\mathrm{e}^{-st_0} - \frac{1}{s}\mathrm{e}^{-s(t_0+\tau)} = \frac{1}{s}\mathrm{e}^{-st_0}(1-\mathrm{e}^{-s\tau})$$

13.2.6　复频移性质

若$L[f(t)]=F(s)$，则对于任意实数或复数s_0，有

$$L[f(t)\mathrm{e}^{s_0 t}] = F(s-s_0) \tag{13-12}$$

上式表明，时间函数乘以$\mathrm{e}^{s_0 t}$，相当于其对应象函数在s域内平移s_0。利用拉氏变换的定义可证明式(13-12)。

【例 13-8】 利用复频移性质求函数$f(t)=\cos\omega t \cdot \mathrm{e}^{-at}\varepsilon(t)$的拉氏变换。

解　利用复频移性质并考虑到$L[\cos\omega t\varepsilon(t)]=s/(s^2+\omega^2)$可得

$$F(s) = \frac{s+a}{(s+a)^2+\omega^2}$$

同理可得

$$L[\sin\omega t \cdot \mathrm{e}^{-at}\varepsilon(t)] = \frac{\omega}{(s+a)^2+\omega^2}$$

13.2.7　时域卷积

若$L[f_1(t)\varepsilon(t)]=F_1(s)$、$L[f_2(t)\varepsilon(t)]=F_2(s)$，则

$$L[f_1(t)\varepsilon(t) * f_2(t)\varepsilon(t)] = F_1(s)F_2(s) \tag{13-13}$$

证明　由卷积积分定义可得

$$L[f_1(t)\varepsilon(t) * f_2(t)\varepsilon(t)] = \int_{0-}^{\infty}\int_{0-}^{\infty} f_1(\tau)\varepsilon(\tau)f_2(t-\tau)\varepsilon(t-\tau)\mathrm{d}\tau\mathrm{e}^{-st}\mathrm{d}t$$

在上式中交换积分次序并作变量代换$x=t-\tau$可得

$$\begin{aligned} L[f_1(t) * f_2(t)] &= \int_{0-}^{\infty} f_1(\tau)\left[\int_{0-}^{\infty} f_2(t-\tau)\varepsilon(t-\tau)\mathrm{e}^{-st}\mathrm{d}t\right]\mathrm{d}\tau \\ &= \left[\int_{0-}^{\infty} f_1(\tau)\mathrm{e}^{-s\tau}\mathrm{d}\tau\right]\cdot\left[\int_{0-}^{\infty} f_2(x)\mathrm{e}^{-sx}\mathrm{d}x\right] = F_1(s)F_2(s) \end{aligned}$$

【例 13-9】 利用时域卷积求函数$f(t)=\varepsilon(t) * \varepsilon(t)$的拉氏变换。

解　已知$L[\varepsilon(t)]=\dfrac{1}{s}$，则利用时域卷积可得$L[\varepsilon(t) * \varepsilon(t)]=\dfrac{1}{s}\cdot\dfrac{1}{s}=\dfrac{1}{s^2}$

13.3　拉氏反变换的部分分式展开法

在利用拉氏变换求得线性时不变动态电路暂态响应的拉氏变换式之后，为了得出其对应的时域响应，需要对响应的拉氏变换式作拉氏反变换。若直接利用反变换的定义式(13-2)进行反变换，则需按围线积分和留数定理计算复变函数的积分，一般比较困难。当$F(s)$为无理函数时，应采用这种方法。但是，由拉氏变换的微分性质和积分性质可知，其变

换式中或者包含 s 或者包含 s^{-1}，因此，由线性时不变动态电路得出的响应变量 $f(t)$ 的拉氏变换 $F(s)$ 通常可以表示为两个实系数的 s 的多项式之比，即 s 的一个有理分式，也称为 s 的有理函数，一般表示为

$$F(s)=\frac{N(s)}{D(s)}=\frac{b_m s^m+b_{m-1}s^{m-1}+\cdots+b_1 s+b_0}{a_n s^n+a_{n-1}s^{n-1}+\cdots+a_1 s+a_0} \tag{13-14}$$

式中，$N(s)$ 和 $D(s)$ 是复变量 s 的多项式，m 和 n 都是正整数，且系数 a_i 和 b_i 均为实数。

从数学上而言，若 $F(s)$ 为假分式，即 $m\geqslant n$ 时，可以用多项式除法将其变为一个关于 s 的多项式 $Q(s)$ 与一个有理真分式 $R(s)/D(s)$ 之和，即 $F(s)=Q(s)+[R(s)/D(s)]$，再进行拉氏反变换，其中关于 s 的多项式的反变换可以利用 $L^{-1}[s^n]=\delta^{(n)}(t)(n=1,2,\cdots)$ 求出。在电路分析中一般应满足 $n\geqslant m$，因此若 $n=m$，则利用多项式除法可得

$$F(s)=C+\frac{N_0(s)}{D(s)} \tag{13-15}$$

式中，C 为复频域中的常数，其对应的时间函数为 $C\delta(t)$。余数项 $N_0(s)/D(s)$ 为有理真分式，因此，有理分式的拉氏反变换的计算最终归结为真分式($n>m$)的拉氏反变换的计算，故下面仅讨论真分式的拉氏反变换的计算。当 $N(s)$ 和 $D(s)$ 有公因子时则应先将其消去。

所谓部分分式展开就是把一个有理真分式展开成多个部分分式之和的形式，因而需要对分母多项式作因式分解，求出 $D(s)=0$ 的根。下面依据根的三种情况讨论有理真分式的部分分式展开方法，其中主要任务是在得出部分分式展开式后确定这三种情况所对应的展开式中的待定系数。

13.3.1 $D(s)=0$ 具有 q 个实数单根

设在 $D(s)=0$ 的 n 个根中，有 q 个实数单根，分别为 $p_1,p_2,\cdots,p_i,\cdots,p_q$，则 $F(s)$ 可以表示为

$$F(s)=\frac{N(s)}{D(s)}=\frac{N(s)}{(s-p_1)(s-p_2)\cdots(s-p_i)\cdots(s-p_n)D_1(s)} \tag{13-16}$$

由于 $p_1,p_2,\cdots,p_i,\cdots,p_q$ 均不为 $D_1(s)=0$ 的根，故式(13-16)中 $F(s)$ 可以展开为如下部分分式，即

$$F(s)=\frac{N(s)}{D(s)}=\frac{K_1}{s-p_1}+\frac{K_2}{s-p_2}+\cdots+\frac{K_i}{s-p_i}+\cdots+\frac{K_q}{s-p_q}+F_1(s) \tag{13-17}$$

式中，$K_1,K_2,\cdots,K_i,\cdots,K_q$ 为待定系数。将式(13-17)两边同乘以 $(s-p_i)$，并令 $s=p_i$，则等式右边除 K_i 外，其余各项均为零，从而得到

$$K_i=(s-p_i)F(s)\Big|_{s=p_i} \tag{13-18}$$

上式适用于 $F(s)$ 的部分分式展开式中单实根所对应分式中待定系数的确定。

此外，由于 p_i 是 $D(s)=0$ 的一个根，所以式(13-18)右边是一个 $\frac{0}{0}$ 的不定式，根据罗比达法则可得

$$K_i=\lim_{s\to p_i}\frac{(s-p_i)N(s)}{D(s)}=\lim_{s\to p_i}\frac{\frac{\mathrm{d}}{\mathrm{d}s}[(s-p_i)N(s)]}{\frac{\mathrm{d}}{\mathrm{d}s}D(s)}=\frac{N(s)}{D'(s)}\Big|_{s=p_i} \tag{13-19}$$

所以式(13-19)是计算待定系数 $K_i(i=1,2,\cdots,n)$的另一种方法。式(13-17)中第 i 项 $K_i/s-p_i$ 的原函数为 $K_i e^{s_i t}\varepsilon(t)$，

根据线性性质可得 $p_1,p_2,\cdots,p_i,\cdots,p_q$ 对应的部分分式的拉氏反变换为

$$f_{1q}(t)=L^{-1}\left[\sum_{i=1}^{q}\frac{K_i}{s-p_i}\right]=\sum_{i=1}^{q}K_i e^{p_i t}\varepsilon(t) \tag{13-20}$$

【例 13-10】 求 $F(s)=\dfrac{s+4}{s^3+3s^2+2s}$的原函数 $f(t)$。

解　由于 $D(s)=0$ 的根 $p_1=0,p_2=-1,p_3=-2$ 都均为单根，故 $F(s)$的部分分式展开式为

$$F(s)=\frac{s+4}{s(s+1)(s+2)}=\frac{K_1}{s}+\frac{K_2}{s+1}+\frac{K_3}{s+2}$$

根据式(13-18)可求得各系数为

$$K_1=sF(s)\,|_{s=p_1}=s\frac{s+4}{s(s+1)(s+2)}\bigg|_{s=0}=2,$$

$$K_2=(s-p_2)F(s)\,|_{s=p_2}=\frac{s+4}{s(s+2)}\bigg|_{p=-1}=-3,$$

$$K_3=(s-p_3)F(s)\,|_{s=p_3}=\frac{s+4}{s(s+1)}\bigg|_{s=-2}=1$$

由式(13-20)可得

$$f(t)=L^{-1}\left[\frac{s+4}{s^3+3s^2+2s}\right]=L^{-1}\left[\frac{2}{s}+\frac{-3}{s+1}+\frac{1}{s+2}\right]=(2-3e^{-t}+e^{-2t})\varepsilon(t)$$

13.3.2　$D(s)=0$ 含有共轭复根(单根的一种特殊情况)

由于实系数多项式的复根总是以共轭对出现的，故可设 $D(s)=0$ 的 n 个根中含有一对共轭复根 $p_1=\alpha+j\omega,p_2=\alpha-j\omega$，则 $F(s)$可以表示为

$$F(s)=\frac{N(s)}{D(s)}=\frac{N(s)}{(s-\alpha-j\omega)(s-\alpha+j\omega)D_1(s)} \tag{13-21}$$

由于 $p_1=\alpha+j\omega,p_2=\alpha-j\omega$ 均不为 $D_1(s)=0$ 的根，故式(13-21)中 $F(s)$可以展开为如下形式的部分分式：

$$F(s)=\frac{N(s)}{D(s)}=\frac{K_1}{(s-\alpha-j\omega)}+\frac{K_2}{(s-\alpha+j\omega)}+F_1(s) \tag{13-22}$$

式中的待定系数由式(13-18)和式(13-19)可知为

$$K_1=[(s-\alpha-j\omega)F(s)]\,|_{s=\alpha+j\omega}=\frac{N(s)}{D'(s)}\bigg|_{s=\alpha+j\omega}$$

$$K_2=[(s-\alpha+j\omega)F(s)]\,|_{s=\alpha-j\omega}=\frac{N(s)}{D'(s)}\bigg|_{s=\alpha-j\omega}$$

由于 $F(s)$是实系数有理多项式之比，故 K_1、K_2 应为共轭复数。设 $K_1=|K_1|e^{j\theta}$，则 $K_2=|K_1|e^{-j\theta}$，则这两项部分分式对应的拉氏反变换为

$$\begin{aligned}f_{12}(t)&=K_1e^{(\alpha+j\omega)t}+K_2e^{(\alpha-j\omega)t}=|K_1|e^{j\theta}e^{(\alpha+j\omega)t}+|K_1|e^{-j\theta}e^{(\alpha-j\omega)t}\\&=|K_1|e^{\alpha t}[e^{j(\omega t+\theta)}+e^{-j(\omega t+\theta)}]=[2|K_1|e^{\alpha t}\cos(\omega t+\theta)]\varepsilon(t)\end{aligned} \tag{13-23}$$

【例 13-11】 求 $F(s)=\dfrac{2s^2+6s+6}{(s+2)(s^2+2s+2)}$的原函数 $f(t)$。

解 $D(s)=(s+2)(s^2+2s+2)=(s+2)(s+1+\mathrm{j}1)(s+1-\mathrm{j}1)=0$ 的根为 $p_1=-2$，$p_2=-1-\mathrm{j}1$，$p_3=-1+\mathrm{j}1=p_2^*$。故 $F(s)$ 的部分分式可以表示为

$$F(s)=\frac{2s^2+6s+6}{(s+2)(s+1+\mathrm{j}1)(s+1-\mathrm{j}1)}=\frac{K_1}{s+2}+\frac{K_2}{s+1+\mathrm{j}1}+\frac{K_3}{s+1-\mathrm{j}1}$$

部分分式展开式中的待定系数由式(13-18)可知分别为

$$K_1=\frac{2s^2+6s+6}{(s+2)(s+1+\mathrm{j}1)(s+1-\mathrm{j}1)}(s+2)\bigg|_{s=-2}=1$$

$$K_2=\frac{2s^2+6s+6}{(s+2)(s+1+\mathrm{j}1)(s+1-\mathrm{j}1)}(s+1+\mathrm{j}1)\bigg|_{s=-1-\mathrm{j}1}=\frac{1}{2}+\mathrm{j}\,\frac{1}{2}=\frac{1}{\sqrt{2}}\mathrm{e}^{\mathrm{j}45^\circ}$$

$$K_3=\frac{2s^2+6s+6}{(s+2)(s+1+\mathrm{j}1)(s+1-\mathrm{j}1)}(s+1-\mathrm{j}1)\bigg|_{s=-1+\mathrm{j}1}=\frac{1}{2}-\mathrm{j}\,\frac{1}{2}=\frac{1}{\sqrt{2}}\mathrm{e}^{-\mathrm{j}45^\circ}=K_2^*$$

故

$$F(s)=\frac{1}{s+2}+\frac{1}{\sqrt{2}}\mathrm{e}^{\mathrm{j}45^\circ}\frac{1}{(s+1+\mathrm{j}1)}+\frac{1}{\sqrt{2}}\mathrm{e}^{-\mathrm{j}45^\circ}\frac{1}{(s+1-\mathrm{j}1)}$$

由式(13-20)和式(13-23)可得

$$f(t)=[\mathrm{e}^{-2t}+\sqrt{2}\mathrm{e}^{-t}\cos(t-45^\circ)]\varepsilon(t)$$

13.3.3 $D(s)=0$ 中含有重根

设在 $D(s)=0$ 的 n 个根中，有一个 m 阶重根为 p_1，则 $F(s)$可以表示为

$$F(s)=\frac{N(s)}{D(s)}=\frac{N(s)}{(s-p_1)^m D_1(s)} \tag{13-24}$$

由于式(13-24)中 p_1 不是 $D_1(s)$的根，则 $F(s)$可以展开为如下形式的部分分式：

$$F(s)=\frac{N(s)}{D(s)}=\frac{K_{11}}{s-p_1}+\frac{K_{12}}{(s-p_1)^2}+\cdots+\frac{K_{1(m-1)}}{(s-p_1)^{m-1}}+\frac{K_{1m}}{(s-p_1)^m}+F_1(s) \tag{13-25}$$

上式两边乘以$(s-p_1)^m$ 则将待定系数 K_{1m}单独分离出来，则有

$$\begin{aligned}(s-p_1)^m F(s)=&K_{11}(s-p_1)^{m-1}+K_{12}(s-p_1)^{m-2}+\cdots\\&+K_{1(m-1)}(s-p_1)+K_{1m}+(s-p_1)^m F_1(s)\end{aligned} \tag{13-26}$$

在上式中，令 $s=p_1$，可以求出

$$K_{1m}=(s-p_1)^m F(s)\mid_{s=p_1} \tag{13-27}$$

为求 $K_{1(m-1)}$，在式(13-26)两边对 s 域中自变量求一阶导数，则将待定系数 $K_{1(m-1)}$单独分离出来，即有

$$\begin{aligned}\frac{\mathrm{d}}{\mathrm{d}s}[(s-p_1)^m F(s)]=&(m-1)K_{11}(s-p_1)^{m-2}+(m-2)K_{12}(s-p_1)^{m-3}+\cdots\\&+2K_{1(m-2)}(s-p_1)+K_{1(m-1)}+0+(s-p_1)^m\frac{\mathrm{d}F_1(s)}{\mathrm{d}s}\\&+m(s-p_1)^{m-1}F_1(s)\end{aligned} \tag{13-28}$$

在式(13-28)中，令 $s=p_1$，可以求出 $K_{1(m-1)}$ 为

$$K_{1(m-1)}=\frac{\mathrm{d}}{\mathrm{d}s}[(s-p_1)^m F(s)]\Big|_{s=p_1}$$

在式(13-26)两边再对 s 求一阶导数，并令 $s=p_1$，可得

$$2K_{1(m-2)}=\frac{\mathrm{d}^2}{\mathrm{d}s^2}[(s-p_1)^m F(s)]\Big|_{s=p_1}$$

故

$$K_{1(m-2)}=\frac{1}{2}\frac{\mathrm{d}^2}{\mathrm{d}s^2}[(s-p_1)^m F(s)]\Big|_{s=p_1}$$

重复这一过程，可知有

$$K_{1(m-r)}=\frac{1}{r!}\frac{\mathrm{d}^r}{\mathrm{d}s^r}[(s-p_1)^m F(s)]\Big|_{s=p_1},\quad r=0,1,2,\cdots,m-1 \tag{13-29}$$

【例 13-12】 求 $F(s)=\dfrac{s-2}{s(s+1)^3}$ 的原函数 $f(t)$。

解　求出 $D(s)=s(s+1)^3=0$ 的根为 $p_1=0$，$p_{2,3,4}=-1$，故 $F(s)$ 的部分分式展开式为

$$F(s)=\frac{s-2}{s(s+1)^3}=\frac{K_1}{s}+\frac{K_{11}}{s+1}+\frac{K_{12}}{(s+1)^2}+\frac{K_{13}}{(s+1)^3}$$

部分分式展开式中的待定系数 K_1 由式(13-18)确定，K_{11}、K_{12} 和 K_{13} 分别由式(13-29)确定，因此有

$$K_1=sF(s)\big|_{s=0}=\frac{s-2}{(s+1)^3}\Big|_{s=0}=-2,$$

$$K_{13}=(s+1)^3F(s)\big|_{s=-1}=\frac{s-2}{s}\Big|_{s=-1}=3$$

$$K_{12}=\frac{\mathrm{d}}{\mathrm{d}s}[(s+1)^3F(s)]\big|_{s=-1}=\frac{\mathrm{d}}{\mathrm{d}s}\left(\frac{s-2}{s}\right)\Big|_{s=-1}=\frac{2}{s^2}\Big|_{s=-1}=2,$$

$$K_{11}=\frac{1}{2}\frac{\mathrm{d}^2}{\mathrm{d}s^2}[(s+1)^3F(s)]\big|_{s=-1}=\frac{1}{2}\frac{\mathrm{d}}{\mathrm{d}s}\left(\frac{2}{s^2}\right)\Big|_{s=-1}=-\frac{2}{s^3}\Big|_{s=-1}=2$$

于是得到

$$F(s)=\frac{s-2}{s(s+1)^3}=-\frac{2}{s}+\frac{2}{s+1}+\frac{2}{(s+1)^2}+\frac{3}{(s+1)^3}$$

根据表 13-1 中的拉氏变换对 $L\left[\dfrac{t^n}{n!}\mathrm{e}^{-at}\varepsilon(t)\right]=\dfrac{1}{(s+a)^{n+1}}$ 可得

$$f(t)=\left(-2+2\mathrm{e}^{-t}+2t\mathrm{e}^{-t}+\frac{3}{2}t^2\mathrm{e}^{-t}\right)\varepsilon(t)$$

13.4　复频域中基本电路元件的伏安关系及其电路模型与克希霍夫定律

相量分析法通过将正弦时间函数变换为对应的相量(数学上的复常数)，从而把求解线性时不变动态电路的正弦稳态问题归结成以相量为变量的线性代数方程。与此类似，复频域分析法(拉氏变换分析方法)通过将时间函数变换为对应的象函数，从而把线性时不变电

路暂态过程的问题归结为求解以象函数为变量的线性代数方程。因此，利用拉氏变换法分析电路的暂态过程，又称复频域分析，也有两种方法，其一是先列出所求线性时不变动态电路变量的常系数线性微分方程，再对方程进行拉氏变换从而把微分方程转换为复频域中的代数方程，解此代数方程求出待求响应的象函数复频域解，并对其施行拉氏反变换即可得出待求的时域响应。尽管用拉氏变换法解微分方程的方法同时给出了微分方程的特解和齐次解，初始条件也自动地包含在变换式里，因而避免了经典法解高阶电路时确定积分常数的困难，但是它并没有从根本上解决经典法列写微分方程的困难，因此，提出了一种更为简单的方法，即首先将动态电路的时域模型转变为复频域电路模型，再根据该模型利用合适的电路分析方法（节点法、回路法等）列出关于响应变量象函数的方程，再算出响应的象函数，最后经过反变换得到复频域响应的原时域函数。由于这种方法避免了列写微分方程这一步，所以对于高阶电路尤为简便。为了由电路时域模型建立其对应的复频域模型及其分析方法，必须首先建立基本电路元件伏安关系以及克希霍夫定律的复频域形式。

13.4.1 复频域中基本电路元件的伏安关系及其电路模型

1. 复频域中电阻元件的伏安关系及其电路模型

如图 13-3(a)所示线性时不变电阻元件伏安关系的时域形式为

$$u_R(t) = Ri_R(t) \tag{13-30a}$$

$$i_R(t) = Gu_R(t) \tag{13-30b}$$

分别对式(13-30a)、式(13-30b)两边取拉氏变换，并设 $L[u_R(t)]=U_R(s)$，$L[i_R(t)]=I_R(s)$，便可得到线性时不变电阻元件伏安关系的复频域形式，即

$$U_R(s) = RI_R(s) \tag{13-31a}$$

$$I_R(s) = (\frac{1}{R})U_R(s) = GU_R(s) \tag{13-31b}$$

式(13-31a)和式(13-31b)之间可以通过代数变形相互得到。上式表明，电阻电压的象函数与电流的象函数之间的关系也具有欧姆定律的形式。据此作出的电阻元件 s 域模型或运算电路模型如图 13-3(b)所示，其端电压和端电流取关联参考方向。

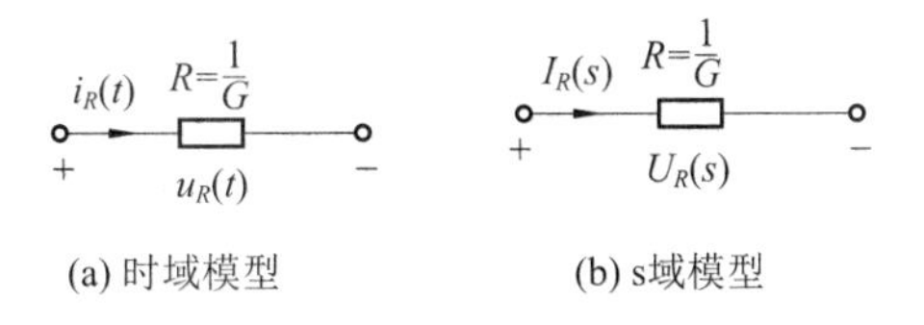

图 13-3 电阻元件的时域和 s 域模型

2. 复频域中电容元件的伏安关系及其电路模型

如图 13-4(a)所示电容元件伏安关系的积分和微分形式分别为

$$u_C(t) = u_C(0_-) + \frac{1}{C}\int_{0_-}^{t} i_C(\xi)\mathrm{d}\xi \tag{13-32a}$$

$$i_C(t) = C\frac{\mathrm{d}u_C(t)}{\mathrm{d}t} \tag{13-32b}$$

分别对式(13-32a)和式(13-32b)两边取拉氏变换并应用其积分性质和微分性质，且设 $L[u_C(t)]=U_C(s)$，$L[i_C(t)]=I_C(s)$，便可得到电容元件伏安关系的复频域形式，即

$$U_C(s) = \frac{u_C(0_-)}{s} + \frac{1}{sC}I_C(s) \tag{13-33a}$$

$$I_C(s) = sCU_C(s) - Cu_C(0_-) \tag{13-33b}$$

式(13-33a)和式(13-33b)之间可以通过代数变形相互得到。式(13-33a)中 $\frac{1}{sC}$ 称为电容的复频域阻抗或运算阻抗；sC 称为电容的复频域导纳或运算导纳；$\frac{u_C(0_-)}{s}$ 和 $Cu_C(0_-)$ 分别为附加电压源的电压和附加电流源的电流，它们都反映了电容电压的原始状态对电路暂态过程的影响。

式(13-33)表明，一个具有原始电压 $u_C(0_-)$ 的电容元件，其 s 域模型为一个复频域阻抗 $\frac{1}{sC}$ 与一个大小为 $\frac{u_C(0_-)}{s}$ 的电压源串联（s 域串联模型），或者是复频域导纳 sC 与一个大小为 $Cu_C(0_-)$ 的电流源并联（s 域并联模型），分别如图 13-4(c)(d)所示，其端电压和端电流均取关联参考方向。这时，图 13-4(c)中附加电压源 $\frac{u_C(0_-)}{s}$ 的参考方向与原始电压 $u_C(0_-)$ 的参考方向为一致方向，图 13-4 (d)中电流源 $Cu_C(0_-)$ 的参考方向与原始电压 $u_C(0_-)$ 的参考方向为非关联方向。若 $u_C(0_-)$ 的参考方向与端电压 $u_C(t)$ 的参考方向相反，则图 13-4 中的 $\frac{u_C(0_-)}{s}$ 以及 $Cu_C(0_-)$ 中的 $u_C(0_-)$ 取所求出值的负值但维持参考方向不变或者不取原值的负值而将这两个电源的参考方向相反于图 13-4(c)(d)中的参考方向。

需要注意的是，由于电容为“微分”元件，所以在其端电压和端电流取关联参考方向时有 $U_C(s)=\frac{u_C(0_-)}{s}+\frac{1}{sC}I_C(s)$，这表明，图 13-4 (c) 中 $\frac{1}{sC}$ 两端的电压在一般情况下并不与原时域电路中电容端电压 $u_C(t)$ 相对应，只有在 $u_C(0_-)=0$ 时，这两者才一一对应。

显然，图 13-4 中这两种模型之间也可以相互等效变换，以便在采用回路分析法时，选用图 13-4(c)所示的模型，而采用节点分析法时则选用图 13-4 (d)所示的模型。

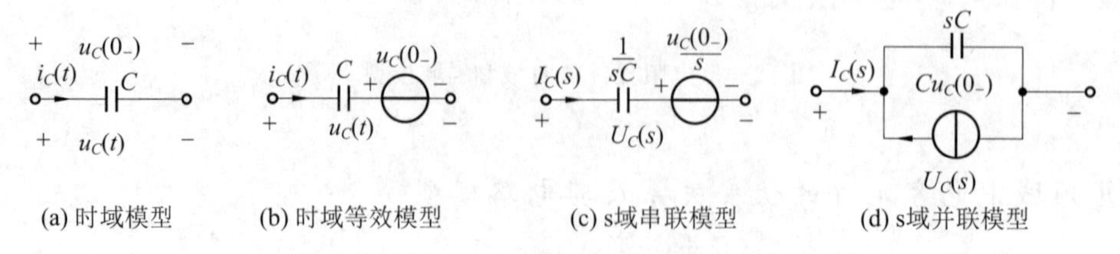

图 13-4　电容元件的时域和 s 域模型

3. 复频域中电感元件的伏安关系及其电路模型

如图 13-5(a)所示电感元件伏安关系的微分和积分形式分别为

$$u_L(t) = L\frac{\mathrm{d}i_L(t)}{\mathrm{d}t} \tag{13-34a}$$

$$i_L(t) = \frac{1}{L}\int_{-\infty}^{t} u_L(\tau)\mathrm{d}\tau = i_L(0_-) + \frac{1}{L}\int_{0_-}^{t} u_L(\tau)\mathrm{d}\tau \tag{13-34b}$$

分别对式(13-34a) 和式(13-34b)两边取拉氏变换并分别应用其微分性质和积分性质，且设 $L[u_L(t)]=U_L(s)$，$L[i_L(t)]=I_L(s)$，便可得到电感元件伏安关系的复频域形式，即

$$U_L(s) = sLI_L(s) - Li_L(0_-) \tag{13-35a}$$

$$I_L(s) = \frac{1}{sL}U_L(s) + \frac{i_L(0_-)}{s} \tag{13-35b}$$

式(13-35a)和式(13-35b)之间可以通过代数变形相互得到。式(13-35)中 sL 称为电感的复频域阻抗或运算阻抗；$\frac{1}{sL}$称为电感的复频域导纳或运算导纳；$Li_L(0_-)$和$\frac{i_L(0_-)}{s}$分别为附加电压源的电压和附加电流源的电流，它们都反映了电感电流的原始状态对电路暂态过程的影响。

式(13-35)表明，一个具有原始电流 $i_L(0_-)$的电感元件，其复频域模型为一个复频域阻抗 sL 与一个大小为 $Li_L(0_-)$的电压源串联(s 域串联模型)，或者复频域导纳$\frac{1}{sL}$与一个大小为$\frac{i_L(0_-)}{s}$的电流源并联(s 域并联模型)，分别如图 13-5(c)、(d)所示，其端电压和端电流取关联参考方向。这时，图 13-5(c)中附加电压源 $Li_L(0_-)$的参考方向与原始电流 $i_L(0_-)$的参考方向为非关联方向，图 13-5(d)中附加电流源$\frac{i_L(0_-)}{s}$的参考方向与原始电流 $i_L(0_-)$的参考方向则为一致方向。若 $i_L(0_-)$的参考方向与端电流 $i_L(t)$的参考方向相反，则图 13-4 (c)(d)中的 $Li_L(0_-)$以及$\frac{i_L(0_-)}{s}$中的 $i_L(0_-)$取所求出值的负值但维持参考方向不变或者不取原值的负值而将这两个电源的参考方向相反于图 13-5 (c)(d)中的参考方向。

同样需要注意的是式(13-35)是在电感元件的端电压和端电流取关联参考方向下得到的，并且图 13-5(c) 中 sL 两端的电压一般情况下并不与原时域电路中电感端电压 $u_L(t)$相对应，只有在 $i_L(0_-)=0$ 时，这两者才一一对应。

显然，图 13-5(c)、(d)中这两种模型之间可以相互等效变换，视所选用的电路分析方法采用便于分析的电路模型，例如，采用回路分析法时，选用图 13-5(c)所示的模型较为方便，而采用节点分析法时则选用图 13-5(d)所示的模型更为方便。

4. 复频域中耦合电感元件的伏安关系及其电路模型

如图 13-6(a)所示耦合电感元件伏安关系的微分形式为

$$u_1(t) = L_1\frac{\mathrm{d}i_1(t)}{\mathrm{d}t} + M\frac{\mathrm{d}i_2(t)}{\mathrm{d}t} \tag{13-36a}$$

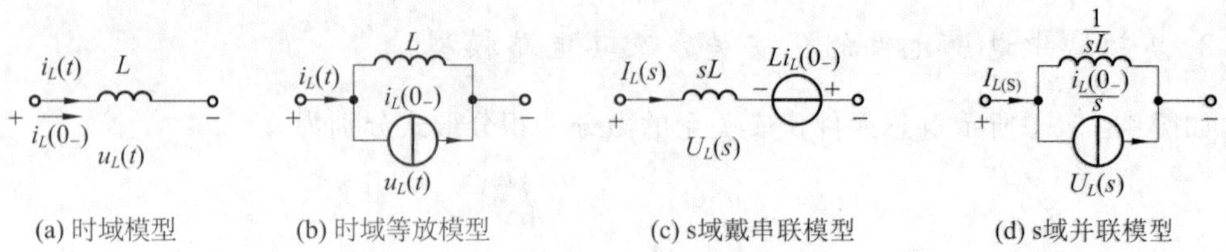

(a) 时域模型　(b) 时域等放模型　(c) s域戴串联模型　(d) s域并联模型

图 13-5　电感元件的时域和 s 域模型

$$u_2(t)=L_2\frac{\mathrm{d}i_2(t)}{\mathrm{d}t}+M\frac{\mathrm{d}i_1(t)}{\mathrm{d}t} \tag{13-36b}$$

分别对式(13-36a)和式(13-36b)两边取拉氏变换并应用其线性性质和微分性质且设 $L[u_1(t)]=U_1(s)$，$L[u_2(t)]=U_2(s)$，$L[i_1(t)]=I_1(s)$，$L[i_2(t)]=I_2(s)$，便可得到耦合电感元件伏安关系的复频域形式，即

$$U_1(s)=sL_1I_1(s)+sMI_2(s)-L_1i_1(0_-)-Mi_2(0_-) \tag{13-37a}$$

$$U_2(s)=sL_2I_2(s)+sMI_1(s)-L_2i_2(0_-)-Mi_1(0_-) \tag{13-37b}$$

式中，sL_1 和 sL_2 称为耦合电感元件的自感复频域阻抗或自感运算阻抗；sM 称为耦合电感元件的互感复频域阻抗或互感运算阻抗；$L_1i_1(0_-)$、$L_2i_2(0_-)$、$Mi_1(0_-)$和$Mi_2(0_-)$均为附加电压源的电压，它们都反映了耦合电感元件电流的原始状态对电路暂态过程的影响。

由复频域电压电流关系式(13-37)可以得出耦合电感元件的复频域模型如图 13-6(b)所示，其中也可以分别将两个附加电压源等效为一个附加电压源。若将图 13-6(a)中两个耦合电感等电位的一端相连，则在并没有改变原电路的情况下满足了去耦条件即两个耦合电感至少有一端相连才可去耦，这时所得出的时域去耦等效电路如图 13-6(c)所示，图中 L_1-M、L_2-M 和 M 均为电感元件，于是可以由该图根据电感元件的 s 域串联模型直接画出图 13-6(a)所示电路的 s 域去耦模型，如图 13-6(d)所示，图 13-6(d)也可以直接根据对复频域电压电流关系式(13-37)进行代数变形(加项、减项)所得到的复频域去耦方程得出。事实上，对图 13-6(d)中附加电源 $M[i_1(0_-)+i_2(0_-)]$进行移源处理还可以得到图 13-6(e)所示的 s 域去耦等效电路。

5. 复频域中受控电源的伏安关系及其电路模型

四种线性时不变受控源的受控量与控制量之间的关系均为线性关系，其时域形式分别为

$$\left.\begin{aligned}&\text{VCVS}: i_1(t)=0, u_2(t)=\mu u_1(t),\quad \text{CCVS}: u_1(t)=0, u_2(t)=\gamma i_1(t)\\&\text{VCCS}: i_1(t)=0, i_2(t)=g u_1(t),\quad \text{CCCS}: u_1(t)=0, i_2(t)=\beta i_1(t)\end{aligned}\right\} \tag{13-38}$$

对式(13-38)中各等式两边施行拉氏变换，便得到四种线性时不变受控源的受控量与控制量之间伏安关系的复频域形式，即

$$\left.\begin{aligned}&\text{VCVS}: I_1(s)=0, U_2(s)=\mu U_1(s),\quad \text{CCVS}: U_1(s)=0, U_2(s)=\gamma I_1(s)\\&\text{VCCS}: I_1(s)=0, I_2(s)=gU_1(s),\quad \text{CCCS}: U_1(s)=0, I_2(s)=\beta I_1(s)\end{aligned}\right\} \tag{13-39}$$

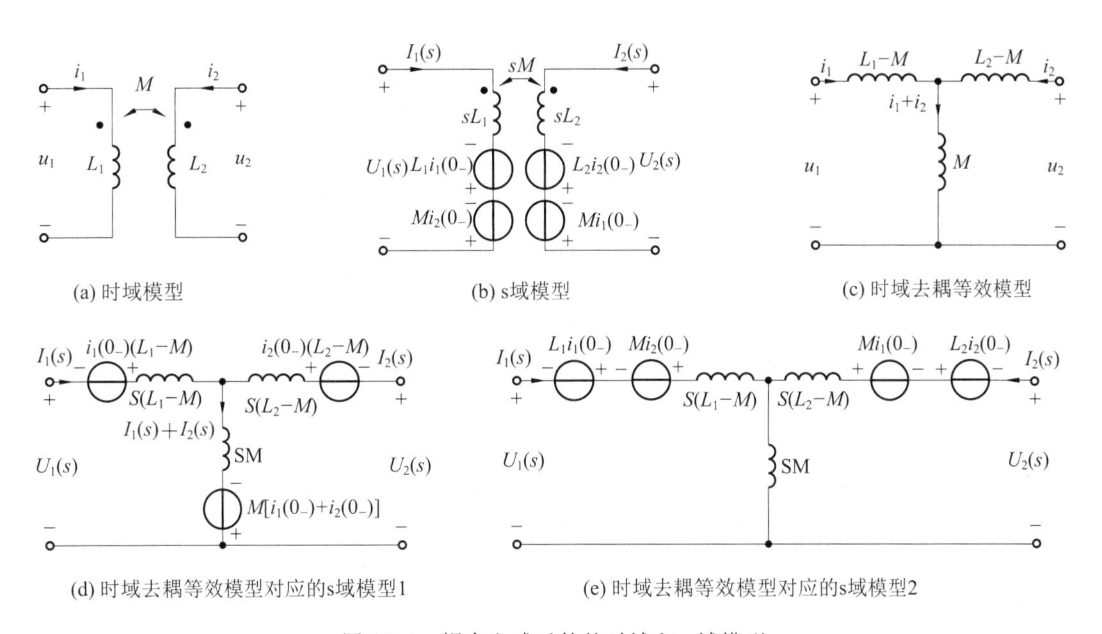

图 13-6　耦合电感元件的时域和 s 域模型

由式(13-39)可以得出四种线性时不变受控源的复频域模型。以 VCVS 为例，图 13-7(a)、(b)分别为其时域模型和复频域模型。

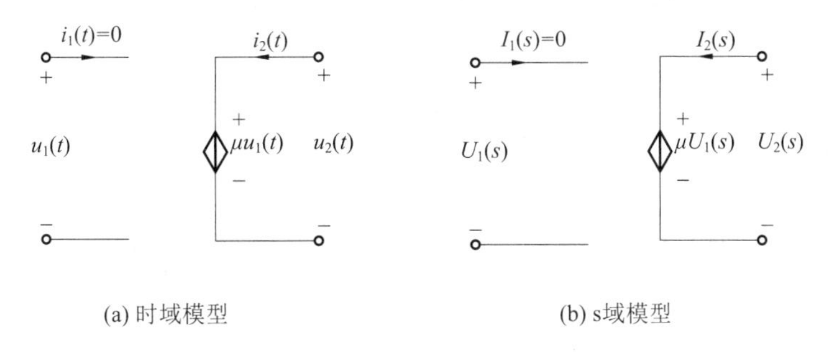

图 13-7　VCVS 的时域和 s 域模型

由上述复频域中电阻元件和受控源的伏安关系和模型的推导过程可知，对于其他由线性代数特性方程描述的"代数元件"，例如，独立电源、运算放大器以及理想变压器等，只需将其时域伏安关系中的电压、电流变量直接变为其对应的象函数，便可得出其复频域伏安关系，据此即可绘出它们所对应的复频域模型。

13.4.2　克希霍夫定律的复频域形式

克希霍夫电流和电压定律的时域形式分别为

$$\sum_k i_k(t) = 0, \quad \forall t \tag{13-40a}$$

$$\sum_k u_k(t)=0,\quad \forall t \tag{13-40b}$$

分别对上式两边取拉氏变换并应用其线性性质且设 $L[i_k(t)]=I_k(s)$、$L[u_k(t)]=U_k(s)$，便可得克希霍夫电流和电压定律的复频域形式分别为

$$\sum_k I_k(s)=0,\quad \forall s \tag{13-41a}$$

$$\sum_k U_k(s)=0,\quad \forall s \tag{13-41b}$$

分别对比式(13-40a)和式(13-41a)以及式(13-40b)和式(13-41b)可知，克希霍夫定律在时域和复频域具有相同的形式，因此其拓扑意义是相同的。

上面通过拉氏变换建立了基本电路元件的复频域模型和克希霍夫定律的复频域形式。类似于正弦稳态电路分析，由于电路模型是由元件模型及其连接结构形成的，连接结构又是受克希霍夫定律约束的，而克希霍夫定律的时域形式和复频域形式完全相同，所以同一电路的时域模型和复频域模型的连接形式应该是相同的，因此，在利用动态电路的复频域模型对其进行暂态分析时，首先要从电路的时域模型得出其对应的复频域模型，这时，无需改变时域电路的连接结构，只需：①将换路后的时域电路中各个元件的时域模型用其对应的复频域模型代替，注意在电容与电感元件的原始状态不为零时要正确计及附加电源；②将各已知及待求的电压变量和电流变量，例如独立电源的电压或电流以及支路电压或电流变量，在不改变其参考方向的情况下用它们所对应的象函数代替，即可得到与换路后的时域电路模型相对应的复频域模型。

13.5　动态电路过渡过程的复频域分析方法

一旦得出电路的复频域模型，就可以对其应用上面得出的复频域形式的 VCR、KCL 以及 KVL 进行分析。这时，类似于可以直接应用直流电阻电路的各种分析方法分析正弦稳态电路的相量模型，各种用于直流电阻电路的分析方法也均可用于动态电路的复频域模型，只是所用到的是元件的复频域形式的伏安关系以及复频域形式的克希霍夫定律。这种基于复频域模型对动态电路暂态过程进行分析的方法称为复频域分析方法或运算法。

13.5.1　复频域中电路的等效变换分析方法

两个在时域中相互等效的电路经过拉氏变换后所得到的复频域模型仍然是相互等效的，但其本质的物理意义仍然是这两个电路在时域中相互等效。

1. 不含独立源、零状态单口电路的等效变换

图 13-8 所示为一零状态($u_C(0_-)=0$，$i_L(0_-)=0$)RLC 串联电路的复频域模型，根据复频域 KVL 可以得出

$$U(s)=U_R(s)+U_L(s)+U_C(s) \tag{13-42}$$

在式(13-42)中代入各元件电压电流关系可得端口电压与端口电流之间的关系为

$$U(s)=U_R(s)+U_L(s)+U_C(s)=\left(R+sL+\frac{1}{sC}\right)I(s) \tag{13-43}$$

在式(13-43)中令 $Z(s)=R+sL+\frac{1}{sC}$,则式(13-43)可以写为

$$U(s)=Z(s)I(s) \tag{13-44}$$

式中,$Z(s)$称为 RLC 串联电路的复频域(等效)阻抗,$Y(s)=1/Z(s)$则称为复频域(等效)导纳,分别如图 13-8(b)、(c)所示。与此对偶,也可以讨论 GLC 并联电路的复频域模型及其对应的复频域等效导纳和复频域等效阻抗。

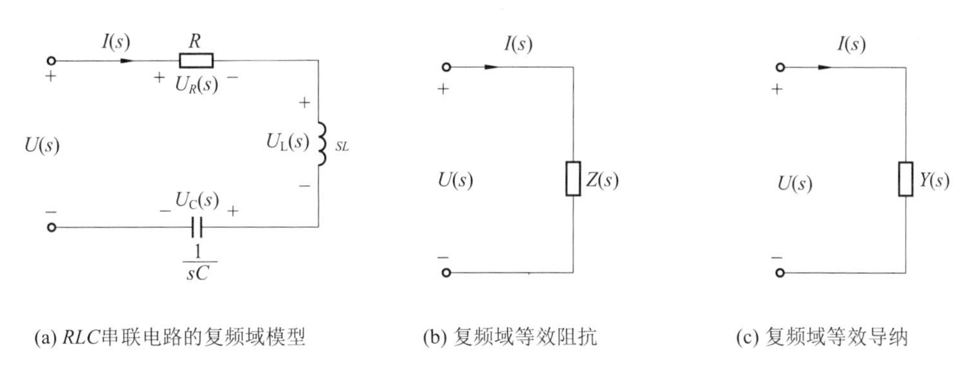

图 13-8 RLC 串联电路的复频域模型及其等效模型

上述讨论可以推广到任意一个不含独立源、零状态($u_C(0_-)=0$、$i_L(0_-)=0$)线性时不变一端口电路的复频域模型。这时,也存在 $Z(s)$和 $Y(s)=1/Z(s)$,式(13-44)称为复频域中的广义欧姆定律。当不含独立源、零状态线性时不变一端口电路分别为电阻 R、电容 C 和电感 L 时,它们对应的复频域阻抗可以分别表示为 $Z_R(s)=R$、$Z_L(s)=sL$ 和 $Z_C(s)=1/sC$,对应的复频域导纳则为 $Y_R(s)=G$、$Y_L(s)=1/sL$ 和 $Y_C(s)=sC$。当无源一端口电路为 n 个复频域阻抗串联时,其等效复频域阻抗为

$$Z(s)=Z_1(s)+Z_2(s)+\cdots+Z_n(s)=\sum_{k=1}^{n}Z_k(s)$$

与之对偶,当无源一端口电路为 n 个复频域导纳并联时,其等效复频域导纳为

$$Y(s)=Y_1(s)+Y_2(s)+\cdots+Y_n(s)=\sum_{k=1}^{n}Y_k(s)$$

同样,也有复频域的分压公式与分流公式,其形式与时域电阻电路以及正弦稳态电路中对应情况下的完全相似。

对于非零状态一端口,其等效电路为复频域中的戴维南或诺顿模型。

2. 其他类型的等效变换

时域电阻电路的其他等效变换,例如星形和三角形电路之间的等效变换以及有源支路的等效变换等各种等效变换方法均可以应用于复频域模型,且两者具有相同的形式。

【例 13-13】 如图 13-9(a)所示的无源单口网络 N_0 端口仅接以单位阶跃电流源时,端口电压的零状态响应为$(1-e^{-t})\varepsilon(t)$V。现将该单口网络并联电容 C 再串以电阻 R_1 后接通于电压源 $u_s(t)=10\varepsilon(t)$V,试求流过该电压源的电流 $i(t)$。

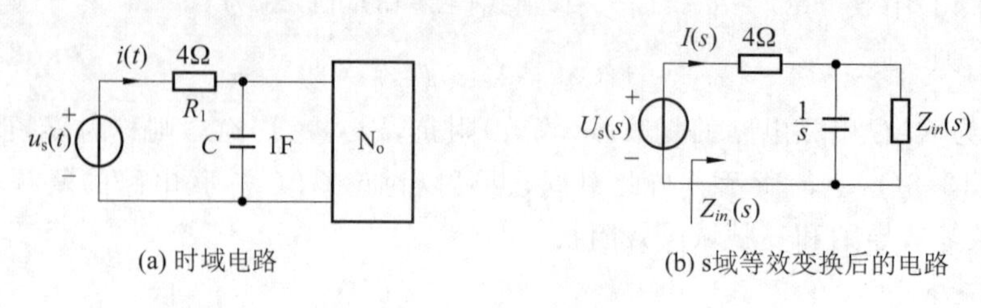

图 13-9　例 13.13 图

解　设单口 N_0 仅接入单位阶跃电流源 $i_s(t)$ 时，其端口电压响应为 $u(t)$，且两者为关联参考方向，则 $I_s(s)=\dfrac{1}{s}$，于是

$$U(s)=\frac{1}{s}-\frac{1}{s+1}=\frac{1}{s(s+1)}$$

因此，无源一端口网络 N_0 的输入阻抗为

$$Z_{in}(s)=\frac{U(s)}{I_s(s)}=\frac{1}{s+1}$$

利用 $Z_{in}(s)$ 可得 s 域等效电路如图 13-9(b) 所示，其中 $U_s(s)=\dfrac{10}{s}$，$Z_{in1}(s)$ 为

$$Z_{in1}(s)=4+\frac{\dfrac{1}{s}\times\dfrac{1}{s+1}}{\dfrac{1}{s}+\dfrac{1}{s+1}}=\frac{8s+5}{2s+1}$$

因此可得

$$I(s)=\frac{U_s(s)}{Z_{in1}(s)}=\frac{20s+10}{s(8s+5)}=\frac{A}{s}+\frac{B}{s+\dfrac{5}{8}}$$

可以求得

$$A=\left.\frac{20s+10}{8s+5}\right|_{s=0}=2,\quad B=\left.\frac{\dfrac{1}{8}(20s+10)}{s}\right|_{s=-\frac{5}{8}}=\frac{1}{2}$$

于是

$$I(s)=2\,\frac{1}{s}+\frac{1}{2}\times\frac{1}{s+\dfrac{5}{8}}$$

对 $I(s)$ 反变换可得流过电压源的电流为

$$i(t)=\left(2+\frac{1}{2}\mathrm{e}^{-\frac{5}{8}t}\right)\varepsilon(t)\,\mathrm{A}$$

需要注意的是，在动态电路的复频域分析中，若采用基本单位，则复频域中的电压、电流、阻抗和导纳均不加单位。

13.5.2　复频域中电路的一般分析方法

克希霍夫定律的复频域形式与直流电路中的形式相同，电容和电感伏安关系的复频域

形式在 $u_C(0_-)=0$ 和 $i_L(0_-)=0$ 的情况下，也分别与直流电路中欧姆定律的形式相似，在 $u_C(0_-)\neq 0$、$i_L(0_-)\neq 0$ 的情况下，会出现附加电源，但是在进行电路分析时可以视它们为独立电源，因此，直流电路中所采用的所有分析方法均可应用于动态电路过渡过程的复频域分析，这里，主要讨论节点法、网孔法和回路法，应用这些方法所列出的电路方程均为复频域中的线性代数方程，并分别与直流电路中对应的方程相类同。

动态电路过渡过程的复频域一般分析方法的主要步骤为：

(1) 根据换路前一瞬刻的时域电路，计算所有电感电流和电容电压在该时刻的值(电路的原始状态)，例如若电路在 $t=0$ 时发生换路，则应求出 $i_L(0_-)$ 和 $u_C(0_-)$ 的值，以便确定它们在电路的复频域模型中所产生的附加电源；

(2) 对换路后的时域电路画出其对应的复频域电路；

(3) 选用复频域形式的节点法、网孔法或回路法建立电路在复频域中的节点方程、网孔或回路方程(其中可能还会用到元件的电压电流关系、等效变换以及电路定理等)，用复数运算法则求解所列方程得出待求时域响应的象函数；

(4) 利用部分分式展开法对所求得响应的象函数作拉氏反变换求出响应的时域表达式。

显然，这种分析方法避开了电路微分方程的建立和求解过程以及各阶初始条件的求解，故而计算十分便利。此外，由于通过拉氏变换自动将电容电压和电感电流的原始状态包括进去，因此所求得的是电路的全响应。

需要注意的是，功率计算不能在复频域中进行，而应利用通过拉氏反变换求出的时域电压、电流来计算。

【例 13-14】 在如图 13-10(a)所示电路中，已知 $R_1=1\Omega$，$R_2=2\Omega$，$R_3=4\Omega$，$L=1.25\text{mH}$，$C=50\mu\text{F}$，$u_s=40\varepsilon(-t)\text{V}$，$I_s=30\text{A}$，开关 S 在 $t=0$ 时合上前电路已达到稳态，求 $t\geqslant 0$ 的响应 u。

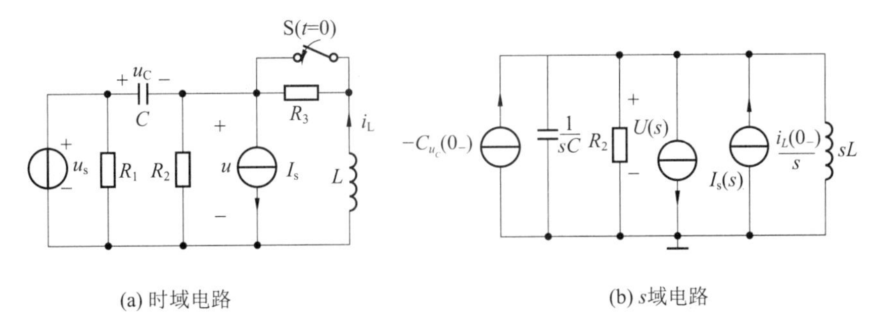

图 13-10 例 13-14 图

解 由函数 $\varepsilon(-t)$ 可知，当 $t\leqslant 0_-$ 时，电源 u_s、I_s 同时作用于电路，当电路达有流稳态后，电感相当于短路，电容相当于开路，因此，电感电流、电容电压在 $t=0_-$ 时的值分别为

$$i_L(0_-)=\frac{R_2}{R_2+R_3}I_s=\frac{2}{2+4}\times 30=10(\mathrm{A})$$

$$u_c(0_-)=u_s+R_2\frac{R_3}{R_2+R_3}I_s=40+40=80(\mathrm{V})$$

当 $t=0$ 时开关合上，将电阻 R_3 短路，并且 $t\geqslant 0_+$ 后，$u_s=0$，因此作出换路后电路的复频域电路如图 13-9(b)所示。由节点分析法可得

$$\left(sC+\frac{1}{R_2}+\frac{1}{sL}\right)U(s)=-Cu_C(0_-)-I_s(s)+\frac{i_L(0_-)}{s}$$

代入数据整理得

$$U(s)=\frac{-80s-4\times 10^5}{s^2+10^4 s+16\times 10^6}=-40\times\frac{1}{s+2000}-40\times\frac{1}{s+8000}$$

拉氏反变换可得

$$u=L^{-1}[U(s)]=-40(\mathrm{e}^{-2000t}+\mathrm{e}^{-8000t})\varepsilon(t)\mathrm{V}$$

【例 13-15】 在图 13-11(a)所示的电路中，已知 $R_1=2\Omega$，$R_2=\frac{1}{2}\Omega$，$L=2\mathrm{H}$，$C=\frac{1}{2}\mathrm{F}$，$r_m=-\frac{1}{2}\Omega$，$u_C(0_-)=1\mathrm{V}$，$i_1(0_-)=-2\mathrm{A}$，求 $i_1(t)$。

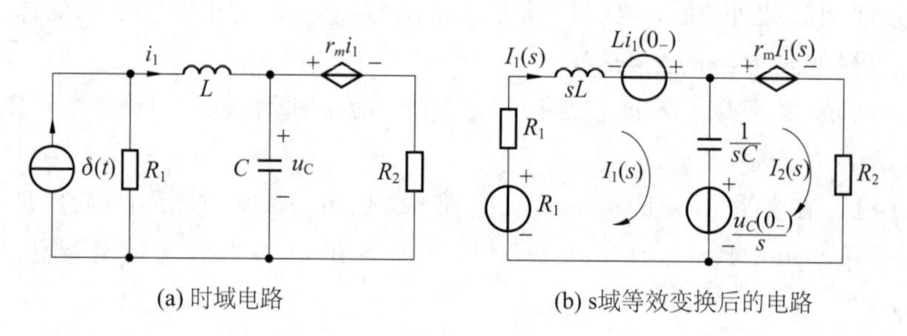

(a) 时域电路　　(b) s域等效变换后的电路

图 13-11　例 13-15 图

解　将图 13-11(a)所示时域电路变为 s 域电路后再将其中的电流源与电阻 R_1 相并联的诺顿模型等效为电压源与电阻 R_1 相串联的戴维南模型，如图 13-11(b)所示。用回路分析法，列出回路方程如下：

$$\left(R_1+sL+\frac{1}{sC}\right)I_1(s)-\frac{1}{sC}I_2(s)=R_1+Li_1(0_-)-\frac{u_C(0_-)}{s}-\frac{1}{sC}I_1(s)+\left(\frac{1}{sC}+R_2\right)I_2(s)$$

$$=\frac{u_C(0_-)}{s}-r_mI_1(s)$$

代入已知数据，整理后得

$$\left(2+2s+\frac{2}{s}\right)I_1(s)-\frac{2}{s}I_2(s)=-\left(2+\frac{1}{s}\right)-\left(\frac{1}{2}+\frac{2}{s}\right)I_1(s)+\left(\frac{1}{2}+\frac{2}{s}\right)I_2(s)=\frac{1}{s}$$

解此联立方程可得

$$I_1(s)=\frac{-\left(s+\frac{9}{2}\right)}{s^2+5s+4}=\frac{-\left(s+\frac{9}{2}\right)}{(s+4)(s+1)}=\frac{\frac{1}{6}}{s+4}-\frac{\frac{7}{6}}{s+1}$$

对上式进行拉氏反变换求出电流 $i_1(t)$ 为

$$i_1(t)=L^{-1}[I_1(s)]=L^{-1}\left(\frac{1}{6}\times\frac{1}{s+4}-\frac{7}{6}\times\frac{1}{s+1}\right)=\left(\frac{1}{6}e^{-4t}-\frac{7}{6}e^{-t}\right)\varepsilon(t)\text{A}$$

【例 13-16】 在如图 13-12(a)所示的电路中，已知 $U_s=10\text{V}$，$R_1=4\Omega$，$R_2=2\Omega$，$R_3=2\Omega$，$L_1=4\text{H}$，$L_2=4\text{H}$，$M=2\text{H}$，电路原来已达到稳态，若在 $t=0$ 时将开关 S 断开，试求 i_1。

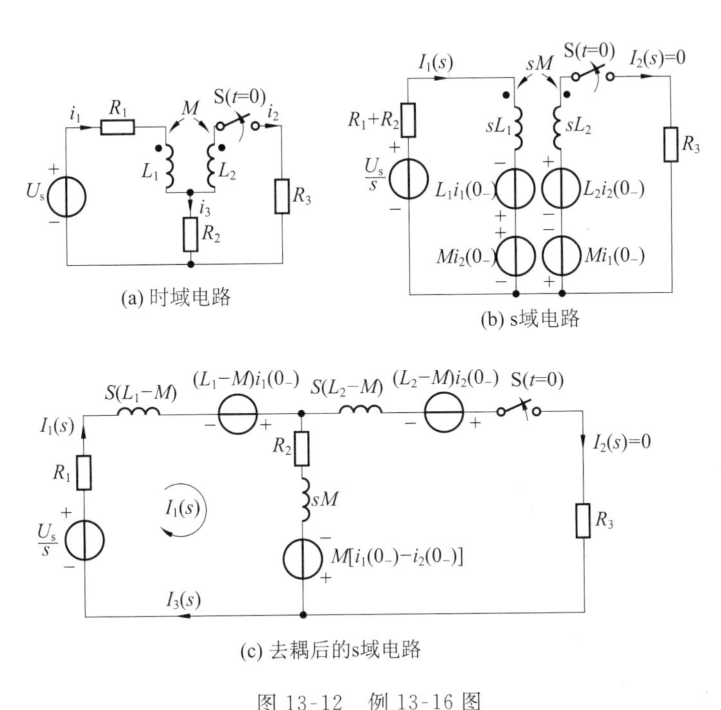

(a) 时域电路

(b) s域电路

(c) 去耦后的s域电路

图 13-12　例 13-16 图

解　方法一：直接求解。

(1) 在 $t=0_-$ 时电路处于直流稳态，电感短路，利用分流公式可以求出这时流过两个电感的电流各为

$$i_1(0_-)=\frac{U_s}{R_1+(R_2//R_3)}=\frac{10}{4+1}=2(\text{A}),\quad i_2(0_-)=\frac{R_2}{R_2+R_3}i_1(0_-)=1\text{A}$$

(2) 画出如图 13-12(b)所示的 s 域电路。由于 $I_2(s)=0$，所以对图 13-12(b)中左边网孔所列出 KVL 方程为

$$(R_1+R_2+sL_1)I_1(s)=\frac{U_s}{s}+L_1i_1(0_-)-Mi_2(0_-)$$

代入具体数据可得

$$(6+4s)I_1(s)=\frac{10}{s}+6$$

因此可得

$$I_1(s)=\frac{3s+5}{s(2s+3)}=\frac{3}{2}\left(\frac{\frac{10}{9}}{s}-\frac{\frac{1}{9}}{s+\frac{3}{2}}\right)$$

故有
$$i_1(t)=\left(\frac{5}{3}-\frac{1}{6}e^{-\frac{3}{2}t}\right)\varepsilon(t)\text{A}$$

方法二：去耦法。

由于两个互感元件是同名端相联，所以可以通过互感消去法将它们用时域 T 型等效电路代替，然后得到这三个电感元件的 s 域模型，于是得到整个电路换路后的 s 域电路模型如图 13-12(c)所示，其中$(L_1-M)i_1(0_-)=(4-2)\times2=4$，$(L_2-M)i_2(0_-)=(4-2)\times1=2$，$M[i_1(0_-)-i_2(0_-)]=2\times1=2$。由于 S 断开，故$I_2(s)=0$，因而列出图 13-12(c)中左边网孔的 KVL 方程为

$$I_1(s)=I_3(s)=\frac{\frac{10}{s}+4+2}{2s+2s+4+2}=\frac{3s+5}{s(2s+3)}=\frac{5}{3s}-\frac{1}{6\left(s+\frac{3}{2}\right)}$$

对该式作拉氏反变换可得
$$i_1(t)=\left(\frac{5}{3}-\frac{1}{6}e^{-\frac{3}{2}t}\right)\varepsilon(t)\text{A}$$

【例 13-17】 在图 13-13(a)所示的电路中，已知$U_s=4\text{V}$，$R=2\Omega$，$C_1=0.5\text{F}$，$C_2=C_3=1\text{F}$，$u_{C_3}(0_-)=0$，电路原已达到稳态，在 $t=0$ 时合上开关 S，求 $i_{C_1}(t)$、$i_{C_2}(t)$、$i_{C_3}(t)$、$u_{C_1}(t)$、$u_{C_2}(t)$和 $u_{C_3}(t)$。

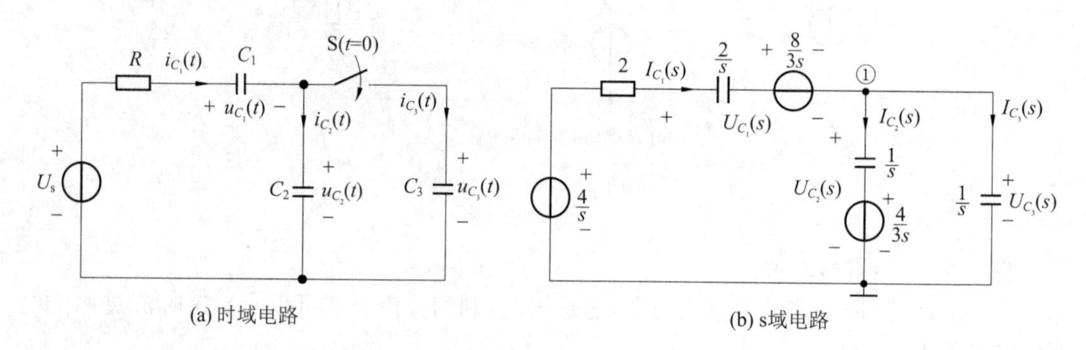

图 13-13　例 13-17 图

解　换路前，由于电容 C_1 和 C_2 串联，故有 $q_{C_1}(0_-)=q_{C_2}(0_-)$，即有
$$C_1u_{C_1}(0_-)=C_2u_{C_2}(0_-)$$
又由于电路已达稳态故由 KVL 可得
$$u_{C_1}(0_-)+u_{C_2}(0_-)=4$$
由上面两式可以求出
$$u_{C_1}(0_-)=\frac{8}{3}\text{V},\quad u_{C_2}(0_-)=\frac{4}{3}\text{V}$$
作出换路后的 s 域电路如图 13-13(b)所示，对节点①列节点方程为

$$\left(\frac{1}{2+\frac{2}{s}}+s+s\right)U_{C_3}(s)=\frac{\frac{4}{3s}}{\frac{1}{s}}+\frac{\frac{4}{s}-\frac{8}{3s}}{2+\frac{2}{s}}$$

由此解出 $U_{C_3}(s)$ 为

$$U_{C_3}(s)=U_{C_3}(s)=\frac{4(2s+3)}{3s(4s+5)}=\frac{4}{5s}-\frac{2}{15(s+1.25)}$$

进一步求出

$$I_{C_3}(s)=sU_{C_3}(s)=\frac{4(2s+3)}{3(4s+5)}=\frac{2}{3}+\frac{1}{6(s+1.25)}$$

$$I_{C_2}(s)=s\left[U_{C_2}(s)-\frac{4}{3s}\right]=s\left[-\frac{8}{15s}-\frac{2}{15(s+1.25)}\right]$$

$$=-\frac{8}{15}-\frac{2s}{15(s+1.25)}=-\frac{2}{3}+\frac{1}{6(s+1.25)}$$

$$I_{C_1}(s)=I_{C_2}(s)+I_{C_3}(s)=\frac{2}{3}+\frac{1}{6(s+1.25)}-\frac{2}{3}+\frac{1}{6(s+1.25)}=\frac{1}{3(s+1.25)}$$

$$U_{C_1}(s)=\frac{2}{s}I_{C_1}(s)+\frac{8}{3s}=\frac{2}{3s(s+1.25)}+\frac{8}{3s}=\frac{8}{15s}-\frac{8}{15(s+1.25)}+\frac{8}{3s}$$

$$=\frac{48}{15s}-\frac{8}{15(s+1.25)}$$

对所求上诸式取拉氏反变换可得

$$u_{C_3}(t)=u_{C_2}(t)=\left(\frac{4}{5}-\frac{2}{15}\mathrm{e}^{-1.25t}\right)\varepsilon(t)\mathrm{V},\quad i_{C_3}(t)=\left[\frac{2}{3}\delta(t)+\frac{1}{6}\mathrm{e}^{-1.25t}\varepsilon(t)\right]\mathrm{A}$$

$$i_{C_2}(t)=\left[-\frac{2}{3}\delta(t)+\frac{1}{6}\mathrm{e}^{-1.25t}\varepsilon(t)\right]\mathrm{A},\quad i_{C_1}(t)=\frac{1}{3(s+1.25)}=\frac{1}{3}\mathrm{e}^{-1.25t}\varepsilon(t)\mathrm{A}$$

$$u_{C_1}(t)=\left(\frac{48}{15}+\frac{8}{15}\mathrm{e}^{-1.25t}\right)\varepsilon(t)\mathrm{V}$$

可以看出，由于 $u_{C_1}(0_-)=\frac{8}{3}\mathrm{V}$，$u_{C_2}(0_-)=\frac{4}{3}\mathrm{V}$，$u_{C_3}(0_-)=0$，而 $u_{C_1}(0_+)=\frac{8}{3}\mathrm{V}$，$u_{C_2}(0_+)=u_{C_3}(0_+)=\frac{2}{3}\mathrm{V}$，所以三个电容电压中只有 u_{C_2} 和 u_{C_3} 在 $t=0$ 时发生了强迫跳变，这是由于在 $t=0$ 时 C_2 和 C_3 这两个电容中均有冲激电流的缘故，但是，由于必须满足 KCL，故而电容 C_1 中两个大小相等、符号相反的冲激电流 $\frac{2}{3}\delta(t)$ 和 $-\frac{2}{3}\delta(t)$ 相互抵消，因此 u_{C_1} 在 $t=0$ 时没有跳变。对于这类电容或电感存在强迫跃变的问题，用时域分析法求解时，需要先确定 $t=0_-$ 时的电容电压或电感电流的原始值再以此利用节点电荷守恒定律或回路磁链守恒定理计算出其 $t=0_+$ 时的初始值，而用复频域分析法求解时，则无需求出 $t=0_+$ 时电容电压或电感电流的初始值，而只须确定其 $t=0_-$ 时的原始值，并以此在复频域电路模型中作出相应的附加电源即可求出正确的结果，显然后者要简单一些。

【例 13-18】 在如图 13-14(a)所示电路中，开关 S 闭合前已处于稳态，开关 S 在 $t=0$ 时闭合，求开关 S 闭合后的电容电压 $u_C(t)$。

解 由 0_- 时刻直流稳态电路求得 $i_L(0_-)=\frac{1}{4}=0.25(\mathrm{A})$，$u_c(0_-)=i_L(0_-)\times 4=$

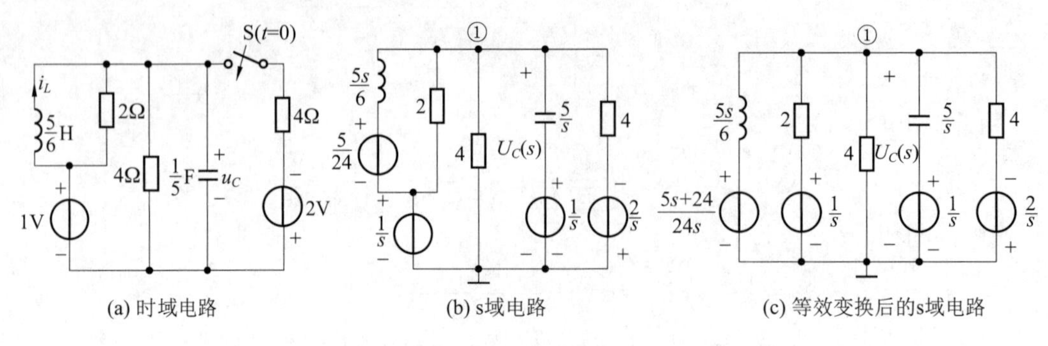

图 13-14　例 13-18 图

0.25×4=1(V)。据此得出 s 域电路如图 13-14(b)所示，再将电压源 $1/s$ 向电感 $(5/6)s$ 和附加电压源 5/24 的串联支路以及 2 的电阻支路进行电压源转移并将两个串联电压源 $1/s$ 和 5/24 等效为一个大小为 $\left(\frac{1}{s}+\frac{5}{24}\right)=(5s+24)/(24s)$ 的电压源，如图 13-14(c)所示，对该图中节点①列写节点电压方程有

$$\left(\frac{6}{5s}+\frac{1}{2}+\frac{1}{4}+\frac{s}{5}+\frac{1}{4}\right)U_C(s)=\frac{(5s+24)/24s}{5s/6}+\frac{1/s}{2}+\frac{1/s}{5/s}-\frac{2/s}{4}$$

因此可得

$$U_C(s)=\frac{4s^2+5s+24}{4s(s^2+5s+6)}=\frac{s^2+1.25s+6}{s(s+3)(s+2)}=\frac{1}{s}+\frac{15/4}{s+3}-\frac{15/4}{s+2}$$

对上式取拉氏反变换得

$$u_C(t)=[1+3.75(\mathrm{e}^{-3t}-\mathrm{e}^{-2t})]\varepsilon(t)\mathrm{V}$$

13.5.3　复频域中电路的电路定理分析方法

时域形式电路定理对应的复频域形式也可以应用于分析动态电路的过渡过程。

【例 13-19】　在如图 13-15(a)所示的电路中，已知 $u_s(t)=10\varepsilon(t)\mathrm{V}$，$C=1\mathrm{F}$，$R_1=1/5\Omega$，$R_2=1\Omega$，$L=(1/2)\mathrm{H}$，$u_C(0_-)=5\mathrm{V}$，$i_L(0_-)=4\mathrm{A}$。试求：(1) 零输入响应 $i_{1zi}(t)$；(2) 零状态响应 $i_{1zs}(t)$；(3) 全响应 $i_1(t)$。

解　(1) 求零输入响应 $i_{1zi}(t)$。首先画出零输入响应的 s 域电路如图 13-14(b)所示。为了运用叠加原理求 $I_{1zi}(s)$，由图 13-15 (b)可得图 13-15 (c)(d)，它们分别对应电压源 $u_C(0_-)/s$和 $Li_L(0_-)$单独作用的情况。在图 13-15 (c)中，将电压源 $u_C(0_-)/s$ 以外的阻抗等效后可以求出 $I_{1zi}^{(1)}(s)$为

$$I_{1zi}^{(1)}(s)=\frac{\frac{u_C(0_-)}{s}}{\frac{1}{sC}+\frac{R_1(R_2+sL)}{R_1+R_2+sL}}$$

代入数据整理后得

$$I_{1zi}^{(1)}(s)=\frac{25s+60}{s^2+7s+12}$$

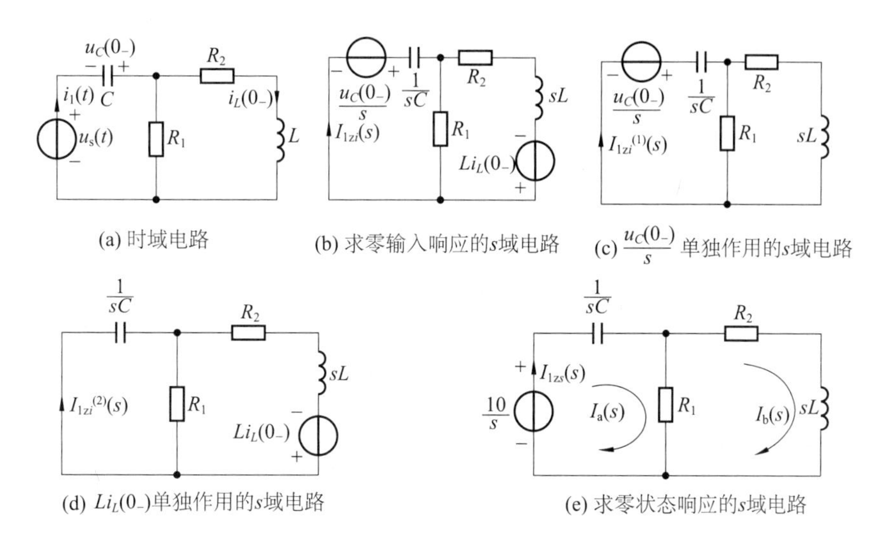

图 13-15　例 13-19 图

在图 13-15 (d)中，将电压源 $Li_L(0_-)$以外的阻抗等效后求出总电流，再用分流公式，可以求出

$$I_{1\mathrm{zi}}^{(2)}(s)=\frac{Li_L(0_-)}{R_2+sL+\dfrac{R_1\times\dfrac{1}{sC}}{R_1+\dfrac{1}{sC}}}\times\frac{R_1}{R_1+\dfrac{1}{sC}}$$

代入数据整理后可得

$$I_{1\mathrm{zi}}^{(2)}(s)=\frac{4s}{s^2+7s+12}$$

因此，由叠加定理可知，当 $u_C(0_-)/s$ 和 $Li_L(0_-)$共同作用时，电流 $I_{1\mathrm{zi}}(s)$为

$$I_{1\mathrm{zi}}(s)=I_{1\mathrm{zi}}^{(1)}(s)+I_{1\mathrm{zi}}^{(2)}(s)=\frac{25s+60}{s^2+7s+12}+\frac{4s}{s^2+7s+12}=\frac{29s+60}{s^2+7s+12}=-\frac{27}{s+3}+\frac{56}{s+4}$$

对 $I_{1\mathrm{zi}}(s)$施行拉氏反变换，得零输入响应 $i_{1\mathrm{zi}}(t)$为

$$i_{1\mathrm{zi}}(t)=L^{-1}[I_{1\mathrm{zi}}(s)]=L^{-1}\left(-\frac{27}{s+3}+\frac{56}{s+4}\right)=(-27\mathrm{e}^{-3t}+56\mathrm{e}^{-4t})\varepsilon(t)\,\mathrm{A}$$

(2) 求零状态响应 $i_{1\mathrm{zs}}(t)$。画出电压源 $10\varepsilon(t)$单独作用时的 s 域电路如图 13-15 (e)所示。此时，既可采用上面为求 $I_{1\mathrm{zi}}^{(1)}(s)$而将电路等效化简的方法，也可用其他线性电路分析方法。在此用网孔法列出回路方程为

$$Z_{11}(s)I_a(s)-Z_{12}(s)I_b(s)=U_s(s),\quad -Z_{21}(s)I_a(s)+Z_{22}(s)I_b(s)=0$$

解得

$$I_a(s)=\frac{Z_{22}(s)U_s(s)}{Z_{11}(s)Z_{22}(s)-Z_{12}^2(s)}$$

其中，$Z_{11}(s)=R_1+\frac{1}{sC}=\frac{1}{5}+\frac{1}{s}$，$Z_{12}(s)=Z_{21}(s)=R_1=\frac{1}{5}$，$Z_{22}(s)=R_1+R_2+sL=\frac{1}{5}+1+$

$\frac{s}{2}=\frac{6}{5}+\frac{s}{2}$，将它们代入上式，可得

$$I_a(s)=I_{\mathrm{lzs}}(s)=\frac{\left(\frac{6}{5}+\frac{s}{2}\right)\frac{10}{s}}{\left(\frac{1}{5}+\frac{1}{s}\right)\left(\frac{6}{5}+\frac{s}{2}\right)-\left(\frac{1}{5}\right)^2}=\frac{50s+120}{s^2+7s+12}=\frac{-30}{s+3}+\frac{80}{s+4}$$

对上式进行拉普拉斯反变换，求出零状态响应 $i_{\mathrm{lzs}}(t)$ 为

$$i_{\mathrm{lzs}}(t)=L^{-1}[I_{\mathrm{lzs}}(s)]=L^{-1}\left(\frac{-30}{s+3}+\frac{80}{s+4}\right)=(-30\mathrm{e}^{-3t}+80\mathrm{e}^{-4t})\varepsilon(t)\mathrm{A}$$

(3) 求全响应 $i_1(t)$。应用叠加原理可得全响应 $i_1(t)$ 为

$$i_1(t)=i_{\mathrm{lzi}}(t)+i_{\mathrm{lzs}}(t)=-27\mathrm{e}^{-3t}+56\mathrm{e}^{-4t}-30\mathrm{e}^{-3t}+80\mathrm{e}^{-4t}=(-57\mathrm{e}^{-3t}+136\mathrm{e}^{-4t})\varepsilon(t)\mathrm{A}$$

显然，全响应也可以由图 13-15 (a)所示时域电路对应的 s 域电路一举求出。

【例 13-20】 在如图 13-16(a)所示的电路中，已知电容的原始电压为 0，求电流 $i_{ab}(t)$。

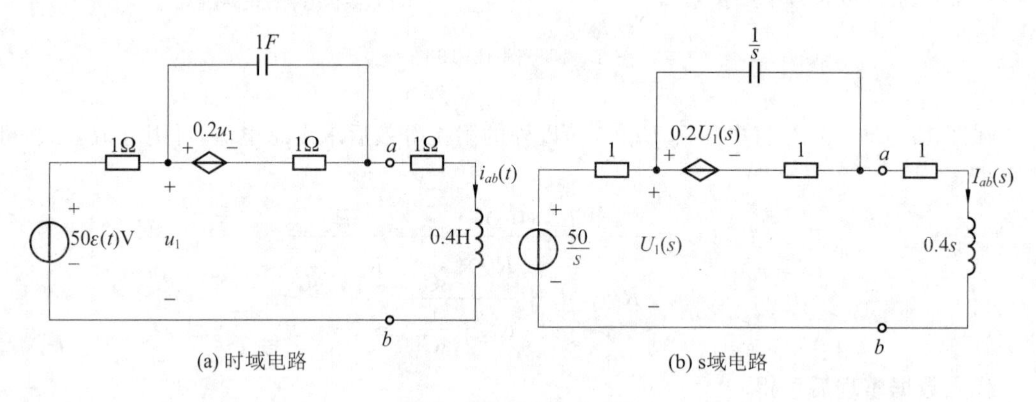

图 13-16　例 13-20 图

解　利用戴维南定理求解。首先将图 13-15(a)所示的时域电路变为如图 13-16(b)所示的 s 域电路。将 a-b 端口开路求开路电压 $U_{\mathrm{oc}}(s)$。由 KVL 可得

$$U_{\mathrm{oc}}(s)=U_1(s)-\frac{1}{5s+5}U_1(s)=\frac{5s+4}{5s+5}U_1(s)$$

在上式中代入 $U_1(s)=50/s$ 可以求出

$$U_{\mathrm{oc}}(s)=\frac{5s+4}{5s+5}\cdot\frac{50}{s}=\frac{50(s+0.8)}{s(s+1)}$$

再求 a-b 端口的短路电流 $I_{\mathrm{sc}}(s)$，将 a-b 端口短路，有

$$I_{\mathrm{sc}}(s)=\left[\frac{5s+4}{5s+5}U_1(s)\right]/\left(\frac{1}{s+1}\right)=\frac{5s+4}{5}U_1(s)$$

将 $U_1(s)=\frac{50}{s}-I_{\mathrm{sc}}(s)$ 代入上式可得

$$I_{\mathrm{sc}}(s)=\frac{50(s+0.8)}{s(s+1.8)}$$

于是可以求出戴维南等效阻抗为

$$Z_{eq}(s)=\frac{U_{oc}(s)}{I_{sc}(s)}=\frac{50(s+0.8)}{s(s+1)}\times\frac{s(s+1.8)}{50(s+0.8)}=\frac{s+1.8}{s+1}$$

因此利用戴维南模型可以求得 $I_{ab}(s)$ 为

$$I_{ab}(s)=\frac{U_{oc}(s)}{Z_{eq}(s)+0.4s+1}=\left[\frac{50(s+0.8)}{s(s+1)}\right]\Big/\left(\frac{s+1.8}{s+1}+0.4s+1\right)$$

$$=\frac{125(s+0.8)}{s(s^2+6s+7)}=\frac{100}{7s}-\frac{2000+575\sqrt{2}}{28(s+3+\sqrt{2})}-\frac{2000-575\sqrt{2}}{28(s+3-\sqrt{2})}$$

于是有

$$i_{ab}(t)=L^{-1}[I_{ab}(s)]=\left(\frac{100}{7}-\frac{2000+575\sqrt{2}}{28}e^{-(3+\sqrt{2})t}-\frac{2000-575\sqrt{2}}{28}e^{-(3-\sqrt{2})t}\right)\varepsilon(t)\mathrm{A}$$

【例 13-21】 在图 13-17 所示电路中，网络 N_R 内不含独立源和受控源，并且其中元件均为线性定常与零状态的。

在图 13-17(a)所示电路中，零输入响应 $i_1=2e^{-2t}\mathrm{A}(t\geqslant0_+)$，$u_1=8e^{-2t}\mathrm{V}(t\geqslant0_+)$，$i_2=e^{-2t}\mathrm{A}(t\geqslant0_+)$；在图 13-17(b)所示电路中，$\hat{i}_L(0_-)=3\mathrm{A}$，$\hat{u}_{S2}=e^{-t}\varepsilon(t)\mathrm{V}$，试求响应 $\hat{u}_1$。

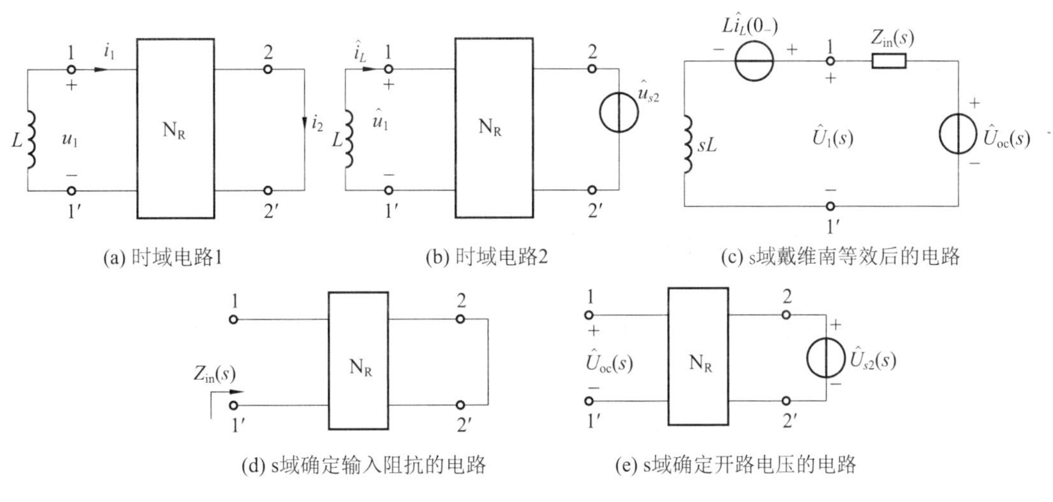

图 13-17 例 13-21 图

解 在图 13-17(a)所示电路中，对于电感元件可得

$$u_1=-L\frac{di_1}{dt}=-L\frac{d}{dt}(2e^{-2t})=4Le^{-2t}=8e^{-2t}\mathrm{V}$$

由此求得 $L=2\mathrm{H}$。图 13-17(b)所示电路 1-1′右端网络用戴维南等效电路替代后的 s 域电路如图 13-17(c)所示，显然，在图 13-17(a)所示电路对应的 s 域模型中，其 1-1′右端网络的输入阻抗(如图 13-17(d)所示)即是图 13-17(b)1-1′右端网络的输入阻抗，于是有

$$Z_{in}(s)=\frac{U_1(s)}{I_1(s)}=\frac{L(8e^{-2t})}{L(2e^{-2t})}=4$$

将图 13-17(a)中 i_1 用电流源替代后，对其 s 域电路与图 13-17(e)所示电路应用互易定理三可得

$$\frac{I_2(s)}{I_1(s)}=\frac{\hat{U}_{oc}(s)}{\hat{U}_{s_2}(s)}$$

由此可得

$$\hat{U}_{oc}(s)=\frac{I_2(s)}{I_1(s)}\hat{U}_{s_2}(s)=\frac{L(e^{-2t})}{L(2e^{-2t})}\times L[e^{-t}\varepsilon(t)]=\frac{1}{2}\times\frac{1}{s+1}$$

在图 13-17(c)中应用节点法，有

$$\hat{U}_1(s)=\frac{\dfrac{L\hat{i}_L(0_-)}{sL}+\dfrac{\hat{U}_{oc}(s)}{Z_{in}(s)}}{\dfrac{1}{sL}+\dfrac{1}{Z_{in}(s)}}=\frac{\dfrac{2\times 3}{2s}+\dfrac{1}{4\times 2(s+1)}}{\dfrac{1}{2s}+\dfrac{1}{4}}$$

$$=\frac{25s+24}{2(s+1)(s+2)}=\frac{-0.5}{s+1}+\frac{13}{s+2}$$

对 $\hat{U}_1(s)$作拉氏反变换求出全响应为

$$\hat{u}_1=L^{-1}\left[\frac{-0.5}{s+1}+\frac{13}{s+2}\right]=(-0.5e^{-t}+13e^{-2t})\varepsilon(t)\text{V}$$

13.6　网络函数

13.6.1　网络函数的定义与类型

在第 9 章中曾对正弦稳态电路给出了正弦稳态网络函数 $H(j\omega)$的定义并做了相应的讨论。本节在复频域中给出零状态线性时不变动态电路网络函数的一般定义。

在图 13-18 所示的单一激励下的线性时不变动态电路中，将零状态响应 $r(t)$的象函数 $R(s)$与激励 $e(t)$的象函数 $E(s)$之比定义为该电路的网络函数 $H(s)$，即

$$H(s)=\frac{L[r(t)]}{L[e(t)]}=\frac{R(s)}{E(s)} \tag{13-45}$$

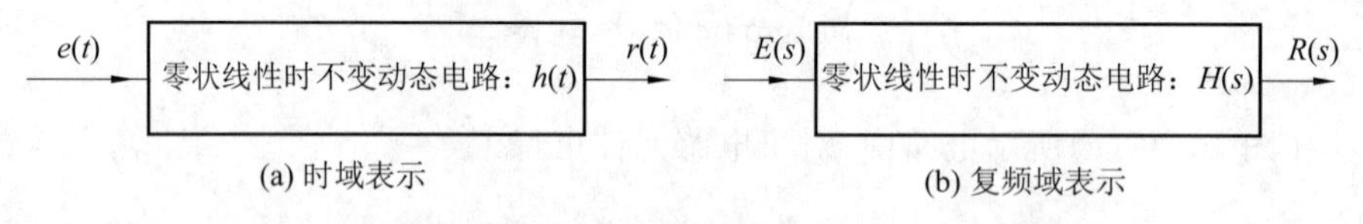

图 13-18　线性时不变动态电路中零状态响应与激励的关系

由于 $H(s)$的定义域为复平面 $s(s=\sigma+j\omega)$，故而将任意激励与其零状态响应联系起来，而 $H(j\omega)$只是在正弦稳态输入下的这种联系。因此，网络函数 $H(s)$是分析和计算线性时不变电路零状态响应的重要工具，同时也是电路设计的重要手段。

由式(13-45)可知，若电路激励为单位冲激函数即 $e(t)=\delta(t)$，则 $E(s)=L[\delta(t)]=1$，这时电路的零状态响应 $r(t)$就是单位冲激响应 $h(t)$，其象函数为 $R(s)=L[h(t)]$，于是，由式

(13-45)可知有

$$H(s)=\frac{R(s)}{E(s)}=\frac{L[h(t)]}{L[\delta(t)]}=L[h(t)] \tag{13-46}$$

或

$$h(t)=L^{-1}[H(s)] \tag{13-47}$$

这表明电路的冲激响应与其相应的网络函数构成拉氏变换对。由于冲激响应可视为零输入响应，因此，网络函数仅取决于电路的结构和参数，而与外施激励无关，即网络函数表征着电路的固有特性。

需要注意的是，由于网络函数的定义仅适用于单一激励的零状态电路，因此，在含有多个激励的电路中，其网络函数应针对每个激励单独定义和求解，因而结果彼此不同。

与正弦稳态网络函数 $H(j\omega)$ 的定义类同，$H(s)$ 亦是泛指单一激励电路中任一处零状态响应的 s 域函数与激励的 s 域函数的比值关系，并未指定响应和激励的类型（电压或电流）以及激励与响应在电路中的具体位置，因此，$H(s)$ 与 $H(j\omega)$ 一样，也有驱动点函数和转移函数之分，进而亦有同样的六种类型。

13.6.2 网络函数的计算方法

网络函数主要有三种计算方法。

1. 由网络函数定义求之

这时，首先根据 s 域电路的具体特点，选用合适的电路分析方法，例如网孔法、节点法，包括应用其他方法求取电路响应，再由网络函数的定义式求出网络函数，由于网络函数与外施激励无关，因此，为便于计算，可取 s 域电路中的激励为单位激励源：$E(s)=1$，即当激励为电压源时，有 $E(s)=U_s(s)=1$；当激励为电流源时，有 $E(s)=I_s(s)=1$，而无论原 s 域电路的激励为何种函数形式。

【例 13-22】 在如图 13-19(a)所示的电路中，已知 $R_1=R_2=1\Omega$，$C_1=C_2=1\text{F}$，试求：(1)电压转移函数 $U_2(s)/U_s(s)$；(2)阶跃响应 $u_2(t)$。

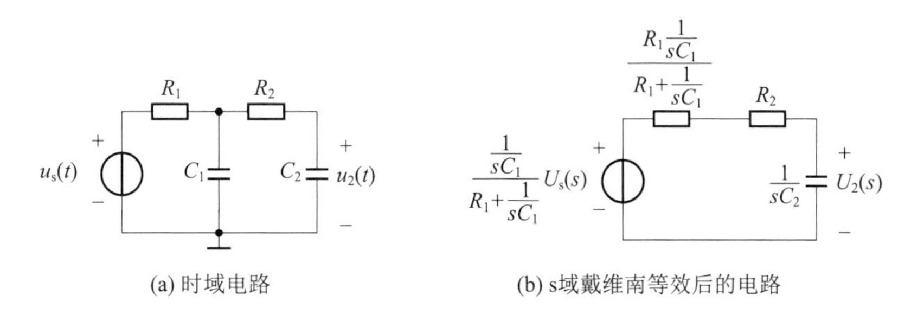

图 13-19 例 13-22 图

解 (1) 利用戴维南定理得出如图 13-19(b)所示 s 域电路，利用分压公式，可得

$$U_2(s)=\left[U_s(s)\frac{1/(sC_1)}{R_1+[1/(sC_1)]}\right]\left\{\frac{1/(sC_2)}{\dfrac{R_1[1/(sC_1)]}{R_1+[1/(sC_1)]}+R_2+[1/(sC_2)]}\right\}$$

故电压转移函数为

$$H(s)=\frac{U_2(s)}{U_s(s)}=\frac{1}{sC_1R_1+1}\left[\frac{1/(sC_2)}{R_1/(sR_1C_1+1)+R_2+1/(sC_2)}\right]=\frac{1}{s^2+3s+1}$$

(2) 求阶跃响应 $u_2(t)$。冲激响应 $h(t)$ 为

$$h(t)=L^{-1}[H(s)]=L^{-1}\left[\frac{U_2(s)}{U_s(s)}\right]=L^{-1}\left\{\frac{1}{\left(s+\frac{3+\sqrt{5}}{2}\right)\left(s+\frac{3-\sqrt{5}}{2}\right)}\right\}$$

$$=\frac{1}{\sqrt{5}}\{-e^{-[(3+\sqrt{5})/2]t}+e^{-[(3-\sqrt{5})/2]t}\}\varepsilon(t)\text{V}$$

根据冲激响应与阶跃响应的关系求出阶跃响应 $s(t)$ 为

$$s(t)=\int_0^t h(\tau)d\tau=\left\{1+\frac{1}{\sqrt{5}}\left[\frac{3-\sqrt{5}}{2}e^{-[(3+\sqrt{5})/2]t}-\frac{3+\sqrt{5}}{2}e^{-[(3-\sqrt{5})/2]t}\right]\right\}\varepsilon(t)\text{V}$$

其中，强迫响应为 $u_{ss}=\varepsilon(t)\text{V}$，自由响应为

$$u_{ts}(t)=\frac{1}{\sqrt{5}}\left[\frac{3-\sqrt{5}}{2}e^{-[(3+\sqrt{5})/2]t}-\frac{3+\sqrt{5}}{2}e^{-[(3-\sqrt{5})/2]t}\right]\varepsilon(t)\text{V}$$

2. 由时域电路的冲激响应求网络函数

由于电路的冲激响应与其相应的网络函数构成拉氏变换对，因此可以利用时域中化零状态响应为零输入响应或其他求冲激响应的方法求出电路的冲激响应，再对其取拉氏变换求得网络函数。

3. 由表征电路的微分方程求网络函数

令电路为零状态，直接对电路的微分方程两边取拉氏变换求得网络函数，例如，描述某一电路响应和激励关系的微分方程为

$$\frac{d^2r(t)}{dt^2}+4\frac{dr(t)}{dt}+13r(t)=\frac{de(t)}{dt}+8e(t)$$

在该微分方程对应电路的零状态下对方程两边施行拉氏变换并应用其微分性质可得

$$s^2R(s)+4sR(s)+13R(s)=sE(s)+8E(s)$$

于是有

$$H(s)=\frac{R(s)}{E(s)}=\frac{s+8}{s^2+4s+13}$$

13.6.3　网络函数的零点和极点与电路的固有频率

1. 网络函数的零点和极点

对于线性时不变集总参数电路，其任何激励与响应之间的关系均可用一对应的线性常系数微分方程描述，因此，响应的象函数与激励的象函数之比 $H(s)$ 便可表示为实系数的有理分式，即两个实系数的复频率 s 的多项式之比，亦即

$$H(s)=\frac{N(s)}{D(s)}=\frac{b_m s^m+b_{m-1}s^{m-1}+\cdots+b_1 s+b_0}{a_n s^n+a_{n-1}s^{n-1}+\cdots+a_1 s+a_0}=H_0\frac{\prod_{i=1}^{m}(s-z_i)}{\prod_{j=1}^{n}(s-p_j)} \tag{13-48}$$

式中，$H_0=b_m/a_n$ 称为实比例因子，可正可负；$z_i(i=1,2,\cdots,m)$是分子多项式的零点，当 $s=z_i$ 时，网络函数为零，所以称其为网络函数的零点；$p_j(j=1,2,\cdots,n)$是分母多项式的零点，当 $s=p_j$ 时，网络函数为无穷大，所以称为网络函数的极点。由式(13-48)可知，一个网络函数的全部零点、极点和实比例因子唯一确定了该网络函数。

显然，网络函数的零点和极点均为实数或复数，因而可以表示在 s 平面上。通常用"○"表示零点，用"×"表示极点，对于二重零点和二重极点分别用两个同心小圆圈和两划小叉"⋇"表示，对于高阶重零点和重极点，依此类推，也可以用零、极点旁括号内的数字表示它们的阶数，从而得到网络函数的零点、极点分布图，简称零极点图。例如，某网络函数为

$$H(s)=\frac{(s+1)(s+2+\mathrm{j}2)(s+2-\mathrm{j}2)}{s^3(s+3)(s+4)} \tag{13-49}$$

$H(s)$的 3 个零点分别为 $z_1=-1$，$z_2=-2+\mathrm{j}2$，$z_3=-2-\mathrm{j}2$；5 个极点分别为 $p_1=p_2=p_3=0$，$p_4=-3$，$p_5=-4$，它们的分布如图 13-20 所示，其中原点处极点为 3 阶极点。

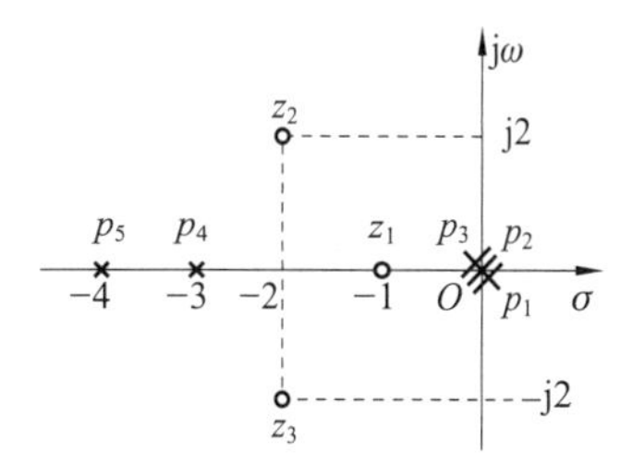

图 13-20 网络函数的零点、极点分布图示例

借助网络函数 $H(s)$在 s 平面上的零点、极点分布的研究，可以简明、直观地给出电路响应的许多规律。电路的时域、频域特性集中地以其网络函数的零点、极点分布表现出来。通过 $H(s)$的零点、极点不仅可以预言电路的时域特性，便于划分电路响应的多个分量(自由响应分量与强制响应分量)，而且还可用来说明电路的频率响应特性和电路的稳定性。

【例 13-23】 在图 13-21(a)所示 s 域电路中，已知 $R=0.5\Omega$，关于 u_C 的网络函数的零极图如图 13-21(b)所示，试确定 L、C 值。

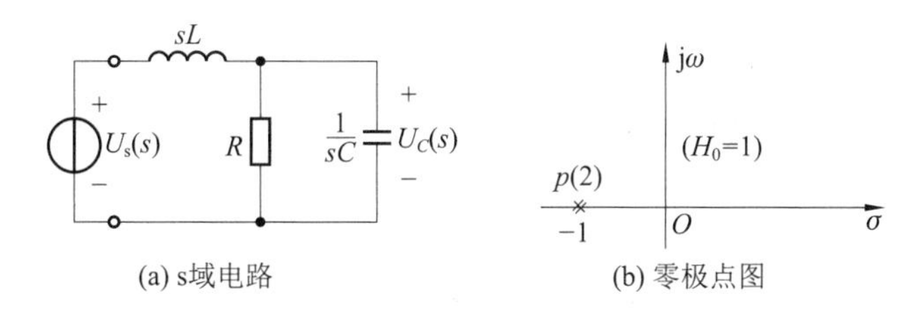

图 13-21 例 13-23 图

解 图 13-21(b)可知，网络函数中 $H_0=1$，无零点，极点 $p_{1,2}=-1$，为二重极点，于是有

$$H(s)=\frac{1}{(s-p)^2}=\frac{1}{(s+1)^2}=\frac{1}{s^2+2s+1}$$

设图 13-21(a)所对应的时域电路中 $u_s(t)=\delta(t)\text{V}$，因此，$U_s(s)=1$，于是，对 $U_C(s)$ 利用分压公式可以得到关于 $U_C(s)$ 的网络函数为

$$H(s)=\frac{U_C(s)}{U_s(s)}=\frac{U_C(s)}{1}=U_C(s)=\frac{\dfrac{R/(sC)}{R+1/(sC)}}{sL+\dfrac{R/(sC)}{R+1/(sC)}}\times 1=\frac{1}{LCs^2+(L/R)s+1}$$

比较以上所得两个 $H(s)$ 的表示式中关于 s 各项的系数可得

$$LC=1,\quad L/R=2$$

代入 $R=0.5\Omega$ 求解上式，得 $L=1\text{H}$，$C=1\text{F}$。

2. 网络函数的极点与电路的固有频率

我们知道，电路齐次微分方程的特征根也称为电路的固有频率，亦称自然频率，由于网络函数的极点是齐次微分方程的特征根，因此，网络函数的极点也同样是电路的固有频率，其仅仅取决于电路的结构和参数，而与外施激励与电路的原始状态无关，反映了电路零状态响应的自由分量的性质。

在电路理论中，将电路所有响应变量(电压或电流变量)的固有频率的集合称为该电路的固有频率，即一般而言，一个确定的网络函数的极点仅为相应电路变量的固有频率，因此，对于一个具体电路的某一网络函数而言，其极点并不一定包含了该电路的(所有)固有频率，例如，在图 13-22 所示的电路中，策动点导纳函数 $Y(s)$ 为

$$Y(s)=\frac{I(s)}{U_s(s)}=\frac{1}{\dfrac{U_s(s)}{I(s)}}=\frac{1}{\dfrac{1}{1+s}+\dfrac{1}{1+\dfrac{1}{s}}}=1$$

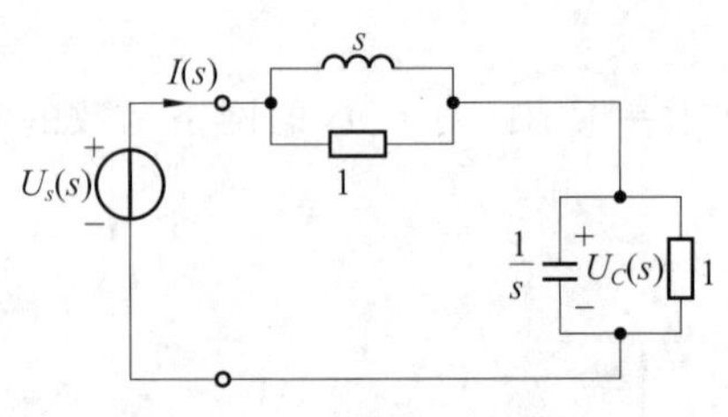

图 13-22　说明极点与固有频率之间关系的电路

该网络函数没有极点，然而由图 13-22 可知，此电路为一个二阶电路，必有两个固有频率。

在该电路所对应的时域电路中，以 u_C 为输出，u_s 为输入且于两组并联元件的连接节点处建立 KCL 方程，即

$$u_C+\frac{\text{d}u_C}{\text{d}t}-(u_s-u_C)-\int_{0_-}^{t}(u_s-u_C)\text{d}\tau=0$$

由此得到以 u_C 为输出的微分方程：

$$\frac{\text{d}^2u_C}{\text{d}t^2}+2\frac{\text{d}u_C}{\text{d}t}+u_C=\frac{\text{d}u_s}{\text{d}t}+u_s$$

其特征方程为 $\lambda^2+2\lambda+1=0$，特征根 $\lambda_{1,2}=-1$，为二重根，这表明该电路有两个相同的固有频率 -1。

通过以上讨论可知，若电路某一网络函数的极点个数小于该电路的阶数，则需要通过该电路的其它网络函数的极点并集来得到该电路的(所有)固有频率，对应于此，时域中应当通过电路最高阶微分方程的特征根得到该电路的(所有)固有频率。

【例 13-24】　在图 13-23(a)所示电路中，已知 $R=1\Omega$，$C=1\text{F}$，试求：(1) 电路的冲激响应 u_2；(2) 若 $i_s=0$，使零输入响应仅含 $s_2=-3$ 的固有频率所对应的原始状态。

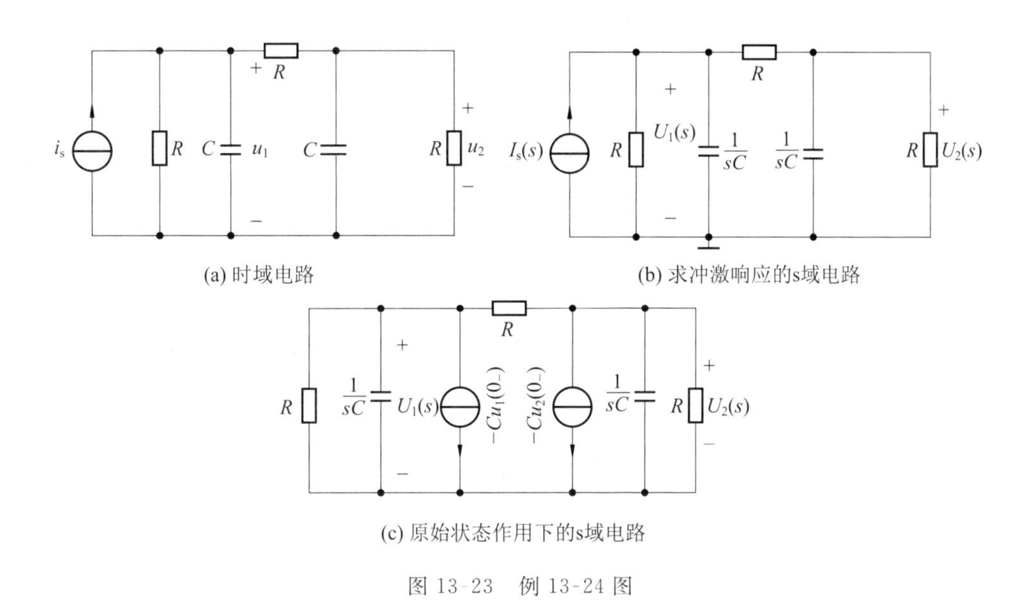

(a) 时域电路

(b) 求冲激响应的s域电路

(c) 原始状态作用下的s域电路

图 13-23 例 13-24 图

解 (1) 求冲激响应 u_2。令 $i_s=\delta(t)$,可得 s 域电路如图 13-22(b)所示,其中 $I_s(s)=L[\delta(t)]=1$。应用节点分析法可得

$$\begin{cases}\left(\dfrac{1}{R}+\dfrac{1}{R}+sC\right)U_1(s)-\dfrac{1}{R}U_2(s)=I_s(s)\\ -\dfrac{1}{R}U_1(s)+\left(\dfrac{1}{R}+\dfrac{1}{R}+sC\right)U_2(s)=0\end{cases}$$

代入元件参数值得

$$\begin{cases}(s+2)U_1(s)-U_2(s)=1\\ -U_1(s)+(s+2)U_2(s)=0\end{cases}$$

解之得

$$U_2(s)=\frac{1}{(s+1)(s+3)}=\frac{1}{2}\frac{1}{s+1}-\frac{1}{2}\frac{1}{s+3}$$

于是,冲激响应 u_2 为

$$u_2=\left(\frac{1}{2}e^{-t}-\frac{1}{2}e^{-3t}\right)\varepsilon(t)\,\mathrm{V}$$

(2) 确定仅激发固有频率 $s_2=-3$ 的原始状态。由(1)可知,u_2 有两个固定频率,$s_1=-1$,$s_2=-3$。欲使零输入响应中仅含 $s_2=-3$ 的固有频率,可设原始状态为 $u_1(0_-)=u_{10}$,$u_2(0_-)=u_{20}$,并令 $i_s=0$,于是得图 13-23(c)所示 s 域电路。应用节点分析法可得

$$\begin{cases}\left(\dfrac{1}{R}+\dfrac{1}{R}+sC\right)U_1(s)-\dfrac{1}{R}U_2(s)=Cu_{10}\\ -\dfrac{1}{R}U_1(s)+\left(\dfrac{1}{R}+\dfrac{1}{R}+sC\right)U_2(s)=Cu_{20}\end{cases}$$

代入元件参数值可得

$$\begin{cases}(s+2)U_1(s)-U_2(s)=u_{10}\\-U_1(s)+(s+2)U_2(s)=u_{20}\end{cases}$$

解之得

$$U_2(s)=\frac{u_{10}+u_{20}}{2}\cdot\frac{1}{s+1}-\frac{u_{20}-u_{10}}{2}\cdot\frac{1}{s+3}$$

可以看到，当$\frac{u_{10}+u_{20}}{2}=0$，即 $u_{10}=-u_{20}$时，有

$$U_2(s)=-\frac{u_{20}-u_{10}}{2}\cdot\frac{1}{s+3}=-u_{20}\cdot\frac{1}{s+3}$$

于是有 $u_2=L^{-1}[U_2(s)]=-u_{20}\mathrm{e}^{-3t}\mathrm{V}$，因此，只要 $u_{20}\neq0$，零输入响应中将仅含 $s_2=-3$ 的固有频率。

13.6.4　利用网络函数计算线性时不变电路的零状态响应

假定线性时不变电路的网络函数为 $H(s)=N(s)/D(s)$，激励函数 $e(t)$的拉氏变换为 $E(s)=P(s)/Q(s)$，由式(13-45)可得，电路零状态响应 $r(t)$的象函数为

$$R(s)=H(s)E(s)=\frac{N(s)}{D(s)}\cdot\frac{P(s)}{Q(s)}\tag{13-50}$$

式中，$N(s)$、$D(s)$、$P(s)$、$Q(s)$均为 s 的实系数多项式。显然，$D(s)Q(s)=0$ 的根（即 $R(s)$的极点）包含 $D(s)=0$ 的根和 $Q(s)=0$ 的根，对应于 $D(s)$的每个根和 $Q(s)$的每个根，在 $R(s)$部分分式展开式中都有相应的一项，即

$$R(s)=[\text{源于 }D(s)=0\text{ 的根的各项}]+[\text{源于 }Q(s)=0\text{ 的根的各项}]$$

网络函数 $H(s)$的分母 $D(s)$称为电路的特征多项式，其根即 $H(s)$的极点为特征根或固有频率，它们决定着零状态响应中自由分量或暂态分量（又称固有响应分量）随时间变化的形式，仅与电路结构和参数有关；$E(s)$的分母 $Q(s)$的根即 $E(s)$的极点决定着零状态响应中强制分量随时间变化的形式，它们不仅与电路结构和参数有关，还与外施激励 $e(t)$有关，例如，若 $E(s)$的表示式为

$$E(s)=\frac{P(s)}{Q(s)}=E_0\frac{\prod_{k=1}^{u}(s-z_k)}{\prod_{l=1}^{v}(s-p_l)}\tag{13-51}$$

则利用式(13-48)、式(13-51)可得 $R(s)$，即

$$R(s)=H(s)E(s)=H_0E_0\frac{\prod_{i=1}^{m}(s-z_i)\prod_{k=1}^{u}(s-z_k)}{\prod_{j=1}^{n}(s-p_j)\prod_{l=1}^{v}(s-p_l)}\tag{13-52}$$

假设式 (13-52)中 $n>m$，$v>u$，分子与分母中没有相同因式且 $R(s)$中不含重极点，则式(13-52)的部分分式展开式为

$$R(s)=\sum_{j=1}^{n}\frac{K_i}{s-p_j}+\sum_{l=1}^{v}\frac{K_l}{s-p_l}\tag{13-53}$$

对式(13-53)取拉氏反变换可得零状态响应为

$$r(t) = L^{-1}[R(s)] = \underbrace{\sum_{j=1}^{n} K_j e^{p_j t}}_{\text{自由分量}} + \underbrace{\sum_{l=1}^{\nu} K_l e^{p_l t}}_{\text{强制分量}} \tag{13-54}$$

式中，自由分量中的每一项 $e^{p_j t}$ 对应着 $H(s)$ 的一个极点 p_j，强制分量中的每一项 $e^{p_l t}$ 对应着 $E(s)$ 的一个极点 p_l，这表明，网络函数的极点与电路的零状态响应相关联，但是，并非唯一决定零状态响应。

以上讨论表明，只要求出线性时不变动态电路激励函数 $e(t)$ 的拉氏变换 $E(s)$ 并根据该电路的 s 域模型求出相应的网络函数 $H(s)$，就可以得到 $R(s)=E(s)H(s)$，再对其施行拉氏反变换便可求出该电路的零状态响应 $r(t)$。由时域卷积定理可知有 $L[h(t)*e(t)]=E(s)H(s)$，因此，这种方法的实质就是将在时域中用激励函数和冲激响应的卷积积分来求零状态响应置于 s 域中进行，其中 $H(s)$ 不需求出冲激响应 $h(t)$ 再经拉氏变换求得，而是由 s 域电路直接求出。这种方法显然也要比通过时域卷积积分计算零状态响应要简单一些。

【例 13-25】 在如图 13-24(a)所示的电路中，已知 $R_1=R_2=2\Omega$，$L=2\text{H}$，$C=0.5\text{F}$，$i_s(t)=\varepsilon(t)\text{A}$，试求零状态响应 $u_1(t)$。

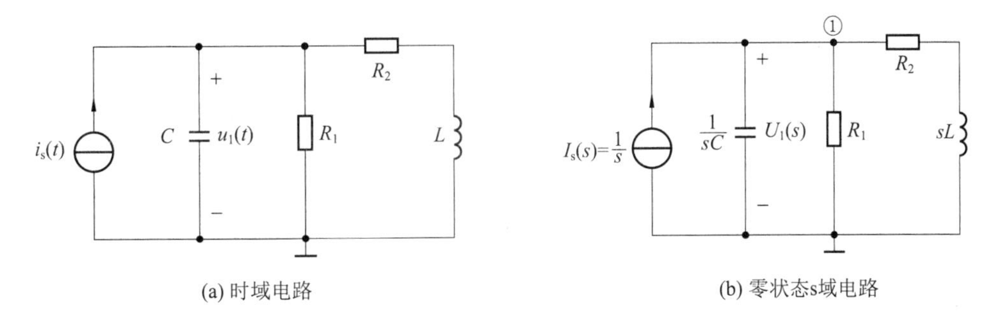

图 13-24　例 13-25 图

解　在图 13-24 (b)所示的零状态 s 域电路中，由节点法可以求出网络函数为：

$$H(s) = \frac{U_1(s)}{I_s(s)} = \frac{1}{sC + \dfrac{1}{R_1} + \dfrac{1}{R_2 + sL}} = \frac{1}{\dfrac{s}{2} + \dfrac{1}{2} + \dfrac{1}{2+2s}}$$

因此，可以求出零状态响应的象函数 $U_1(s)$ 为

$$U_1(s) = H(s)I_s(s) = \frac{1/s}{\dfrac{s}{2} + \dfrac{1}{2} + \dfrac{1}{2+2s}} = \frac{2(s+1)}{s[(s+1)^2+1]}$$

$$= \frac{1}{s} - \frac{s+1}{(s+1)^2+1} + \frac{1}{(s+1)^2+1}$$

所以，电路的零状态响应 $u_1(t)$ 为

$$u_1(t) = [1 - e^{-t}(\cos t - \sin t)]\varepsilon(t)\text{V}$$

【例 13-26】 在图 13-25 所示电路中，N_0 为无源线性定常零状态网络。已知在 $u_s=u_{s1}=e^{-t}\varepsilon(t)\text{V}$ 时电流 i 的零状态响应为 $i_{zs1}=[\delta(t)+e^{-2t}\varepsilon(t)]\text{A}$，且有 $u_C(0_-)=1\text{V}$ 时电流

i 的零输入响应为 $i_{\mathrm{zi1}}=2\mathrm{e}^{-2t}\mathrm{A}, t\geqslant 0_+$，试求在 $u_C(0_-)=3\mathrm{V}$ 及 $u_\mathrm{s}=u_{\mathrm{s2}}=\varepsilon(t)\mathrm{V}$ 时的全响应 i。

解　(1) 确定关于 $I(s)$ 的网络函数。当 $u_\mathrm{s}=u_{\mathrm{s1}}=\mathrm{e}^{-t}\varepsilon(t)\mathrm{V}$ 时，u_s 象函数为

$$U_{\mathrm{s1}}(s)=L[\mathrm{e}^{-t}\varepsilon(t)]=\frac{1}{s+1}$$

这时，i 的零状态响应象函数为

$$I_{\mathrm{zs1}}(s)=L[\delta(t)+\mathrm{e}^{-2t}\varepsilon(t)]=1+\frac{1}{s+2}=\frac{s+3}{s+2}$$

因此，关于 $I(s)$ 的网络函数为

$$H(s)=\frac{I_{\mathrm{zs1}}(s)}{U_{\mathrm{s1}}(s)}=\frac{s+3}{s+2}\Big/\frac{1}{s+1}=\frac{(s+1)(s+3)}{s+2}$$

(2) 计算 $u_\mathrm{s}=u_{\mathrm{s2}}=\varepsilon(t)\mathrm{V}$ 时电流 i 的零状态响应 i_{zs2}。这时，u_s 象函数为

$$U_{\mathrm{s2}}(s)=L[\varepsilon(t)]=\frac{1}{s}$$

设 $u_\mathrm{s}=u_{\mathrm{s2}}=\varepsilon(t)\mathrm{V}$ 激励下电流 i 的零状态响应 i_{zs2} 的象函数为 $I_{\mathrm{zs2}}(s)$，于是有

$$I_{\mathrm{zs2}}(s)=H(s)U_{\mathrm{s2}}(s)=\frac{(s+1)(s+3)}{s+2}\frac{1}{s}==1+\frac{1.5}{s}+\frac{0.5}{s+2}$$

对应的零状态响应 i_{zs2} 为

$$i_{\mathrm{zs2}}=L^{-1}\left(1+\frac{1.5}{s}+\frac{0.5}{s+2}\right)=\delta(t)+(1.5+0.5\mathrm{e}^{-2t})\varepsilon(t)\mathrm{A}$$

(3) 计算 $u_C(0_-)=3\mathrm{V}$ 时的零输入响应 i_{zi2}。由于零输入响应是原始状态的线性函数，因此可得

$$i_{\mathrm{zi2}}=3i_{\mathrm{zi1}}=3\times 2\mathrm{e}^{-2t}=6\mathrm{e}^{-2t}\mathrm{A},\quad t\geqslant 0_+$$

(4) 确定求在 $u_C(0_-)=3\mathrm{V}$ 及 $u_\mathrm{s}=u_{\mathrm{s2}}=\varepsilon(t)\mathrm{V}$ 时全响应 i。这时，全响应为

$$i=i_{\mathrm{zi2}}+i_{\mathrm{zs2}}=6\mathrm{e}^{-2t}\varepsilon(t)+\delta(t)+(1.5+0.5\mathrm{e}^{-2t})\varepsilon(t)=\delta(t)+(1.5+6.5\mathrm{e}^{-2t})\varepsilon(t)\mathrm{A}。$$

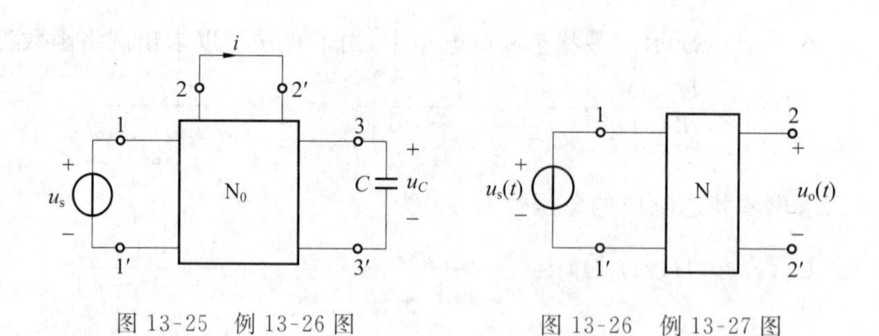

图 13-25　例 13-26 图　　　　图 13-26　例 13-27 图

【例 13-27】　在图 13-26 中，N 为线性时不变含独立源电路，当激励电压 $u_\mathrm{s}(t)=u'_\mathrm{s}(t)=2\mathrm{e}^{-2t}(t)\mathrm{V}$ 时，全响应 $u_\mathrm{o}(t)=u'_\mathrm{o}(t)=(3\mathrm{e}^{-t}-\mathrm{e}^{-2t})(t)\mathrm{V}$；当激励电压 $u_\mathrm{s}(t)=u''_\mathrm{s}(t)=6\mathrm{e}^{-4t}(t)\mathrm{V}$ 时，全响应 $u_\mathrm{o}(t)=u''_\mathrm{o}(t)=(3\mathrm{e}^{-t}-\mathrm{e}^{-4t})(t)\mathrm{V}$。试求全响应为 $u_\mathrm{o}(t)=u'''_\mathrm{o}(t)=[1+(t+1)\mathrm{e}^{-t}](t)\mathrm{V}$ 所对应激励电压 $u'''_\mathrm{s}(t)$。

解　激励电压 $u'_\mathrm{s}(t)$ 和 $u''_\mathrm{s}(t)$ 及其对应的全响应 $u'_\mathrm{o}(t)$ 和 $u''_\mathrm{o}(t)$ 象函数分别为

$$U'_s(s)=\frac{2}{s+2},\quad U''_s(s)=\frac{6}{s+4},\quad U'_o(s)=\frac{2s+5}{(s+1)(s+2)},\quad U''_o(s)=\frac{2s+11}{(s+1)(s+4)}$$

设该电路的网络函数为 $H(s)=U_o(s)/U_s(s)$，零输入响应为 $u_{zi}(t)$，其象函数为 $U_{zi}(s)$，则根据零状态响应为全响应减去零输入响应，可得两种激励情况下的零状态响应的象函数分别为

$$U'_o(s)-U_{zi}(s)=H(s)U'_s(s) \tag{13-55}$$

$$U''_o(s)-U_{zi}(s)=H(s)U''_s(s) \tag{13-56}$$

联立求解式(13-55)和式(13-56)，可得

$$H(s)=\frac{1}{2(s+1)},\quad U_{zi}(s)=\frac{2}{s+1}$$

设激励电压 $u'''_s(t)$ 的象函数为 $U'''_s(s)$，则

$$U'''_o(s)-U_{zi}(s)=H(s)U'''_s(s) \tag{13-57}$$

式中，
$$U'''_o(s)=L[1+(t+1)e^{-t}]=\frac{2s^2+4s+1}{s(s+1)^2}$$

求解式(13-57)，可得

$$U'''_s(s)=\frac{U'''_o(s)-U_{zi}(s)}{H(s)}=\frac{4s+2}{s(s+1)}$$

于是可得

$$u'''_s(t)=2(1+e^{-t})\varepsilon(t)\text{V}$$

13.6.5 网络函数的极点分布与电路的稳定性

在第7章中，从时域分析的角度简要讨论了电路的稳定性问题，即电路稳定与否实质上取决于电路齐次微分方程的特征方程的特征根实部的正、负号，亦即取决于特征根在复平面上所处的位置。

由于网络函数的极点是电路齐次微分方程的特征方程的特征根，因此，在s域中，可以利用网络函数的极点来讨论电路的稳定性。

事实上，稳定性是电路的自身属性，与外施激励无关。电路的固有频率与电路的零输入响应相对应，而冲激响应可以转化为零输入响应，又由于网络函数 $H(s)$ 与单位冲激响应 $h(t)$ 互为拉氏变换对，因此，可以利用冲激响应 $h(t)$ 当 $t\to\infty$ 时是否趋于零来判断电路稳定与否，对应于此，可以用 $H(s)$ 的极点在 s 平面上的位置分布来确定电路是否稳定。下面分三种情况加以讨论，并假定其中 $H(s)$ 均为真分式。

1. 情况一：$H(s)$ 的极点均位于 s 平面的左半开平面。

所谓左半开平面，是指 s 平面上除了右半平面和虚轴的部分，对于左半开平面上的极点又可分为以下四种情况。

(1) $H(s)$ 的所有极点均为单阶实数极点，这时，假定 $H(s)$ 具有 n 个极点，则电路的单位冲激响应可以表示为

$$h(t)=L^{-1}[H(s)]=L^{-1}\left[\sum_{j=1}^{n}\frac{K_j}{s-p_j}\right]=L^{-1}\left[\sum_{j=1}^{n}H_j(s)\right]=\sum_{j=1}^{n}h_j(t)=K_je^{p_jt}\varepsilon(t) \tag{13-58}$$

式中，$p_j(p_j<0)(j=1,2,\cdots,n)$为$H(s)$的第$j$个极点，亦为$H(s)$所对应的响应变量$h(t)$的一个固有频率，显然也是该$H(s)$对应电路的一个固有频率。

利用部分分式展开法求出式(13-58)中单位冲激响应第q项系数K_q为

$$K_q=(s-p_q)H(s)\Big|_{s=p_q}=H_0\frac{\prod\limits_{i=1}^{m}(p_q-z_i)}{\prod\limits_{\substack{j=1\\j\neq q}}^{n}(p_q-p_j)} \tag{13-59}$$

由式(13-59)可知，K_q之值不仅相关于极点p_q，还与全部零点和极点之值有关。即零点只影响冲激响应分量系数$K_j(j=1,2,\cdots,n)$的大小和相位，亦即零点与极点的位置(实数、虚数或复数)共同决定了冲激响应分量$h_j(t)$的幅度和相位，$h_j(t)$的函数形式或波形则仅取决于相对应极点p_j所处的位置和阶数。

由式(13-58)可知，这时由于$p_j<0$即p_j位于负实轴，故而$h_j(t)$随时间按指数规律衰减，$|p_j|$越大，$h_j(t)$随时间衰减的速度越快，p_j在s平面的位置及其对应冲激响应分量$h_j(t)$的波形如图13-27所示。

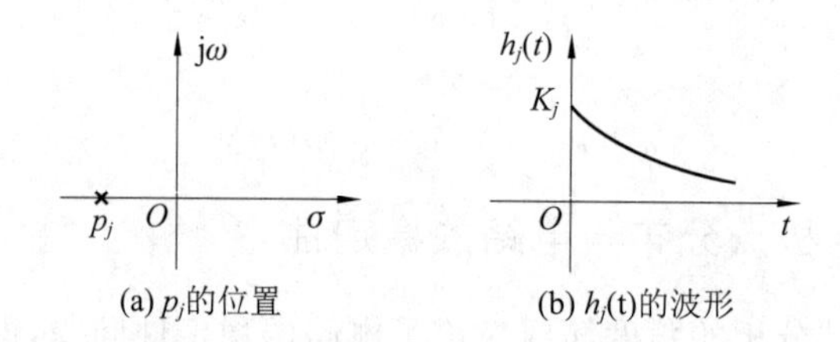

图13-27　p_j的位置与对应的$h_j(t)$的波形

由于$h(t)$为n项按指数规律衰减的分量$h_j(t)$之和，因此，当$t\to\infty$，$h(t)\to 0$，为一有界函数。

(2) $H(s)$含m重实数极点。为了便于讨论，这里假定$H(s)$中仅含一个m重实数极点$p_j(p_j<0)$，则$H(s)$的分母多项式$D(s)$中就含有因子$(s-p_j)^m$，因此，$H(s)$的部分分式展开式中含有m个关于p_j分式项之和，即

$$H_{j\cdots(j+m-1)}(s)=\frac{K_{j1}}{s-p_j}+\frac{K_{j2}}{(s-p_j)^2}+\ldots+\frac{K_{j(m-1)}}{(s-p_j)^{m-1}}+\frac{K_{jm}}{(s-p_j)^m}=\sum_{k=1}^{m}\frac{K_{jk}}{(s-p_j)^k} \tag{13-60}$$

上式对应的拉氏反变换为

$$h_{j\cdots(j+m-1)}(t)=\left[K_{j1}+K_{j2}t+\frac{K_{j3}}{2!}t^2+\cdots+\frac{K_{jm}}{(m-1)!}t^{m-1}\right]e^{p_jt}=\left[\sum_{k=1}^{m}\frac{K_{jk}}{(k-1)!}t^{k-1}\right]e^{p_jt}\varepsilon(t) \tag{13-61}$$

式中，由于k为有限值，因此，负指数项e^{p_jt}就会抑制t^{k-1}的增长，从而$\lim\limits_{t\to\infty}\frac{K_{jk}}{(k-1)!}t^{k-1}e^{p_jt}\varepsilon(t)=0$，即式(13-61)中任何一个冲激响应分量都会随着时间趋于无穷而趋于零，于是，这m项之和也趋于零。例如，$H_{j(j+1)}(s)=\frac{b_1s+b_0}{(s+a)^2}$．其中，$a>0$，$a$、$b_0$、$b_1$为常数，$H_{j(j+1)}(s)$对应的冲激

响应为 $h_{j(j+1)}(t)=[b_1+(b_0-2b_1)t]\mathrm{e}^{-at}\varepsilon(t)$，它们的波形如图 13-28 所示，由 13-28(b)可知，当 t 较小时，$h_{j(j+1)}(t)$随 t 的增长而增长，但是，当 t 较大时，$h_{j(j+1)}(t)$随 t 的增长而衰减，当 $t\to\infty$ 时，$h_{j(j+1)}(t)\to 0$。

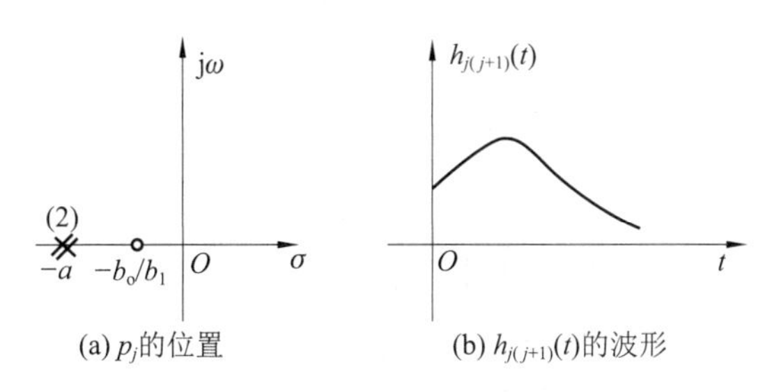

图 13-28　p_j 的位置与对应的 $h_{j(j+1)}(t)$的波形

(3) $H(s)$含单阶复数极点。$H(s)$中含有一阶共轭复数极点 $p_j=\alpha_j+\mathrm{j}\omega_j$ 和 $p_j^*=\alpha_j-\mathrm{j}\omega_j(\alpha_j<0,\omega_j>0)$，于是，$H(s)$分母多项式 $D(s)$中就含有因子$(s-\alpha_j-\mathrm{j}\omega_j)(s-\alpha_j+\mathrm{j}\omega_j)$，因此，$H(s)$的部分分式展开式中就含有对应的两项，即

$$H_{j(j+1)}(s)=\frac{K_j}{s-\alpha_j-\mathrm{j}\omega_j}+\frac{K_j^*}{s-\alpha_j+\mathrm{j}\omega_j} \tag{13-62}$$

式 (13-62)的拉氏反变换为

$$\begin{aligned}h_{j(j+1)}(t)&=L^{-1}\left[\frac{K_j}{s-\alpha_j-\mathrm{j}\omega_j}+\frac{K_j^*}{s-\alpha_j+\mathrm{j}\omega_j}\right]=K_j\mathrm{e}^{(\alpha_j+\mathrm{j}\omega_j)t}+K_j^*\mathrm{e}^{(\alpha_j-\mathrm{j}\omega_j)t}\\&=2\mid K_j\mid \mathrm{e}^{\alpha_j t}\cos(\omega_j t+\theta_j)\varepsilon(t)\end{aligned} \tag{13-63}$$

式中，$\theta_j=\arg K_j$，为展开式系数 K_j 的幅角。由式(13-63)可知，由于共轭极点 p_j 和 p_j^* 位于左半开平面即 $\alpha_j<0$，对应的冲激响应分量 $h_{j(j+1)}(t)$为振幅随时间按指数规律衰减的振荡正弦波；显然，p_j 和 p_j^* 距虚轴越远即 ω_j 越大，$h_{j(j+1)}(t)$的振荡频率越高，距实轴越远即$|\alpha_j|$越大，振幅随时间衰减的速度越快。当 $t\to\infty$，$h_{j(j+1)}(t)$的幅值趋于零，故而 $h_{j(j+1)}(t)\to 0$。$H(s)$的共轭极点 p_j 和 p_j^* 在 s 平面上的位置及其对应的冲激响应分量 $h_{j(j+1)}(t)$如图 13-29所示。

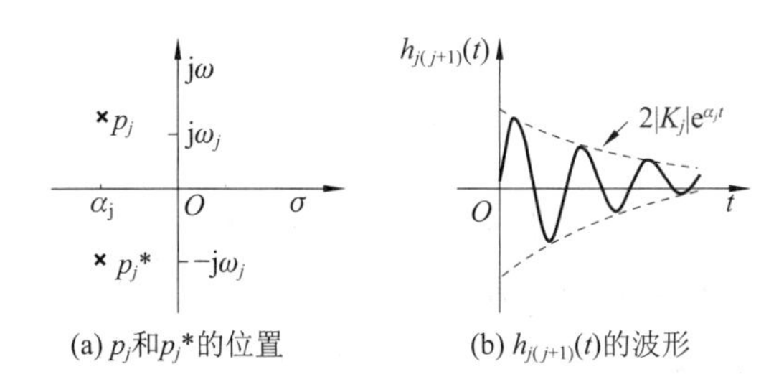

图 13-29　p_j 和 p_j^* 的位置与对应的 $h_{j(j+1)}(t)$的波形

(4) $H(s)$含 m 重复数极点。设 $H(s)$中所含有 m 重共轭复数极点为 $p_j=\alpha_j+\mathrm{j}\omega_j$ 和 $p_j^*=\alpha_j-\mathrm{j}\omega_j(\alpha_j<0,\omega_j>0)$，于是，$H(s)$分母多项式 $D(s)$中就含有因子$(s-\alpha_j-\mathrm{j}\omega_j)^m(s-$

$\alpha_j+\mathrm{j}\omega_j)^m$，因此，$H(s)$的部分分式展开式中就含有

$$H_{j\cdots(j+m-1)}(s)=\sum_{k=1}^{m}\left[\frac{K_{jk}}{(s-\alpha_j-\mathrm{j}\omega_j)^k}+\frac{K_{jk}^*}{(s-\alpha_j+\mathrm{j}\omega_j)^k}\right] \tag{13-64}$$

利用式(13-60)～式(13-63)对式(13-64)作拉氏反变换，可得 $h(t)$中所含有的对应响应项，即

$$\begin{aligned}h_{j\cdots(j+m-1)}(t)&=\sum_{k=1}^{m}\frac{K_{jk}}{(k-1)!}t^{k-1}\mathrm{e}^{(\alpha_j+\mathrm{j}\omega_j)t}+\sum_{k=1}^{m}\frac{K_{jk}^*}{(k-1)!}t^{k-1}\mathrm{e}^{(\alpha_j-\mathrm{j}\omega_j)t}\\&=\sum_{k=1}^{m}\frac{t^{k-1}}{(k-1)!}\mathrm{e}^{\alpha_j t}(K_{jk}\mathrm{e}^{\mathrm{j}\omega_j t}+K_{jk}^*\mathrm{e}^{-\mathrm{j}\omega_j t})\\&=\sum_{k=1}^{m}\frac{2\mid K_{jk}\mid}{(k-1)!}t^{k-1}\mathrm{e}^{\alpha_j t}\cos(\omega_j t+\theta_{jk})\varepsilon(t)\end{aligned} \tag{13-65}$$

式中，$\theta_{jk}=\arg K_{jk}$，由对式 (13-61)的分析可知，这里也有当 $t\to\infty$ 时，$h_{j(j+1)}(t)\to 0$。

2. 情况二：$H(s)$含位于 s 平面右半开平面的极点

所谓右半开平面，是指 s 平面上除了左半平面和虚轴的部分，对于右半开平面上的极点也可分为四种种情况。

(1) $H(s)$含单阶实数极点。为了便于讨论，这里假设 $H(s)$仅含一个单阶实数极点 p_j ($p_j>0$)，则 $H(s)$部分分式展开式中相应有一项即 $H_j(s)=\dfrac{K_j}{s-p_j}$，它所对应的冲激响应分量为 $h_j(t)=K_j\mathrm{e}^{p_j t}\varepsilon(t)$，这是一个随时间按指数规律增长的函数，$p_j$ 越大，$h_j(t)$随时间增长的速度越快，当 $t\to\infty$，$h_j(t)$的幅值趋于无穷大，而由于其他冲激响应分量即使随时间衰减也最多至零，因此，$h(t)\to\infty$，为一无界函数。p_j 在 s 平面上的位置及其对应的冲激响应分量 $h_j(t)$的波形如图 13.30 所示。

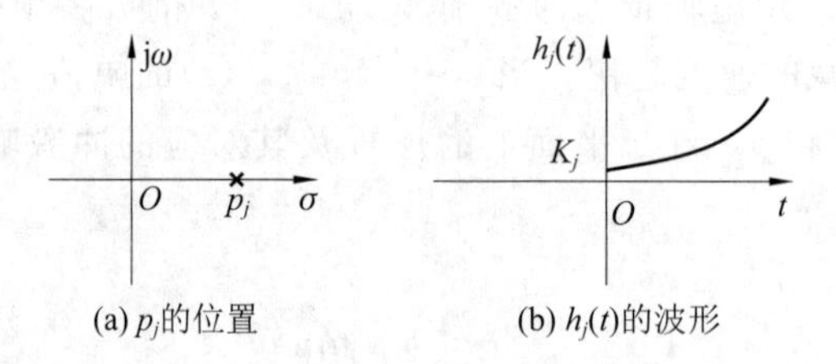

图 13-30　p_j 的位置与对应的 $h_j(t)$的波形

(2) $H(s)$含 m 重实数极点。这时，假设网络函数 $H(s)$中仅含有一个 m 重实数极点 p_j ($p_j>0$)，则 $H(s)$部分分式展开式中含有的分式项之和与式 (13-60)中的形式相同，其拉氏反变换的结果在形式上同于式 (13-61)。只是此时这两个式子中 $p_j>0$，因此，m 重实数极点 p_j 对应的冲激响应分量都会随着时间趋于无穷而趋于无穷大，于是，这 m 个冲激响应分量之和也趋于无穷大，故而 $h(t)\to\infty$，为一无界函数，例如，在 $H_{j(j+1)}(s)=\dfrac{b_1 s+b_0}{(s+a)^2}$中，若$a<0$，则 $H(s)$中含有一个位于正实轴上的二重实数极点 $-a$ ，因此，$h_{j(j+1)}(t)$会随着 t 的增长而

增长，当 $t\to\infty$，$h_{j(j+1)}(t)\to\infty$，于是，$h(t)\to\infty$。

(3) $H(s)$含单阶复数极点。设$H(s)$中所含单阶复数共轭极点为 $p_j=\alpha_j+\mathrm{j}\omega_j$ $p_j^*=\alpha_j-\mathrm{j}\omega_j(\alpha_j>0,\omega_j>0)$，于是，$H(s)$部分分式展开式中含有的分式项之和 $H_{j(j+1)}(s)$及其拉氏反变换 $h_{j(j+1)}(t)$分别与式(13-62)和式(13-63)的形式相同，只是此时这两个式子中 $\alpha_j>0$，因此，对应的冲激响应分量 $h_{j(j+1)}(t)$为振幅随时间按指数规律增大的振荡正弦波；显然，p_j 和 p_j^* 距虚轴越远即 ω_j 越大，$h_{j(j+1)}(t)$的振荡频率越高，距实轴越远即 α_j 越大，振幅随时间增大的速度越快。当 $t\to\infty$，$h_{j(j+1)}(t)$的幅值趋于无穷大即 $h_{j(j+1)}(t)\to\infty$，故而 $h(t)\to\infty$，为一无界函数。$H(s)$共轭极点对 p_j 和 p_j^* 在 s 平面上的位置及其对应的冲激响应分量 $h_{j(j+1)}(t)$如图 13-31 所示。

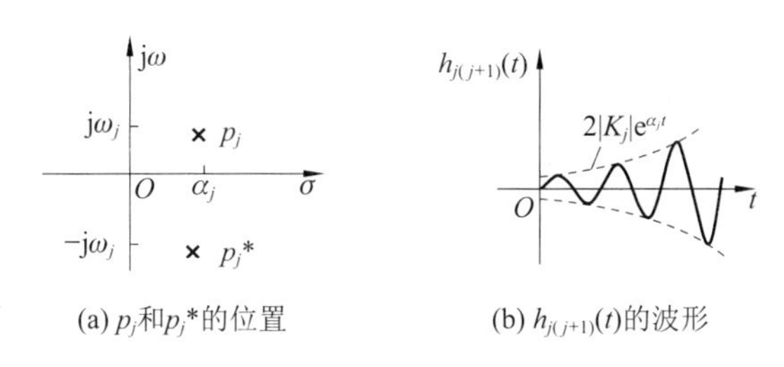

图 13-31　p_j 和 p_j^* 的位置与对应的 $h_{j(j+1)}(t)$的波形

(4) $H(s)$含 m 重复数极点。设 $H(s)$中所含有的 m 重共轭复数极点 $p_j=\alpha_j+\mathrm{j}\omega_j$ 和 $p_j^*=\alpha_j-\mathrm{j}\omega_j(\alpha_j>0,\omega_j>0)$，于是，$H(s)$分母多项式 $D(s)$中就含有因子$(s-\alpha_j-\mathrm{j}\omega_j)^m(s-\alpha_j+\mathrm{j}\omega_j)^m$，因此，$H(s)$的部分分式展开式中所含有的 $H_{j\cdots(j+m-1)}(s)$及其所对应的响应项 $h_{j\cdots(j+m-1)}(t)$的函数式在形式上分别与式(13-64)和式(13-65)相同，具体差别仅在于这时 $\alpha_j>0$，因此，当 $t\to\infty$，$h_{j\cdots(j+m)}(t)$的幅值趋于无穷大即 $h_{j\cdots(j+m-1)}(t)\to\infty$，故而 $h(t)\to\infty$，为一无界函数。

3. 情况三：$H(s)$含位于 s 平面虚轴上的极点

(1) $H(s)$含位于 s 平面坐标原点的单阶极点。这时 $H(s)$所含的单阶极点为 $p_j=0$，于是，$H(s)$的分母 $D(s)$中含有因子 s，因此，$H(s)$的部分分式展开式中含有 $H_j(s)=\dfrac{K_j}{s}$，它所对应的冲激响应分量为 $h_j(t)=K_j\varepsilon(t)$，如图 13-32 所示。

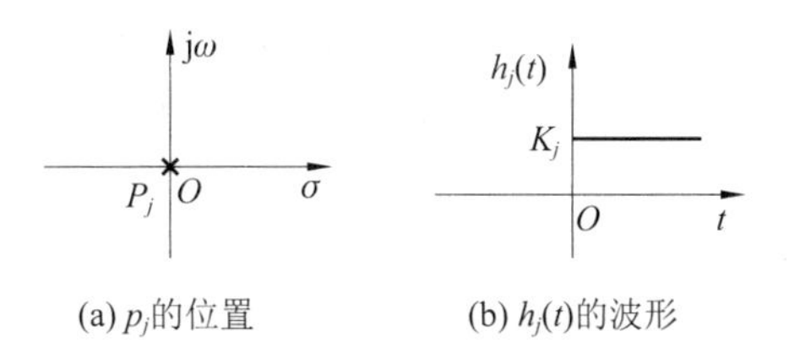

图 13-32　p_j 的位置与对应的 $h_j(t)$的波形

(2) $H(s)$含位于s平面坐标原点的m重极点。这时,$H(s)$所含的m重极点为$p_j=0$,于是,$H(s)$的分母$D(s)$中含有因子s^m,因此,由式(13-60)可知,$H(s)$的部分分式展开式中含有$H_{j\cdots(j+m-1)}(s)=\sum_{k=1}^{m}\frac{K_{jk}}{s^k}$,由式(13-61)可得它所对应的冲激响应分量为

$$h_{j\cdots(j+m-1)}(t)=\sum_{k=1}^{m}\frac{K_{jk}}{(k-1)!}t^{k-1}\varepsilon(t) \tag{13-66}$$

由式(13-66)可知,当$t\to\infty$,$h_{j\cdots(j+m-1)}(t)\to\infty$,故而$h(t)\to\infty$,为一无界函数。

(3) $H(s)$含单阶共轭虚数极点。由于这种情况为单阶共轭复数极点$p_j=\alpha_j+\mathrm{j}\omega_j$和$p_j^*=\alpha_j-\mathrm{j}\omega_j$在$\alpha_j=0$时的特殊情况,因此,可以直接在式(13-63)中令$\alpha_j=0$便可得到这时的冲激响应分量为

$$h_{j(j+1)}(t)=2\mid K_j\mid\cos(\omega_j t+\theta_j)\varepsilon(t) \tag{13-67}$$

式(13-67)表明,$h_{j(j+1)}(t)$为等幅正弦振荡,且ω_j越大,振荡的频率越高。这种纯虚数共轭极点在s平面的位置及其对应的冲激响应分量$h_{j(j+1)}(t)$的波形如图 13-33 所示。

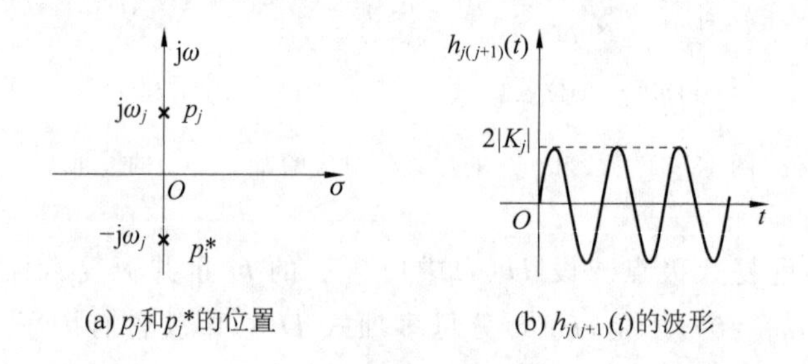

图 13-33　p_j 和 p_j^* 的位置与对应的$h_{j(j+1)}(t)$的波形

(4) $H(s)$含m重共轭虚数极点。由于这种情况为m重共轭复数极点$p_j=\alpha_j+\mathrm{j}\omega_j$和$p_j^*=\alpha_j-\mathrm{j}\omega_j$在$\alpha_j=0$时的特殊情况,因此,可以直接在式(13-65)中令$\alpha_j=0$便可得到这时冲激响应分量$h_{j\cdots(j+m-1)}(t)$为

$$h_{j\cdots(j+m-1)}(t)=\sum_{k=1}^{m}\frac{2\mid K_{jk}\mid}{(k-1)!}t^{k-1}\cos(\omega_j t+\theta_{jk})\varepsilon(t) \tag{13-68}$$

式(13-68)表明,当$t\to\infty$,$h_{j\cdots(j+m-1)}(t)\to\infty$,故而$h(t)\to\infty$,为一无界函数。

在电路理论中,按照其$h(t)$随$t\to\infty$趋于零、趋于无穷以及趋于一个非零的有限值或形成一个等幅振荡而将电路划分为稳定、不稳定与临界稳定三大类,而$H(s)$的极点位置分布决定了$h(t)$的变化情况,因此,由$H(s)$的极点分布可以判断电路的稳定性,即:

① 若电路的网络函数$H(s)$的全部极点均位于s平面的左半开平面,则有$\lim\limits_{t\to\infty}h(t)=0$($h(t)$为有界函数),电路稳定;

② 若$H(s)$含有位于s平面的右半开平面的极点或在虚轴上具有二阶或二阶以上的重极点,则$\lim\limits_{t\to\infty}|h(t)|=\infty$($h(t)$为无界函数),电路不稳定;

③ 若$H(s)$在s平面的虚轴上有$s=0$的单极点或一对共轭单极点,其余极点均位于s平面的左半开平面,则经过足够长时间之后,$h(t)$趋于一个非零的数值或形成一个等幅振

荡，电路属于临界稳定。临界稳定也可归于稳定，将稳定和临界稳定电路的单位冲激响应合而表示为$\lim_{t\to\infty}|h(t)|=$有限值($h(t)$为有界函数)。

对于线性时不变无源电路而言，其$D(s)=0$的根即所有极点都具有非正实部并且在s平面的虚轴上也只有一阶极点，因此这种电路总是稳定的，因为其冲激激励输入给电路的能量总是有限的，而这些能量将随时间的增长逐渐转化为电路的发热而损耗掉，导致其冲激响应的衰减特性。对于含有受控源的有源线性电路，则需要具体讨论其稳定性问题。

综上所述，确定线性时不变电路稳定性等价于确定其所有极点是否均位于s平面的左半开平面，显然，对于高阶电路，对其多项式$D(s)$作因式分解并非易事，除非借助计算机辅助计算，但是，由于判断系统稳定与否，并非一定要确知极点的准确位置，只需确定它们是否全在左半s开平面就行了。劳斯-胡维茨(Routh-Hurwitz)准则可以简便地对此进行判定，是另一种判断电路稳定性的代数方法。此外，工程上也常用奈奎斯特(Nyquist)判据进行判决，这是一种图解方法。

【例13-28】 在图13-34所示的零状态电路中，已知$R=0.5\Omega$，$L=1\text{H}$，$C=1\text{F}$，试通过该电路的s域电路求转移导纳$H(s)=I_L(s)/U_s(s)$，并确定电路为稳定电路时α的取值范围。

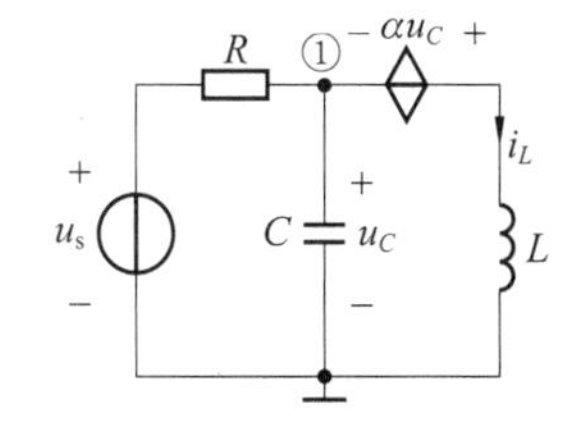

图13-34 例13-28图

解 对该时域电路的s域电路列节点1的节点电压方程，即

$$\left(\frac{1}{R}+\frac{1}{sL}+sC\right)U_C(s)=\frac{U_s(s)}{R}-\frac{\alpha U_C(s)}{sL}$$

代入已知数据可得

$$U_C(s)=\frac{2s}{s^2+2s+1+\alpha}U_s(s)$$

对图13-34右边网孔列s域网孔方程可得

$$I_L(s)=\frac{1}{sL}[(\alpha+1)U_C(s)]=\frac{2(1+\alpha)}{s^2+2s+1+\alpha}U_s(s)$$

因此有

$$H(s)=\frac{I_L(s)}{U_s(s)}=\frac{2(1+\alpha)}{s^2+2s+1+\alpha}$$

令$s^2+2s+1+a=0$，则$H(s)$的极点为$p_{1,2}=(-2\pm\sqrt{-4\alpha})/2$，由此可知当$\alpha<-1$时出现正的极点，所以当$\alpha>-1$时电路为稳定电路。

13.6.6 $H(s)$与$H(\text{j}\omega)$的关系

假定一个稳定的、线性时不变零状态电路在$t=0$时接入正弦激励$e(t)=A\sin\omega t$，零状态响应为$r(t)$，则在s域中，$R(s)$可以利用对应的网络函数以及部分分式展开表示为

$$R(s)=H(s)E(s)=\frac{K_{11}}{s+\text{j}\omega}+\frac{K_{11}^*}{s-\text{j}\omega}+\sum_{i=1}^{n}\frac{K_i}{s-p_i} \tag{13-69}$$

式中，为讨论便利，设$H(s)$所有位于左半s开平面的极点$p_i(i=1,2,\cdots,n)$均为单阶实数极点，即$p_1,p_2,\cdots,p_n$，对式(13-69)取拉氏反变换，可得

$$r(t)=(K_{11}\mathrm{e}^{-\mathrm{j}\omega t}+K_{11}^{*}\mathrm{e}^{\mathrm{j}\omega t}+\sum_{i=1}^{n}K_{i}\mathrm{e}^{p_{i}t})\varepsilon(t) \tag{13-70}$$

式中，由于 $p_i<0(i=1,2,\cdots,n)$，因此，当 $t\to\infty$ 时，暂态响应 $r_{\mathrm{ts}}(t)=(\sum_{i=1}^{n}K_{i}\mathrm{e}^{p_{i}t})\varepsilon(t)$ 趋于零，故稳态响应为

$$r_{\mathrm{ss}}(t)=(K_{11}\mathrm{e}^{-\mathrm{j}\omega t}+K_{11}^{*}\mathrm{e}^{\mathrm{j}\omega t})\varepsilon(t) \tag{13-71}$$

利用式 (13-69) 可以确定待定系数 K_{11} 和 K_{11}^{*} 为

$$\left.\begin{aligned}K_{11}&=H(s)\frac{A\omega}{s^{2}+\omega^{2}}(s+\mathrm{j}\omega)\Big|_{s=-\mathrm{j}\omega}=-\frac{1}{2\mathrm{j}}AH(-\mathrm{j}\omega)\\K_{11}^{*}&=H(s)\frac{A\omega}{s^{2}+\omega^{2}}(s-\mathrm{j}\omega)\Big|_{s=\mathrm{j}\omega}=\frac{1}{2\mathrm{j}}AH(\mathrm{j}\omega)\end{aligned}\right\} \tag{13-72}$$

由于 $H(\mathrm{j}\omega)$ 为有理函数，故有 $H^{*}(\mathrm{j}\omega)=H(-\mathrm{j}\omega)$ 即有 $H(\mathrm{j}\omega)=|H(\mathrm{j}\omega)|\mathrm{e}^{\mathrm{j}\varphi(\omega)}$，$H(-\mathrm{j}\omega)=|H(\mathrm{j}\omega)|\mathrm{e}^{-\mathrm{j}\varphi(\omega)}$，于是，将式(13-72)代入式(13-71)可得

$$r_{\mathrm{ss}}(t)=\left[A\mid H(\mathrm{j}\omega)\mid\frac{\mathrm{e}^{\mathrm{j}(\omega t+\varphi(\omega))}-\mathrm{e}^{-\mathrm{j}(\omega t+\varphi(\omega))}}{2\mathrm{j}}\right]\varepsilon(t)=A\mid H(\mathrm{j}\omega)\mid\sin(\omega t+\varphi(\omega)) \tag{13-73}$$

在第 9 章曾经定义正弦稳态网络函数 $H(\mathrm{j}\omega)$ 为电路中响应相量与激励相量之比，即

$$H(\mathrm{j}\omega)=\frac{\dot{R}}{\dot{E}}=\mid H(\mathrm{j}\omega)\mid\mathrm{e}^{\mathrm{j}\varphi(\mathrm{j}\omega)}=\mid H(\mathrm{j}\omega)\mid\angle\varphi(\mathrm{j}\omega) \tag{13-74}$$

由式(13-74)所得出电路在 $e(t)=A\sin\omega t$ 激励下的正弦稳态响应表示式亦为式(13-73)，因此可以得出结论，对于一个线性时不变的零状态电路，只要它是稳定的，将 $H(s)$ 与 $H(\mathrm{j}\omega)$ 中 s 与 $\mathrm{j}\omega$ 互换即可得到对应的网络函数，这可以表示为

$$H(s)\xlongequal{s=\mathrm{j}\omega}H(\mathrm{j}\omega) \tag{13-75}$$

在电路图中，只需将 s 域零状态电路中的 s 与相量模型中的 $\mathrm{j}\omega$ 互换即可得到对应的电路模型。

需要注意的是，相量法中的正弦稳态网络函数是 $\mathrm{j}\omega$ 的函数；用拉氏变换定义的网络函数是 s 的函数，因此，由 $H(\mathrm{j}\omega)$ 只能确定零状态响应中的特解分量而不能确定其暂态解分量。由 $H(s)$ 却能同时确定零状态响应中的这两个分量。此外，它不仅适用于正弦激励情况，也适用于任何输入的情况。因此，可以说 $H(\mathrm{j}\omega)$ 为 $H(s)$ 的一个特例，但两者都只能用以计算零状态响应。

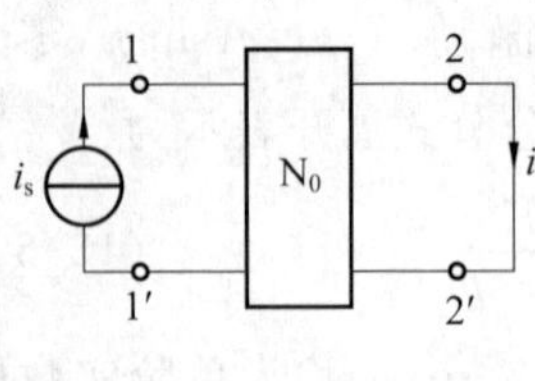

图 13-35　例 13-29 图

【例 13-29】　在图 13-35 所示电路中，N_0 为无源线性时不变零状态网络，已知单位阶跃响应 $i(t)=s(t)=\mathrm{e}^{-2t}\varepsilon(t)\mathrm{A}$，试求当 $i_s=\sqrt{2}I_s\sin\omega t\mathrm{A}$ 时的正弦稳态响应 $i(\mathrm{t})$。

解　单位冲激响应为

$$i(t)=h(t)=\frac{\mathrm{d}s(t)}{\mathrm{d}t}=\frac{\mathrm{d}}{\mathrm{d}t}[\mathrm{e}^{-2t}\varepsilon(t)]=[\delta(t)-2\mathrm{e}^{-2t}\varepsilon(t)]\mathrm{A}$$

关于 i 的网络函数为

$$H(s)=L[h(t)]=L[\delta(t)-2e^{-2t}\varepsilon(t)]=1-\frac{2}{s+2}=\frac{s}{s+2}$$

由于极点 $p=-2$，所以电路是稳定的，因而可以将 $H(s)$ 中 s 换作 $j\omega$ 得到对应的正弦稳态网络函数为

$$H(j\omega)=\frac{j\omega}{j\omega+2}$$

由此可以求得响应相量为

$$\dot{I}=H(j\omega)\times\dot{I}_s=\frac{j\omega}{j\omega+2}\times I_s\angle 0^\circ=\frac{\omega I_s}{\sqrt{4+\omega^2}}\angle 90^\circ-\arctan\frac{\omega}{2}$$

故而时域中的正弦稳态响应为

$$i(t)=\frac{\sqrt{2}\omega I_s}{\sqrt{4+\omega^2}}\sin\left(\omega t+90^\circ-\arctan\frac{\omega}{2}\right)\text{A}$$

【例 13-30】 已知某电路关于响应 $u_o(t)$ 的网络函数为 $H(s)=\dfrac{U_o(s)}{U_s(s)}=\dfrac{s}{s^2+4s+2}$，试求当输入为 $u_s(t)=6\sin t+3\sin(2t+30^\circ)\text{V}$ 时，输出电压 $u_o(t)$ 的正弦稳态响应。

解 根据所给 $H(s)$ 可以求出两个极点为 $p_{1,2}=-2\pm\sqrt{2}$，它们均位于左半 s 开平面。故而首先令 $s=\text{j}1$ 可得 $H(\text{j}1)=\dfrac{U_o(\text{j}1)}{U_s(\text{j}1)}=\dfrac{\text{j}}{(\text{j})^2+\text{j}4+2}=\dfrac{\text{j}}{1+\text{j}4}$，由式（13-73）可得正弦稳态响应 $u_o(t)$ 的第一个分量为

$$u_o^{(1)}(t)=1.46\sin(t+14.04^\circ)\text{V}$$

再令 $s=\text{j}2$ 可得 $H(\text{j}2)=\dfrac{U_o(\text{j}2)}{U_s(\text{j}2)}=\dfrac{\text{j}}{(\text{j}2)^2+\text{j}4\times2+2}=\dfrac{\text{j}}{-1+\text{j}4}$，由此可得正弦稳态响应 $u_o(t)$ 的第二个分量为

$$u_o^{(2)}(t)=0.73\sin(2t+15.96^\circ)\text{V}$$

根据叠加原理可得输出电压 $u_o(t)$ 的正弦稳态响应为

$$u_o(t)=u_o^{(1)}(t)+u_o^{(2)}(t)=1.46\sin(t+14.04^\circ)+0.73\sin(2t+15.96^\circ)\text{V}$$

13.7 由零、极点分布确定频率响应

根据正弦稳态网络函数 $H(j\omega)$ 的零、极点分布情况可以确定正弦稳态响应特性。对于一个稳定的线性时不变的零状态电路，当其激励是角频率为 ω 的正弦信号时，将式(13-48)中令 $s=j\omega$ 可得

$$H(j\omega)=H_0\frac{\prod_{i=1}^{m}(j\omega-z_i)}{\prod_{j=1}^{n}(j\omega-p_j)}=|H(j\omega)|\angle\varphi(j\omega) \tag{13-76}$$

由式（13-76）可得幅频特性和相频特性分别为

$$|H(\mathrm{j}\omega)| = H_0 \frac{\prod\limits_{i=1}^{m} |\mathrm{j}\omega - z_i|}{\prod\limits_{j=1}^{n} |\mathrm{j}\omega - p_j|} \tag{13-77a}$$

$$\varphi(\mathrm{j}\omega) = \arg[H(\mathrm{j}\omega)] = \sum_{i=1}^{m} \arg(\mathrm{j}\omega - z_i) - \sum_{j=1}^{n} \arg(\mathrm{j}\omega - p_j) \tag{13-77b}$$

显然，此处关于幅频特性和相频特性的定义和讨论与第 9 章的内容是一致的。由式(11-76)可知，若一个电路的网络函数的零、极点已知，则利用该式可以计算出该电路的频率响应：幅频特性$|H(\mathrm{j}\omega)|$和相频特性 $\varphi(\mathrm{j}\omega)$，同时也可以通过将零、极点标示在 s 平面上用作图的方法定性地描绘出频率响应曲线。由此可见，频率响应取决于 $H(s)$的零、极点的分布即 z_i 和 p_j 在 s 平面上的位置分布，而比例因子 H_0 对频率响应的特征没有影响。

由于复平面上任一量均为一向量，故根据向量加减法可知，$H(\mathrm{j}\omega)$表示式(13-76)的分子、分母中的任一因式都可以用 s 平面上的一个向量表示，即 $\mathrm{j}\omega - z_i$ 为由零点 z_i 引至虚轴上某点 $\mathrm{j}\omega$ 的一个向量，$\mathrm{j}\omega - p_j$ 为由极点 p_j 引至虚轴上某点 $\mathrm{j}\omega$ 的一个向量，如图 13-36 所示，其中 M_i 和 N_j 分别表示对应向量的模，φ_i 和 θ_j 分别表示对应向量的幅角（均指有向线段 M_i 和 N_j 与水平正方向的夹角），即

$$\mathrm{j}\omega - z_i = M_i \mathrm{e}^{\mathrm{j}\varphi_i}, \quad \mathrm{j}\omega - p_j = N_j \mathrm{e}^{\mathrm{j}\theta_j}$$

因此，$H(\mathrm{j}\omega)$的表示式(13-76)可以改写为

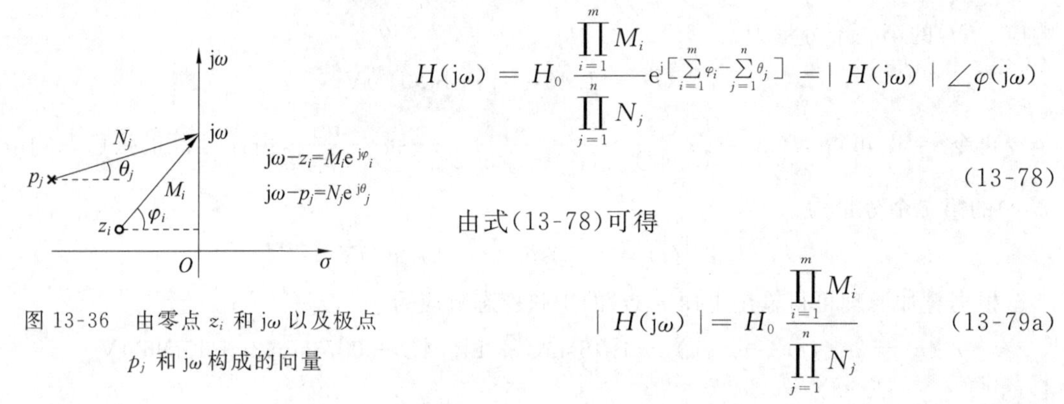

图 13-36　由零点 z_i 和 $\mathrm{j}\omega$ 以及极点 p_j 和 $\mathrm{j}\omega$ 构成的向量

$$H(\mathrm{j}\omega) = H_0 \frac{\prod\limits_{i=1}^{m} M_i}{\prod\limits_{j=1}^{n} N_j} \mathrm{e}^{\mathrm{j}\left[\sum\limits_{i=1}^{m}\varphi_i - \sum\limits_{j=1}^{n}\theta_j\right]} = |H(\mathrm{j}\omega)| \angle \varphi(\mathrm{j}\omega) \tag{13-78}$$

由式(13-78)可得

$$|H(\mathrm{j}\omega)| = H_0 \frac{\prod\limits_{i=1}^{m} M_i}{\prod\limits_{j=1}^{n} N_j} \tag{13-79a}$$

$$\varphi(\mathrm{j}\omega) = \sum_{i=1}^{m} \varphi_i - \sum_{j=1}^{n} \theta_j \tag{13-79b}$$

当频率 ω 沿着虚轴连续移动时，M_i、N_j、φ_i、θ_j 作为频率 ω 的函数都将随之而变，在不同 ω 下量出对应的 M_i、N_j、φ_i 和 θ_j 后，即可由式(13-79a)可以计算出相应的$|H(\mathrm{j}\omega)|$，从而可以绘出幅频特性曲线，而由式(13-79b)则可以计算出相应的 $\varphi(\mathrm{j}\omega)$，从而可以绘出相频特性曲线，这样，通过计算和作图就可以得到频率响应曲线。

习　　题

13-1　应用拉普拉斯变换的定义求 $f(t) = t\mathrm{e}^{-at}\varepsilon(t)$的象函数。

13-2　试求 $f(t)=a_1\varepsilon(t)+a_2\mathrm{e}^{2t}\varepsilon(t)$ 的象函数。

13-3　已知 $f(t)=(1+2t+3\mathrm{e}^{-4t})\varepsilon(t)$，求象函数 $F(s)$。

13-4　求函数 $f(t)=t+2+3\delta(t)$ 的象函数：

13-5　试求下列函数的拉普拉斯象函数：

(1) $f(t)=\mathrm{sh}(at)\varepsilon(t)$；　　(2) $f(t)=2\delta(t-1)-3\mathrm{e}^{-at}\varepsilon(t)$；

(3) $f(t)=\mathrm{e}^{-t}\varepsilon(t)+2\varepsilon(t-1)\mathrm{e}^{-(t-1)}+3\delta(t-2)$；　　(4) $f(t)=t[\varepsilon(t-1)-\varepsilon(t-2)]$。

13-6　$f(t)$ 的波形如题 13-6 图所示，求象函数 $F(s)$。

13-7　求下列各函数的象函数

(1) $f(t)=1-\mathrm{e}^{-at}$；

(2) $f(t)=\sin(\omega t+\varphi)$；

(3) $f(t)=\mathrm{e}^{-at}(1-at)$；

(4) $f(t)=t^2$；

(5) $f(t)=t\cos at$；

(6) $f(t)=\mathrm{e}^{-at}+at-1$。

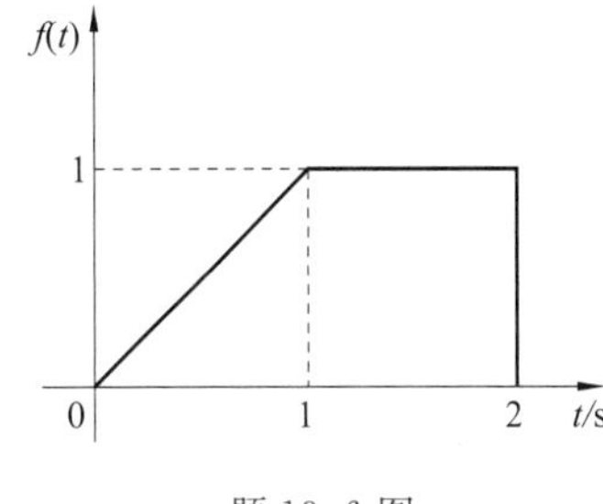

题 13-6 图

13-8　已知系统响应的象函数为 $Y(s)=\dfrac{1}{s+a}$，求响应的初值和终值。

13-9　已知某网络的冲激响应为 $h(t)=2\mathrm{e}^{-t}\varepsilon(t)$，求该网络在激励 $f(t)=\varepsilon(t)+3\delta(t)$ 作用下的零状态响应 $y(t)$，$t>0$。

13-10　求 $F(s)=\dfrac{s+1}{s^2+5s+6}$ 的原函数 $f(t)$。

13-11　求下列函数的原函数 $f(t)$。

(1) $\dfrac{s+1}{s^3+2s^2+2s}$；　　(2) $\dfrac{s^2+6s+5}{s(s^2+4s+5)}$。

13-12　求 $F(s)=\dfrac{s+4}{(s+2)^3(s+1)}$ 的原函数。

13-13　求 $F(s)=\dfrac{1}{(s+1)(s+2)^2}$ 的原函数：

13-14　求下列各象函数的原函数。

(1) $F(s)=\dfrac{(4s+2)}{2s+3}\mathrm{e}^{-2s}$；　　(2) $F(s)=\dfrac{s+2}{s^2\ (s+1)^3}$。

13-15　求下列各函数的原函数。

(1) $F(s)=\dfrac{1}{(s+1)(s+2)^2}$；　　(2) $F(s)=\dfrac{s+1}{s^3+2s^2+2s}$；

(3) $F(s)=\dfrac{s^2+6s+5}{s(s^2+4s+5)}$；　　(4) $F(s)=\dfrac{s}{(s^2+1)^2}$。

13-16　题 13-16 图所示电路在 $t<0$ 时处于稳定状态，$t=0$ 时闭合开关 S。试画出 S 闭合后的复频域电路模型。

13-17　题 13-17 图所示电路原已达到稳态，$t=0$ 时关闭开关 S。试画出其运算电路图。

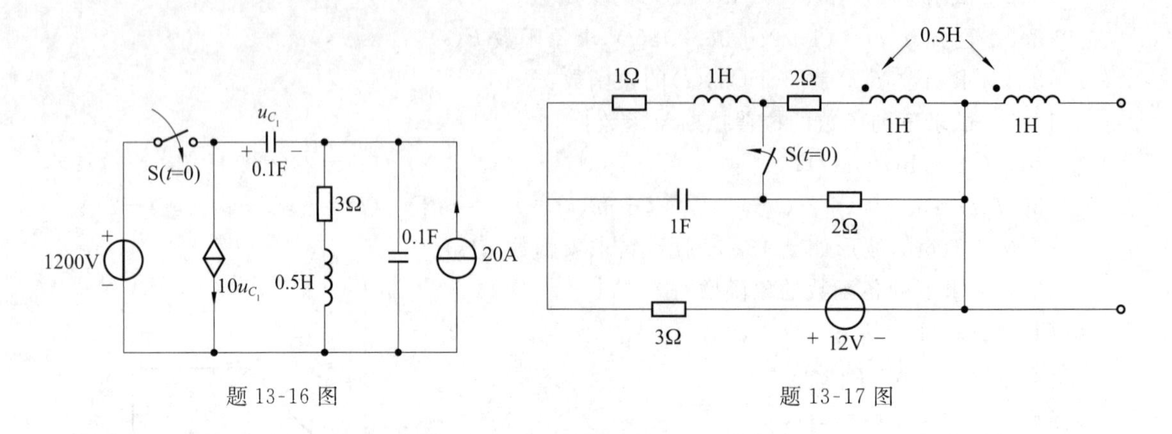

题 13-16 图　　　　题 13-17 图

13-18　一电路如题 13-18 图，已知 $U_s=10\text{V}$，$L_1=0.1\text{H}$，$L_2=0.5\text{H}$，$R_1=10\Omega$，$R_2=20\Omega$。开关 S 打开前电路已达稳态。求开关 S 打开后的 $i_1(t)$、$i_2(t)$、$u(t)$。

13-19　电路如题 13-19 图所示，换路前电路已达稳态。求换路后 $u_C(t)$、$i_L(t)$。

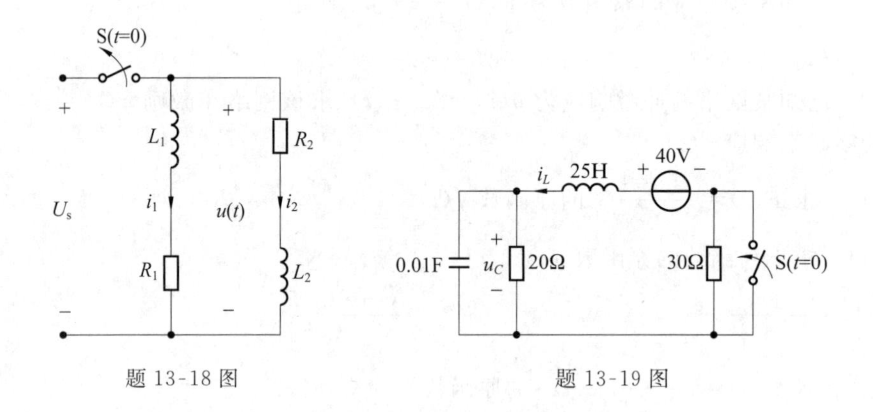

题 13-18 图　　　　题 13-19 图

13-20　在题 13-20 图所示电路中，$u_s(t)=100\sin\omega t\text{V}$，$\omega=10^3\text{rad/s}$，$U_o=100\text{V}$，$R=500\Omega$，$C_1=C_2=2\mu\text{F}$。电路在换路前处于稳态，$t=0$ 时开关由位置 1 合向位置 2，试求电压 $u_{C_1}(t)$和 $u_{C2}(t)$。

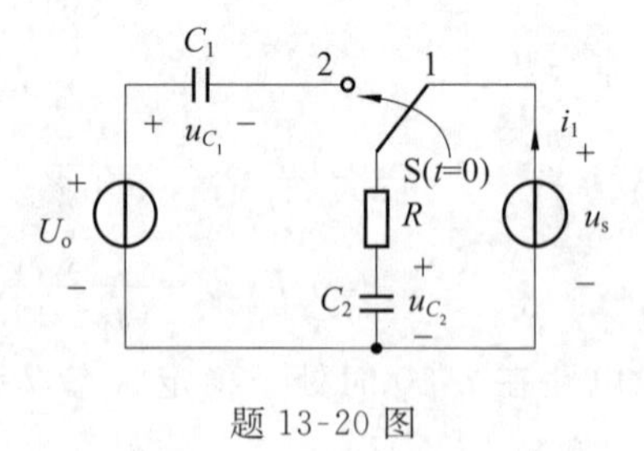

题 13-20 图

13-21　题 13-21 图所示电路，换路前电路已稳定，在 $t=0$ 时刻将 S 闭合，已知 $u_s=60\text{V}$，$R_1=50\Omega$，$R_2=R_3=20\Omega$，$L_1=0.6\text{H}$，$L_2=0.5\text{H}$，$M=0.45\text{H}$，求换路后电感中的电流 $i_1(t)$ 和 $i_2(t)$。

13-22　一电路如题 13-22 图所示，设 $i_L(0_-)=0$，$u_C(0_-)=0$。试求 $u_C(t)(t\geqslant 0)$。

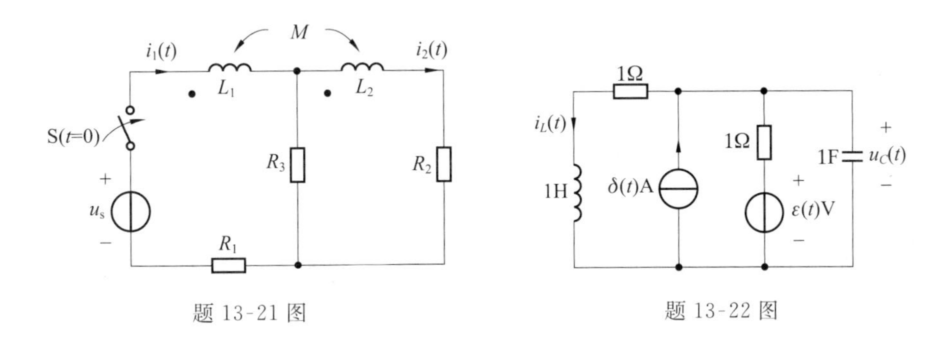

题 13-21 图　　　　题 13-22 图

13-23　已知题 13-23 图(a)所示电路中 $R=1\Omega$，$L=1\text{H}$，$C=0.2\text{F}$，$g=1\text{S}$，u_s 及 i_s 的波形如题 13-23 图(b)所示，$t<0$ 时电路已处于稳定。求 $t>0$ 时的响应 $u_C(t)$ 和 $u_L(t)$。

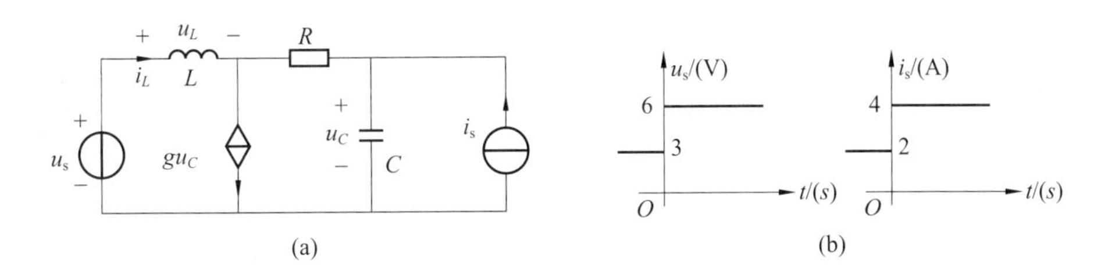

题 13-23 图

13-24　求题 13-24 图所示电路中 $u_C(t)$，给定电路参数为 $R=\dfrac{2}{5}\Omega$，$L=\dfrac{1}{3}\text{H}$，$C=\dfrac{1}{2}\text{F}$，$u_S(t)=2t\text{V}$(当 $t>0$)，并且 $u_C(0_-)=0$，$i_L(0_-)=0$。

13-25　一电路如题 13-25 图所示。当 $t<0$ 时，电路处于稳态，$u_{C_1}(0_-)=0\text{V}$，$t=0$ 时开关 S 闭合。求 $t\geqslant 0$ 时的 $u_{C_2}(t)$。

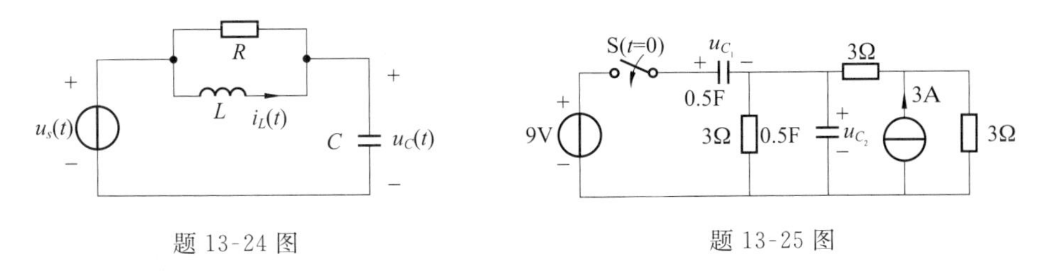

题 13-24 图　　　　题 13-25 图

13-26　在如题 13-26 图所示电路中，已知 $u_1(0_-)=-2\text{V}$，$i_L(0_-)=1\text{A}$。求零输入响应 $u_2(t)$。

13-27　在题 13-27 图所示电路中，在 $t=0$ 时将 $u_1(t)=5\text{V}$ 的电压源接入电路中，试求零状态响应 $u_2(t)$。

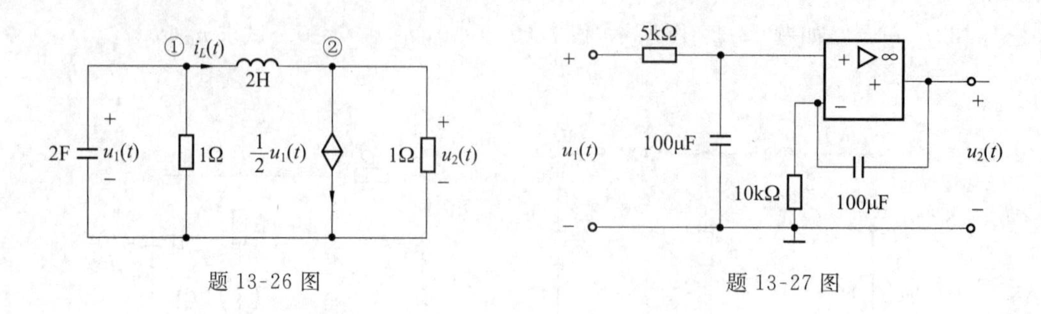

题 13-26 图　　　　题 13-27 图

13-28　在题 13-28 图所示电路中，$t<0$ 时电路处于稳态，$t=0$ 时打开开关。求 $t>0$ 时的 $u_L(t)$。

13-29　在题 13-29 图所示电路中，$R_1=1\Omega$，$R_2=2\Omega$，$L=0.1\text{H}$，$C=0.5\text{F}$，$u_1(t)=0.1\text{e}^{-5t}\varepsilon(t)\text{V}$，$u_2(t)=\varepsilon(t)\text{V}$。电路原处于零状态。求电流 $i_2(t)$。

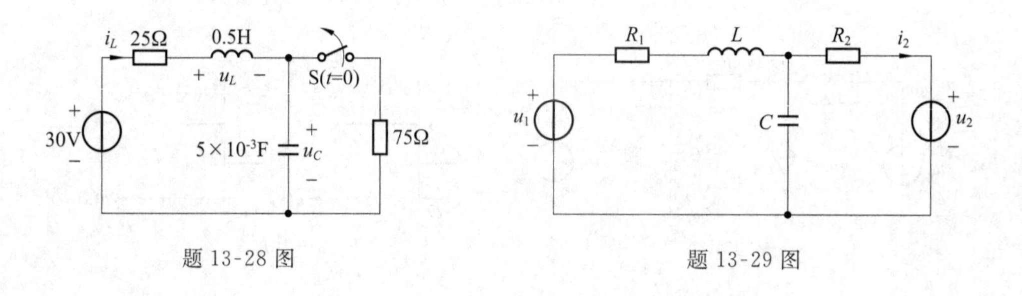

题 13-28 图　　　　题 13-29 图

13-30　试写出题 13-30 图所示电路的网络函数 $H(s)=\dfrac{U_\text{o}(s)}{U_\text{i}(s)}$，已知参数间有下列关系：$R_1R_2C_1C_2=1$，$(R_1+R_2)C_2+(1-k)R_1C_1=b$。

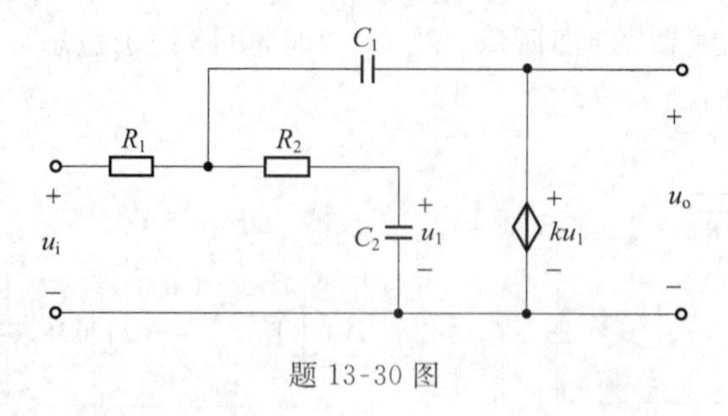

题 13-30 图

13-31　在题 13-31 图所示电路中，若以 $u(t)$ 为输出，求：(1) 网络函数 $H(s)=\dfrac{U(s)}{U_\text{s}(s)}$；(2) $u_\text{s}(t)=\delta(t)\text{V}$ 时的冲激响应。

13-32　已知电路的输入为 $e(t)=5\mathrm{e}^{-2t}$ 时，零状态响应 $r(t)=(5\mathrm{e}^{-t}-\mathrm{e}^{-2t})\varepsilon(t)$，试求输入为 $e(t)=2\sin 2t$ 时，电路的零状态响应 $r(t)$。

13-33　在如题 13-33 图所示电路中，

(1) 求单位冲激响应 $h(t)$；

(2) 欲使零输入响应 $u_{zi}(t)=h(t)$，试求 $i(0_-)$ 和 $u(0_-)$ 的值；

(3) 欲使电路对单位阶跃 $\varepsilon(t)$ 的全响应仍为 $\varepsilon(t)$，试求 $i(0_-)$ 和 $u(0_-)$ 的值。

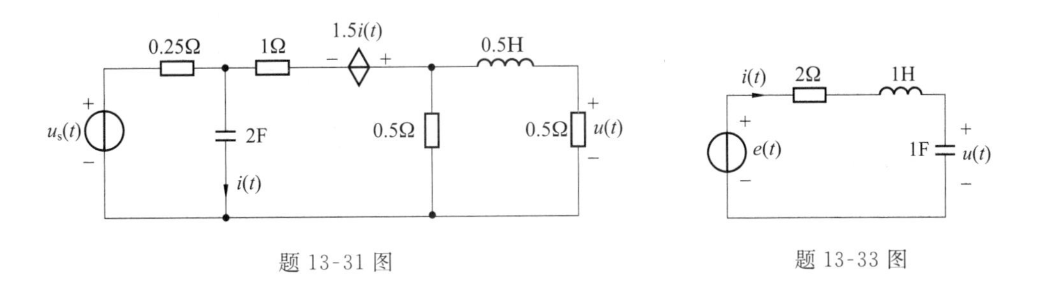

题 13-31 图　　题 13-33 图

13-34　题 13-34 图为一 LC 滤波器，$C_1=1.73\mathrm{F}$，$C_2=C_3=0.27\mathrm{F}$，$L=1\mathrm{H}$，$R=1\Omega$。求 (1) 网络函数 $H(s)=\dfrac{U_2(s)}{I_s(s)}$；(2) 画出此网络函数的零点、极点图；(3) 冲激响应 $u_2(t)=h(t)$；(4) 阶跃响应 $u_2(t)=s(t)$。

13-35　系统的网络函数 $H(s)=\dfrac{1}{s^2+3s+2-K}$。

(1) 当 K 满足什么条件时，系统是稳定的？

(2) 当 $K=-1$ 时，求系统的冲激响应。

13-36　在题 13-36 图所示电路中，网络 N 为线性时不变无源网络，已知正弦稳态时的频率特性

$$H(\mathrm{j}\omega)=\frac{\dot{U}_o}{\dot{U}_s}=\frac{-\omega^2}{(3-\omega^2)+\mathrm{j}4\omega}$$

试求 u_s 分别为 $\delta(t-1)\mathrm{V}$ 和 $\mathrm{e}^{-t}\varepsilon(t)\mathrm{V}$ 时的零状态响应 u_o。

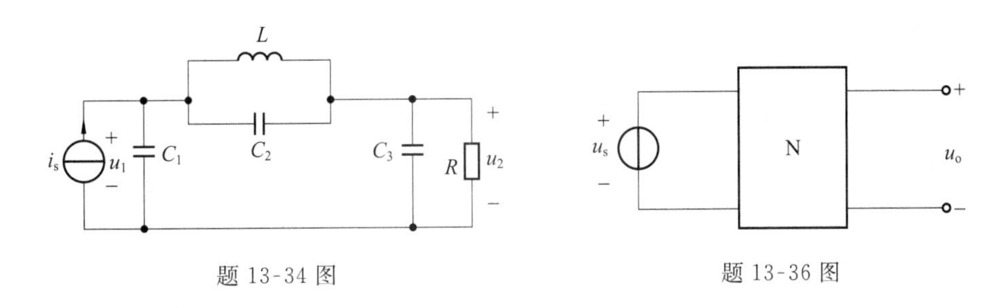

题 13-34 图　　题 13-36 图

13-37　某电路 $H(s)$ 的零、极点分布如题 13-37 图所示，且已知 $|H(\mathrm{j}2)|=3.29$，$0°<\arg H(\mathrm{j}\omega)<90°$。试求：

(1) $H(s)=\dfrac{U_2(s)}{U_1(s)}$;

(2) 当输入 $u_1(t)=(1+\sin 4t)\text{V}$ 时的稳态响应 $u_2(t)$。

13-38　已知某网络函数的零，极点分布如题 13-38 图所示，且 $|H(\text{j}1)|=\dfrac{1}{\sqrt{2}}$，试求该网络函数并定性画出幅频特性和相频特性。

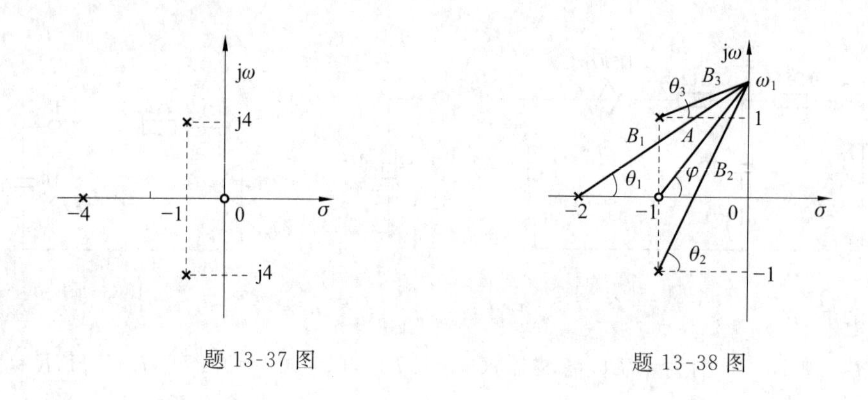

题 13-37 图　　题 13-38 图

第 14 章　大规模电路的矩阵分析方法

本章介绍电路方程的矩阵形式，首先介绍图的基本概念、关联矩阵、基本回路矩阵和基本割集矩阵，再得出用这些矩阵表示的 KCL、KVL 方程以及支路特性方程。最后导出节点电压方程、基本回路电流方程、网孔电流方程以及基本割集电压方程的矩阵形式。

14.1　大规模线性电路矩阵分析方法概述

第 3 章中所介绍的线性电路的一般分析方法都是直接通过对线性电路进行观察列出对应的独立方程组再用手算或计算机解方程求出电路响应的，这种方法对于一个含有不多元件的小规模电路是简单可行的。但是，对于现代电子或电力技术中包含大量有时甚至是成千上万个元件（例如集成电路）的大规模电路（包括非平面电路），继续运用传统的观察法来列写独立的电路方程并用手算求解是非常困难的，甚至是不可能的。因此，需要寻求一种系统化的方法，使电路方程的列写与求解均能利用计算机完成，即能够利用计算机对电路进行辅助分析。本章所讨论的大规模线性电路的矩阵分析方法就是为适应这种需求而发展起来的，下面讨论四种形式的矩阵分析法——节点分析法、网孔分析法、回路分析法和割集分析法。

14.2　电路的图的基本概念

在第 4 章讨论特勒根定理时，简述了电路的图的概念，这里对其作进一步介绍。

14.2.1　电路的图

1. 电路的图、支路和节点

由于克希霍夫定律的基本特性在于它与电路元件的性质无关，仅取决于电路自身的拓扑结构，所以若一个电路的拓扑结构与电压、电流的参考方向保持不变，而任意更换其中各支路元件，则所列写出的 KVL 和 KCL 方程总是相同的。这表明，就克希霍夫定律而言，当电路中各支路以带有参考方向的有向线段替换后不会影响其 KVL 和 KCL 方程的列写。于是，对于任何一个由集总参数元件组成的电路 N，若不考虑元件的性质，只反映电路元件的连接状况，就可以将电路中的每一个元件，一般是若干个元件的组合作为一个支路用一条线段（不论直、曲、长、短）代替，并仍称之为支路（或边）。线段两端标以点，表示支路的连接点，且仍称之为节点（或顶点）。这种由线段（支路）和点（节点）组成的集合称为电路的图

(graph)或拓扑图,用符号 G 代表,它是仅反映电路元件连接情况的图形。图 14-1(a)(b)分别表示一个无源电路及其对应的一个拓扑图 G,它是将电路中的每个元件作为一条支路而得到的。

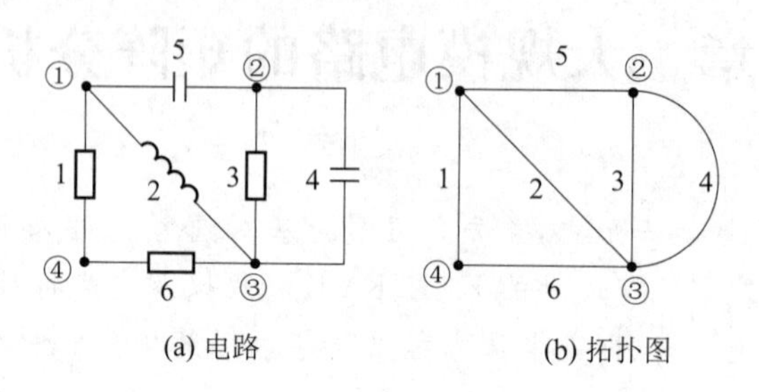

图 14-1　电路及其对应的一个拓扑图

需要注意的是,图中的节点和电路图中的节点是有所不同的。在图中每一支路的端点便是节点,并且允许存在有孤立节点,即没有任何支路与其相连接的节点。在图 14-2(a)中,节点⑥就是一孤立节点。在图中若移去某一支路,与该支路相连的两个节点应保留不动。例如,在图 14-2(a)中,移去支路 7 后,节点⑤予以保留而成为一孤立节点,如图 14-2(b)所示。但是,若移去某一节点,则与该节点相联的支路也必须同时移去。

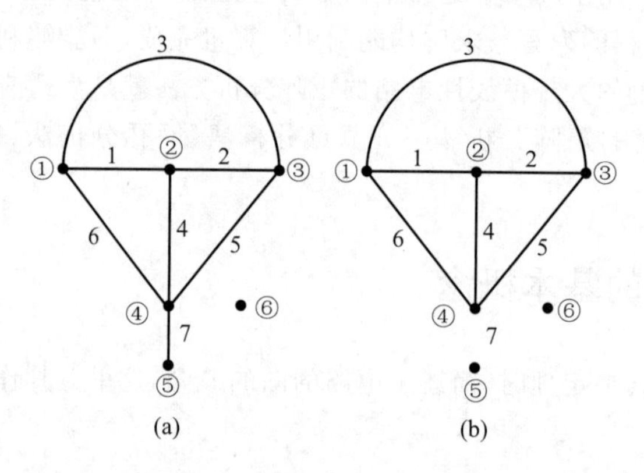

图 14-2　含有孤立节点的图

由于电路中的受控源和互感耦合关系,属于元件的性质,而非电路的几何性质,因此,它们在仅表现电路图中各支路及节点联接情况而并不反映支路电气特性的图中不予反映,而仅在支路特性方程中考虑。如图 14-3(a)所示电路 N,其对应的图 G 为图 14-3(b),其中均未反映受控源 $\beta\dot{I}$ 以及互感 M。

2. 有向图和无向图

图中各支路都标有参考方向(用箭头表示)的图称为有向图,否则称为无向图。通常,为了分析方便起见,取有向图中每一支路的参考方向和原电路中对应支路电流的参考方向相同。除非另作说明,支路电压和电流的参考方向约定为关联参考方向。图 14-3(b)所示拓

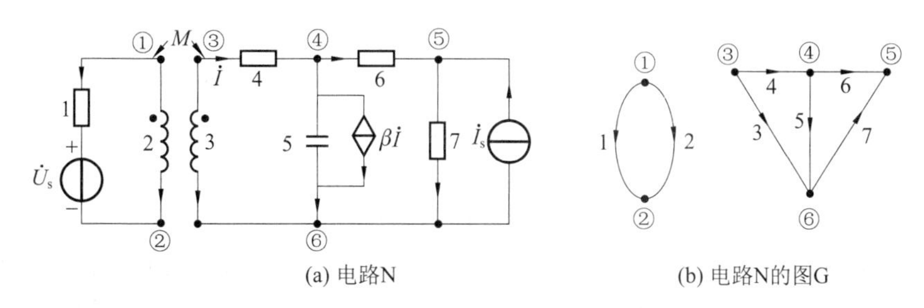

(a) 电路N　　(b) 电路N的图G

图 14-3　含受控源和磁耦合电路的图

扑图 G,即为有向图。

3.连通图和非连通图

任意两节点之间至少有一条由支路连成通路的图,称为连通图,否则称为非连通图或分离图。如图 14-1(b)为连通图,图 14-3(b)为由两个分离部分构成的非连通图。

4.子图和补图

若图 G_s 是图 G 的一部分,即 G_s 中的每一节点和支路都是 G 中的节点和支路,则 G_s 称为 G 的子图。如图 14-4(b)、(c)中的图 G_1 和 G_2 即为图 14-4(a)的子图。若图 G 的子图 G_1 和 G_2 包含了 G 的全部节点和支路,并且 G_1 和 G_2 没有公共支路,则 G_1 和 G_2 互为补图。例如,图 14-4 中的 G_1 和 G_2。

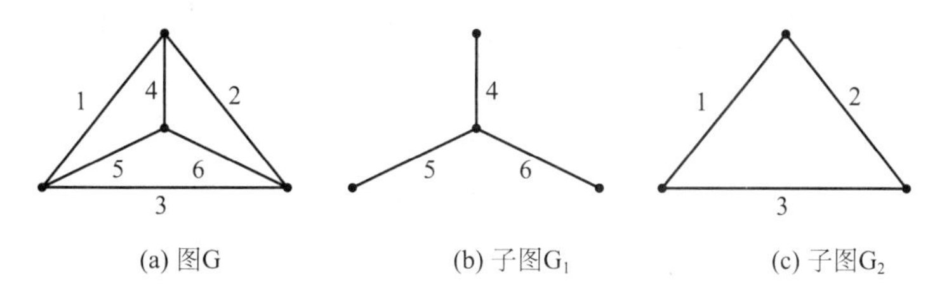

(a) 图G　　(b) 子图G_1　　(c) 子图G_2

图 14-4　图 G 及其子图

5.回路

回路是图的一个连通子图,且该子图的任一节点上都连接着该子图的两条且仅两条支路。

6.平面图、非平面图与网孔

一个画在平面上或球面上不会出现支路在非节点处交叉情况的图称为平面图,否则称为非平面图。图 14-5 所示为非平面图,从中去除支路 8 即为平面图。网孔的概念仅适合于平面图。

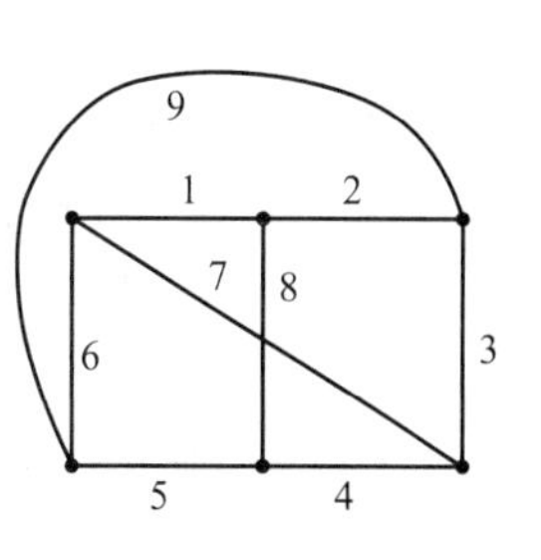

图 14-5　非平面图

网孔是一类特殊的回路。

14.2.2　树和树余

1. 树

连通图中的树 T 是连接原图中所有节点但不包含回路的连通子图。

因此，树是连通一个图中全部节点的最少支路集。例如，对于图 14-6(a)所示的连通图 G，由于图 14-6(b)、(c)、(d)所示的子图 T_1、T_2、T_3 都满足树的三个条件，故它们都是 G 的一个树。但是，图 14-6(e)中的子图 G_4 不是树，因它不是连通的，不满足树的连通子图条件。图 14-6(f)中的子图 G_5 也不是树，因它不包含 G 中的全部节点，不满足树连接原图中所有节点的条件。图 14-6(g)子图 G_6 也不是树，因它包含回路，不满足树中不包含回路的条件。

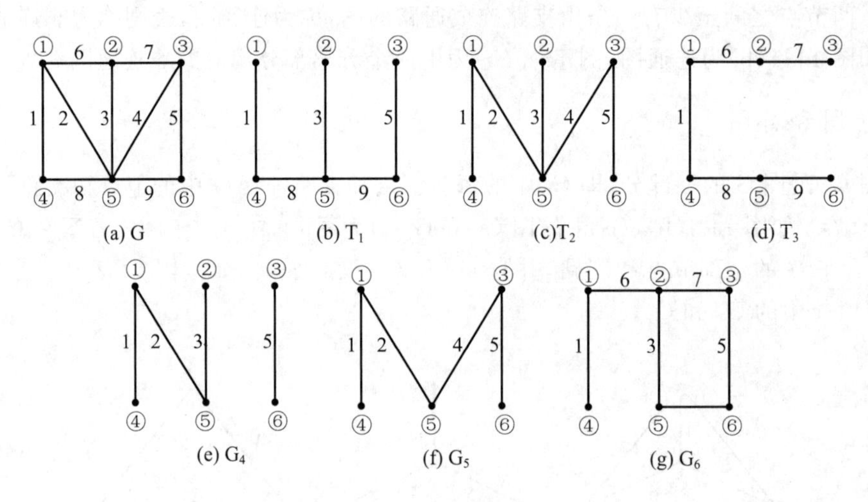

图 14-6　树与“非树”的示例

可以证明，对于具有 n 个节点的全通图(任意两个节点间都有且仅有一条支路连通的拓扑图，例如图 14-6(a)所示的图)，可以选出 n^{n-2} 种不同的树。

2. 树余

图中与某一树互补的子图，称为该树的树余。图 14-7(a)、(b)、(c)所示的各子图分别为 14-6(b)、(c)、(d)所示的树 T_1、T_2、T_3 相对应的树余。由图 14-7 可知，树余可以不连通(图 14-7(b))，可以不包含原连通图中的全部节点(图 14-7(a)、(c))，也可以包含回路(图 14-7(a))，因此树余不一定是树，但树余也可能是树(如图 14-4 所示的连通图 G，若选支路 1、5、6 为树支，则由支路 2、3、4 组成的树余仍是 G 的一个树)。

3. 树支和连支

连通图中组成树的支路，称为树支。如图 14-6(b)所示的树 T 中，1、3、5、8、9 即为 T 的

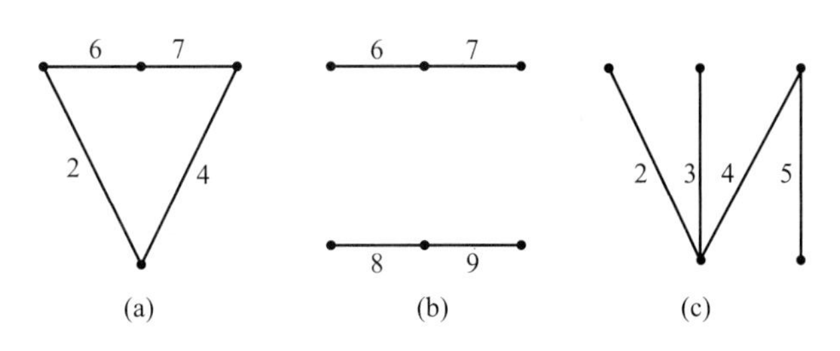

图 14-7　图 14-6 中树 T_1、T_2、T_3 的树余

树支。对同一图 G，虽然具有不同的树，但树支数却是相等的。一个具有 n 个节点的图 G，其树支数必为 $n-1$。树余中的各支路，称为连支。如图 14-7(a)树余 2、4、6、7 为连支。对于具有 b 条支路，n 个节点的图 G，其连支数为 $l=b-(n-1)$。

关于树支和连支数目的问题可以简单地加以证明：设想将 G 的全部支路移去，仅剩下其 n 个节点，为了构成 G 的一个树，先用一条支路将任意两个节点连接起来，而后每连接一个新的节点，只需也只能添连一条支路，因为若再用另一支路从已连有支路的节点去连接新的节点，就会形成回路，这与树的定义相违背，这样，除了第一条支路连接了两个节点外，以后每连接一个节点就增加一条支路，于是将 n 个节点全部连接起来所需的支路数正好是 $n-1$，此即为树支数，从而连支数为 $b-(n-1)=b-n+1$。

14.2.3　基本回路

从一个图中可以选出很多彼此互不独立的回路，而电路分析则需要选出一组独立的回路，这可以利用"树"的概念来实现。

由于树是一个不含回路的连通子图，所以只要在树上每添加一条连支就会形成一个由若干树支和所添加连支构成的新的回路。显然，每一个这种回路都含有一条其他回路所没有的连支，因而是彼此独立的且称为单连支回路，一般称为基本回路。

对于一个具有 n 个节点、b 条支路的连通图 G 的任一树 T，总可以选出 $b-(n-1)$ 个基本回路，它们是由连支决定的一组独立回路，即有

$$\text{基本回路数}=\text{连支数}=\text{独立回路数}=b-(n-1)=b-n+1$$

因此对于一个图而言，由其连支决定的全部基本回路构成一组独立回路。由于不同的树各自对应着不同的连支，亦即不同的基本回路，所以一个图的基本回路的组数与该图中连支的组数相等。此外，对于基本回路也可以指定绕行参考方向，有向图基本回路的绕行参考方向规定为与该回路所含连支的参考方向一致。

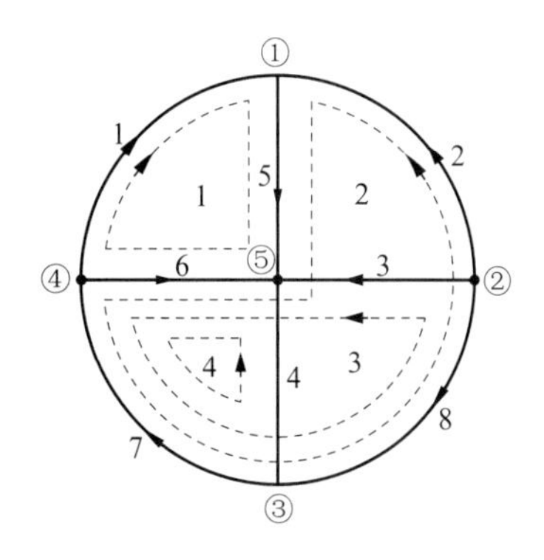

图 14-8　连支及其对应的基本回路

如图 14-8 所示的图 G，有 8 条支路，5 个节点。令在 G 中任选一树，树支为支路 5、6、7、8，连支为支路 1、2、3、4，由此得到一组基本回路为 l_1：{1，5，6}，l_2：{2，

5,6,7,8}, l_3:{3,6,7,8}, l_4:{4,6,7}。其中每一基本回路的绕行参考方向均与连支的参考方向相同,此外,选取基本回路的编号顺序最好与连支编号顺序一致,这样便可以清楚地知道某回路与哪一条连支相对应。

14.2.4　割集与基本割集

1.割集

连通图中的割集是同时满足下列两个条件的一组支路集合:①移去该支路集合中的所有支路,将使原连通图分为两个分离部分;②只要留下该支路集中的任一条支路不被移去,则剩下的图仍是连通的。

显然,图14-9(a)中支路1、4、6和图14-9(b)中的支路1、2、5、6为割集,因为分别移去该两支路集后,原连通图14-9(a)、(b)分别剩下图14-9(c)、(d)所示的两个独立部分(孤立节点亦算一个独立部分),而若留下该两支路集中的第6支路不移去,则剩下部分均仍然是连通的。但是图14-9(e)中的支路集1、4、6、5、3不是割集,因为将它们移去后,原连通图分为三个独立部分(节点①、③和支路2),不满足割集的第一个条件。图14-9(f)中的支路集2、4、6、5也不是割集,因为移去该支路集后,剩下的图虽分为两个独立部分,但只要留下支路6不移去,剩下的图仍然不连通(节点④同其余部分仍然分离),不满足割集的第二个条件。

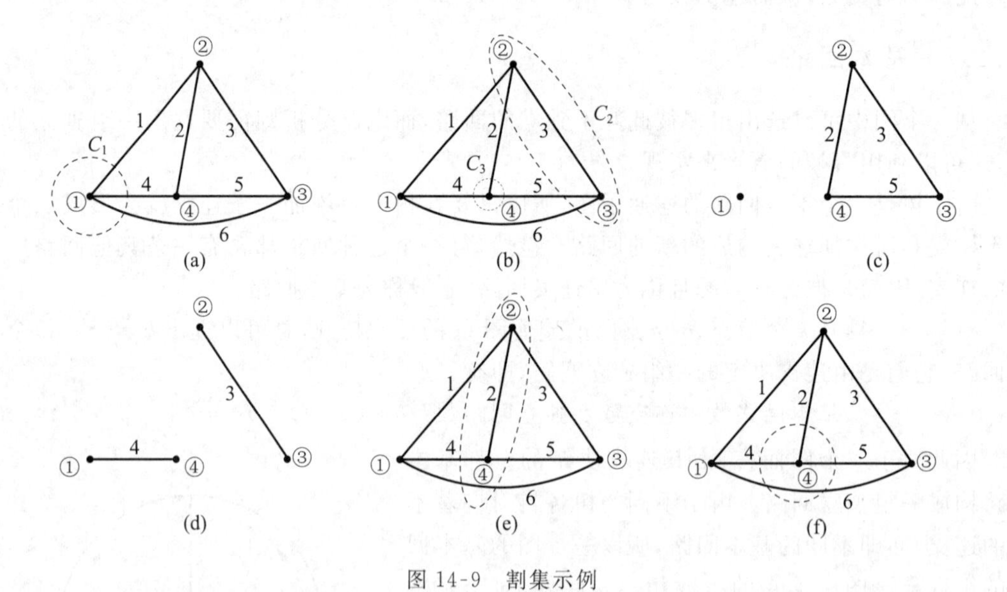

图14-9　割集示例

由上述分析还可得出割集的另一定义:割集是把连通图中分成两个分离部分的最少支路集。同一连通图,可以有不同的割集。若一个闭合面所切割的支路集合满足其中每一支路只被切割一次的条件,则可将此闭合面选作割集。这是选取割集的一个简单方法。

显然,在连通图中,任何连支集合不能构成割集,因为将任何连支集合移去后所得的为树支构成的图,仍是连通的,故每一割集应至少包含一个树支。

2. 基本割集(单树支割集)

类似于回路的情况,从一个图所选出的多个割集中有一些彼此之间并非是独立的,这就是说,若从这多个割集中选取若干割集,剔除它们两两公共的支路后便可以得出这多个割集中未被选取的某一割集。例如,对于图 14-9 中三个割集 C_1:{1,4,6},C_2:{1,2,5,6}和 C_3:{2,4,5},选中 C_1 和 C_2,除去这两个割集中的公共支路 1 和 6 后便可得到割集 C_3,因此,为了列写独立的 KCL 方程,需要在一个给定的图中寻找相互独立的割集,这可以借助"树"的概念实现。

仅包含一个树支的割集称为单树支割集,通常又称为基本割集。由于这样选取的每一个割集中均含有一条其他割集中所没有的树支,故这些单树支割集是彼此互相独立的。

对于一个具有 n 个节点的连通图的任一树 T,总可以选出 $n-1$ 个基本割集,它们是由树支决定的一组独立割集,即有

$$\text{基本割集数} = \text{树支数} = \text{独立节点数} = n-1$$

因此,对于一个图而言,由其树支决定的全部基本割集构成一组独立割集。由于不同的树各自对应着不同的基本割集,所以一个图的基本割集的组数与该图中树的组数相等。此外,对于割集也可以指定参考方向,有向图基本割集的参考方向规定为与该割集所含树支的参考方向一致。

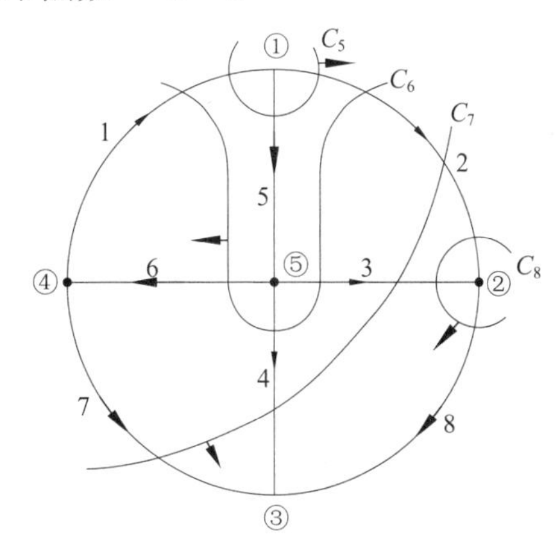

图 14-10 树及其对应的基本割集

在图 14-10 所示有向图中任选一树,树支为支路 5、6、7、8,由此得出一组基本割集为 C_5:{1,2,5},C_6:{1,2,3,4,6},C_7:{2,3,4,7},C_8:{2,3,8}。其中每一基本割集的参考方向即表示该割集闭合面的法线方向与树支的参考方向相同,并且所选基本割集的编号顺序与树支的编号顺序一致。

14.3 有向图的四种矩阵描述及其对应的克希霍夫定律矩阵形式

由于 KCL 和与 KVL 仅由电路的拓扑结构决定,而与电路元件的性质和参数无关,而描述有向图中节点与支路、网孔与支路、基本回路与支路、基本割集与支路间相关关系的矩阵 $\boldsymbol{A}$、$\boldsymbol{M}$、$\boldsymbol{B}_f$、$\boldsymbol{Q}_f$ 反映的正是图的拓扑结构关系,所以可以用它们来表示 KCL 与 KVL 的矩阵形式,下面将介绍这四种矩阵并从特例出发归纳出利用它们表示的 KCL 与 KVL 的矩阵形式的一般式。

14.3.1 关联矩阵 A 及其表示的克希霍夫定律的矩阵形式

1. 关联矩阵 **A**

有向图中节点与支路的连接关系可以用关联矩阵 **A** 来描述。对于一个具有 n 个节点、

b 条支路的有向图 G，若将全部节点与支路分别编号，则节点与支路的关联关系可以用一个 $n\times b$ 阶矩阵 $\boldsymbol{A}_a$ 表示，其行对应节点，列对应于支路，称为增广关联矩阵，记为 $\boldsymbol{A}_a=(a_{ij})$，其中任一元素 a_{ij} 为

$$a_{ij}=\begin{cases}0, & \text{支路 } j \text{ 与节点 } i \text{ 不关联}\\ +1, & \text{支路 } j \text{ 与节点 } i \text{ 关联，且该支路参考方向离开节点 } i\\ -1, & \text{支路 } j \text{ 与节点 } i \text{ 关联，且该支路参考方向指向节点 } i\end{cases}$$

在图 14-11 所示的有向图 G 中，节点数 $n=4$，支路数 $b=6$，则 G 的 $\boldsymbol{A}_a$ 为

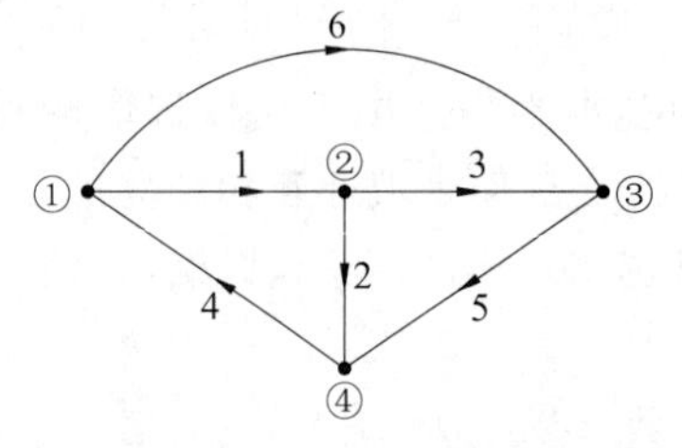

图 14-11　节点与支路的关联性示例

$$\boldsymbol{A}_a=\begin{bmatrix}1 & 0 & 0 & -1 & 0 & 1\\ -1 & 1 & 1 & 0 & 0 & 0\\ 0 & 0 & -1 & 0 & 1 & -1\\ 0 & -1 & 0 & 1 & -1 & 0\end{bmatrix}$$

$\boldsymbol{A}_a$ 的每一行表示该行所代表的节点与哪些支路相关联，每一列表示该列所代表的支路与哪两个节点相关联。因此，$\boldsymbol{A}_a$ 的每一列都仅含有两个非零元，即"1""-1"，且它们的代数和恒等于零。这是因为每一列对应于一条支路，而该支路仅与两个节点关联，当它的参考方向离开某一节点时，必定指向另一节点，若将 $\boldsymbol{A}_a$ 中所有行相加，所得结果为零，这表明 $\boldsymbol{A}_a$ 的各行线性相关即 $\boldsymbol{A}_a$ 的秩小于行数（节点数）n，有 $r(\boldsymbol{A}_a)=n-1$，亦即 $\boldsymbol{A}_a$ 中只有 $n-1$ 行是线性无关（彼此独立）的，只要将任意 $n-1$ 行相加（作线性组给）后再变号即得剩下的一行。这样，若在有向图中任意选取一个节点作为参考节点再对剩余 $n-1$ 个独立节点建立关联矩阵，则此矩阵即为从矩阵 $\boldsymbol{A}_a$ 中删去与参考节点相对应的一行的结果，是一个阶数为$(n-1)\times b$ 的降阶关联矩阵，简称关联矩阵，用符号 A 表示，其秩等于行数 $n-1$，各行是线性无关的。对于图 14-11 所示的有向图 G，若以节点④为参考节点，则其关联矩阵 $\boldsymbol{A}$ 为

$$\boldsymbol{A}=\begin{bmatrix}1 & 0 & 0 & -1 & 0 & 1\\ -1 & 1 & 1 & 0 & 0 & 0\\ 0 & 0 & -1 & 0 & 1 & -1\end{bmatrix}$$

它是从 $\boldsymbol{A}_a$ 中删除第四行所得的结果。由于可以任意选择一个有向图中的参考节点，因而按不同选择所得出的关联矩阵 $\boldsymbol{A}$ 亦不相同，但是，一个有向图的矩阵 $\boldsymbol{A}_a$ 则是唯一确定的。

关联矩阵 $\boldsymbol{A}$ 保留了 $\boldsymbol{A}_a$ 即所给有向图的全部信息，因而有了矩阵 $\boldsymbol{A}$，便可绘出相应的有向图 G。

通常，对于有向图选取一个树，将支路按先连支后树支的顺序排列（也可以先树支后连支）编号所得出矩阵 A 可以写成分块矩阵，即有

$$\boldsymbol{A}=[\boldsymbol{A}_l \mid \boldsymbol{A}_t]$$

其中，子矩阵 $\boldsymbol{A}_l$ 的列和 $\boldsymbol{A}_t$ 的列分别与连支和树支对应，各为$(n-1)\times(b-n+1)$阶矩阵和$(n-1)\times(n-1)$阶方阵。

2. 用关联矩阵 **A** 表示的 KCL

在图 14-11 中，以节点④为参考节点，对各独立节点可列出 KCL 方程为

$$n_1: i_1 - i_4 + i_6 = 0; \quad n_2: -i_1 + i_2 + i_3 = 0; \quad n_3: -i_3 + i_5 - i_6 = 0$$

将此方程组写成矩阵形式，有

$$\begin{bmatrix} 1 & 0 & 0 & -1 & 0 & 1 \\ -1 & 1 & 1 & 0 & 0 & 0 \\ 0 & 0 & -1 & 0 & 1 & -1 \end{bmatrix} \begin{bmatrix} i_1 \\ i_2 \\ i_3 \\ i_4 \\ i_5 \\ i_6 \end{bmatrix} = 0 \tag{14-1}$$

注意到式(14-1)中的系数矩阵为与电路对应的有向图 G 的关联矩阵 **A**(以节点④为参考节点，因此，若令支路电流列向量 $\boldsymbol{i} = [i_1 \quad i_2 \quad i_3 \quad i_4 \quad i_5 \quad i_6]^{\mathrm{T}}$，则式(14-1)可表示为矩阵形式：

$$\boldsymbol{A}\boldsymbol{i} = 0 \tag{14-2}$$

将式(14-2)推广到具有 n 个节点、b 条支路的电路，即为用关联矩阵 **A** 表示的 KCL 的一般形式，其相量形式为 $\boldsymbol{A}\dot{\boldsymbol{I}} = 0$。

3. 用关联矩阵 **A** 表示的 KVL

在图 14-11 中，设节点④为参考节点，有 $u_{n4} = 0$，其余各独立节点电压分别为 u_{n1}、u_{n2}、u_{n3}；各支路电压分别为 u_1、u_2、u_3、u_4、u_5、u_6，其参考方向与对应的支路参考方向相同。根据 KVL，各支路电压可用各独立节点电压表示为

$$u_1 = u_{n1} - u_{n2}, \quad u_2 = u_{n2}, \quad u_3 = u_{n2} - u_{n3}, \quad u_4 = -u_{n1}, \quad u_5 = u_{n3}, \quad u_6 = u_{n1} - u_{n3}$$

将此方程组写成矩阵形式，有

$$\begin{bmatrix} u_1 \\ u_2 \\ u_3 \\ u_4 \\ u_5 \\ u_6 \end{bmatrix} = \begin{bmatrix} 1 & -1 & 0 \\ 0 & 1 & 0 \\ 0 & 1 & -1 \\ -1 & 0 & 0 \\ 0 & 0 & 1 \\ 1 & 0 & -1 \end{bmatrix} \begin{bmatrix} u_{n1} \\ u_{n2} \\ u_{n3} \end{bmatrix} \tag{14-3}$$

注意到式(14-3)右端的 6×3 阶矩阵正是图 14-11 所示有向图 G 的关联矩阵 **A** 的转置矩阵 $\boldsymbol{A}^{\mathrm{T}}$，若令节点电压列向量 $\boldsymbol{u}_n = [u_{n1} \quad u_{n2} \quad u_{n3}]^{\mathrm{T}}$，支路电压列向量 $\boldsymbol{u} = [u_1 \quad u_2 \quad u_3 \quad u_4 \quad u_5 \quad u_6]^{\mathrm{T}}$，则式(14-3)可表示为矩阵形式：

$$\boldsymbol{u} = \boldsymbol{A}^{\mathrm{T}}\boldsymbol{u}_n \tag{14-4}$$

将式(14-4)推广到具有 n 个节点、b 条支路的电路，其便是用关联矩阵 **A** 表示的 KVL 的一般形式，它表明，各节点电压是独立(线性无关)变量，可将它们作为电路方程的变量。式(14-4)的相量形式为 $\dot{\boldsymbol{U}} = \boldsymbol{A}^{\mathrm{T}}\dot{\boldsymbol{U}}_n$。

14.3.2　网孔矩阵 $\boldsymbol{M}$ 及其表示的克希霍夫定律的矩阵形式

1. 网孔矩阵 $\boldsymbol{M}$

平面有向图中网孔与支路的关联性可以用网孔矩阵 $\boldsymbol{M}$ 加以描述，其每一行表示每一网孔包含哪些支路；每一列表示每一支路属于哪一个或哪两个网孔。由于一个图的全部内网孔（简称网孔）是一组独立回路，因此，对于一个具有 n 个节点、b 条支路的有向图 G，若将全部网孔与支路分别编号，则网孔与支路的关联关系可以用一个 $(b-n+1)\times b$ 阶的网孔矩阵表示，其行对应于网孔，列对应于支路，记为 $\boldsymbol{M}=(m_{ij})$，在为每一网孔任选一个绕行参考方向（顺时针或逆时针，一般选为顺时针）后，则 $\boldsymbol{M}$ 中任一元素 m_{ij} 为

$$m_{ij}=\begin{cases}0,\ \text{支路}\ j\ \text{与网孔}\ i\ \text{不关联}\\+1,\text{支路}\ j\ \text{与网孔}\ i\ \text{关联，且它们的参考方向相同}\\-1,\text{支路}\ j\ \text{与网孔}\ i\ \text{关联，且它们的参考方向相反}\end{cases}$$

图 14-12 所示有向图的网孔矩阵为

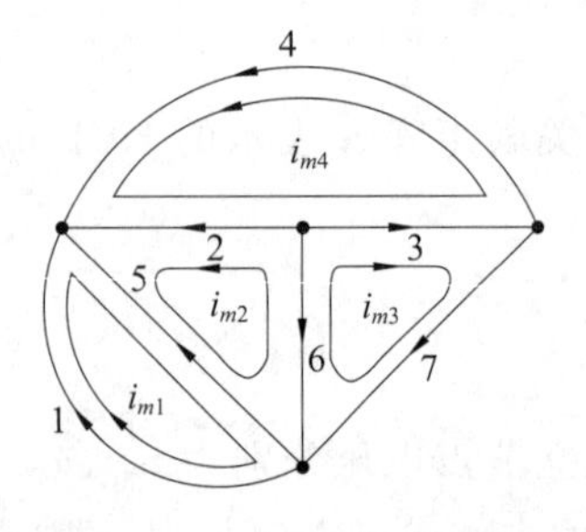

图 14-12　网孔与支路的关联性示例

$$\boldsymbol{M}=\begin{bmatrix}1&0&0&0&-1&0&0\\0&1&0&0&-1&-1&0\\0&0&1&0&0&-1&1\\0&-1&1&1&0&0&0\end{bmatrix}$$

由于一个有向图的全部内网孔是相互独立的，所以与之对应的网孔矩阵 $\boldsymbol{M}$ 的各行是相互独立的，即 $\boldsymbol{M}$ 为一满秩矩阵，其秩等于内网孔数，有 $r(\boldsymbol{M})=b-n+1$。

显然，根据有向图的网孔矩阵 $\boldsymbol{M}$，便可绘出其对应的有向图。通常，对于有向图选取一个树，将支路按先连支后树支的顺序（也可以先树支后连支）排列得出网孔矩阵 $\boldsymbol{M}$。

2. 用网孔矩阵 $\boldsymbol{M}$ 表示的 KCL

在图 14-12 中，应用 KCL 可得支路电流和网孔电流间的关系式为

$$i_1=i_{m1},\quad i_2=i_{m2}-i_{m4},\quad i_3=i_{m3}+i_{m4},\quad i_4=i_{m4}$$
$$i_5=-i_{m1}-i_{m2},\quad i_6=-i_{m2}-i_{m3},\quad i_7=i_{m3}$$

将此方程组写成矩阵形式，有

$$\begin{bmatrix}i_1\\i_2\\i_3\\i_4\\i_5\\i_6\\i_7\end{bmatrix}=\begin{bmatrix}1&0&0&0\\0&1&0&-1\\0&0&1&1\\0&0&0&1\\-1&-1&0&0\\0&-1&-1&0\\0&0&1&0\end{bmatrix}\begin{bmatrix}i_{m1}\\i_{m2}\\i_{m3}\\i_{m4}\end{bmatrix}\tag{14-5}$$

式中，系数矩阵为网孔矩阵 M 的转置矩阵 $\boldsymbol{M}^{\mathrm{T}}$，令支路电流列向量 $\boldsymbol{i}=$

$[i_1 \quad i_2 \quad i_3 \quad i_4 \quad i_5 \quad i_6 \quad i_7]^T$，网孔电流列向量 $\boldsymbol{i}_m=[i_{m1} \quad i_{m2} \quad i_{m3} \quad i_{m4}]^T$，则式(14-5)可表示为

$$\boldsymbol{i} = \boldsymbol{M}^T \boldsymbol{i}_m \tag{14-6}$$

将式(14-6)推广到具有 n 个节点、b 条支路的电路，其即为用网孔矩阵 $\boldsymbol{M}$ 表示的 KCL 的一般形式，其所对应的相量形式为 $\dot{\boldsymbol{I}}=\boldsymbol{M}^T\ \dot{\boldsymbol{I}}_m$，它表明，各网孔电流是独立(线性无关)变量，可将它们作为电路方程的变量。

3. 用矩阵 $\boldsymbol{M}$ 表示的 KVL

对图 14-12 中的 4 个网孔分别列写 KVL 方程，可得

$$m_1: u_1 - u_5 = 0$$
$$m_2: u_2 - u_5 - u_6 = 0$$
$$m_3: u_3 - u_6 + u_7 = 0$$
$$m_4: -u_2 + u_3 + u_4 = 0$$

将此方程组写成矩阵形式，有

$$\begin{bmatrix} 1 & 0 & 0 & 0 & -1 & 0 & 0 \\ 0 & 1 & 0 & 0 & -1 & -1 & 0 \\ 0 & 0 & 1 & 0 & 0 & -1 & 1 \\ 0 & -1 & 1 & 1 & 0 & 0 & 0 \end{bmatrix} \begin{bmatrix} u_1 \\ u_2 \\ u_3 \\ u_4 \\ u_5 \\ u_6 \\ u_7 \end{bmatrix} = 0 \tag{14-7}$$

注意到式(14-7)左端的 4×7 阶矩阵正是图 14-12 所示有向拓扑图 G 的网孔矩阵 M，再若令支路电压列向量 $\boldsymbol{u}=[u_1 \quad u_2 \quad u_3 \quad u_4 \quad u_5 \quad u_6 \quad u_7]^T$，则式(14-7)可表示为矩阵形式：

$$\boldsymbol{Mu} = 0 \tag{14-8}$$

将式(14-8)推广到具有 n 个节点、b 条支路的电路，其便是用 $\boldsymbol{M}$ 表示的 KVL 的一般形式，对应的相量形式为 $\boldsymbol{M}\dot{\boldsymbol{U}}=0$。

14.3.3　基本回路矩阵 $\boldsymbol{B}_f$ 及其表示的克希霍夫定律的矩阵形式

1. 基本回路矩阵 $\boldsymbol{B}_f$

有向图中基本回路与支路的关联性可以用基本回路矩阵 $\boldsymbol{B}_f$ 加以描述，其每一行表示所对应的基本回路包含哪些支路；每一列则表示其对应的支路属于哪一或哪些基本回路。由于对于一个具有 n 个节点、b 条支路的有向图 G 之任一种树 T，可选出与连支数相等即 $b-n+1$ 个基本回路(独立回路)，因此，若将全部基本回路与支路分别编号，则两者之间的关联关系可以用一个 $(b-n+1)\times b$ 阶的基本回路矩阵表示，其行对应于基本回路，列对应于支路，记为 $\boldsymbol{B}_f=(b_{ij})$，在为每一基本回路任选一个绕行参考方向(一般均与构成它的连支

的参考方向一致)后,其中任一元素 b_{ij} 为

$$b_{ij}=\begin{cases}0, & \text{支路 } j \text{ 与回路 } i \text{ 不关联} \\ +1, & \text{支路 } j \text{ 与回路 } i \text{ 关联,且它们的参考方向相同} \\ -1, & \text{支路 } j \text{ 与回路 } i \text{ 关联,且它们的参考方向相反}\end{cases}$$

为使基本回路矩阵更有规律,常将 $\boldsymbol{B}_f$ 中各支路按先连支后树支的次序排列(也可以先树支后连支),这时,基本回路按连支次序排列,并且各基本回路的绕行方向与其所包含的连支参考方向一致,则 $\boldsymbol{B}_f$ 可以分为两个并列的子阵,即

$$\boldsymbol{B}_f=[\boldsymbol{1}_l \mid \boldsymbol{B}_t]$$

式中,下标 l 与 t 分别表示连支和树枝,$\boldsymbol{1}_l$ 是基本回路与连支关联、阶数为 $b-n+1$ 的单位子矩阵,$\boldsymbol{B}_t$ 是基本回路与树支的关联、阶数为$(b-n+1)\times(n-1)$的子阵。由于 $\boldsymbol{1}_l$ 阵是 $b-n+1$ 阶,因此 $\boldsymbol{B}_f$ 是一个秩为 $r(\boldsymbol{B}_f)=b-n+1$ 的满秩矩阵,这也表明以 $\boldsymbol{B}_f$ 阵为系数矩阵的方程组是独立方程组。

由 $\boldsymbol{B}_f$ 不能唯一地确定有向图 G,反之,对于同一有向图 G,由于所选树的不同而有不同的 $\boldsymbol{B}_f$ 矩阵,但对选定的某一种树,则其对应的 $\boldsymbol{B}_f$ 矩阵却是唯一的。

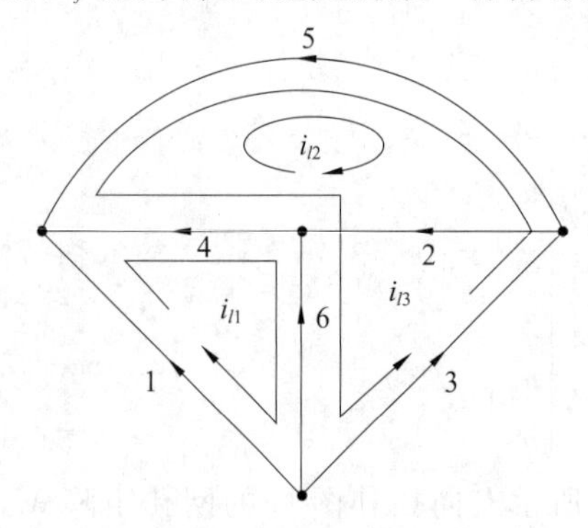

图 14-13　基本回路与支路的关联性示例

图 14-13 为某电路的有向拓扑图,若选取支路 4、5、6 构为一个树 T,由连支 1、2、3 确定的基本回路 1、2、3 及参考方向如图所示,则与 T 对应的基本回路矩阵为

$$\boldsymbol{B}_f=\left[\begin{array}{ccc:ccc}1 & 0 & 0 & -1 & 0 & -1 \\ 0 & 1 & 0 & 1 & -1 & 0 \\ 0 & 0 & 1 & -1 & 1 & -1\end{array}\right]$$

$\boldsymbol{B}_f$ 中,连支编号顺序为 1,2,3,树支编号顺序为 4,5,6。

2. 用基本回路矩阵 $\boldsymbol{B}_f$ 表示的 KCL

在图 14-13 中,应用 KCL 可得各支路电流和回路电流间的关系式为

$$i_1=i_{l1},\quad i_2=i_{l2},\quad i_3=i_{l3}$$

$$i_4=-i_{l1}+i_{l2}-i_{l3},\quad i_5=-i_{l2}+i_{l3},\quad i_6=-i_{l1}-i_{l3}$$

将此方程组写成矩阵形式,有

$$\begin{bmatrix}i_1 \\ i_2 \\ i_3 \\ i_4 \\ i_5 \\ i_6\end{bmatrix}=\begin{bmatrix}1 & 0 & 0 \\ 0 & 1 & 0 \\ 0 & 0 & 1 \\ -1 & 1 & -1 \\ 0 & -1 & 1 \\ -1 & 0 & -1\end{bmatrix}\begin{bmatrix}i_{l1} \\ i_{l2} \\ i_{l3}\end{bmatrix} \tag{14-9}$$

注意到式(14-9)中的系数矩阵为基本回路矩阵 $\boldsymbol{B}_f$ 转置矩阵 $\boldsymbol{B}_f^{\mathrm{T}}$,再令支路电流列向量 $\boldsymbol{i}=[i_1\quad i_2\quad i_3\quad i_4\quad i_5\quad i_6]^{\mathrm{T}}$,基本回路电流列向量 $\boldsymbol{i}_l=[i_{l1}\quad i_{l2}\quad i_{l3}]^{\mathrm{T}}$,则式(14-9)可表示为矩阵形式:

$$\boldsymbol{i} = \boldsymbol{B}_f^{\mathrm{T}} \boldsymbol{i}_l \tag{14-10}$$

将式(14-10)推广到具有 n 个节点、b 条支路的电路，即为用基本回路矩阵 $\boldsymbol{B}_f$ 表示的 KCL 的一般形式。当以单连支回路作为独立回路时，可以设想每一连支电流在相应的基本回路中流通，称之为回路电流。每一树支电流可根据该树支与各基本回路的关联情况由回路电流(连支电流)求出。这表明，各连支电流是独立(线性无关)变量，可将它们作为电路方程的变量。式(14-10)对应的相量形式为 $\dot{\boldsymbol{I}} = \boldsymbol{B}_f^{\mathrm{T}} \dot{\boldsymbol{I}}_l$。

3. 用基本回路矩阵 $\boldsymbol{B}_f$ 表示的 KVL

对图 14-13 中的 3 个基本回路分别列写 KVL 方程可得

$$l_1: u_1 - u_4 - u_6 = 0, \quad l_2: u_2 + u_4 - u_5 = 0, \quad l_3: u_3 - u_4 + u_5 - u_6 = 0$$

将此方程组写成矩阵形式，有

$$\begin{bmatrix} 1 & 0 & 0 & -1 & 0 & -1 \\ 0 & 1 & 0 & 1 & -1 & 0 \\ 0 & 0 & 1 & -1 & 1 & -1 \end{bmatrix} \begin{bmatrix} u_1 \\ u_2 \\ u_3 \\ u_4 \\ u_5 \\ u_6 \end{bmatrix} = 0 \tag{14-11}$$

注意到式(14-11)左端的 3×6 阶矩阵正是图 14-13 所示有向图 G 的基本回路矩阵 $\boldsymbol{B}_f$，再令支路电压列向量 $\boldsymbol{u} = [u_1 \quad u_2 \quad u_3 \quad u_4 \quad u_5 \quad u_6]^{\mathrm{T}}$，则式(14-11)可表示为矩阵形式：

$$\boldsymbol{B}_f \boldsymbol{u} = 0 \tag{14-12}$$

将式(14-12)推广到具有 n 个节点、b 条支路的电路，便是用 $\boldsymbol{B}_f$ 表示的 KVL 的一般形式，其对应的相量形式为 $\boldsymbol{B}_f \dot{\boldsymbol{U}} = 0$。

14.3.4 基本割集矩阵 $\boldsymbol{Q}_f$ 及其表示的克希霍夫定律的矩阵形式

1. 基本割集矩阵 $\boldsymbol{Q}_f$

割集矩阵包括表示图中全部割集与支路相互关联情况的增广割集矩阵 $\boldsymbol{Q}_a$ 和表示图中基本割集与支路相互关联情况的基本割集矩阵 $\boldsymbol{Q}_f$。由于在电路分析中，只对独立割集感兴趣，而通常以基本割集作为独立割集。有向图中基本割集与支路的关联性可以用基本割集矩阵 $\boldsymbol{Q}_f$ 加以描述，其每一行表示所对应的基本割集包含哪些支路，每一列则表示其对应的支路属于哪一或哪些基本割集。对于一个具有 n 个节点、b 条支路的连通有向图中的任一树 T，可选出与树支数相等即 $n-1$ 个基本割集，它们构成彼此独立的基本割集组。若将基本割集与支路分别编号，则两者之间的关联关系可以用一个 $(n-1)\times b$ 阶的基本割集矩阵表示，其行对应于基本割集，列对应于支路，记为 $\boldsymbol{Q}_f = (q_{ij})$，在为每一基本割集任选一个参考方向(内法线或外法线方向或者说穿进或穿出闭合面)后，$\boldsymbol{Q}_f$ 的任一元素 q_{ij} $(i=1,2,\cdots,n-1; j=1,2,\cdots,b)$ 为

$$q_{ij}=\begin{cases}0, & 支路 j 与基本割集 i 不关联\\ +1, & 支路 j 与基本割集 i 关联,且它们的参考方向相同\\ -1, & 支路 j 与基本割集 i 关联,且它们的参考方向相反\end{cases}$$

为使基本割集矩阵更有规律,常将 $\boldsymbol{Q}_f$ 中各支路按先连支后树支(也可以先树支后连支)的次序排列,基本割集按树支次序依次排列,并且各基本割集的参考方向与它所包含的树支参考方向一致(穿进或穿出闭合面),则 $\boldsymbol{Q}_f$ 的一般形式为

$$\boldsymbol{Q}_{\mathrm{f}}=[\boldsymbol{Q}_l \mid \boldsymbol{1}_t]$$

式中,下标 l 与 t 分别表示连支和树枝,$\boldsymbol{1}_t$ 是基本割集与树支关联、阶数为 $n-1$ 的单位子矩阵,$\boldsymbol{Q}_l$ 是基本割集与连支关联、阶数为$(n-1)\times(b-n+1)$的子阵。由于 $\boldsymbol{1}_t$阵为 $n-1$ 阶的,所以 $\boldsymbol{Q}_f$是一个秩 $r(\boldsymbol{Q}_f)=n-1$ 的满秩矩阵,这也表明以 $\boldsymbol{Q}_f$ 为系数矩阵的方程组是独立方程组。

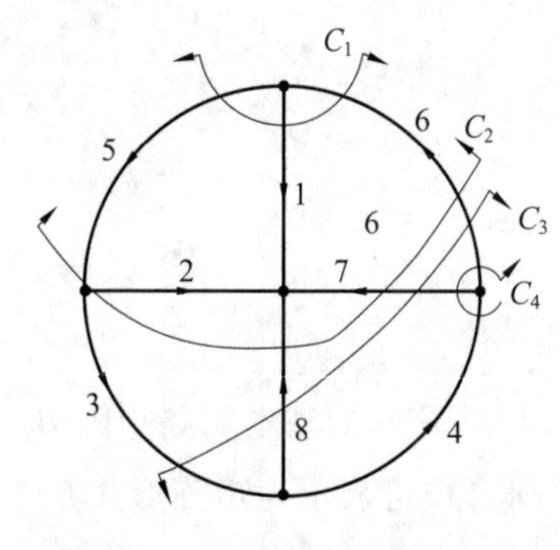

图 14-14　基本割集与支路的关联性示例

根据 $\boldsymbol{Q}_f$ 不能唯一地确定有向图 G,反之,对于同一有向图 G,由于所选的树不同,就有不同的 $\boldsymbol{Q}_f$ 矩阵,但对选定的某种树,其对应的 $\boldsymbol{Q}_f$ 矩阵却是唯一的。

图 14-14 为某电路的有向拓扑图,若选支路 1、2、3、4 为树支,则对应于各树支的基本割集 C_1、C_2、C_3、C_4 及其参考方向如图所示。对应于该树 T 的基本割集矩阵为

$$\boldsymbol{Q}_f=\left[\begin{array}{cccc:cccc}1 & -1 & 0 & 0 & 1 & 0 & 0 & 0\\ -1 & 1 & 1 & 1 & 0 & 1 & 0 & 0\\ 0 & -1 & -1 & -1 & 0 & 0 & 1 & 0\\ 0 & -1 & -1 & 0 & 0 & 0 & 0 & 1\end{array}\right]$$

$\boldsymbol{Q}_f$中,连支编号顺序为 5,6,7,8,树支编号顺序为 1,2,3,4。

2. 用基本割集矩阵 $\boldsymbol{Q}_f$ 表示的 KCL

对图 14-14 中的四个基本割集分别写出 KCL 方程可得

$$C_1: i_5-i_6+i_1=0,\qquad C_2: -i_5+i_6+i_7+i_8+i_2=0,$$

$$C_3: -i_6-i_7-i_8+i_3=0,\quad C_4: -i_6-i_7+i_4=0$$

将此方程组写成矩阵形式,有

$$\begin{bmatrix}1 & -1 & 0 & 0 & 1 & 0 & 0 & 0\\ -1 & 1 & 1 & 1 & 0 & 1 & 0 & 0\\ 0 & -1 & -1 & -1 & 0 & 0 & 1 & 0\\ 0 & -1 & -1 & 0 & 0 & 0 & 0 & 1\end{bmatrix}\begin{bmatrix}i_5\\ i_6\\ i_7\\ i_8\\ i_1\\ i_2\\ i_3\\ i_4\end{bmatrix}=0 \tag{14-13}$$

注意到式(14-13)中的系数矩阵为基本割集矩阵 $\boldsymbol{Q}_f$，再令支路电流列向量 $\boldsymbol{i}=[i_5 \quad i_6 \quad i_7 \quad i_8 \quad i_1 \quad i_2 \quad i_3 \quad i_4]^{\mathrm{T}}$，则式(14-13)可表示为矩阵形式：

$$\boldsymbol{Q}_f\boldsymbol{i}=0 \tag{14-14}$$

将式(14-14)推广到具有 n 个节点、b 条支路的电路，便为用 $\boldsymbol{Q}_f$ 表示的 KCL 的一般形式，其相量形式为 $\boldsymbol{Q}_f\dot{\boldsymbol{I}}=0$。

3. 用基本割集矩阵 $\boldsymbol{Q}_f$ 表示的 KVL

在图 14-14 中，利用 KVL 可以得出各支路电压与树支电压间的关系为

$$u_1=u_{t1},\quad u_2=u_{t2},\quad u_3=u_{t3},\quad u_4=u_{t4},\quad u_5=u_{t1}-u_{t2}$$

$$u_6=-u_{t1}+u_{t2}-u_{t3}-u_{t4},\quad u_7=u_{t2}-u_{t3}-u_{t4},\quad u_8=u_{t2}-u_{t3}$$

将此方程组写成矩阵形式，有

$$\begin{bmatrix}u_5\\u_6\\u_7\\u_8\\u_1\\u_2\\u_3\\u_4\end{bmatrix}=\begin{bmatrix}1&-1&0&0\\-1&1&-1&-1\\0&1&-1&-1\\0&1&-1&0\\1&0&0&0\\0&1&0&0\\0&0&1&0\\0&0&0&1\end{bmatrix}\begin{bmatrix}u_{t1}\\u_{t2}\\u_{t3}\\u_{t4}\end{bmatrix} \tag{14-15}$$

注意到式(14-15)右端的 8×4 阶矩阵正是图 14-14 所示有向图 G 的基本割集矩阵 $\boldsymbol{Q}_f$ 的转置矩阵 $\boldsymbol{Q}_f^{\mathrm{T}}$，再若令支路电压列向量 $\boldsymbol{u}=[u_5 \quad u_6 \quad u_7 \quad u_8 \quad u_1 \quad u_2 \quad u_3 \quad u_4]^{\mathrm{T}}$，若令树支电压列向量 $\boldsymbol{u}_t=[u_{t1} \quad u_{t2} \quad u_{t3} \quad u_{t4}]^{\mathrm{T}}$，则式(14-15)可表示为

$$\boldsymbol{u}=\boldsymbol{Q}_f^{\mathrm{T}}\boldsymbol{u}_t \tag{14-16}$$

将式(14-16)推广到具有 n 个节点、b 条支路的电路，便是用 $\boldsymbol{Q}_f$ 表示的 KVL 的一般形式。当以单树支割集作为独立割集是且树支电压为已知时，各连支电压可按式(14-16)求出。这表明，各个树支电压是独立(线性无关)变量，可将它作为电路方程的变量。式(14-16)所对应的相量形式为 $\dot{\boldsymbol{U}}=\boldsymbol{Q}_f^{\mathrm{T}}\dot{\boldsymbol{U}}_t$。

14.4 矩阵 $\boldsymbol{A}$、$\boldsymbol{B}_f$ 和 $\boldsymbol{Q}_f$ 之间的关系

矩阵 $\boldsymbol{A}$、$\boldsymbol{B}_f$ 和 $\boldsymbol{Q}_f$ 从数学上以不同的角度反映了同一有向图的连接性质，因此，它们之间必然存在内在的数学联系，利用它们之间的关系，可以从其中一个矩阵求出另一个矩阵。

(1) 在支路排列顺序相同时，同一有向连通图的矩阵 $\boldsymbol{A}$ 与矩阵 $\boldsymbol{B}_f^{\mathrm{T}}$ 间的关系：

$$\boldsymbol{A}\boldsymbol{B}_f^{\mathrm{T}}=\boldsymbol{0} \quad 或 \quad \boldsymbol{B}_f\boldsymbol{A}^{\mathrm{T}}=\boldsymbol{0}$$

证明：当支路排列顺序相同时，式 $\boldsymbol{u}=\boldsymbol{A}^{\mathrm{T}}\boldsymbol{u}_n$ 和 $\boldsymbol{B}_f\boldsymbol{u}=\boldsymbol{0}$ 中的 $\boldsymbol{u}$ 完全相同，因此可得

$$\boldsymbol{B}_f\boldsymbol{u}=\boldsymbol{B}_f\boldsymbol{A}^{\mathrm{T}}\boldsymbol{u}_n=\boldsymbol{0}$$

而 $\boldsymbol{u}_n$ 是任意的，故有 $\boldsymbol{B}_f\boldsymbol{A}^{\mathrm{T}}=\boldsymbol{0}$ 或 $\boldsymbol{A}\boldsymbol{B}_f^{\mathrm{T}}=\boldsymbol{0}$。用类似的方法可以证明 $\boldsymbol{Q}_f\boldsymbol{B}_f^{\mathrm{T}}=\boldsymbol{0}$ 或 $\boldsymbol{B}_f\boldsymbol{Q}_f^{\mathrm{T}}=\boldsymbol{0}$。

(2) 对于同一有向连通图选定的同一树，按先连支后树支的相同支路顺序(也可以先树支后连支)对支路编号，则有

$$\boldsymbol{A}=[\boldsymbol{A}_l \mid \boldsymbol{A}_t],\quad \boldsymbol{B}_f=[\boldsymbol{1}_l \mid \boldsymbol{B}_t],\quad \boldsymbol{Q}_f=[\boldsymbol{Q}_l \mid \boldsymbol{1}_t]$$

利用 $\boldsymbol{A}\boldsymbol{B}_f^{\mathrm{T}}=\boldsymbol{0}$ 可得

$$\boldsymbol{A}\boldsymbol{B}_f^{\mathrm{T}}=[\boldsymbol{A}_l \mid \boldsymbol{A}_t]\begin{bmatrix}\boldsymbol{1}_l\\ \text{---}\\ \boldsymbol{B}_t^{\mathrm{T}}\end{bmatrix}=\boldsymbol{A}_l+\boldsymbol{A}_t\boldsymbol{B}_t^{\mathrm{T}}=\boldsymbol{0}$$

即 $\boldsymbol{B}_t^{\mathrm{T}}=-\boldsymbol{A}_t^{-1}\boldsymbol{A}_l$，同理由于 $\boldsymbol{Q}_f\boldsymbol{B}_f^{\mathrm{T}}=[\boldsymbol{Q}_l \mid \boldsymbol{1}_t]\begin{bmatrix}\boldsymbol{1}_l\\ \text{---}\\ \boldsymbol{B}_t^{\mathrm{T}}\end{bmatrix}=\boldsymbol{0}$，所以 $\boldsymbol{Q}_l+\boldsymbol{B}_t^{\mathrm{T}}=\boldsymbol{0}$ 或 $\boldsymbol{Q}_l=-\boldsymbol{B}_t^{\mathrm{T}}$ $=\boldsymbol{A}_t^{-1}\boldsymbol{A}_l$。

14.5　标准支路特性方程的矩阵形式

为了列写矩阵形式的电路方程，除了需要矩阵形式的 KCL 和 KVL 方程，还需要矩阵形式的 VCR。

为适应电路的计算机辅助分析，必须使电路标准化，为此先引入标准支路(亦称一般支路、典型支路或复合支路)的概念，所谓“标准”是该支路包含了电路中一条支路构成所尽可能有的情形。对标准支路的结构和组成并没有统一的规定，图 14-15 给出了一种常用的相量模型的标准支路形式，该图中下标 $k(k=1,2,\cdots,b)$ 表示第 k 条支路，$\dot{\boldsymbol{U}}_{sk}$ 和 $\dot{\boldsymbol{I}}_{sk}$ 分别表示此支路上的独立电压源和独立电流源；Z_k(或 Y_k)表示支路阻抗(或导纳)，为了列写方程与编制程序方便，规定它只能是单一的电阻、电感或电容，而不能为它们的组合，即

$$Z_k=\begin{cases}R_k\\ \mathrm{j}\omega L_k\\ \dfrac{1}{\mathrm{j}\omega C_k}\end{cases}\quad \text{或}\quad Y_k=\begin{cases}G_k\\ \dfrac{1}{\mathrm{j}\omega L_k}\\ \mathrm{j}\omega C_k\end{cases}$$

此外，$\dot{\boldsymbol{I}}_{dk}$ 和 $\dot{\boldsymbol{U}}_{dk}$ 分别表示受控电流源和受控电压源。由于该支路是“标准”的，所以一个具体电路的某条支路可能会缺少标准支路中的某个或某些元件，这时，只需将二者作对比，在标准支路方程中将缺少项置零，便可得到该具体支路的支路方程。

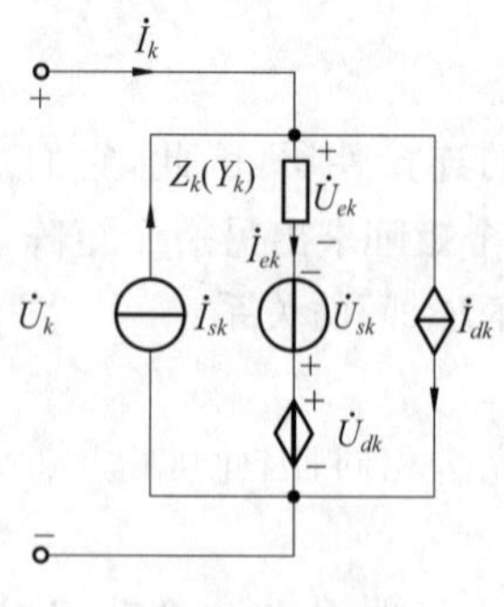

图 14-15　标准支路

图 14-15 所示的标准支路也可以采用对应的运算电路模型。

对于图 14-15 所示的标准支路利用 KCL 可得其支路的特性方程，即

$$\dot{I}_k=Y_k\dot{U}_{\mathrm{e}k}-\dot{I}_{\mathrm{S}k}+\dot{I}_{\mathrm{d}k}=Y_k(\dot{U}_k+\dot{U}_{\mathrm{s}k}-\dot{U}_{\mathrm{d}k})-\dot{I}_{\mathrm{s}k}+\dot{I}_{\mathrm{d}k} \tag{14-17}$$

为了讨论简便，假定电路中的支路 k 只含有受控电压源，这

时，$\dot{I}_{dk}=0$，或只含有受控电流源，这时 $\dot{U}_{dk}=0$。

14.5.1 电感之间无耦合且电路含有受控源时的支路特性方程

这里分别讨论用支路导纳矩阵 Y 和支路阻抗矩阵 Z 表示的标准支路特性方程，首先按两种受控源情况讨论前者。

1. 支路中只含有受控电压源的情况

若第 k 条支路中含有受控电压源，它受第 j 条支路中无源元件的电压 $\dot{U}_{ej}$ 或电流 $\dot{I}_{ej}$ 控制，且有 $\dot{U}_{dk}=\mu_{kj}\dot{U}_{ej}$ 或 $\dot{U}_{dk}=r_{kj}\dot{I}_{ej}$。

假设控制支路上无受控电压源即有 $\dot{U}_{dj}=0$，在 VCVS 情况下，式(14-17)变为

$$\begin{aligned}\dot{I}_k &= Y_k(\dot{U}_k+\dot{U}_{sk}-\dot{U}_{dk})-\dot{I}_{sk}=Y_k(\dot{U}_k+\dot{U}_{sk}-\mu_{kj}\dot{U}_{ej})-\dot{I}_{sk} \\ &= Y_k(\dot{U}_k+\dot{U}_{sk})-\mu_{kj}Y_k(\dot{U}_j+\dot{U}_{sj})-\dot{I}_{sk}\end{aligned} \tag{14-18}$$

在 CCVS 情况下，式(14-17)变为

$$\begin{aligned}\dot{I}_k &= Y_k(\dot{U}_k+\dot{U}_{sk}-\dot{U}_{dk})-\dot{I}_{sk}=Y_k(\dot{U}_k+\dot{U}_{sk}-r_{kj}\dot{I}_{ej})-\dot{I}_{sk} \\ &= Y_k(\dot{U}_k+\dot{U}_{sk})-r_{kj}Y_k\dot{I}_{ej}-\dot{I}_{sk}=Y_k(\dot{U}_k+\dot{U}_{sk})-r_{kj}Y_jY_k(\dot{U}_j+\dot{U}_{sj})-\dot{I}_{sk}\end{aligned} \tag{14-19}$$

设其他支路特性方程为 $\dot{I}_j=Y_j\dot{U}_{ej}-\dot{I}_{sj}=Y_j(\dot{U}_j+\dot{U}_{sj})-\dot{I}_{sj}(j=1,2,\cdots,b;j\neq k)$，于是由式(14-18)和式(14-19)可得整个电路以支路电压作为自变量的标准支路特性方程的矩阵形式，即

$$\begin{bmatrix}\dot{I}_1\\ \dot{I}_2\\ \vdots\\ \dot{I}_j\\ \vdots\\ \dot{I}_k\\ \vdots\\ \dot{I}_b\end{bmatrix}=\begin{bmatrix}Y_1 & 0 & \cdots & 0 & \cdots & 0 & \cdots & 0\\ 0 & Y_2 & \cdots & 0 & \cdots & 0 & \cdots & 0\\ \vdots & \vdots & & \vdots & & \vdots & & \vdots\\ 0 & 0 & \cdots & Y_j & \cdots & 0 & \cdots & 0\\ \vdots & \vdots & & \vdots & & \vdots & & \vdots\\ 0 & 0 & \cdots & Y_{kj} & \cdots & Y_k & \cdots & 0\\ \vdots & \vdots & & \vdots & & \vdots & & \vdots\\ 0 & 0 & \cdots & 0 & \cdots & 0 & \cdots & Y_b\end{bmatrix}\begin{bmatrix}\dot{U}_1+\dot{U}_{s1}\\ \dot{U}_2+\dot{U}_{s2}\\ \vdots\\ \dot{U}_j+\dot{U}_{sj}\\ \vdots\\ \dot{U}_k+\dot{U}_{sk}\\ \vdots\\ \dot{U}_b+\dot{U}_{sb}\end{bmatrix}-\begin{bmatrix}\dot{I}_{s1}\\ \dot{I}_{s2}\\ \vdots\\ \dot{I}_{sj}\\ \vdots\\ \dot{I}_{sk}\\ \vdots\\ \dot{I}_{sb}\end{bmatrix} \tag{14-20}$$

式中，
$$Y_{kj}=\begin{cases}-\mu_{kj}Y_k, & U_{dk} \text{ 为 VCVS 的电压}\\ -r_{kj}Y_jY_k, & U_{dk} \text{ 为 CCVS 的电压}\end{cases}$$

2. 支路中只含有受控电流源的情况

若第 k 条支路中含有受控电流源，它受第 j 条支路中无源元件的电压 $\dot{U}_{ej}$ 或电流 $\dot{I}_{ej}$ 控制，且有 $\dot{I}_{dk}=g_{kj}\dot{U}_{ej}$ 或 $\dot{I}_{dk}=\beta_{kj}\dot{I}_{ej}$。

在 VCCS 情况下，式(14-17)变为

$$\begin{aligned}\dot{I}_k &= Y_k(\dot{U}_k+\dot{U}_{sk})-\dot{I}_{sk}+\dot{I}_{dk} = Y_k(\dot{U}_k+\dot{U}_{sk})-\dot{I}_{sk}+g_{kj}\dot{U}_{ej} \\ &= Y_k(\dot{U}_k+\dot{U}_{sk})+g_{kj}(\dot{U}_j+\dot{U}_{sj})-I_{sk}\end{aligned} \tag{14-21}$$

假设控制支路上无受控电流源即$\dot{I}_{dj}=0$，在 CCCS 情况下，式(14-17)变为

$$\begin{aligned}\dot{I}_k &= Y_k(\dot{U}_k+\dot{U}_{sk})-I_{sk}+I_{dk} = Y_k(\dot{U}_k+\dot{U}_{sk})-\dot{I}_{sk}+\beta_{kj}\dot{I}_{ej} \\ &= Y_k(\dot{U}_k+\dot{U}_{sk})-\dot{I}_{sk}+\beta_{kj}Y_j\dot{U}_{ej} = Y_k(\dot{U}_k+\dot{U}_{sk})+\beta_{kj}Y_j(\dot{U}_j+\dot{U}_{sj})-\dot{I}_{sk}\end{aligned} \tag{14-22}$$

设其他支路特性方程为$\dot{I}_j=Y_j\dot{U}_{ej}-\dot{I}_{sj}=Y_j(\dot{U}_j+\dot{U}_{sj})-\dot{I}_{sj}(j=1,2,\cdots,b;j\neq k)$，于是由式(14-21)、式(14-22)可得整个电路以支路电压为自变量的标准支路特性方程的矩阵形式，即

$$\begin{bmatrix}\dot{I}_1\\ \dot{I}_2\\ \vdots\\ \dot{I}_j\\ \vdots\\ \dot{I}_k\\ \vdots\\ \dot{I}_b\end{bmatrix}=\begin{bmatrix}Y_1 & 0 & \cdots & 0 & \cdots & 0 & \cdots & 0\\ 0 & Y_2 & \cdots & 0 & \cdots & 0 & \cdots & 0\\ \vdots & \vdots & & \vdots & & \vdots & & \vdots\\ 0 & 0 & \cdots & Y_j & \cdots & 0 & \cdots & 0\\ \vdots & \vdots & & \vdots & & \vdots & & \vdots\\ 0 & 0 & \cdots & Y_{kj} & \cdots & Y_k & \cdots & 0\\ \vdots & \vdots & & \vdots & & \vdots & & \vdots\\ 0 & 0 & \cdots & 0 & \cdots & 0 & \cdots & Y_b\end{bmatrix}\begin{bmatrix}\dot{U}_1+\dot{U}_{s1}\\ \dot{U}_2+\dot{U}_{s2}\\ \vdots\\ \dot{U}_j+\dot{U}_{sj}\\ \vdots\\ \dot{U}_k+\dot{U}_{sk}\\ \vdots\\ \dot{U}_b+\dot{U}_{sb}\end{bmatrix}-\begin{bmatrix}\dot{I}_{s1}\\ \dot{I}_{s2}\\ \vdots\\ \dot{I}_{sj}\\ \vdots\\ \dot{I}_{sk}\\ \vdots\\ \dot{I}_{sb}\end{bmatrix} \tag{14-23}$$

式中，

$$Y_{kj}=\begin{cases}g_{kj}, & \dot{I}_{dk}\text{ 为 VCCS 的电流}\\ \beta_{kj}Y_j, & \dot{I}_{dk}\text{ 为 CCCS 的电流}\end{cases}$$

若令$\dot{\boldsymbol{I}}=[\dot{I}_1\quad \dot{I}_2\quad \cdots\quad \dot{I}_j\quad \cdots\quad \dot{I}_k\quad \cdots\quad \dot{I}_b]^{\mathrm{T}}$为支路电流列向量；

$\dot{\boldsymbol{U}}=[\dot{U}_1\quad \dot{U}_2\quad \cdots\quad \dot{U}_j\quad \cdots\quad \dot{U}_k\quad \cdots\quad \dot{U}_b]^{\mathrm{T}}$为支路电压列向量；

$\dot{\boldsymbol{U}}_s=[\dot{U}_{s1}\quad \dot{U}_{s2}\quad \cdots\quad \dot{U}_{sj}\quad \cdots\quad \dot{U}_{sk}\quad \cdots\quad \dot{U}_{sb}]^{\mathrm{T}}$为支路电压源的电压列向量；

$\dot{\boldsymbol{I}}_s=[\dot{I}_{s1}\quad \dot{I}_{s2}\quad \cdots\quad \dot{I}_{sj}\quad \cdots\quad \dot{I}_{sk}\quad \cdots\quad \dot{I}_{sb}]^{\mathrm{T}}$为支路电流源的电流列向量；

$$\boldsymbol{Y}=\begin{bmatrix}Y_1 & 0 & \cdots & 0 & \cdots & 0 & \cdots & 0\\ 0 & Y_2 & \cdots & 0 & \cdots & 0 & \cdots & 0\\ \vdots & \vdots & & \vdots & & \vdots & & \vdots\\ 0 & 0 & \cdots & Y_j & \cdots & 0 & \cdots & 0\\ \vdots & \vdots & & \vdots & & \vdots & & \vdots\\ 0 & 0 & \cdots & Y_{kj} & \cdots & Y_k & \cdots & 0\\ \vdots & \vdots & & \vdots & & \vdots & & \vdots\\ 0 & 0 & \cdots & 0 & \cdots & 0 & \cdots & Y_b\end{bmatrix}$$ 为支路导纳矩阵；

则支路特性方程矩阵式(14-20)和(14-23)均可简写为

$$\dot{\boldsymbol{I}}=\boldsymbol{Y}(\dot{\boldsymbol{U}}+\dot{\boldsymbol{U}}_{\mathrm{s}})-\dot{\boldsymbol{I}}_{\mathrm{s}} \tag{14-24}$$

显然，当电路中第 k 条支路中既含有受控电压源又含有受控电流源，即如图 14-15 所示时，其支路导纳矩阵 $\boldsymbol{Y}$ 中的元素 Y_{kj} 为对应两种受控源情况下的元素值的代数和。对于电路中电感之间无耦合且支路 k 不含受控源时，由于控制系数 $\mu_{kj}=r_{kj}=g_{kj}=\beta_{kj}=0$，故有 $Y_{kj}=0$，这时，$\boldsymbol{Y}$ 为对角方阵，其对角线上的各元素为对应编号支路上的导纳值，即不含受控源电路的支路特性方程式仍为式(14-24)，仅其中 $\boldsymbol{Y}$ 有所变化。

对于如图 14-15 所示的标准支路利用 KVL 可以得到用支路阻抗矩阵 $\boldsymbol{Z}$ 表示的标准支路特性方程。

假设第 k 条支路中所含的受控源只有受控电压源，则在 VCVS 的情况下，有

$$\begin{aligned}\dot{U}_k&=Z_k\dot{I}_{ek}+\dot{U}_{dk}-\dot{U}_{sk}=Z_k(\dot{I}_k+\dot{I}_{sk})+\mu_{kj}\dot{U}_{ej}-\dot{U}_{sk}\\&=Z_k(\dot{I}_k+\dot{I}_{sk})+\mu_{kj}Z_j\dot{I}_{ej}-\dot{U}_{sk}\\&=Z_k(\dot{I}_k+\dot{I}_{sk})+u_{kj}Z_j(\dot{I}_j+\dot{I}_{sj})-\dot{U}_{sk}\end{aligned}$$

在 CCVS 的情况下，有

$$\begin{aligned}\dot{U}_k&=Z_k\dot{I}_{ek}+\dot{U}_{dk}-\dot{U}_{sk}=Z_k(\dot{I}_k+\dot{I}_{sk})+r_{kj}\dot{I}_{ej}-\dot{U}_{sk}\\&=Z_k(\dot{I}_k+\dot{I}_{sk})+r_{kj}(\dot{I}_j+\dot{I}_{sj})-\dot{U}_{sk}\end{aligned}$$

类似地，设其他支路特性方程为

$$\dot{U}_j=Z_j(\dot{I}_j+\dot{I}_{sj})-\dot{U}_{sj}(j=1,2,\cdots,b,j\neq k)$$

于是，利用上述各式可将这两种情况下整个电路以支路电流为自变量的标准支路特性方程合写为矩阵形式，即

$$\begin{bmatrix}\dot{U}_1\\\dot{U}_2\\\vdots\\\dot{U}_j\\\vdots\\\dot{U}_k\\\vdots\\\dot{U}_b\end{bmatrix}=\begin{bmatrix}Z_1&0&\cdots&0&\cdots&0&\cdots&0\\0&Z_2&\cdots&0&\cdots&0&\cdots&0\\\vdots&\vdots&&\vdots&&\vdots&\cdots&\vdots\\0&0&\cdots&Z_j&\cdots&0&\cdots&0\\\vdots&\vdots&&\vdots&&\vdots&\cdots&\vdots\\0&0&\cdots&Z_{kj}&\cdots&Z_k&\cdots&0\\\vdots&\vdots&&\vdots&&\vdots&&\vdots\\0&0&\cdots&0&\cdots&0&\cdots&Z_b\end{bmatrix}\begin{bmatrix}\dot{I}_1+\dot{I}_{s1}\\\dot{I}_2+\dot{I}_{s2}\\\vdots\\\dot{I}_j+\dot{I}_{sj}\\\vdots\\\dot{I}_k+\dot{I}_{sk}\\\vdots\\\dot{I}_b+\dot{I}_{sb}\end{bmatrix}-\begin{bmatrix}\dot{U}_{s1}\\\dot{U}_{s2}\\\vdots\\\dot{U}_{sj}\\\vdots\\\dot{U}_{sk}\\\vdots\\\dot{U}_{sb}\end{bmatrix}$$

式中，

$$Z_{kj}=\begin{cases}u_{kj}Z_j,\dot{U}_{dk}\text{ 为 VCVS 的电压}\\r_{kj},\dot{U}_{dk}\text{ 为 CCVS 的电压}\end{cases}$$

类同前述，令出支路电流等列向量，便可以将上面标准支路特性矩阵方程简写为

$$\dot{\boldsymbol{U}}=\boldsymbol{Z}(\dot{\boldsymbol{I}}+\dot{\boldsymbol{I}}_{\mathrm{s}})-\dot{\boldsymbol{U}}_{\mathrm{s}} \tag{14-25}$$

式中，$\boldsymbol{Z}$ 为支路阻抗矩阵，有

$$\boldsymbol{Z}=\begin{bmatrix} Z_1 & 0 & \cdots & 0 & \cdots & 0 & \cdots & 0 \\ 0 & Z_2 & \cdots & 0 & \cdots & 0 & \cdots & 0 \\ \vdots & \vdots & & \vdots & & \vdots & \cdots & \vdots \\ 0 & 0 & \cdots & Z_j & \cdots & 0 & \cdots & 0 \\ \vdots & \vdots & & \vdots & & \vdots & \cdots & \vdots \\ 0 & 0 & \cdots & Z_{kj} & \cdots & Z_k & \cdots & 0 \\ \vdots & \vdots & & \vdots & & \vdots & & \vdots \\ 0 & 0 & \cdots & 0 & \cdots & 0 & \cdots & Z_b \end{bmatrix}$$

显然，$\boldsymbol{Z}$ 是一个 b 阶非对角方阵，其中，主对角元素分别为各支路阻抗，非主对角元素 Z_{kj} 将仍然是与受控源的控制系数有关。

应该指出的是，在作电路计算时，有时会进行支路导纳矩阵的求逆运算，因此，支路导纳矩阵对角线上的元素不能为零或无穷大，即标准支路上不能仅含电压源而无阻抗（或电阻）与之相串联（无伴电压源情况），或仅含电流源而无导纳（或电导）与之相并联（无伴电流源情况），若遇到这种情况，可以将这类电源进行适当转移，或者用10^{-7}S 代替零，用 $10^{7}S$ 代替无穷大。对于支路阻抗矩阵也可作类似的讨论。

对于同一电路，式(14-24)和式(14-25)可以相互推出，其中 $\boldsymbol{Z}=\boldsymbol{Y}^{-1}$，因此，这时，支路导纳矩阵对角线上的元素不能为零或无穷大，即标准支路上不能仅含电压源而无阻抗与之串联，或仅含电流源而无导纳与之并联。遇到这种情况时，可用前述方法处理。

14.5.2　电感之间存在耦合且支路中不含有受控源时的支路特性方程

当如图 14-15 所示的标准支路中的阻抗为耦合电感元件而不含受控源，即 $\dot{I}_{dk}=0,\dot{U}_{dk}=0$ 时，由于互感元件之间会产生互感电压，即它们之间存在互感阻抗（或互感导纳），使支路阻抗矩阵 $\boldsymbol{Z}$（或支路导纳矩阵 $\boldsymbol{Y}$）不再像电路中既不含受控源又无耦合电感元件情况下为一对角方阵，而是一对称方阵，即 $\boldsymbol{Z}=\boldsymbol{Z}^{\mathrm{T}}$（或 $\boldsymbol{Y}=\boldsymbol{Y}^{\mathrm{T}}$）。

假设电路中第 1 条到第 p 条标准支路的阻抗均为电感，且它们之间彼此均有磁耦合，则这 p 条支路的特性方程为

$$\begin{aligned} \dot{U}_1 &= Z_1\dot{I}_{e1} \pm \mathrm{j}\omega M_{12}\dot{I}_{e2} \pm \mathrm{j}\omega M_{13}\dot{I}_{e3} \pm \cdots \pm \mathrm{j}\omega M_{1p}\dot{I}_{ep} - \dot{U}_{s1} \\ \dot{U}_2 &= \pm \mathrm{j}\omega M_{21}\dot{I}_{e1} + Z_2\dot{I}_{e2} \pm \mathrm{j}\omega M_{23}\dot{I}_{e3} \pm \cdots \pm \mathrm{j}\omega M_{2p}\dot{I}_{ep} - \dot{U}_{s2} \\ &\cdots\cdots \\ \dot{U}_p &= \pm \mathrm{j}\omega M_{p1}\dot{I}_{e1} \pm \mathrm{j}\omega M_{p2}\dot{I}_{e2} \pm \mathrm{j}\omega M_{p3}\dot{I}_{e3} \pm \cdots + Z_p\dot{I}_{ep} - \dot{U}_{sp} \end{aligned}$$

式中，每一互感电压前取“＋”号或“－”号取决于各电感的同名端和电流、电压的参考方向且 $M_{rm}=M_{mr}(r\leqslant p,m\leqslant p)$；其次，由图 14-15 可知有

$$\dot{I}_{el} = \dot{I}_l + \dot{I}_{sl}(l = 1,2,\cdots,p)$$

由于第 $q(q=p+1)$ 到第 b 条标准支路之间无磁耦合，所以这些支路的特性方程为

$$\dot{U}_q = Z_q(\dot{I}_q + \dot{I}_{sq}) - \dot{U}_{sq}$$
$$\dot{U}_{q+1} = Z_{q+1}(\dot{I}_{q+1} + \dot{I}_{s(q+1)}) - \dot{U}_{s(q+1)}$$
$$\cdots\cdots$$
$$\dot{U}_b = Z_b(\dot{I}_b + \dot{I}_{sb}) - \dot{U}_{sb}$$

于是,利用上述各式可将 p 条支路电感间存在磁耦合情况下整个电路以支路电流为自变量的标准支路特性方程合写为矩阵形式,即

$$\begin{bmatrix} \dot{U}_1 \\ \dot{U}_2 \\ \vdots \\ \dot{U}_p \\ \dot{U}_q \\ \vdots \\ \dot{U}_b \end{bmatrix} = \begin{bmatrix} Z_1 & \pm j\omega M_{12} & \cdots & \pm j\omega M_{1p} & 0 & \cdots & 0 \\ \pm j\omega M_{12} & Z_2 & \cdots & \pm j\omega M_{2p} & 0 & \cdots & 0 \\ \vdots & \vdots & & \vdots & \vdots & & \vdots \\ \pm j\omega M_{p1} & \pm j\omega M_{p2} & \cdots & Z_p & 0 & \cdots & 0 \\ 0 & 0 & \cdots & 0 & Z_q & \cdots & 0 \\ \vdots & \vdots & & \vdots & \vdots & & \vdots \\ 0 & 0 & \cdots & 0 & 0 & \cdots & Z_b \end{bmatrix} \begin{bmatrix} \dot{I}_1 + \dot{I}_{s1} \\ \dot{I}_2 + \dot{I}_{s2} \\ \vdots \\ \dot{I}_p + \dot{I}_{sp} \\ \dot{I}_q + \dot{I}_{sq} \\ \vdots \\ \dot{I}_b + \dot{I}_{sb} \end{bmatrix} - \begin{bmatrix} \dot{U}_{s1} \\ \dot{U}_{s2} \\ \vdots \\ \dot{U}_{sp} \\ \dot{U}_{sq} \\ \vdots \\ \dot{U}_{sb} \end{bmatrix} \tag{14-26}$$

利用前述所设各列向量,式(14-26)可简记为

$$\dot{\boldsymbol{U}} = \boldsymbol{Z}(\dot{\boldsymbol{I}} + \dot{\boldsymbol{I}}_s) - \dot{\boldsymbol{U}}_s \tag{14-27}$$

式中,$\boldsymbol{Z}$ 为支路阻抗矩阵,其主对角线上的元素为各支路的阻抗,非主对角线上的元素为相应的支路之间的互感阻抗。显然,式(14-27)与式(14-25)的形式完全相同。如果令 $\boldsymbol{Y}=\boldsymbol{Z}^{-1}$,则式(14-27)可变为

$$\dot{\boldsymbol{I}} = \boldsymbol{Y}(\dot{\boldsymbol{U}} + \dot{\boldsymbol{U}}_s) - \dot{\boldsymbol{I}}_s \tag{14-28}$$

式中,$\boldsymbol{Y}$ 为支路导纳矩阵。为了利用 $\boldsymbol{Y}=\boldsymbol{Z}^{-1}$ 方便求出 $\boldsymbol{Y}$,应将各耦合电感支路连续编号,则在支路阻抗矩阵 $\boldsymbol{Z}$ 中与这些支路有关的元素将会集中在某一子矩阵中,这样就可以利用分块求逆矩阵的方法即对 $\boldsymbol{Z}$ 中由耦合电感构成的子矩阵作求逆运算并对其他对角线元素取倒数便可顺利求得支路导纳矩阵 $\boldsymbol{Y}$。对于同一电路,若其 $\boldsymbol{Z}$ 和 $\boldsymbol{Y}$ 同时存在,则由于 $\boldsymbol{Y}=\boldsymbol{Z}^{-1}$,所以 $\boldsymbol{Y}$ 亦不为对角阵,而也是一对称阵,即 $\boldsymbol{Y}=\boldsymbol{Y}^{\mathrm{T}}$。

显然,若一电路中既有受控源又有磁耦合,则可以将先令磁耦合不存在时所得电路的支路导纳矩阵和再令受控源不存在时所得电路的支路导纳矩阵相加即得原电路的支路导纳矩阵,对于支路阻抗矩阵也可作同样处理。

14.6 电路分析方程的矩阵形式

14.6.1 节点电压方程的矩阵形式

对于具有 n 个节点、b 条支路的电路,任选一个参考节点后,可以得出电路有向图所对

应的关联矩阵 $\boldsymbol{A}$ 和以之表示的 KCL：

$$\boldsymbol{A}\dot{\boldsymbol{I}} = 0 \tag{14-29}$$

KVL：

$$\dot{\boldsymbol{U}} = \boldsymbol{A}^{\mathrm{T}}\dot{\boldsymbol{U}}_n \tag{14-30}$$

以及标准支路特性方程：

$$\dot{\boldsymbol{I}} = \boldsymbol{Y}(\dot{\boldsymbol{U}} + \dot{\boldsymbol{U}}_{\mathrm{s}}) - \dot{\boldsymbol{I}}_{\mathrm{s}} \tag{14-31}$$

将式(14-30)代入式(14-31)便可消去支路电压列向量 $\dot{\boldsymbol{U}}$，得出以节点电压列向量 $\dot{\boldsymbol{U}}_n$ 表示支路电流列向量 $\dot{\boldsymbol{I}}$ 的电路方程，即

$$\dot{\boldsymbol{I}} = \boldsymbol{Y}\boldsymbol{A}^{\mathrm{T}}\dot{\boldsymbol{U}}_n - \dot{\boldsymbol{I}}_{\mathrm{s}} + \boldsymbol{Y}\dot{\boldsymbol{U}}_{\mathrm{s}} \tag{14-32}$$

将式(14-32)代入式(14-29)消去 $\dot{\boldsymbol{I}}$，可得到以 $\dot{\boldsymbol{U}}_n$ 为待求量的节点电压方程的矩阵形式：

$$\boldsymbol{A}\boldsymbol{Y}\boldsymbol{A}^{\mathrm{T}}\dot{\boldsymbol{U}}_n = \boldsymbol{A}\dot{\boldsymbol{I}}_{\mathrm{s}} - \boldsymbol{A}\boldsymbol{Y}\dot{\boldsymbol{U}}_{\mathrm{s}} \tag{14-33}$$

在式(14-33)中令

$$\boldsymbol{A}\boldsymbol{Y}\boldsymbol{A}^{\mathrm{T}} = \boldsymbol{Y}_n \tag{14-34}$$

$$\boldsymbol{A}\dot{\boldsymbol{I}}_{\mathrm{s}} - \boldsymbol{A}\boldsymbol{Y}\dot{\boldsymbol{U}}_{\mathrm{s}} = \dot{\boldsymbol{J}}_{\mathrm{n}} \tag{14-35}$$

式(14-34)中，$\boldsymbol{Y}_n$ 称为节点导纳矩阵，是一个 $n-1$ 阶方阵，当电路中不含受控源和耦合电感元件时，$\boldsymbol{Y}_n$ 为对称阵(当电路中含有耦合电感元件而不含受控源时，$\boldsymbol{Y}_n$ 仍为对称阵)，其主对角线上元素 $y_{njj}(j=1,2,\cdots,n-1)$ 为第 j 个节点所连接支路的支路导纳之和(自导纳)，和前冠以“+”号，非主对角线上元素 $y_{njk}(j,k=1,2,\cdots,n-1;j\neq k)$ 为第 j 个节点和第 k 个节点之间所连接支路的支路导纳之和(互导纳)，和前冠以“−”号；式(14-35)中，$\dot{\boldsymbol{J}}_n$ 称为节点等效电流源电流列向量，其维数亦为 $n-1$，$\dot{\boldsymbol{J}}_n$ 中的每一项等于流入对应节点的等效电流源电流的代数和。引入 $\boldsymbol{Y}_n$ 和 $\dot{\boldsymbol{J}}_n$ 后，式(14-33)可以写成

$$\boldsymbol{Y}_n\dot{\boldsymbol{U}}_n = \dot{\boldsymbol{J}}_n \tag{14-36a}$$

显然，对于一个给定的电路，一旦得出 $\boldsymbol{A}$、$\boldsymbol{Y}$、$\dot{\boldsymbol{U}}_{\mathrm{s}}$ 和 $\dot{\boldsymbol{I}}_{\mathrm{s}}$ 就可确定 $\boldsymbol{Y}_n$ 和 $\dot{\boldsymbol{J}}_n$，这时由式(14-36a)可以求出 $\dot{\boldsymbol{U}}_n$($n-1$ 维)，即

$$\dot{\boldsymbol{U}}_n = \boldsymbol{Y}_n^{-1}\dot{\boldsymbol{J}}_n \tag{14-36b}$$

利用完备的独立电路变量 $\dot{\boldsymbol{U}}_n$ 可由式(14-30)求出支路电压列向量 $\dot{\boldsymbol{U}}$，继而由式(14-31)可求出支路电流列向量 $\dot{\boldsymbol{I}}$。

列写支路导纳矩阵 $\boldsymbol{Y}$ 和支路阻抗矩阵 $\boldsymbol{Z}$ 有很多方法，以下例题中采用的是直观列写法。

【例 14-1】 如图 14-16(a)所示电路，试用节点分析法列出矩阵形式的节点电压方程。

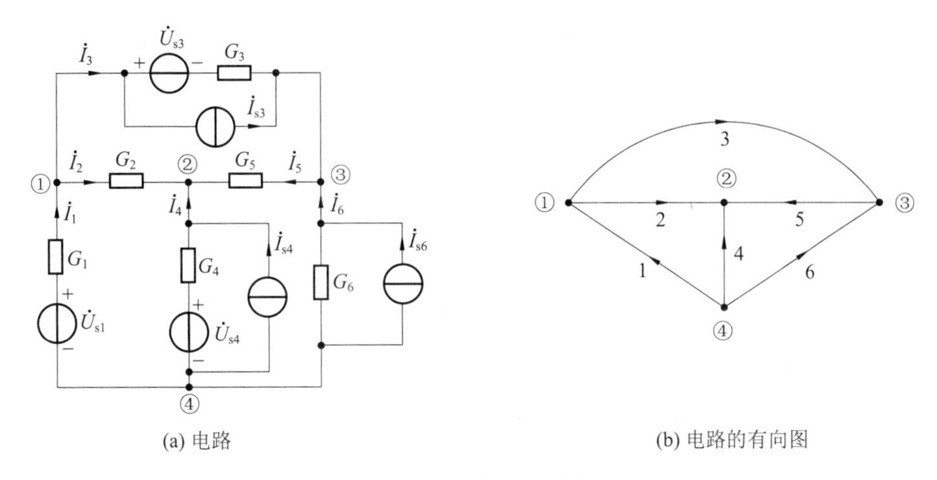

图 14-16　例 14-1 图

解　(1) 作出图 14-16(a)所示电路的有向图如图 14-24(b)所示，若选节点④为参考节点，则该有向图的关联矩阵 **A** 为

$$\boldsymbol{A}=\begin{bmatrix}-1 & 1 & 1 & 0 & 0 & 0\\ 0 & -1 & 0 & -1 & -1 & 0\\ 0 & 0 & -1 & 0 & 1 & -1\end{bmatrix}$$

(2) 由于所给电路不含受控源和互感耦合，故支路电导矩阵为对角阵，该矩阵以及支路电压源列向量和支路电流源列向量分别为

$$\boldsymbol{G}=\mathrm{diag}[G_1\quad G_2\quad G_3\quad G_4\quad G_5\quad G_6]$$

$$\dot{\boldsymbol{U}}_s=[\dot{U}_{s1}\quad 0\quad -\dot{U}_{s3}\quad \dot{U}_{s4}\quad 0\quad 0]^{\mathrm{T}}$$

$$\dot{\boldsymbol{I}}_s=[0\quad 0\quad -\dot{I}_{s3}\quad -\dot{I}_{s4}\quad 0\quad -\dot{I}_{s6}]^{\mathrm{T}}$$

其中，$\dot{U}_{s3}$、$\dot{I}_{s3}$、$\dot{I}_{s4}$、$\dot{I}_{s6}$ 前添加负号是由于它们与图 14-15 所示标准支路中电源的参考方向相反的缘故。

(3)
$$\boldsymbol{Y}_n=\boldsymbol{AGA}^{\mathrm{T}}=\begin{bmatrix}G_1+G_2+G_3 & -G_2 & -G_3\\ -G_2 & G_2+G_4+G_5 & -G_5\\ -G_3 & -G_5 & G_3+G_5+G_6\end{bmatrix}$$

$$\boldsymbol{J}_n=\boldsymbol{A}\dot{\boldsymbol{I}}_s-\boldsymbol{A}\dot{\boldsymbol{G}}\boldsymbol{U}_s=\begin{bmatrix}-\dot{I}_{s3}+G_1\dot{U}_{s1}+G_3\dot{U}_{s3}\\ \dot{I}_{s4}+G_4\dot{U}_{s4}\\ \dot{I}_{s3}+\dot{I}_{s6}-G_3\dot{U}_{s3}\end{bmatrix}$$

(4) 节点电压方程的矩阵形式为

$$\begin{bmatrix}G_1+G_2+G_3 & -G_2 & -G_3\\ -G_2 & G_2+G_4+G_5 & -G_5\\ -G_3 & -G_5 & G_3+G_5+G_6\end{bmatrix}\begin{bmatrix}\dot{U}_{n1}\\ \dot{U}_{n2}\\ \dot{U}_{n3}\end{bmatrix}=\begin{bmatrix}-\dot{I}_{s3}+G_1\dot{U}_{s1}+G_3\dot{U}_{s3}\\ \dot{I}_{s4}+G_4\dot{U}_{s4}\\ \dot{I}_{s3}+\dot{I}_{s6}-G_3\dot{U}_{s3}\end{bmatrix}$$

【例 14-2】 如图 14-17(a)所示正弦稳态电路，电源角频率为 ω，试用节点分析法列出矩阵形式的节点电压方程。

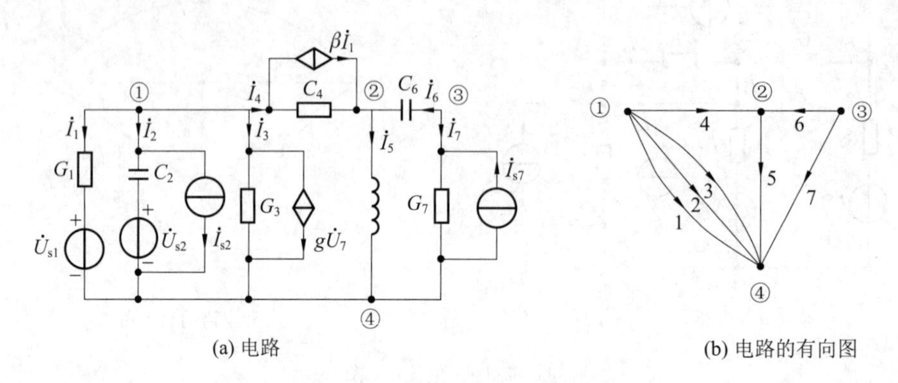

(a) 电路　　　(b) 电路的有向图

图 14-17　例 14-2 图

解　(1) 作出图 14-17(a)所示电路的有向图如图 14-17(b)所示，若选节点④为参考节点，则该有向图的关联矩阵 $\boldsymbol{A}$ 为

$$\boldsymbol{A}=\begin{bmatrix}1 & 1 & 1 & 1 & 0 & 0 & 0\\ 0 & 0 & 0 & -1 & 1 & -1 & 0\\ 0 & 0 & 0 & 0 & 0 & 1 & 1\end{bmatrix}$$

(2) 支路电压源列向量和支路电流源列向量分别为

$$\dot{\boldsymbol{U}}_s=[-\dot{U}_{s1}\quad -\dot{U}_{s2}\quad 0\quad 0\quad 0\quad 0\quad 0]^{\mathrm{T}}$$

$$\dot{\boldsymbol{I}}_s=[0\quad -\dot{I}_{s2}\quad 0\quad 0\quad 0\quad 0\quad \dot{I}_{s7}]^{\mathrm{T}}$$

支路导纳矩阵为

$$\boldsymbol{Y}=\begin{bmatrix}G_1 & 0 & 0 & 0 & 0 & 0 & 0\\ 0 & \mathrm{j}\omega C_2 & 0 & 0 & 0 & 0 & 0\\ 0 & 0 & G_3 & 0 & 0 & 0 & g\\ \beta G_1 & 0 & 0 & G_4 & 0 & 0 & 0\\ 0 & 0 & 0 & 0 & \dfrac{1}{\mathrm{j}\omega L_5} & 0 & 0\\ 0 & 0 & 0 & 0 & 0 & \mathrm{j}\omega C_6 & 0\\ 0 & 0 & 0 & 0 & 0 & 0 & G_7\end{bmatrix}$$

(3) $$\boldsymbol{Y}_n=\boldsymbol{AYA}^{\mathrm{T}}=\begin{bmatrix}G_1+\mathrm{j}\omega C_2+G_3+G_4+\beta G_1 & -G_4 & g\\ -\beta G_1-G_2 & G_4+\dfrac{1}{\mathrm{j}\omega L_5}+\mathrm{j}\omega C_6 & -\mathrm{j}\omega C_6\\ 0 & -\mathrm{j}\omega C_6 & \mathrm{j}\omega C_6+G_7\end{bmatrix}$$

$$\boldsymbol{J}_n=\boldsymbol{A}\dot{\boldsymbol{I}}_s-\boldsymbol{A}\boldsymbol{Y}\dot{\boldsymbol{U}}_s=\begin{bmatrix}-\dot{I}_{s2}+G_1\dot{U}_{s1}+j\omega C_2\dot{U}_{s2}+\beta G_1\dot{U}_{s1}\\-\beta G_1\dot{U}_{s1}\\\dot{I}_{s7}\end{bmatrix}$$

(4) 节点电压方程的矩阵形式为

$$\begin{bmatrix}G_1+j\omega C_2+G_3+G_4+\beta G_1 & -G_4 & g\\-\beta G_1-G_2 & G_4+\dfrac{1}{j\omega L_5}+j\omega C_6 & -j\omega C_6\\0 & -j\omega C_6 & j\omega C_6+G_7\end{bmatrix}\begin{bmatrix}\dot{U}_{n1}\\\dot{U}_{n2}\\\dot{U}_{n3}\end{bmatrix}$$

$$=\begin{bmatrix}-\dot{I}_{s2}+G_1\dot{U}_{s1}+j\omega C_2\dot{U}_{s2}+\beta G_1\dot{U}_{s1}\\-\beta G_1\dot{U}_{s1}\\\dot{I}_{s7}\end{bmatrix}$$

【例 14-3】 试用节点分析法列出如图 14-18(a)所示角频率为 ω 的正弦稳态电路的节点电压方程的矩阵形式。

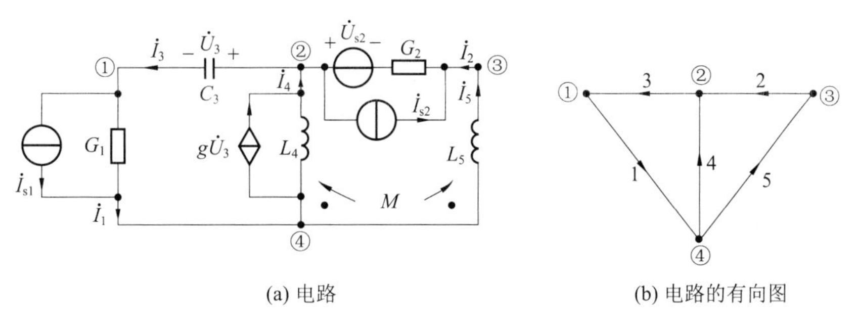

(a) 电路　　(b) 电路的有向图

图 14-18　例 12-3 图

解　(1) 作出图 14-18(a)所示电路的有向图如图 14-18(b)所示，若选节点④为参考节点，则该有向图的关联矩阵 $\boldsymbol{A}$ 为

$$\boldsymbol{A}=\begin{bmatrix}1 & 0 & -1 & 0 & 0\\0 & -1 & 1 & -1 & 0\\0 & 1 & 0 & 0 & -1\end{bmatrix}$$

(2) 支路电压源列向量和支路电流源列向量分别为

$$\dot{\boldsymbol{U}}_s=[0\quad -\dot{U}_{s2}\quad 0\quad 0\quad 0]^{\mathrm{T}},\quad \dot{\boldsymbol{I}}_s=[-\dot{I}_{s1}\quad \dot{I}_{s2}\quad 0\quad 0\quad 0]^{\mathrm{T}}$$

(3) 由于电路中既含有受控源又含有耦合电感，故其支路导纳矩阵可以表示为 $\boldsymbol{Y}=\boldsymbol{Y}_1+\boldsymbol{Y}_2$，其中 $\boldsymbol{Y}_1$ 为由不含有耦合电感的支路决定的支路导纳矩阵，$\boldsymbol{Y}_2$ 为仅由含有耦合电感支路决定的支路导纳矩阵，于是由图 14-18(a)可得

$$\boldsymbol{Y}_1=\begin{bmatrix} G_1 & 0 & 0 & 0 & 0 \\ 0 & G_2 & 0 & 0 & 0 \\ 0 & 0 & \mathrm{j}\omega C_3 & 0 & 0 \\ 0 & 0 & g & 0 & 0 \\ 0 & 0 & 0 & 0 & 0 \end{bmatrix}$$

在图 14-18(a)所示电路中，为了求出 $\boldsymbol{Y}_2$，可以先求出耦合电感元件以支路电流表示支路电压的支路特性方程矩阵形式，然后通过矩阵求逆得到其以支路电压表示支路电流的支路特性方程矩阵形式，于是，可以得到这一部分支路的支路导纳矩阵，即

$$\begin{bmatrix} \dfrac{L_5}{j\omega(L_4L_5-M^2)} & \dfrac{-M}{j\omega(L_4L_5-M^2)} \\ \dfrac{-M}{j\omega(L_4L_5-M^2)} & \dfrac{L_4}{j\omega(L_4L_5-M^2)} \end{bmatrix}$$

据此可以得到

$$\boldsymbol{Y}_2=\begin{bmatrix} 0 & 0 & 0 & 0 & 0 \\ 0 & 0 & 0 & 0 & 0 \\ 0 & 0 & 0 & 0 & 0 \\ 0 & 0 & 0 & \dfrac{L_5}{\mathrm{j}\omega(L_4L_5-M^2)} & \dfrac{-M}{\mathrm{j}\omega(L_4L_5-M^2)} \\ 0 & 0 & 0 & \dfrac{-M}{\mathrm{j}\omega(L_4L_5-M^2)} & \dfrac{L_4}{\mathrm{j}\omega(L_4L_5-M^2)} \end{bmatrix}$$

需要说明的是，由于含有互感的电路的支路导纳矩阵 $\boldsymbol{Y}$ 难以根据电路直接写出，因而一般应该利用式 $\boldsymbol{Y}=\boldsymbol{Z}^{-1}$ 来求取，但是按照本题应用叠加的方法求 $\boldsymbol{Y}$ 矩阵时，由于 $\boldsymbol{Z}_2$ 并不存在逆矩阵，所以不能由 $\boldsymbol{Y}_2=\boldsymbol{Z}_2^{-1}$ 来求 $\boldsymbol{Y}_2$。

显然，若是全耦合，由于 $\Delta=\mathrm{j}\omega(L_4L_5-M^2)=0$ ，$\boldsymbol{Y}_2$ 不存在。由 $\boldsymbol{Y}_1$、$\boldsymbol{Y}_2$ 可得

$$\boldsymbol{Y}=\boldsymbol{Y}_1+\boldsymbol{Y}_2=\begin{bmatrix} G_1 & 0 & 0 & 0 & 0 \\ 0 & G_2 & 0 & 0 & 0 \\ 0 & 0 & \mathrm{j}\omega C_3 & 0 & 0 \\ 0 & 0 & g & \dfrac{L_5}{\mathrm{j}\omega(L_4L_5-M^2)} & \dfrac{-M}{\mathrm{j}\omega(L_4L_5-M^2)} \\ 0 & 0 & 0 & \dfrac{-M}{\mathrm{j}\omega(L_4L_5-M^2)} & \dfrac{L_4}{\mathrm{j}\omega(L_4L_5-M^2)} \end{bmatrix}$$

(4) $\boldsymbol{Y}_n$ 和 $\boldsymbol{J}_n$ 分别为

$$\boldsymbol{Y}_n=\boldsymbol{AYA}^{\mathrm{T}}=\begin{bmatrix} G_1+\mathrm{j}\omega C_3 & -\mathrm{j}\omega C_3 & 0 \\ g-\mathrm{j}\omega C_3 & G_2+\mathrm{j}\omega C_3-g+\dfrac{L_5}{\mathrm{j}\omega(L_4L_5-M^2)} & -G_2-\dfrac{M}{\mathrm{j}\omega(L_4L_5-M^2)} \\ 0 & -G_2-\dfrac{M}{\mathrm{j}\omega(L_4L_5-M^2)} & G_2+\dfrac{L_4}{\mathrm{j}\omega(L_4L_5-M^2)} \end{bmatrix}$$

$$\boldsymbol{J}_n = \boldsymbol{A}\dot{\boldsymbol{I}}_s - \boldsymbol{A}\boldsymbol{Y}\dot{\boldsymbol{U}}_s = \begin{bmatrix} -\dot{I}_{s1} \\ -\dot{I}_{s2} - G_2\dot{U}_{s2} \\ \dot{I}_{s2} + G_2\dot{U}_{s2} \end{bmatrix}$$

（5）节点电压方程的矩阵形式为

$$\begin{bmatrix} G_1 + j\omega C_3 & -j\omega C_3 & 0 \\ g - j\omega C_3 & G_2 + j\omega C_3 - g + \dfrac{L_5}{j\omega(L_4L_5 - M^2)} & -G_2 - \dfrac{M}{j\omega(L_4L_5 - M^2)} \\ 0 & -G_2 - \dfrac{M}{j\omega(L_4L_5 - M^2)} & G_2 + \dfrac{L_4}{j\omega(L_4L_5 - M^2)} \end{bmatrix} \begin{bmatrix} \dot{U}_{n1} \\ \dot{U}_{n2} \\ \dot{U}_{n3} \end{bmatrix} = \begin{bmatrix} -\dot{I}_{s1} \\ -\dot{I}_{s2} - G_2\dot{U}_{s2} \\ \dot{I}_{s2} + G_2\dot{U}_{s2} \end{bmatrix}$$

【例 14-4】 已知一直流电阻网络的节点方程为

$$\begin{bmatrix} G_1 + G_2 & -G_2 & 0 \\ -G_2 & G_2 + G_3 + G_4 & -G_4 \\ 0 & \alpha G_3 - G_4 & G_4 + G_5 \end{bmatrix} \begin{bmatrix} U_{n1} \\ U_{n2} \\ U_{n3} \end{bmatrix} = \begin{bmatrix} G_1U_{s1} \\ 0 \\ 0 \end{bmatrix}$$

试画出该节点方程相应的电阻网络。

解 由给定节点方程中有 3 个节点电压和 G_5 可知，其相应的电阻网络应该由 4 个节点、5 条支路组成，并且节点④为参考节点。第一个行向量表明，在节点①上连接有支路 1 和 2，其电导分别为 G_1、G_2；节点①、②间连接有电导 G_2；节点①、③间无电导相连；第二个行向量表明，节点②上连接支路 2、3、4，其电导分别为 G_2、G_3、G_4，节点②、③间连接有电导 G_4。第三个行向量表明，节点③上连接支路 4、5，其电导分别为 G_4、G_5。节点①上的支路 1 由 G_1 与 U_{s1} 串联组成，由于节点方程中有 G_1U_{s1}，因此，"＋"极性在节点①端。此外，第三个行向量中的 α 表明节点③上连接有受控电流源，将第三个行向量改写为写成代数方程形式为

$$-G_4U_{n2} + (G_4 + G_5)U_{n3} = -\alpha G_3U_{n2} = -\alpha I_3$$

式中，$I_3 = G_3U_{n2}$。

这表明，由于其他节点上未出现 αI_3，因此节点③上连接有受控电流源为 αI_3，并且连接在节点③、④之间，其参考方向为离开节点③。由式 $I_3 = G_3U_{n2}$ 可知，I_3 离开节点②。综合上述分析可以画出相应的电阻网络如图 14-19 所示。

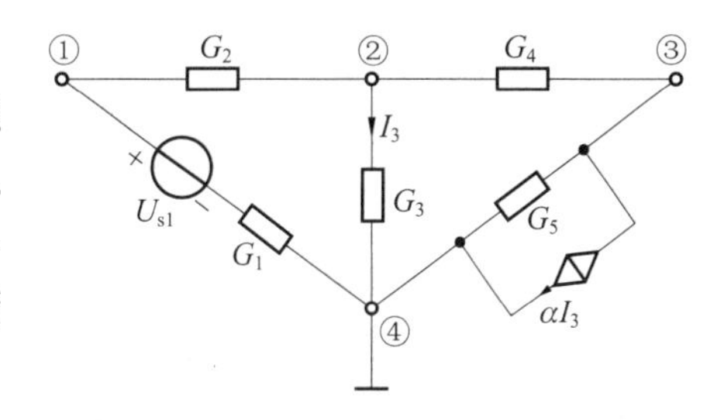

图 14-19　例 14-4 图

14.6.2　基本回路电流方程的矩阵形式

对于具有 $b-n+1$ 个基本回路的电路，可以求出其有向图及其树所对应的基本回路矩阵 $\boldsymbol{B}_f$ 和以之表示的 KCL：

$$\dot{\boldsymbol{I}} = \boldsymbol{B}_f^{\mathrm{T}}\dot{\boldsymbol{I}}_l \tag{14-37}$$

KVL：

$$\boldsymbol{B}_f\dot{\boldsymbol{U}} = 0 \tag{14-38}$$

以及标准支路特性方程：

$$\dot{\boldsymbol{U}} = \boldsymbol{Z}(\dot{\boldsymbol{I}} + \dot{\boldsymbol{I}}_s) - \dot{\boldsymbol{U}}_s \tag{14-39}$$

将式(14-37) 代入式(14-39)便可消去支路电流列向量 $\dot{\boldsymbol{I}}$，得出以连支电流列向理 $\dot{\boldsymbol{I}}_l$ 表示支路电压列向量 $\dot{U}$ 的电路方程，即

$$\dot{\boldsymbol{U}} = \boldsymbol{Z}\boldsymbol{B}_f^{\mathrm{T}}\dot{\boldsymbol{I}}_l - \dot{\boldsymbol{U}}_{\mathrm{s}} + \boldsymbol{Z}\dot{\boldsymbol{I}}_{\mathrm{s}} \tag{14-40}$$

将式(14-40)代入式(14-38)消去 $\dot{U}$，可得以连支电路列向量 $\dot{\boldsymbol{I}}_l$ 为待求量的回路电流方程的矩阵形式，即

$$\boldsymbol{B}_f\boldsymbol{Z}\boldsymbol{B}_f^{\mathrm{T}}\dot{\boldsymbol{I}}_l = \boldsymbol{B}_f\dot{\boldsymbol{U}}_{\mathrm{s}} - \boldsymbol{B}_f\boldsymbol{Z}\dot{\boldsymbol{I}}_{\mathrm{s}} \tag{14-41}$$

式中，令

$$\boldsymbol{B}_f\boldsymbol{Z}\boldsymbol{B}_f^{\mathrm{T}} = \boldsymbol{Z}_l \tag{14-42}$$

$$\boldsymbol{B}_f\dot{\boldsymbol{U}}_{\mathrm{s}} - \boldsymbol{B}_f\boldsymbol{Z}\dot{\boldsymbol{I}}_{\mathrm{s}} = \dot{\boldsymbol{U}}_l \tag{14-43}$$

式(14-42)中，$\boldsymbol{Z}_l$ 称为回路阻抗矩阵，是一个 $l=b-n-1$ 阶方阵，当电路中不含受控源和耦合电感元件时，$\boldsymbol{Z}_l$ 为对称阵(当电路中含有耦合电感元件而不含受控源时，$\boldsymbol{Z}_l$ 仍为对称阵)，其主对角线上的元素 z_{ljj}($j=1,2,\cdots,b-n-1$)为第 j 个回路所含各支路的支路阻抗之和(自阻抗)，和前冠以“+”号，非主对角线上的元素 z_{ljk}($j,k=1,2,\cdots,b-n+1;j\neq k$)为第 j 和第 k 个回路所共含有的支路的支路阻抗之和，并且当共有支路的参考方向与第 j 和第 k 个回路的回路绕行方向均相同或均相反时，和前冠以“+”号，否则和前冠以“−”号。式(14-43)中，$\dot{\boldsymbol{U}}_l$ 称为回路等效电压源电压列向量，其维数亦为 $l=b-n-1$，$\dot{\boldsymbol{U}}_l$ 中的每一项等于对应回路的等效电压源电压升的代数和。引入 $\boldsymbol{Z}_l$、$\dot{\boldsymbol{U}}_l$ 后，式(14-41)可以写成

$$\boldsymbol{Z}_l\dot{\boldsymbol{I}}_l = \dot{\boldsymbol{U}}_l \tag{14-44a}$$

显然，对于一个给定的电路，一旦得出 $\boldsymbol{B}_f$、$\boldsymbol{Z}$、$\dot{\boldsymbol{U}}_s$ 和 $\dot{\boldsymbol{I}}_s$ 就可确定 $\boldsymbol{Z}_l$ 和 $\dot{\boldsymbol{U}}_l$，这时由式(14-44a)可以求出 $\dot{\boldsymbol{I}}_l$($l=b-n-1$ 维)，即

$$\dot{\boldsymbol{I}}_l = \boldsymbol{Z}_l^{-1}\dot{\boldsymbol{U}}_l \tag{14-44b}$$

利用 $\dot{\boldsymbol{I}}_l$ 可由式(14-37)求出求出支路电流列向量 $\dot{\boldsymbol{I}}$，进而由式(14-39)可求出支路电压列向量 $\dot{\boldsymbol{U}}$。

由于回路法中完备的独立电路变量为连支电流，因此，这时最易处理的受控源是流控电压源(CCVS)，也比节点法和割集法更方便处理含有互感的电路。

列写回路电流方程必须选取一组独立回路，这种回路一般是由选取一个合适的树所得出的基本回路。尽管树的选取可以在计算机上按编好的程序自动进行，但这较之节点法，仍然要麻烦一些。此外，在实际的大型电路中，独立节点数往往要少于独立回路数，再由于其他一些原因，目前在诸如电力系统潮流计算、电子电路分析等众多计算机辅助分析的程序中广泛采用节点法，而非回路法。

类似地，由于网孔矩阵 $\boldsymbol{M}$ 描述了网孔和支路的关联性，因此，对于一个具有几个节点、b 条支路的电路，可以利用以矩阵 $\boldsymbol{M}$ 表示的 KCL：$\dot{\boldsymbol{I}}=\boldsymbol{M}^{\mathrm{T}}\dot{\boldsymbol{I}}_{\mathrm{m}}$、KVL：$\boldsymbol{M}\dot{\boldsymbol{U}}=0$ 以及标准支路特性方程：$\dot{\boldsymbol{U}}=\boldsymbol{Z}(\dot{\boldsymbol{I}}+\dot{\boldsymbol{I}}_{\mathrm{s}})-\dot{\boldsymbol{U}}_{\mathrm{s}}$，推导出以完备的独立电路变量网孔电流 $\dot{\boldsymbol{I}}_{\mathrm{m}}$ 为待求量的网孔电流方程的矩阵形式：$\boldsymbol{Z}_{\mathrm{m}}\dot{\boldsymbol{I}}_{\mathrm{m}}=\dot{\boldsymbol{U}}_{\mathrm{m}}$，其中，$\boldsymbol{Z}_{\mathrm{m}}=\boldsymbol{M}\boldsymbol{Z}\boldsymbol{M}^{\mathrm{T}}$，$\dot{\boldsymbol{U}}_{\mathrm{m}}=\boldsymbol{M}\dot{\boldsymbol{U}}_{\mathrm{s}}-\boldsymbol{M}\boldsymbol{Z}\dot{\boldsymbol{I}}_{\mathrm{s}}$，从中求出 $\dot{\boldsymbol{I}}_{\mathrm{m}}$，便可求

出支路电流列向量 $\dot{\boldsymbol{I}}$ 和支路电压列向量 $\dot{\boldsymbol{U}}$。事实上，由于对于平面电路，网孔分析法与节点分析法是互为对偶的，所以也可以直接由节点分析法的各元素按对偶原理得出网孔分析中的各对偶元素。

【例 14-5】 图 14-20(a)所示为角频率为 ω 的正弦稳态电路，试写出矩阵形式的回路电流方程。

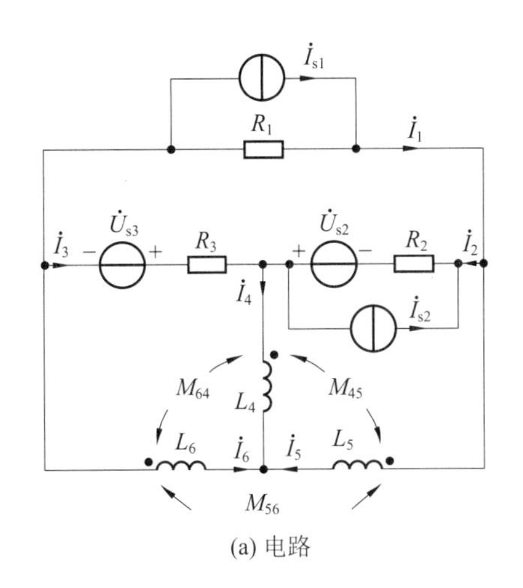

(a) 电路

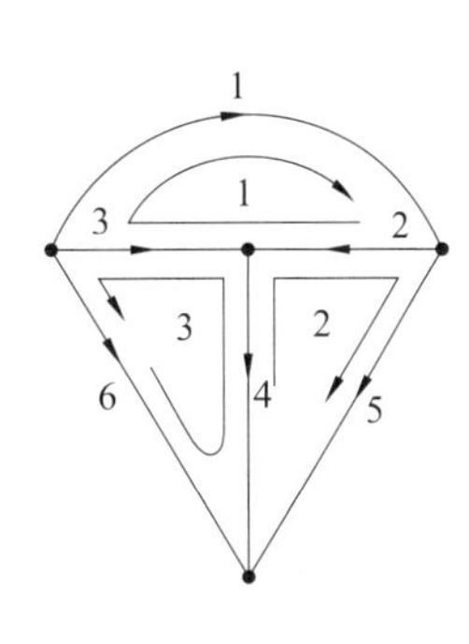

(b) 电路的有向图以及其与连支对应的基本回路

图 14-20　例 14-5 图

解　(1) 对于图 14-20(a)所示的电路作出有向图如图 14-20(b)所示，选取支路 2、3、4 为树支，支路 1、5、6 为连支；

(2) 基本回路矩阵 $\boldsymbol{B}$、支路阻抗矩阵、支路电压源端电压相量和支路电流源电流相量分别为

$$\boldsymbol{B}_f=\begin{bmatrix}1&0&0&1&-1&0\\0&1&0&-1&0&-1\\0&0&1&0&-1&-1\end{bmatrix}$$

$$\boldsymbol{Z}=\begin{bmatrix}R_1&0&0&0&0&0\\0&\mathrm{j}\omega L_5&\mathrm{j}\omega M_{56}&0&0&\mathrm{j}\omega M_{45}\\0&\mathrm{j}\omega M_{56}&\mathrm{j}\omega L_6&0&0&\mathrm{j}\omega M_{64}\\0&0&0&R_2&0&0\\0&0&0&0&R_3&0\\0&\mathrm{j}\omega M_{45}&\mathrm{j}\omega M_{64}&0&0&\mathrm{j}\omega L_4\end{bmatrix}$$

$$\dot{\boldsymbol{U}}_s=\begin{bmatrix}0&0&0&\dot{U}_{s2}&\dot{U}_{s3}&0\end{bmatrix}^{\mathrm{T}}$$

$$\dot{\boldsymbol{I}}_s=\begin{bmatrix}-\dot{I}_{s1}&0&0&\dot{I}_{s2}&0&0\end{bmatrix}^{\mathrm{T}}$$

(3) $\boldsymbol{Z}_l=\boldsymbol{B}_f\boldsymbol{Z}\boldsymbol{B}_f^{\mathrm{T}}$ 和 $\dot{\boldsymbol{U}}_l=\boldsymbol{B}_f\dot{\boldsymbol{U}}_s-\boldsymbol{B}_f\boldsymbol{Z}\dot{\boldsymbol{I}}_s$ 分别为

$$\boldsymbol{Z}_l=\boldsymbol{B}_f\boldsymbol{Z}\boldsymbol{B}_f^{\mathrm{T}}=\begin{bmatrix}R_1+R_2+R_3 & -R_2 & R_3\\ -R_2 & R_2+\mathrm{j}\omega(L_4+L_5-2M_{45}) & \mathrm{j}\omega(L_4-M_{45}+M_{56}-M_{64})\\ R_3 & \mathrm{j}\omega(L_4-M_{45}+M_{56}-M_{64}) & R_3+\mathrm{j}\omega(L_4+L_5-2M_{64})\end{bmatrix}$$

$$\dot{\boldsymbol{U}}_l=\boldsymbol{B}_f\dot{\boldsymbol{U}}_{\mathrm{s}}-\boldsymbol{B}_f\boldsymbol{Z}\dot{\boldsymbol{I}}_{\mathrm{s}}=\begin{bmatrix}\dot{U}_{s2}-\dot{U}_{s3}+R_1\dot{I}_{s1}-R_2\dot{I}_{s2}\\ -\dot{U}_{s2}+R_2\dot{I}_{s2}\\ -\dot{U}_{s3}\end{bmatrix}$$

（4）回路电流方程的矩阵形式为

$$\begin{bmatrix}R_1+R_2+R_3 & -R_2 & R_3\\ -R_2 & R_2+\mathrm{j}\omega(L_4+L_5-2M_{45}) & \mathrm{j}\omega(L_4-M_{45}+M_{56}-M_{64})\\ R_3 & \mathrm{j}\omega(L_4-M_{45}+M_{56}-M_{64}) & R_3+\mathrm{j}\omega(L_4+L_5-2M_{64})\end{bmatrix}\begin{bmatrix}\dot{I}_{l1}\\ \dot{I}_{l2}\\ \dot{I}_{l3}\end{bmatrix}$$

$$=\begin{bmatrix}\dot{U}_{s2}-\dot{U}_{s3}+R_1\dot{I}_{s1}-R_2\dot{I}_{s2}\\ -\dot{U}_{s2}+R_2\dot{I}_{s2}\\ -\dot{U}_{s3}\end{bmatrix}$$

【例 14-6】 如图 14-21(a)所示电路，试写出矩阵形式的网孔电流方程。

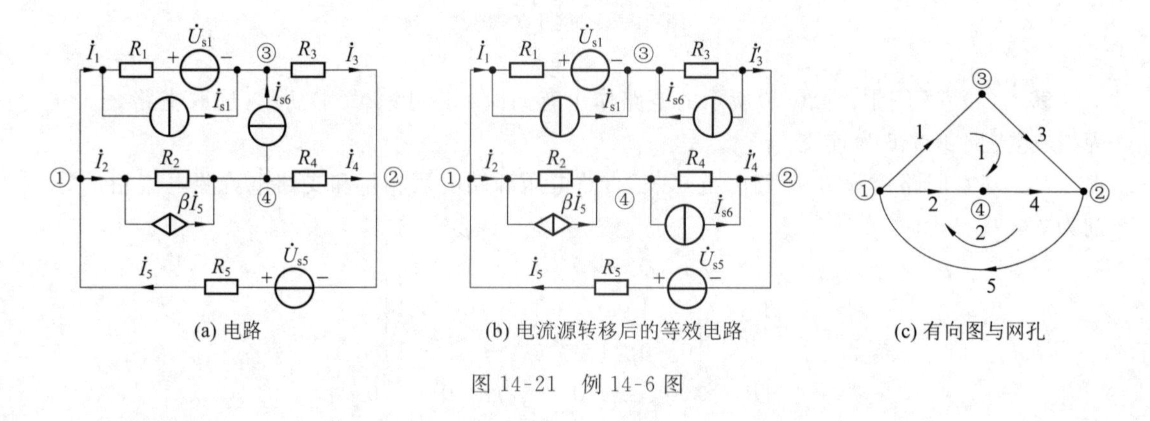

(a) 电路　　(b) 电流源转移后的等效电路　　(c) 有向图与网孔

图 14-21　例 14-6 图

解　(1) 在图 14-21(a)所示的电路中，电流源 I_{s6} 为无伴电流源，且为两网孔共有，将其转移到支路 3、4 中分别与电阻 R_3、R_4 并联，如图 14-21(b)所示。

(2) 对图 14-21(b)中的电路作出其有向图如图 14-21(c)所示，则该有向图的网孔矩阵为

$$\boldsymbol{M}=\begin{bmatrix}1 & -1 & 1 & -1 & 0\\ 0 & 1 & 0 & 1 & 1\end{bmatrix}$$

(3) 支路电阻矩阵、支路电压源列向量和支路电流源列向量分别为

$$\boldsymbol{R}=\begin{bmatrix}R_1 & 0 & 0 & 0 & 0\\ 0 & R_2 & 0 & 0 & -\beta R_2\\ 0 & 0 & R_3 & 0 & 0\\ 0 & 0 & 0 & R_4 & 0\\ 0 & 0 & 0 & 0 & R_5\end{bmatrix}$$

$$\dot{\boldsymbol{U}}_s=[-\dot{U}_{s1} \quad 0 \quad 0 \quad 0 \quad \dot{U}_{s5}]^{\mathrm{T}}$$

$$\dot{\boldsymbol{I}}_s=[-\dot{I}_{s1} \quad 0 \quad \dot{I}_{s6} \quad -\dot{I}_{s6} \quad 0]^{\mathrm{T}}$$

(4)
$$\boldsymbol{Z}_m=\boldsymbol{MRM}^{\mathrm{T}}=\begin{bmatrix}R_1+R_2+R_3+R_4 & -R_2+\beta R_2-R_4\\ -R_2-R_4 & R_2-\beta R_2+R_4+R_5\end{bmatrix}$$

$$\boldsymbol{M}\dot{\boldsymbol{U}}_s-\boldsymbol{MR}\dot{\boldsymbol{I}}_s=\begin{bmatrix}-\dot{U}_{s1}+R_1\dot{I}_{s1}-R_3\dot{I}_{s6}-R_4\dot{I}_{s6}\\ \dot{U}_{s5}+R_4\dot{I}_{s6}\end{bmatrix}$$

(5) 网孔电流方程的矩阵形式为

$$\begin{bmatrix}R_1+R_2+R_3+R_4 & -R_2+\beta R_2-R_4\\ -R_2-R_4 & R_2-\beta R_2+R_4+R_5\end{bmatrix}\begin{bmatrix}\dot{I}_{m1}\\ \dot{I}_{m2}\end{bmatrix}=\begin{bmatrix}-\dot{U}_{s1}+R_1\dot{I}_{s1}-R_3\dot{I}_{s6}-R_4\dot{I}_{s6}\\ \dot{U}_{s5}+R_4\dot{I}_{s6}\end{bmatrix}$$

14.6.3 基本割集电压方程的矩阵形式

节点电压分析法、基本回路分析法和网孔电流分析法，分别以节点电压、基本回路电流和网孔电流作为电路变量列写相应的电路方程，在求出这些变量后，还必须通过 KVL（或 KCL 与 VCR）才能得出支路电压，即它们均非直接以支路电压作为求解对象。但是，若对电路的图任选一树后，由单树支决定的基本割集是唯一的，即树支电压是支路电压中的一组完备的独立变量，因此，任一支路电压均可用树支电压来表示，这类同于任一支路电压都可以用节点电压来表示。

对于一个具有 n 个节点、b 条支路的电路，可以得出电路有向图及其树所对应的基本割集矩阵 $\boldsymbol{Q}_f$ 和以之表示的 KCL：

$$\boldsymbol{Q}_f\dot{\boldsymbol{I}}=0 \tag{14-45}$$

KVL：

$$\dot{\boldsymbol{U}}=\boldsymbol{Q}_f^{\mathrm{T}}\dot{\boldsymbol{U}}_t \tag{14-46}$$

以及标准支路特性方程：

$$\dot{\boldsymbol{I}}=\boldsymbol{Y}(\dot{\boldsymbol{U}}+\dot{\boldsymbol{U}}_s)-\dot{\boldsymbol{I}}_s \tag{14-47}$$

以上三式和节点电压方程的矩阵形式中的三个式子对应相似，所不同的只是节点方程中的 $\dot{\boldsymbol{U}}_n$ 和 $\boldsymbol{A}$ 分别替换为 $\dot{\boldsymbol{U}}_t$ 和 $\boldsymbol{Q}_f$。

与节点电压方程的矩阵形式的推导过程相似，将式(14-46)代入式(14-47)便可消去 $\dot{\boldsymbol{U}}$，得出以树支电压 $\dot{\boldsymbol{U}}_t$ 表示支路电压 $\dot{\boldsymbol{I}}$ 的电路方程，即

$$\dot{\boldsymbol{I}}=\boldsymbol{YQ}_f^{\mathrm{T}}\dot{\boldsymbol{U}}_t-\dot{\boldsymbol{I}}_s+\boldsymbol{Y}\dot{\boldsymbol{U}}_s \tag{14-48}$$

将式(14-48)代入式(14-45)消去 $\dot{\boldsymbol{I}}$,便可得出以树支电压 $\dot{U}_t$ 为待求量的基本割集电压方程的矩阵形式,即

$$\boldsymbol{Q}_f\boldsymbol{Y}\boldsymbol{Q}_f^{\mathrm{T}}\dot{\boldsymbol{U}}_t = \boldsymbol{Q}_f\dot{\boldsymbol{I}}_{\mathrm{s}} - \boldsymbol{Q}_f\boldsymbol{Y}\dot{\boldsymbol{U}}_{\mathrm{s}} \tag{14-49}$$

式中,令

$$\boldsymbol{Q}_f\boldsymbol{Y}\boldsymbol{Q}_f^{\mathrm{T}} = \boldsymbol{Y}_t \tag{14-50}$$

$$\boldsymbol{Q}_f\dot{\boldsymbol{I}}_{\mathrm{s}} - \boldsymbol{Q}_f\boldsymbol{Y}\dot{\boldsymbol{U}}_{\mathrm{s}} = \dot{\boldsymbol{J}}_t \tag{14-51}$$

式(14-50)中,$\boldsymbol{Y}_t$ 称为割集导纳矩阵,是一个 $n-1$ 阶方阵,当电路中不含受控源和耦合电感元件时,$\boldsymbol{Y}_t$ 为对称阵(当电路中含有耦合电感元件而不含受控源时,$\boldsymbol{Y}_t$ 仍为对称阵),其主对角线上的元素 $y_{tjj}(j=1,2,\cdots,n-1)$ 为第 j 个割集所含各支路的支路导纳之和,和前冠以"+"号;非主对角线上的元素 $y_{tjk}(j,k=1,2,\cdots,n-1;j\neq k)$ 为第 j 和第 k 个割集所共含有的支路的支路导纳之和,并且当共有支路的参考方向与第 j 和第 k 个割集的割集方向均相同或均相反时,和前冠以"+"号,否则和前冠以"-"号。式(14-51)中,$\dot{\boldsymbol{J}}_t$ 称为割集等效电流源电流列向量,其维数亦为 $n-1$,$\dot{J}_t$ 中的每一项等于流入相应割集的等效电流源电流的代数和。引入 $\boldsymbol{Y}_t$ 和 $\dot{J}_t$ 后,式(14-49)可以写成

$$\boldsymbol{Y}_t\dot{\boldsymbol{U}}_t = \dot{\boldsymbol{J}}_t \tag{14-52a}$$

显然,对于一个给定的电路,一旦得出 $\boldsymbol{Q}_f$、$\boldsymbol{Y}$、$\dot{\boldsymbol{U}}_s$ 和 $\dot{I}_s$,就可确定 $\boldsymbol{Y}_t$ 和 $\dot{\boldsymbol{J}}_t$,这时由式(14-52a)可以求出 $\dot{U}_t(n-1$ 维),即

$$\dot{\boldsymbol{U}}_t = \boldsymbol{Y}_t^{-1}\dot{\boldsymbol{J}}_t \tag{14-52b}$$

利用 $\dot{\boldsymbol{U}}_t$ 便可由式(14-46)求出连支电压,进而由式(14-47)可求出支路电流列向量 $\dot{\boldsymbol{I}}$。

由于割集法中完备的独立电路变量为树支电压,因此,这时最易处理的受控源是压控电流源(VCCS),处理方法与节点法中的完全类同。

【例14-7】 如图14-22(a)所示为角频率为 ω 的正弦稳态电路,试写出矩阵形式的割集电压方程。

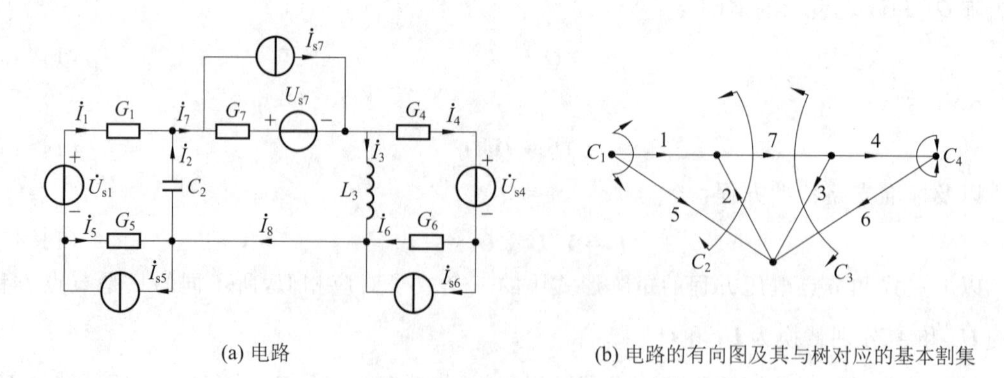

(a) 电路 (b) 电路的有向图及其与树对应的基本割集

图14-22 例14-7图

解 (1) 对于图14-22(a)所示的电路作出其有向图如图14-22(b)所示,选取支路1、2、

3、4 为树支，对应的基本割集分别为 C_1、C_2、C_3、C_4。

（2）基本割集矩阵、支路电导矩阵、支路电压源列向量和支路电流源列向量分别为

$$\boldsymbol{Q}_f=\begin{bmatrix}1&0&0&1&0&0&0\\-1&0&-1&0&1&0&0\\0&1&-1&0&0&1&0\\0&-1&0&0&0&0&1\end{bmatrix},\quad \boldsymbol{Y}=\mathrm{diag}\begin{bmatrix}G_5 & G_6 & G_7 & G_1 & \mathrm{j}\omega C_2 & \dfrac{1}{\mathrm{j}\omega L_3} & G_4\end{bmatrix}$$

$$\dot{\boldsymbol{U}}_s=\begin{bmatrix}0 & 0 & -\dot{U}_{s7} & \dot{U}_{s1} & 0 & 0 & -\dot{U}_{s4}\end{bmatrix}^{\mathrm{T}},\quad \dot{\boldsymbol{I}}_s=\begin{bmatrix}-\dot{I}_{s5} & \dot{I}_{s6} & -\dot{I}_{s7} & 0 & 0 & 0 & 0\end{bmatrix}^{\mathrm{T}}$$

（3）$\boldsymbol{Y}_t$ 和 $\dot{\boldsymbol{J}}_t$ 分别为

$$\boldsymbol{Y}_t=\boldsymbol{Q}_f\boldsymbol{Y}\boldsymbol{Q}_f^{\mathrm{T}}=\begin{bmatrix}G_1+G_5 & -G_5 & 0 & 0\\ -G_5 & G_5+G_7+\mathrm{j}\omega C_2 & G_7 & 0\\ 0 & G_7 & G_6+G_7+\dfrac{1}{\mathrm{j}\omega L_3} & -G_6\\ 0 & 0 & -G_6 & G_4+G_6\end{bmatrix}$$

$$\dot{\boldsymbol{J}}_t=\boldsymbol{Q}_f\dot{\boldsymbol{I}}_s-\boldsymbol{Q}_f\boldsymbol{Y}\dot{\boldsymbol{U}}_s=\begin{bmatrix}-\dot{I}_{s5}-G_1\dot{U}_{s1}\\ \dot{I}_{s5}+\dot{I}_{s7}-G_7\dot{U}_{s7}\\ \dot{I}_{s6}+\dot{I}_{s7}-G_7\dot{U}_{s7}\\ -\dot{I}_{s6}+G_4\dot{U}_{s4}\end{bmatrix}$$

（4）割集电压方程的矩阵形式为

$$\begin{bmatrix}G_1+G_5 & -G_5 & 0 & 0\\ -G_5 & G_5+G_7+\mathrm{j}\omega C_2 & G_7 & 0\\ 0 & G_7 & G_6+G_7+\dfrac{1}{\mathrm{j}\omega L_3} & -G_6\\ 0 & 0 & -G_6 & G_4+G_6\end{bmatrix}\begin{bmatrix}\dot{U}_{t1}\\ \dot{U}_{t2}\\ \dot{U}_{t3}\\ \dot{U}_{t4}\end{bmatrix}=\begin{bmatrix}-\dot{I}_{s5}-G_1\dot{U}_{s1}\\ \dot{I}_{s5}+\dot{I}_{s7}-G_7\dot{U}_{s7}\\ \dot{I}_{s6}+\dot{I}_{s7}-G_7\dot{U}_{s7}\\ -\dot{I}_{s6}+G_4\dot{U}_{s4}\end{bmatrix}$$

割集分析法的物理意义在于，对于电路中的任一基本割集，流出该割集的电流之和恒等于流入其电流之和。

显然，节点电压在参考节点选定后是确定的，没有再作选择的余地，而树支电压的选择则比较灵活，即选择不同的树可得不同的树支电压，此外，可以看出，割集电压法是节点电压法的推广，而节点电压法是割集电压法的一个特例，因为若选择一组独立割集，使每一割集均由汇集在一个节点上的支路构成时，割集电压法即变为节点电压法。

应该指出的是，在第 3 章用手工计算求解电路问题时，希望未知量数目尽可能的少，以便较快地建立方程并进行求解。但是，在使用计算机对于大型电路进行分析计算时，由于现代计算机内存的巨量化以及稀疏矩阵（矩阵中的大部分元素为零）技术的应用，方程数目亦即方程变量的数目不再是关键要素，因而，关键问题转化为如何高效地建立电路方程。这是因为从以上介绍的节点法、回路法、网孔法和割集法的矩阵形式可知，它们都对电路中的元件具有一定的要求，例如节点法和割集法不允许存在无伴电压源支路，且所规定的标准支路中不允许存在受控电压源（无法建立节点法和割集法所要求的以电压作为自变量的支路特

性方程)；回路法和网孔法不允许存在无伴电流源支路，且所规定的标准支路中不允许存在受控电流源(无法建立回路法和网孔法所要求的以电流作为自变量的支路特性方程)，即式(14-24)和式(14-25)形式的支路特性方程均存在各自的局限性，从而使得这四种电路分析方法都不具备通用性。为此，提出了稀疏表格法和改进节点法。稀疏表格法对于支路类型无过多限制，它将电路的 KCL 方程、KVL 方程和支路方程全部罗列出来，因而适应性广而方程数多。这一方法共有三种不同的形式，常用的、以便于列写的关联矩阵为基础的稀疏表格法将全部支路电流、支路电压和节点电压均作为未知量来建立电路方程。

若电路中含有无伴电压源支路或无伴压控电压源(VCVS)支路，由于该支路的导纳为无穷大，这给节点电压方程的建立带来了困难。因此，在对于这样的电路列写节点电压方程时，除了可以应用移源法外，还可以使用以矩阵形式表示的、更为系统化的方法即改进节点法。该方法是以节点分析法为基础，除了保留节点电压作为未知量外，还把无伴电压源的电流和无伴压控电压源的电流作为附加未知量写入到节点电压方程中，因此，为了使方程数与变量数一致，需要再补充无伴电压源电压和无伴压控电压源电压与其端电压的关系并引入控制电压与节点电压的关系，最后将上述方程合写为矩阵形式方程即得。当电路中含有流控电压源(CCVS)时，可以将控制量(电流)用等效变换的方法变为相应的电压从而把 CCVS 变为 VCVS 再按上述方法加以处理。

习　题

14-1　电路如题 14-1 图所示。指出下列集合中，哪些是割集，哪些是构成树的树支集合。

{1,2,7,9,10}，{3,5,6,8,9}，{1,2,6}，{1,3,5,6}，{1,4,5,7,9}。

14-2　题 14-2 图所示为非平面线图，选定支路 5,6,7,8,9 为树。试写出与所选树对应的各基本回路，各基本割集所含的支路。

14-3　设某网络线图的基本回路矩阵为 $\boldsymbol{B}_{\mathrm{f}}=\begin{bmatrix}1 & 0 & 0 & 1 & -1 & 0\\ 0 & 1 & 0 & -1 & 1 & -1\\ 0 & 0 & 1 & 0 & 1 & -1\end{bmatrix}$，树支电压为 $\boldsymbol{U}_t=[U_1\quad U_2\quad U_3]^{\mathrm{T}}=[1\quad 2\quad 3]^{\mathrm{T}}\mathrm{V}$，求连支电压。

14-4　写出题 14-4 图所示有向图的关联矩阵 $\boldsymbol{A}$ 和基本回路矩阵 $\boldsymbol{B}_{\mathrm{f}}$(4,5,6 为树支)。

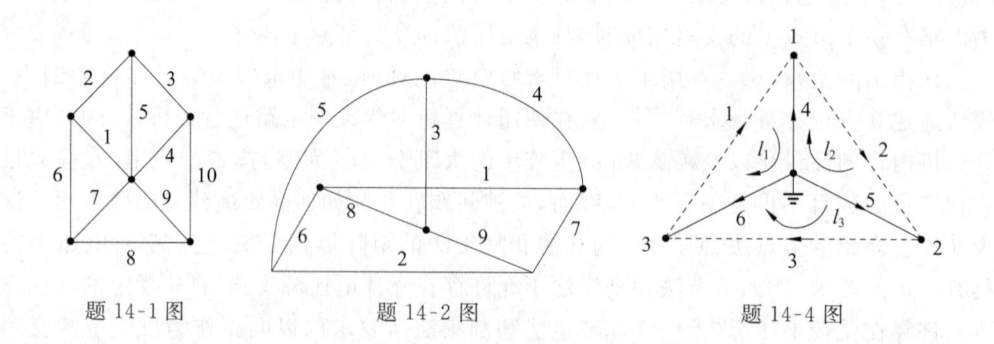

题 14-1 图　　题 14-2 图　　题 14-4 图

14-5　已知某网络有向图的基本回路矩阵为

$$\boldsymbol{B}_{\mathrm{f}}=\begin{bmatrix}1 & 0 & 0 & 0 & 1 & 0 & 0\\ 0 & 1 & 0 & 0 & -1 & -1 & -1\\ 0 & 0 & 1 & 0 & -1 & -1 & 0\\ 0 & 0 & 0 & 1 & 0 & 1 & 1\end{bmatrix}$$

试画出此网络的有向图。

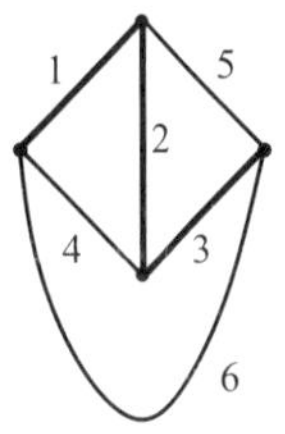

14-6　若题 14-6 图所示图的树已选定(用粗线表示)。试写出用基本回路矩阵 $\boldsymbol{B}_{\mathrm{f}}$ 表示的 KCL 和 KVL 方程。

题 14-6 图

14-7　设某网络的关联矩阵为 $\boldsymbol{A}=\begin{array}{c}\begin{matrix}4 & 5 & 6 & 7 & 1 & 2 & 3\end{matrix}\\ \begin{bmatrix}0 & 1 & -1 & 1 & -1 & 0 & 0\\ 0 & -1 & 0 & 0 & 0 & -1 & -1\\ 1 & 0 & 1 & 0 & 0 & 0 & 1\end{bmatrix}\end{array}$,取 1,2,3 支路为树支,写出基本割集矩阵。

14-8　对某一网络的一个指定的树,其基本回路矩阵 $\boldsymbol{B}_{\mathrm{f}}$ 为

$$\boldsymbol{B}_{\mathrm{f}}=\begin{bmatrix}1 & 0 & 0 & 0 & 1 & 0 & 0\\ 0 & 1 & 0 & 0 & -1 & -1 & -1\\ 0 & 0 & 1 & 0 & -1 & -1 & 0\\ 0 & 0 & 0 & 1 & 0 & 1 & 1\end{bmatrix}$$

(1) 试写出该网络同一树的基本割集矩阵 $\boldsymbol{Q}_{\mathrm{f}}$;

(2) 绘出该网络的有向图,并标出树支。

14-9　电路如题 14-9 图(a)所示,图中元件的下标代表支路编号,题 14-9 图(b)是它的有向图。$\dot{I}_{\mathrm{d2}}=g_{21}\dot{U}_1$,$\dot{I}_{\mathrm{d4}}=\beta_{46}\dot{I}_6$。写出支路特性方程的矩阵形式。

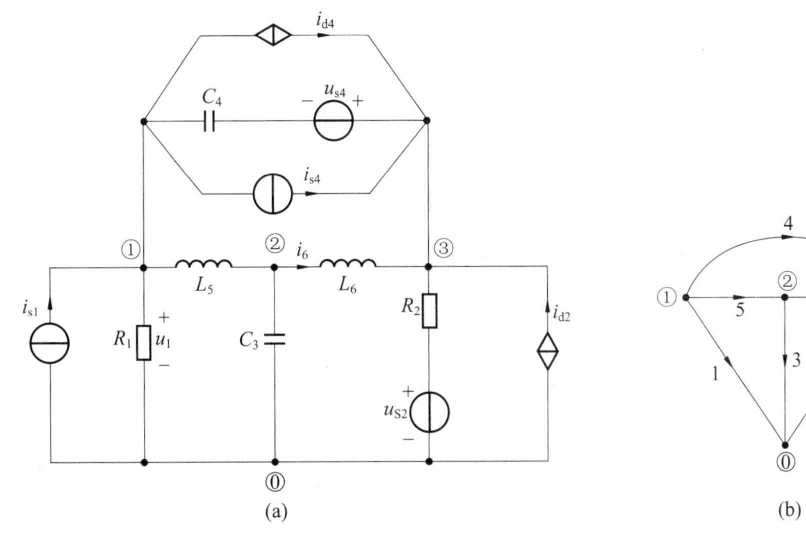

题 14-9 图

14-10　试写出题 14-10 图所示电路的支路特性方程的矩阵形式。

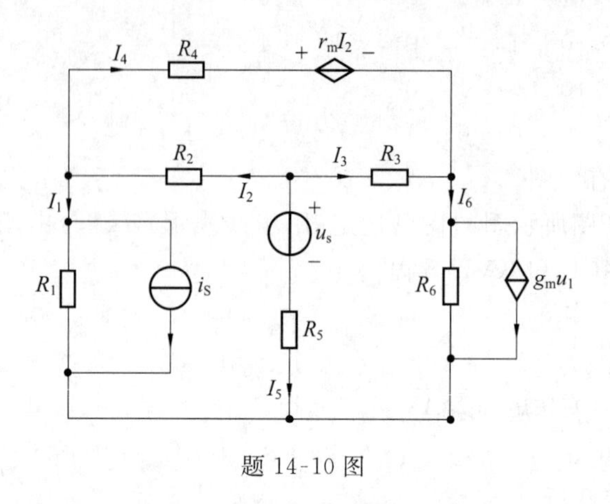

题 14-10 图

14-11　题 14-11 图所示为正弦稳态电路(电源频率为 ω),写出该电路的支路阻抗矩阵,并用支路阻抗矩阵表示支路电压。电流关系的矩阵形式。

14-12　试写出题 14-12 图所示电路的支路导纳矩阵。

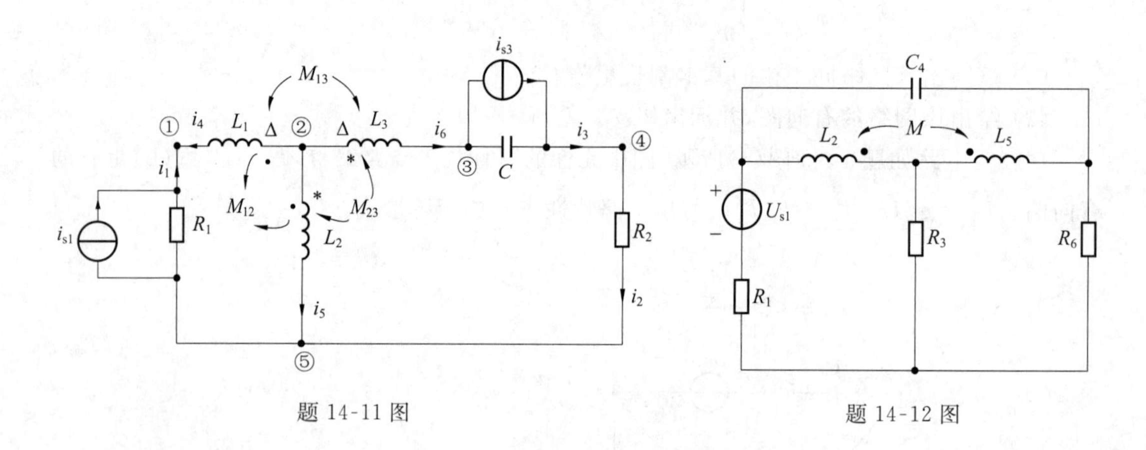

题 14-11 图　　　　题 14-12 图

14-13　题 14-13 图所示为正弦稳态电路(电源频率为 ω)。

(1) 画出电路的有向图,写出关联矩阵 $\mathbf{A}$;

(2) 写出支路导纳矩阵,节点导纳矩阵和矩阵形式的节点电压方程。

14-14　列写题 14-14 图所示电路的节点电压方程的矩阵形式。

14-15　画出题 14-15 图电路的有向图,并求出关联矩阵 A 和节点电压方程的矩阵形式。

14-16　题 14-16 图所示电路中电源角频率为 ω,试以节点④为参考节点,列写出该电路节点电压方程的矩阵形式。

14-17　列写题 14-17 图所示电路的节点电压方程的矩阵形式。

14-18　列写题 14-18 图所示电路的矩阵形式的节点方程。

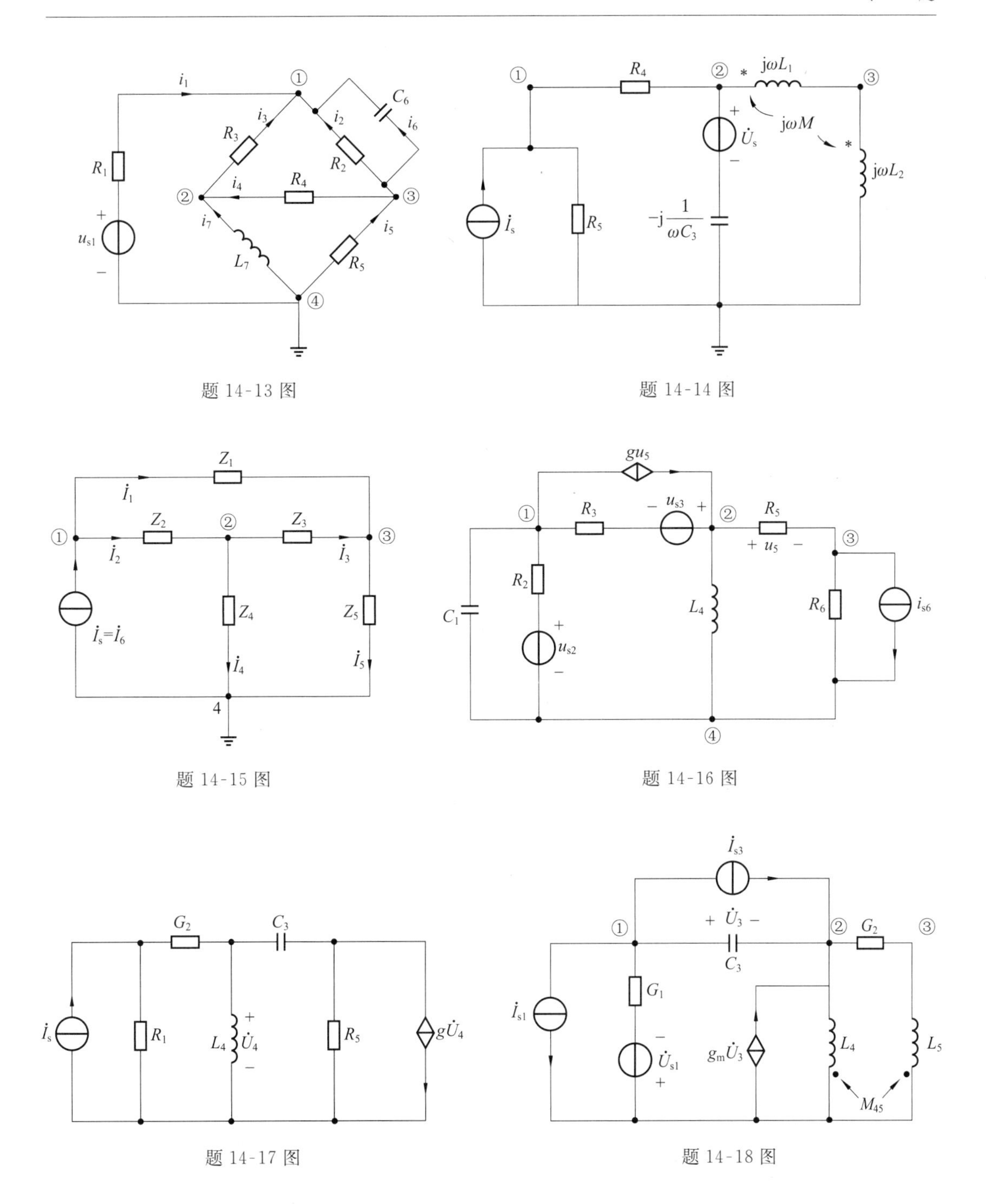

14-19　题 12-19 图所示电路为正弦稳态电路(电源频率为 ω)。画出电路的有向图,选择一个包含 R_1,R_2,R_3 和 C_4 的树,写出该电路的回路电流方程的矩阵形式。

14-20　在题 14-20 图所示电路中,已知 $C_1=C_2=0.5\text{F}$,$L_3=2\text{H}$,$L_4=1\text{H}$,$R_5=1\Omega$,$R_6=2\Omega$。电流源 $i_{s5}=3\sqrt{2}\sin 2t\text{A}$,$u_{s6}=2\sqrt{2}\sin 2t\text{V}$。若选择支路 4,5,6 为树支,写出回路电流方程的矩阵形式。

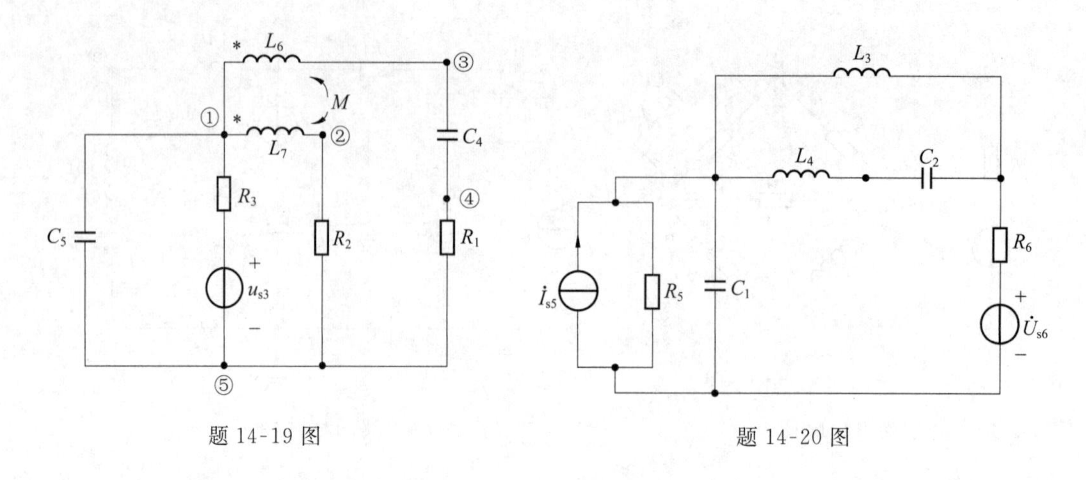

题 14-19 图　　　　　　题 14-20 图

14-21　对题 14-21 图所示电路，选择支路 1、2、3、4、5 为树，试写出此回路电流方程的矩阵形式。

14-22　写出题 14-22 图所示电路网孔电流方程的矩阵形式。

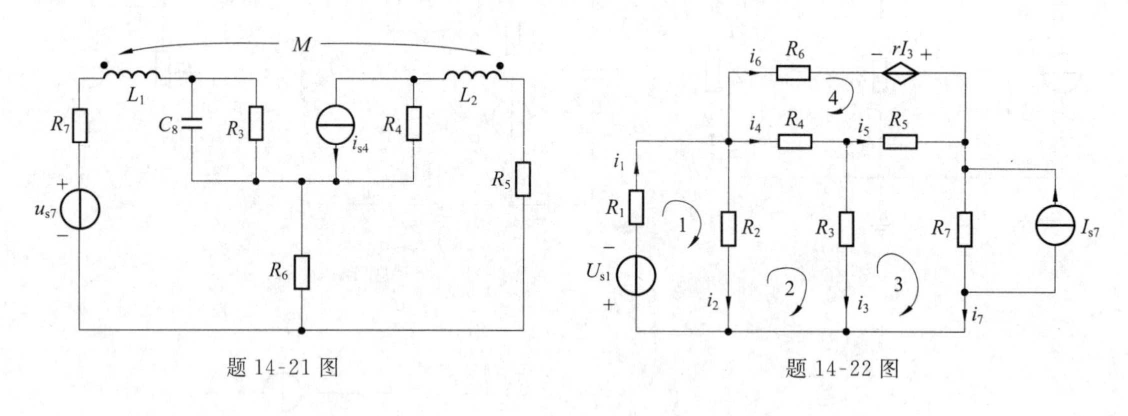

题 14-21 图　　　　　　题 14-22 图

14-23　电路如题 14-23 图(a)所示，题 14-23 图(b)为其有向图。选支路 1,2,6,7 为树，列出矩阵形式的割集电压方程。

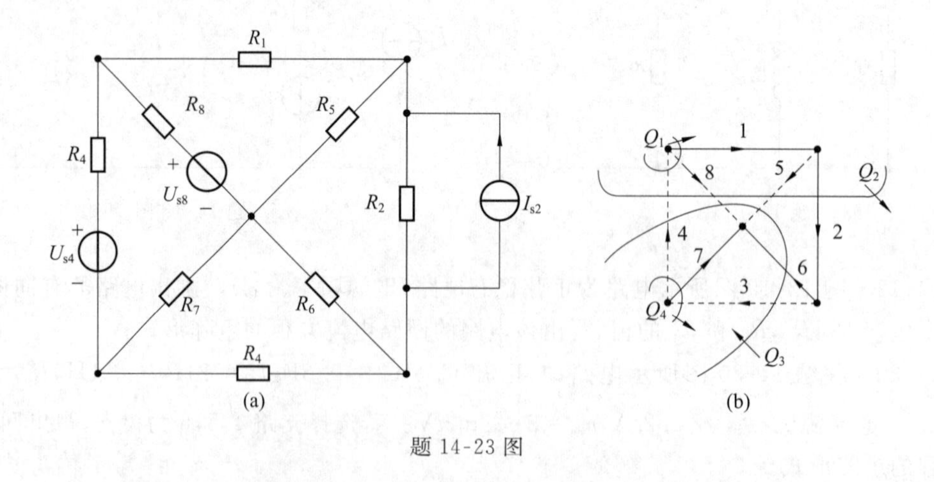

题 14-23 图

第 15 章　双口网络

本章讨论在电气、电子工程等众多学科中有着广泛应用的一种网络——双口网络。它是介于电源和负载之间的传输网络的一般形式。主要介绍双口网络的概念、描述双口网络的端口特性方程和参数、双口网络的 T 形和 Π 形等效电路以及双口网络的基本连接，最后介绍两种可用双口网络描述的电路元件——回转器和负阻抗变换器。

15.1　双口网络概述

在工程实际中除了单口网络或一端口网络外，还会大量遇到具有四个引出端钮的网络，若其四个端钮能两两成对地构成端口，则这种四端网络就构成一个双口网络也称为二端口电路，例如变压器、晶体管放大器、滤波器和电力传输线等。

由于各种双口网络的内部结构与参数千差万别，通常又不知晓其内部情况或对其内部的电气行为并不感兴趣，故而一般将双口网络视为一个“黑箱”，仅仅讨论其两对引出端子即两个端口处的电压、电流关系。这种分析问题的方法对于分析和测试诸如集成电路等现代电路有着非常重要的实际意义。

本章只讨论一种简单的双口网络即其内部所含元件是线性时不变、零状态的且不含独立源，因此，在分析这类双口网络的动态过程时，网络中任何处的响应均为零状态响应。

图 15-1 给出了双口网络 N 的电路符号，其中由端子 1 和 1′以及端子 2 和 2′构成的端口通常分别称为输入端口(用于接入信号)和输出端口(用于输出信号)。本章对双口网络按正弦稳态情况加以分析，这时，两个端口的电压、电流相量分别为 $\dot{U}_1$、$\dot{I}_1$ 和 $\dot{U}_2$、$\dot{I}_2$，其参考方向按照惯例选取关于网络 N 为关联参考方向。显然，通过正弦稳态分析所得到的反映网络端口特性的方程和参数，可以直接类推得到复频率 s 或直流电路下的相应结果。

由三端网络构成的双口网络的电路符号如图 15-2 所示。

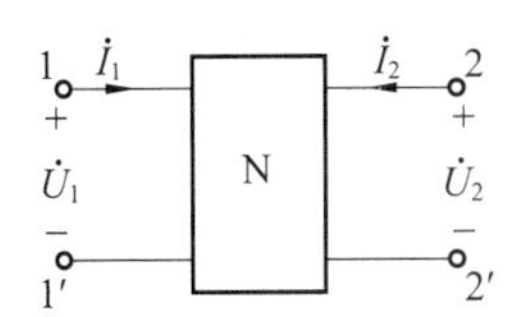

图 15-1　双口网络的电路符号

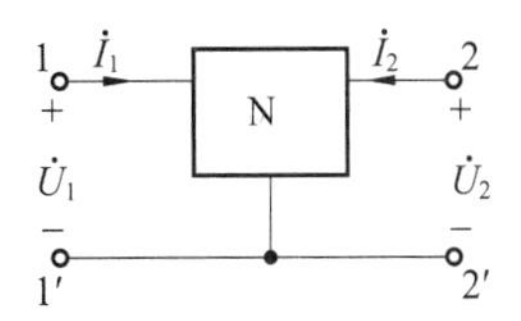

图 15-2　三端网络构成的双口网络的电路符号

我们知道，不含独立源的线性时不变单口网络是由其端口的两个变量 $\dot{U}$、$\dot{I}$ 来描述的，由于这两个变量要受到其端口特性方程(VCR)$f(\dot{U},\dot{I})=0$(隐函数)，$\dot{U}=Z\dot{I}$ 或 $\dot{I}=Y\dot{U}$(显函数，$\dot{U}$、$\dot{I}$ 取关联参考方向）的约束，所以仅有一个是独立的，另一个则是非独立的，表征这种单口网络外特性的就是其端口方程的系数，即策动点阻抗 Z 和策动点导纳 Y，它们都称为单口网络的参数。将单口网络的这些概念延拓至不含独立源的线性时不变双口网络，由于其端口上共有4个变量，即 $\dot{U}_1$、$\dot{I}_1$、$\dot{U}_2$、$\dot{I}_2$，因此，双口网络的VCR就是其两个端口上分别存在的关于这4个变量的约束关系，即两个端口的特性方程（隐函数），有

$$\left.\begin{aligned}&\text{端口 1-1}':\quad & f_1(\dot{U}_1,\dot{I}_1,\dot{U}_2,\dot{I}_2)=0\\&\text{端口 2-2}':\quad & f_2(\dot{U}_1,\dot{I}_1,\dot{U}_2,\dot{I}_2)=0\end{aligned}\right\}\tag{15-1}$$

式中，$f_1(\cdot)$、$f_2(\cdot)$的函数形式取决于具体电路。由式(15-1)可知，上述4个变量中只有2个是独立的，其余2个则必须由端口特性方程来决定，因而是因变量。4个变量中，任取两个作为独立变量总共有 $C_4^2=6$ 种选法，因此就能组成6组表示对应因变量的端口特性方程（显函数），其系数即相应的双口网络参数也必然有6组，同于单口网络的参数，双口网络的这些参数只取决于其内部的电路结构、元件参数或电路工作的频率，因此，可以用以表征双口网络的外特性，

双口网络参数在网络结构已知的情况下，可以用求网络函数一样的方法通过计算得到，而在网络结构未知时，可以用实际测量的方法得到，这就使得网络参数具有很重要的实用价值。事实上，双口网络作为"黑箱"问题的研究主要是通过其参数来进行的，一旦把表征双口网络的参数确定下来，就可以用它们来对网络进行各种分析和计算，当一个端口处的电压或电流发生变化时，可以很方便地求出另一个端口处电压或电流的变化，此外，这些参数还可以用来研究不同的双口网络在传输能量和信号方面的性能。

双口网络的理论易于推广到 n 端口网络，但是双口网络与单口网络的应用最为广泛。

15.2　双口网络的端口特性方程和参数

本节中将对如图15-1所示的双口网络N逐一讨论描述其4个端口电量：$\dot{U}_1$、$\dot{I}_1$、$\dot{U}_2$、$\dot{I}_2$ 之间关系的6种端口特性方程即参数方程与参数，重点是其中常用的4种参数。

15.2.1　Z 参数方程与 Z 参数

选取电流 $\dot{I}_1$ 和 $\dot{I}_2$ 作为独立变量，即双口网络同时有两个激励电流源 $\dot{I}_{s1}=\dot{I}_1$ 和 $\dot{I}_{s2}=\dot{I}_2$ 共同作用，于是，因变量为端口电压响应 $\dot{U}_1$ 和 $\dot{U}_2$，如图15-3所示。根据叠加原理，可以得到这种响应与激励关系的端口特性方程，即

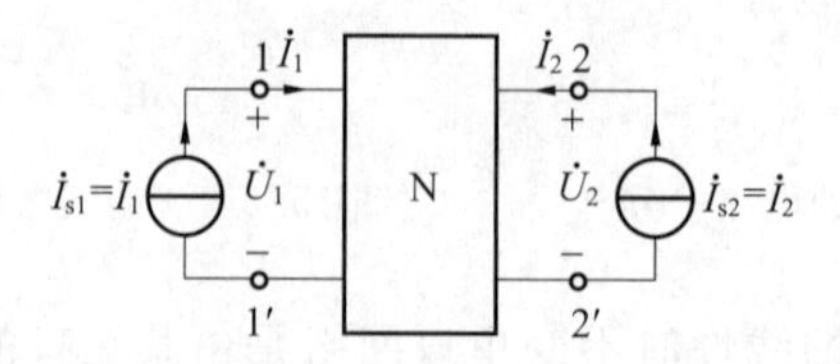

图15-3　电流源 $\dot{I}_{S1}$ 和 $\dot{I}_{S2}$ 共同作用下的双口网络

$$\begin{cases}\dot{U}_1 = Z_{11}\dot{I}_1 + Z_{12}\dot{I}_2 \\ \dot{U}_2 = Z_{21}\dot{I}_1 + Z_{22}\dot{I}_2\end{cases} \tag{15-2}$$

式中，系数 $Z_{ij}(i,j=1,2)$ 表示端口电压对电流的关系，均具有阻抗的量纲，它们合称为双口网络的 Z 参数，式(15-2)则称为双口网络的 Z 参数方程，可将其写成矩阵形式，即

$$\begin{bmatrix}\dot{U}_1 \\ \dot{U}_2\end{bmatrix} = \begin{bmatrix}Z_{11} & Z_{12} \\ Z_{21} & Z_{22}\end{bmatrix}\begin{bmatrix}\dot{I}_1 \\ \dot{I}_2\end{bmatrix} \tag{15-3}$$

或

$$\dot{U} = Z\dot{I} \tag{15-4}$$

式中，$\dot{\boldsymbol{U}}=\begin{bmatrix}\dot{U}_1 & \dot{U}_2\end{bmatrix}^{\mathrm{T}}$，$\dot{\boldsymbol{I}}=\begin{bmatrix}\dot{I}_1 & \dot{I}_2\end{bmatrix}^{\mathrm{T}}$，$\boldsymbol{Z}=\begin{bmatrix}Z_{11} & Z_{12} \\ Z_{21} & Z_{22}\end{bmatrix}$称为 Z 参数矩阵。

由式(15-2)可知，令 $\dot{I}_2=0$ 即端口 2-2′开路，在端口 1-1′施加电流 $\dot{I}_1$，可得

$$Z_{11} = \frac{\dot{U}_1}{\dot{I}_1}\bigg|_{\dot{I}_2=0} \tag{15-5}$$

$$Z_{21} = \frac{\dot{U}_2}{\dot{I}_1}\bigg|_{\dot{I}_2=0} \tag{15-6}$$

式中，Z_{11} 为端口 2-2′开路时端口 1-1′的策动点阻抗；Z_{21} 为端口 2-2′开路时端口 1-1′对端口 2-2′的转移阻抗(正向转移阻抗)。

同理，令 $\dot{I}_1=0$ 即端口 1-1′开路，在端口 2-2′施加电流 $\dot{I}_2$，可得

$$Z_{12} = \frac{\dot{U}_1}{\dot{I}_2}\bigg|_{\dot{I}_1=0} \tag{15-7}$$

$$Z_{22} = \frac{\dot{U}_2}{\dot{I}_2}\bigg|_{\dot{I}_1=0} \tag{15-8}$$

式中，Z_{12} 为端口 1-1′开路时端口 2-2′对端口 1-1′的转移阻抗(反向转移阻抗)；Z_{22} 为端口 1-1′开路时端口 2-2′的策动点阻抗。

式(15-5)～式(15-8)称为 Z 参数的物理意义式。

由于 Z 参数都是在双口网络某一端口开路情况下通过计算或测量求得的，故习惯上称为开路阻抗参数，而矩阵 $\boldsymbol{Z}$ 则称为开路阻抗参数矩阵。由式(15-5)～式(15-8)可知，Z 参数同时也是一种网络函数。

当双口网络为“白箱”即其结构与元件参数已知时，其 Z 参数可以直接根据式(15-2)或(15-5)～式(15-8)计算求取，虽然式(15-2)是根据图 15-3 导出的，但是由于双口网络方程所反映的是与激励方式无关的端口变量间的一般关系，所以也可以设想以电压源作为其两个端口激励，用网孔法或回路法这种符合 Z 参数方程式(15-2)形式的方法来求 Z 参数，当然还可采用任何其他激励方式和线性电路的分析方法；当双口网络为“黑箱”时，其 Z 参数则可以将按照式(15-5)～式(15-8)所表示的物理连接方式进行实际测定所获得的数据代入这些式子通过计算得到。由于 Z 参数的测量都是在开路情况下进行的，所以对输入、输出阻抗低的网络测量精度较高。

对于一般的双口网络来说，应有 4 个独立的网络参数，但是，对于某些内部结构和/或参

数特定的网络，描述其所需要的独立参数的数目就会减少。

若双口网络满足下列关系：

$$\left.\frac{\dot{U}_1}{\dot{I}_2}\right|_{\dot{I}_1=0}=\left.\frac{\dot{U}_2}{\dot{I}_1}\right|_{\dot{I}_2=0} \tag{15-9}$$

则由互易定理的第二种形式可知，该网络具有互易性，此时，由式(15-6)和式(15-7)可知，有

$$Z_{12}=Z_{21} \tag{15-10}$$

因此，互易双口网络只有 3 个独立的 Z 参数，式(15-10)即为用 Z 参数表示的双口网络的互易性条件或互易性判据。由于双口网络参数只取决于其自身的结构、元件参数与电源频率，所以具有互易性的双口网络的各种参数中都只有 3 个是独立的，并且利用由任何一种网络参数表示的双口网络的互易性判据便可判知一个双口网络是否是互易的。

根据互易定理可知，由线性时不变元件 R、$L(M)$、C 以及理想变压器构成的双口网络必定是互易的，而含有受控源这种非互易元件的零状态线性双口网络一般来说不具有互易性。但是，具有某些特定结构或元件参数值的含受控源的零状态线性双口网络也可以是互易的。

如果双口网络的两个端口互换位置后与其他网络连接而不影响其外部特性，也就是说，从它的任一端口看进去，其电气特性是一样的，即电气上呈对称性，则称为对称双口网络。通过网络中心的纵轴把网络分成左右两半，如果两半的结构相同，又称结构对称，即元件的连接方式、性质及其数值的大小均具有对称性，则一定属于对称双口网络，但是结构不对称的网络也可以是对称网络，只要它的电气特性是对称的。

对于如图 15-3 所示的双口网络。将其两个端口对调后，如图 15-4 所示，

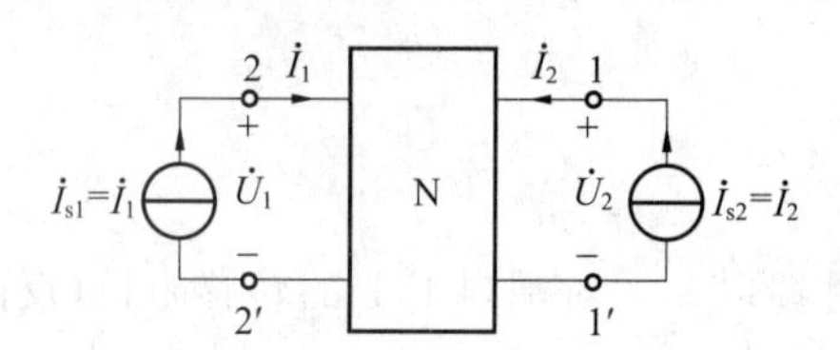

图 15-4　将图 15-3 所示双口网络的两个端口易位后的电路

对于图 15-4 所示连接方式的双口网络，分别将式(15-2)中 $\dot{I}_1$ 与 $\dot{I}_2$、$\dot{U}_1$ 与 $\dot{U}_2$ 交换，便可得到其 Z 参数方程，即

$$\begin{cases}\dot{U}_1=Z_{22}\dot{I}_1+Z_{21}\dot{I}_2\\ \dot{U}_2=Z_{12}\dot{I}_1+Z_{11}\dot{I}_2\end{cases} \tag{15-11}$$

由于双口网络具有对称性要求其两个端口互换位置后与其他网络连接，双口网络的外部特性保持不变，这就要求式(15-2)和式(15-11)这两个特性方程完全相同，为此，这两个 Z 参数方程中对应项的参数必须相等，即

$$\left.\begin{aligned}Z_{11}&=Z_{22}\\ Z_{12}&=Z_{21}\end{aligned}\right\} \tag{15-12}$$

将式(15-12)中各个 Z 参数用其物理意义式来表示则可以更清楚地看出此时双口网络的电气对称性。式(15-12)为用 Z 参数表示的线性时不变双口网络的对称性判据，它表明，

对称双口网络的 Z 参数只有两个是独立的，并且具有对称性的双口网络必定具有互易性，但是，反之不一定成立，也就是说，只有对互易网络才可以进一步讨论其是否对称问题，而非互易网络则必定不是对称的。

由于网络参数只取决于网络结构和元件特性与电源频率，所以，后面将会看到这一结论对其他参数也是成立的。因此，对于具有互易性或对称性的双口网络，其参数的求解会得以简化；反之，只要知道了网络参数，就能判断出该网络是否具有互易性或对称性。

Z 参数在网络综合中有着广泛的应用，也用于分析电子工程中串一串反馈放大器等。

【例 15-1】 求图 15-5(a)所示双口网络的 Z 参数矩阵。

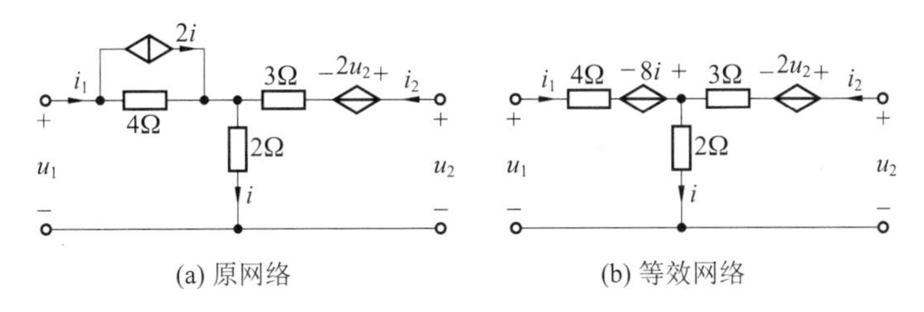

图 15-5 例 15-1 图

解 (1) 将图 15-5(a)中 4Ω 电阻与 $2i$ 受控源并联作等效变换得到图 15-5(b)，令 $i_2=0$，列 KCL 和 KVL 方程可得

$$i_1=i,\quad 4i_1+2i=u_1+8i,\quad 2u_2+2i=u_2$$

解得 $u_1=-2i_1$，$u_2=-2i_1$，因此有

$$Z_{11}=\frac{u_1}{i_1}\bigg|_{i_2=0}=-2,\quad Z_{21}=\frac{u_2}{i_1}\bigg|_{i_2=0}=-2$$

(2) 令 $i_1=0$，列 KCL 和 KVL 方程可得

$$i_2=i,\quad 2i=u_1+8i,\quad 2u_2+3i_2+2i=u_2$$

解得 $u_1=-6i_2$，$u_2=-5i_2$，故有

$$Z_{12}=\frac{u_1}{i_2}\bigg|_{i_1=0}=-6,\quad Z_{22}=\frac{u_2}{i_2}\bigg|_{i_1=0}=-5$$

于是可得该双口网络的 Z 参数矩阵即 R 参数矩阵为 $\boldsymbol{Z}=\boldsymbol{R}=\begin{bmatrix}-2 & -6\\ -2 & -5\end{bmatrix}\Omega$。

【例 15-2】 求图 15-6 所示双口网络的 Z 参数矩阵，已知 $n=4$，$\alpha=3$，$Z_1=1\Omega$，$Z_2=\mathrm{j}2\Omega$，$Z_3=-\mathrm{j}3\Omega$。

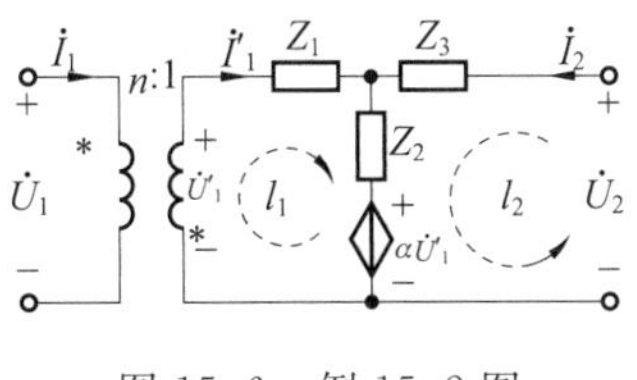

图 15-6 例 15-2 图

解　在图 15-6 中对于回路 1 和回路 2 分别列写 KVL 方程可得

$$\dot{U}'_1=(Z_1+Z_2)\dot{I}'_1+Z_2\dot{I}_2+\alpha\dot{U}'_1$$

$$\dot{U}_2=Z_2\dot{I}'_1+(Z_2+Z_3)\dot{I}_2+\alpha\dot{U}'_1$$

对于图 15-6，考虑到理想变压器的特性方程：$\dot{U}_1=-n\dot{U}'_1$ 和 $\dot{I}'_1=-n\dot{I}_1$，并将其代入上面两式再代入数据可得

$$\dot{U}_1=-\frac{n^2}{\alpha-1}(Z_1+Z_2)\dot{I}_1+\frac{n}{\alpha-1}Z_2\dot{I}_2=-(8+\text{j}16)\dot{I}_1+\text{j}4\dot{I}_2$$

$$\dot{U}_2=\left[-nZ_2+\frac{\alpha n}{\alpha-1}(Z_1+Z_2)\right]\dot{I}_1+(Z_2+Z_3-\frac{\alpha}{\alpha-1}Z_2)\dot{I}_2=(6+\text{j}4)\dot{I}_1-\text{j}4\dot{I}_2$$

于是该双口网络的 Z 参数矩阵为 $Z=\begin{bmatrix}-8-\text{j}16 & \text{j}4\\ 6+\text{j}4 & -\text{j}4\end{bmatrix}\Omega$。

【例 15-3】　对于图 15-7 所示电路有下列两组测量数据：(1)4-4′开路时，$U_3=1\text{V}$，$U_1=0.5\text{V}$，$U_2=0.25\text{V}$；(2)3-3′开路时，$U_1=0.1\text{V}$，$U_2=1.2\text{V}$，$U_4=2\text{V}$。已知 $R_1=200\Omega$，$R_2=400\Omega$，试分别求网络 N_1 和 N_2 的开路阻抗矩阵$[Z_1]$和$[Z_2]$。

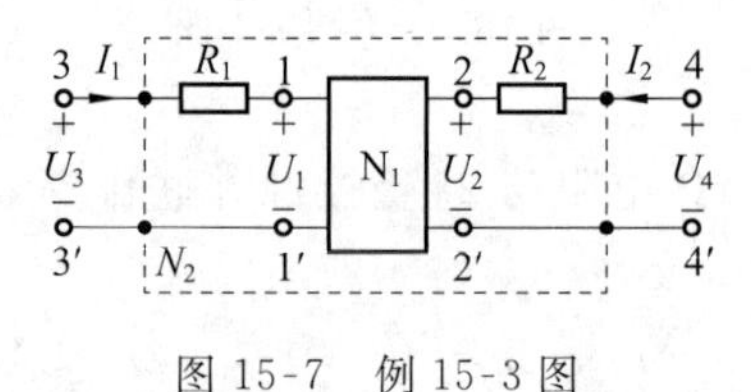

图 15-7　例 15-3 图

解　(1)求$[Z_1]$。由第(1)组测量数据可得

$$I_1=\frac{U_3-U_1}{R_1}=\frac{1-0.5}{200}=2.5\times10^{-3}(\text{A})$$

于是得

$$Z_{11}=\frac{U_1}{I_1}\bigg|_{I_2=0}=\frac{0.5}{2.5\times10^{-3}}=200(\Omega)$$

$$Z_{21}=\frac{U_2}{I_1}\bigg|_{I_2=0}=\frac{0.25}{2.5\times10^{-3}}=100(\Omega)$$

由第(2)组测量数据可得

$$I_2=\frac{U_4-U_2}{R_2}=\frac{2-1.2}{400}=2\times10^{-3}(\text{A})$$

因此得

$$Z_{12}=\frac{U_1}{I_2}\bigg|_{I_1=0}=\frac{0.1}{2\times10^{-3}}=50(\Omega)$$

$$Z_{22}=\frac{U_2}{I_2}\bigg|_{I_1=0}=\frac{1.2}{2\times10^{-3}}=600(\Omega)$$

所以有

$$[Z_1]=\begin{bmatrix}200 & 50\\ 100 & 600\end{bmatrix}\Omega$$

(2)求$[Z_2]$。分别对 N_1 左边和右边回路列写 KVL 方程可得

$$U_3 = R_1 I_1 + U_1 = (R_1 + Z_{11}) I_1 + Z_{12} I_2$$
$$U_4 = R_2 I_2 + U_2 = Z_{21} I_1 + (R_2 + Z_{22}) I_2$$

故而有

$$[Z_2] = \begin{bmatrix} R_1 + Z_{11} & Z_{12} \\ Z_{21} & R_2 + Z_{22} \end{bmatrix} = \begin{bmatrix} 400 & 50 \\ 100 & 1000 \end{bmatrix} \Omega$$

15.2.2　Y 参数方程与 Y 参数

选取 $\dot{U}_1$ 与 $\dot{U}_2$ 作为独立变量，即双口网络同时有两个激励电压源 $\dot{U}_{s1}=\dot{U}_1$ 和 $\dot{U}_{s2}=\dot{U}_2$ 共同作用，则因变量为端口电流 $\dot{I}_1$ 和 $\dot{I}_2$，如图 15-8 所示。根据叠加原理，可以得到这种响应与激励关系的端口特性方程，即

$$\begin{cases} \dot{I}_1 = Y_{11}\dot{U}_1 + Y_{12}\dot{U}_2 \\ \dot{I}_2 = Y_{21}\dot{U}_1 + Y_{22}\dot{U}_2 \end{cases} \tag{15-13}$$

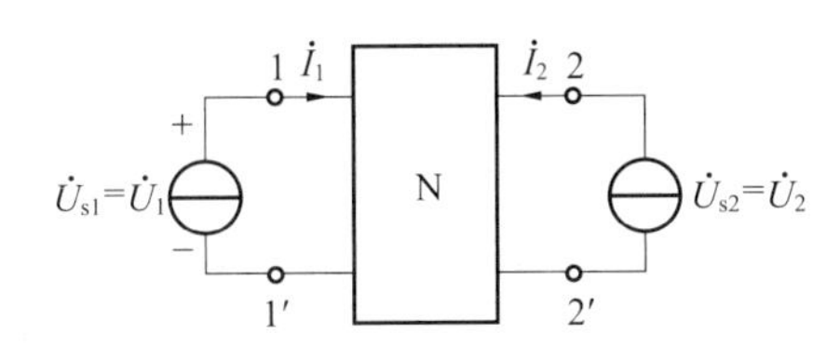

图 15-8　电压源 $\dot{U}_{s1}$ 和 $\dot{U}_{s2}$ 共同作用下的双口网络

式中，系数 $Y_{ij}(i,j=1,2)$表示端口电流对电压的关系，均具有导纳的量纲，它们合称为双口网络的 Y 参数，式(15-13)则称为双口网络的 Y 参数方程，可将其写成矩阵形式，即

$$\begin{bmatrix} \dot{I}_1 \\ \dot{I}_2 \end{bmatrix} = \begin{bmatrix} Y_{11} & Y_{12} \\ Y_{21} & Y_{22} \end{bmatrix} \begin{bmatrix} \dot{U}_1 \\ \dot{U}_2 \end{bmatrix} \tag{15-14}$$

或

$$\dot{I} = Y\dot{U} \tag{15-15}$$

式中，$\dot{I}=[\dot{I}_1 \quad \dot{I}_2]^{\mathrm{T}}$，$\dot{U}=[\dot{U}_1 \quad \dot{U}_2]^{\mathrm{T}}$，$Y=\begin{bmatrix} Y_{11} & Y_{12} \\ Y_{21} & Y_{22} \end{bmatrix}$称为 Y 参数矩阵。由式(15-13)可知，令 $\dot{U}_2=0$ 即端口 2-2′短路，在端口 1-1′施加电压 $\dot{U}_1$，可得

$$Y_{11} = \left.\frac{\dot{I}_1}{\dot{U}_1}\right|_{\dot{U}_2=0} \tag{15-16}$$

$$Y_{21} = \left.\frac{\dot{I}_2}{\dot{U}_1}\right|_{\dot{U}_2=0} \tag{15-17}$$

式中，Y_{11}为端口 2-2′短路时端口 1-1′的策动点导纳；Y_{21}称为端口 2-2′短路时端口 1-1′对端口 2-2′的转移导纳(正向转移导纳)。

同理，令 $\dot{U}_1=0$ 即端口 1-1′短路，在端口 2-2′施加电压$\dot{U}_2$，可得

$$Y_{12}=\left.\frac{\dot{I}_1}{\dot{U}_2}\right|_{\dot{U}_1=0} \tag{15-18}$$

$$Y_{22}=\left.\frac{\dot{I}_2}{\dot{U}_2}\right|_{\dot{U}_1=0} \tag{15-19}$$

式中，Y_{12}称为端口 1-1′短路时端口 2-2′对端口 1-1′的转移导纳(反向转移导纳)；Y_{22}是端口 1-1′短路时端口 2-2′的策动点导纳。

式(15-16)～式(15-19)称为 Y 参数的物理意义式。

由于 Y 参数都是在双口网络某一端口短路情况下通过计算或测量求得的，故习惯上称为短路导纳参数，而矩阵 Y 则称为短路导纳参数矩阵。由式(15-16)～式(15-19)可知，Y 参数同时也是一种网络函数。

当双口网络为“白箱”时，其 Y 参数可以直接根据由式(15-13)或式(15-16)～式(15-19)通过计算求得，由于双口网络的参数与激励无关，因此，在采用式(15-13)求解 Y 参数时，为了列写方程方便，可以假设双口网络的两个端口由电流源激励，采用符合 Y 参数方程形式的节点法，当然还可采用任何其他激励方式和线性电路的分析方法；当双口网络为“黑箱”时，其 Y 参数则可以将按照式(15-16)～式(15-19)所表示的物理连接方式进行实际测定所获得的数据代入这些式子通过计算得到。一般说来，输入、输出阻抗高的电路，测定 Y 参数较精确，但是要注意，有些实际装置往往不允许短路，这样就使得 Y 参数的测量发生困难，然而可以先测出另一种参数，再通过后面要介绍的不同类参数之间的转换，换算成所需的 Y 参数。

若双口网络满足下列关系：

$$\left.\frac{\dot{I}_1}{\dot{U}_2}\right|_{\dot{U}_1=0}=\left.\frac{\dot{I}_2}{\dot{U}_1}\right|_{\dot{U}_2=0} \tag{15-20}$$

则由互易定理的第一种形式可知，该网络具有互易性，此时，由式(15-17)和式(15-18)可知，有

$$Y_{12}=Y_{21} \tag{15-21}$$

因此，互易双口网络只有 3 个独立的 Y 参数，而式(15-21)则为用 Y 参数表示的双口网络的互易性条件或互易性判据。

采用与对称双口网络 Z 参数表示相同的推导方法可得对称双口网络 Y 参数必须满足的条件，即

$$\begin{cases}Y_{11}=Y_{22}\\Y_{12}=Y_{21}\end{cases} \tag{15-22}$$

将式(15-22)中各个 Y 参数用其物理意义式来表示则可以更直接地看出此时双口网络的电气对称性。式(15-22)为线性时不变双口网络的对称性判据，它表明，对称双口网络的 Y 参数只有两个是独立的。

Y 参数在网络综合中有着广泛的应用，也常用来分析高频小信号晶体管放大器电路。

【例 15-4】 试求图 15-9 所示双口网络的 Y 参数矩阵。

解　(1) 在图 15-9 中，令 $\dot{U}_2=0$，由 KCL 可得

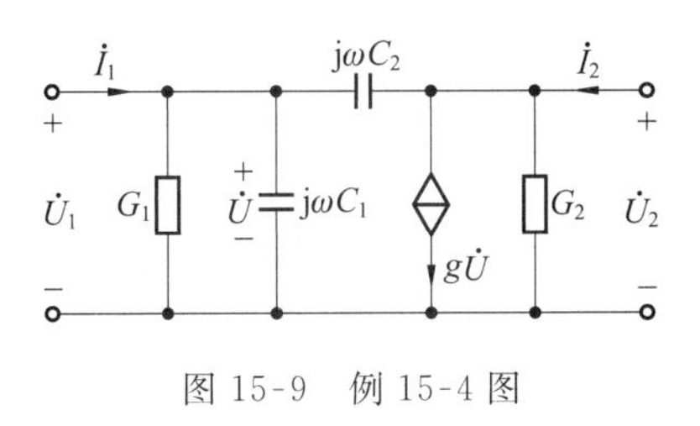

图 15-9 例 15-4 图

$$\dot{I}_1 = G_1\dot{U}_1 + \mathrm{j}\omega C_1\dot{U}_1 + \mathrm{j}\omega C_2\dot{U}_1,\quad \dot{I}_2 + \mathrm{j}\omega C_2\dot{U}_1 = g\dot{U} = g\dot{U}_1$$

因此得

$$Y_{11} = \frac{\dot{I}_1}{\dot{U}_1}\bigg|_{\dot{U}_2=0} = G_1 + \mathrm{j}\omega C_1 + \mathrm{j}\omega C_2$$

$$Y_{21} = \frac{\dot{I}_2}{\dot{U}_1}\bigg|_{\dot{U}_2=0} = g - \mathrm{j}\omega C_2$$

(2) 在图 15-9 中,令 $\dot{U}_1=0$,由 KCL 可得

$$\dot{I}_1 = -\mathrm{j}\omega C_2\dot{U}_2,\quad \dot{I}_2 + \mathrm{j}\omega C_2\dot{U}_2 = G_2\dot{U}_2$$

因此得

$$Y_{12} = \frac{\dot{I}_1}{\dot{U}_2}\bigg|_{\dot{U}_1=0} = -\mathrm{j}\omega C_2,\quad Y_{22} = \frac{\dot{I}_2}{\dot{U}_2}\bigg|_{\dot{U}_1=0} = G_2 - \mathrm{j}\omega C_2$$

于是可得该双口网络的 Y 参数矩阵为 $Y=\begin{bmatrix} G_1+\mathrm{j}\omega C_1+\mathrm{j}\omega C_2 & -\mathrm{j}\omega C_2 \\ g-\mathrm{j}\omega C_2 & G_2-\mathrm{j}\omega C_2 \end{bmatrix}\mathrm{S}$

【例 15-5】 求图 15-10 所示双口网络的 Y 参数矩阵。

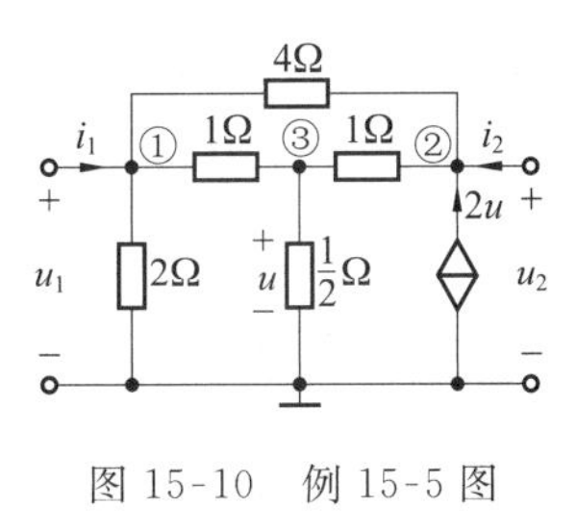

图 15-10 例 15-5 图

解 在图 15-10 所示的双口网络中的端口 1-1′和端口 2-2′分别施加电流源 i_1 和 i_2,对于节点①、②和③列写节点电压方程可得

$$\mathrm{n}_1:\quad \left(1+\frac{1}{2}+\frac{1}{4}\right)u_1 - \frac{1}{4}u_2 - u = i_1 \tag{15-23}$$

$$\mathrm{n}_2:\quad -\frac{1}{4}u_1 + \left(1+\frac{1}{4}\right)u_2 - u = i_2 + 2u \tag{15-24}$$

$$\mathrm{n}_3:\quad -u_1 - u_2 + (1+1+2)u = 0 \tag{15-25}$$

列写式(15-25)是为了消去式(15-23)和式(15-24)中的变量 u，以形成所给双口网络的 Y 参数方程。由式 (15-25) 可得

$$u = \frac{1}{4}u_1 + \frac{1}{4}u_2 \tag{15-26}$$

将式(15-26)分别代入式(15-23)、式(15-24)整理可得

$$i_1 = \frac{3}{2}u_1 - \frac{1}{2}u_2,\quad i_2 = -u_1 + \frac{1}{2}u_2$$

于是，可得该双口网络的 Y 参数矩阵为 $\boldsymbol{Y} = \begin{bmatrix} \frac{3}{2} & -\frac{1}{2} \\ -1 & \frac{1}{2} \end{bmatrix}\text{S}$。

【例 15-6】 试求图 15-11 所示电路中，N 表示由电阻和受控源组成的线性时不变网络。已知 $R_1 = 10\Omega$，$R_2 = 45\Omega$，并且(1)当开关 S 倒向 a 时，$U_1 = 18\text{V}$，$I_2 = -0.5\text{A}$，$U_3 = 28\text{V}$；(2)当开关 S 倒向 b 时，$U_1 = 20\text{V}$，$U_2 = 12\text{V}$，$U_3 = 28\text{V}$，试求网络 N 的短路导纳矩阵 $[Y]$。

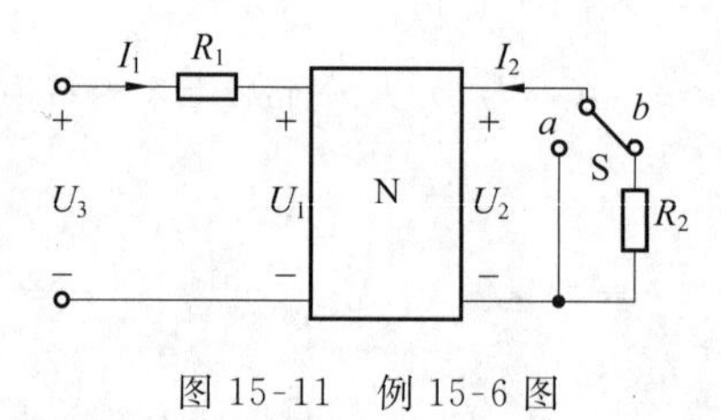

图 15-11　例 15-6 图

解　S 倒向 a 时，由已知数据得

$$Y_{11} = \frac{I_1}{U_1}\bigg|_{U_2=0} = \frac{U_3 - U_1}{R_1 U_1}\bigg|_{U_2=0} = \frac{28-18}{10\times 18} = \frac{1}{18}(\text{S})$$

$$Y_{21} = \frac{I_2}{U_1}\bigg|_{U_2=0} = \frac{-0.5}{18} = -\frac{1}{36}(\text{S})$$

S 倒向 b 时，有

$$I_1 = Y_{11}U_1 + Y_{12}U_2 = \frac{U_3 - U_1}{R_1}$$

$$I_2 = Y_{21}U_1 + Y_{22}U_2 = -\frac{U_2}{R_2}$$

代入已知数可得

$$\frac{1}{18}\times 20 + 12Y_{12} = \frac{28-20}{10}$$

$$-\frac{1}{36}\times 20 + 12Y_{22} = -\frac{12}{45}$$

从中解得

$$Y_{12} = -\frac{7}{270}\text{S},\quad Y_{22} = \frac{13}{540}\text{S}$$

所以有

$$[\boldsymbol{Y}]=\begin{bmatrix}\frac{1}{18} & -\frac{7}{270}\\ -\frac{1}{36} & \frac{13}{540}\end{bmatrix}=\frac{1}{540}\begin{bmatrix}30 & -14\\ -15 & 13\end{bmatrix}\text{S}$$

15.2.3 H 参数方程与 H 参数

选取 $\dot{I}_1$ 和 $\dot{U}_2$ 作为独立变量，即双口网络同时受到激励电流源 $\dot{I}_{s1}=\dot{I}_1$ 和激励电压源 $\dot{U}_{s2}=\dot{U}_2$ 共同作用，则因变量为端口电压 $\dot{U}_1$ 和端口电流 $\dot{I}_2$，如图 15-12 所示。根据叠加原理，可以得到这种响应与激励关系的端口特性方程，即

$$\begin{cases}\dot{U}_1 = H_{11}\dot{I}_1 + H_{12}\dot{U}_2\\ \dot{I}_2 = H_{21}\dot{I}_1 + H_{22}\dot{U}_2\end{cases} \tag{15-27}$$

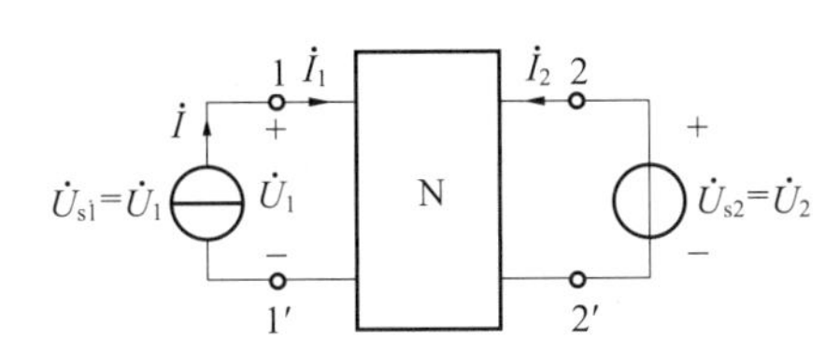

图 15-12 电流源 $\dot{I}_{s1}$ 和电压源 $\dot{U}_{s2}$ 共同作用下的双口网络

式中，系数 $H_{ij}(i,j=1,2)$ 称为双口网络的 H 参数，式(15-27)则称为双口网络的 H 参数方程，可将其写成矩阵形式，即

$$\begin{bmatrix}\dot{U}_1\\ \dot{I}_2\end{bmatrix}=\begin{bmatrix}H_{11} & H_{12}\\ H_{21} & H_{22}\end{bmatrix}\begin{bmatrix}\dot{I}_1\\ \dot{U}_2\end{bmatrix} \tag{15-28}$$

令 $H=\begin{bmatrix}H_{11} & H_{12}\\ H_{21} & H_{22}\end{bmatrix}$，称为 H 参数矩阵。

由式(15-27)可知，令 $\dot{U}_2=0$ 即端口 2-2′短路，在端口 1-1′施加电流 $\dot{I}_1$，可得

$$H_{11}=\left.\frac{\dot{U}_1}{\dot{I}_1}\right|_{\dot{U}_2=0} \tag{15-29}$$

$$H_{21}=\left.\frac{\dot{I}_2}{\dot{I}_1}\right|_{\dot{U}_2=0} \tag{15-30}$$

式中，H_{11} 为端口 2-2′短路时端口 1-1′的策动点阻抗，即 $1/Y_{11}$，具有阻抗的量纲。式(15-30)中，H_{21} 为端口 2-2′短路时端口 1-1′对端口 2-2′的正向短路电流传输比，无量纲。

同理，令 $\dot{I}_1=0$ 即端口 1-1′开路，在端口 2-2′施加电压 $\dot{U}_2$，可得

$$H_{12}=\left.\frac{\dot{U}_1}{\dot{U}_2}\right|_{\dot{I}_1=0} \tag{15-31}$$

$$H_{22}=\frac{\dot{I}_2}{\dot{U}_2}\bigg|_{\dot{I}_1=0} \tag{15-32}$$

式中，H_{12}为端口 1-1′开路时端口 2-2′对端口 1-1′的反向开路电压传输比，无量纲；H_{22}为端口 1-1′开路时端口 2-2′的策动点导纳，即 $1/Z_{22}$，具有阻抗的量纲。由于 H 参数的量纲分别为阻抗、导纳或无量纲，所以它们又称为混合参数，简称 H(hybrid)参数。

式(15-29)～式(15-32)称为 H 参数的物理意义式。由式(15-29)～式(15-32)可知，H 参数同时也是一种网络函数。

当双口网络为"白箱"时，其 H 参数可以根据式(15-27) 或式(15-29)～式(15-32)通过计算得到，在采用式(15-27)求解时，由于其中第一个方程和第二个方程分别对应于 KVL 和 KCL，所以为了列方程求解方便，假设待求双口网络端口 1-1′上的激励源为电压源即 $\dot{U}_{s1}=\dot{U}_1$，端口 2-2′上的激励源为电流源即 $\dot{I}_{s2}=\dot{I}_2$，对端口 1-1′电压 $\dot{U}_1$ 所在回路和端口 2-2′电流 $\dot{I}_2$ 所在节点分别应用回路法和节点法，当然还可以采用其他激励方式与线性电路分析方法；当双口网络为"黑箱"时，其 H 参数则可以将按照式(15-29)～式(15-32)所表示的物理连接方式进行实际测定所获得的数据代入这些式子通过计算得到。若双口网络的输入阻抗低，输出阻抗高，则所测得的 H 参数较为精确。

考虑到双口网络中电流 $\dot{I}_2$ 的参考方向，根据互易定理的第三种形式，对于互易双口网络来说，应有

$$\frac{-\dot{I}_2}{\dot{I}_1}\bigg|_{\dot{U}_2=0}=\frac{\dot{U}_1}{\dot{U}_2}\bigg|_{\dot{I}_1=0} \tag{15-33}$$

由式(15-30)和式(15-31)可知，式(15-33)可以用 H 参数表示为

$$-H_{21}=H_{12} \tag{15-34}$$

式(15-34)表明，互易双口网络只有 3 个独立的 H 参数，该式是用 H 参数表示的双口网络的互易性判据。

若双口网络具有对称性，则 H 参数除 $-H_{21}=H_{12}$ 外，还应满足：

$$H_{11}H_{22}-H_{12}H_{21}=1 \tag{15-35}$$

式(15-35)可以利用 Z 或 Y 参数表示的双口网络的对称性判据中的 $Z_{11}=Z_{22}$ 或 $Y_{11}=Y_{22}$ 以及后面将要介绍的 Z 或 H 参数与 H 参数之间的关系得到。因此，对称双口网络仅有两个独立的 H 参数。

H 参数在低频小信号晶体管放大器电路的分析中得到了广泛的应用。这是因为 H 参数能直接从晶体管静态特性曲线获得，而且在低频时，它们都是实数，容易用实验的方法直接测量出来。

【例 15-7】 求图 15-13 所示双口网络的 H 参数矩阵。

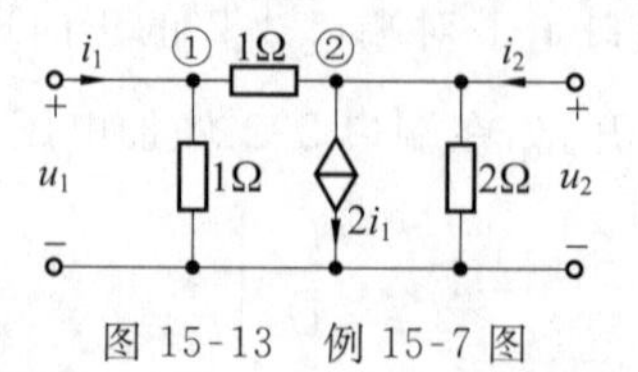

图 15-13　例 15-7 图

解　(1) 令 $u_2=0$，分别对电压 u_1 和两个 1Ω 电阻所在回路列 KVL 方程可得

$$u_1=1\times(2i_1-i_2),\quad u_1=1\times[i_1-(2i_1-i_2)]$$

因此可得
$$H_{11}=\frac{u_1}{i_1}\bigg|_{u_2=0}=\frac{1}{2}\Omega,\quad H_{21}=\frac{i_2}{i_1}\bigg|_{u_2=0}=\frac{3}{2}$$

(2) 令 $i_1=0$，$2i_1$ 受控电流源开路且电路左侧两个串联 1Ω 电阻可等效为 2Ω 电阻再与端口 2-2′处的 2Ω 电阻并联分流，分得电流为 $\frac{1}{2}i_2$，由欧姆定理得

$$u_1=1\times\frac{1}{2}i_2,u_2=2\times\frac{1}{2}i_2=i_2$$

于是有
$$H_{12}=\frac{u_1}{u_2}\bigg|_{i_1=0}=\frac{1}{2},H_{22}=\frac{i_2}{u_2}\bigg|_{i_1=0}=1\text{S}$$

因此，所求 H 参数矩阵为 $\boldsymbol{H}=\begin{bmatrix}\frac{1}{2}\Omega & \frac{1}{2}\\ \frac{3}{2} & 1\text{S}\end{bmatrix}$。

【例 15-8】　求图 15-14 所示双口网络的 H 参数矩阵，已知 $R_1=R_2=R_3=R_4=2\Omega$，$g=\frac{3}{2}\text{S}$。

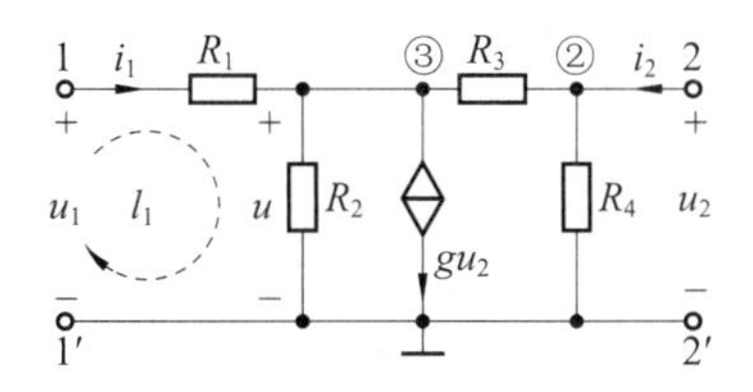

图 15-14　例 15-8 图

解　在图 15-14 所示的双口网络中，对于所选回路 1 应用网孔法可得

$$u_1=R_1i_1+u \tag{15-36}$$

对于节点②应用节点法可得方程

$$i_2=\left(\frac{1}{R_3}+\frac{1}{R_4}\right)u_2-\frac{1}{R_3}u=u_2-\frac{1}{2}u \tag{15-37}$$

为了由式(15-36)和式(15-37)形成 H 参数方程，必须消除其中变量 u，因此对节点③应用节点法列写方程如下：

$$\left(\frac{1}{R_2}+\frac{1}{R_3}\right)u-\frac{1}{R_3}u_2=i_1-gu_2 \tag{15-38}$$

将所给数据代入式(15-38)可得

$$u=i_1-u_2 \tag{15-39}$$

将式(15-39)和已知数据分别代入式(15-36)和式(15-37)可得

$$u_1=3i_1-u_2,\quad i_2=-\frac{1}{2}i_1+\frac{3}{2}u_3$$

于是，可得该双口网络的 H 参数为 $\boldsymbol{H}=\begin{bmatrix}3\Omega & -1\\ -\frac{1}{2} & \frac{3}{2}\mathrm{S}\end{bmatrix}$。

【例 15-9】 在图 15-15 所示电路中，已知 $R_1=100\Omega$，$R_2=1000\Omega$，并且当开关 S 打开时，测得 $I_s=10\mathrm{mA}$，$I_1=5\mathrm{mA}$，$U_2=-250\mathrm{V}$；当 S 闭合后，测得 $I_s=10\mathrm{mA}$，$I_1=5\mathrm{mA}$，$U_2=-125\mathrm{V}$，试求网络 N 的 H 参数矩阵。

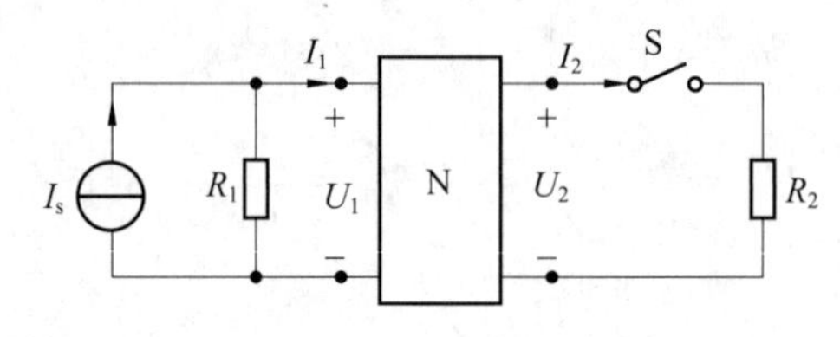

图 15-15　例 15-9 图

解　由 S 打开时所测数据可求得

$$U_1=R_1(I_s-I_1)=100\times(10-5)\times10^{-3}=0.5(\mathrm{V}),\quad I_2=0$$

将所求与已知数据代入 H 参数方程得

$$0.5=5\times10^{-3}H_{11}-250H_{12} \tag{15-40}$$

$$0=5\times10^{-3}H_{21}-250H_{22} \tag{15-41}$$

由 S 闭合后所测数据求得

$$U_1=R_1(I_s-I_1)=100\times(10-5)\times10^{-3}=0.5(\mathrm{V})$$

$$I_2=\frac{U_2}{R_2}=-\frac{125}{1000}=-0.125(\mathrm{A})$$

将所求与已知数据代入 H 参数方程又得

$$0.5=5\times10^{-3}H_{11}-125H_{12} \tag{15-42}$$

$$0.125=5\times10^{-3}H_{21}-125H_{22} \tag{15-43}$$

式(15-40)与式(15-42)相减可解得 $H_{11}=100\Omega$，$H_{12}=0$。联立求解式(15-41)与式(15-43)可得 $H_{21}=50$，$H_{22}=10^{-3}\mathrm{S}$，所以有

$$H=\begin{bmatrix}100\Omega & 0\\ 50 & 10^{-3}\mathrm{S}\end{bmatrix}$$

还有一种混合参数即 G 参数，它是取 $\dot{U}_1$ 和 $\dot{I}_2$ 为独立变量分别作为端口 1-1′和端口 2-2′的电压源和电流源激励，于是以 $\dot{I}_1$ 和 $\dot{U}_2$ 为响应的端口特性方程为

$$\begin{cases}\dot{I}_1=G_{11}\dot{U}_1+G_{12}\dot{I}_2\\ \dot{U}_2=G_{21}\dot{U}_1+G_{22}\dot{I}_2\end{cases} \tag{15-44}$$

G 参数方程式(15-44)以及其中 G 参数的确定与含义均为 H 参数情况下的对偶，在式(15-44)中分别令 $\dot{U}_1=0$，$\dot{I}_2=0$ 便可得到反映 G 参数物理意义的表示式。G 参数的求解方法可与 H 参数的作类比得到，对于输入阻抗高，输出阻抗低的网络，实际测量 G 参数较精确。但是 G 参数实际较少使用，有时用于分析电子工程中反馈放大器等。

15.2.4 T 参数方程与 T 参数

为了便于分析信号的传输。常用一个端口的电压、电流表示另一端口的电压、电流。若选取输入端口 1-1′的电压 $\dot{U}_1$、电流 $\dot{I}_1$ 作为输入量，输出端口 2-2′的电压 $\dot{U}_2$、电流 $\dot{I}_2$ 作为输出量，则这种输入量用输出量来表示的双口网络特性方程为

$$\begin{cases}\dot{U}_1 = A\dot{U}_2 + B(-\dot{I}_2) \\ \dot{I}_1 = C\dot{U}_2 + D(-\dot{I}_2)\end{cases} \tag{15-45}$$

由于同一端口 1-1′不可能同时施加两个性质不同的激励 $\dot{U}_1$、$\dot{I}_1$，所以这里没有画出 T 参数的物理导出图。需要注意的是，这里因变量与自变量在方程中的位置不同于一般的数学形式，即以 $\dot{U}_1$、$\dot{I}_1$ 作为自变量(激励)，以 $\dot{U}_2$、$\dot{I}_2$ 作为因变量(响应)，用以反映双口网络的正向传输特性，因此，式(15-45)中的系数 A、B、C、D 称为正向传输参数或 T 参数(有的教材用 A_{11}、A_{12}、A_{21}、A_{22}表示，称为 A 参数)，式(15-45)则称为正向传输参数方程，可将其写成矩阵形式，即

$$\begin{bmatrix}\dot{U}_1 \\ \dot{I}_1\end{bmatrix} = \begin{bmatrix}A & B \\ C & D\end{bmatrix}\begin{bmatrix}\dot{U}_2 \\ -\dot{I}_2\end{bmatrix} \tag{15-46}$$

式(15-46)中，令 $\boldsymbol{T}=\begin{bmatrix}A & B \\ C & D\end{bmatrix}$，称为正向传输参数矩阵或 T 参数矩阵。

式(15-45)中选用($-\dot{I}_2$)的原因主要有两个，其一是在传输网络问题的分析中，输出端口电流的参考方向采用与图 15-1 中一般约定的相反，这是考虑到实际电流的流向；其二是采用($-\dot{I}_2$)便于后面将要介绍的双口网络级联的讨论。

正向传输参数的物理意义式可以由式(15-45)导出，与前面有所不同的是，这里是以端口 1-1′作为激励端口，端口 2-2′作为响应端口，因此，依次(不可同时)将电压源 $\dot{U}_1$ 和电流源 $\dot{I}_1$ 施加在端口 1-1′进行激励，分别求出端口 2-2′开路和短路时的响应 $\dot{U}_2$ 和($-\dot{I}_2$)，以此得出正向传输参数的物理意义式，即

$$A = \left.\frac{\dot{U}_1}{\dot{U}_2}\right|_{\dot{I}_2=0},\quad B = \left.\frac{\dot{U}_1}{-\dot{I}_2}\right|_{\dot{U}_2=0},\quad C = \left.\frac{\dot{I}_1}{\dot{U}_2}\right|_{\dot{I}_2=0},\quad D = \left.\frac{\dot{I}_1}{-\dot{I}_2}\right|_{\dot{U}_2=0} \tag{15-47}$$

式中，A 为端口 2-2′开路时端口 1-1′对端口 2-2′的正向开路电压传输比的倒数，无量纲；B 为端口 2-2′短路时端口 1-1′对端口 2-2′的转移导纳的负倒数，即($-1/Y_{21}$)。具有阻抗的量纲；C 为端口 2-2′开路时端口 1-1′对端口 2-2′的转移阻抗的倒数，即($1/Z_{21}$)，具有导纳的量纲；D 为端口 2-2′短路时端口 1-1′对端口 2-2′的正向短路电流传输比的负倒数，无量纲，它们均具有转移的性质。式(15-47)表明 T 参数实际上是网络函数的倒数。

当双口网络为“白箱”时，其 T 参数可根据式 (15-45) 或式(15-47)通过计算得到，当然还可以用其他激励方式和线性电路分析方法；当双口网络为“黑箱”时，其 T 参数则可以将按照式(15-47)所表示的物理连接方式进行实际测定所获得的数据代入该式通过计算得到。但是，T 参数的测量精度总是不高的。

由后面所要介绍的 T 参数和 Y 参数的关系可以得到

$$AD - BC = \frac{Y_{12}}{Y_{21}} \tag{15-48}$$

对于互易双口网络有 $Y_{12}=Y_{21}$，因此，这时 T 参数满足下列关系，即

$$AD - BC = 1 \tag{15-49}$$

式(15-49)是用 T 参数表示的双口网络的互易条件，可见互易网络只有 3 个独立的 T 参数。

T 参数和 Y 参数的关系中有

$$\begin{cases} A = -\dfrac{Y_{22}}{Y_{21}} \\ D = -\dfrac{Y_{11}}{Y_{21}} \end{cases} \tag{15-50}$$

将对称双口网络还须满足的 $Y_{11}=Y_{22}$ 代入式(15-50)可得

$$A = D \tag{15-51}$$

式(15-51)是对称双口网络 T 参数还应满足的条件，即对称双口网络必须同时满足式(15-49)和式(15-51)，这表明对称双口网络只有两个独立的 T 参数。

T 参数是在双口网络的输出端口开路或短路的情况下确定的，这就使得它适用于电力传输与串级连接的滤波器电路等，因为在这些电路中，一般来说，不可能使其输入端开路或短路。这一点也是 T 参数不同于其他参数的地方。

【例 15-10】 试求图 15-16(a)所示双口网络的 T 参数矩阵。

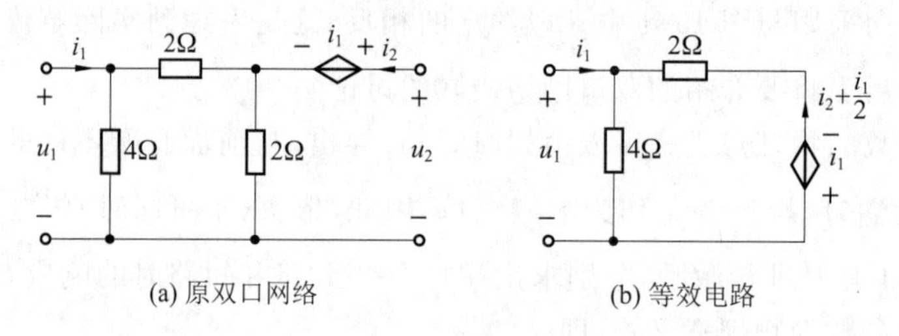

图 15-16　例 15-10 图

解　在图 15-16(a)所示双口网络中：

(1) 令 $i_2=0$，分别应用分流公式与欧姆定理以及 KVL 可得

$$u_1 = 4 \times \frac{2+2}{4+2+2} i_1 = 2i_1$$

$$u_2 = i_1 + 2 \times \frac{4}{4+2+2} i_1 = 2i_1$$

因此得到

$$A = \frac{u_1}{u_2}\bigg|_{i_2=0} = 1, \quad C = \frac{i_1}{u_2}\bigg|_{i_2=0} = \frac{1}{2}\text{S}$$

(2) 令 $u_2=0$，由图 15-16(a)作出其等效电路，如图 15-16(b)所示，分别应用欧姆定律

和 KVL 可得

$$u_1 = 4\left(i_1 + i_2 + \frac{i_1}{2}\right),\quad i_1 + 2\left(i_2 + \frac{i_1}{2}\right) + u_1 = 0$$

联立求解这两个式子可得 $u_1 = -\frac{1}{2}i_2$，$i_1 = -\frac{3}{4}i_2$，因此求出

$$B = \frac{u_1}{-i_2}\bigg|_{u_2=0} = \frac{1}{2}\Omega,\quad D = \frac{i_1}{-i_2}\bigg|_{u_2=0} = \frac{3}{4}$$

于是可得该双口网络的 T 参数矩阵为 $\boldsymbol{T} = \begin{bmatrix} 1 & \frac{1}{2}\Omega \\ \frac{1}{2}\text{S} & \frac{3}{4} \end{bmatrix}$。

【例 15-11】 试求图 15-17 所示双口网络的 T 参数矩阵。

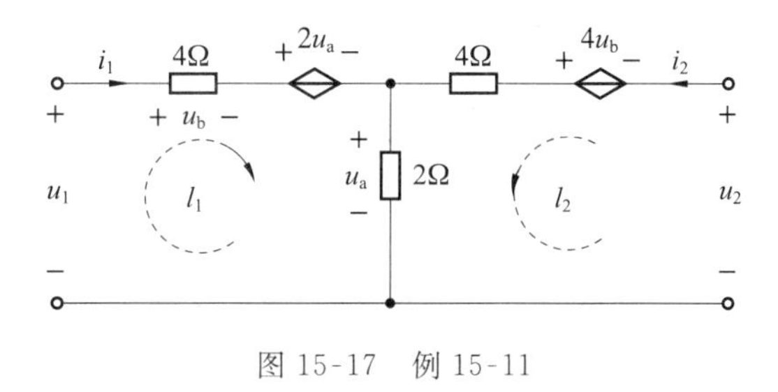

图 15-17 例 15-11

解 分别对回路 2 列写 KVL 方程以及对回路 1 中 4Ω 电阻应用欧姆定理可得

$$4u_b + u_2 = 4i_2 + 2(i_1 + i_2) \tag{15-52}$$

$$u_b = 4i_1 \tag{15-53}$$

将式 (15-53)代入式(15-52)可得

$$i_1 = -\frac{1}{14}u_2 - \frac{3}{7}(-i_2) \tag{15-54}$$

对于回路 1，可列出 KVL 方程为

$$u_1 = 4i_1 + 2u_a + u_a = 4i_1 + 3u_a = 4i_1 + 6(i_1 + i_2) = 10i_1 + 6i_2 \tag{15-55}$$

将式(15-54)代入式(15-55)可得

$$u_1 = -\frac{5}{7}u_2 - \frac{72}{7}(-i_2) \tag{15-56}$$

由式(15-54)、式(15-56) 可知该双口网络的 T 参数矩阵为 $\boldsymbol{T} = \begin{bmatrix} -\frac{5}{7} & -\frac{72}{7}\Omega \\ -\frac{1}{14}\text{S} & -\frac{3}{7} \end{bmatrix}$。

【例 15-12】 图 15-18 中的网络 N 为对称双口网络，如图 15-18(a)所示，当端口 1-1′ 接有激励 $\dot{U}_s = 10\angle 0°\text{V}$ 时，测得端口 2-2′的开路电压 $\dot{U}_{oc} = 10\angle 45°\text{V}$；如图 15-18(b)所示；将负载 $Z_L = 1 + \text{j}1\Omega$ 接到端口 2-2′上，则该负载能从网络中获得最大功率，试求该双口网络 N 的 T 参数。

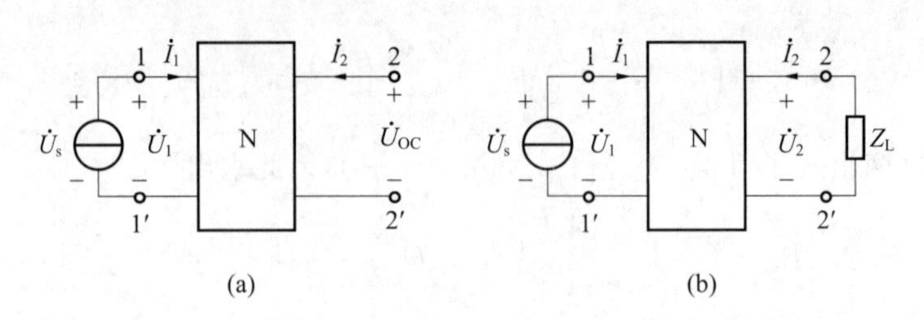

图 15-18　例 15-12 图

解　由题意可知，$Z_L=1+\mathrm{j}1\Omega$ 接到端口 2-2′上能从网络 N 中吸收最大功率，因此，端口 2-2′的入端阻抗为 $Z_{eq2}=1-\mathrm{j}1\Omega$，由于 N 为对称双口网络，因此端口 1-1′的入端阻抗为 $Z_{eq1}\Big|_{\dot{U}_2=0}=1-\mathrm{j}1\Omega$。由图 15-18(a)可得

$$A=\frac{\dot{U}_1}{\dot{U}_2}\Big|_{\dot{I}_2=0}=\frac{\dot{U}_s}{\dot{U}_{oc}}=\frac{10\angle 0^\circ}{10\angle 45^\circ}=1\angle -45^\circ$$

由 T 参数方程以及题意可得

$$\frac{\dot{U}_1}{\dot{I}_1}\Big|_{\dot{U}_2=0}=\frac{B}{D}\Big|_{\dot{U}_2=0}=Z_{eq1}\Big|_{\dot{U}_2=0}=1-\mathrm{j}1\Omega \tag{15-57}$$

由于 N 为对称双口网络，将 $D=A=1\angle -45^\circ$ 代入式(15-57)可求出

$$B=\mathrm{D}\cdot(1-\mathrm{j}1)=\mathrm{A}\cdot(1-\mathrm{j}1)=1\angle -45^\circ\times(1-\mathrm{j}1)=\sqrt{2}\angle -90^\circ\Omega$$

利用 $A^2-BC=1$ 可得

$$C=\frac{1}{B}(A^2-1)=\frac{1}{\sqrt{2}\angle -90^\circ}(-1-\mathrm{j})=1\angle -45^\circ\mathrm{S}$$

最后一组参数称为 T'参数，是一种反向传输参数，因为这时选取端口 1-1′的电压 $\dot{U}_1$、电流 $-\dot{I}_1$ 作为输出量，端口 2-2′的电压 $\dot{U}_2$、电流 $\dot{I}_2$ 作为输入量，这种输入量用输出量来表示的双口网络特性方程为

$$\begin{cases}\dot{U}_2=A'\dot{U}_1+B'(-\dot{I}_1)\\ \dot{I}_2=C'\dot{U}_1+D'(-\dot{I}_1)\end{cases} \tag{15-58}$$

式(15-58) 可表示为矩阵形式，其中 $\boldsymbol{T}'=\begin{bmatrix}A' & B'\\ C' & D'\end{bmatrix}$称为反向传输矩阵或 T'参数矩阵。显然，T'参数也是网络函数的倒数。由于 T'参数很少使用，故而不再多作讨论。

通过以上分析，导出了 6 种网络参数，它们都是对线性时不变、零状态、不含独立源双口网络的完全描述。对于这种双口网络，原则上讲，采用一种参数来表征它们就够了，那么为什么要引入 6 种参数呢？这主要有以下三个原因：

(1) 有些双口网络不能用某些参数来描述，例如，容易证明图 15-19 所示的 3 个双口网络中，(a)不存在 Z 参数矩阵；(b)不存在 Y 参数矩阵；(c)不存在 Z 和 Y 参数矩阵。

(2)研究不同的问题，选用相应情况下最能说明问题或物理含义最清楚的一种参数，例

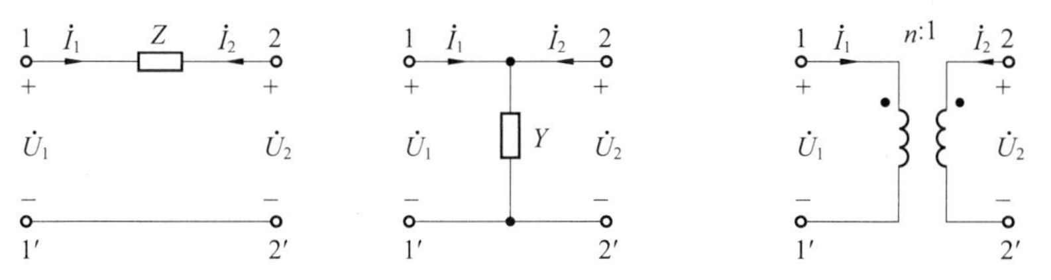

(a) 不存在Z参数矩阵的双口　(b)不存在Y参数矩阵的双口　(c)不存在Z和Y参数矩阵的双口

图 15-19　不存在某种参数的双口网络

如对于晶体管电路的研究采用 H 参数就比较方便，且物理含义较清楚。另外，用试验方法测定网络参数时，是根据双口网络的输出和输入端阻抗的不同，选测不同的参数，以保证测量的精度，再根据各种参数间的转换关系换算成所需的那种参数。

(3) 在处理网络的互相连接问题时，为了分析的方便，不同的互连方式采用不同的参数来进行描述。

网络参数是一个与网络函数密切相关但又有区别的概念，其区别在于网络函数所表达的是一个完整的线性时不变网络的零状态响应与激励之间的关系；而网络参数则表达的是线性时不变网络的子网络的端口特性，它们主要用于处理子网络之间的互联问题。对于双口网络而言，它也是一个更大网络的子网络，若网络的其余部分用 N_1 和 N_2 表示，它们通过各自的端口与双口网络 N 相连，一个简单的常见情况就是双口网络 N 的两个端口分别连接到一个信号源(独立源)N_1 和一个负载(阻抗元件)N_2 上。为了分析 N_1 和 N_2 的特性.人们并不关心双口网络的内部结构与状态，而只关心其外部特性，即仅需要得出双口网络两个端口的特性方程，其中就含有反映双口网络自身本质特性的网络参数；为了得到双口网络的端口特性方程而将其作为一个完整独立的网络通过外施激励(并非用替代定理以独立源代替网络 N_1 和 N_2)来单独加以研究时，其网络参数实际上就是一般意义上的网络函数或网络函数的倒数。

15.3　同一双口网络各种参数间的换算关系

双口网络的 6 种参数从不同侧面描述了同一个双口网络的外部特性，因此，它们必然有着内在的联系，所以由任一种网络参数可以换算出其他 5 种网络参数，只要对于具体网络来说它们是存在的。

在实际应用双口网络时，可以根据需要决定选用何种参数，选择的原则主要在于便于分析或易于实际测量。例如对一个具体网络而言，它的某种参数可能较易测定或测量的精度较高，但在网络的工作分析时，采用另一种参数，像传输参数，有时却来得方便，这样就常常要求人们将一种参数转换为另一种参数。

由于 6 种参数所对应的网络方程都是关于 4 个端口变量的方程，所以如果已知一个双口网络的某种参数，可以先写出它所对应的网络方程，然后将此方程经过代数运算，使之成为所要求参数对应的网络方程的标准形式，通过比较系数，便可得到这两种参数的互换关系式。

比较式(15-3)与式(15-14)容易看出，对于同一双口网络，如果逆矩阵 $\boldsymbol{Z}^{-1}$ 存在，即 $\det\boldsymbol{Z}\neq 0$，则有 $\boldsymbol{Y}=\boldsymbol{Z}^{-1}$，而当 $\det\boldsymbol{Y}\neq 0$ 时，有 $\boldsymbol{Z}=\boldsymbol{Y}^{-1}$。此外，若 $\boldsymbol{H}$、$\boldsymbol{G}$ 为非奇异矩阵，则有 $\boldsymbol{G}=\boldsymbol{H}^{-1}$，

$\boldsymbol{H}=\boldsymbol{G}^{-1}$。

一般情况下,用方程变形的方法可以获得任意两种参数(矩阵)之间的关系。例如 Z 参数方程为

$$\dot{U}_1 = Z_{11}\dot{I}_1 + Z_{12}\dot{I}_2 \tag{15-59}$$

$$\dot{U}_2 = Z_{21}\dot{I}_1 + Z_{22}\dot{I}_2 \tag{15-60}$$

则由式 (15-60) 可得

$$\dot{I}_1 = \frac{\dot{U}_2}{Z_{21}} - \frac{Z_{22}}{Z_{21}}\dot{I}_2 = \frac{1}{Z_{21}}\dot{U}_2 + \frac{Z_{22}}{Z_{21}}(-\dot{I}_2) \tag{15-61}$$

将式(15-61)代入式(15-59)有

$$\dot{U}_1 = \frac{Z_{11}}{Z_{21}}\dot{U}_2 - \left(\frac{Z_{11}Z_{22}}{Z_{21}} - Z_{12}\right)\dot{I}_2 = \frac{Z_{11}}{Z_{21}}\dot{U}_2 + \frac{Z_{11}Z_{22} - Z_{12}Z_{21}}{Z_{21}}(-\dot{I}_2) \tag{15-62}$$

将式(15-61)、式(15-62)与 T 参数方程相比,可以得出用 Z 参数表示的 4 个 T 参数为

$$A = \frac{Z_{11}}{Z_{21}},\quad B = \frac{Z_{11}Z_{22} - Z_{12}Z_{21}}{Z_{21}} = \frac{\Delta_Z}{Z_{21}},\quad C = \frac{1}{Z_{21}},\quad D = \frac{Z_{22}}{Z_{21}}$$

双口网络各种参数间的换算关系不再一一推导,仅将其 4 种参数间的换算关系列于表 15-1。

我们知道,对于有些网络而言,其某种甚至某几种参数并不存在,这种情况下进行参数互换时,参数互换式中的分母为零。

表 15-1 中,$\Delta_Z=\begin{vmatrix} Z_{11} & Z_{12} \\ Z_{21} & Z_{22} \end{vmatrix}$,$\Delta_Y=\begin{vmatrix} Y_{11} & Y_{12} \\ Y_{21} & Y_{22} \end{vmatrix}$,$\Delta_H=\begin{vmatrix} H_{11} & H_{12} \\ H_{21} & H_{22} \end{vmatrix}$,$\Delta_T=\begin{vmatrix} A & B \\ C & D \end{vmatrix}$。当双口网络的元件参数具体给定时,可以用计算机来完成各种网络参数的相互转换。

表 15-1　双口网络四种常用参数间的换算关系

	Z 参数	Y 参数	H 参数	T 参数
Z 参数	$\begin{matrix} Z_{11} & Z_{12} \\ Z_{21} & Z_{22} \end{matrix}$	$\begin{matrix} \frac{Y_{22}}{\Delta_Y} & -\frac{Y_{12}}{\Delta_Y} \\ -\frac{Y_{21}}{\Delta_Y} & \frac{Y_{11}}{\Delta_Y} \end{matrix}$	$\begin{matrix} \frac{\Delta_H}{H_{22}} & \frac{H_{12}}{H_{22}} \\ -\frac{H_{21}}{H_{22}} & \frac{1}{H_{22}} \end{matrix}$	$\begin{matrix} \frac{A}{C} & \frac{\Delta_T}{C} \\ \frac{1}{C} & \frac{D}{C} \end{matrix}$
Y 参数	$\begin{matrix} \frac{Z_{22}}{\Delta_Z} & -\frac{Z_{12}}{\Delta_Z} \\ -\frac{Z_{21}}{\Delta_Z} & \frac{Z_{11}}{\Delta_Z} \end{matrix}$	$\begin{matrix} Y_{11} & Y_{12} \\ Y_{21} & Y_{22} \end{matrix}$	$\begin{matrix} \frac{1}{H_{11}} & -\frac{H_{12}}{H_{11}} \\ \frac{H_{21}}{H_{11}} & \frac{\Delta_H}{H_{11}} \end{matrix}$	$\begin{matrix} \frac{D}{B} & -\frac{\Delta_T}{B} \\ -\frac{1}{B} & \frac{A}{B} \end{matrix}$
H 参数	$\begin{matrix} \frac{\Delta_Z}{Z_{22}} & \frac{Z_{12}}{Z_{22}} \\ -\frac{Z_{21}}{Z_{22}} & \frac{1}{Z_{22}} \end{matrix}$	$\begin{matrix} \frac{1}{Y_{11}} & \frac{Y_{12}}{Y_{11}} \\ -\frac{Y_{21}}{Y_{11}} & \frac{\Delta_Y}{Y_{11}} \end{matrix}$	$\begin{matrix} H_{11} & H_{12} \\ H_{21} & H_{22} \end{matrix}$	$\begin{matrix} \frac{D}{B} & \frac{\Delta_T}{D} \\ -\frac{1}{D} & \frac{C}{D} \end{matrix}$
T 参数	$\begin{matrix} \frac{Z_{11}}{Z_{21}} & \frac{\Delta_Z}{Z_{21}} \\ \frac{1}{Z_{21}} & \frac{Z_{22}}{Z_{21}} \end{matrix}$	$\begin{matrix} -\frac{Y_{22}}{Y_{21}} & -\frac{1}{Y_{21}} \\ -\frac{\Delta_Y}{Y_{21}} & -\frac{Y_{11}}{Y_{21}} \end{matrix}$	$\begin{matrix} -\frac{\Delta_H}{H_{21}} & -\frac{H_{11}}{H_{21}} \\ -\frac{H_{22}}{H_{21}} & -\frac{1}{H_{21}} \end{matrix}$	$\begin{matrix} A & B \\ C & D \end{matrix}$

15.4　双口网络的等效电路

同于单口网络,一个复杂的双口网络可以用一个简单的双口网络来等效,按照等效条件,两者在对应端口必须具有完全相同的端口特性,因此,它们对应的网络参数必须相同,这也是确定一个给定双口网络等效电路的依据。

一旦得到一个双口网络的参数,利用其网络方程及各种改写(例如加项和减项)后的网络方程,可以得出无数个等效电路,但是,由于一般双口网络具有 4 个独立参数,所以对于任何一个双口网络而言,其结构最简单的等效电路应有 4 个元件。由于互易双口网络只有 3 个独立参数,因此,其等效电路由 3 个元件组成,这时结构最简单的是 T 形和Ⅱ形网络。

由于每个双口网络可能(非必定)有 6 组参数矩阵,也就可能相应建立 6 种等效电路。在电路分析中可以根据需要建立有关参数的等效电路。

15.4.1　互易双口网络的等效电路

若已知所给互易双口网络的 Z 参数即 Z_{11}、$Z_{12}=Z_{21}$、Z_{22},要求出其如图 15-20(a)所示 T 形等效电路中的阻抗值 Z_1、Z_2、Z_3,则可先用网孔法求出该 T 形等效电路的 Z 参数,再根据原网络与其 T 形等效电路两者 Z 参数必须对应相等的等效条件可得

$$Z_{11}=Z_1+Z_3,\quad Z_{12}=Z_{21}=Z_3,\quad Z_{22}=Z_2+Z_3 \tag{15-63}$$

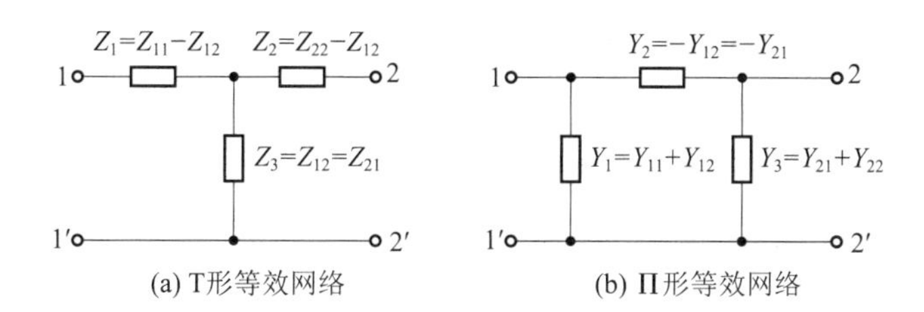

图 15-20　互易双口网络的 T 形等效网络和Ⅱ形等效网络

由式 (15-63)可以求出该 T 形等效电路中的三个阻抗值分别为

$$Z_1=Z_{11}-Z_{12},\quad Z_2=Z_{22}-Z_{12},\quad Z_3=Z_{12}=Z_{21}$$

若已知所给双口网络的 Y 参数即 Y_{11}、$Y_{12}=Y_{21}$、Y_{22},要求出其如图 15-20(b)所示Ⅱ形等效电路中的导纳值 Y_1、Y_2、Y_3,则可先用节点法求出该Ⅱ形等效电路的 Y 参数,再根据原网络与其Ⅱ形等效电路两者 Y 参数必须对应相等的等效条件可得

$$Y_{11}=Y_1+Y_2,\quad Y_{12}=Y_{21}=-Y_2,\quad Y_{22}=Y_2+Y_3 \tag{15-64}$$

由式(15-64)可以求出该Ⅱ形等效电路中的三个导纳值分别为

$$Y_1=Y_{11}+Y_{12},\quad Y_2=-Y_{12}=-Y_{21},\quad Y_3=Y_{22}+Y_{12}=Y_{22}+Y_{21}$$

对于对称双口网络,由于 $Z_{11}=Z_{22}$、$Y_{11}=Y_{22}$,故有 $Z_1=Z_2$、$Y_1=Y_3$,即对称双口网络的Ⅱ形和 T 形等效电路也是对称的。

由上述分析可知,双口网络的 T 形等效电路的元件值与该双口网络 Z 参数有简单的关

系，因此欲找得一个双口网络的 T 形等效电路时，宜先求出该双口网络的 Z 参数，进而确定其 T 形等效网络的元件值，对Ⅱ形等效电路则有对偶的结论。若给定的是双口网络的其他某种参数，则有两种方法求其等效电路的元件值：

(1)对于 T 形或Ⅱ形等效电路应用列方程或该种参数的物理意义式求出该种参数表示式(其中含有待求元件值)，再令其与所给的已知参数值相等便可从中解出等效电路的元件值；

(2)利用表 15-1 将已知的某种参数转换为 Z 或 Y 参数，再由它们确定元件值。

【例 15-13】 在图 15-21 所示的双口网络的 T 参数矩阵为 $T=\begin{bmatrix}3 & 7\Omega \\ 2\text{S} & 5\end{bmatrix}$，试求该双口网络的Ⅱ形等效电路。

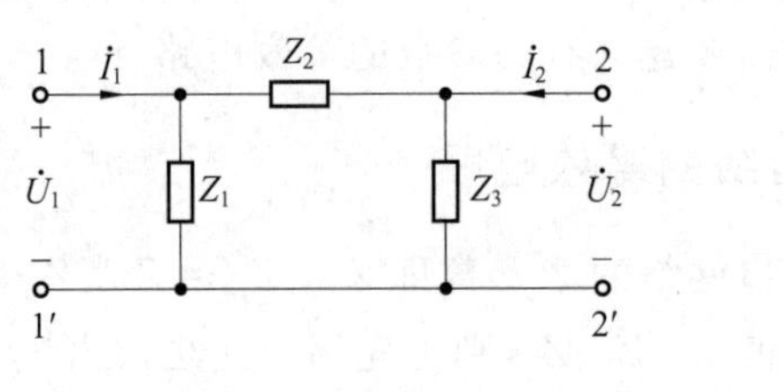

图 15-21　例 15-13 图

解　方法一：由于 $AD-BC=3\times5-2\times7=1$，因此该双口网络为互易网络，对应的Ⅱ形等效电路如图 15-21 所示，其 T 参数为

$$A=\frac{\dot{U}_1}{\dot{U}_2}\bigg|_{\dot{I}_2=0}=\frac{\dot{U}_1}{Z_3/(Z_2+Z_3)\dot{U}_1}=\frac{Z_2+Z_3}{Z_3}=1+\frac{Z_2}{Z_3},$$

$$B=\frac{\dot{U}_1}{-\dot{I}_2}\bigg|_{\dot{U}_2=0}=\frac{\dot{U}_1}{\dfrac{\dot{U}_1}{Z_2}}=Z_2,\quad D=\frac{\dot{I}_1}{-\dot{I}_2}\bigg|_{\dot{U}_2=0}=\frac{\dot{I}_1}{\dfrac{Z_1}{Z_1+Z_2}\dot{I}_1}=\frac{Z_1+Z_2}{Z_1}=1+\frac{Z_2}{Z_1}$$

令其与已知的 T 参数相等可得

$$1+\frac{Z_2}{Z_3}=3,\quad Z_2=7,\quad 1+\frac{Z_2}{Z_1}=5$$

于是有

$$Z_1=\frac{7}{4}=1.75(\Omega),\quad Z_2=7\Omega,\quad Z_3=\frac{7}{2}=3.5(\Omega)$$

方法二：由表 15-1 可知：

$$Y_{11}=\frac{D}{B}=\frac{5}{7}\text{S},\quad Y_{12}=Y_{21}=-\frac{1}{B}=-\frac{1}{7}\text{S},\quad Y_{22}=\frac{A}{B}=\frac{3}{7}\text{S}$$

于是得

$$Y_2=-Y_{12}=\frac{1}{7}\text{S}$$

$$Y_1=Y_{11}+Y_{12}=\frac{5}{7}-\frac{1}{7}=\frac{4}{7}\text{S}$$

$$Y_3 = Y_{22} + Y_{12} = \frac{3}{7} - \frac{1}{7} = \frac{2}{7}\text{S}$$

或

$$Z_2 = 7\Omega,\quad Z_1 = \frac{7}{4} = 1.75\Omega,\quad Z_3 = \frac{7}{2} = 3.5\Omega$$

15.4.2 一般双口网络的等效电路

1. Z 参数等效电路

双口网络的 Z 参数方程式(15-2)实质上是两个独立回路的 KVL 方程。因此可以直接利用该方程建立其对应的等效电路，如图 15-22(a)所示，其中含有两个受控电压源，因此常被称为双源 Z 参数等效电路。

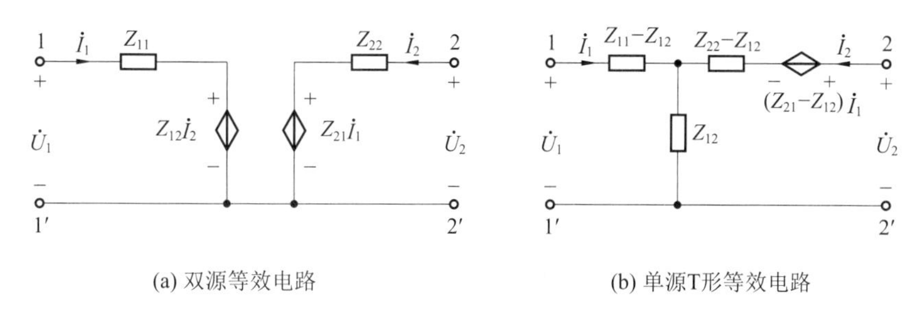

(a) 双源等效电路　　　　(b) 单源T形等效电路

图 15-22　一般双口网络的 Z 参数双源等效电路

若要建立一般双口网络的 T 形等效电路，则由图 15-20(a)可知需形成一个两个回路电流 $\dot{I}_1$ 和 $\dot{I}_2$ 均流过的公共支路。因此，由式(15-2)可知，其第一个方程中应添加 $Z_{12}\dot{I}_1$ 项，为使原方程恒等必须再添加($-Z_{12}\dot{I}_1$)项，于是可得

$$\begin{aligned}\dot{U}_1 &= Z_{11}\dot{I}_1 + Z_{12}\dot{I}_2 = Z_{11}\dot{I}_1 - Z_{12}\dot{I}_1 + Z_{12}\dot{I}_1 + Z_{12}\dot{I}_2 \\ &= \underbrace{(Z_{11} - Z_{12})\dot{I}_1}_{\substack{\text{通过回路1中除互阻抗外的阻抗} \\ \text{在自身回路产生的电压}}} + \underbrace{Z_{12}(\dot{I}_1 + \dot{I}_2)}_{\substack{\text{通过两回路的互阻抗} \\ \text{在回路1中产生的电压}}}\end{aligned} \tag{15-65}$$

因此可见，所建立的公共支路的阻抗为 Z_{12}，其中流过电流为($\dot{I}_1+\dot{I}_2$)。因此，第二个方程中也必须随之添加 $Z_{12}(\dot{I}_1+\dot{I}_2)$项，为使原方程恒等再必须添加$-Z_{12}(\dot{I}_1+\dot{I}_2)$项，因此可得

$$\begin{aligned}\dot{U}_2 &= Z_{21}\dot{I}_1 + Z_{22}\dot{I}_2 = Z_{21}\dot{I}_1 - [Z_{12}(\dot{I}_1 + \dot{I}_2)] + [Z_{12}(\dot{I}_1 + \dot{I}_2)] + Z_{22}\dot{I}_2 \\ &= \underbrace{(Z_{22} - Z_{12})\dot{I}_2}_{\substack{\text{通过回路2中除互阻抗外的自} \\ \text{阻抗在自身回路产生的电压}}} + \underbrace{Z_{12}(\dot{I}_1 + \dot{I}_2)}_{\substack{\text{通过两回路的互阻抗} \\ \text{在回路2中产生的电压}}} + \underbrace{(Z_{21} - Z_{12})\dot{I}_1}_{\substack{\text{回路2中的电流} \\ \text{控制电压源}}}\end{aligned} \tag{15-66}$$

由式(15-65)和式(15-66)可以建立图 15-22(b)所示的单源 Z 参数 T 形等效电路。这种等效电路常为分析晶体管小信号放大电路所采用。若满足互易条件 $Z_{12}=Z_{21}$，图 15-22(b)就变为图 15-20(a)。

2. Y 参数等效电路

双口网络的 Y 参数方程式(15-13)实质上是两个独立节点的 KCL 方程，因此可以直接利用该方程建立其对应的等效电路，如图 15-23(a)所示，其中含有两个受控电流源，因此常被称为双源 Y 参数等效电路。

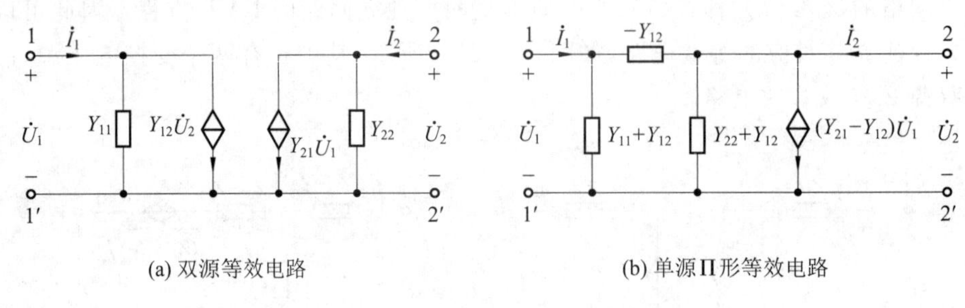

图 15-23　一般双口网络的 Y 参数等效电路

若要建立一般双口网络的Π形等效网络，则由图 15-20(b)可知需形成一条与两个节点电压 $\dot{U}_1$ 所在节点①和 $\dot{U}_2$ 所在节点②相连的一条公共支路，由 KVL 可知，该支路电压为 $\dot{U}_1-\dot{U}_2$ 或 $\dot{U}_2-\dot{U}_1$。因此，由式(15-13)可知，为了形成该支路的电流，其第一个方程中应添加 $-Y_{12}\dot{U}_1$ 项，为使原方程恒等再必须添加 $Y_{12}\dot{U}_1$ 项，于是可得

$$\begin{aligned}\dot{I}_1 &= Y_{11}\dot{U}_1+Y_{12}\dot{U}_2 = Y_{11}\dot{U}_1+Y_{12}\dot{U}_1-Y_{12}\dot{U}_1+Y_{12}\dot{U}_2\\ &= \underbrace{(Y_{11}+Y_{12})\dot{U}_1}_{\text{通过节点1上除互导纳外的导纳流出自身节点的电流}}+\underbrace{(-Y_{12})(\dot{U}_1-\dot{U}_2)}_{\text{通过两节点的互导纳流出节点1的电流}}\end{aligned}\tag{15-67}$$

可见，所建立的公共支路的导纳为 $-Y_{12}$，由节点 1 通过该公共支路流出的电流为 $(-Y_{12})(\dot{U}_1-\dot{U}_2)$，而由节点 2 通过该公共支路流出的电流为 $(-Y_{12})(\dot{U}_2-\dot{U}_1)$。因此，第二个方程中也必须随之添加 $(-Y_{12})(\dot{U}_2-\dot{U}_1)$ 项，为使原方程恒等再必须添加 $(Y_{12})(\dot{U}_2-\dot{U}_1)$ 项，于是可得

$$\begin{aligned}\dot{I}_2 &= Y_{21}\dot{U}_1+Y_{22}\dot{U}_2 = Y_{21}\dot{U}_1+Y_{12}(\dot{U}_2-\dot{U}_1)-Y_{12}(\dot{U}_2-\dot{U}_1)+Y_{22}\dot{U}_2\\ &= \underbrace{(Y_{22}+Y_{12})\dot{U}_2}_{\text{通过节点2上除互导纳外的导纳流出自身节点的电流}}+\underbrace{(-Y_{12})(\dot{U}_2-\dot{U}_1)}_{\text{通过两节点的互导纳流出节点2的电流}}+\underbrace{(Y_{21}-Y_{12})\dot{U}_1}_{\text{连接节点2与参考节点间的电压控制电流源}}\end{aligned}\tag{15-68}$$

由式(15-67)和式(15-68)可以建立图 15-23(b)所示的单源 Y 参数Π形等效电路。若满足互易条件 $Y_{12}=Y_{21}$，则图 15-23(b)就变为图 15-20(b)。

【例 15-14】 已知某双口网络的 Y 参数矩阵为

$$Y=\begin{bmatrix} \mathrm{j}\omega 2+1 & -1 \\ -1.3 & 1+\dfrac{2}{\mathrm{j}\omega} \end{bmatrix}\mathrm{S}$$

试求其Ⅱ形等效电路及其参数。

解　由于 $Y_{12}\neq Y_{21}$，所以应该用含有受控源的电路来等效，这里采用单源Ⅱ形等效电路。其中

$$Y_{11}+Y_{12}=\mathrm{j}\omega 2+1-1=\mathrm{j}\omega 2(\mathrm{S}),\quad Y_{22}+Y_{12}=1+\frac{2}{\mathrm{j}\omega}-1=\frac{2}{\mathrm{j}\omega}(\mathrm{S})$$

$$-Y_{12}=1(\mathrm{S}),\quad Y_{21}-Y_{12}=-1.3-(-1)=-0.3(\mathrm{S})$$

由 $Y_{11}+Y_{12}=\mathrm{j}\omega 2(\mathrm{S})$ 可知，它可视为一个 $C=2\mathrm{F}$ 的电容。$Y_{22}+Y_{12}=\dfrac{2}{\mathrm{j}\omega}\mathrm{S}$ 表明，它等同于一个 $L=0.5\mathrm{H}$ 的电感，$-Y_{12}=1\mathrm{S}$ 说明它相当于一个 $R=1\Omega$ 的电阻，由此得出Ⅱ形等效电路如图 15-24 所示。

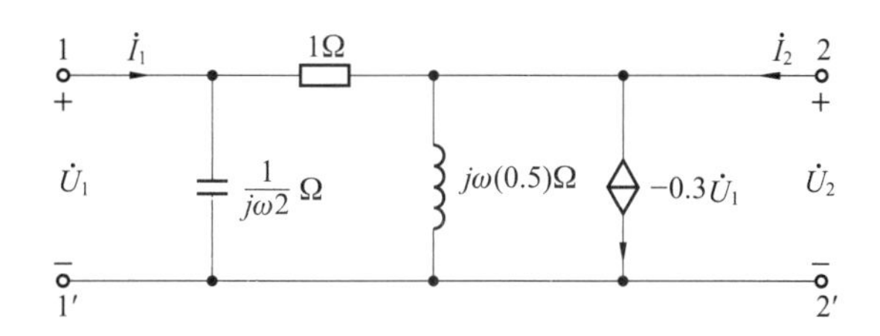

图 15-24　例 15-14 图

3. H 参数等效电路

由双口网络的 H 参数方程式(15-27) 可以直接建立如图 15-25(a)所示的用 H 参数表示的双口网络的双源等效电路，它常用于晶体管电路分析中。利用表 15-1 将式(15-65)和式(15-66)中 Z 参数表示为 H 参数可得

$$\begin{cases} \dot{U}_1=\dfrac{\Delta H-H_{12}}{H_{22}}\dot{I}_1+\dfrac{H_{12}}{H_{22}}(\dot{I}_1+\dot{I}_2) \\ \dot{U}_2=\dfrac{1-H_{12}}{H_{22}}\dot{I}_2+\dfrac{H_{12}}{H_{22}}(\dot{I}_1+\dot{I}_2)-\dfrac{H_{12}+H_{21}}{H_{22}}\dot{I}_1 \end{cases}\tag{15-69}$$

由式(15-69)可以建立图 15-25(b)所示的单源 H 参数 T 形等效电路，这也可以直接利用表 15-1 将图 15-22(b)中 Z 参数改为 H 参数得到。显然，若 $H_{12}=-H_{21}$，则图 15-25(b)变为用 H 参数表示的互易双口网络的 T 形等效电路，同理利用式(15-67)和(15-68)，也可以得到一般双口网络的 H 参数单源Ⅱ形等效电路。显然，利用这种方法同样也可以得到一般双口网络的 T 参数 T 形和Ⅱ形等效电路，这样做的原因在于这两种参数的等效电路不便由其参数方程直接得到。

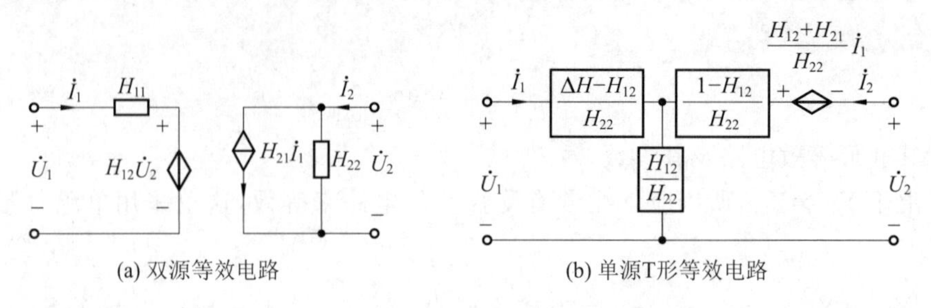

图 15-25　一般双口网络的 H 参数等效电路

15.5　双口网络的互联及其有效性测试

工程实际中往往需要将若干个分别设计的简单双口网络按一定的方式联结起来以满足某种需要，这显然比直接设计一个复杂双口要容易得多，而在分析问题时，为了寻求一个复杂的双口网络参数，常常将该网络分解为数个按一定方式联结的简单的子双口网络，一旦求得各个子网络参数，就可以由这些参数按一定之法进一步求得复杂网络的参数。

由于双口网络对外有两个端口，所以它的连接方式要比单口网络的连接方式（串联和并联）多一些，常见的是级联、串联、并联、串并联和并串联，其中要以级联与并联最为常见。下面将用各自情况下便于处理的参数讨论双口网络的五种基本连接方式以及除级联外其他连接方式的有效性测试问题。

15.5.1　级联

双口网络的级联（链联）是将前一个双口网络的输出端口连接到后一个双口网络的输入端口，从而构成一个复合双口网络。图 15-26 所示为两个双口网络级联的情况。

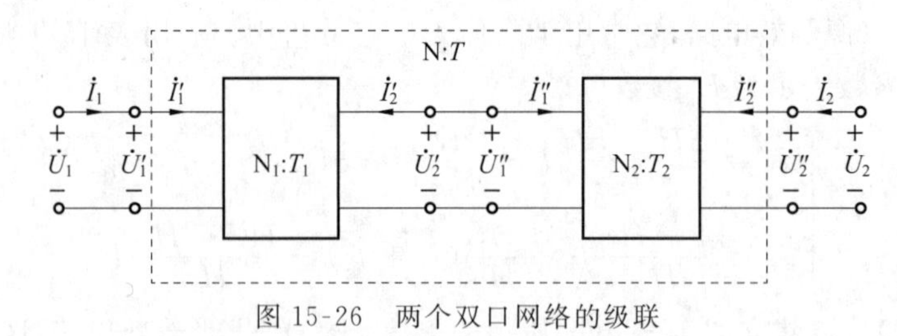

图 15-26　两个双口网络的级联

设网络 N_1 和 N_2 的 T 参数方程分别为

$$\begin{bmatrix}\dot{U}'_1\\ \dot{I}'_1\end{bmatrix}=\begin{bmatrix}A' & B'\\ C' & D'\end{bmatrix}\begin{bmatrix}\dot{U}'_2\\ -\dot{I}'_2\end{bmatrix}=[T_1]\begin{bmatrix}\dot{U}'_2\\ -\dot{I}'_2\end{bmatrix} \tag{15-70}$$

$$\begin{bmatrix}\dot{U}''_1\\ \dot{I}''_1\end{bmatrix}=\begin{bmatrix}A'' & B''\\ C'' & D''\end{bmatrix}\begin{bmatrix}\dot{U}''_2\\ -\dot{I}''_2\end{bmatrix}=[T_2]\begin{bmatrix}\dot{U}''_2\\ -\dot{I}''_2\end{bmatrix} \tag{15-71}$$

由于 $\dot{U}_2'=\dot{U}_1''$，$-\dot{I}_2'=\dot{I}_1''$，$\dot{U}_1=\dot{U}_1'$，$\dot{I}_1=\dot{I}_1'$，$\dot{U}_2''=\dot{U}_2$，$\dot{I}_2''=\dot{I}_2$，故将式(15-71)代入式(15-70)可得

$$\begin{bmatrix}\dot{U}_1\\ \dot{I}_1\end{bmatrix}=\begin{bmatrix}A' & B'\\ C' & D'\end{bmatrix}\begin{bmatrix}A'' & B''\\ C'' & D''\end{bmatrix}\begin{bmatrix}\dot{U}_2\\ -\dot{I}_2\end{bmatrix}=\begin{bmatrix}A & B\\ C & D\end{bmatrix}\begin{bmatrix}\dot{U}_2\\ -\dot{I}_2\end{bmatrix} \tag{15-72}$$

由式 (15-72) 可知，两个双口网络级联所构成复合双口网络的 T 矩阵等于各子网络的 T 矩阵之乘积，即

$$T=T_1T_2 \tag{15-73}$$

相乘时应顺着次序，因为矩阵的乘法与次序有关。式 (15-73)可以推广到 n 个双口网络的级联情况，这时有 $T=\prod\limits_{i=1}^{n}T_i$。

双口网络的级联是一种最简单也是应用最广泛的连接形式，例如，一个高增益放大器就是通过几个单级放大器级联而成，在设计高阶滤波器时，也常常是将几个低阶滤波环节级联起来。

【例 15-15】 图 15-27 为一正弦稳态双口网络，其传输矩阵

$$T=\begin{bmatrix}-2 & -4\Omega\\ \frac{1}{2}\angle-90^\circ\text{S} & \sqrt{2}\angle 45^\circ\end{bmatrix}$$

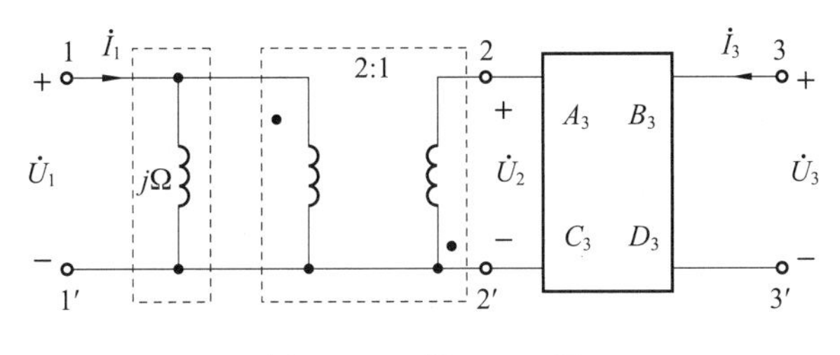

图 15-27　例 15-15 图

试求：(1)最右边的子双口网络的传输矩阵 $\boldsymbol{T}_3=\begin{bmatrix}A_3 & B_3\\ C_3 & D_3\end{bmatrix}$；(2)当 3-3′端口开路时整个电路的输入阻抗 Z_{in}。

解　(1)整个双口网络可以视为三个双口网络的级联，故其传输矩阵为

$$\boldsymbol{T}=\begin{bmatrix}1 & 0\\ -\text{j} & 1\end{bmatrix}\begin{bmatrix}-2 & 0\\ 0 & -\frac{1}{2}\end{bmatrix}\begin{bmatrix}A_3 & B_3\\ C_3 & D_3\end{bmatrix}$$

$$=\begin{bmatrix}-2A_3 & -2B_3\\ 2\text{j}A_3-\frac{1}{2}C_3 & 2\text{j}B_3-\frac{1}{2}D_3\end{bmatrix}=\begin{bmatrix}-2 & -4\Omega\\ \frac{1}{2}\angle-90^\circ\text{S} & \sqrt{2}\angle 45^\circ\end{bmatrix}$$

比较等式两边的矩阵对应元素，得到

$$-2A_3=-2,\quad -2B_3=-4,\quad 2\text{j}A_3-\frac{1}{2}C_3=\frac{1}{2}\angle-90^\circ$$

$$2\mathrm{j}B_3-\frac{1}{2}D_3=\sqrt{2}\angle 45^\circ$$

联立以上各式解得 A_3、B_3、C_3、D_3，并将它们写成传输矩阵可得

$$T_3=\begin{bmatrix}A_3 & B_3\\ C_3 & D_3\end{bmatrix}=\begin{bmatrix}1 & 2\Omega\\ \mathrm{j}5\mathrm{S} & -2+\mathrm{j}6\end{bmatrix}$$

(2) 当 3-3′端口开路时，$\dot{I}_3=0$，于是有 $\dot{U}_1=A\dot{U}_3$，$\dot{I}_1=C\dot{U}_3$，因此可得

$$Z_{\text{in}}=\frac{\dot{U}_1}{\dot{I}_1}\bigg|_{\dot{I}_3=0}=\frac{A\dot{U}_3}{C\dot{U}_3}=\frac{A}{C}=\frac{-2}{\frac{1}{2}\angle-90^\circ}=-\mathrm{j}4(\Omega)$$

15.5.2　串联

双口网络的串联，又称串串联，是将各个子双口网络的输入端口和输出端口分别以串联方式连接起来。图 15-28 所示为两个双口网络串联的情况，若这两个子网络的串联并没有破坏各子网络的端口条件，则它们的 Z 参数方程可以分别表示为

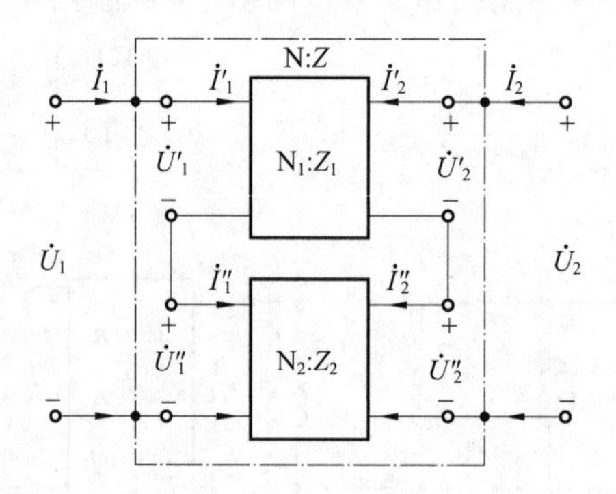

图 15-28　两个双口网络的串联

$$\begin{bmatrix}\dot{U}'_1\\ \dot{U}'_2\end{bmatrix}=\begin{bmatrix}Z_{11}' & Z_{12}'\\ Z_{21}' & Z_{22}'\end{bmatrix}\begin{bmatrix}\dot{I}'_1\\ \dot{I}'_2\end{bmatrix}=[Z_1]\begin{bmatrix}\dot{I}'_1\\ \dot{I}'_2\end{bmatrix} \tag{15-74}$$

$$\begin{bmatrix}\dot{U}''_1\\ \dot{U}''_2\end{bmatrix}=\begin{bmatrix}Z_{11}'' & Z_{12}''\\ Z_{21}'' & Z_{22}''\end{bmatrix}\begin{bmatrix}\dot{I}''_1\\ \dot{I}''_2\end{bmatrix}=[Z_2]\begin{bmatrix}\dot{I}''_1\\ \dot{I}''_2\end{bmatrix} \tag{15-75}$$

将两个子网络的 Z 参数方程式 (15-74) 和式(15-75) 相加并考虑到 KCL：$\dot{I}_1=\dot{I}'_1=\dot{I}''_1$，$\dot{I}_2=\dot{I}'_2=\dot{I}''_2$和 KVL：$\dot{U}_1=\dot{U}'_1+\dot{U}''_1$，$\dot{U}_2=\dot{U}'_2+\dot{U}''_2$可得

$$\begin{aligned}\begin{bmatrix}\dot{U}_1\\ \dot{U}_2\end{bmatrix}&=\begin{bmatrix}Z_{11}' & Z_{12}'\\ Z_{21}' & Z_{22}'\end{bmatrix}\begin{bmatrix}\dot{I}'_1\\ \dot{I}'_2\end{bmatrix}+\begin{bmatrix}Z_{11}'' & Z_{12}''\\ Z_{21}'' & Z_{22}''\end{bmatrix}\begin{bmatrix}\dot{I}''_1\\ \dot{I}''_2\end{bmatrix}\\ &=\left\{\begin{bmatrix}Z_{11}' & Z_{12}'\\ Z_{21}' & Z_{22}'\end{bmatrix}+\begin{bmatrix}Z_{11}'' & Z_{12}''\\ Z_{21}'' & Z_{22}''\end{bmatrix}\right\}\begin{bmatrix}\dot{I}_1\\ \dot{I}_2\end{bmatrix}=\begin{bmatrix}Z_{11} & Z_{12}\\ Z_{21} & Z_{22}\end{bmatrix}\begin{bmatrix}\dot{I}_1\\ \dot{I}_2\end{bmatrix}\end{aligned} \tag{15-76}$$

由式(15-76)可知，两个子双口网络串联而各子双口网络的端口条件仍能得到满足时，

复合双口网络的 Z 参数矩阵等于各子网络 Z 参数矩阵之和，即

$$Z = Z_1 + Z_2 \tag{15-77}$$

在各个子网络的端口条件均未被破坏的条件下，式(15-77)可以推广到 n 个子网络串联的情况，即有 $Z = \sum_{i=1}^{n} Z_i$。

【例 15-16】 如图 15-29(a)所示 T 形双口网络可看作两个双口网络的串联，如图 15-29(b)所示，试用图 15-29(b)所示网络求出题图 15-29(a)所示双口网络的 Z 参数矩阵，已知$R_1=1\Omega$，$R_2=3\Omega$，$R_3=2\Omega$。

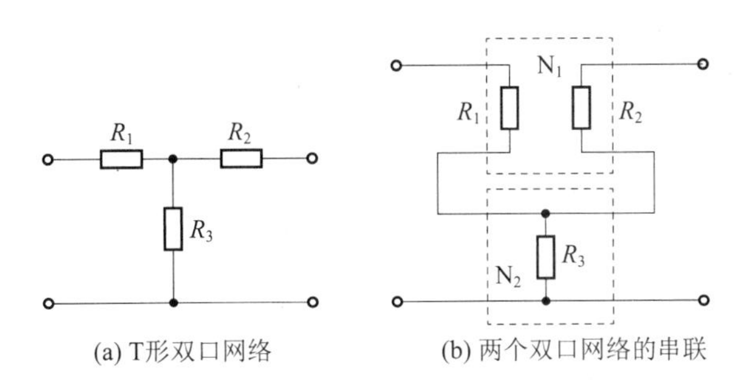

图 15-29 例 15-16 图

解 (1)由图 15-29(b)不难求得

$$\boldsymbol{Z}_1 = \begin{bmatrix} R_1 & 0 \\ 0 & R_2 \end{bmatrix} = \begin{bmatrix} 1 & 0 \\ 0 & 3 \end{bmatrix}\Omega, \quad \boldsymbol{Z}_2 = \begin{bmatrix} R_3 & R_3 \\ R_3 & R_3 \end{bmatrix} = \begin{bmatrix} 2 & 2 \\ 2 & 2 \end{bmatrix}\Omega$$

于是，此 T 形电路的 Z 参数矩阵为

$$\boldsymbol{Z} = \boldsymbol{Z}_1 + \boldsymbol{Z}_2 = \begin{bmatrix} R_1 + R_3 & R_3 \\ R_3 & R_2 + R_3 \end{bmatrix} = \begin{bmatrix} 3 & 2 \\ 2 & 5 \end{bmatrix}\Omega$$

图 15-29(a)也可视为 3 个双口网络的级联而求出其 T 参数矩阵。

15.5.3 并联

双口网络的并联，又称并并联，是将各个子双口网络的输入端口和输出端口分别以并联的方式连接起来，图 15-30 所示为两个双口网络并联的情况。

若这两个子网络的并联并没有破坏各子网络的端口条件，则它们的 Y 参数方程可以分别表示为

$$\begin{bmatrix} \dot{I}'_1 \\ \dot{I}'_2 \end{bmatrix} = \begin{bmatrix} Y'_{11} & Y'_{12} \\ Y'_{21} & Y'_{22} \end{bmatrix} \begin{bmatrix} \dot{U}'_1 \\ \dot{U}'_2 \end{bmatrix} = [Y_1] \begin{bmatrix} \dot{U}'_1 \\ \dot{U}'_2 \end{bmatrix} \tag{15-78}$$

$$\begin{bmatrix} \dot{I}''_1 \\ \dot{I}''_2 \end{bmatrix} = \begin{bmatrix} Y''_{11} & Y''_{12} \\ Y''_{21} & Y''_{22} \end{bmatrix} \begin{bmatrix} \dot{U}''_1 \\ \dot{U}''_2 \end{bmatrix} = [Y_2] \begin{bmatrix} \dot{U}''_1 \\ \dot{U}''_2 \end{bmatrix} \tag{15-79}$$

将这两个子网络的 Y 参数方程式(15-78)和式(15-79) 相加并考虑到 KCL：$\dot{I}_1 = \dot{I}'_1 +$

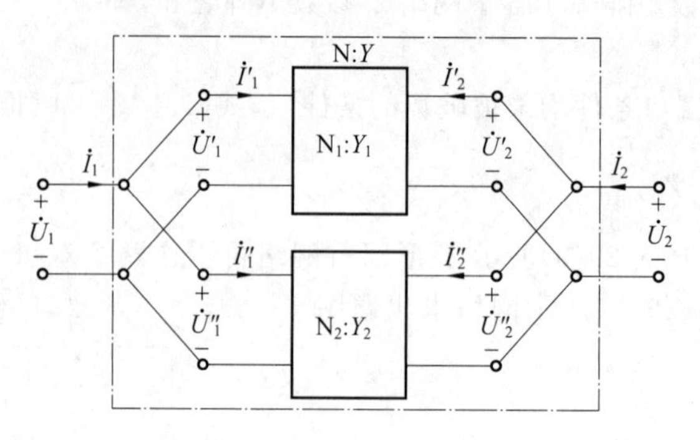

图 15-30　两个双口网络的并联

$\dot{I}''_1$，$\dot{I}_2=\dot{I}'_2+\dot{I}''_2$和 KVL：$\dot{U}_1=\dot{U}'_1=\dot{U}''_1$，$\dot{U}_2=\dot{U}'_2=\dot{U}''_2$，可得

$$\begin{bmatrix}\dot{I}_1\\ \dot{I}_2\end{bmatrix}=\begin{bmatrix}Y'_{11} & Y'_{12}\\ Y'_{21} & Y'_{22}\end{bmatrix}\begin{bmatrix}\dot{U}'_1\\ \dot{U}'_2\end{bmatrix}+\begin{bmatrix}Y''_{11} & Y''_{12}\\ Y''_{21} & Y''_{22}\end{bmatrix}\begin{bmatrix}\dot{U}''_1\\ \dot{U}''_2\end{bmatrix}$$
$$=\left\{\begin{bmatrix}Y'_{11} & Y'_{12}\\ Y'_{21} & Y'_{22}\end{bmatrix}+\begin{bmatrix}Y''_{11} & Y''_{12}\\ Y''_{21} & Y''_{22}\end{bmatrix}\right\}\begin{bmatrix}\dot{U}_1\\ \dot{U}_2\end{bmatrix}=\begin{bmatrix}Y_{11} & Y_{12}\\ Y_{21} & Y_{22}\end{bmatrix}\begin{bmatrix}\dot{U}_1\\ \dot{U}_2\end{bmatrix}\tag{15-80}$$

由式(15-80)可知，两个子双口网络并联而各子双口网络的端口条件仍能得到满足时，复合双口网络的 Y 参数矩阵等于各子网络的 Y 参数矩阵之和，即

$$Y=Y_1+Y_2\tag{15-81}$$

在各个子网络的端口条件均未被破坏的条件下，式(15-81)可以推广到 n 个子网络并联的情况，即有 $Y=\sum_{i=1}^{n}Y_i$。双口网络并联在网络分析，尤其是网络综合中得到较为广泛的应用。

【例 15-17】　试求图 15-31(a)所示双口网络的 Y 参数。

解　将图 15-31(a)改画成图 15-31(b)，可以看出，原双口网络可视为其中两个双口网络 N_a 和 N_b 的并联，它们分别如图 15-31(c)、(d)所示。显然，这种并联仍满足端口条件。

在图 15-31(c)中，对回路 l_1、l_2 分别列回路方程可得

$$\dot{U}_1=2\dot{I}_1+\dot{U}'_1,\quad \dot{U}_2=-\mathrm{j}\dot{I}_2+\dot{U}'_2$$

将理想变压器的特性方程：$\dot{U}'_1=2\dot{U}'_2$，$\dot{I}_1=-\dfrac{1}{2}\dot{I}_2$ 与上两式联立解之可得

$$\dot{I}_1=\frac{1+2\mathrm{j}}{10}\dot{U}_1-\frac{1+2\mathrm{j}}{5}\dot{U}_2,\quad \dot{I}_2=-\frac{1+2\mathrm{j}}{5}\dot{U}_1+\frac{2+4\mathrm{j}}{5}\dot{U}_2$$

因此，双口网络 N_a 的 Y 参数矩阵为 $\boldsymbol{Y}_1=\begin{bmatrix}\dfrac{1+\mathrm{j}2}{10} & -\dfrac{1+\mathrm{j}2}{5}\\ -\dfrac{1+\mathrm{j}2}{5} & \dfrac{2+\mathrm{j}4}{5}\end{bmatrix}$S。

在图 15-31(d)中分别，对回路 l_1、l_2 列回路方程可得

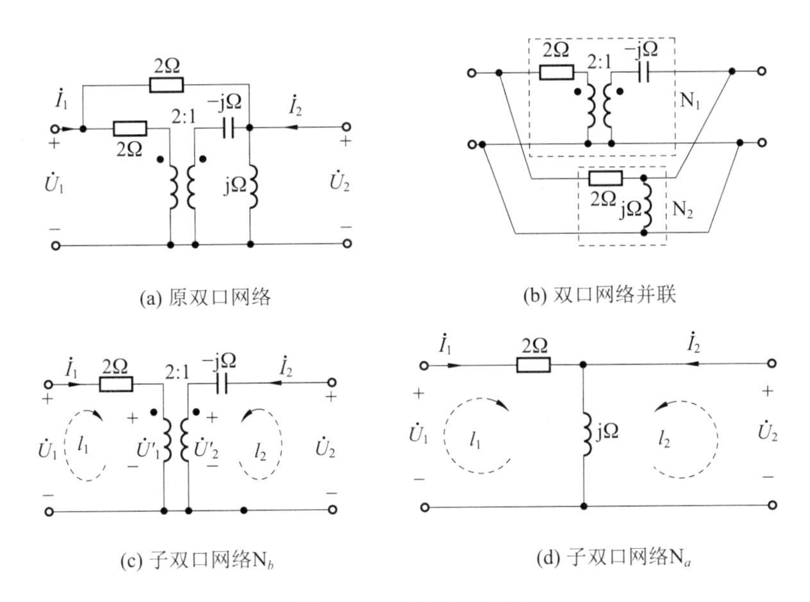

(a) 原双口网络　(b) 双口网络并联

(c) 子双口网络N_b　(d) 子双口网络N_a

图 15-31　例 15-17 图

$$\dot{U}_1 = 2\dot{I}_1 + j(\dot{I}_1 + \dot{I}_2), \quad \dot{U}_2 = j(\dot{I}_1 + \dot{I}_2)$$

联立解之得

$$\dot{I}_1 = \frac{1}{2}\dot{U}_1 - \frac{1}{2}\dot{U}_2, \quad \dot{I}_2 = -\frac{1}{2}\dot{U}_1 + \frac{1-2j}{2}\dot{U}_2$$

因此，双口网络 N_b 的 Y 参数矩阵为 $\boldsymbol{Y}_2 = \begin{bmatrix} \frac{1}{2} & -\frac{1}{2} \\ -\frac{1}{2} & \frac{1-j2}{2} \end{bmatrix}$S，故整个双口网络的 Y 参数矩阵为

$$\boldsymbol{Y} = \boldsymbol{Y}_1 + \boldsymbol{Y}_2 = \begin{bmatrix} \frac{3+j}{5} & -\frac{7+j4}{10} \\ -\frac{7+j4}{10} & \frac{9-j2}{10} \end{bmatrix} \text{S}$$

15.5.4 串并联与并串联

双口网络的串并联是指将各个子双口网络的输入端口串联而将输出端口并联连接起来，双口网络的并串联则是指将各个子双口网络的输入端口并联而将输出端口串联连接起来。对于图 15-32(a)所示两个双口网络串并联的情况，若连接后各子网络仍满足端口条件，则将两个子网络的 H 参数方程相加并考虑到 KVL：$\dot{U}_1 = \dot{U}'_1 + \dot{U}''_1$，$\dot{U}_2 = \dot{U}'_2 = \dot{U}''_2$ 和 KCL：$\dot{I}_2 = \dot{I}'_2 + \dot{I}''_2$，$\dot{I}_1 = \dot{I}'_1 = \dot{I}''_1$，可得

$$\begin{bmatrix} \dot{U}_1 \\ \dot{I}_2 \end{bmatrix} = (H_1 + H_2)\begin{bmatrix} \dot{I}_1 \\ \dot{U}_2 \end{bmatrix} = H\begin{bmatrix} \dot{I}_1 \\ \dot{U}_2 \end{bmatrix} \tag{15-82}$$

由式(15-82)得到复合网络的 H 参数矩阵与两个子网络的 H 参数矩阵之间的关系：

$$H = H_1 + H_2 \tag{15-83}$$

对于图15-32(b)所示两个双口网络并串联的情况，若连接后各子网络仍满足端口条件，利用类似的方法可以得到这时复合网络 G 参数矩阵与两个子网络 G 参数矩阵的关系为

$$G = G_1 + G_2 \tag{15-84}$$

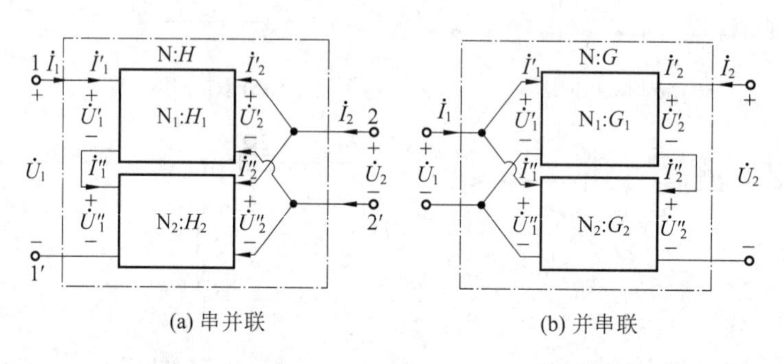

图15-32 两个双口网络的串并联与并串联

在各个子双口网络的端口条件均未被破坏的条件下，式(15-83)和式(15-84)也可以分别推广到任意多个子网络作串并联和并串联的情况。

【例15-18】 在低频交流小信号分析时，图15-33(a)所示单级共射极晶体管放大器电路中的晶体管部分用 H 参数模型代替后电路如图15-33(b)所示，试求其中虚线框内双口网络的 H 参数。

解 可以将负载电阻 R_L 与电源内阻 R_s 作为一个双口网络，并视该双口网络与晶体管的 H 参数双口网络模型作串并联连接，如图15-33(c)所示。因此，复合双口网络的 H 参数矩阵为

$$H = H_1 + H_2 = \begin{bmatrix} h_{11} & h_{12} \\ h_{21} & h_{22} \end{bmatrix} + \begin{bmatrix} R_s & 0 \\ 0 & 1/R_L \end{bmatrix} = \begin{bmatrix} (h_{11}+R_s)\Omega & h_{12} \\ h_{21} & \left(h_{22}+\dfrac{1}{R_L}\right)\text{S} \end{bmatrix}$$

15.5.5 双口网络互联的有效性测试与变压器隔离法

1. 双口网络互联的有效性测试

在上面的讨论中曾约定：只有在各双口网络以某种方式连接后，不破坏其中任一子双口网络的端口条件即双口网络作有效连接时才可以应用复合双口网络的参数矩阵与各子双口网络的参数矩阵之间的关系式。事实上，除了级联之外，其他互联方式都有可能使参与互联的子双口网络的端口条件不再满足即连接失效，这时，便不能使用有效连接时的计算式来计算复合网络的对应参数，否则会得出错误的结果。例如，图15-34(a)所示分别为 N_a、N_b 以及两者串联后形成的复合双口网络，由于流入端子 $1a$ 的电流为2A，而流出端子 $1'a$ 的电流为1.5A，因此，这时 $1a$ 和 $1'a$ 不再构成端口，同样，$1b$ 和 $1'b$，$2a$ 和 $2'a$，$2b$ 和 $2'b$ 均分别不再构成端口，于是，这种串联下的 N_a 和 N_b 均已不再是双口网络，因此，将它们按照双口网

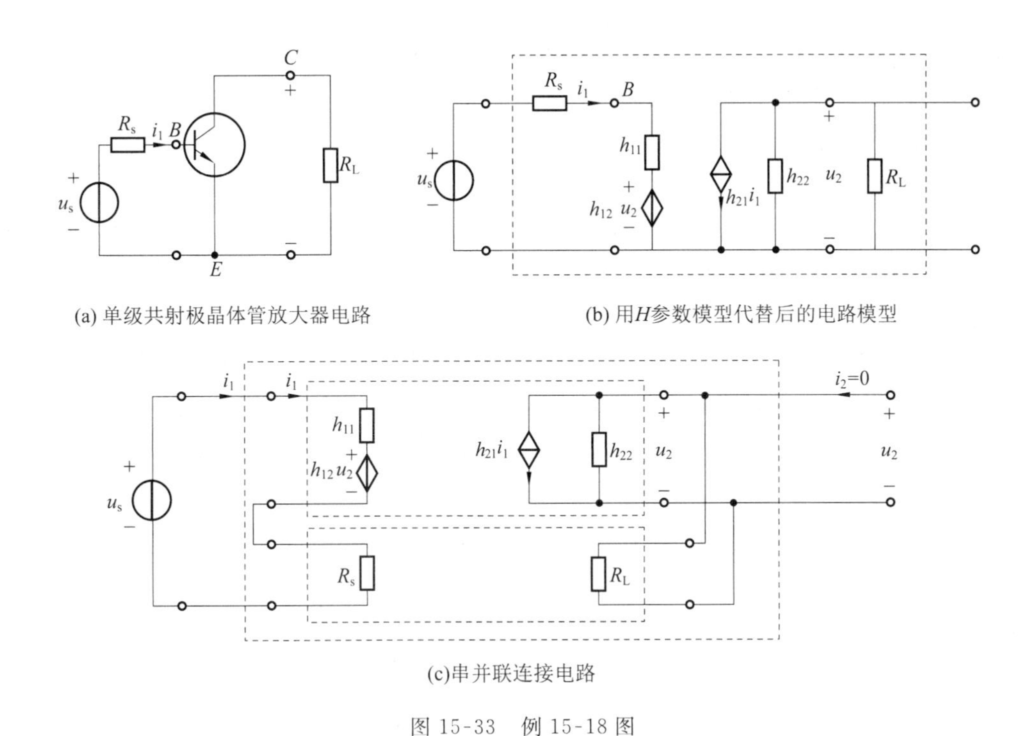

(a) 单级共射极晶体管放大器电路　　(b) 用H参数模型代替后的电路模型

(c)串并联连接电路

图 15-33　例 15-18 图

络处理所得到的 Z 参数矩阵 $Z_a=\begin{bmatrix}6 & 3\\3 & 6\end{bmatrix}\Omega$，$Z_b=\begin{bmatrix}5 & 2\\2 & 5\end{bmatrix}\Omega$，此时也不再适用，于是式(15-77)：$Z=Z_1+Z_2$ 也就不再适用了，因为该等式成立的前提是双口网络串联后各子双口网络仍为双口网络。显然，对图 15-34(a)中 N_a 和 N_b 串联后形成的复合双口网络，可以先将其中 4 个 1Ω 电阻等效为一个 1Ω 电阻再与它上下串联的 3Ω 和 2Ω 电阻等效为一个 6Ω 电阻如图 15-34(b)所示，其 Z 参数矩阵为 $Z=\begin{bmatrix}10 & 6\\6 & 10\end{bmatrix}$，可见 $Z\neq Z_a+Z_b$，其原因就在于串联后子端口条件被破坏了。

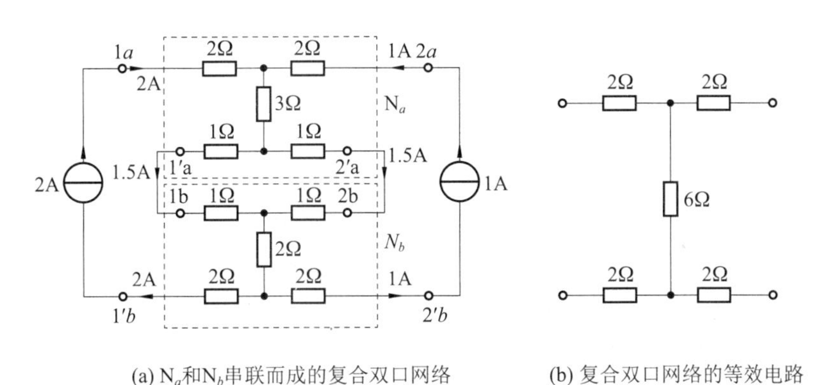

(a) N_a和N_b串联而成的复合双口网络　　(b) 复合双口网络的等效电路

图 15-34　两双口网络串联连接后端口条件被破坏的情况

显然，在双口网络为“白箱”的情况下，互联后各端口的端口条件是否仍然满足可以通过电路分析得出结论，但是，一般双口网络均为“黑箱”，互联后各自的端口条件是否被破坏即双口网络之间的连接是否有效就只能通过有效性测试（勃隆实验，由 O. Brune 首先提出）来判定。下面分别讨论各种连接的有效性测试。

1）串联连接的有效性测试

对于两个双口网络 N_a 与 N_b 串联而言，由于表征这两个网络特性以及它们串联组合后特性的是开路阻抗参数，因此在开路条件下进行有效性测试，于是可将它们的输出端口开路而将输入端口串联并施加电流源激励 $\dot{I}_{s1}$，如图 15-35(a)所示，这时，由于输出端口均开路，因此，从电源看进去，整个网络可以视为单口网络，利用 KCL 可知，输入端口的端口条件 $\dot{I}_{1a}=\dot{I}_{1'a}$、$\dot{I}_{1b}=\dot{I}_{1'b}$ 必定满足即串联下的两个输入端口仍为端口。接着，测试将两个输出端口串联后，串联下的两个输入端口是否仍为端口，为此，需要判定图 15-35(a)中输出端口串接后的两个端子 $2'a$ 和 $2b$ 间的电压 $\dot{U}_p$ 是否为零，若 $\dot{U}_p=0$，即 $2'a$ 和 $2b$ 为等电位点，则将这两个端子短接即两个输出端口串联后，短接线中的电流为零，即通过 N_a 和 N_b 的 $2'a-2b-1b-1'a-2'a$ 回路中无电流（环流），这时，根据 KCL 可知有 $I_{s1}=I_{1a}=I_{1'a}=I_{1b}=I_{1'b}$，这表明输出端口串联后，整个网络中的电流并没有发生改变，即两个输入端口的端口关系未因输出端口串联连接而改变，仍为端口；类似地，还需要对输出端口进行有效性测试，如图 15-35(b)所示，若其中的电压 $\dot{U}_q=0$，则表明输入端口串联后不会破坏串联下的输出端口处的端口条件 $\dot{I}_{2a}=\dot{I}_{2'a}$，$\dot{I}_{2b}=\dot{I}_{2'b}$，即串联下的两个输出端口仍为端口，因此，有效性测试中 $\dot{U}_p=0$ 和 $\dot{U}_q=0$ 是 N_a 与 N_b 串联后端口条件不破坏（连接有效）即式 (15-77)成立的充分必要条件。

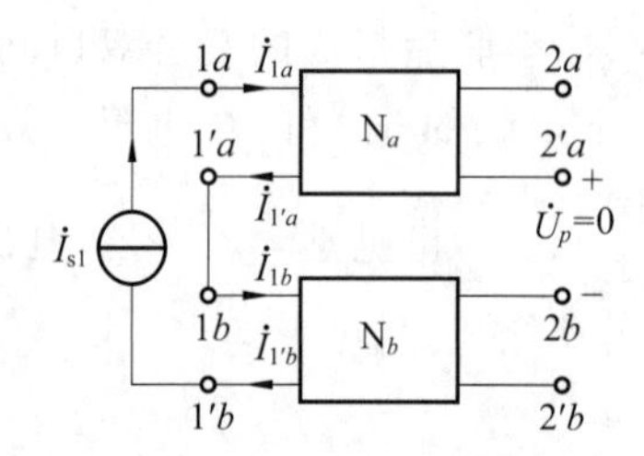

(a) 输入端口串联的有效性测试电路

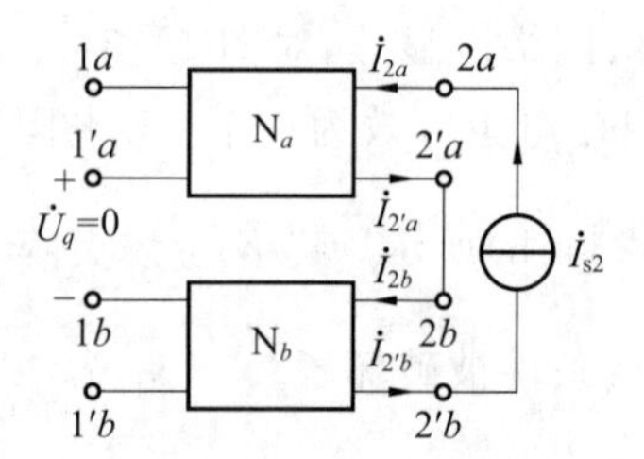

(b) 输出端口串联的有效性测试电路

图 15-35　两双口网络串联时的有效性测试电路

由于将一个 T 形三端双口网络作为双口网络处理时，其中的 $1'$ 与 $2'$ 实际上是一个点，形成一个公共端，故而可以证明，两个 T 形三端双口网络按图 15-36(a)所示串联时恒能满足端口条件，因而不必进行有效性检验。但是需要注意的是，此时两个双口网络连在一起的端钮应是各个三端网络中输入输出端口的公共端的端钮，即对于具有公共端的双口网络，将其公共端串联时不会破坏各个双口网络的端口条件。图 15-36(b)便是这种连接方式，但是两个三端网络按图 15-36(c)所示的连接方式串联便不再满足端口条件。

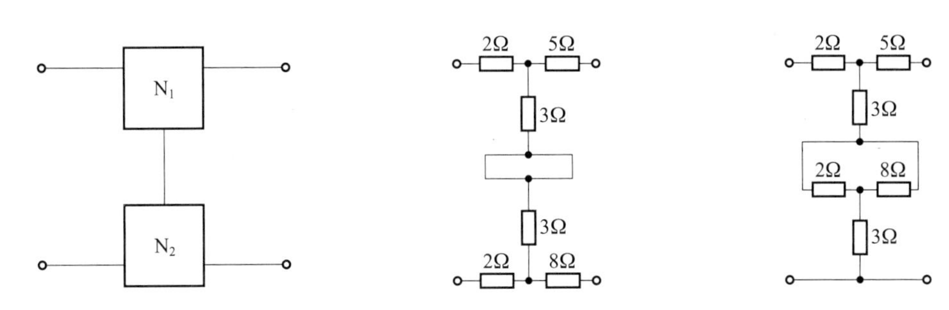

(a) 两个T形三端双口网络有效串联 (b) 满足端口条件的T形网络串联 (c) 不满足端口条件的T形网络串联

图 15-36 两个 T 形三端双口网络的串联

2）并联连接的有效性测试

对于两双口网络 N_a 与 N_b 并联而言，由于表征这两个网络特性以及它们并联组合后特性的是短路导纳参数，因此在短路条件下进行有效性测试，于是，可将它们的输出端口短路而将输入端口并联并施加电压源激励 $\dot{U}_{s1}$，如图 15-37(a)所示，这时，由于输出端口均短路，因此，从电源看进去，整个网络可以视为单口网络，利用 KCL 可知，输入端口的端口条件必定满足即并联下的两个输入端口仍为端口。接着，测试将两个输出端口并联后，并联下的两个输入端口是否仍为端口，为此，需要判定 15-37(a)中输出端口并联后的两个端子 $2'a$ 和 $2b$ 间的电压 $\dot{U}_p$ 是否为零，若 $\dot{U}_p=0$，即 $2'a$ 和 $2b$ 为等电位点，则 $\dot{U}_{p1}=0$ 和 $\dot{U}_{p2}=0$，前式表明 $2a$ 和 $2b$ 等电位点，于是将这两个端子短接，短接线中的电流为零，即通过 N_a 与 N_b 的 $2a-2b-1b-1a-2a$ 回路中不会出现附加的回路电流(环流)；类似地，后式表明 $2'a$ 和 $2'b$ 亦为等电位点，于是将这两个端子短接，短接线中的电流亦为零，即通过 N_a 与 N_b 的 $2'a-2'b-1'b-1'a-2'a$ 回路中也不会出现附加的回路电流(环流)，综合这两种情况，根据 KCL 可知，由于输出端口并联后，不会出现附加的回路电流，因此整个网络中的电流并没有发生改变，即这时输入端口上的端口条件没有遭到破坏，其仍为端口。类似地，还需要对输出端口进行有效性测试，如图 15-37(b)所示，这时，$\dot{U}_q=0$ 可以保证当输入端口并联后也不影响并联下输出端口的端口条件。因此，有效性测试中 $\dot{U}_p=0$ 和 $\dot{U}_q=0$ 是 N_a 与 N_b 并联后端口条件不破坏(连接有效)即式 (15-81)成立的充分必要条件。

可以证明，两个 T 形三端双口网络按图 15-38(a)所示并联时恒能满足端口条件，因而不必进行有效性检验，即对于具有公共端的双口网络，将其公共端并联时不会破坏各个双口网络的端口条件，例 15-17 就属于这种情况，但是，若按图 15-38(b)所示的连接方式并联便不再满足端口条件了。

3）串并联连接的有效性测试

从两双口网络串联和并联的有效性测试方法(对于“白箱”也可以用计算的方法)亦可以得出它们串并联与并串联的有效性测试电路，图 15-39 所示为检验两双口网络串并联时端口条件是否满足的测试电路，$\dot{U}_p=0$ 和 $\dot{U}_q=0$ 是 N_a 与 N_b 串并联后端口条件不破坏(连接有效)即式(15-83)成立的充分必要条件。

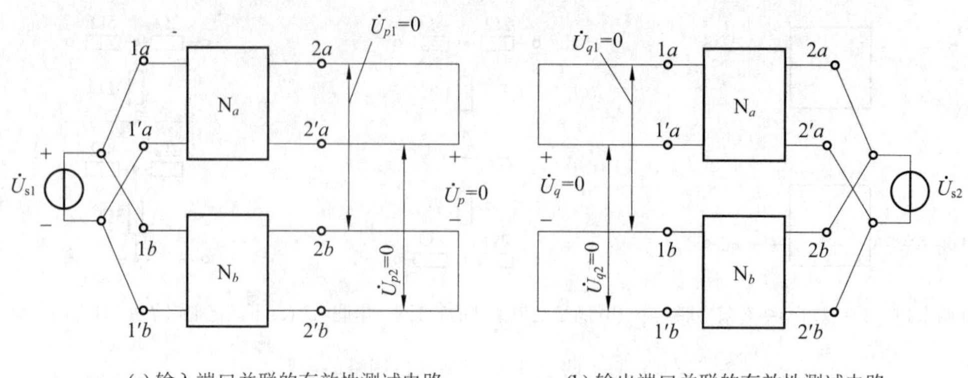

(a) 输入端口并联的有效性测试电路　　(b) 输出端口并联的有效性测试电路

图 15-37　两双口网络并联时的有效性测试电路

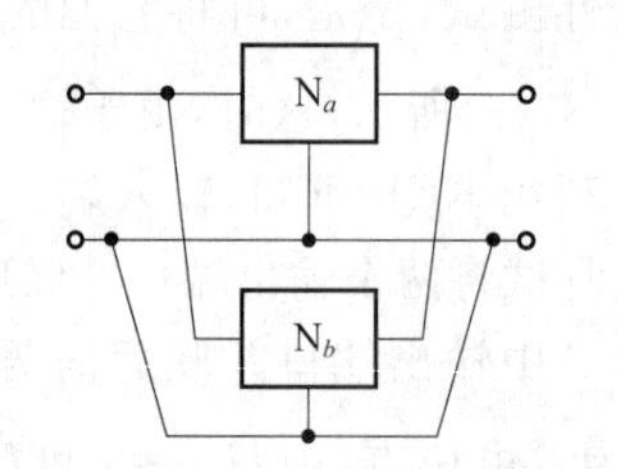

(a) 满足端口条件的两T形网络的并联

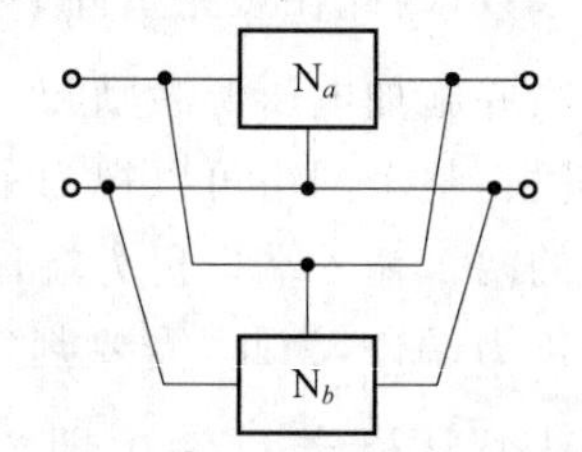

(b)不满足端口条件的两T形网络的并联

图 15-38　两个 T 三端双口网络的并联

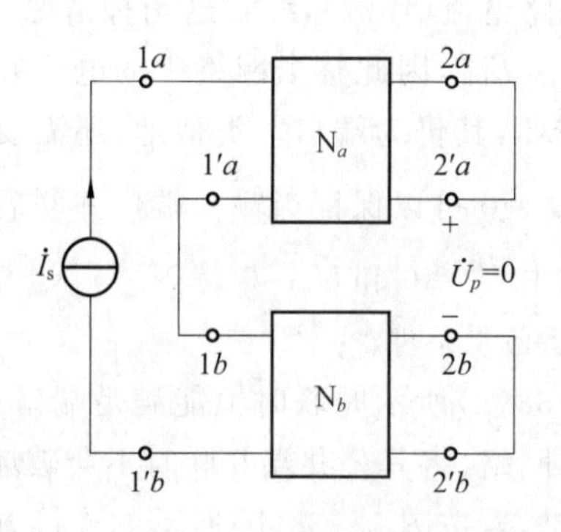

(a) 输入端口串联的有效性测试电路

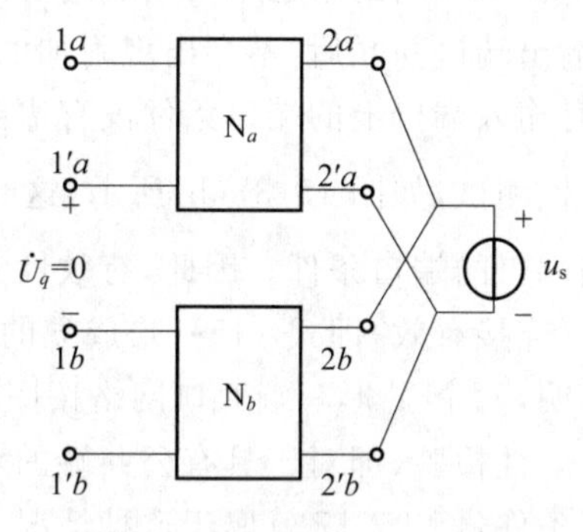

(b) 输出端口并联的有效性测试电路

图 15-39　两双口网络串并联时的有效性测试电路

两个 T 形三端双口网络按图 15-40(a)所示进行串并联连接时恒满足端口条件，无需进行有效性测试，图 15-40(b)即为这种连接方式的一个具体电路。

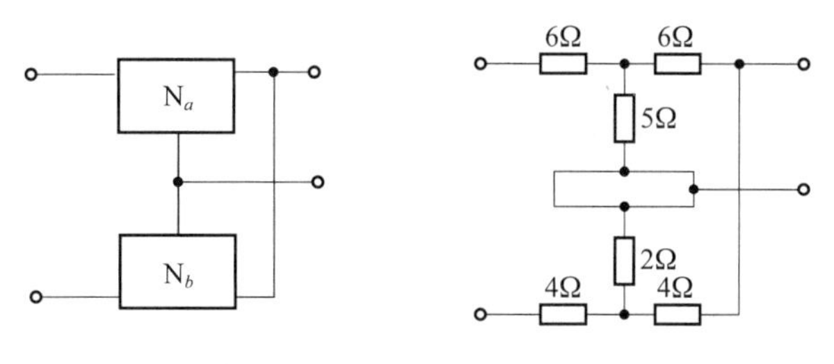

(a)满足端口条件的两T型网络的串并联　　(b) 串并联示例电路

图 15-40　两个 T 形三端双口网络的串并联及其具体电路

2. 实现有效连接的理想变压器隔离法

对于不满足有效连接的端口，可将其与变比为 1∶1 的理想变压器相级联，使被连接的两个双口相互隔离，再进行所要求的连接，而为了使各种连接下的各子网络的任一端口的端口条件均不致被破坏，可在所有子网络的各端口均级联一个变比为 1∶1 的理想变压器，这时，双口网络的连接总是有效的，即对每一个端口而言，其流进与流出的电流均是相等的。图 15-41 所示为两个双口网络的有效串联，双口网络 N_a 的输出端口通过相级联的理想变压器与 N_b 的输出端口相串联，变压器的初级绕组确保了 N_a 的输出端口仍为端口的必要条件，同时也就保证了其输入端口仍为端口的端口条件，N_b 的输入、输出端口仍为端口的端口条件也都得到了保证，根据 KCL 很容易得到这一结论。

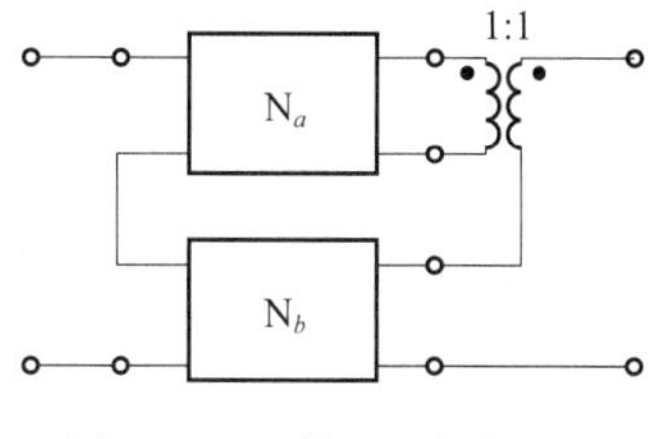

图 15-41　利用理想变压器实现有效串联举例

15.6　单端接和双端接双口网络的网络函数

在实际应用中，双口网络的输入端口和输出端口会分别连接激励和负载，前者可以用电压源 $\dot{U}_S$ 和阻抗 Z_S 的串联模型或电流源 $\dot{I}_S$ 和阻抗 Z_S 的并联模型来模拟，后者则可以用负载阻抗 Z_L 来表示，这种情况下的双口网络称为双端接双口网络，倘若仅考虑 Z_L 或 Z_S，则称为单端接双口网络。

15.6.1　单端接双口网络的输入阻抗

单端接 Z_L 的双口网络如图 15-42 所示，若已知双口网络的 Z 参数，其 Z 参数方程以及 Z_L 的电压电流关系可以分别如式(15-85)和式(15-86)所示，即

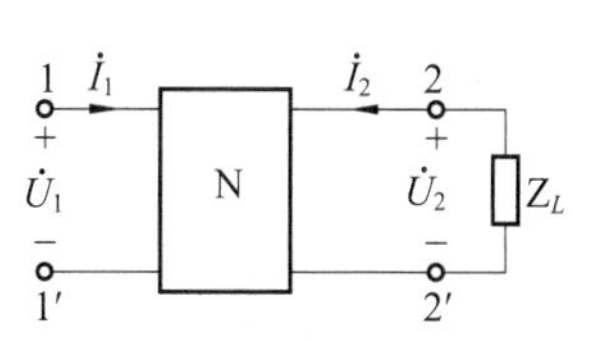

图 15-42　单端接 Z_L 的双口网络

$$\begin{cases}\dot{U}_1 = Z_{11}\dot{I}_1 + Z_{12}\dot{I}_2 \\ \dot{U}_2 = Z_{21}\dot{I}_1 + Z_{22}\dot{I}_2\end{cases} \tag{15-85}$$

$$\dot{U}_2 = -Z_L\dot{I}_2 \tag{15-86}$$

将式(15-86)代入式(15-85)中第二式并消去 $\dot{I}_2$ 便可以求出双口网络的输出端口连接 Z_L 时的输入阻抗，即

$$Z_{in} = \frac{\dot{U}_1}{\dot{I}_1} = Z_{11} - \frac{Z_{12}Z_{21}}{Z_{22}+Z_L} = \frac{\Delta_Z + Z_{11}Z_L}{Z_{22}+Z_L} \tag{15-87}$$

若双口网络的 T 参数已知，其 T 参数方程为

$$\begin{cases}\dot{U}_1 = A\dot{U}_2 + B(-\dot{I}_2)\\ \dot{I}_1 = C\dot{U}_2 + D(-\dot{I}_2)\end{cases} \tag{15-88}$$

将式(15-86)代入式 (15-88) 可得

$$Z_{in} = \frac{\dot{U}_1}{\dot{I}_1} = \frac{AZ_L + B}{CZ_L + D} \tag{15-89}$$

当 $Z_L = \infty$，可得到双口网络的开路输入阻抗，即

$$Z_{ino} = Z_{11},\quad Z_{ino} = \frac{A}{C}$$

当 $Z_L = 0$，可得到双口网络的短路输入阻抗，即

$$Z_{ins} = Z_{11} - \frac{Z_{12}Z_{21}}{Z_{22}},\quad Z_{ins} = \frac{B}{D}$$

15.6.2　单端接双口网络的输出阻抗

在双口网络的 Z 参数已知的情况下，由式(15-85)和 $\dot{U}_1 = -Z_s\dot{I}_1$ 可以求出图 15-43 所示双口网络输入端口连接 Z_s 时的输出阻抗，即

$$Z_{out} = \frac{\dot{U}_2}{\dot{I}_2} = Z_{22} - \frac{Z_{12}Z_{21}}{Z_{11}+Z_s} = \frac{\Delta_Z + Z_{22}Z_s}{Z_{11}+Z_s} \tag{15-90}$$

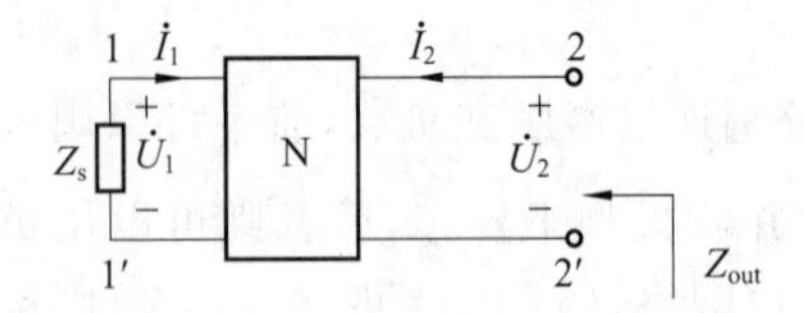

图 15-43　单端接 Z_S 的双口网络

若双口网络的 T 参数已知，由式(15-88) 和 $\dot{U}_1 = -Z_s\dot{I}_1$ 可以求出图 15-43 所示双口网络的输出阻抗，即

$$Z_{out} = \frac{\dot{U}_2}{\dot{I}_2} = \frac{DZ_s + B}{CZ_s + A} \tag{15-91}$$

当 $Z_s = \infty$，可得到双口网络的开路输出阻抗，即

$$Z_{outo} = Z_{22},\quad Z_{outo} = \frac{D}{C}$$

当 $Z_s = 0$，可得到双口网络的短路输出阻抗，即

$$Z_{outs} = Z_{22} - \frac{Z_{12}Z_{21}}{Z_{11}},\quad Z_{outs} = \frac{B}{A}$$

式(15-87)和式(15-91)表明，双口网络具有变换阻抗的作用即为一阻抗变换或转换器。借助表 15-1 和上述结果，也可以得到其他参数表示的输入阻抗和输出阻抗。

利用双口网络输入阻抗和输出阻抗的概念，有时可以简化含双口网络电路的分析计算问题。因为在输入端口接有激励源时，带有负载的双口网络对激励源呈现的作用可以用 Z_{in}

来等效，如果仅求解负载上的响应，端口 2-2′以左部分则可以戴维南等效电路来等效表示，其中 Z_{out} 即为戴维南等效电路中的阻抗。

【例 15-19】 图 15-44 所示 N 为非含源电阻双口网络，当 $R_L=0$ 和 $R_L=\infty$ 时，端口 1-1′的输入电阻分别为 R_0 和 R_∞；端口 2-2′的戴维南等效电阻为 R_{eq}，试求端口 1-1′的输入电阻 R_{in}。

图 15-44 例 15-19 图

解 由题意可知有

$$R_0=\frac{B}{D},\quad R_\infty=\frac{A}{C}$$

由双口网络 N 的传输参数方程可知，当 $i_1=0$ 时，有

$$Cu_2-Di_2=0$$

据此可得

$$R_{eq}=\left.\frac{u_2}{i_2}\right|_{i_1=0}=\frac{D}{C}$$

这也可以直接利用前面推出的结果得到。因此，可得端口 1-1′的输入电阻为

$$R_{in}=\frac{u_1}{i_1}=\frac{Au_2-Bi_2}{Cu_2-Di_2}=\frac{A(-R_Li_2)-Bi_2}{C(-R_Li_2)-Di_2}=\frac{AR_L+B}{CR_L+D}$$

$$=\frac{\frac{A}{C}R_L+\frac{B}{D}\cdot\frac{D}{C}}{R_L+\frac{D}{C}}=\frac{R_\infty R_L+R_0R_{eq}}{R_L+R_{eq}}$$

15.6.3 双口网络的网络函数

在图 15-45 中，由 KVL 可得电压源 $\dot{U}_s$ 和阻抗 Z_s 串联支路的端口特性为

$$\dot{U}_1=\dot{U}_s-Z_s\dot{I}_1 \tag{15-92}$$

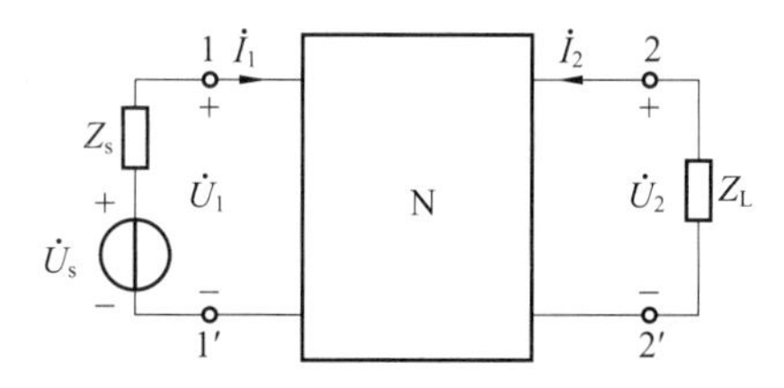

图 15-45 双端接的双口网络

将式(15-86)和式(15-92)代入式(15-85)可得

$$\dot{U}_s-Z_s\dot{I}_1=Z_{11}\dot{I}_1+Z_{12}\dot{I}_2 \tag{15-93}$$

$$-Z_L\dot{I}_2=Z_{21}\dot{I}_1+Z_{22}\dot{I}_2 \tag{15-94}$$

联立求解式(15-93)和式(15-94)可得

$$\dot{I}_2=-\frac{Z_{21}}{(Z_s+Z_{11})(Z_L+Z_{22})-Z_{12}Z_{21}}\dot{U}_s$$

于是得

$$H_u=\frac{\dot{U}_2}{\dot{U}_s}=\frac{-Z_L\dot{I}_2}{\dot{U}_s}=\frac{Z_{21}Z_L}{(Z_s+Z_{11})(Z_L+Z_{22})-Z_{12}Z_{21}}$$

例如，在图 15-45 中。已知双口网络的 Z 参数矩阵为 $Z=\begin{bmatrix}10 & 15\\ 5 & 20\end{bmatrix}\Omega$，$Z_s=R_s=100\Omega$，$Z_L=R_L=25\Omega$，则

$$H_u=\frac{\dot{U}_2}{\dot{U}_s}=\frac{Z_{21}R_L}{(R_s+Z_{11})(R_L+Z_{22})-Z_{12}Z_{21}}=\frac{5\times 25}{(100+10)(25+20)-5\times 15}\approx 0.026$$

除 $\frac{\dot{U}_2}{\dot{U}_s}$ 外，还可以得出其他网络函数。

15.7　对称双口网络的特性阻抗

特性阻抗是双口网络的另一组重要参数即特性参数之一，它与前面介绍的六组网络参数的共同特点是：只与网络本身有关，与外电路无关。

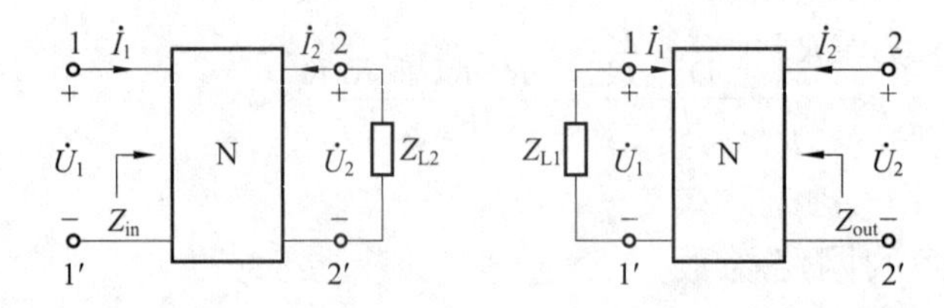

(a) 求输入阻抗的电路　　(b) 求输出阻抗的电路

图 15-46　求对称双口网络输入和输出阻抗电路

若图 15-46(a)所示双口网络端口 2-2′处连接负载 Z_{L_2}，考虑到 $\dot{U}_2=-Z_{L_2}\dot{I}_2$，则 1-1′端口处的输入阻抗为

$$Z_{in}=\frac{\dot{U}_1}{\dot{I}_1}=\frac{A\dot{U}_2-B\dot{I}_2}{C\dot{U}_2-D\dot{I}_2}=\frac{AZ_{L_2}+B}{CZ_{L_2}+D}\tag{15-95}$$

由传输参数方程矩阵式(15-46)可得

$$\begin{bmatrix}\dot{U}_2\\ \dot{I}_2\end{bmatrix}=\frac{1}{\Delta_T}\begin{bmatrix}D & -B\\ C & -A\end{bmatrix}\begin{bmatrix}\dot{U}_1\\ \dot{I}_1\end{bmatrix}\tag{15-96}$$

若在同一双口网络的输入端口接入 Z_{L_1}，如图 15-46(b)所示，利用式(15-96)并考虑到 $\dot{U}_1=-Z_{L_1}\dot{I}_1$，则端口 2-2′处的输出阻抗为

$$Z_{out}=\frac{\dot{U}_2}{\dot{I}_2}=\frac{D\dot{U}_1-B\dot{I}_1}{C\dot{U}_1-A\dot{I}_1}=\frac{DZ_{L_1}+B}{CZ_{L_1}+A}\tag{15-97}$$

对于对称双口网络，因为 $A=D$，则有

$$Z_{\text{in}}=\frac{AZ_{L_2}+B}{CZ_{L_2}+D},\quad Z_{\text{out}}=\frac{AZ_{L_1}+B}{CZ_{L_1}+D}$$

由此可见，若 $Z_{L_1}=Z_{L_2}$，则 $Z_{\text{in}}=Z_{\text{out}}$。进一步若使 $Z_{L_1}=Z_{L_2}$ 为某一值 Z_c 即有 $Z_{L_1}=Z_{L_2}=Z_c$，正好使 $Z_{\text{in}}=Z_{\text{out}}$ 也等于 Z_c 即有 $Z_{\text{in}}=Z_{\text{out}}=Z_c$，则有

$$Z_c=\frac{AZ_c+B}{CZ_c+D}\tag{15-98}$$

在式(15-98)中应用 $A=D$，解之可得

$$Z_c=\sqrt{\frac{B}{C}}\tag{15-99}$$

由式(15-99)可知，对称双口网络的特性阻抗仅仅决定于其参数，此即称为特性阻抗之缘由。

以上所述表明，对于对称双口网络，若在其端口 2-2′(1-1′)处接以特性阻抗 Z_c，则从端口 1-1′(2-2′)处看进去的输入阻抗恰好是这个 Z_c，因此，Z_c 又称为重复阻抗。

特性阻抗还可以用开路阻抗和短路阻抗来表示，由

$$Z_{\text{ino}}=Z_{\text{outo}}=Z_{\text{oc}}=\frac{D}{C}=\frac{A}{C}$$

和

$$Z_{\text{ins}}=Z_{\text{outs}}=Z_{\text{sc}}=\frac{B}{A}=\frac{B}{D}$$

可得

$$Z_{\text{oc}}Z_{\text{sc}}=\frac{A}{C}\,\frac{B}{A}=\frac{B}{C}=Z_c^2$$

于是有

$$Z_c=\sqrt{Z_{\text{oc}}Z_{\text{sc}}}$$

15.8 含双口网络的电路分析

在含双口网络的电路分析中，当双口网络为黑箱时，对于其处理方法通常有两种，其一是根据所给的参数矩阵写出参数方程，再根据双口网络的外部电路写出补充方程，将它们联立求解即可得到待求量；其二是根据已知的参数矩阵画出双口网络的等效电路，然后对整体电路进行分析计算；当双口网络为白箱时，则可以直接进行分析计算。

在具体电路分析上视不同情况分别或综合应用等效分析法，方程法和电路定理。

对于含双口网络动态电路暂态过程的分析可以采用时域分析或复频域分析，在后者情况下双口网络的参数以及参数方程中的变量均为复变量 s 的函数。

【例 15-20】 在图 15-47(a)所示的正弦稳态电路中，双口网络 N 的 Z 参数为 $\begin{bmatrix}5 & -2\\3 & 6\end{bmatrix}\Omega$。已知 $\dot{U}_s=5\angle 20°\text{V}$，$Z_s=10\Omega$，负载阻抗 $Z_L=4\angle -30°\Omega$，求电流 $\dot{I}_1$ 和 $\dot{I}_2$。

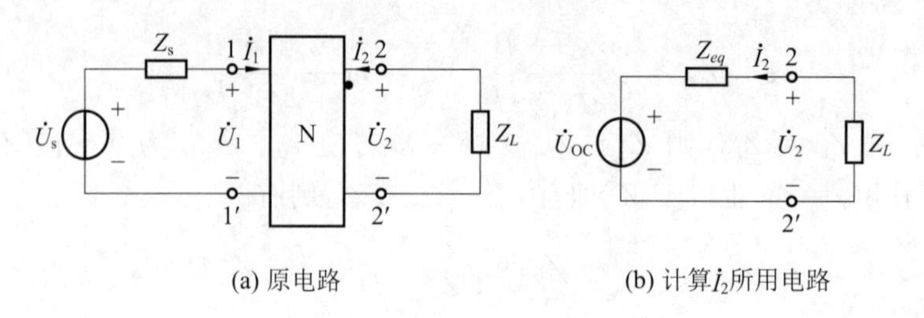

(a) 原电路　　(b) 计算$\dot{I}_2$所用电路

图 15-47　例 15-20 图

解　方法一：联立方程法。列写双口网络 N 的 Z 参数方程和双口网络外两个一端口网络的端口特性方程可得

$$\left.\begin{aligned}\dot{U}_1 &= 5\dot{I}_1 - 2\dot{I}_2\\ \dot{U}_2 &= 3\dot{I}_1 + 6\dot{I}_2\end{aligned}\right\}$$

和

$$\left.\begin{aligned}\dot{U}_1 &= \dot{U}_S - Z_S\dot{I}_1 = 5\angle 20^\circ - 10\dot{I}_1\\ \dot{U}_2 &= - Z_L\dot{I}_2 = - 4\angle - 30^\circ \times \dot{I}_2\end{aligned}\right\}$$

联立求解以上方程可得

$$\dot{I}_1 \approx 0.32\angle - 20.47^\circ\text{A},\quad \dot{I}_2 \approx - 0.10\angle 31.46^\circ\text{A}$$

方法二：利用输入阻抗和戴维南等效电路。求输入端口的电流 $\dot{I}_1$ 时，可将 1-1′端口右端用阻抗等效 Z_{in}，由式(15-87)有

$$Z_{in} = Z_{11} - \frac{Z_{12}Z_{21}}{Z_{22} + Z_L} = 5 - \frac{-2\times 3}{6 + 4\angle - 30^\circ} = \frac{74 + 33\sqrt{3} + \text{j}3}{13 + 6\sqrt{3}}(\Omega)$$

故求得 $\dot{I}_1 = \dfrac{\dot{U}_S}{Z_s + Z_{in}} = \dfrac{5\angle - 20^\circ}{10 + \dfrac{74 + 33\sqrt{3} + \text{j}3}{13 + 6\sqrt{3}}} \approx 0.32\angle - 20.47^\circ(\text{A})$

图 15-47(a)中端口 2-2′以左部分的戴维南等效电路如图 15-47(b)所示。由式(15-90)可得

$$Z_{out} = Z_{eq} = Z_{22} - \frac{Z_{12}Z_{21}}{Z_{11} + Z_s} = 6 - \frac{-2\times 3}{5 + 10} = \frac{32}{5}(\Omega)$$

在图 15-47(a)中，当端口 2-2 开路即 $\dot{I}_2 = 0$ 时，有

$$\dot{U}_1 = Z_{11}\dot{I}_1,\quad \dot{U}_1 = \dot{U}_s - Z_s\dot{I}_1$$

由这两个方程可得

$$\dot{I}_1 = \frac{\dot{U}_s}{Z_{11} + Z_s}$$

于是，可得端口 2-2′的开路电压为

$$\dot{U}_{oc} = Z_{21}\dot{I}_1 = \frac{Z_{21}}{Z_{11} + Z_s}\dot{U}_s = \frac{3}{5 + 10}\times 5\angle 20^\circ = 1\angle 20^\circ(\text{V})$$

因此，求出

$$\dot{I}_2=-\frac{\dot{U}_{oc}}{Z_{eq}+Z_L}=-\frac{1\angle 20^\circ}{\frac{32}{5}+4\angle -30^\circ}\approx -0.10\angle 31.46^\circ(\mathrm{A})$$

或者直接利用 $\dot{U}_2=Z_{21}\dot{I}_1+Z_{22}\dot{I}_2$ 和 $\dot{U}_2=-Z_L\dot{I}_2$ 以及所求出的 $\dot{I}_1$ 求出 $\dot{I}_2$。

方法三：从已知 Z 参数可知，该双口网络为非互易的，因此，可以在图 15-47(a)中建立起其双口网络用 Z 参数表示的双源或单源等效电路，再应用网孔法或节点法求解。读者可以自己动手解一下。

【例 15-21】 在图 15-48 所示电路中，双口网络 N_a 的传输参数矩阵为 $T_a=\begin{bmatrix}1.5 & 6\Omega\\ \frac{1}{6}\mathrm{S} & \frac{4}{3}\end{bmatrix}$，虚线框内的复合双口网络为对称双口网络，$U_s=21\mathrm{V}$，$R_s=4\Omega$。当负载电阻 $R_L=\infty$ 时，图中所示输入阻抗 $Z_{in}=7\Omega$，当 $R_L=0$ 时，$Z_{in}=\frac{45}{7}\Omega$。试求：(1)双口网络 N_b 的传输参数矩阵 T_b；(2)若电压源 U_s 供出功率 42W，求 R_L。

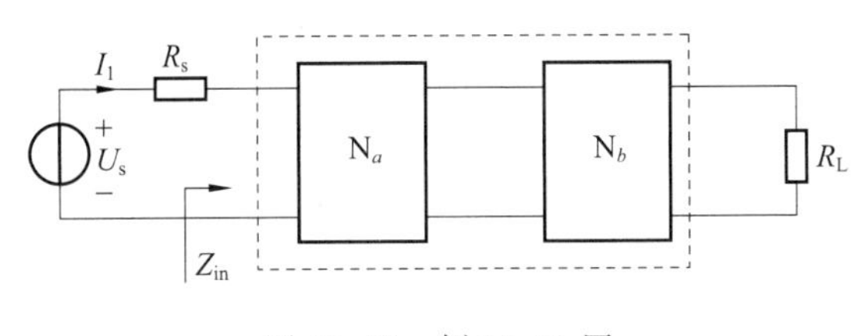

图 15-48 例 15-21 图

解 (1)由于复合双口网络是对称的，于是，其传输参数矩阵可设为 $\boldsymbol{T}=\begin{bmatrix}A & B\\ C & A\end{bmatrix}$；

当 $R_L=\infty$ 时，$Z_{in}=7\Omega$，于是有 $Z_{in}=\frac{A}{C}=7\Omega$；

当 $R_L=0$ 时，$Z_{in}=\frac{45}{7}\Omega$，因此有 $Z_{in}=\frac{B}{A}=\frac{45}{7}\Omega$。

由于是对称二端口，故而有

$$A^2-BC=1$$

联立以上方程解得 $A=\frac{7}{2}$，$B=\frac{45}{2}\Omega$，$C=\frac{1}{2}\mathrm{S}$，即 $\boldsymbol{T}=\begin{bmatrix}\frac{7}{2} & \frac{45}{2}\Omega\\ \frac{1}{2}\mathrm{S} & \frac{7}{2}\end{bmatrix}$。由于 N_a 与 N_b 为级联，因而

$$\boldsymbol{T}=\boldsymbol{T}_a\times\boldsymbol{T}_b=\begin{bmatrix}1.5 & 6\Omega\\ \frac{1}{6}\mathrm{S} & \frac{4}{3}\end{bmatrix}\times\boldsymbol{T}_b=\begin{bmatrix}\frac{7}{2} & \frac{45}{2}\Omega\\ \frac{1}{2}\mathrm{S} & \frac{7}{2}\end{bmatrix}$$

解之得
$$\boldsymbol{T}_b=\begin{bmatrix}\frac{5}{3} & 9\Omega\\ \frac{1}{6}\text{S} & \frac{3}{2}\end{bmatrix}$$

(2) 因为 $P_{U_s}=42\text{W}$，而 $P_{U_s}=U_s I_1=21I_1=42\text{W}$，解得 $I_1=2\text{A}$。

由图 15-48 所示电路可得

$$Z_{\text{in}}=\frac{U_s}{I_1}-R_S=\frac{21}{2}-4=\frac{13}{2}=\frac{\frac{7}{2}R_L+\frac{45}{2}}{\frac{1}{2}R_L+\frac{7}{2}}$$

解之得 $R_L=1\Omega$。

【例 15-22】 在图 15-49(a)中，N_a 和 N_b 均为双口无源电阻网络，它们的 T 参数矩阵分别为 $T_a=\begin{bmatrix}2 & 1\Omega\\ 1\text{S} & 1\end{bmatrix}$，$T_b=\begin{bmatrix}1 & 2\Omega\\ 1\text{S} & 3\end{bmatrix}$。试求 $I_s=1\text{A}$，$R=1\Omega$ 时的 U_R。

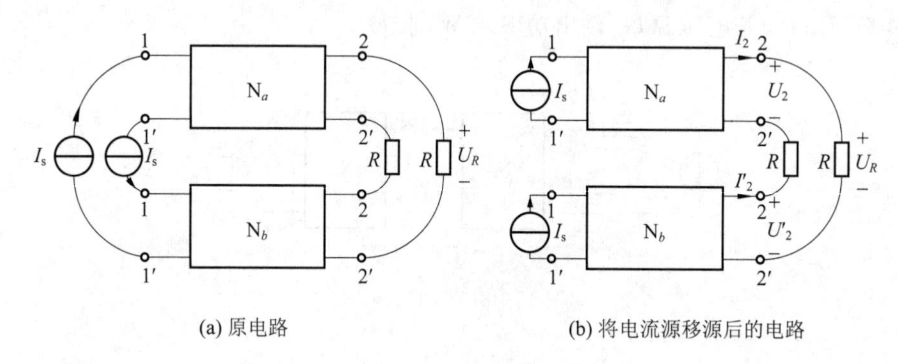

(a) 原电路　　(b) 将电流源移源后的电路

图 15-49　例 15-22 图

解　将图 15-49(a)中最外边的电流源作移源处理后得到等效电路如图 15-49(b)所示，其中，N_a 和 N_b 的 T 参数方程的第二个方程分别为

$$I_s=U_2+I_2,\quad I_s=U'_2+3I'_2$$

由输出端口的端口条件以及最右边回路的 KVL 分别可得

$$I_2=I'_2,\quad U_2=2RI_2-U'_2$$

将已知数据代入以上各式得

$$\begin{cases}1=U_2+I_2\\ 1=U'_2+3I'_2=U'_2+3I_2\\ U_2=2I_2-U'_2\end{cases}$$

联立求解上面各式可得 $I_2=\frac{1}{3}\text{A}$，于是有

$$U_R=RI_2=1\times\frac{1}{3}=\frac{1}{3}(\text{V})$$

【例 15-23】 在图 15-50(a)所示电路中，双口网络 N_1 的 Z 参数矩阵和 N_2 的 T 参数矩阵分别为

$$Z_1 = \begin{bmatrix} 6 & 2 \\ 2 & 8 \end{bmatrix}\Omega,\quad T_2 = \begin{bmatrix} 1.5 & 5\Omega \\ 0.25S & 1.5 \end{bmatrix}$$

U_3 处开路。试求:(1)N_1 的 T 形等效电路和 N_2 的输入电阻 R_{in};(2)U_2 和 U_3 之值。

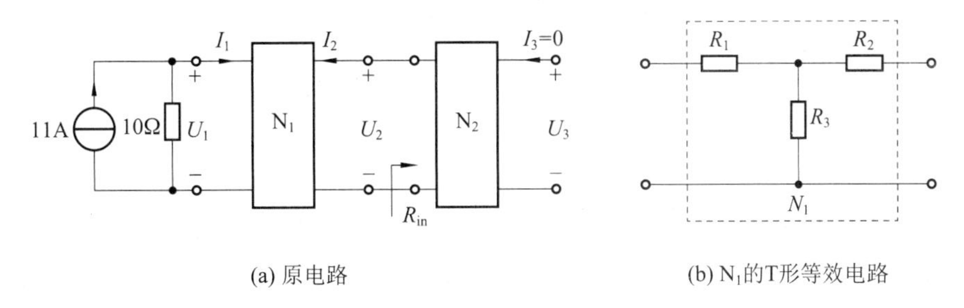

图 15-50 例 15-23 图

解 (1) N_1 的 Z 参数矩阵表明,N_1 为互易双口网络,故其 T 形等效电路如图 15-50(b)所示,其中三个电阻值分别为

$R_1 = Z_{11} - Z_{12} = 6 - 2 = 4\Omega,\quad R_2 = Z_{22} - Z_{12} = 8 - 2 = 6\Omega,\quad R_3 = Z_{12} = 2\Omega$

由于 U_3 处开路,所以在 N_2 的 T 参数方程中,令 $I_3 = 0$ 便可以求出此时 N_2 的输入电阻,即

$$R_{in} = \frac{U_2}{-I_2}\bigg|_{I_3=0} = \frac{1.5U_3}{0.25U_3} = 6\Omega$$

(2) 由 N_1 的 Z 参数矩阵得出 N_1 的 Z 参数方程为

$$\begin{cases} U_1 = 6I_1 + 2I_2 \\ U_2 = 2I_1 + 8I_2 \end{cases}$$

N_1 输入端口端接的一端口的伏安特性方程和输出端口的伏安特性方程分别为

$$U_1 = 10 \times (11 - I_1)$$

$$I_2 = -\frac{U_2}{R_{in}} = -\frac{U_2}{6}$$

将这两个伏安特性方程代入 N_1 的 Z 参数方程可得

$$\begin{cases} 10 \times (11 - I_1) = 6I_1 + 2\left(-\dfrac{U_2}{6}\right) \\ U_2 = 2I_1 + 8\left(-\dfrac{U_2}{6}\right) \end{cases}$$

解之得 $U_2 = 6\text{V}$,在 N_2 的 T 参数方程的第一个方程:$U_2 = 1.5U_3 + 5(-I_3)$中,令 $I_3 = 0$,可得

$$U_3 = \frac{U_2}{1.5} = \frac{6}{1.5} = 4(\text{V})$$

【例 15-24】 在图 15-51(a)、(b)所示的电路中,N 为仅由线性时不变电阻组成的双口网络。已知图 15-51(a)中 $I_2 = 5\text{A}$,试求图 15-51(b)所示电路中的 U_R。

解 由于 N 仅由线性时不变电阻组成,所以其为互易网络。将图 15-51(a)中电流源和

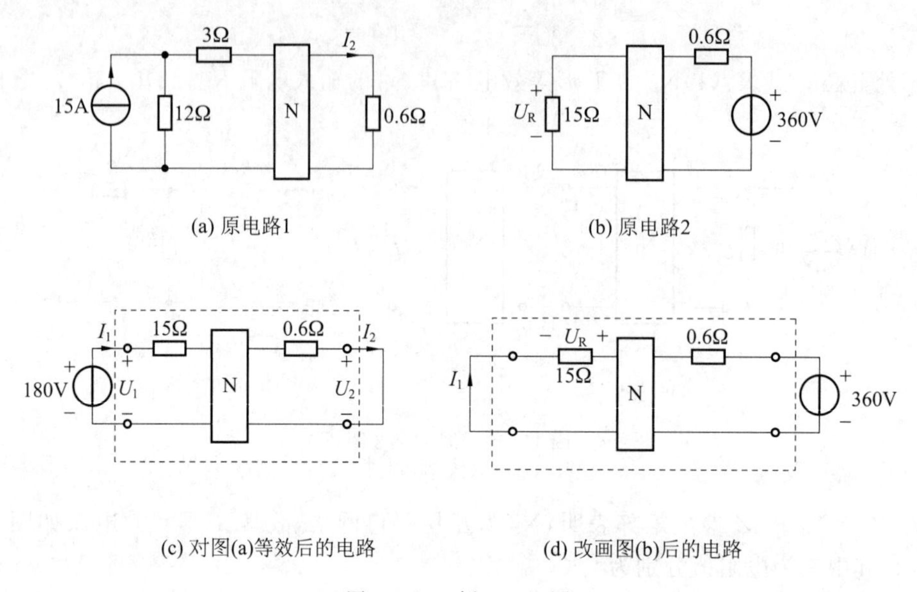

(a) 原电路1　(b) 原电路2

(c) 对图(a)等效后的电路　(d) 改画图(b)后的电路

图 15-51　例 15-24 图

电阻进行等效变换得到图 15-51(c)，按照其中所设电压、电流的参考方向，图 15-51(c)虚线框内的双口网络 Y 参数方程的第二个方程为

$$-I_2=Y_{21}U_1+Y_{22}U_2$$

将 $U_1=180\text{V}, I_2=5\text{A}, U_2=0$ 代入其中可得

$$Y_{21}=\frac{-I_2}{U_1}=\frac{-5}{180}=-\frac{1}{36}(\text{S})$$

将图 15-51(b)改画为图 15-51(d)，其中虚线框内双口网络和图 15-51(c)中的为同一双口网络，因此它们具有同一 Y 参数，而二者的第一个 Y 参数方程为

$$I_1=Y_{11}U_1+Y_{12}U_2$$

将 $U_1=0, U_2=360\text{V}$ 代入其中并根据虚线框内双口网络的互易性可得

$$I_1=Y_{12}U_2=Y_{21}U_2=-\frac{1}{36}\times 360=-10(\text{A})$$

于是可得

$$U_R=-15I_1=(-15)\times(-10)=150(\text{V})$$

【例 15-25】 在图 15-52(a)所示线性电路中，N 为无源对称双口网络，R_2 为可调电阻，$R_1=2\Omega, I_s=5\text{A}, U_s=5\text{V}$。当 $R_2=R_1$ 时，$I_1=2\text{A}$；当 $R_2=2R_1$ 时，$I_2=1\text{A}$。求 R_2 可能获得的最大功率及此时 R_2 的值。

解　将图 15-52(a)中电流源 $I_s=5\text{A}$ 和电阻 $R_1=2\Omega$ 的并联支路等效为电压源 10V 和 $R_1=2\Omega$ 的串联支路，如图 15-52(b)所示。于是有：

(1) 由已知条件可知当 $R_2=R_1=2\Omega$ 时，$I_1=2\text{A}$，于是得出图 15-52(c)，将其中端口 1-1′右边的电路用其戴维南等效电路代替，电路如图 15-52(d)所示。其中戴维南等效电阻 R_{eq1} 是将图 15-52(c)中 5V 电压源移去以短路线代替后端口 1-1′的输入电阻，这时，利用 N

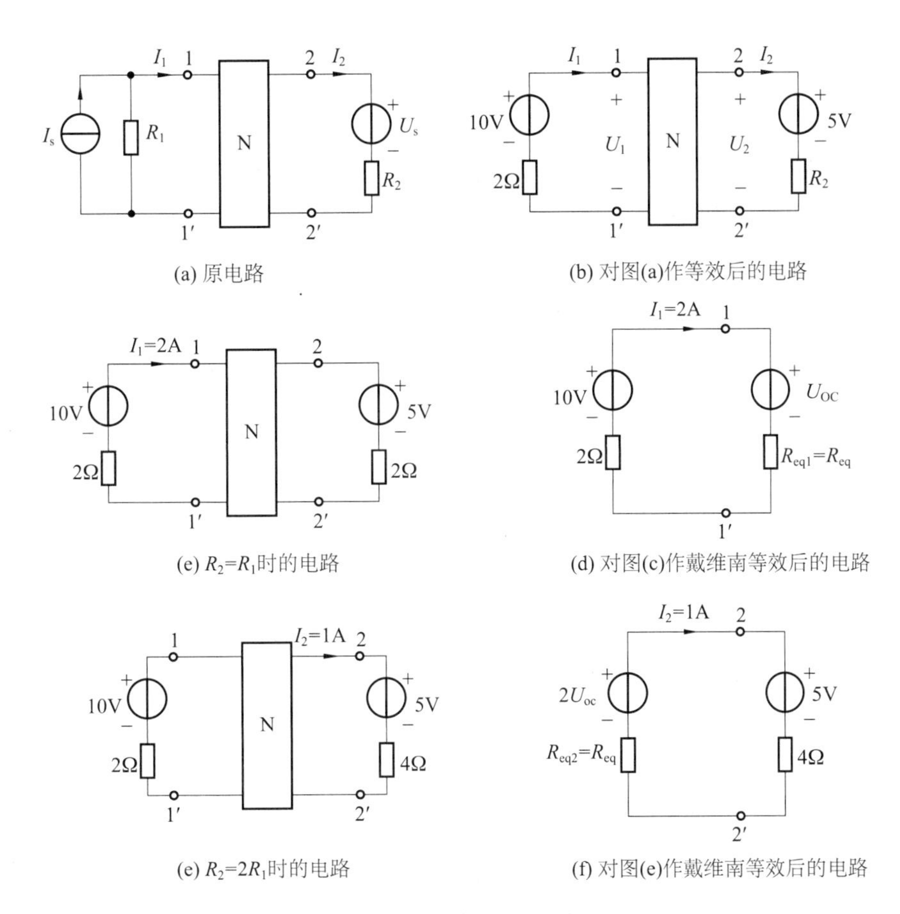

(a) 原电路

(b) 对图(a)作等效后的电路

(e) R_2=R_1时的电路

(d) 对图(c)作戴维南等效后的电路

(e) R_2=$2R_1$时的电路

(f) 对图(e)作戴维南等效后的电路

图 15-52 例 15-25 图

的传输参数 A、B、C、D 可得

$$R_{eq1}=\frac{2A+B}{2C+D}$$

(2) 由已知条件可知当 $R_2=2R_1=4\Omega$ 时，$I_2=1\text{A}$，于是得出图 15-52(e)，将其中端口 2-2′左边的电路用其戴维南等效电路代替，电路如图 15-52(f)所示。其中戴维南等效电阻 R_{eq2}是将图 15-52 (e)中 10V 电压源移去以短路线代替后端口 2-2′的输入电阻，这时，利用 N 的传输参数 A、B、C、D 可得

$$R_{eq2}=\frac{2D+B}{2C+A}$$

由于 N 为对称双口网络，因此 $R_{eq1}=R_{eq2}=R_{eq}$。仍然由于 N 为对称双口网络，所以由互易定理和齐性定理可知，图 15-52(e)中端口 2-2′的开路电压为图 15-52(c)中端口 1-1′的开路电压的 2 倍，因此，图 15-52(f)中戴维南等效电路的电压源为 $2U_{oc}$。利用图 15-52(d)、(f)可得

$$\begin{cases}2\times(2+R_{eq})=10-U_{oc}\\1\times(4+R_{eq})=2U_{oc}-5\end{cases}$$

解之得 $R_{eq}=0.6\Omega, U_{oc}=4.8\text{V}$。由最大功率传输定理可知，当 $R_2=R_{eq}=0.6\Omega$ 时可获得最大功率，其最大功率为

$$P_{max}=\frac{(2U_{oc}-5)^2}{4R_{eq}}=\frac{(2\times4.8-5)^2}{4\times0.6}=8.82(\text{W})$$

【例 15-26】 在图 15-53 所示电路中，已知 $R_1=R_2=2\Omega, C=0.5\text{F}, i_s=0.25\delta(t)\text{A}$，双口网络 N 的 Y 参数矩阵为

$$Y=\begin{bmatrix}0.5+0.5s & -0.5s\\ -0.5s & 1+0.5s\end{bmatrix}$$

试求零状态响应 $u_2(t)$。

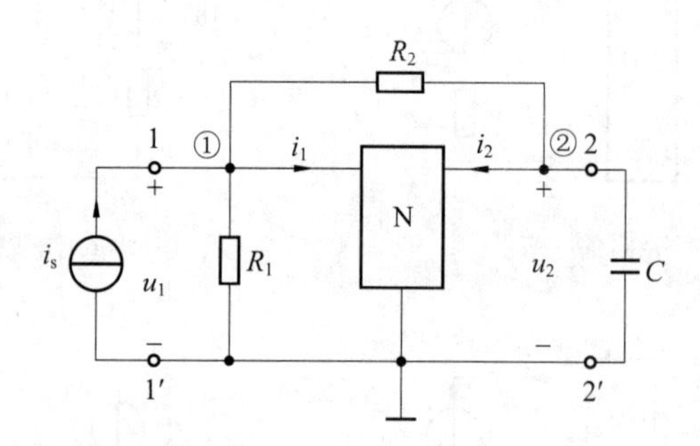

图 15-53　例 15-26 图

解　在复频域内分别对节点①和②列节点电压方程，即

$$\left(\frac{1}{R_1}+\frac{1}{R_2}\right)U_1(s)-\frac{1}{R_2}U_2(s)=I_s(s)-I_1(s)$$

$$-\frac{1}{R_2}U_1(s)+\left(\frac{1}{R_2}+sC\right)U_2(s)=-I_2(s)$$

图 15-53 中以 1-1′和 2－2′为端口的双口网络可以视为是两个三端网络的并联，由于这种连接总是有效的，即网络 N 的 Y 参数方程仍成立。将其代入上两式可得

$$\left(\frac{1}{R_1}+\frac{1}{R_2}\right)U_1(s)-\frac{1}{R_2}U_2(s)=I_s(s)-[(0.5+0.5s)U_1(s)-0.5sU_2(s)]$$

$$-\frac{1}{R_2}U_1(s)+\left(\frac{1}{R_2}+sC\right)U_2(s)=-[-0.5s\,U_1(s)+(1+0.5s)U_2(s)]$$

代入已知数据并整理得

$$(1.5+0.5s)U_1(s)-(0.5+0.5s)U_2(s)=0.25$$

$$-(0.5+0.5s)U_1(s)+(1.5+s)U_2(s)=0$$

联立解得

$$U_2(s)=\frac{0.5(s+1)}{s^2+7s+8}$$

于是　　$u_2(t)=L^{-1}[U_2(s)]\approx(0.553\text{e}^{-5.56t}-0.053\text{e}^{-1.44t})\varepsilon(t)\text{V}$

【例 15-27】 在图 15-54(a)所示电路中双口网络 N 的 Y 参数矩阵为

$$Y=\begin{bmatrix}1 & -0.5\\ -0.5 & \dfrac{2}{3}\end{bmatrix}\text{S}$$

电路原处于稳态，$t=0$ 时开关由闭合突然断开，求 $t>0$ 时的电压 u_2。

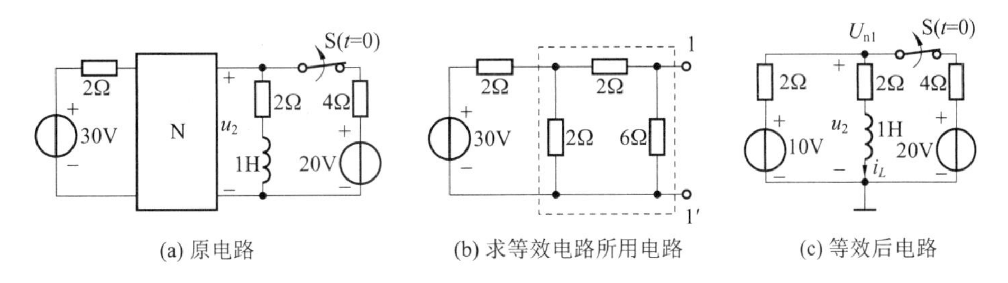

(a) 原电路　　(b) 求等效电路所用电路　　(c) 等效后电路

图 15-54　例 15-27 图

解 由所给双口网络的 Y 参数矩阵可知有 $Y_{12}=Y_{21}=-0.5\text{S}$，即该双口网络为一互易网络，其Π形等效网络如图 15-54(b)的虚线框内所示。图 15-54(b)端口 1-1′的戴维南等效电路的等效电阻为 $R_{eq}=2(\Omega)$，开路电压为 $U_{oc}=10(\text{V})$。因此，原电路等效为图 15-54(c)所示电路。在图 15-54(c)中，换路前电路处于直流稳态，故而电感短路，于是列出节点电压方程为

$$\left(\frac{1}{2}+\frac{1}{2}+\frac{1}{4}\right)U_{n1}(0_-)=\frac{10}{2}+\frac{20}{4}$$

解之可得 $U_{n1}(0_-)=8\text{V}$。因此，可得电感电流和电压 u_2 初值分别为 $i_L(0_+)=i_L(0_-)=\dfrac{U_{n1}(0_-)}{2}=4\text{A}$ 和 $u_2(0_+)=10-2i_L(0_+)=2\text{V}$。换路后达到稳态时，$u_2$ 的稳态值为 $u_2(\infty)=\dfrac{2}{2+2}\times 10=5(\text{V})$。

时间常数为 $\tau=\dfrac{L}{R}=\dfrac{1}{4}=0.25(\text{s})$。由三要素公式可以求出

$$u_2(t)=(5-3\text{e}^{-4t})\varepsilon(t)\text{V}$$

15.9 回转器和负阻抗变换器

回转器和负阻抗变换器都是双口元件，下面分别加以介绍。

15.9.1 回转器

回转器的电路符号如图 15-55 所示，其中箭头表示回转方向。在图示的参考方向下，回转器两个端口的电压、电流的关系可以表示为：

$$\begin{cases}u_1=-ri_2\\ u_2=ri_1\end{cases}\tag{15-100}$$

或

$$\begin{cases} i_1 = gu_2 \\ i_2 = -gu_1 \end{cases} \tag{15-101}$$

式中，r 和式中 g 分别称为回转器的回转电阻和回转电导，统称为回转常数，它们分别具有电阻和电导的量纲，比较式(15-100)和式(15-101)可知，对于同一回转器应有 $g=1/r$。式(15-100)和式(15-101)也可以分别用 Z 参数矩阵方程和 Y 参数矩阵方程表示。

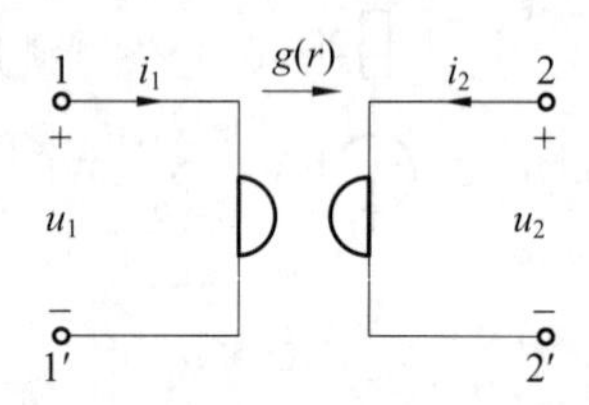

图 15-55　回转器的电路符号

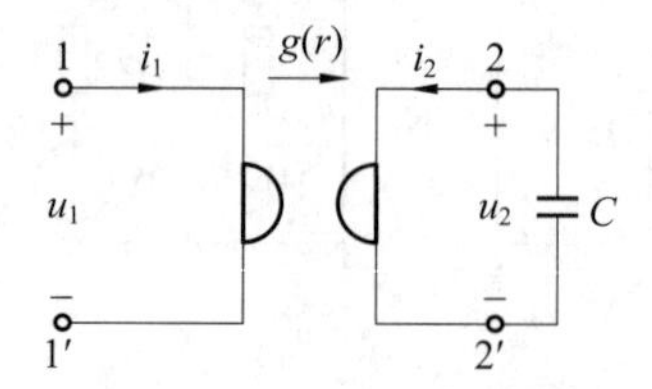

图 15-56　用回转器实现电感的电路

需要注意的是，回转器特性方程式(15-100)和式(15-101)中的正、负号与其电路符号中上方箭头的指向有关，在图 15-55 中，上方的箭头是自左指向右。若箭头是自右指向左即回转方向相反，则回转器的特性方程式中均需各添加一负号，显然，若电压或电流的参考方向与图 15-55 中的相反，则也需要在对应方程中添加一负号。

回转器特性方程表明，回转器可以将其一个端口的电流(或电压)“回转”为另一个端口的电压(或电流)。因此，回转器可以把一个电容(或电感)回转为一个电感(或电容)。在图 15-56 所示的电路中，将电容元件的伏安特性方程 $i_2=-C\dfrac{\mathrm{d}u_2}{\mathrm{d}t}$ 代入回转器的端口方程式(15-100)可得

$$u_1=-ri_2=-r\left(-C\frac{\mathrm{d}u_2}{\mathrm{d}t}\right)=rC\frac{\mathrm{d}u_2}{\mathrm{d}t}=rC\frac{d(ri_1)}{\mathrm{d}t}=r^2C\frac{\mathrm{d}i_1}{\mathrm{d}t}=L\frac{\mathrm{d}i_1}{\mathrm{d}t}$$

由此可见，图 15-56 中端口 1-1′对外等效于一电感元件，其电感值为

$$L=r^2C=\frac{1}{g^2}C$$

回转器的这一特性可以应用于模拟集成电路的制造中，即利用回转器和易于集成的电容可以集成出难以集成的电感。例如，若 $r=10\mathrm{k}\Omega$，$C=1\mu\mathrm{F}$，则可以通过回转器将 $1\mu\mathrm{F}$ 的电容“回转”成 100H 的电感。

实际上，回转器的这一功能是双口网络(元件)作为一种阻抗变换器这一特性的具体表现，但是，由于其在功率、工作频率等方面的限制，故而并非在所有情况下均是可行的。

回转器具有如下性质：

(1) 回转器是一个线性、无源、无耗元件。根据回转器特性方程式(15-100)以及图 15-55所示的参考方向可知输入回转器的总功率为

$$u_1i_1+u_2i_2=-ri_2\frac{1}{r}u_2+u_2i_2=0$$

这表明回转器在任何时刻的功率为零，即它既不消耗功率又不产生功率。

(2) 回转器是一个非互易的双口元件。由回转器的特性方程(15-100)可知,其 Z 参数矩阵的 $Z_{12} \neq Z_{21}$。

由于回转器同一特性方程中的电压与电流的下标不同,所以图 15-55 所示的回转器的电路模型可以用受控电压源或受控电流源来表示。回转器可以用含晶体管或运算放大器和电阻元件的电路来实现,图 15-57 为实现回转器的一个电路。根据理想运算放大器的"虚断"、特性,应用节点法分别对节点①、②、④、⑥列写节点方程电压可得

$$n_1: \quad \left(\frac{1}{R}+\frac{1}{R}\right)u_1-\frac{1}{R}u_{n_3}-\frac{1}{R}u_2=i_1$$

$$n_2: \quad \left(\frac{1}{R}+\frac{1}{R}\right)u_{n_2}-\frac{1}{R}u_{n_3}=0$$

$$n_4: \quad \left(\frac{1}{R}+\frac{1}{R}\right)u_{n_4}-\frac{1}{R}u_{n_3}-\frac{1}{R}u_{n_5}=0$$

$$n_6: \quad \left(\frac{1}{R}+\frac{1}{R}\right)u_2-\frac{1}{R}u_1-\frac{1}{R}u_{n_6}=i_2$$

将"虚短"特性方程:$u_{n_2}=u_1$,$u_{n_4}=u_2$ 代入上述方程可以得出图 15-57 所示电路作为回转器的特性方程为 $u_1=Ri_2$,$u_2=-Ri_1$。

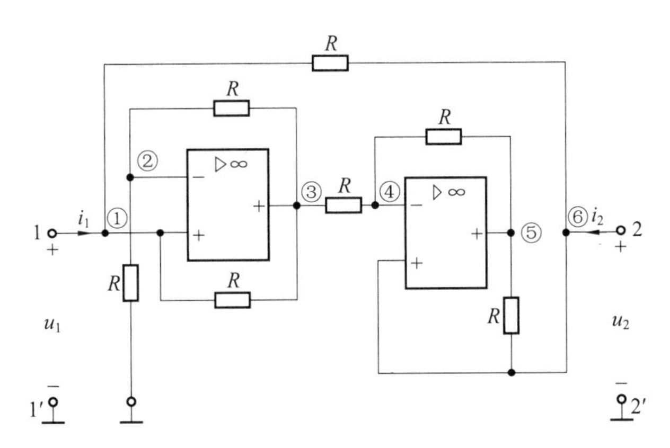

图 15-57 用运算放大器实现回转器的一个电路

此外,如图 15-58 所示,用两个回转器级联可构成一个理想变压器,两个回转器的回转电阻分别是 r_1 和 r_2,$\boldsymbol{T}$ 参数矩阵分别是 $\boldsymbol{T}_1$ 和 $\boldsymbol{T}_2$。据此可得图 15-58 所示电路的 $\boldsymbol{T}$ 参数矩阵为

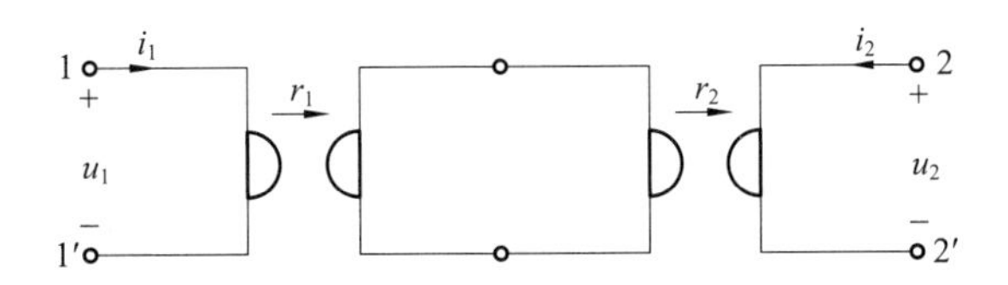

图 15-58 两个回转器级联实现一个理想变压器的电路

$$T=T_1T_2=\begin{bmatrix}0 & r_1\\ \frac{1}{r_1} & 0\end{bmatrix}\begin{bmatrix}0 & r_2\\ \frac{1}{r_2} & 0\end{bmatrix}=\begin{bmatrix}\frac{r_1}{r_2} & 0\\ 0 & \frac{r_2}{r_1}\end{bmatrix}=\begin{bmatrix}n & 0\\ 0 & \frac{1}{n}\end{bmatrix}$$

式中，$n=r_1/r_2$，可见，两个回转器级联后的 **T** 参数矩阵与 $n:1$ 理想变压器的 **T** 参数矩阵完全相同。

【例 15-28】 电路如图 15-59 所示，其中回转器的回转电阻 $r=50\Omega$。(1)求电路的入端电阻 R_{in}；(2)求$\frac{u_3}{u_i}$。

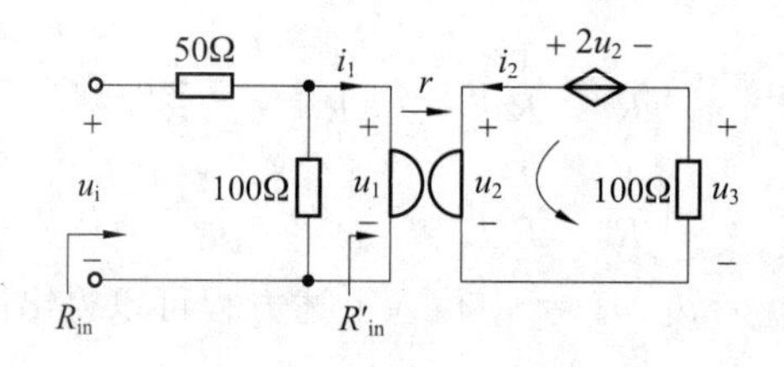

图 15-59　例 15-28 图

解　(1)根据回转器的特性方程：$u_1=-ri_2$，$u_2=ri_1$ 和右边回路的 KVL 方程：$u_2=2u_2-100i_2$ 可解得

$$u_1=-25i_1$$

则 $R'_{in}=\frac{u_1}{i_1}=-25\Omega$。于是可得 $R_{in}=\frac{50}{3}\Omega$

(2) 回转器以左双口网络的传输参数矩阵为 $T_1=\begin{bmatrix}\frac{3}{2} & 50\Omega\\ \frac{1}{100}\mathrm{S} & 1\end{bmatrix}$，回转器的传输参数矩阵为 $T_2=\begin{bmatrix}0 & 50\Omega\\ \frac{1}{50}\mathrm{S} & 0\end{bmatrix}$，于是两个双口网络级联的传输参数矩阵为

$$T=T_1T_2=\begin{bmatrix}1 & 75\Omega\\ \frac{1}{50}\mathrm{S} & \frac{1}{2}\end{bmatrix}$$

由此可得
$$u_i=u_2-75i_2 \tag{15-102}$$
又由右边回路可得 KVL 方程，即
$$u_2=2u_2+u_3 \tag{15-103}$$

由式(15-102)、式(15-103)和 $u_2=2u_2-100i_2$ 可得$\frac{u_3}{u_i}=-4$。

【例 15-29】 在图 15-59 所示电路中，已知 $u_s=U_m\sin\omega t\mathrm{V}$，试求：(1)$\dot{U}_1$ 与 $\dot{I}_1$ 的关系；(2)$\dot{U}_1$；(3)当电源频率为何值时，$\dot{I}_0=0$ 。

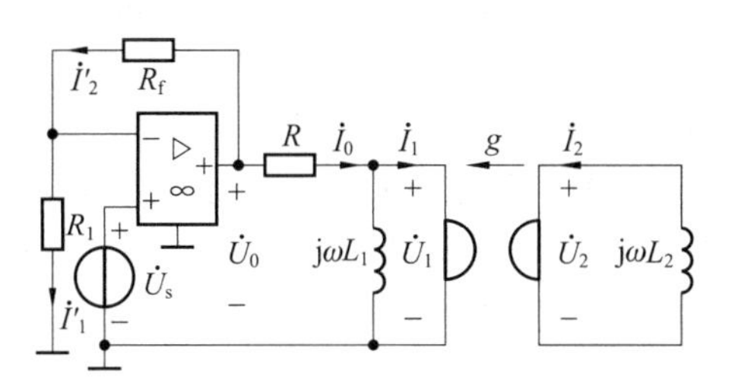

图 15-60 例 15-29 图

解 (1)由 $\dot{U}_2=-j\omega L_2\dot{I}_2$,并利用回转器的特性方程可得

$\dot{I}_1=-g\dot{U}_2=j\omega gL_2\dot{I}_2=j\omega g^2L_2\dot{U}_1$,所以 $Y_{in}=\dot{I}_1/\dot{U}_1=j\omega g^2L_2$,即回转器将电感 L_2 回转成一电容 $C=g^2L_2$。

(2) 利用串联分压公式可得

$$\dot{U}_1=\frac{\dot{U}_0}{R+1\Big/\left(\frac{1}{j\omega L_1}+j\omega g^2L_2\right)}\cdot\frac{1}{\frac{1}{j\omega L_1}+j\omega g^2L_2}=\frac{j\omega L_1}{R+j\omega L_1-\omega^2g^2L_1L_2R}\dot{U}_0$$

根据理想运算放大器的“虚断”及“虚短”可得

$$\dot{I}'_1=\dot{I}'_2=\dot{U}_s/R_1$$

因此可得

$$\dot{U}_0=\dot{I}'_2R_f+\dot{I}'_1R_1=(1+R_f/R_1)\dot{U}_s$$

于是有

$$\dot{U}_1=\frac{j\omega L_1(R_1+R_f)\dot{U}_s}{R_1(R+j\omega L_1-\omega^2g^2L_1L_2R)}$$

(3) 当电感 L_1 与回转电容 g^2L_2 并联谐振,即 $\omega=\omega_0=\frac{1}{g\sqrt{L_1L_2}}$时,$\dot{I}_0=0$,这时有 $\dot{U}_1=\dot{U}_0=(1+R_f/R_1)\dot{U}_s$。

15.9.2 负阻抗变换器

负阻抗变换器(简称 NIC)分为电压反向型负阻抗变换器(简称 VNIC)和电流反向型负阻抗变换器(简称 INIC),它们没有特定的电路符号,通常采用如图 15-61 所示的符号表示,端口特性方程分别为

$$\text{VNIC}:\begin{cases}u_1=-ku_2\\ i_1=-i_2\end{cases}\tag{15-104}$$

$$\text{INIC}:\begin{cases}u_1=u_2\\ i_1=ki_2\end{cases}\tag{15-105}$$

由式(15-104)可知,在图 15-61(a)所示的参考方向下,$i_1=-i_2$ 表明该负阻抗变换器的输入电流 i_1 经传输后变为$-i_2$,即输入电流 i_1 的大小和方向经过该负阻抗变换器后均未改

变，但是，$u_1=-ku_2$ 则表明输入电压 u_1 经传输后变为 $-ku_2$，即输入电压 u_1 经过该负阻抗变换器后却被改变了方向或者说被反向亦即其极性发生了改变（大小同时改变了 k 倍），因此将这种 NIC 称为电压反向型 NIC（VNIC）；由式（15-105）可知，在图 15-61（b）所示的参考方向下，$u_1=u_2$ 表明该负阻抗变换器的输入电压 u_1 经传输后变为 u_2，即输入电压 u_1 的大小和方向经过该负阻抗变换器后均未改变，但是，$i_1=ki_2$ 则表明输入电流 i_1 经传输后变为 ki_2，即输入电流 i_1 经过该负阻抗变换器后却被改变了方向或者说被反向（大小同时改变了 k 倍），故而将这种 NIC 称为电流反向型 NIC（INIC）。

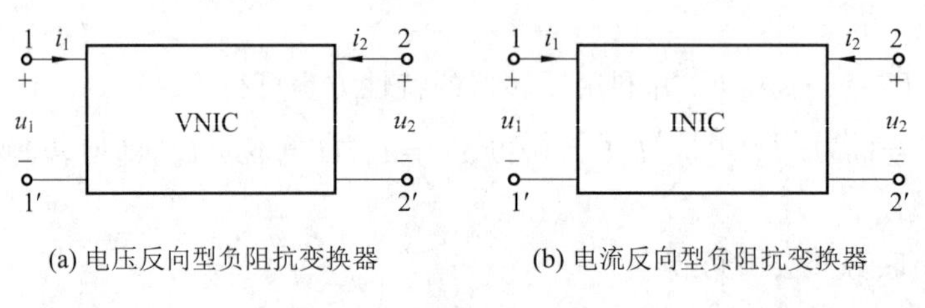

(a) 电压反向型负阻抗变换器　　(b) 电流反向型负阻抗变换器

图 15-61　负阻抗变换器的符号

如图 15-62 所示，若该 NIC 为电压反向型（VNIC）的，在端口 2-2′接一阻抗 Z_2，从端口 1-1′看进去的输入阻抗 Z_{in} 为

$$Z_{in}=\frac{\dot{U}_1}{\dot{I}_1}=\frac{k\dot{U}_2}{\dot{I}_2}=\frac{-kZ_2\dot{I}_2}{\dot{I}_2}=-kZ_2$$

若该 NIC 为电流反向型（INIC）的，在端口 2-2′接一阻抗 Z_2，从端口 1-1′看进去的输入阻抗 Z_{in} 为

$$Z_{in}=\frac{\dot{U}_1}{\dot{I}_1}=\frac{\dot{U}_2}{k\dot{I}_2}=\frac{-Z_2\dot{I}_2}{k\dot{I}_2}=-\frac{1}{k}Z_2$$

这表明，负阻抗变换器可以将一个正电阻变为一个负电阻，将一个容性（感性）负载变为一个感性（容性）阻抗。负阻抗变换器也可用运算放大器和电阻元件来实现，如图 15-63 所示。

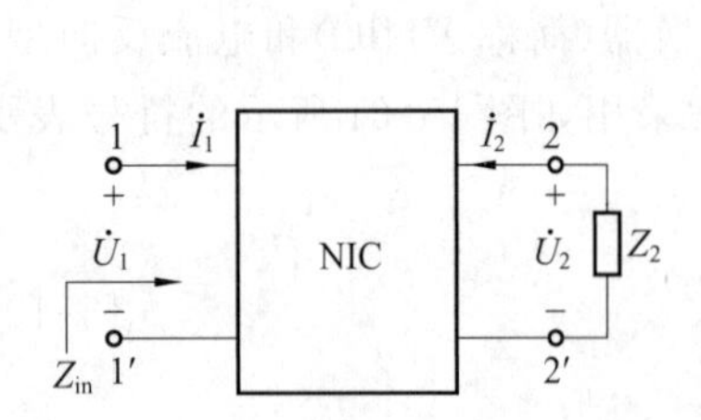

图 15-62　负阻抗变换器的阻抗变换

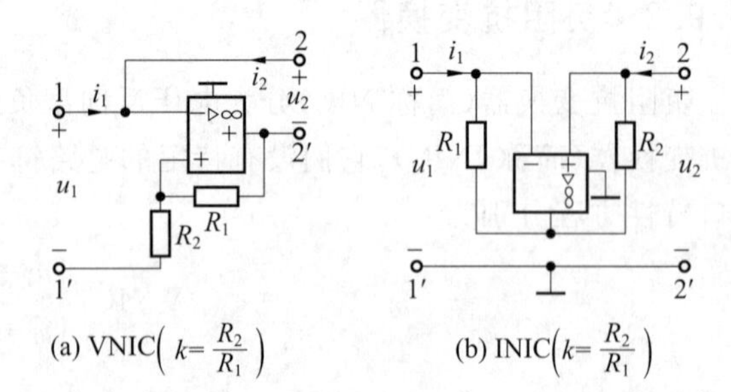

(a) VNIC$\left(k=\frac{R_2}{R_1}\right)$　　(b) INIC$\left(k=\frac{R_2}{R_1}\right)$

图 15-63　用运算放大器实现负阻抗变换器的电路

对于图 15-63（a），由“虚断”可得：$i_1=-i_2$；由“虚短”可得：$\frac{u_1}{R_2}=-\frac{u_2}{R_1}$，即 $u_1=-\frac{R_2}{R_1}u_2$；

对于图 15-63(b)，由“虚短”可得：$u_1=u_2$；由“虚断”可得：$i_1R_1=i_2R_2$，即 $i_1=\dfrac{R_2}{R_1}i_2$。

习 题

15-1 求题 15-1 图所示双口网络的 Z 参数矩阵。

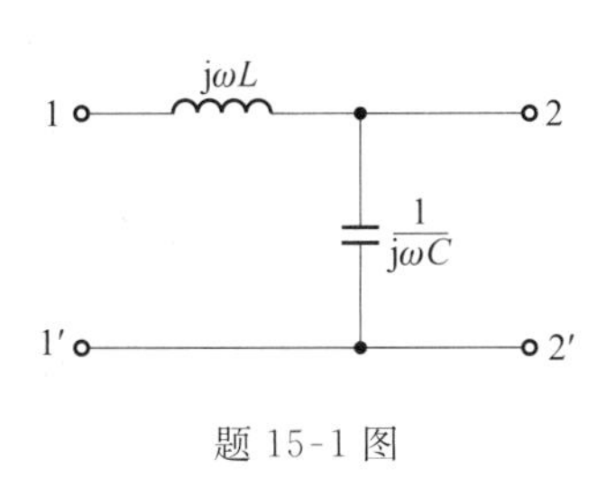

题 15-1 图

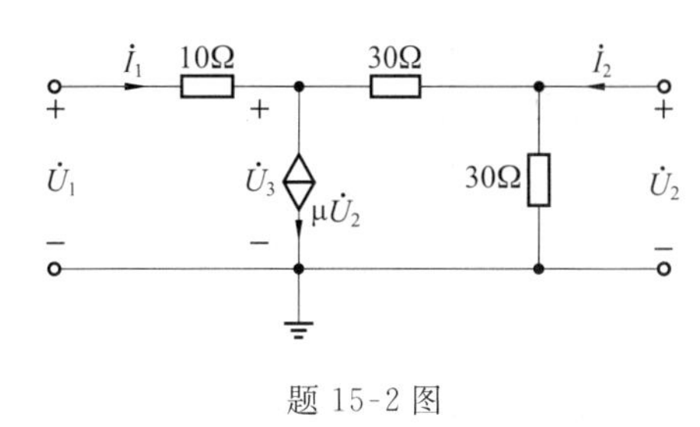

题 15-2 图

15-2 如题 15-2 图所示，$\mu=\dfrac{1}{60}$，求 Z 参数。

15-3 求题 15-3 图所示双口网络的 Z 参数。

15-4 如题 15-4 图所示，试求双口网络的 Y 参数矩阵。

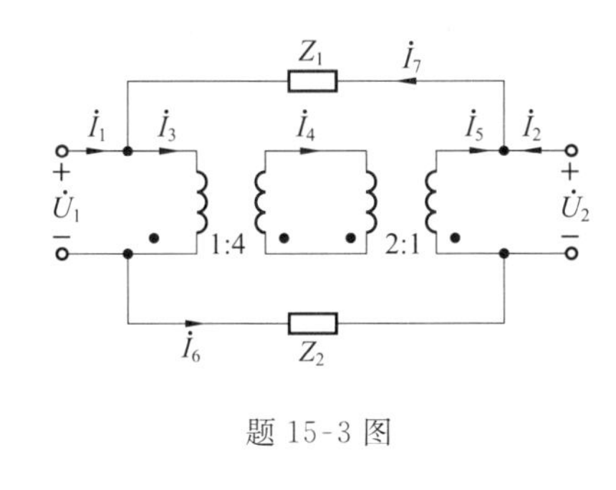

题 15-3 图

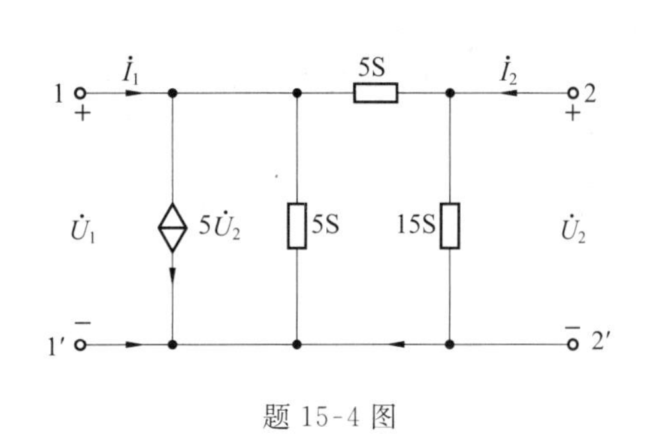

题 15-4 图

15-5 求题 15-5 图(a)、(b)所示双口网络的 Y 参数。

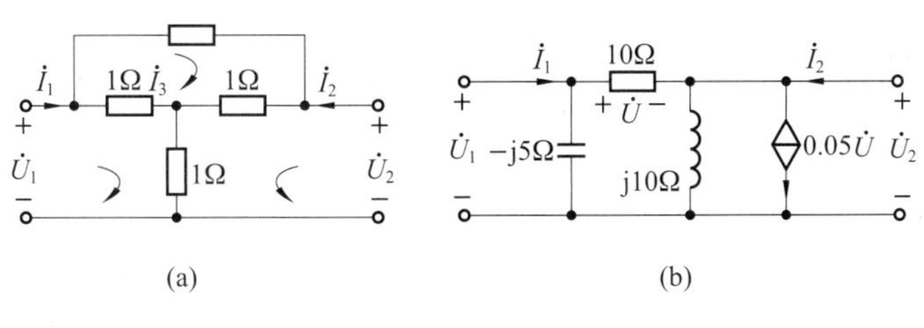

题 15-5 图

15-6 电路如题 15-6 图所示，双口网络 N 的 Y 参数矩阵为 $Y=\begin{bmatrix}2 & 1\\2 & 2\end{bmatrix}$S，试求电压

$\dot{U}_1, \dot{U}_2$。

15-7　在题 15-7 图所示线性时不变电阻电路中，已知当 $u_1(t)=30\text{V}$，$u_2(t)=0$ 时，$i_1(t)=5\text{A}$，$i_2(t)=-2\text{A}$。试求 $u_1(t)=(30t+60)\text{V}$，$u_2(t)=(60t+15)\text{V}$ 时的 $i_1(t)$。

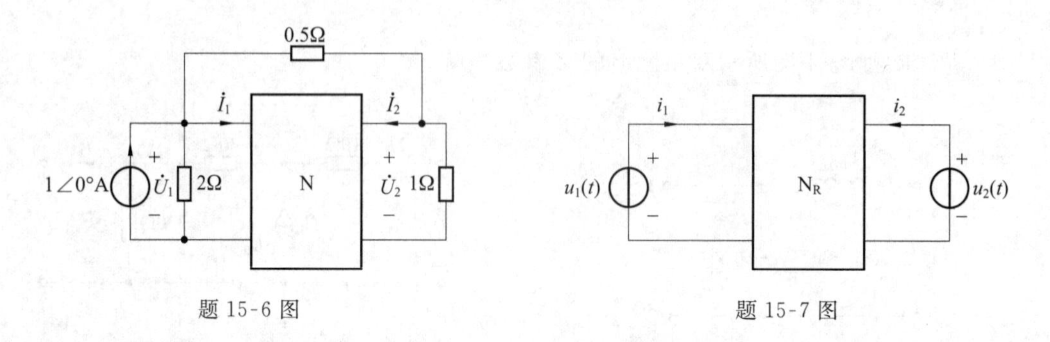

题 15-6 图　　　　题 15-7 图

15-8　求题 15-8 图所示双口网络的 Y 参数和 H 参数。

15-9　求题 15-9 图所示双口网络的 H 参数矩阵。

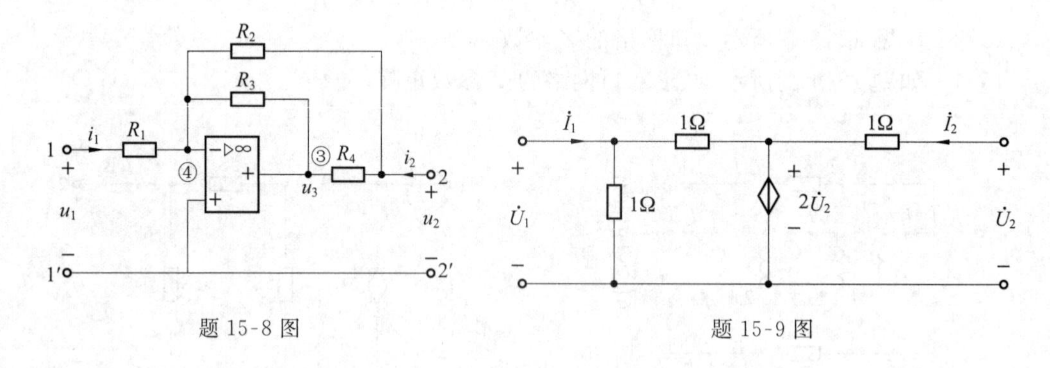

题 15-8 图　　　　题 15-9 图

15-10　题 15-10 图所示电路中，N_R 仅由二端线性时不变电阻组成。已知题 15-10 图(a)中 $I_2=5\text{A}$。求题 15-10 图(b)所示电路中的 U_R。

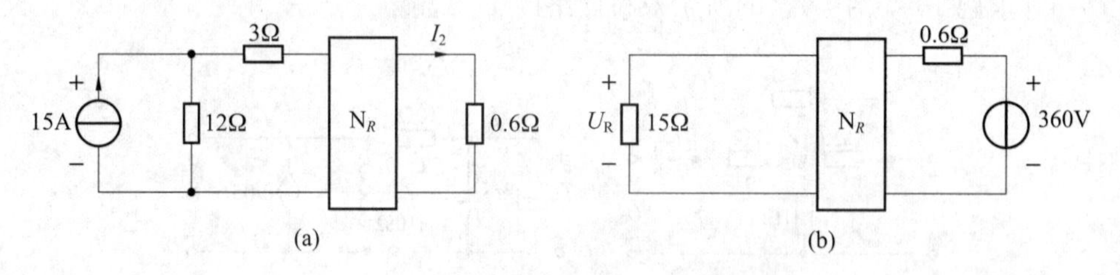

题 15-10 图

15-11　题 15-11 图所示电路中，方框 N 为一由线性时不变电阻组成的对称双口网络。若在11′端口接 12V 的直流电压源，测得22′端口开路时，电压 $U_2=6\text{V}$；22′端口短路时，电流 $I_2=-4\text{A}$，求网络 N 的传输参数 T。

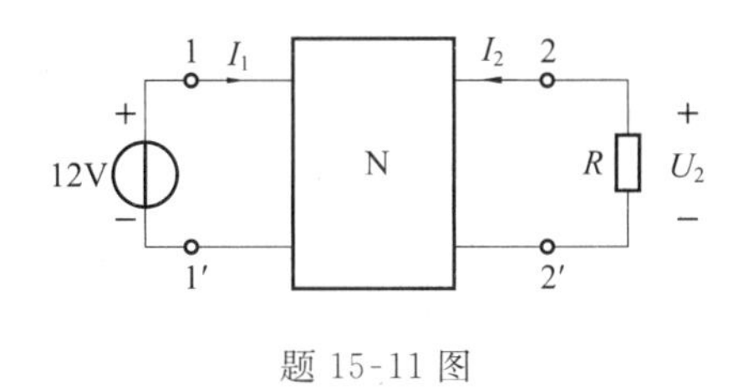

题 15-11 图

15-12　求题 15-12 图(a)和(b)所示网络的 T 参数方程

15-13　用参数之间的关系求题 15-13 图所示电路中的 Z 参数和 Y 参数。

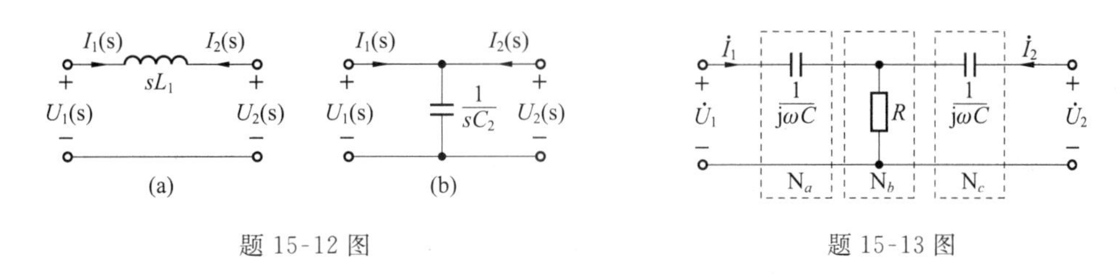

题 15-12 图　　　　　　　　　　题 15-13 图

15-14　用参数之间的关系求题 15-14 图所示双口网络的 T 参数和 H 参数。

15-15　用参数之间的关系求题 15-15 图所示双口网络的 Z 参数和 T 参数。

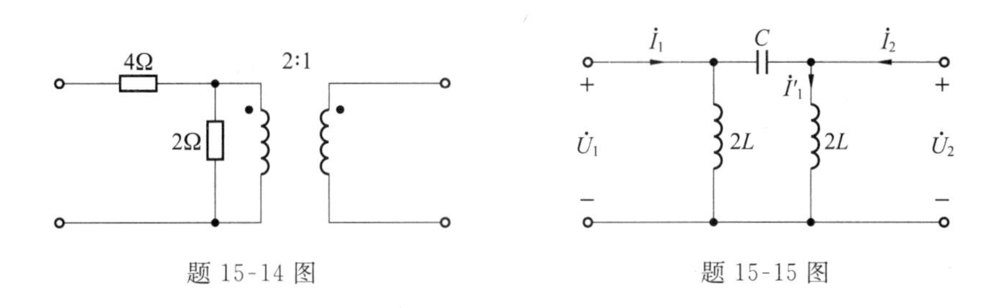

题 15-14 图　　　　　　　　　　题 15-15 图

15-16　已知某双口网络的 Z 参数矩阵为

$$Z=\begin{bmatrix}\frac{60}{9} & \frac{40}{9}\\ \frac{40}{9} & \frac{100}{9}\end{bmatrix}\Omega$$

试问双口网络是否含有受控源,并求其等效电路。

15-17　已知某双口网络的 Y 参数矩阵为

$$\boldsymbol{Y}=\begin{bmatrix}1.5 & -1.2\\ -1.2 & 1.8\end{bmatrix}\mathrm{S}$$

求 H 参数矩阵,并说明该二端口中是否含有受控源。

15-18　已知某双口网络的短路导纳参数

$$\boldsymbol{Y}=\begin{bmatrix}1 & -0.25\\ -0.25 & 0.5\end{bmatrix}\mathrm{S}$$

若该网络$11'$端口接 4V 电压源，$22'$端口接电阻 R，如题 15-18 图所示。求：

(1) R 获得最大功率时的值；

(2) R 获得的最大功率以及此时电源的功率。

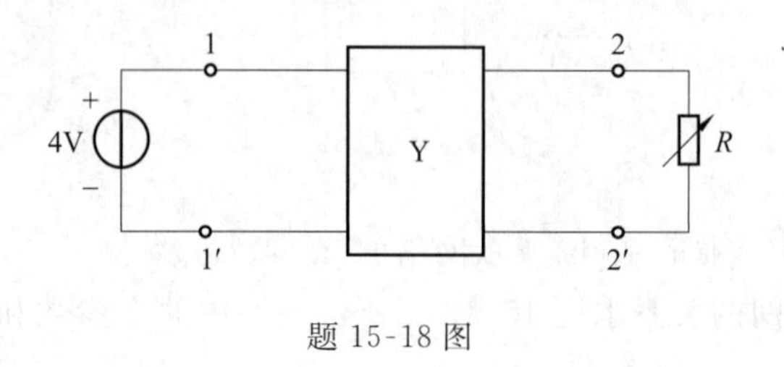

题 15-18 图

15-19　已知某二端口网络的 Y 参数矩阵为

$$\boldsymbol{Y}=\begin{bmatrix}6 & -2\\ 0 & 8\end{bmatrix}\text{S}$$

试问二端口网络是否含有受控源，并求它的等效Ⅱ形电路。

15-20　试说明题 13-20 图所示双口网络是否为对称双口网络？

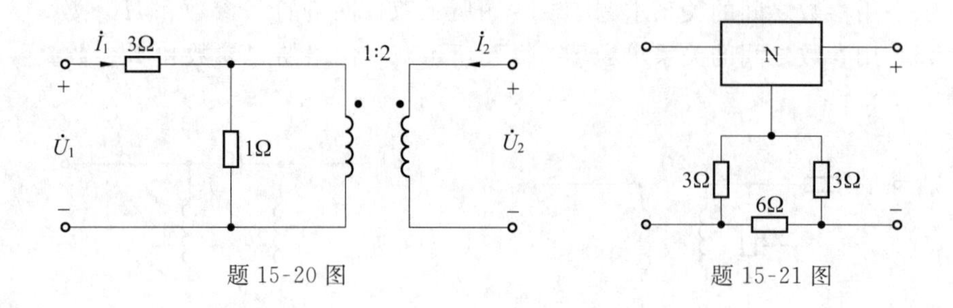

题 15-20 图　　　　题 15-21 图

15-21　在题 15-21 图所示电路中，双口网络 N 的开路电阻参数矩阵为 $\boldsymbol{Z}=\begin{bmatrix}4 & 2\\ 2 & 4\end{bmatrix}\Omega$。求整个双口网络的开路电阻参数矩阵 $\boldsymbol{Z}$。

15-22　题 15-22 图所示电路，R、C 为已知。试求：(1)Y 参数；(2)输出端的开路电压 $\dot{U}_2=0$ 时的 ω 值。

15-23　题 15-23 图所示二端口网络是由简单双口网络 N_1 和 T 形网络并联的复合双口网络，已知网络 N_1 的 Y 参数 $\boldsymbol{Y}_1=\begin{bmatrix}1 & 2\\ 0.5 & 1\end{bmatrix}\text{S}$。求 R_L 吸收的功率。

15-24　试用混合参数描述题 15-24 图所示的滤波器。

15-25　电路如题 15-25 图所示，已知双口网络的 Z 参数矩阵为 $\boldsymbol{Z}=\begin{bmatrix}4 & 2\\ 2 & 4\end{bmatrix}\Omega$，试求电路的输入阻抗。

15-26　分析题 15-26 图所示网络输入端的输入阻抗与负载的关系，并计算当 $Z_L=3\Omega$ 时的输入阻抗及双口网络的输入端、输出端的电压和电流。

15-27　题 15-27 图所示电路中，已知二端口网络 N 的混合参数 $\boldsymbol{H}=\begin{bmatrix}\frac{16}{5}\Omega & \frac{2}{5}\\ -\frac{2}{5} & \frac{1}{5}\mathrm{S}\end{bmatrix}$，求负载电阻 R_{L} 为何值时，R_{L} 获得最大功率？求此最大功率。

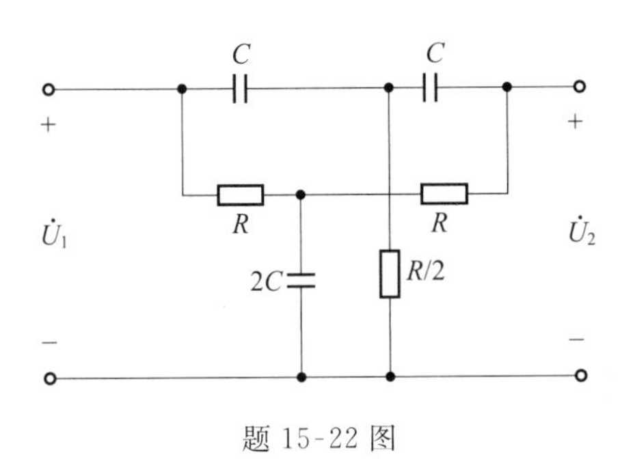

题 15-22 图

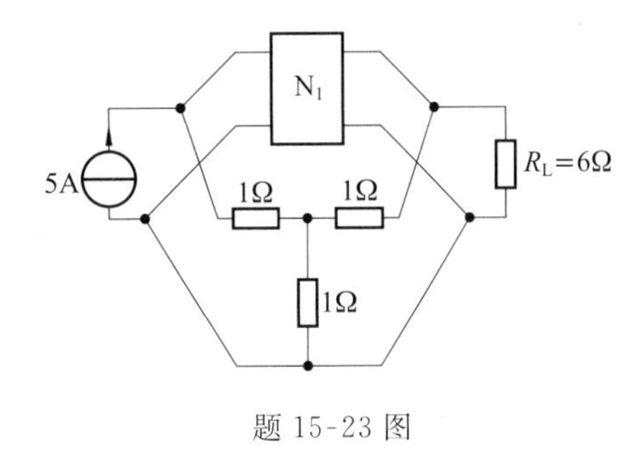

题 15-23 图

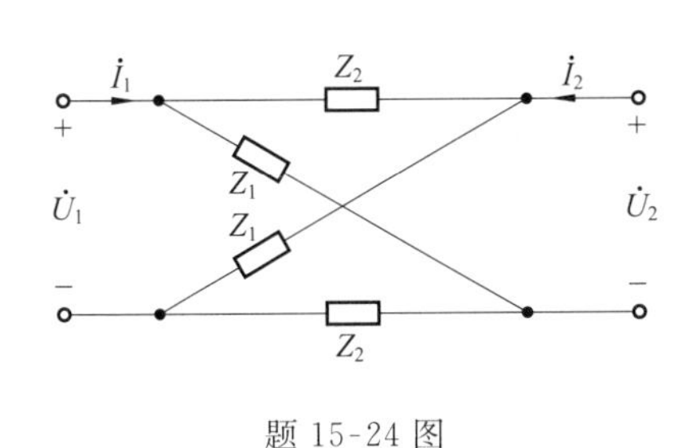

题 15-24 图

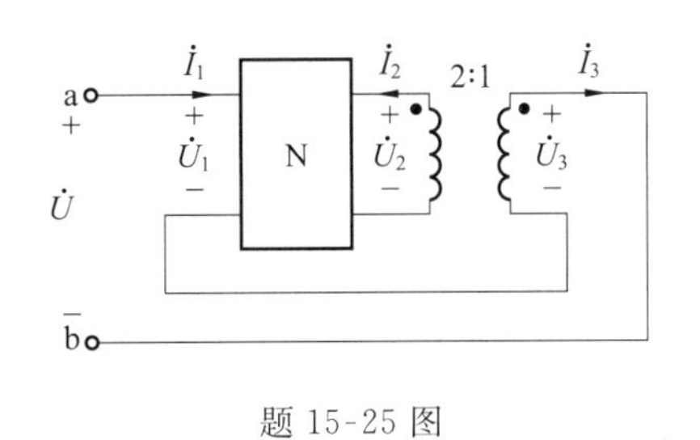

题 15-25 图

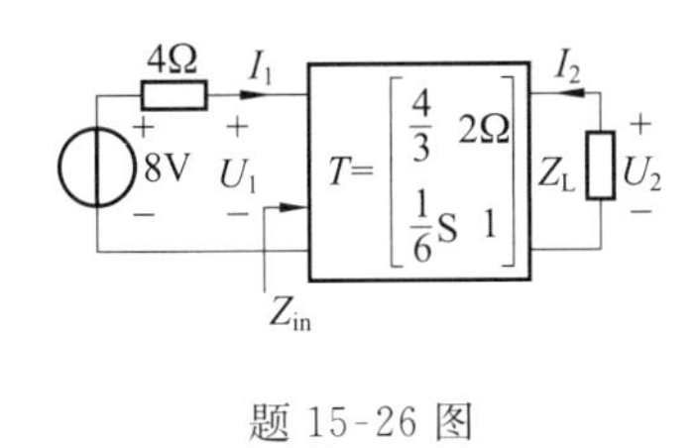

题 15-26 图

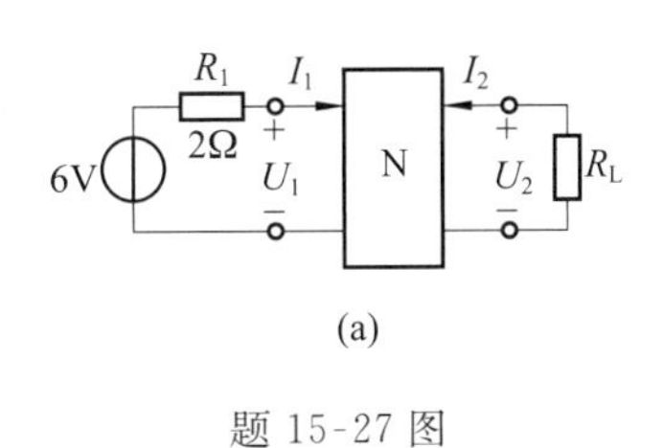

题 15-27 图

15-28　电路如题 15-28 图所示，已知 $U_s=60\mathrm{V}$，电源内阻 $R_s=7\Omega$，负载电阻 $R_L=3\Omega$，试求：(1)网络 N 的 Z 参数；(2)转移函数 H_u 和 H_i；(3)负载电阻 R_L 吸收的功率；(4)网络 N 的 T 形等效电路。

15-29　题 15-29 图所示双口网络中，$L=0.1\mathrm{H}$，$C=0.1\mathrm{F}$，$\omega=10^4\,\mathrm{rad/s}$。求此双口网络的特性阻抗 Z_c。

15-30　试求题 15-30 图所示电路的输入阻抗 Z_{in}。已知 $C_1=C_2=1\mathrm{F}$，$G_1=G_2=1\mathrm{S}$，$g=2\mathrm{S}$。

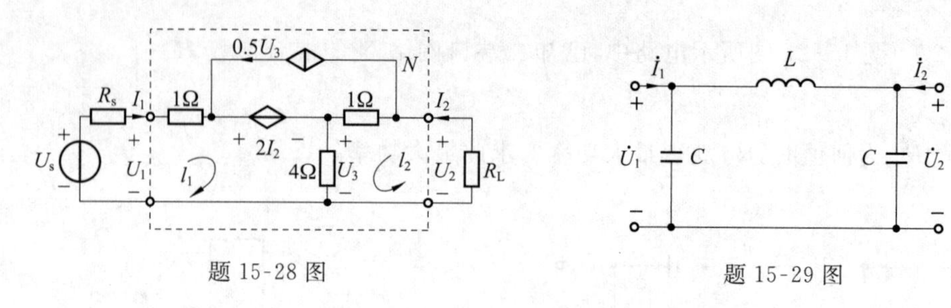

题 15-28 图

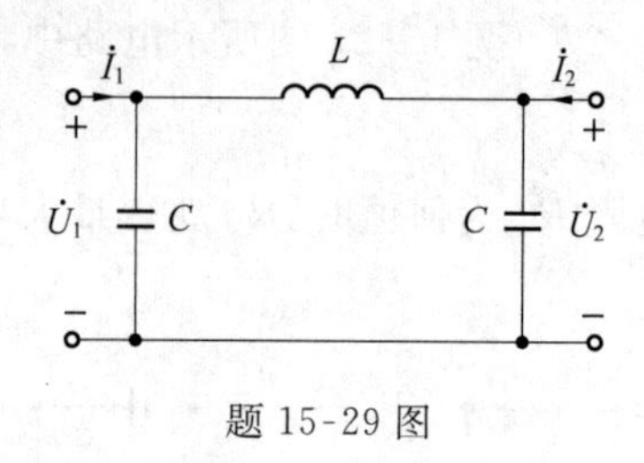

题 15-29 图

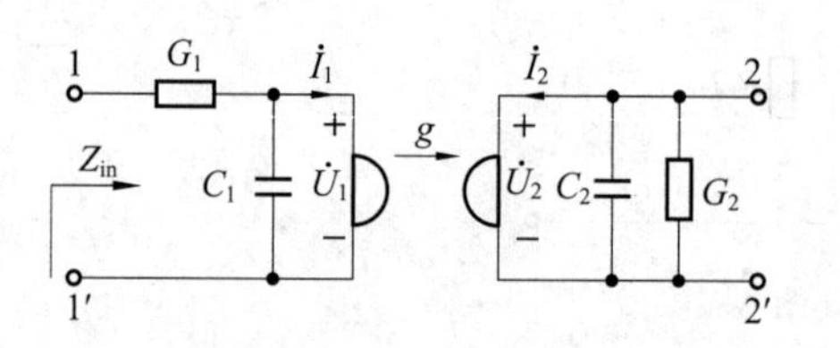

题 15-30 图

15-31　如题 15-31 图所示，已知负阻抗变换器的传输方程的矩阵式为 $\begin{bmatrix}\dot{U}_1\\ \dot{I}_1\end{bmatrix}=\begin{bmatrix}1 & 0\\ 0 & -2\end{bmatrix}\begin{bmatrix}\dot{U}_2\\ -\dot{I}_2\end{bmatrix}$，若 $\dot{U}_1=250\angle 0°\text{mV}$，求输入阻抗。

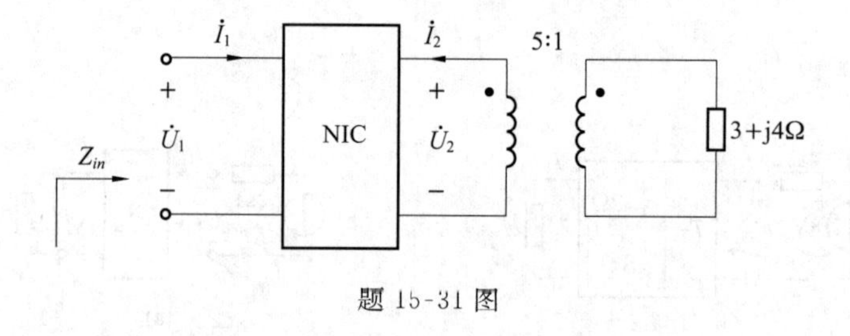

题 15-31 图

第16章　状态变量分析法

本章介绍状态、状态变量、状态方程以及输出方程等基本概念，并讨论电路状态方程与输出方程的建立与基本求解方法。状态变量分析法特别适宜于用计算机对大规模动态电路或系统进行暂态分析，因而有着比较重要的实际意义。

16.1　状态变量、状态方程和输出方程

用拉氏变换分析线性时不变动态电路时，我们曾经提出过网络函数的概念，利用网络函数就可以根据作用于某一端口的激励，求出网络另一端口的零状态响应。这种分析方法称为输入—输出法，由于其着眼点在于网络的端口特性，故称其为端部法或外部法，它是一种复频域分析法，与此对应，状态变量分析法所关注的是网络内部的变量，因而是一种"内部法"并且是一种分析动态电路暂态过程的时域方法。

状态变量分析法具有广泛的适用性，它不仅可以用于线性时不变电路，也可以用于线性时变电路和非线性电路；既能用于分析单输入一单输出电路，也能用于分析多输入一多输出电路；既能用于分析连续时间信号电路，也能分析连离散时间信号电路。但是，这种分析方法的主要目的之一在于解决多输入一多输出问题。

"状态"是电路和系统理论中的一个抽象量，我们可以通过第7章中典型 RLC 串联电路为例引入状态与状态变量的概念。

如图16-1所示，假设开关S在 $t=t_0$ 时闭合，则应用KVL和元件的VCR可以列出 $t \geqslant t_{0_+}$ 区间以电感电流 $i_L(t)$ 为变量的描述电路的微分方程，即

$$\frac{\mathrm{d}^2 i_L(t)}{\mathrm{d}t^2}+\frac{R}{L}\frac{\mathrm{d}i_L(t)}{\mathrm{d}t}+\frac{1}{LC}i_L(t)=\frac{1}{L}\frac{\mathrm{d}u_s(t)}{\mathrm{d}t}$$

对于这个二阶线性微分方程，应用经典法，只要知道该电路的独立初始值 $u_C(t_0)$、$i_L(t_0)$ 以及输入电压 $u_s(t)$ 就可以求解该微分方程，也就是说，给定独立的初始值 $u_C(t_0)$、$i_L(t_0)$ 以及输入电压 $u_s(t)$ 后，电路在 $t \geqslant t_{0_+}$ 区间的任一响应是完全确定的，而 $u_C(t_0)$、$i_L(t_0)$ 代表了在开关S合上瞬间 t_0 该电路中的能量存储，称为该电路的状态。

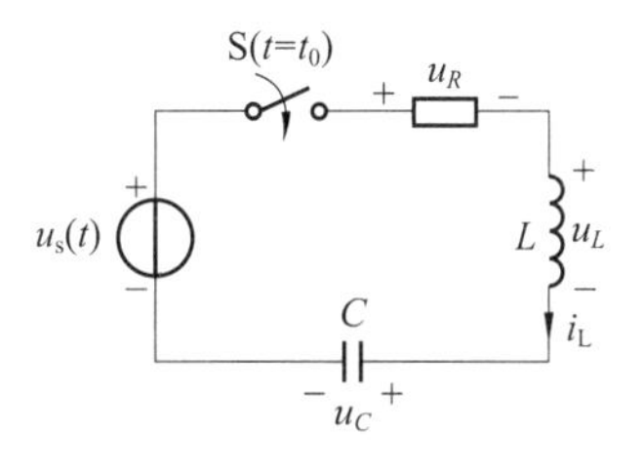

图16-1　RLC 串联电路

电路的状态和外施激励共同确定电路中的响应。对于一般动态电路或系统，其在 t_0 时的独立初始条件的总合即此电路或系统在 t_0 时刻的状态。例如，一个电路具有 n 个独立的初始值：$x_1(t_0), x_2(t_0), \cdots, x_n(t_0)$，则该电路在 t_0 瞬间的状态就由 $x_1(t_0), x_2(t_0), \cdots, x_n(t_0)$ 给定。

现在给出状态及状态变量的一般性定义。

状态：一个动态电路或系统在任一时刻 t_0 的状态是已知的一组最少数目的数据（信息），根据这组数据和 $t \geqslant t_0$ 时的输入，可以唯一确定此电路或系统在 $t \geqslant t_0$ 时的性状。

一般也称电路或系统在初始时刻 t_0 时状态为初始状态，它反映了 t_0 以前电路或系统的工作状况，并以储能的方式表现出来。例如，电容与电感元件上的储能。状态变量：能够完全描述动态电路或系统状态的一组数量最少的变量称为电路或系统的状态变量。

显然，状态变量在任何时刻 t 的值表征了电路或系统在该时刻的状态，例如，状态变量在 t_0 时刻的值，即为 t_0 时刻的状态。因此可以简单地说表示电路或系统状态的一组变量就称为状态变量。例如，若一个电路或系统在 t 时刻的状态至少可以由 n 个变量 $x_i(t)(i=1,2,\cdots,n)$ 完全描述，则这 n 个变量就组成状态变量。由于状态是表示电路或系统所必需的最小数据组，所以对应于状态的状态变量是一组独立完备的变量。

由于电容电压 $u_C(t)$ 或电荷 $q_C(t)$ 以及电感电流 $i_L(t)$ 或磁链 $\Psi_L(t)$ 代表了电路或系统在任何瞬刻的储能，这些储能可以确定电路或系统在任何瞬时的状态，故通常选 $u_C(t)$（或 $q_C(t)$）和 $i_L(t)$（或 $\Psi_L(t)$）为状态变量。但是，对于同一电路而言，状态变量的选择不是唯一的。在线性时不变电路中，一般选电容电压 $u_C(t)$ 和电感电流 $i_L(t)$ 作为状态变量，也可以选电容电荷 $q_C(t)\left(i_C(t)=\dfrac{\mathrm{d}q_C(t)}{\mathrm{d}t}\right)$ 和电感磁通链 $\Psi_L(t)\left(u_L(t)=\dfrac{\mathrm{d}\Psi_L(t)}{\mathrm{d}t}\right)$ 作为状态变量，两种选择方法没有优劣之差；对于线性时变电路，最宜选 $q_C(t)$ 和 $\Psi_L(t)$ 为状态变量；在非线性电路中，由于电感和电容的特性无法简单地用一个常数 L 或 C 而要分别改用非线性函数来表示，因此需视非线性元件的类型选取状态变量，例如，当非线性电感的特性方程为 $i_L(t)=f_L[\Psi_L(t)]$，非线性电容的特性方程为 $u_C(t)=f_C[q_C(t)]$ 时，宜于选择电感磁链 $\Psi_L(t)$ 和电容电荷 $q_C(t)$ 作为状态变量，而对于特性方程为 $\Psi_L(t)=g_L[i_L(t)]$，$q_C(t)=g_C[u_C(t)]$ 的非线性电感和电容，则宜于选择电流 $i_L(t)$ 和电压 $u_C(t)$ 作为状态变量。本章仅讨论线性时不变电路的状态变量分析法。

对于图 16-1 所示的电路，由 KCL 和 KVL 可以得出下列方程：

$$i_C(t)=C\frac{\mathrm{d}u_C(t)}{\mathrm{d}t}=i_L(t) \tag{16-1}$$

$$u_L(t)=L\frac{\mathrm{d}i_L(t)}{\mathrm{d}t}=u_s(t)-Ri_L(t)-u_C(t) \tag{16-2}$$

式(16-1)和式(16-2)可以改写为下述形式：

$$\left.\begin{aligned}\frac{\mathrm{d}u_C(t)}{\mathrm{d}t}&=0+\frac{1}{C}i_L(t)+0\\ \frac{\mathrm{d}i_L(t)}{\mathrm{d}t}&=-\frac{1}{L}u_C(t)-\frac{R}{L}i_L(t)+\frac{1}{L}u_s(t)\end{aligned}\right\} \tag{16-3}$$

式(16-3)是一个以 $u_C(t)$ 和 $i_L(t)$ 为变量的一阶微分方程组。利用状态 $u_C(t_0)$、$i_L(t_0)$ 可以确定积分常数。这种用状态变量作为待求量的一组一阶微分方程称为状态方程，因此，状态方程的数目即为状态变量的数目。显然，状态方程是一组联立的一阶微分方程。对一个 n 阶电路来说，状态方程是 n 个联立的一阶微分方程，在状态变量分析法中，用状态方程代替 n 阶微分方程来描述电路的瞬态特性。

为了得到状态方程的标准形式，要将状态方程写为矩阵的形式，由式(16-3)可得

$$\begin{bmatrix} \dfrac{du_C(t)}{dt} \\ \dfrac{di_L(t)}{dt} \end{bmatrix} = \begin{bmatrix} 0 & \dfrac{1}{C} \\ -\dfrac{1}{L} & -\dfrac{R}{L} \end{bmatrix} \begin{bmatrix} u_C(t) \\ i_L(t) \end{bmatrix} + \begin{bmatrix} 0 \\ \dfrac{1}{L} \end{bmatrix} [u_s(t)] \tag{16-4}$$

若将状态变量 $u_C(t)$、$i_L(t)$分别用 $x_1(t)$、$x_2(t)$表示，即 $x_1(t)=u_C(t)$，$x_2(t)=i_L(t)$，则 $\dot{x}_1(t)=\dfrac{du_C(t)}{dt}$，$\dot{x}_2(t)=\dfrac{di_L(t)}{dt}$，再令 $\boldsymbol{X}(t)=[x_1(t) \quad x_2(t)]^{\mathrm{T}}$，$\dot{\boldsymbol{X}}(t)=[\dot{x}_1(t) \quad \dot{x}_2(t)]^{\mathrm{T}}$，$U=[u_s(t)]$，于是式(16-4)可以表示为

$$\dot{\boldsymbol{X}} = \boldsymbol{AX} + \boldsymbol{BU} \tag{16-5}$$

式中，$\boldsymbol{A}=\begin{bmatrix} 0 & \dfrac{1}{C} \\ -\dfrac{1}{L} & -\dfrac{R}{L} \end{bmatrix}$，$\boldsymbol{B}=\begin{bmatrix} 0 & 0 \\ 0 & \dfrac{1}{L} \end{bmatrix}$。

由式(16-5)可知，状态方程表示的是待求的状态变量与激励函数之间的关系。对于任意一个含有 n 个状态变量，m 个激励的线性时不变电路，其状态方程的标准形式为式(16-5)，这时，$X(t)$为 n 维状态变量向量，有 $\boldsymbol{X}(t)=[x_1(t) \quad x_2(t) \quad \cdots \quad x_n(t)]^{\mathrm{T}}$，$\dot{\boldsymbol{X}}(t)$为 n 维状态变量一阶导数向量，有 $\dot{\boldsymbol{X}}(t)=[\dot{x}_1(t) \quad \dot{x}_2(t) \quad \cdots \quad \dot{x}_n(t)]^{\mathrm{T}}$，$\boldsymbol{A}$ 为 $n\times n$ 实常系数矩阵，$\boldsymbol{U}$ 为 m 维输入列向量，有 $\boldsymbol{U}=[u_1(t) \quad u_2(t) \quad \cdots \quad u_m(t)]^{\mathrm{T}}$，$\boldsymbol{B}$ 为 $n\times m$ 实常系数矩阵。

所谓输出方程就是描述输出量与状态变量和输入变量关系的方程。电路的输出量既可以是状态变量也可以是非状态变量，即不一定是状态变量，由于状态变量可从状态方程直接解出，故输出量通常都是非状态变量。但是，状态变量可以同时是待求的输出变量。对于图16-1所示电路，若选 $u_R(t)$和 $u_C(t)$作为输出量，则可以写出输出方程式，即

$$\begin{bmatrix} u_C(t) \\ u_R(t) \end{bmatrix} = \begin{bmatrix} 1 & 0 \\ 0 & R \end{bmatrix} \begin{bmatrix} u_C(t) \\ i_L(t) \end{bmatrix} + \begin{bmatrix} 0 \\ 0 \end{bmatrix} [u_s(t)]$$

一般情况下，若输出向量 $\boldsymbol{Y}=[y_1(t) \quad y_2(t) \quad \cdots \quad y_r(t)]^{\mathrm{T}}$，则可以将它以状态变量向量 $\boldsymbol{X}(t)$和输入向量 $\boldsymbol{U}$ 表示为

$$\boldsymbol{Y} = \boldsymbol{CX} + \boldsymbol{DU} \tag{16-6}$$

式中，$\boldsymbol{C}$ 为 $r\times n$ 实常系数矩阵，$\boldsymbol{D}$ 为 $r\times m$ 实常系数矩阵。

电路状态变量的总数又称为电路的阶数，它还等于电路中可指定的独立的初始条件的个数，故而也等于电路输入输出方程的通解中出现的待定积分常数的个数，因此，一个电路状态变量的总数不可能大于该电路中储能元件的总数。

对于常态电路中，由于不存在纯电容回路和纯电感割集，所以各电容电压(或电荷)和各电感电流(或磁链)均为独立变量，因而它们都可以选作状态变量。因此电路状态变量的总数即独立的储能元件总数就是电路中储能元件的总数。

对于非常态电路中，其状态变量的总数等于电路中储能元件的总数 n_{LC} 减去独立的纯电容回路数 n_{CO} 和独立的纯电感割集数 n_{LO}，即 $n_{LC}-n_{CO}-n_{LO}$。例如，在图16-2所示的非常态电路中共有6个储能元件、1个纯电容回路和1个纯电感割集。对于纯电容回路列写

KVL 方程，有

$$u_{C_1} + u_{C_2} + u_{C_3} = u_s \tag{16-7}$$

对于纯电感割集列写 KCL 方程，有

$$i_{L_1} + i_{L_2} = i_s \tag{16-8}$$

由于式(16-7)中 3 个电容电压只能选 2 个作为独立变量，式(16-8)中 2 个电感电流只能选一个作为独立变量。因此，该电路的状态变量总数即电路的阶数或独立的储能元件总数为 6－(1＋1)＝4。

由于受控源在电路中的分布情况千差万别，故其对电路状态变量总数的影响并没有确定的规律可循。受控源有时会使一个电路的状态变量总数即电路的阶数减少，有时又不一定如此。

此外，在选取电容电压和电感电流作为状态变量时，为了保证状态变量的完备性，必须将所有独立的电容电压和独立的电感电流全选作状态变量。

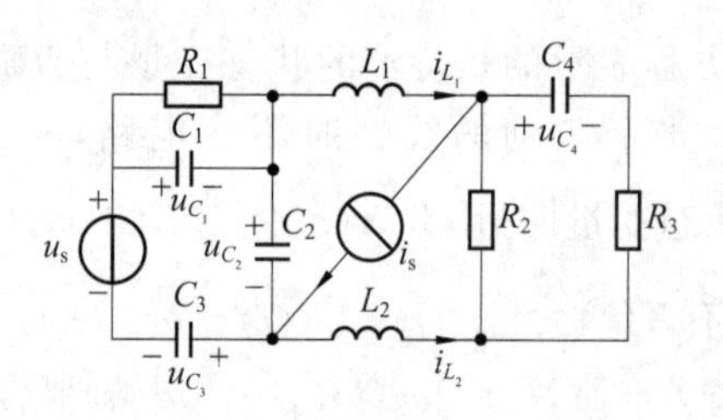

图 16-2　不含受控源的非常态电路

16.2　电路状态方程的建立方法

为了根据一个电路的拓扑结构和元件特性建立其状态方程，首先要选取状态变量。尽管状态变量可有多种选取方式，但在电路理论中几乎是毫无例外地选取电容电压(或电荷)与电感电流(或磁通链)作为状态变量。从数学上来说，这主要有两个原因，其一，这样选取状态变量容易建立状态变量与电路基本方程的联系，因而便于建立状态方程。其二，状态方程的初始条件常由电路直接给出或很容易求出。显然，和任何电路分析方法一样，建立电路状态方程应从电路的基本方程：KCL、KVL 和支路特性方程出发，从基本方程中消去不应出现在状态方程和输出方程中的“多余变量”，就可以得到状态方程和输出方程。对于比较简单的电路可以通过直观列写基本方程而得到状态方程，对于稍微复杂的电路必须按一定的方法和步骤列写状态方程，更复杂的电路实际上只有利用计算机才能列出方程。下面分三种情况介绍线性时不变电路状态方程的基本建立方法。

16.2.1　线性时不变常态电路状态方程的列写

本节介绍线性时不变常态电路的状态方程的基本列写方法。

1. 直观列写法(观察法)

对于结构较为简单的电路可以直接利用KCL和KVL用直观的方法列写其状态方程。

【例16-1】 对于如图16-3所示的线性时不变电路。试列写此其状态方程。

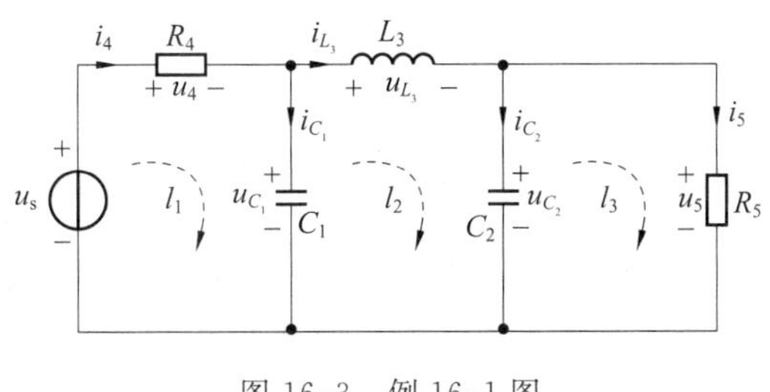

图16-3 例16-1图

解 此电路为常态电路,可选取电感电流i_{L3}和电容电压u_{C1}、u_{C2}为状态变量。列写独立的KVL和KCL方程分别为

$$L_3\frac{\mathrm{d}i_{L_3}}{\mathrm{d}t}-u_{C_1}+u_{C_2}=0 \tag{16-9}$$

$$C_1\frac{\mathrm{d}u_{C_1}}{\mathrm{d}t}+i_{L_3}-i_4=0 \tag{16-10}$$

$$C_2\frac{\mathrm{d}u_{C_2}}{\mathrm{d}t}-i_{L_3}+i_5=0 \tag{16-11}$$

为消去非状态变量i_4、i_5,列写方程

$$i_4=\frac{u_s-u_{C_1}}{R_4} \tag{16-12}$$

$$i_5=\frac{u_{C_2}}{R_5} \tag{16-13}$$

将式(16-12)和式(16-13)分别代入式(16-10)和式(16-11)可得

$$C_1\frac{\mathrm{d}u_{C_1}}{\mathrm{d}t}+\frac{u_{C_1}}{R_4}+i_{L_3}-\frac{u_s}{R_4}=0 \tag{16-14}$$

$$C_2\frac{\mathrm{d}u_{C_2}}{\mathrm{d}t}+\frac{u_{C_2}}{R_5}-i_{L_3}=0 \tag{16-15}$$

由式(16-9)、式(16-14)和式(16-15)可得电路的状态方程为

$$\begin{bmatrix}\dfrac{\mathrm{d}u_{C_1}}{\mathrm{d}t}\\\dfrac{\mathrm{d}u_{C_2}}{\mathrm{d}t}\\\dfrac{\mathrm{d}i_{L_3}}{\mathrm{d}t}\end{bmatrix}=\begin{bmatrix}-\dfrac{1}{R_4C_1} & 0 & -\dfrac{1}{C_1}\\0 & -\dfrac{1}{R_5C_2} & \dfrac{1}{C_2}\\\dfrac{1}{L_3} & -\dfrac{1}{L_3} & 0\end{bmatrix}\begin{bmatrix}u_{C_1}\\u_{C_2}\\i_{L_3}\end{bmatrix}+\begin{bmatrix}\dfrac{1}{R_4C_1}\\0\\0\end{bmatrix}u_s$$

【例 16-2】　试列写如图 16-4 所示电路的状态方程。

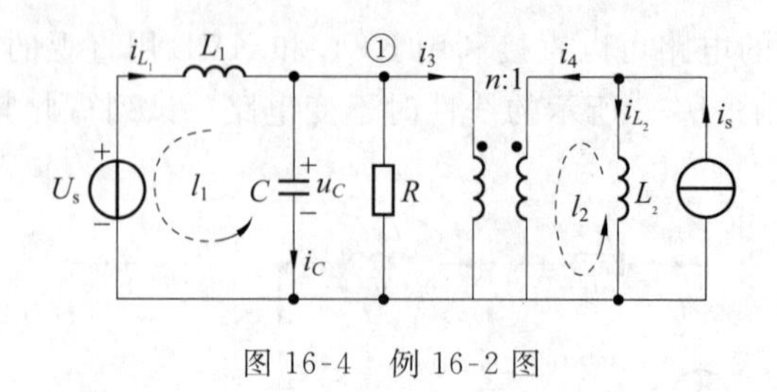

图 16-4　例 16-2 图

解　如图 16-4 所示的电路中尽管含有一个理想变压器，但对其列写状态方程的方法和不含变压器的电路的基本相同，只需在列写方程时添加理想变压器的特性方程。对节点①列写 KCL 方程可得

$$i_C=\frac{\mathrm{d}u_C}{\mathrm{d}t}=-\frac{u_C}{R}+i_{L_1}+\frac{1}{n}(-i_{L_2}+i_S)=-\frac{u_C}{R}+i_{L_1}-\frac{1}{n}i_{L_2}+\frac{1}{n}i_s$$

对回路 1 和 2 分别列写 KVL 方程可得

$$u_{L_1}=L_1\frac{\mathrm{d}i_{L_1}}{\mathrm{d}t}=-u_C+u_s$$

$$u_{L_2}=L_2\frac{\mathrm{d}i_{L_2}}{\mathrm{d}t}=\frac{1}{n}u_C$$

于是所求状态方程为

$$\begin{bmatrix}\dfrac{\mathrm{d}u_C}{\mathrm{d}t}\\ \dfrac{\mathrm{d}i_{L_1}}{\mathrm{d}t}\\ \dfrac{\mathrm{d}i_{L_2}}{\mathrm{d}t}\end{bmatrix}=\begin{bmatrix}-\dfrac{1}{RC} & \dfrac{1}{C} & -\dfrac{1}{nC}\\ -\dfrac{1}{L_1} & 0 & 0\\ \dfrac{1}{nL_2} & 0 & 0\end{bmatrix}\begin{bmatrix}u_C\\ i_{L_1}\\ i_{L_2}\end{bmatrix}+\begin{bmatrix}0 & \dfrac{1}{nC}\\ \dfrac{1}{L_1} & 0\\ 0 & 0\end{bmatrix}\begin{bmatrix}u_s\\ i_s\end{bmatrix}$$

本例还可以采用后面将要介绍的常态树(选树前将理想变压器用受控源表示)以及电源替代法列写其状态方程。

2. 常态树方法

由于每一个状态方程中只能含一个状态变量的一阶导数，故在选定电容电压 $u_C(t)$(或电荷 $q(t)$)和电感电流 $i_L(t)$(或磁通链 $\Psi_L(t)$)作状态变量时，状态方程便可以分为两类，一类是每个方程仅含一项 $\frac{\mathrm{d}u_C}{\mathrm{d}t}\left(或\frac{\mathrm{d}q}{\mathrm{d}t}\right)$，另一类是每个方程仅含一项 $\frac{\mathrm{d}i_L}{\mathrm{d}t}\left(或\frac{\mathrm{d}\Psi}{\mathrm{d}t}\right)$。因为 $\frac{\mathrm{d}u_C}{\mathrm{d}t}\left(或\frac{\mathrm{d}q}{\mathrm{d}t}\right)$ 相应于或等于电容电流，故对第一类方程应依据 KCL 来列写，而为了减少消元的工作量，则应使所列出的每个 KCL 方程中只包含一个电容电流项，为此对给定的电路选取一个树，并将全部电容元件都选为树支。这样就可以做到由树支定义的基本割集的 KCL 方程中，每个方程至多只包含一个电容元件的电流；由于 $\frac{\mathrm{d}i_L}{\mathrm{d}t}\left(或\frac{\mathrm{d}\Psi}{\mathrm{d}t}\right)$ 相应于(或等于)电感电压，故对第二类方程则应依据KVL来列写，并应使所列出的每个KVL方程中只包含一个电感电压项。这样就需要将全部电感元件选为连支。于是，在按每个连支定义的基本回路的KVL方程中，每个方程中最多只包含一个电感元件的电压。此外，为了保证未知的独立电压源电流不出现在电容树支定义的基本割集的KCL方程中，在满足树的定义的条件下应将尽可能多的独立电压源选为树支，而要使未知的独立电流源电压不出现在电感连支定义的基本回路的KVL方程中，应将尽量多的独立电流源选为连支，以减少消去非状态变量的工作量。因此，针对常态电路给出常态树的定义为：它包含电路中的所有电容元件和一些电阻支路，而不能包含任一电感元件。于是，在对一个常态电路列写状态方程时，首先将每个二端元件均看做一个支路，选择一个常态树，根据方便选全部电容电压和全部电感电流或全部电容电荷和全部电感磁通链为状态变量（状态变量的数目等于电容元件和电感元件的总数），对每一个电容树支定义的基本割集列写一个KCL方程，对每一个电感连支定义的基本回路列写一个KVL方程，然后消去状态方程中出现的非状态变量，对于位于树支的非状态变量应列写该树支所在的基本割集的KCL方程，而对于位于连支的非状态变量则应列写该连支所在的基本回路的KVL方程，再将这些KCL、KVL方程联立求解（有时需要利用所在支路的VCR）便能将非状态变量用状态变量和独立电源变量来表示，最后将这些被表示的非状态变量代入前面列写出的单电容树支基本割集的KCL方程以及单电感连支基本回路的KVL方程中，并加以整理便得到标准形式的状态方程。

【例16-3】 试列出如图16-5(a)所示的线性时不变电路的状态方程。

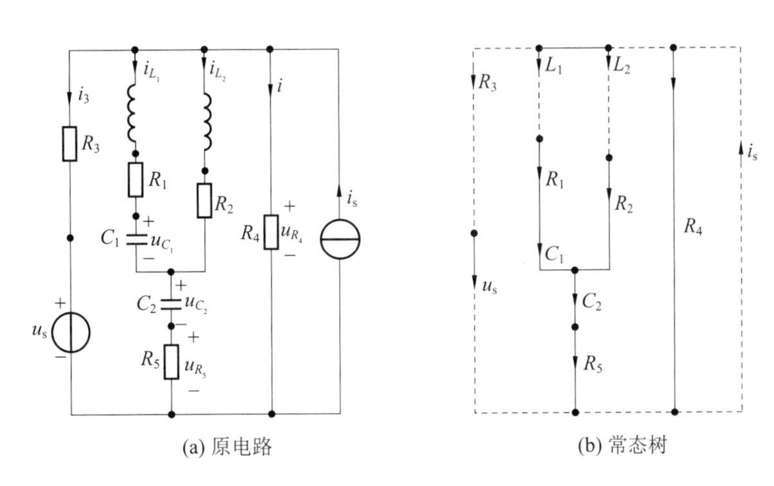

图16-5 例16-3图1

解 选常态树如图16-5(b)中的实线所示，并选u_{C_1}、u_{C_2}、i_{L_1}和i_{L_2}为状态变量。分别对由C_1定义的基本割集$\{C_1, L_1\}$和由C_2定义的基本割集$\{C_2, L_1, L_2\}$列写KCL方程，即

$$C_1 \frac{\mathrm{d}u_{C_1}}{\mathrm{d}t} = i_{L_1} \tag{16-16}$$

$$C_2 \frac{\mathrm{d}u_{C_2}}{\mathrm{d}t} = i_{L_1} + i_{L_2} \tag{16-17}$$

再分别对由L_1定义的基本回路$\{L_1, R_1, C_1, C_2, R_5, R_4\}$和$L_2$定义的基本回路

$\{L_2,R_2,C_2,R_5,R_4\}$列写 KVL 方程可得

$$L_1\frac{\mathrm{d}i_{L_1}}{\mathrm{d}t}=-u_{R_1}-u_{C_1}-u_{C_2}-u_{R_5}+u_{R_4} \tag{16-18}$$

$$L_2\frac{\mathrm{d}i_{L_2}}{\mathrm{d}t}=-u_{R_2}-u_{C_2}-u_{R_5}+u_{R_4} \tag{16-19}$$

要从式(16-18)和式(16-19)中得到状态方程，必须消去其中的非状态变量 u_{R_1}、u_{R_2}、u_{R_4}、u_{R_5}，即用 u_s、i_s 和状态变量表示这些变量。直接由图 16-5 可以得出

$$u_{R_1}=R_1i_{L_1} \tag{16-20}$$

$$u_{R_2}=R_2i_{L_2} \tag{16-21}$$

$$u_{R_5}=R_5(i_{L_1}+i_{L_2}) \tag{16-22}$$

由 KCL 可得

$$\frac{u_{R_4}-u_s}{R_3}+\frac{u_{R_4}}{R_4}+i_{L_1}+i_{L_2}=i_s \tag{16-23}$$

由式(16-23)解得 u_{R4} 为

$$u_{R_4}=-\frac{R_3R_4}{R_3+R_4}(i_{L_1}+i_{L_2})+\frac{R_3R_4}{R_3+R_4}i_s+\frac{R_4}{R_3+R_4}u_s \tag{16-24}$$

将式(16-20)～式(16-22)以及式(16-24)代入式(16-18)和式(16-19)并略加整理可得

$$\frac{\mathrm{d}i_{L_1}}{\mathrm{d}t}=-\frac{u_{C_1}}{L_1}-\frac{u_{C_2}}{L_1}-\frac{R_1+R}{L_1}i_{L_1}-\frac{R}{L_1}i_{L_2}+\frac{R_4u_s}{L_1(R_3+R_4)}+\frac{R_3R_4i_s}{L_1(R_3+R_4)} \tag{16-25}$$

$$\frac{\mathrm{d}i_{L_2}}{\mathrm{d}t}=-\frac{u_{C_2}}{L_2}-\frac{R}{L_2}i_{L_1}-\frac{R_2+R}{L_2}i_{L_2}+\frac{R_4u_s}{L_2(R_3+R_4)}-\frac{R_3R_4i_s}{L_2(R_3+R_4)} \tag{16-26}$$

式(16-25)和式(16-26)中 R 为

$$R=R_5+\frac{R_3R_4}{R_3+R_4} \tag{16-27}$$

由式(16-16)、式(16-17)、式(16-25)和式(16-26)可得电路的状态方程为

$$\begin{bmatrix}\frac{\mathrm{d}u_{C_1}}{\mathrm{d}t}\\ \frac{\mathrm{d}u_{C_2}}{\mathrm{d}t}\\ \frac{\mathrm{d}i_{L_1}}{\mathrm{d}t}\\ \frac{\mathrm{d}i_{L_2}}{\mathrm{d}t}\end{bmatrix}=\begin{bmatrix}0 & 0 & \frac{1}{C_1} & 0\\ 0 & 0 & \frac{1}{C_2} & \frac{1}{C_2}\\ -\frac{1}{L_1} & -\frac{1}{L_1} & -\frac{R_1+R}{L_1} & -\frac{R}{L_1}\\ 0 & -\frac{1}{L_2} & -\frac{R}{L_2} & -\frac{R_2+R}{L_2}\end{bmatrix}\begin{bmatrix}u_{C_1}\\ u_{C_2}\\ i_{L_1}\\ i_{L_2}\end{bmatrix}+\frac{R_4}{R_3+R_4}\begin{bmatrix}0 & 0\\ 0 & 0\\ \frac{1}{L_1} & \frac{R_3}{L_1}\\ \frac{1}{L_2} & -\frac{R_3}{L_2}\end{bmatrix}\begin{bmatrix}u_s\\ i_s\end{bmatrix}$$

对于简单电路，消去非状态变量可以从电路图上直观地得到结果，如本例即是如此。一般说来，可以根据替代定理将状态变量用独立源代替，再对替代后所得的电阻电路进行分析消去非状态变量。对于此例，为消去 u_{R_1}、u_{R_2}、u_{R_4}、u_{R_5}，可以根据对如图 16-5 所示的电路应用替代定理所得的电阻电路立即求出式(16-20)～式 (16-22)，为求 u_{R_4} 则可对图 16-6(a)所示的电路作进一步等效，即其中与电流源串联的支路等效为该电流源，两个电流源并联等效为一个新的电流源，因此可得图 16-6(b)，应用节点法有

$$\left(\frac{1}{R_3}+\frac{1}{R_4}\right)u_{R_4}=-(i_{L_1}+i_{L_2})+i_s+\frac{u_s}{R_3}$$

由此同样可得式(16-24)。

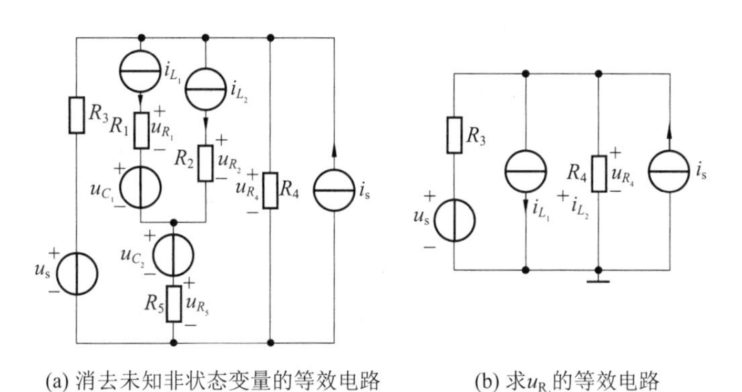

(a) 消去未知非状态变量的等效电路　　(b) 求u_{R_4}的等效电路

图 16-6　例 16-3 图 2

【例 16-4】 试列写图 16-7(a)所示的线性时不变电路的状态方程。

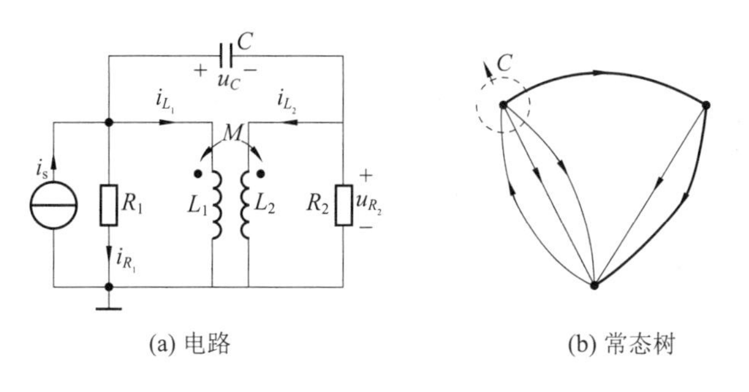

(a) 电路　　(b) 常态树

图 16-7　例 16-4 图

解　选取常态树如图 16-7(b)中粗实线所示。对电容支路所在的基本割集列写割集电流方程可得

$$C\frac{\mathrm{d}u_C}{\mathrm{d}t}=i_s-i_{R_1}-i_{L_1} \tag{16-28}$$

对电感支路取基本回路,列回路电压方程有

$$L_1\frac{\mathrm{d}i_{L_1}}{\mathrm{d}t}+M\frac{\mathrm{d}i_{L_2}}{\mathrm{d}t}=u_C+u_{R_2} \tag{16-29}$$

$$M\frac{\mathrm{d}i_{L_1}}{\mathrm{d}t}+L_2\frac{\mathrm{d}i_{L_2}}{\mathrm{d}t}=u_{R_2} \tag{16-30}$$

联立式(16-29)和式(16-30)解得

$$\frac{\mathrm{d}i_{L_1}}{\mathrm{d}t}=\frac{L_2}{L_1L_2-M^2}u_C+\frac{L_2-M}{L_1L_2-M^2}u_{R_2} \tag{16-31}$$

$$\frac{\mathrm{d}i_{L_2}}{\mathrm{d}t}=-\frac{M}{L_1L_2-M^2}u_C+\frac{L_1-M}{L_1L_2-M^2}u_{R_2} \tag{16-32}$$

为消去非状态变量 i_{R_1}、u_{R_2}，对接地点列 KCL 方程有

$$i_{R_1}+i_{L_1}+i_{L_2}+\frac{u_{R_2}}{R_2}-i_s=0 \tag{16-33}$$

对由$\{R_1,C,R_2\}$构成的基本回路列 KCL 方程有

$$-R_1i_{R_1}+u_C+u_{R_2}=0 \tag{16-34}$$

联立式(16-33)和式(16-34)解得

$$i_{R_1}=\frac{u_C-R_2i_{L_1}-R_2i_{L_1}+R_2i_s}{R_1+R_2} \tag{16-35}$$

$$u_{R_2}=\frac{-R_2u_C-R_1R_2i_{L_1}-R_1R_2i_{L_1}+R_1R_2i_s}{R_1+R_2} \tag{16-36}$$

将式(16-35)代入式(16-28)，式(16-36)代入式(16-31)、式(16-32)，并整理成矩阵形式即可得出标准形式的状态方程，即

$$\begin{bmatrix}\dfrac{\mathrm{d}u_C}{\mathrm{d}t}\\ \dfrac{\mathrm{d}i_{L_1}}{\mathrm{d}t}\\ \dfrac{\mathrm{d}i_{L_2}}{\mathrm{d}t}\end{bmatrix}=\begin{bmatrix}-\dfrac{1}{(R_1+R_2)C} & -\dfrac{R_1}{(R_1+R_2)C} & \dfrac{R_2}{(R_1+R_2)C}\\ \dfrac{R_1L_2+R_2M}{(R_1+R_2)(L_1L_2-M^2)} & -\dfrac{R_1R_2(L_2-M)}{(R_1+R_2)(L_1L_2-M^2)} & -\dfrac{R_1R_2(L_2-M)}{(R_1+R_2)(L_1L_2-M^2)}\\ -\dfrac{R_2L_1+R_1M}{(R_1+R_2)(L_1L_2-M^2)} & -\dfrac{R_1R_2(L_1-M)}{(R_1+R_2)(L_1L_2-M^2)} & -\dfrac{R_1R_2(L_1-M)}{(R_1+R_2)(L_1L_2-M^2)}\end{bmatrix}\begin{bmatrix}u_C\\ i_{L_1}\\ i_{L_2}\end{bmatrix}$$

$$+\begin{bmatrix}\dfrac{R_1}{(R_1+R_2)C}\\ \dfrac{R_1R_2(L_2-M)}{(R_1+R_2)(L_1L_2-M^2)}\\ \dfrac{R_1R_2(L_1-M)}{(R_1+R_2)(L_1L_2-M^2)}\end{bmatrix}i_s$$

3. 电源替代法

根据替代定理可知，一个电压为 u_C 的电容元件和一个电流为 i_L 电感元件可以分别用电压源 u_C 和电流源 i_L 来替代，这样，原电路就变为一个电阻电路，而原电路中的电流、电压在替代前后不会发生变化。

为了能够简单地说明电源替代法的原理，假定原电路中除电阻和线性受控源外电容元件、电感元件、独立电压源和独立电流源各仅含一个。于是，列写原电路的状态方程，实际上就是要在作电源替代后的线性电阻电路中，求出函数关系式：$i_C=f_C(u_C,i_L,u_s,i_s)$，$u_L=f_L(u_C,i_L,u_s,i_s)$，即求出以状态变量：电容电压 u_C 和电感电流 i_L 以及电源电压 u_s 和电源电流 i_s 分别表示 i_C 和 u_L 的关系式。由于应用替代定理后的电路已是一个线性电阻电路，故响应 i_C 和 u_L 均可以利用叠加原理求出，即为四个电源 u_C、i_L、u_s 和 i_s 单独作用时所产生的响应分量的叠加，亦即有

$$i_C=a_{11}u_C+a_{12}i_L+b_{11}u_s+b_{12}i_s \tag{16-37}$$

$$u_L = a_{21}u_C + a_{22}i_L + b_{21}u_s + b_{22}i_s \tag{16-38}$$

式中，$a_{ij}b_{ij}(i,j=1,2)$均为实常数。将其左边的电容电流 i_C 和电感电压 u_L 分别用 $C\dfrac{du_C}{dt}$ 和 $L\dfrac{di_L}{dt}$ 代换便得到一个一阶微分方程组，即是以 u_C 和 i_L 为状态变量的状态方程。令状态矢量 $\boldsymbol{x}(t)=[u_C,i_L]^T$，输入矢量为 $\boldsymbol{u}(t)=[u_s,i_s]^T$，则所得状态方程可写成标准形式，即

$$\dot{\boldsymbol{x}} = \begin{bmatrix} \dfrac{du_C}{dt} \\ \dfrac{di_L}{dt} \end{bmatrix} = \begin{bmatrix} a_{11} & a_{21} \\ a_{12} & a_{22} \end{bmatrix}\begin{bmatrix} u_C \\ i_L \end{bmatrix} + \begin{bmatrix} b_{11} & b_{12} \\ b_{21} & b_{22} \end{bmatrix}\begin{bmatrix} u_s \\ i_s \end{bmatrix} = \boldsymbol{Ax} + \boldsymbol{Bu} \tag{16-39}$$

式中，$\boldsymbol{A}$、$\boldsymbol{B}$ 为相应于有关变量的系数矩阵。显然，该式可以推广到含有多个电容元件、电感元件、独立电压源和独立电流源的情况。由于利用叠加原理求解响应须求解多个线性电阻电路，特别是对于含有多个储能元件的电路，计算量较大，所以实际上，对于利用替代定理后结构比较简单的电路，可以直接按式(16-37)和式(16-38)的形式分别利用 KCL 和 KVL 配合电阻元件的 VCR 得出相应的结果，再将 i_C 和 u_L 分别用 $C\dfrac{du_C}{dt}$ 和 $L\dfrac{di_L}{dt}$ 替换并加以整理即可得出标准形式的状态方程。

【例 16-5】 对于如图 16-8(a)所示的线性时不变电路，试列写其状态方程。

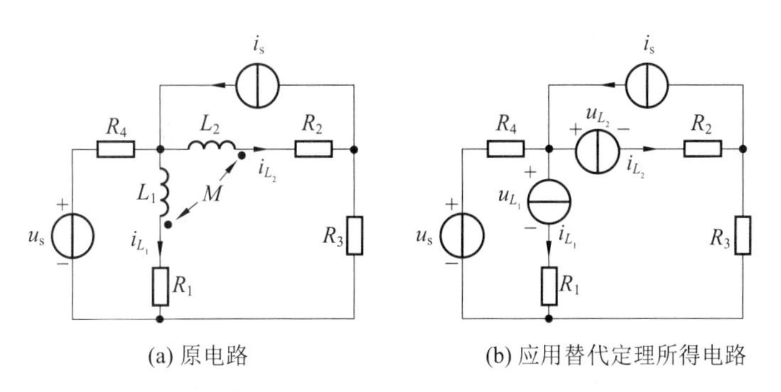

(a) 原电路　　(b) 应用替代定理所得电路

图 16-8　例 16-5 图

解　将如图 16-7(a)所示的电路应用电源替代法可得图 16-7(b)所示的电路，并对其应用叠加原理。电流源 i_{L_1} 单独作用时可得

$$u_{L_1}^{(1)} = -(R_1 + R_4)i_{L_1}, \quad u_{L_2}^{(1)} = -R_4 i_{L_1}$$

电流源 i_{L_2} 单独作用时可得

$$u_{L_1}^{(2)} = -R_4 i_{L_2}, \quad u_{L_2}^{(2)} = -(R_2 + R_3 + R_4)i_{L_2}$$

电压源 u_s 单独作用时可得

$$u_{L_1}^{(3)} = u_s, \quad u_{L_2}^{(3)} = u_s$$

电流源 i_s 单独作用时可得

$$u_{L_1}^{(4)} = R_4 i_s, \quad u_{L_2}^{(4)} = (R_3 + R_4)i_s$$

根据叠加原理可得

$$u_{L_1} = u_{L_1}^{(1)} + u_{L_1}^{(2)} + u_{L_1}^{(3)} + u_{L_1}^{(4)} = -(R_1 + R_4)i_{L_1} - R_4 i_{L_2} + u_s + R_4 i_s \tag{16-40}$$

$$\begin{aligned} u_{L_2} &= u_{L_2}^{(1)} + u_{L_2}^{(2)} + u_{L_2}^{(3)} + u_{L_2}^{(4)} \\ &= -R_4 i_{L_1} - (R_2 + R_3 + R_4)i_{L_2} + u_s + (R_3 + R_4)i_s \end{aligned} \tag{16-41}$$

在图 16-8(a)中可以得到两线圈的电压电流关系为

$$u_{L_1} = L_1 \frac{\mathrm{d}i_{L_1}}{\mathrm{d}t} + M\frac{\mathrm{d}i_{L_2}}{\mathrm{d}t} \tag{16-42}$$

$$u_{L_2} = M\frac{\mathrm{d}i_{L_1}}{\mathrm{d}t} + L_2 \frac{\mathrm{d}i_{L_2}}{\mathrm{d}t} \tag{16-43}$$

将式(16-42)和式(16-43)分别代入式(16-40)和式(16-41),从中解出可得$\frac{\mathrm{d}i_{L_1}}{\mathrm{d}t}$和$\frac{\mathrm{d}i_{L_2}}{\mathrm{d}t}$可得

$$\begin{aligned} \frac{\mathrm{d}i_{L_1}}{\mathrm{d}t} &= \frac{R_4M-(R_1+R_4)L_2}{L_1L_2-M^2}i_{L_1} + \frac{(R_2+R_3+R_4)M-R_4L_2}{L_1L_2-M^2}i_{L_2} + \frac{L_2-M}{L_1L_2-M^2}u_s \\ &\quad + \frac{R_4L_2-(R_3+R_4)M}{L_1L_2-M^2}i_s \end{aligned}$$

$$\begin{aligned} \frac{\mathrm{d}i_{L_2}}{\mathrm{d}t} &= \frac{(R_1+R_4)M-R_4L_1}{L_1L_2-M^2}i_{L_1} + \frac{R_4M-(R_2+R_3+R_4)L_1}{L_1L_2-M^2}i_{L_2} + \frac{L_1-M}{L_1L_2-M^2}u_s \\ &\quad + \frac{(R_3+R_4)L_1-R_4M}{L_1L_2-M^2}i_s \end{aligned}$$

写成矩阵形式有

$$\begin{aligned} \begin{bmatrix} \frac{\mathrm{d}i_{L_1}}{\mathrm{d}t} \\ \frac{\mathrm{d}i_{L_2}}{\mathrm{d}t} \end{bmatrix} &= \begin{bmatrix} \frac{R_4M-(R_1+R_4)L_2}{L_1L_2-M^2} & \frac{(R_2+R_3+R_4)M-R_4L_2}{L_1L_2-M^2} \\ \frac{(R_1+R_4)M-R_4L_1}{L_1L_2-M^2} & \frac{R_4M-(R_2+R_3+R_4)L_1}{L_1L_2-M^2} \end{bmatrix} \begin{bmatrix} i_{L_1} \\ i_{L_2} \end{bmatrix} \\ &\quad + \begin{bmatrix} \frac{L_2-M}{L_1L_2-M^2} & \frac{R_4L_2-(R_3+R_4)M}{L_1L_2-M^2} \\ \frac{L_1-M}{L_1L_2-M^2} & \frac{(R_3+R_4)L_1-R_4M}{L_1L_2-M^2} \end{bmatrix} \begin{bmatrix} u_s \\ i_s \end{bmatrix} \end{aligned}$$

16.2.2　线性时不变非常态电路状态方程的列写

这类电路在电路构成与结构上包括两种情况:①其中存在纯电容回路或纯电感割集的电路一定是非常态的;②其中存在受控源的电路也可能是非常态的。显然这两种情况共存的电路则一般也应是非常态电路,下面仅分别讨论前两种情况下状态方程的列写问题。

1. 存在纯电容回路或纯电感割集电路状态方程的列写

下面给出这种请况下的两种基本列写方法。

(1) 利用正规树列写状态方程。显然,若电路存在纯电容回路,就不可能将所有电容元件都选作树支;存在纯电感割集,也不可能将所有的电感元件都选作连支。这时对电路所选的树应包含所有的电压源支路、尽可能多的电容元件和尽可能少的电感元件而不包含任何

电流源，这样所选的树称为正规树. 正规树组成的含义是树支电容电压（电荷）构成一组可供选为独立变量的最大数目的电容电压（电荷），连支电感电流（磁通链）构成一组可供选为独立变量的最大数目的连支电流（磁通链）。因此，完全有理由选正规树的全部树支电容电压（或电荷）和全部连支电感电流（或磁通链）作为一组状态变量。

一旦选好正规树的全部树支电容电压（或电荷）和全部连支电感电流（或磁通链）构成一组状态变量，就可以完全按照关于常态电路状态方程的列写步骤来列写其状态方程。

非常态电路状态方程列写不同于常态电路的列写在于非常态电路中存在非独立电容元件或非独立电感元件，前者的电压或后者的电流均为非状态变量。

【例 16-6】 试列写如图 16-9(a)所示线性时不变电路的状态方程。

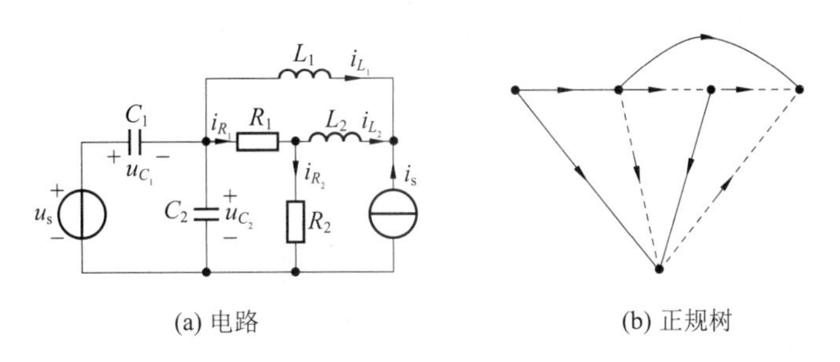

(a) 电路　　(b) 正规树

图 16-9　例 16-6 图

解　所给电路含有一个纯电容回路和一个纯电感割集，因而是一病态电路，所以利用正规树列写其状态方程。所选取的一个规范树，如图 16-9(b)中的实线所示。选规范树中的 C_1 和 L_2 为独立储能元件，则 u_{C_1} 和 i_{L_2} 为状态变量。于是，对于电容树支所对应的基本割集列写 KCL 方程和对电感连支所对应的基本回路列写 KVL 方程分别为

$$C_1\frac{\mathrm{d}u_{C_1}}{\mathrm{d}t}=C_2\frac{\mathrm{d}u_{C_2}}{\mathrm{d}t}+i_{R_1}-i_{L_2}-i_s$$

$$L_2\frac{\mathrm{d}i_{L_2}}{\mathrm{d}t}=L_1\frac{\mathrm{d}i_{L_1}}{\mathrm{d}t}+u_{C_1}-u_s+R_2 i_{R_2}$$

将上述所得方程中的非状态变量和非状态变量的一阶导数用状态变量、输入量和它们的一阶导数表示，即

$$i_{R_1}=\frac{u_s-u_{C_1}+R_2 i_{L_2}}{R_1+R_2},\quad i_{R_2}=\frac{u_s-u_{C_1}-R_1 i_{L_1}}{R_1+R_2}$$

$$\frac{\mathrm{d}u_{C_2}}{\mathrm{d}t}=\frac{\mathrm{d}u_s}{\mathrm{d}t}-\frac{\mathrm{d}u_{C_1}}{\mathrm{d}t},\quad \frac{\mathrm{d}i_{L_1}}{\mathrm{d}t}=-\frac{\mathrm{d}i_{L_2}}{\mathrm{d}t}-\frac{\mathrm{d}i_s}{\mathrm{d}t}$$

将以上消去非状态变量的表示式代入所得 KCL 方程和 KVL 方程中，消去非状态变量以及非状态变量的一阶导数，经整理后写成矩阵形式

$$\begin{bmatrix}\dfrac{\mathrm{d}u_{C_1}}{\mathrm{d}t}\\ \dfrac{\mathrm{d}i_{L2}}{\mathrm{d}t}\end{bmatrix}=\begin{bmatrix}-\dfrac{1}{(C_1+C_2)(R_1+R_2)} & -\dfrac{R_1}{(C_1+C_2)(R_1+R_2)}\\ \dfrac{R_1}{(L_1+L_2)(R_1+R_2)} & -\dfrac{R_1R_2}{(L_1+L_2)(R_1+R_2)}\end{bmatrix}\begin{bmatrix}u_{C_1}\\ i_{L_2}\end{bmatrix}$$

$$+\begin{bmatrix}\frac{1}{(C_1+C_2)(R_1+R_2)} & -\frac{1}{C_1+C_2}\\ -\frac{R_1}{(L_1+L_2)(R_1+R_2)} & 0\end{bmatrix}\begin{bmatrix}u_s\\ i_s\end{bmatrix}+\begin{bmatrix}\frac{C_2}{C_1+C_2} & 0\\ 0 & -\frac{L_1}{L_1+L_2}\end{bmatrix}\begin{bmatrix}\frac{du_s}{dt}\\ \frac{di_s}{dt}\end{bmatrix}$$

由此可知,非常态电路的状态方程中一般含有输入量的导数。

(2) 利用电源替代法列写状态方程。利用电源替代法列写非常态电路的状态方程的方法与列写常态电路的状态方程的方法基本相同,仅仅非独立储能元件不用电源替代而应保留在电路中。

【例 16-7】 对于如图 16-9 所示的线性时不变电路,试用电源替代法列写其状态方程。

解　这时,对于图 16-9 所示电路,仍选取 u_{C_1} 和 i_{L_2} 为状态变量。将 C_1 用电压源 u_{C_1} 替代,L_2 用电流源 i_{L_2} 替代,C_2 和 L_1 仍保留在原电路中,可得如图 16-10 所示电路。

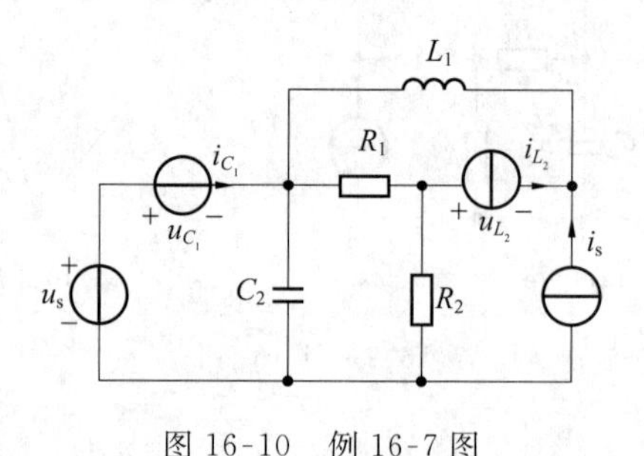

图 16-10　例 16-7 图

用叠加原理求如图 16-10 所示电路中的 i_{C_1} 和 u_{L_2} 时,假设各响应分量的参考方向与响应量的一致。因此,当电压源 u_s 和 u_{C_1} 共同作用时可得

$$i_{C_1}^{(1)}=\frac{u_s-u_{C_1}}{R_1+R_2}+C_2\frac{d(u_s-u_{C_1})}{dt},\quad u_{L_2}^{(1)}=-\frac{R_1(u_s-u_{C_1})}{R_1+R_2}$$

电流源 i_{L_2} 单独作用时可得

$$i_{C_1}^{(2)}=-\frac{R_1 i_{L_2}}{R_1+R_2},\quad u_{L_2}^{(2)}=-\frac{R_1R_2 i_{L_2}}{R_1+R_2}-L_1\frac{di_{L_2}}{dt}$$

电流源 i_s 单独作用时可得

$$i_{C_1}^{(3)}=-i_s,\quad u_{L_2}^{(3)}=-L_1\frac{di_s}{dt}$$

于是,应用叠加原理可得

$$\begin{aligned}C_1\frac{du_{C_1}}{dt}&=i_{C_1}=i_{C_1}^{(1)}+i_{C_1}^{(2)}+i_{C_1}^{(3)}\\&=-C_2\frac{du_{C_2}}{dt}-\frac{u_{C_1}}{R_1+R_2}-\frac{R_1 i_{L_2}}{R_1+R_2}+\frac{u_s}{R_1+R_2}-i_s+C_2\frac{du_s}{dt}\end{aligned}$$

$$\begin{aligned}L_2\frac{di_{L_2}}{dt}&=u_{L_2}=u_{L_2}^{(1)}+u_{L_2}^{(2)}+u_{L_2}^{(3)}\\&=-L_1\frac{di_{L_2}}{dt}+\frac{R_1u_{C_1}}{R_1+R_2}-\frac{R_1R_2 i_{L_2}}{R_1+R_2}-\frac{R_1u_s}{R_1+R_2}-L_1\frac{di_s}{dt}\end{aligned}$$

将上面所求得的关于 i_{C_1} 和 u_{L_2} 的表达式加以整理,可得状态方程为

$$\begin{bmatrix}\dfrac{\mathrm{d}u_{C_1}}{\mathrm{d}t}\\ \dfrac{\mathrm{d}i_{L_2}}{\mathrm{d}t}\end{bmatrix}=\begin{bmatrix}-\dfrac{1}{(C_1+C_2)(R_1+R_2)} & -\dfrac{R_1}{(C_1+C_2)(R_1+R_2)}\\ \dfrac{R_1}{(L_1+L_2)(R_1+R_2)} & -\dfrac{R_1R_2}{(L_1+L_2)(R_1+R_2)}\end{bmatrix}\begin{bmatrix}u_{C_1}\\ i_{L_2}\end{bmatrix}$$

$$+\begin{bmatrix}\dfrac{1}{(C_1+C_2)(R_1+R_2)} & -\dfrac{1}{C_1+C_2}\\ -\dfrac{R_1}{(L_1+L_2)(R_1+R_2)} & 0\end{bmatrix}\begin{bmatrix}u_s\\ i_s\end{bmatrix}+\begin{bmatrix}\dfrac{C_2}{C_1+C_2} & 0\\ 0 & -\dfrac{L_1}{L_1+L_2}\end{bmatrix}\begin{bmatrix}\dfrac{\mathrm{d}u_s}{\mathrm{d}t}\\ \dfrac{\mathrm{d}i_s}{\mathrm{d}t}\end{bmatrix}$$

与例 16-6 中所得结果完全一致。

2. 含受控源电路状态方程的列写

对于含有受控源的电路,其状态方程的列写方法仍可以采用正规树或电源替代法并且其基本做法与不含受控源电路的相似。

(1) 利用正规树列写状态方程。若受控源的控制量不是状态变量,则应将它用状态变量、输入变量或状态变量的一阶导数来表示。

【例 16-8】 试列写如图 16-11(a)所示线性时不变常态电路的状态方程。

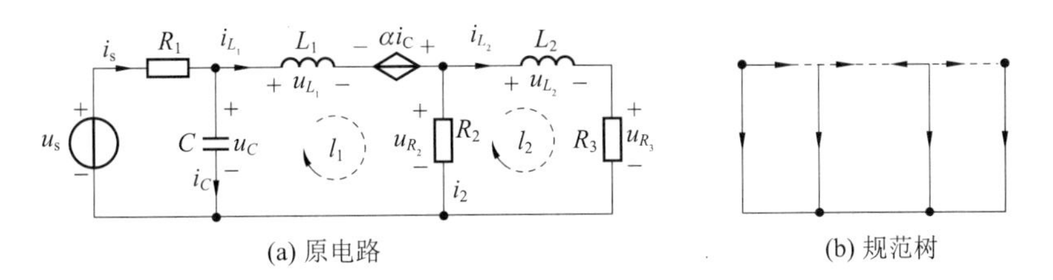

图 16-11　例 16-8 图

解　因为电路中含有受控源,选取一个正规树,如图 16-11(b)中粗实线所示。该规范树包含电路中所有的电压源(u_s 和 αi_C)以及 C(一般情况下应选尽可能多的电容和尽可能少的电感,不包含电流源)。选正规树中的树支电容电压 u_C 和连支电感电流 i_{L1} 和 i_{L2} 为电路的状态变量。对电容树支所属基本割集列写 KCL 并对电感连支所属基本回路列写 KVL 可得

$$C\frac{\mathrm{d}u_C}{\mathrm{d}t}=i_{R_1}-i_{L_1}\tag{16-44}$$

$$L_1\frac{\mathrm{d}i_{L_1}}{\mathrm{d}t}=\alpha i_C-u_{R_2}-u_C\tag{16-45}$$

$$L_2\frac{\mathrm{d}i_{L_2}}{\mathrm{d}t}=u_{R_2}-u_{R_3}\tag{16-46}$$

为消去式(16-44)~式(16-46)中的非状态变量,将它们用状态变量、输入量及它们的一阶导数表示为

$$i_{R_1}=\frac{u_s-u_C}{R_1}\tag{16-47}$$

$$u_{R_2} = R_2(i_{L_1} - i_{L_2}) \tag{16-48}$$

$$u_{R_3} = R_3 i_{L2} \tag{16-49}$$

$$i_C = C\frac{\mathrm{d}u_C}{\mathrm{d}t} \tag{16-50}$$

将式(16-47)～式(16-50)代入式(16-44)～式(16-46)再稍加整理可得

$$C\frac{\mathrm{d}u_C}{\mathrm{d}t} = -\frac{1}{R_1}u_C - i_{L_1} + \frac{1}{R_1}u_s$$

$$L_1\frac{\mathrm{d}i_{L_1}}{\mathrm{d}t} = \left(1-\frac{\alpha}{R_1}\right)u_C - (\alpha + R_2)i_{L_1} + R_2 i_{L_2} + \frac{\alpha}{R_1}u_s$$

$$L_2\frac{\mathrm{d}i_{L_2}}{\mathrm{d}t} = R_2 i_{L_1} - (R_2 + R_3)i_{L_2}$$

写成矩阵形式即可得标准形式的状态方程为

$$\begin{bmatrix}\frac{\mathrm{d}u_C}{\mathrm{d}t}\\ \frac{\mathrm{d}i_{L_1}}{\mathrm{d}t}\\ \frac{\mathrm{d}i_{L_2}}{\mathrm{d}t}\end{bmatrix} = \begin{bmatrix}-\frac{1}{CR_1} & -\frac{1}{C} & 0\\ \frac{\alpha-R_1}{R_1L_1} & -\frac{\alpha+R_2}{L_1} & \frac{R_2}{L_1}\\ 0 & \frac{R_2}{L_2} & \frac{R_2+R_3}{L_2}\end{bmatrix}\begin{bmatrix}u_C\\ i_{L_1}\\ i_{L_2}\end{bmatrix} + \begin{bmatrix}\frac{1}{R_1C}\\ \frac{\alpha}{R_1L_1}\\ 0\end{bmatrix}u_s$$

对于例 16-8 这种简单的含受控源电路，实际上无需选正规树而直接按上述方法即可得出其状态方程。

(2) 利用电源替代法列写状态方程。

【例 16-9】 试列写如图 16-12(a)所示线性时不变电路的状态方程。

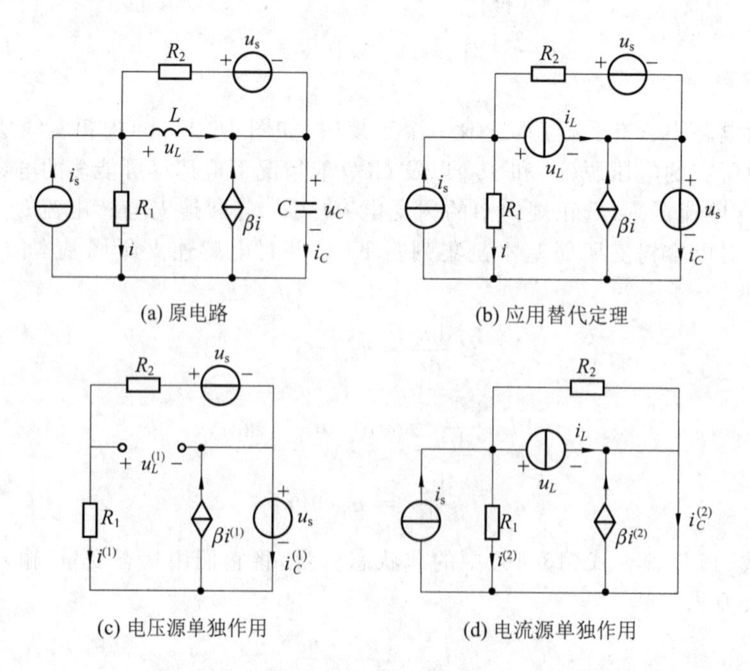

图 16-12　例 16-9 图

解　将电容用电压源 u_C、电感用电流源 i_L 代替，所得电路如图 16-12(b)所示。利用叠加原理可以解出 i_C 和 u_L。电压源单独作用时，电路如图 16-12(c)所示，可以得到

$$i_C^{(1)}=\beta i^{(1)}-i^{(1)}=(\beta-1)i^{(1)}=\frac{\beta-1}{R_1+R_2}(u_C+u_s)$$

$$u_L^{(1)}=-R_2 i^{(1)}+u_s=-\frac{R_2}{R_1+R_2}u_C+\frac{R_1}{R_1+R_2}u_s$$

电流源单独作用时，电路如图 16-12(d)所示。由 KVL 可得 $R_1 i^{(2)}+R_2(i^{(2)}+i_L-i_s)=0$，

由 KCL 可得 $i^{(2)}+i_C^{(2)}=\beta i^{(2)}+i_s$，又有 $u_L^{(2)}=R_2(i_s-i^{(2)}-i_L)$。

联立以上三式可得

$$i_C^{(2)}=-\frac{(\beta-1)R_2}{R_1+R_2}i_L+\frac{R_1+\beta R_2}{R_1+R_2}i_s,\quad u_L^{(2)}=-\frac{R_1R_2}{R_1+R_2}i_L+\frac{R_1R_2}{R_1+R_2}i_s$$

于是

$$C\frac{\mathrm{d}u_C}{\mathrm{d}t}=i_C=\frac{\beta-1}{R_1+R_2}u_C-\frac{(\beta-1)R_2}{R_1+R_2}i_L+\frac{\beta-1}{R_1+R_2}u_s+\frac{R_1+\beta R_2}{R_1+R_2}i_s$$

$$L\frac{\mathrm{d}i_L}{\mathrm{d}t}=u_L=-\frac{R_2}{R_1+R_2}u_C-\frac{R_1R_2}{R_1+R_2}i_L+\frac{R_1}{R_1+R_2}u_s+\frac{R_1R_2}{R_1+R_2}i_s$$

由以上两式可得该电路的状态方程为

$$\begin{bmatrix}\dfrac{\mathrm{d}u_C}{\mathrm{d}t}\\ \dfrac{\mathrm{d}i_L}{\mathrm{d}t}\end{bmatrix}=\begin{bmatrix}\dfrac{\beta-1}{(R_1+R_2)C} & -\dfrac{(\beta-1)R_2}{(R_1+R_2)C}\\ -\dfrac{R_2}{(R_1+R_2)L} & -\dfrac{R_1R_2}{(R_1+R_2)L}\end{bmatrix}\begin{bmatrix}u_C\\ i_L\end{bmatrix}+\begin{bmatrix}\dfrac{\beta-1}{(R_1+R_2)C} & \dfrac{R_1+\beta R_2}{(R_1+R_2)C}\\ \dfrac{R_1}{(R_1+R_2)L} & \dfrac{R_1R_2}{(R_1+R_2)L}\end{bmatrix}\begin{bmatrix}u_s\\ i_s\end{bmatrix}$$

16.3　线性时不变电路状态方程的求解

状态方程有时域解法、复频域解法以及数值解法等多种解法，这里只介绍状态方程的复频域解法。对线性时不变电路的状态方程的一般形式：

$$\dot{\boldsymbol{X}}=\boldsymbol{AX}+\boldsymbol{BU},\quad \boldsymbol{X}(0_-)=\boldsymbol{X}_0$$

两边作拉氏变换可得

$$s\boldsymbol{X}(s)-\boldsymbol{X}(0_-)=\boldsymbol{AX}(s)+\boldsymbol{BU}(s)$$

整理可得

$$\boldsymbol{X}(s)=[s\boldsymbol{I}-\boldsymbol{A}]^{-1}\boldsymbol{X}(0_-)+[s\boldsymbol{I}-\boldsymbol{A}]^{-1}\boldsymbol{BU}(s)\tag{16-51}$$

式(16-51)为状态方程的 s 域形式。对式(16-51)两边取拉式反变换可求得 $X(t)$为

$$x(t)=\underbrace{L^{-1}\{[s\boldsymbol{I}-\boldsymbol{A}]^{-1}\boldsymbol{X}(0_-)\}}_{\text{零输入分量}}+\underbrace{L^{-1}\{[s\boldsymbol{I}-\boldsymbol{A}]^{-1}\boldsymbol{BU}(s)\}}_{\text{零状态分量}}\tag{16-52}$$

在式(16-52)中，定义预解矩阵 $\boldsymbol{\Phi}(s)=[s\boldsymbol{I}-\boldsymbol{AI}]^{-1}=\dfrac{\boldsymbol{\Phi}_r(s)}{|s\boldsymbol{I}-\boldsymbol{A}|}$，其中行列式 $|s\boldsymbol{I}-\boldsymbol{A}|$ 是系数矩阵 $\boldsymbol{A}$ 的特征多项式，$\boldsymbol{\Phi}_r(s)$为$[s\boldsymbol{I}-\boldsymbol{A}]$的伴随矩阵。这样则式(16-53)可以写为

$$\boldsymbol{X}(t)=\underbrace{L^{-1}[\boldsymbol{\Phi}(s)\boldsymbol{X}(0_-)]}_{\text{零输入分量}}+\underbrace{L^{-1}[\boldsymbol{\Phi}(s)\boldsymbol{BU}(s)]}_{\text{零状态分量}},t\geqslant 0_+\tag{16-53a}$$

由式(16-53a)可知，用拉氏变换求解状态方程的关键在于求取预解矩阵 $\boldsymbol{\Phi}(s)$。在式

(16-53a)中，令 $\boldsymbol{\varphi}(t)=\mathscr{L}^{-1}[\boldsymbol{\Phi}(s)]$，称为状态转移矩阵。则有

$$x(t)=\underbrace{\boldsymbol{\varphi}(t)X(0_-)}_{\text{零输入分量}}+\underbrace{\boldsymbol{\varphi}(t)\boldsymbol{B}*u(t)}_{\text{零状态分量}},\quad t\geqslant 0_+ \qquad (16\text{-}53b)$$

式(16-53b)是状态方程的时域解法。

【例 16-10】 求解如下状态方程的解：

$$\boldsymbol{X}(t)=\begin{bmatrix}\dfrac{dx_1}{dt}\\ \dfrac{dx_2}{dt}\end{bmatrix}=\begin{bmatrix}-12 & \dfrac{2}{3}\\ -36 & -1\end{bmatrix}\begin{bmatrix}x_1\\ x_2\end{bmatrix}+\begin{bmatrix}\dfrac{2}{3}\\ 1\end{bmatrix}\varepsilon(t),\quad \begin{bmatrix}x_1(0_-)\\ x_2(0_-)\end{bmatrix}=\begin{bmatrix}2\\ 1\end{bmatrix}$$

解　应用拉普拉斯变换法求解。先求预解矩阵 $\boldsymbol{\Phi}(s)$。由于$[s\boldsymbol{I}-\boldsymbol{A}]$为

$$[s\boldsymbol{I}-\boldsymbol{A}]=S\begin{bmatrix}1 & 0\\ 0 & 1\end{bmatrix}-\begin{bmatrix}-12 & \dfrac{2}{3}\\ -36 & -1\end{bmatrix}=\begin{bmatrix}S+12 & -\dfrac{2}{3}\\ 36 & S+1\end{bmatrix}$$

故 $\boldsymbol{A}$ 的特征多项式为

$$|s\boldsymbol{I}-\boldsymbol{A}|=\begin{vmatrix}S+12 & -\dfrac{2}{3}\\ 36 & S+1\end{vmatrix}=(s+4)(s+9)$$

预解矩阵的伴随矩阵 $\boldsymbol{\Phi}_r(s)$为

$$\boldsymbol{\Phi}_r(s)=\begin{bmatrix}S+1 & \dfrac{2}{3}\\ -36 & S+12\end{bmatrix}$$

预解矩阵 $\boldsymbol{\Phi}(s)$为

$$\boldsymbol{\Phi}(s)=[s\boldsymbol{I}-\boldsymbol{A}]^{-1}=\frac{\Phi_r(s)}{|s\boldsymbol{I}-\boldsymbol{A}|}=\begin{bmatrix}\dfrac{s+1}{(s+4)(s+9)} & \dfrac{2/3}{(s+4)(s+9)}\\ \dfrac{-36}{(s+4)(s+9)} & \dfrac{s+12}{(s+4)(s+9)}\end{bmatrix}$$

已知$\begin{bmatrix}x_1(0_-)\\ x_2(0_-)\end{bmatrix}=\begin{bmatrix}2\\ 1\end{bmatrix}$，$U(s)=\dfrac{1}{s}$，所以有

$$\boldsymbol{BU}(s)=\begin{bmatrix}\dfrac{1}{3}\\ 1\end{bmatrix}\frac{1}{s}=\begin{bmatrix}\dfrac{1}{3s}\\ \dfrac{1}{s}\end{bmatrix},\quad \boldsymbol{X}(0_-)+\boldsymbol{BU}(s)=\begin{bmatrix}2+\dfrac{1}{3s}\\ 1+\dfrac{1}{s}\end{bmatrix}=\begin{bmatrix}\dfrac{6s+1}{3s}\\ \dfrac{s+1}{s}\end{bmatrix}$$

因此可得

$$\boldsymbol{X}(s)=\boldsymbol{\Phi}(s)[\boldsymbol{X}(0_-)+\boldsymbol{BU}(s)]=\begin{bmatrix}\dfrac{1/36}{s}-\dfrac{21/20}{s+4}+\dfrac{136/45}{s+9}\\ \dfrac{-63/5}{s+4}+\dfrac{68/5}{s+9}\end{bmatrix}$$

对上式中 $\boldsymbol{X}(s)$求氏反变换，可得

$$\boldsymbol{X}(t)=\begin{bmatrix}x_1(t)\\ x_2(t)\end{bmatrix}=\begin{bmatrix}\left(\dfrac{1}{36}-\dfrac{21}{20}e^{-4t}+\dfrac{136}{45}e^{-9t}\right)\varepsilon(t)\\ \left(-\dfrac{63}{5}e^{-4t}+\dfrac{68}{5}e^{-9t}\right)\varepsilon(t)\end{bmatrix}$$

16.4 线性时不变电路输出方程的列写

通常,在建立电路状态方程的同时亦需建立其输出方程,以求取电路的响应即输出量。一般可以采用常态树方法(包括直观列写法)或电源替代法列写电路的输出方程,这两种方法与列写状态方程的在基本做法上大致相同,常态树方法也是直接对电路列写基本割集的KCL方程和基本回路的KVL方程而后解所得方程组,消去非状态变量从而得出输出方程。由于在求解过程中需要解一个多元一次方程组,所以在电路结构较为复杂、非状态变量较多的情况下,计算工作量较大。

由于输出方程是将输出量表示为状态变量和激励函数的线性组合,故而可将对应于状态变量独立电容元件用电压为 u_c 的电压源替代,将独立电感元件用电流为 i_L 的电流源替代。显然,替代后的电路与用电源替代法列写状态方程时所用到的替代电路是完全相同的。在得出替代电路后,利用各种线性电路分析法(常用叠加原理)求解替代电路中的输出量,便可得出输出方程。下面仅介绍电源替代法。

【例 16-11】 试列写如图 16-13(a)所示线性时不变电路的输出方程,输出量为 u_{R_5} 和 i_{R_6}。

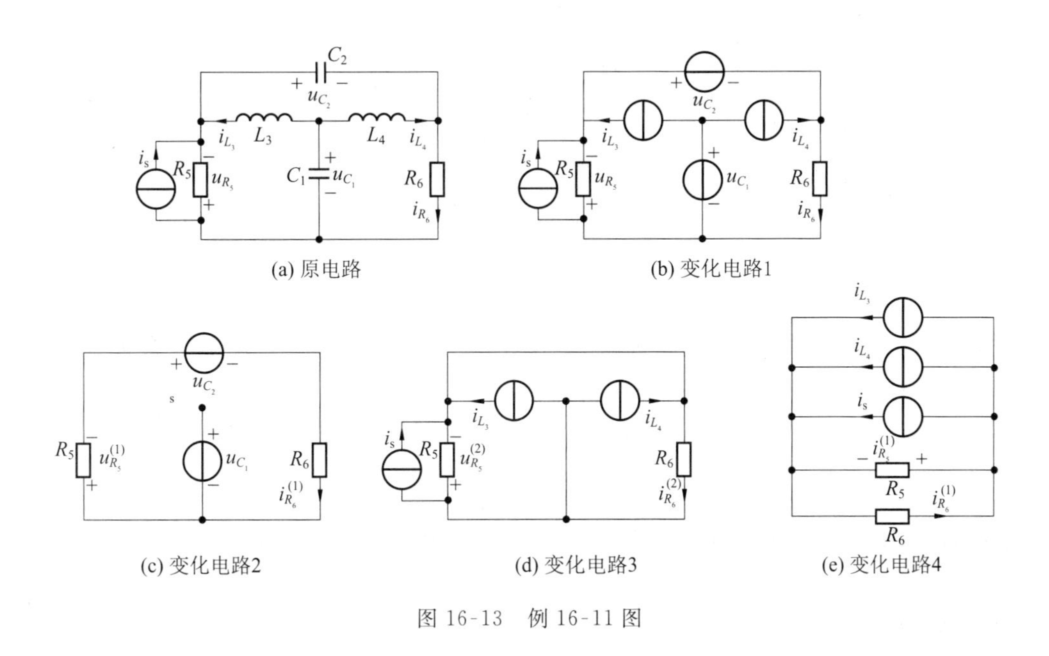

(a) 原电路　(b) 变化电路1　(c) 变化电路2　(d) 变化电路3　(e) 变化电路4

图 16-13　例 16-11 图

解 (1)将电容和电感元件分别用电压源和电流源替代后所得电路如图 16-13(b)所示。

(2) 应用叠加定理求 u_{R_5} 和 i_{R_6}。当电压源作用时,电路如图 16-13(c)所示,可求得

$$u_{R_5}^{(1)}=-\frac{R_5}{R_5+R_6}u_{C_2},\quad i_{R_6}^{(1)}=-\frac{1}{R_5+R_6}u_{C_2}$$

当电流源作用时,电路如图 16-13(d)所示,将其画为如图 16-13(e)所示形式,可求得

$$u_{R_5}^{(2)} = -\frac{R_5 R_6}{R_5 + R_6}(i_{L_3} + i_{L_4} + i_s), \quad i_{R_6}^{(2)} = \frac{R_5}{R_5 + R_6}(i_{L_3} + i_{L_4} + i_s)$$

于是可得输出方程为

$$u_{R_5} = u_{R_5}^{(1)} + u_{R_5}^{(2)} = -\frac{R_5}{R_5 + R_6}u_{C_2} - \frac{R_5 R_6}{R_5 + R_6}i_{L_3} - \frac{R_5 R_6}{R_5 + R_6}i_{L_4} - \frac{R_5 R_6}{R_5 + R_6}i_s$$

$$i_{R_6} = i_{R_6}^{(1)} + i_{R_6}^{(2)} = -\frac{1}{R_5 + R_6}u_{C_2} + \frac{R_5}{R_5 + R_6}i_{L_3} + \frac{R_5}{R_5 + R_6}i_{L_4} + \frac{R_5}{R_5 + R_6}i_s$$

(3) 输出方程的矩阵形式为

$$\begin{bmatrix} u_{R_5} \\ i_{R_6} \end{bmatrix} = \begin{bmatrix} -\frac{R_5}{R_5 + R_6} & -\frac{R_5 R_6}{R_5 + R_6} & -\frac{R_5 R_6}{R_5 + R_6} \\ -\frac{1}{R_5 + R_6} & \frac{R_5}{R_5 + R_6} & \frac{R_5}{R_5 + R_6} \end{bmatrix} \begin{bmatrix} u_{C_1} \\ i_{L_3} \\ i_{L_4} \end{bmatrix} + \begin{bmatrix} -\frac{R_5 R_6}{R_5 + R_6} \\ \frac{R_5}{R_5 + R_6} \end{bmatrix} i_s$$

【例 16-12】 试列写如图 16-9(a)所示的线性时不变电路的输出方程，输出量为 i_{R_1} 和 i_{R_2}。

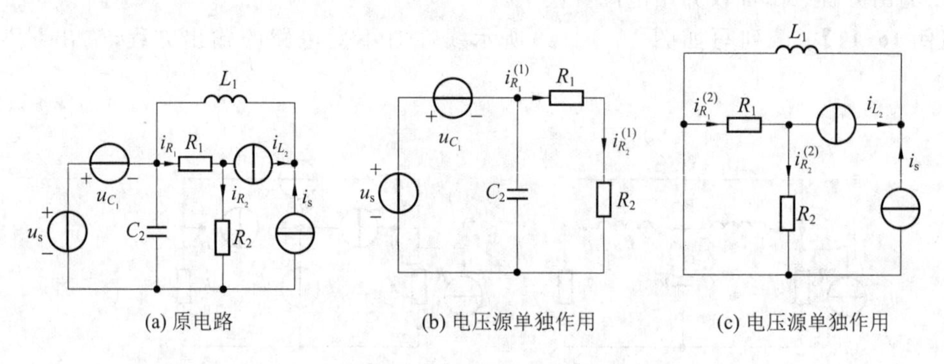

(a) 原电路　　(b) 电压源单独作用　　(c) 电压源单独作用

图 16-14　例 16-12 图

解　对于图 16-9 所示电路，仍选取 u_{C_1} 和 i_{L_2} 为状态变量。将 C_1 用电压源 u_{C_1} 替代，L_2 用电流源 i_{L_2} 替代，C_2 和 L_1 仍保留在原电路中，可得如图 16-14(a)所示电路。应用叠加定理求 i_{R_1} 和 i_{R_2}。当所有电压源一起作用而电流源不作用时，电路如图 16-14(b)所示，可求得

$$i_{R_1}^{(1)} = i_{R_2}^{(1)} = \frac{1}{R_1 + R_2}(u_s - u_{C_1})$$

而当所有电流源一起作用而电压源不作用时，电路如图 16-14(c)所示，有

$$R_1 i_{R_1}^{(2)} + R_2 i_{R_2}^{(2)} = 0, \quad i_{R_1}^{(2)} = i_{R_2}^{(2)} + i_{L_2}$$

联立解得

$$i_{R_1}^{(2)} = \frac{R_2}{R_1 + R_2}i_{L_2}, \quad i_{R_2}^{(2)} = -\frac{R_1}{R_1 + R_2}i_{L_2}$$

于是得

$$i_{R_1} = i_{R_1}^{(1)} + i_{R_1}^{(2)} = -\frac{1}{R_1 + R_2}u_{C_1} + \frac{R_2}{R_1 + R_2}i_{L_2} + \frac{1}{R_1 + R_2}u_s$$

$$i_{R_2} = i_{R_2}^{(1)} + i_{R_2}^{(2)} = -\frac{1}{R_1 + R_2}u_{C_1} - \frac{R_1}{R_1 + R_2}i_{L_2} + \frac{1}{R_1 + R_2}u_s$$

写成矩阵形式有

$$\begin{bmatrix} i_{R_1} \\ i_{R_2} \end{bmatrix} = \begin{bmatrix} -\dfrac{1}{R_1+R_2} & -\dfrac{R_1}{R_1+R_2} \\ -\dfrac{1}{R_1+R_2} & -\dfrac{R_1}{R_1+R_2} \end{bmatrix} \begin{bmatrix} u_{C_1} \\ i_{L_2} \end{bmatrix} + \begin{bmatrix} \dfrac{1}{R_1+R_2} \\ \dfrac{1}{R_1+R_2} \end{bmatrix} u_s$$

16.5 线性时不变电路输出方程的求解

对于线性时不变电路的输出方程一般用直接代入法和拉氏变换法求解。所谓直接代入法是指当求出状态变量的时域解后，将其直接代入输出方程，通过矩阵运算求出输出量，这是因为输出方程是关于状态变量和激励函数的代数方程。

对于输出方程：$\boldsymbol{Y}=\boldsymbol{CX}+\boldsymbol{DU}$ 两边取拉氏变换可得

$$Y(s) = CX(s) + DU(s) \tag{16-54}$$

将状态方程的 s 域解式(16-51)代入式(16-54)可得

$$\begin{aligned} \boldsymbol{Y}(s) &= C[\boldsymbol{\Phi}(s)X(0_-) + \boldsymbol{\Phi}(s)\boldsymbol{B}U(s)] + \boldsymbol{D}U(s) \\ &= \underbrace{\boldsymbol{C\Phi}(s)X(0_-)}_{\text{零输入响应}y_{zi}(t)\text{的拉氏变换：}Y_{zi}(s)} + \underbrace{[\boldsymbol{C\Phi}(s)\boldsymbol{B}+\boldsymbol{D}]U(s)}_{\text{零状态响应}y_{zs}(t)\text{的拉氏变换：}Y_{zs}(s)} \end{aligned} \tag{16-55}$$

对式(16-55)两边取拉氏反变换即可得输出方程的求解为

$$\begin{aligned} y(t) &= L^{-1}[C\boldsymbol{\Phi}(s)X(0_-)] + L^{-1}\{[C\boldsymbol{\Phi}(s)\boldsymbol{B}+\boldsymbol{D}]\boldsymbol{U}(s)\} \\ &= y_{zi}(t) + y_{zs}(t), \quad t \geqslant 0_+ \end{aligned} \tag{16-56}$$

式(16-55)和式(16-56)表明，用拉氏变换求输出方程的解无需先求解出状态变量。显然，在既要解出状态变量又要解出输出量时，用直接代入法较为方便。由式(16-56)可知，用拉氏变换求解输出方程的关键也在于求取予解矩阵 $\boldsymbol{\Phi}(s)$。

由输出方程的拉氏变换式(16-55)还可以得出转移函数矩阵，即

$$\boldsymbol{H}(s) = \frac{\boldsymbol{Y}_{zs}(s)}{\boldsymbol{U}(s)} = \boldsymbol{C\Phi}(s)\boldsymbol{B} + \boldsymbol{D} \tag{16-57}$$

它是一个 $r\times m$ 矩阵(r 是输出变量数，m 是输入激励数)。因此，式(16-56)又可写为

$$\begin{aligned} y(t) &= \underbrace{L^{-1}[\boldsymbol{C\Phi}(s)X(0_-)]}_{\text{零输入响应：}y_{zi}(t)} + \underbrace{L^{-1}\{\boldsymbol{H}(s)\boldsymbol{U}(s)\}}_{\text{零状态响应：}y_{zs}(t)} \\ &= \underbrace{\boldsymbol{C}\varphi(t)X(0_-)}_{\text{零输入响应：}y_{zi}(t)} + \underbrace{h(t) * u(t)}_{\text{零状态响应：}y_{zs}(t)}, \quad t \geqslant 0_+ \end{aligned} \tag{16-58}$$

式(16-58)为输出方程的时域解法，其中 $\boldsymbol{h}(t)=L^{-1}[\boldsymbol{H}(s)]=\boldsymbol{C\varphi}(t)\boldsymbol{B}+\boldsymbol{D}\delta(t)$，称为冲激响应矩阵。

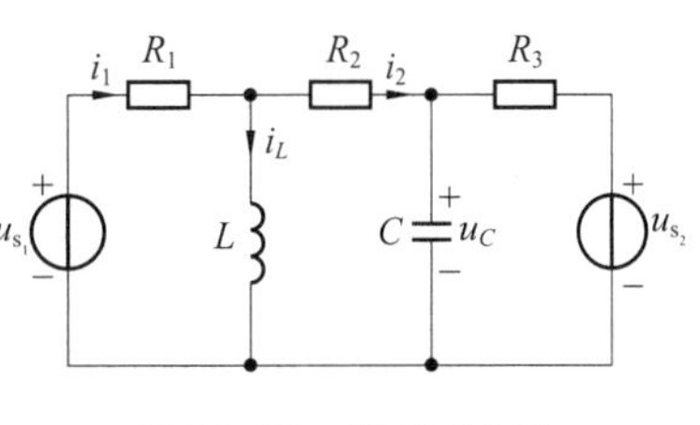

图 16-15 例 16-13 图

【例 16-13】 在如图 16-15 所示的电路中，已知元件参数 $R_1=R_3=1\Omega$，$R_2=2\Omega$。电容原始电压 $u_c(0_-)=0\text{V}$，电感原始电流 $i_L(0_-)=0\text{A}$，$L=\dfrac{1}{3}\text{H}$，$C=\dfrac{1}{3}\text{F}$。

输入 $u_{s_1}=\delta(t)\mathrm{V}, u_{s_2}=\mathrm{e}^{-t}\varepsilon(t)\mathrm{V}$。试求输出电流 i_1 和 i_2。

解　利用直观法列出输出方程为

$$\begin{bmatrix} i_1 \\ i_2 \end{bmatrix} = \begin{bmatrix} -\dfrac{1}{R_1+R_2} & \dfrac{R_2}{R_1+R_2} \\ -\dfrac{1}{R_1+R_2} & -\dfrac{R_1}{R_1+R_2} \end{bmatrix} \begin{bmatrix} u_C \\ i_L \end{bmatrix} + \begin{bmatrix} \dfrac{1}{R_1+R_2} & 0 \\ \dfrac{1}{R_1+R_2} & 0 \end{bmatrix} \begin{bmatrix} u_{s1} \\ u_{s2} \end{bmatrix}$$

$$= \begin{bmatrix} -\dfrac{1}{3} & \dfrac{2}{3} \\ -\dfrac{1}{3} & -\dfrac{1}{3} \end{bmatrix} \begin{bmatrix} u_C \\ i_L \end{bmatrix} + \begin{bmatrix} \dfrac{1}{3} & 0 \\ \dfrac{1}{3} & 0 \end{bmatrix} \begin{bmatrix} u_{s1} \\ u_{s2} \end{bmatrix}$$

以 u_C、i_L 为状态变量列写状态方程为

$$C\frac{\mathrm{d}u_C}{\mathrm{d}t} = -\frac{R_1+R_2+R_3}{R_3(R_1+R_2)}u_C - \frac{1}{R_1+R_2}i_L + \frac{u_{s1}}{R_1+R_2} + \frac{u_{s2}}{R_3}$$

$$L\frac{\mathrm{d}i_L}{\mathrm{d}t} = \frac{R_1}{R_1+R_2}u_C - \frac{R_1R_2}{R_1+R_2}i_L + \frac{R_2}{R_1+R_2}u_{s1}$$

将上式写成矩阵形式为

$$\begin{bmatrix} \dfrac{\mathrm{d}u_C}{\mathrm{d}t} \\ \dfrac{\mathrm{d}i_L}{\mathrm{d}t} \end{bmatrix} = \begin{bmatrix} -4 & -1 \\ 1 & -2 \end{bmatrix} \begin{bmatrix} u_C \\ i_L \end{bmatrix} + \begin{bmatrix} 1 & 3 \\ 2 & 0 \end{bmatrix} \begin{bmatrix} u_{s1} \\ u_{s2} \end{bmatrix}$$

由输出方程和状态方程可得

$$C = \begin{bmatrix} -\dfrac{1}{3} & \dfrac{2}{3} \\ -\dfrac{1}{3} & -\dfrac{1}{3} \end{bmatrix},\quad D = \begin{bmatrix} \dfrac{1}{3} & 0 \\ \dfrac{1}{3} & 0 \end{bmatrix},\quad A = \begin{bmatrix} -4 & -1 \\ 1 & -2 \end{bmatrix},\quad B = \begin{bmatrix} 1 & 3 \\ 2 & 0 \end{bmatrix}$$

于是，预解矩阵为

$$\boldsymbol{\Phi}(s) = [s\boldsymbol{I}-\boldsymbol{A}]^{-1} = \begin{bmatrix} s+4 & 1 \\ -1 & s+2 \end{bmatrix}^{-1} = \frac{1}{s^2+6s+9}\begin{pmatrix} s+2 & -1 \\ 1 & s+4 \end{pmatrix}$$

对输入 $u(t)=\begin{bmatrix} \delta(t) \\ \mathrm{e}^{-t}\varepsilon(t) \end{bmatrix}$进行拉氏变换可得 $\boldsymbol{U}(s)=\begin{bmatrix} 1 \\ 1/s+1 \end{bmatrix}$，因此可得输出的拉氏变换，即

$$\boldsymbol{Y}(s) = [\boldsymbol{C\Phi}(s)\boldsymbol{B}+\boldsymbol{D}]\boldsymbol{U}(s)$$

$$= \frac{1}{s^2+6s+9}\begin{bmatrix} -1/3 & 2/3 \\ -1/3 & -1/3 \end{bmatrix}\begin{bmatrix} s+2 & -1 \\ 1 & s+4 \end{bmatrix}\begin{bmatrix} 1 & 3 \\ 2 & 0 \end{bmatrix}\begin{bmatrix} 1 \\ 1/s+1 \end{bmatrix}$$

$$+ \begin{bmatrix} 1/3 & 0 \\ 1/3 & 0 \end{bmatrix}\begin{bmatrix} 1 \\ 1/s+1 \end{bmatrix}$$

$$= \begin{bmatrix} (s^2+6s+6)/(s+1)(s^2+6s+9)+1/3 \\ (-s-2)/(s+1)(s+3)+1/3 \end{bmatrix}$$

因此可得

$$\mathbf{y}(t)=\begin{bmatrix}i_1(t)\\ i_2(t)\end{bmatrix}=L^{-1}[\mathbf{Y}(s)]=L^{-1}\begin{bmatrix}I_1(s)\\ I_2(s)\end{bmatrix}$$

$$=L^{-1}\begin{bmatrix}(s^2+6s+6)/(s+1)(s^2+6s+9)+1/3\\ (-s-2)/(s+1)(s+3)+1/3\end{bmatrix}$$

$$=\frac{1}{12}\begin{bmatrix}4\delta(t)+(9+18t)\mathrm{e}^{-3t}+3\mathrm{e}^{-t}\\ 4\delta(t)-6\mathrm{e}^{-3t}-6\mathrm{e}^{-t}\end{bmatrix},\quad t\geqslant 0_+$$

习　题

16-1　建立题 16-1 图所示电路的状态方程。

16-2　如题 16-2 图所示电路，选 u_{C_1}，u_{C_2}，i_L 为状态变量，试列写该电路的状态方程。

16-3　试写出题 16-3 图所示电路的状态方程的矩阵形式。

16-4　如题 16-4 图所示的电路中，试以 u_C 及 i_L 为状态变量，列写电路状态方程的矩阵形式。

16-5　试写出题 16-5 图所示网络的状态方程。题 16-5 图中，$R_1=2\Omega$，$R_2=4\Omega$，$C=2\mathrm{F}$，$L=1\mathrm{H}$，$r=1\Omega$。

16-6　试编写如题 16-6 图所示电路的状态方程。

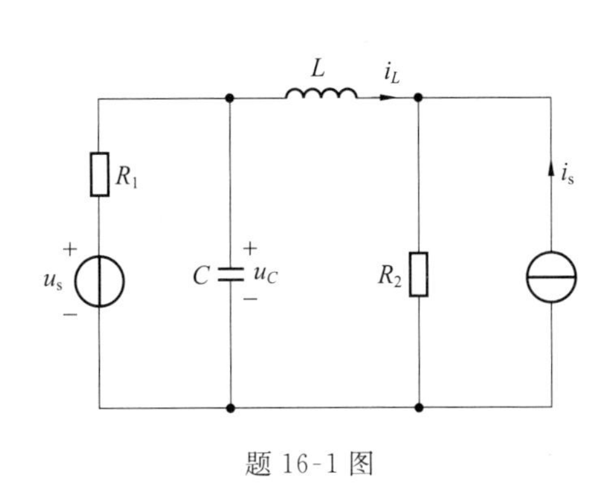

题 16-1 图

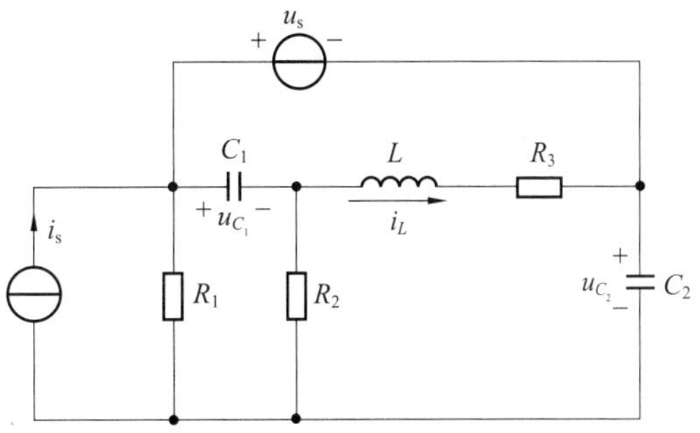

题 16-2 图

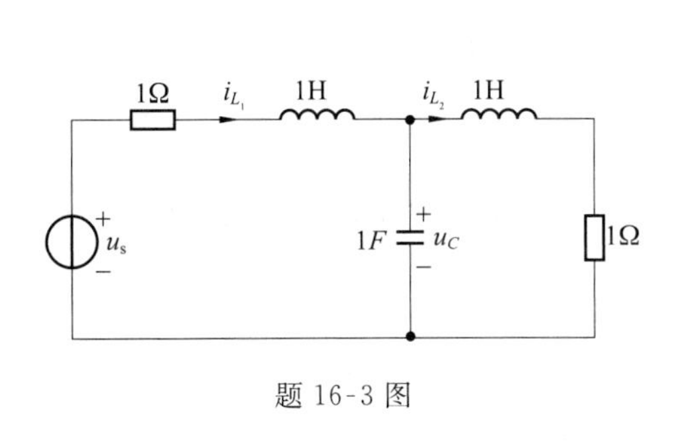

题 16-3 图

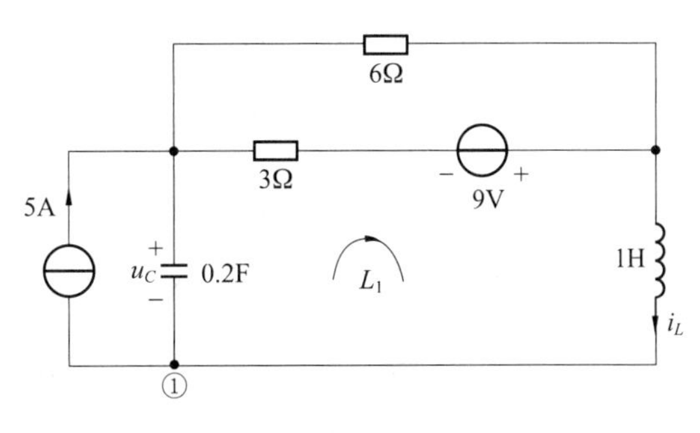

题 16-4 图

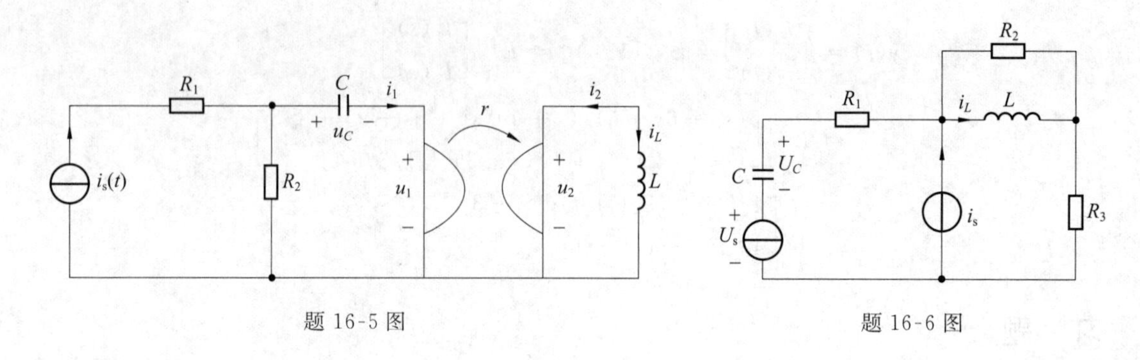

题 16-5 图　　　　题 16-6 图

16-7　题 16-7 图所示的电路中，已知 $R_1=R_4=R_5=1\Omega, L_1=L_2=1\text{H}, C=1\text{F}$，列写出该电路状态方程，并写成标准形式 $\dot{\boldsymbol{X}}=\boldsymbol{AX}+\boldsymbol{BU}$。

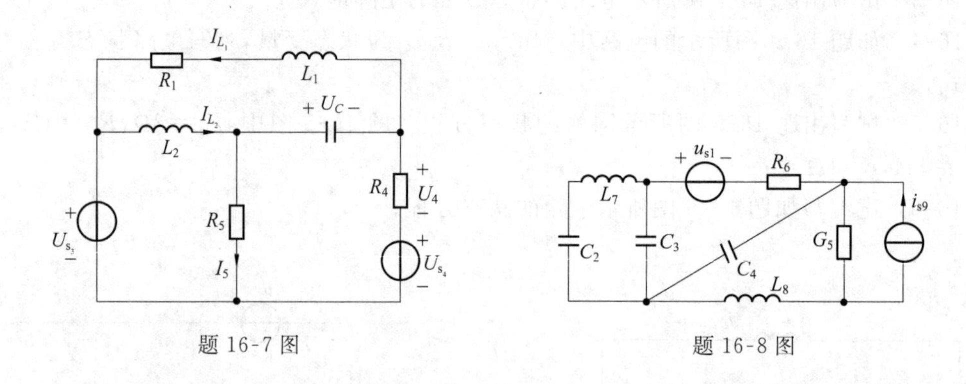

题 16-7 图　　　　题 16-8 图

16-8　列出如题 16-8 图所示电路的状态方程。

16-9　试编写如题 16-9 图所示网络的状态方程。

16-10　写出如题 16-10 图所示的电路的状态方程。

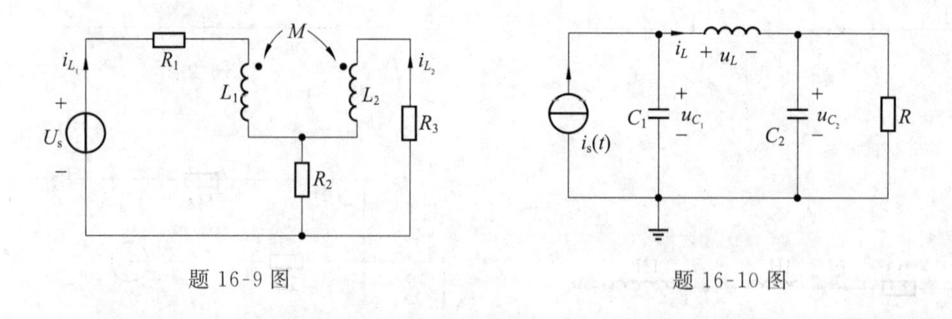

题 16-9 图　　　　题 16-10 图

16-11　电路如题 16-11 图所示。试列写以 u_C, i_L 为状态变量的状态方程，并整理成标准形式。

16-12　写出如题 16-12 图所示电路的状态方程。

16-13　列写题 16-13 图所示电路的状态方程。

16-14　利用正规树列写题 16-14 图所示网络的状态方程。

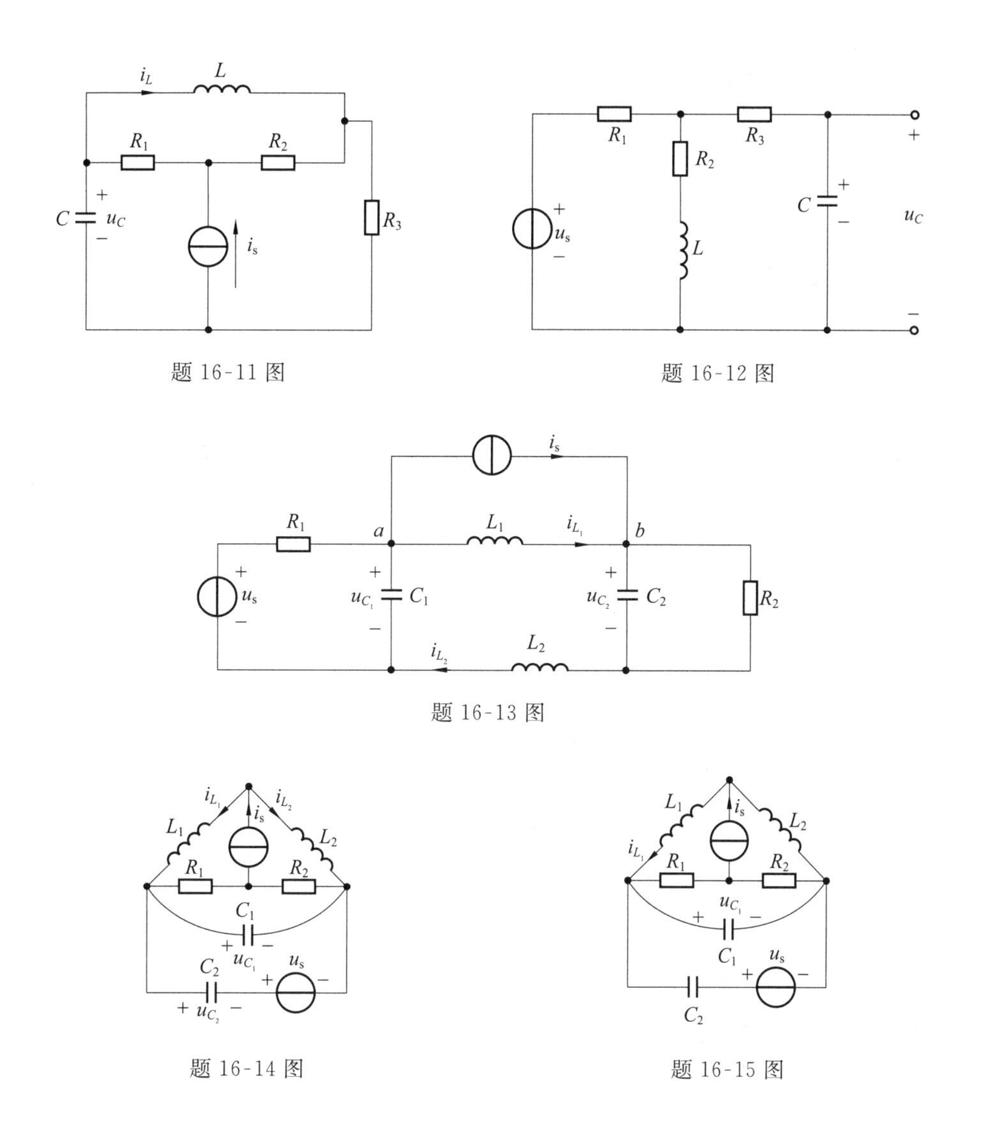
题 16-11 图

题 16-12 图

题 16-13 图

题 16-14 图

题 16-15 图

16-15　利用电源替代法列写如题 16-15 图所示网络的状态方程。

16-16　以 i_L 和 u_C 为状态变量列出如题 16-16 图所示电路的状态方程

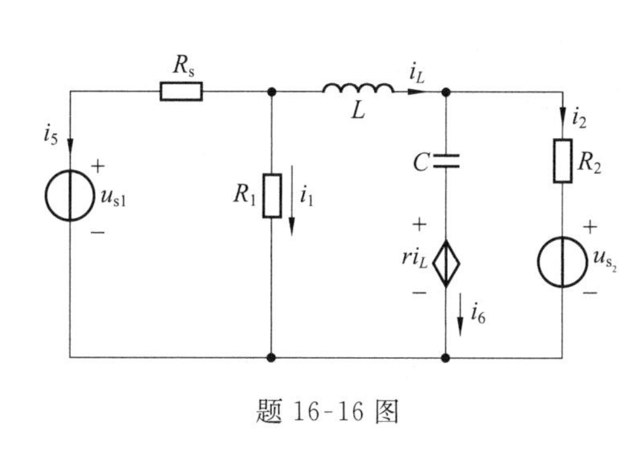
题 16-16 图

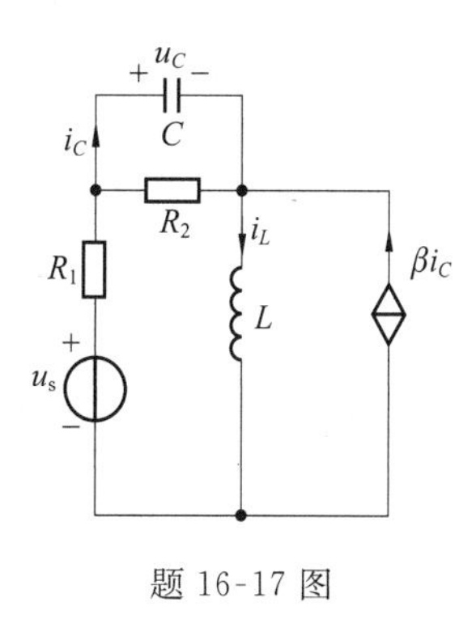
题 16-17 图

16-17　试编写如题16-17图所示网络的状态方程。

16-18　已知一电路的状态方程为

$$\begin{bmatrix}\dfrac{\mathrm{d}u_{C_1}}{\mathrm{d}t}\\ \dfrac{\mathrm{d}u_{C_2}}{\mathrm{d}t}\end{bmatrix}=\begin{bmatrix}-7 & -1\\ 0 & -4\end{bmatrix}\begin{bmatrix}u_{C_1}\\ u_{C_2}\end{bmatrix}+\begin{bmatrix}1\\ 0\end{bmatrix}6$$

该电路的初始值为

$$\begin{bmatrix}u_{C_1}(0)\\ u_{C_2}(0)\end{bmatrix}=\begin{bmatrix}1\\ 2\end{bmatrix}$$

求 u_{C_1} 和 u_{C_2}。

16-19　试编写如题16-19图所示网络的输出方程，输出量为 i_{R_1} 和 i_{R_2}。

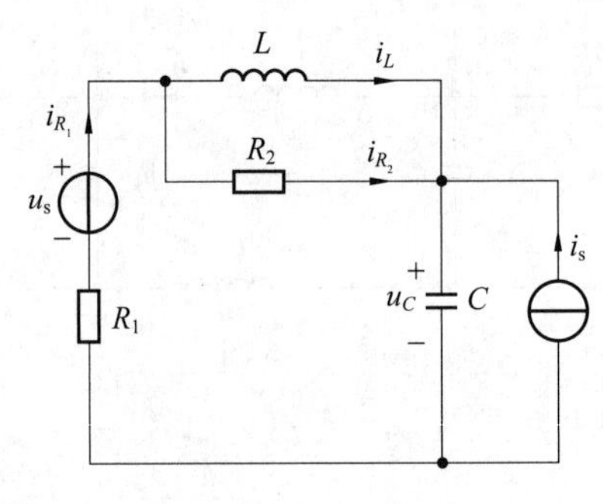

题16-19图

16-20　已知某网络的输出方程为

$$\begin{bmatrix}y_1(t)\\ y_2(t)\end{bmatrix}=\begin{bmatrix}2 & 1\\ 1 & 2\end{bmatrix}\begin{bmatrix}x_1(t)\\ x_2(t)\end{bmatrix}+\begin{bmatrix}2 & 0\\ 2 & 1\end{bmatrix}\begin{bmatrix}1\\ \mathrm{e}^{-t}\end{bmatrix}$$

且求得状态变量为

$$\begin{bmatrix}x_1(t)\\ x_2(t)\end{bmatrix}=\begin{bmatrix}\mathrm{e}^{-3t}\\ \mathrm{e}^{-t}\end{bmatrix}$$

求输出量。

16-21　已知某网络的状态方程为

$$\begin{bmatrix}\dfrac{\mathrm{d}x_1}{\mathrm{d}t}\\ \dfrac{\mathrm{d}x_2}{\mathrm{d}t}\end{bmatrix}=\begin{bmatrix}-3 & 2\\ 1 & -2\end{bmatrix}\begin{bmatrix}x_1\\ x_2\end{bmatrix}+\begin{bmatrix}2\\ 1\end{bmatrix}\varepsilon(t)。$$

$$\begin{bmatrix}x_1(0_-)\\ x_2(0_-)\end{bmatrix}=0$$

输出方程为

$$\begin{bmatrix}y_1(t)\\ y_2(t)\end{bmatrix}=\begin{bmatrix}3 & 0\\ 1 & 4\end{bmatrix}\begin{bmatrix}x_1\\ x_2\end{bmatrix}+\begin{bmatrix}-1\\ 2\end{bmatrix}\varepsilon(t)$$

试求输出量 $y_1(t)$ 和 $y_2(t)$。

第 17 章 线性均匀传输线的正弦稳态分析

本章讨论一种非常重要的分布参数电路即线性均匀传输线的正弦稳态分析问题。主要内容有:均匀传输线基本方程;均匀传输线基本方程的正弦稳态解;均匀传输线的正向行波和反向行波的概念,终端接负载的均匀传输线;无损耗均匀传输线;均匀传输线的集中参数等效电路等。

17.1 分布参数电路与均匀传输线的基本概念

实际电路的电阻、电感和电容等参数都是连续分布的,但是在一定条件下,可以忽略电路参数的分布性而近似地用集中参数电路作为实际电路的模型,即当一个组成实际电路的部件和联接导线的最大几何尺寸 d 远远小于该电路最高工作频率所对应的电磁波波长 λ 而可以忽略不计时,就可以认为整个电路集中于空间中的一点(与力学理论中把一个刚体近似视为一个质点来处理类似),电磁波沿电路传播的时间几乎为零即其中的电磁过程在瞬间完成,因而无须考虑电磁量的空间分布。在这种情况下,电磁场理论和大量的工程实际证明实际电路可以按集中参数电路处理,即将电路中的电场和磁场分开,亦即它们之间不存在着相互作用,各自的作用分别用电容元件和电感元件来描述。但是,当实际电路的最大几何尺寸 d 可以和其工作时电磁波的波长 λ 相比较时,则必须要考虑到电路参数的分布性,大体上可以认为,当 $d \geqslant \lambda/100$ 时,就应该用分布参数电路作为实际电路的模型。一般说来,在两种情况工作的电路可能需要作为分布参数电路处理,其一是工作频率较低,但其尺寸较大、工作电压等级较高的电路,例如,电力工程中的高压远距离交流输电线路,其工作频率 f 很低,为 50Hz,与其相应的电磁波的波长 λ 长达 6000km,但是,由于这种输电线的线长可达 200km,并且所采用的电压等级很高即 35kV 以上,所以必须考虑沿线分布的电感、线间的分布电容和线间的泄漏电流等方面的影响,即这样的电力输电线必须作为分布参数电路来处理。其二是电路的尺寸较小,但工作信号的频率却很高的电路。例如,在通信工程、计算机和各种控制设备中使用的传输线,如平行二线传输线和同轴电缆等,虽然线的尺寸可能要小一些,但是当信号频率或脉冲重复频率很高时,就必须作为分布参数电路来处理,一个较为典型的例子就是雷达天线通过一对 10m 长的传输线与主机相连而构成的电路,若天线上接受到的信号频率为 100MHz,其对应的波长为 3m,则这时此传输线电路就必须看做分布参数电路,但是若天线上接收到的信号频率为 10kHz,其对应的波长为 30km,则此时传输线电路就可以视为集中参数电路。

传输线是一种最为典型的分布参数电路。所谓传输线是一种用以导引电磁波即电磁能量或电磁信号定向地从一处传输到另一处的装置。传输线有多种形式,按其所用的导体材料、结构形式、几何尺寸(导体截面)、相对位置(导体间的几何距离)和所填充的电介质性质以及周围媒质特性等沿传输线的纵向(电磁波传输方向)是否有变化,又可分为均匀(处处相同)和非均匀(有变化)两大类。如果传输线是由两根放置在均匀媒质中、彼此平行且具有相同截面与材料的直导体组成,则称之为双导线均匀传输线(uniform transmission line),简称均匀线,常见的双线架空输电线、两芯电缆和同轴电缆等均可近似地视为双线均匀传输线。本章仅讨论均匀双线架空输电线,简称均匀传输线。均匀传输线又称为均匀长线。

当电流流过传输线时,由于沿线导线电阻的存在就会引起沿线的电压降;而当电流是交变的,则由此会在在导线的周围产生交变磁场,即由于沿线电感的存在,变动的电流沿线就会产生电感压降。因此,传输导线上各处的线间电压不同,或者说线间电压是沿线连续变化的。另一方面,由于线间电压又处处形成电场,故而一对传输线的两导体具有电容效应或者说两传输导线构成一个电容,所以在线间存在位移电流,频率愈高,该电流愈大;此外,两导体间沿线处处还存在漏电导,故还有漏电流,电压愈高,漏电流也愈大;由于沿线间处处存在着位移电流和漏电流,因而沿线各处的电流也是不同的,即电流也是沿线连续变化的。

由于传输线上各处的电压、电流的值均不相同,所以不能依据集中参数电路的方法将整条导线上连续分布的电阻、电感以及两条导线间连续分布的电导和电容用集中参数表示,而应按照上述分析认为导线每一无穷短的长度元 Δx 上均具有电阻和电感,导线间则具有电导和电容。由于 Δx 无穷短,满足 $\Delta x \ll \lambda$,故可忽略其中参数的分布性而作为集中参数处理,因此,可以将传输线视为由无穷多个集中参数元件连接而成的分布参数电路模型,借用集中参数电路的分析方法进行讨论。为此,假定传输线上有四种参数,即电阻、电感、电容和电导。由于这些参数分布在线上,故而必须用单位长度导体上传输线具有的参数表示,即 R_0 为往返两根导线每单位长度具有的电阻,借以反映电流产生的压降,其单位为 Ω/m(或 Ω/km);L_0 为往返两根导线每单位长度具有的电感,借以反映磁场产生的感应压降,其单位为 H/m(或 H/km);G_0 为每单位长度导线之间的电导,借以反映导线间的漏电流其单位为 S/m(或 S/km);C_0 为每单位长度导线间的电容,借以反映导线间的位移电流,其单位为 F/m(或 F/km)。这四个参数统称为传输线的原参数,它们可以根据传输线的几何形状、尺寸大小以及它周围的介质特性,用电磁场理论计算得出,也可以用实验方法测出,其中 R_0 与 G_0 并非互为倒量。

对于均匀传输线而言,其四个参数是沿线均匀分布的,即线上任一单位长度微元 Δx 都具有相同的参数,或者说参数沿线处处相等且为常数(可以认为在相当宽的频率范围内都是恒定的)。以下的讨论都局限于均匀传输线。采用这些参数后,每一无穷短的线元 Δx 便可用图 17-1 所示的双口电路等效表示,由于均匀传输线参数的均匀性,所以整条传输线可以视为无穷多个这样的双口电路级联而成。

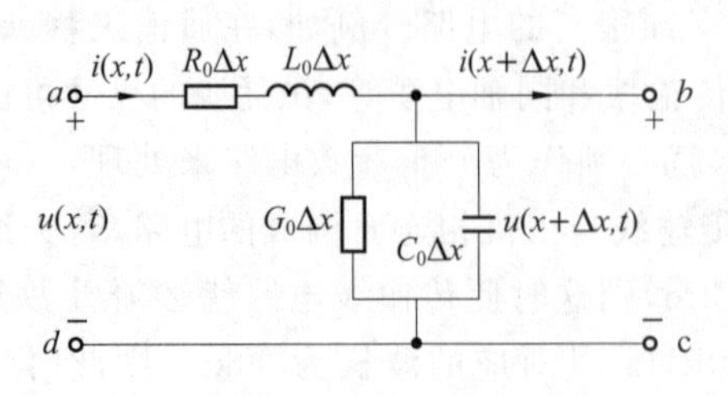

图 17-1　均匀传输线无穷短线元 Δx 上电压、电流及其参考方向与电路模型

显然,均匀传输线是一种理想的情况,实际的传输线会由于各种因素的影响造成其参数分布的不均匀,例如,架空输电线在塔杆处和其他处的漏电流情况就相差很大,在架空线的每一

跨度之间，由于导线的自重引起的下垂现象也改变了传输线对大地的电容的分布均匀性。通常，为了简化讨论，在工程允许的范围内忽略使传输线产生不均匀性的各种次要因素而将实际传输线作为均匀传输线来处理。

17.2 均匀传输线的偏微分方程

如图 17-2(a)所示，均匀传输线连接电源的一端称为始端，连接负载阻抗 Z_2 的一端称为终端，与电源正极和负载相连的导线称为来线，另外一根导线则称为回线。来线中电流的参考方向由始端指向终端，回线中电流的参考方向与来线的正好相反。均匀传输线的几何空间是一维的，设来线和回线的长度也即始端与终端之间的距离均为 l 并取传输线的始端作为的位置坐标轴 x(与传输线轴平行)的原点。于是，由图 17-1 就可以建立起均匀传输线的等效电路，如图 17-2(b)所示。从理论而言，微元 Δx 所代表的一段传输线应为无穷短，而实际上只要 Δx 足够小(例如，$\Delta x \ll \lambda$)，就可以忽略这一微元段上电路参数的分布性而将其作为集中参数电路来处理，而整个均匀传输线就可以视为由无限多个这种微元段集中参数电路级联而成，即它是由无穷多个具有相同结构与参数的集中参数电路级联而成的。

设距始端(坐标原点)任一点 x 处的电流为 $i(x,t)$(即任一微元 Δx 中的电流)，两线间电压为 $u(x,t)$，由于 Δx 无穷小，而电磁波的传播速度虽有限但接近光速，故可以认为从图 17-2(b)中 a 点到 b 点不需要时间，即电压、电流的作用从 a 点到 b 点这一段集中参数电路里是“瞬时”完成的，因此在 $x+\Delta x$ 处的电流为 $i(x+\Delta x,t)$(即 Δx 下一段微元中的电流)，两线间电压为 $u(x+\Delta x,t)$。根据传输线单位长度上具有的参数可知，微元 Δx 上应有无穷小电阻 $R_0\Delta x$ 和无穷小电感 $L_0\Delta x$，两导线间存在无穷小电导 $G_0\Delta x$ 和无穷小电容 $C_0\Delta x$。

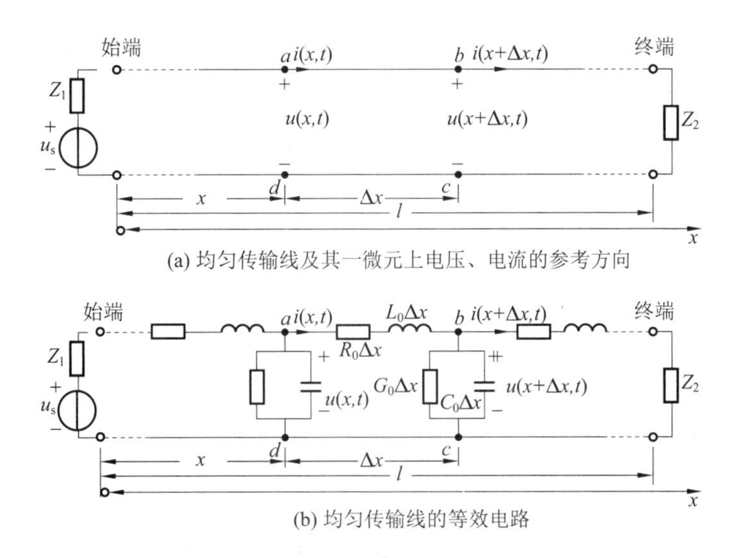

图 17-2　均匀传输线及其等效电路

对图 17-2(b)中的回路 $abcda$ 列写 KVL 方程可得

$$u(x,t)-R_0\Delta x i(x,t)-L_0\Delta x\frac{\partial i(x,t)}{\partial t}-u(x+\Delta x,t)=0 \tag{17-1}$$

在式(17-1)两边同除以 Δx 并加以整理再取极限 $\Delta x\to 0$ 后有

$$-\frac{\partial u(x,t)}{\partial x}=R_0 i(x,t)+L_0\frac{\partial i(x,t)}{\partial t} \tag{17-2}$$

在节点 b 列写的 KCL 方程为

$$i(x,t)-G_0\Delta x u(x+\Delta x,t)-C_0\Delta x\frac{\partial u(x+\Delta x,t)}{\partial t}-i(x+\Delta x,t)=0 \tag{17-3}$$

采用与上面类似的方法可得

$$-\frac{\partial i(x,t)}{\partial x}=G_0 u(x,t)+C_0\frac{\partial u(x,t)}{\partial t} \tag{17-4}$$

由式(17-2)和式(17-4)可知，所谓参数的分布性是指电路中同一瞬间任意相邻两点的电压和电流都不相同，所以均匀传输线中电压和电流不仅是时间 t 的函数，还是空间位置 x 的函数，而且一个量的时间变化会引起另一个量的空间变化，这就是波动的概念，因此，式(17-2)和式(17-4)称为均匀传输线的波动方程。

在式(17-2)中对 x 求偏导可得

$$-\frac{\partial^2 u(x,t)}{\partial x^2}=\left(R_0+L_0\frac{\partial}{\partial t}\right)\frac{\partial i(x,t)}{\partial x} \tag{17-5}$$

再将式(17-4)代入式(17-5)整理可得

$$\frac{\partial^2 u(x,t)}{\partial x^2}=L_0C_0\frac{\partial u^2(x,t)}{\partial t^2}+(L_0G_0+R_0C_0)\frac{\partial u(x,t)}{\partial t}+R_0G_0u(x,t) \tag{17-6}$$

同理可得

$$\frac{\partial^2 i(x,t)}{\partial x^2}=L_0C_0\frac{\partial i^2(x,t)}{\partial t^2}+(L_0G_0+R_0C_0)\frac{\partial i(x,t)}{\partial t}+R_0G_0i(x,t) \tag{17-7}$$

式(17-6)、式(17-7)中各仅含单一变量 $u(x,t)$、$i(x,t)$，它们也是关于电压 $u(x,t)$ 和电流 $i(x,t)$ 的波动方程。式(17-2)和式(17-4)或式(17-6) 和式(17-7)均为均匀传输线的电压 $u(x,t)$ 和电流 $i(x,t)$ 所满足的时域方程。据称这组偏微分方程最早为一佚名的电报员旨在解决有线电报的传输问题而导出来的，故也称为电报方程。式(17-2)表明沿着 x 的正方向传输线两线间电压的减小率等于单位长度线上的电阻和电感的电压降之和；式(17-4)则表明沿着 x 的正方向传输线中电流的减小率等于单位长度两线间的电导和电容中的电流之和。

式(17-2)和式(17-4)或式(17-6) 和式(17-7)分别为一组包含 $u(x,t)$ 和 $i(x,t)$ 对空间坐标 x 和时间坐标 t 的二阶常系数线性偏微分方程。因此，若要求解它们，除了需要知道电压、电流的初始条件，例如初始时刻 $t=t_0$ 传输线上的电压、电流值，还需要知道边界条件即传输线始端或终端的电压或电流值。通常这组方程的解析解是很难求出的。

17.3　正弦稳态下均匀传输线相量方程的通解

当均匀传输线始端的电源是角频率为 ω 的正弦激励且线路工作在稳态时，传输线上任一处的电压 $u(x,t)$、电流 $i(x,t)$ 都是与电源同频率的正弦函数，因而可以用相量法进行分析计算。但是，由于 $u(x,t)$、$i(x,t)$ 的幅值和相位与集中参数的等幅值、常相位不同，是随距离始端位置 x 的改变而变化的，所以 $u(x,t)$ 和 $i(x,t)$ 对应有效值相量的模和幅角均为 x 的函数，故而可以分别用 $\dot{U}(x)$ 和 $\dot{I}(x)$ 来表示，即这两个相量只是坐标变量 x 的复函数，而与时间 t 无关，有

$$\dot{U}(x) = U(x)e^{j\varphi_u(x)} \tag{17-8}$$

$$\dot{I}(x) = I(x)e^{j\varphi_i(x)} \tag{17-9}$$

于是，电压瞬时值 $u(x,t)$ 和电流瞬时值 $i(x,t)$ 可以表示成

$$u(x,t) = \mathrm{Im}\left[\sqrt{2}\dot{U}(x)e^{j\omega t}\right] \tag{17-10}$$

$$i(x,t) = \mathrm{Im}\left[\sqrt{2}\dot{I}(x)e^{j\omega t}\right] \tag{17-11}$$

将式(17-10)和式(17-11)分别代入式(17-2)和式(17-4)，注意到 $\frac{\partial \dot{U}(x)e^{j\omega t}}{\partial t} = j\omega\dot{U}(x)e^{j\omega t}$ 以及 $\frac{\partial \dot{I}(x)e^{j\omega t}}{\partial t} = j\omega\dot{I}(x)e^{j\omega t}$，并将 $\frac{\partial \dot{U}(x)}{\partial x}$ 和 $\frac{\partial \dot{I}(x)}{\partial x}$ 各表示为 $\frac{\partial \dot{U}(x)}{dx}$ 和 $\frac{\partial \dot{I}(x)}{dx}$ 便可得均匀传输线在正弦稳态下其电压相量 $\dot{U}(x)$ 和电流相量 $\dot{I}(x)$ 所满足的方程，即

$$-\frac{d\dot{U}}{dx} = (R_0 + j\omega L_0)\dot{I} = Z_0\dot{I} \tag{17-12a}$$

$$-\frac{d\dot{I}}{dx} = (G_0 + j\omega C_0)\dot{U} = Y_0\dot{U} \tag{17-12b}$$

式(17-12)中，$\dot{U}$ 和 $\dot{I}$ 分别为 $\dot{U}(x)$ 和 $\dot{I}(x)$ 的简记表示（以下一般均采用这种表示），$Z_0 = R_0 + j\omega L$ 为传输线每单位长度的复（串联）阻抗，$Y_0 = G_0 + j\omega C_0$：为传输线每单位长度上的的复（并联）导纳，但这两者之间并不存在倒数关系。从式(17-12)的数学形式可以看到，采用相量来对应表示传输线上的电压和电流使得原来关于 $u(x,t)$、$i(x,t)$ 的偏微分方程式(17-2)、式(17-4)转化为关于相量 $\dot{U}$ 和 $\dot{I}$ 的常微分方程，它们均以距离 x 作为自变量；从物理意义上则可以看出，传输线单位长度的电压变化等于其单位长度上串联阻抗的电压降，传输线单位长度的电流变化等于其单位长度上并联导纳的分流，即传输线上的电压变化是由于串联阻抗的降压所引起的，而电流变化则是并联导纳的分流作用的结果。

下面来求正弦稳态下均匀传输线相量方程式(17-12)的通解。在式(17-12a)中对 x 求一阶导数，再将式(17-12b)中 $\frac{d\dot{I}}{dx}$ 代入，类似地将式(17-12b)对 x 求一阶导数，再将式(17-12a)中 $\frac{d\dot{U}}{dx}$ 代入可得

$$\frac{d^2\dot{U}}{dx^2} = Z_0Y_0\dot{U} \tag{17-13a}$$

$$\frac{d^2\dot{I}}{dx^2} = Z_0Y_0\dot{I} \tag{17-13b}$$

令式(17-13)中 $Z_0Y_0 = \gamma^2$，则可得到两个具有相同形式的线性常系数二阶齐次常微分方程，即

$$\frac{\mathrm{d}^2\dot{U}}{\mathrm{d}x^2}-\gamma^2\dot{U}=0 \tag{17-14a}$$

$$\frac{\mathrm{d}^2\dot{I}}{\mathrm{d}x^2}-\gamma^2\dot{I}=0 \tag{17-14b}$$

式中，γ 称为均匀传输线的传播常数(propagation constant)，有

$$\gamma=\sqrt{Z_0Y_0}=\sqrt{(R_0+\mathrm{j}\omega L_0)(G_0+\mathrm{j}\omega C_0)}=\alpha+\mathrm{j}\beta \tag{17-15}$$

由于 γ 的幅角在 $0°$ 和 $90°$ 之间，故其实部 α 和虚部 β 均应为正值。

对于复数形式的齐次常微分方程(17-14)，其求解方法与实数形式的常微分方程相同，故其特征方程为

$$\nu^2-\gamma^2=0$$

特征根为 $\nu_{1,2}=\pm\gamma$，故式(17-14a)的通解为

$$\dot{U}=\dot{U}_0^+\mathrm{e}^{-\gamma x}+\dot{U}_0^-\mathrm{e}^{\gamma x} \tag{17-16}$$

式中，$\dot{U}_0^+$ 和 $\dot{U}_0^-$ 是待定的积分复常数，在一般情况下均为复数，实际上也是相量，可以表示为 $\dot{U}_0^+=|\dot{U}_0^+|\mathrm{e}^{\mathrm{j}\varphi_+}=U_0^+\mathrm{e}^{\mathrm{j}\varphi_+}$，$\dot{U}_0^-=|\dot{U}_0^-|\mathrm{e}^{\mathrm{j}\varphi_-}=U_0^-\mathrm{e}^{\mathrm{j}\varphi_-}$，它们由边界条件决定。将电压 $\dot{U}$ 的通解式(17-16)代入式(17-12a)便可求得电流 $\dot{I}$ 的通解，即

$$\begin{aligned}\dot{I}&=-\frac{1}{Z_0}\left(\frac{\mathrm{d}\dot{U}}{\mathrm{d}x}\right)=-\frac{1}{Z_0}(-\gamma\dot{U}_0^+\mathrm{e}^{-\gamma x}+\gamma\dot{U}_0^-\mathrm{e}^{\gamma x})\\&=\frac{\gamma}{Z_0}(\dot{U}_0^+\mathrm{e}^{-\gamma x}-\dot{U}_2\mathrm{e}^{\gamma x})=\frac{\dot{U}_0^+}{Z_\mathrm{c}}\mathrm{e}^{-\gamma x}-\frac{\dot{U}_0^-}{Z_\mathrm{c}}\mathrm{e}^{\gamma x}\end{aligned} \tag{17-17}$$

式中，

$$Z_\mathrm{c}=\frac{Z_0}{\gamma}=\sqrt{\frac{Z_0}{Y_0}}=\sqrt{\frac{R_0+\mathrm{j}\omega L_0}{G_0+\mathrm{j}\omega C_0}}=|Z_\mathrm{c}|\mathrm{e}^{\mathrm{j}\varphi_\mathrm{c}} \tag{17-18}$$

Z_c 称为均匀传输线的特征阻抗(characteristic impedance)或波阻抗(wave impedance)，与 γ 一样，它也是由均匀传输线的原始参数以及电源频率引出的复导出参数，单位是 Ω。

至此，得出了均匀传输线方程在正弦稳态下电压相量和电流相量的通解式(17-16)和式(17-17)，其中均包含积分复常数 $\dot{U}_0^-$ 和 $\dot{U}_0^-$，下面将根据始端边界条件或终端边界条件来确定这两个积分复常数，从而得出均匀传输线方程在正弦稳态下的特解。由于它们可以用双曲线函数来表示，故也称为均匀传输线方程的双曲函数解。

17.4　正弦稳态下均匀传输线相量方程的特解

均匀传输线的边界条件一般分为始端边界条件和终端边界条件。因此，传输线相量方程通解中的积分复常数或传输线相量方程特解表示式的确定也分两种情况。下面分别予以讨论。

17.4.1　已知传输线始端电压相量 $\dot{U}(0)=\dot{U}_1$、电流相量 $\dot{I}(0)=\dot{I}_1$ 时的特解

传输线始端边界条件即始端电压相量 $\dot{U}(0)=\dot{U}_1$ 和电流相量 $\dot{I}(0)=\dot{I}_1$ 如图 17-3 所

示。在式(17-16)和式(17-17)中令 $x=0$ 可得

$$\dot{U}_0^+ + \dot{U}_0^- = \dot{U}_1 \tag{17-19a}$$

$$\frac{\dot{U}_0^+}{Z_c} - \frac{\dot{U}_0^-}{Z_c} = \dot{I}_1 \tag{17-19b}$$

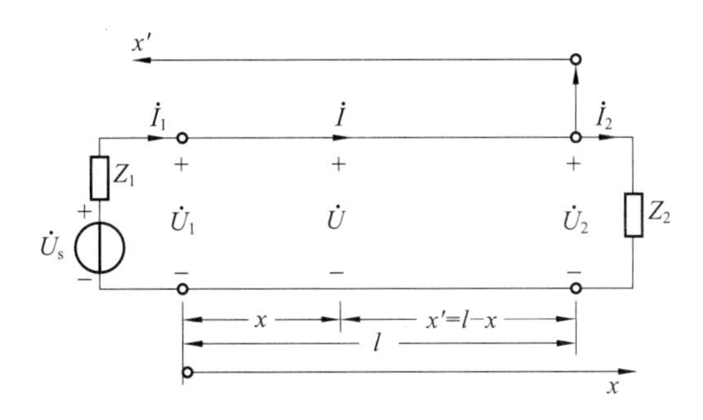

图 17-3 始端与终端边界条件:电压 $\dot{U}_1$ 和电流 $\dot{I}_1$ 以及电压 $\dot{U}_2$、电流 $\dot{I}_2$ 的图示

联立求解式(17-19a)、式(17-19b)可以得出积分复常数为

$$\dot{U}_0^+ = \frac{1}{2}(\dot{U}_1 + Z_c\dot{I}_1) \tag{17-20a}$$

$$\dot{U}_0^- = \frac{1}{2}(\dot{U}_1 - Z_c\dot{I}_1) \tag{17-20b}$$

将所得积分复常数表示式(17-20)代回式(17-16)和式(17-17)中便可得出均匀传输线上任一处线间电压相量 $\dot{U}$ 和线路电流相量 $\dot{I}$ 在给定始端电压相量值 $\dot{U}_1$ 和电流相量值 $\dot{I}_1$ 时的正弦稳态解,即

$$\dot{U} = \frac{1}{2}(\dot{U}_1 + Z_c\dot{I}_1)e^{-\gamma x} + \frac{1}{2}(\dot{U}_1 - Z_c\dot{I}_1)e^{\gamma x} \tag{17-21a}$$

$$\dot{I} = \frac{1}{2Z_c}(\dot{U}_1 + Z_c\dot{I}_1)e^{-\gamma x} - \frac{1}{2Z_c}(\dot{U}_1 - Z_c\dot{I}_1)e^{\gamma x} \tag{17-21b}$$

考虑到双曲线函数表示式:$\mathrm{ch}(\gamma x)=\frac{1}{2}(e^{\gamma x}+e^{-\gamma x})$,$\mathrm{sh}(\gamma x)=\frac{1}{2}(e^{\gamma x}-e^{-\gamma x})$,式(17-21)可以改写为

$$\dot{U} = \dot{U}_1\mathrm{ch}(\gamma x) - Z_c\dot{I}_1\mathrm{sh}(\gamma x) \tag{17-22a}$$

$$\dot{I} = -\frac{\dot{U}_1}{Z_c}\mathrm{sh}(\gamma x) + \dot{I}_1\mathrm{ch}(\gamma x) \tag{17-22b}$$

或者表示为矩阵形式,即

$$\begin{bmatrix}\dot{U}\\ \dot{I}\end{bmatrix} = \begin{bmatrix}\mathrm{ch}(\gamma x) & -Z_c\mathrm{sh}(\gamma x)\\ -\frac{1}{Z_c}\mathrm{sh}(\gamma x) & \mathrm{ch}(\gamma x)\end{bmatrix}\begin{bmatrix}\dot{U}_1\\ \dot{I}_1\end{bmatrix} \tag{17-23}$$

利用式(17-22)或式(17-23)可以由已知的 $\dot{U}_1$ 和 $\dot{I}_1$ 求出距始端为任意 x 处的电压相量 $\dot{U}$ 和电流相量 $\dot{I}$。

17.4.2　已知传输线终端电压相量 $\dot{U}(l)=\dot{U}_2$、电流相量 $\dot{I}(l)=\dot{I}_2$ 时的特解

传输线终端边界条件即始端电压相量 $\dot{U}(l)=\dot{U}_2$ 和电流相量 $\dot{I}(l)=\dot{I}_2$ 如图 17-3 所示。在式(17-16)和式(17-17)中令 $x=l$(传输线全长)并将终端电压 $\dot{U}(l)=\dot{U}_2$、电流 $\dot{I}(l)=\dot{I}_2$ 代入可得

$$\dot{U}_0^+ e^{-\gamma l}+\dot{U}_0^- e^{\gamma l}=\dot{U}_2 \tag{17-24a}$$

$$\frac{\dot{U}_0^+}{Z_c}e^{-\gamma l}-\frac{\dot{U}_0^-}{Z_c}e^{\gamma l}=\dot{I}_2 \tag{17-24b}$$

对式(17-24a、b)联立求解可得积分复常数为

$$\dot{U}_0^+=\frac{1}{2}(\dot{U}_2+Z_c\dot{I}_2)e^{\gamma l} \tag{17-25a}$$

$$\dot{U}_0^-=\frac{1}{2}(\dot{U}_2-Z_c\dot{I}_2)e^{-\gamma l} \tag{17-25b}$$

将所得积分复常数表示式(17-25)代回式式(17-16)和式(17-17)中便可得出均匀传输线上任一处线间电压相量 $\dot{U}$ 和线路电流相量 $\dot{I}$ 在给定终端电压相量值 $\dot{U}_2$ 和电流相量值 $\dot{I}_2$ 时的正弦稳态解,即

$$\dot{U}=\frac{1}{2}(\dot{U}_2+Z_c\dot{I}_2)e^{\gamma(l-x)}+\frac{1}{2}(\dot{U}_2-Z_c\dot{I}_2)e^{-\gamma(l-x)} \tag{17-26a}$$

$$\dot{I}=\frac{1}{2Z_c}(\dot{U}_2+Z_c\dot{I}_2)e^{\gamma(l-x)}-\frac{1}{2Z_c}(\dot{U}_2-Z_c\dot{I}_2)e^{-\gamma(l-x)} \tag{17-26b}$$

为了表示简单,令 $x'=l-x$,则在均匀传输线始端 $x=0$ 处 $x'=l$,而在线路终端 $x=l$ 处 $x'=0$,即新的位置坐标轴 x'的起点在终端,其正方向与 x 的正好相反即由传输线的终端指向始端,x'可以表示传输线上任一处至终端的距离,如图 17-3 所示。因此,可以将式(17-26)表示为空间距离坐标 x'的函数,即得到距离终端 x'处的电压 $\dot{U}(x')$、电流 $\dot{I}(x')$的正弦稳态解为

$$\dot{U}=\frac{1}{2}(\dot{U}_2+Z_c\dot{I}_2)e^{\gamma x'}+\frac{1}{2}(\dot{U}_2-Z_c\dot{I}_2)e^{-\gamma x'} \tag{17-27a}$$

$$\dot{I}=\frac{1}{2Z_c}(\dot{U}_2+Z_c\dot{I}_2)e^{\gamma x'}-\frac{1}{2Z_c}(\dot{U}_2-Z_c\dot{I}_2)e^{-\gamma x'} \tag{17-27b}$$

为了书写方便,以下将式(17-27)中的 x'仍记为 x。但是,这时 x 表示距终端的距离。由于式(17-27)右方的 $\dot{U}_2$ 和 $\dot{I}_2$ 可以表示以传输线的终端作为计算距离起点的含义,因而这样做并不会引起混淆。应该注意的是,在这种边界条件下线间电压相量和线路电流相量的参考方向不变,如图 17-3 所示。

将式(17-27)也用双曲线函数表示,则有

$$\dot{U}=\dot{U}_2\operatorname{ch}(\gamma x)+Z_c\dot{I}_2\operatorname{sh}(\gamma x) \tag{17-28a}$$

$$\dot{I}=\frac{\dot{U}_2}{Z_c}\operatorname{sh}(\gamma x)+\dot{I}_2\operatorname{ch}(\gamma x) \tag{17-28b}$$

或者写成矩阵形式,有

$$\begin{bmatrix}\dot{U}\\ \dot{I}\end{bmatrix}=\begin{bmatrix}\mathrm{ch}(\gamma x) & Z_c\mathrm{sh}(\gamma x)\\ \dfrac{1}{Z_c}\mathrm{sh}(\gamma x) & \mathrm{ch}(\gamma x)\end{bmatrix}\begin{bmatrix}\dot{U}_2\\ \dot{I}_2\end{bmatrix}\tag{17-29}$$

利用式(17-28)或式(17-29)可以由已知的 $\dot{U}_2$ 和 $\dot{I}_2$ 求出距终端离为任意 x 处的电压相量 $\dot{U}$ 和电流相量 $\dot{I}$。对于同一传输线，式(17-22)和式(17-28)是完全等效的，在分析计算时究竟用哪一个式子，视所要求的量和计算方便而定。但是，后者是实际中经常遇到的最一般和最重要的情况，故而也是本章讨论的重点。

【例 17-1】 某三相高压输电线从发电厂经 240km 送电到一枢纽变电站。线路参数为 $R_0=0.08\Omega/\mathrm{km}$，$\omega L_0=0.4\Omega/\mathrm{km}$，$\omega C_0=2.8\mu\mathrm{S/km}$，$G_0$ 可以忽略不计。如果输送到终端的复功率为(160+j16)MVA，终端线电压为 195kV，试计算始端线电压、线电流、复功率以及传输效率。

解 (1)求传输线终端电流。终端相电压为

$$U_2=195/\sqrt{3}=112.58(\mathrm{kV})$$

负载的功率因数角为 $\varphi_2=\arctan\dfrac{16}{160}=5.71°$

负载电流为

$$I_2=\frac{P_2}{3U_2\cos\varphi_2}=\frac{160\times10^6}{3\times112.58\times10^3\cos5.71°}=0.476(\mathrm{kA})$$

以终端电压为参考正弦量，即 $\dot{U}_2=112.58\angle0°\mathrm{kV}$，则有

$$\dot{I}_2=0.476\angle-5.71°\mathrm{kA}$$

(2) 计算传输线始端电压、电流相量。输电线单位长度线段上的阻抗和导纳分别为：

$$Z_0=R_0+\mathrm{j}\omega L_0=0.08+\mathrm{j}0.4\Omega/\mathrm{km}=0.4079\angle78.69°\Omega/\mathrm{km}$$

$$Y_0=\mathrm{j}\omega C_0=\mathrm{j}2.8\times10^{-6}\mathrm{S/km}=2.8\times10^{-6}\angle90°\mathrm{S/km}$$

输电线的特性阻抗和传播常数分别为

$$Z_c=\sqrt{\frac{Z_0}{Y_0}}=\sqrt{\frac{0.40709\angle78.69°}{2.8\times10^{-6}\angle90°}}\Omega=381.68\angle-5.66°\Omega$$

$$\begin{aligned}\gamma&=\sqrt{Z_0Y_0}=\sqrt{0.40709\angle78.69°\times2.8\times10^{-6}\angle90°}/\mathrm{km}\\&=1.0687\times10^{-3}\angle84.345°/\mathrm{km}\end{aligned}$$

所以可得

$$\gamma l=240\times1.0687\times10^{-3}\angle84.345°=0.2565\angle84.345°=0.0253+\mathrm{j}0.255$$

$$\mathrm{ch}\gamma l=0.968\angle0.378°,\quad \mathrm{sh}\gamma l=0.254\angle84.47°$$

于是可以求出始端相电压相量和相电流相量分别为

$$\begin{aligned}\dot{U}_1&=\dot{U}_2\mathrm{ch}\gamma l+Z_C\dot{I}_2\mathrm{sh}\gamma l\\&=(112.58\times0.968\angle0.378°+381.68\angle-5.66°\times0.476\angle-5.71°\\&\quad\times0.254\angle84.47°\\&=130.33\angle20.1°(\mathrm{kV})\end{aligned}$$

$$\dot{I}_1 = \dot{I}_2 \text{ch}\gamma l + \frac{\dot{U}_2}{Z_c}\text{sh}\gamma l = 0.476\angle -5.71^\circ \times 0.968\angle 0.378^\circ$$
$$+ \frac{112.58}{381.68\angle -5.66^\circ} \times 0.254\angle 84.47^\circ$$
$$= 0.458\angle 4.03^\circ \text{kA}$$

因此，始端线电压和线电流分别为 $U_{1l}=\sqrt{3}U_1=225.74\text{kV}$，$I_{1l}=458\text{A}$。

(3) 计算始端输入功率和输电线的传输效率：

$$\tilde{S}_1 = 3\dot{U}_1\dot{I}_1^* = 3\times 130.33\angle 20.1^\circ \times 0.458\angle -4.03^\circ = 172.07 + \text{j}49.57(\text{MVA})$$

$$\eta = \frac{P_2}{P_1}\times 100\% = \frac{160}{172.07}\times 100\% = 92.98\%$$

17.5　正弦稳态下均匀传输线上的行波

根据正弦稳态下均匀传输线电压相量和电流相量通解表示式(17-16)和式(17-17)可以利用相量和正弦量的对应关系直接写出电压和电流的时域通解表示式，进而可以讨论它们的物理意义。

17.5.1　均匀传输线上电压和电流的时域表达式

由于均匀传输线上电压相量和电流相量通解式(17-16)和式(17-17)中(以始端作为 x 轴的原点)都包含两项，因此传输线上任一处的电压相量 $\dot{U}$ 可以视为两个相互独立的分相量 $\dot{U}^+$、$\dot{U}^-$ 叠加而成，电流相量 $\dot{I}$ 则可以视为两个相互独立的分相量 $\dot{I}^+$、$\dot{I}^-$ 叠加而成，即

$$\dot{U} = \dot{U}_0^+ e^{-\gamma x} + \dot{U}_0^- e^{\gamma x} = \dot{U}^+ + \dot{U}^- \tag{17-30a}$$

$$\dot{I} = \frac{\dot{U}_0^+ e^{-\gamma x}}{Z_c} - \frac{\dot{U}_0^- e^{\gamma x}}{Z_c} = \frac{\dot{U}^+}{Z_c} - \frac{\dot{U}^-}{Z_c} = \dot{I}^+ - \dot{I}^- \tag{17-30b}$$

已知 $\dot{U}_0^+ = |\dot{U}_0^+| e^{\text{j}\varphi_+} = U_0^+ e^{\text{j}\varphi_+}$，$\dot{U}_0^- = |\dot{U}_0^-| e^{\text{j}\varphi_-} = U_0^- e^{\text{j}\varphi_-}$，又有 $\gamma=\alpha+\text{j}\beta$，因此由式(17-30)可得

$$\dot{U}^+ = \dot{U}_0^+ e^{-\gamma x} = U_0^+ e^{-\alpha x} e^{\text{j}(\varphi_+ - \beta x)} \tag{17-31a}$$

$$\dot{U}^- = \dot{U}_0^- e^{\gamma x} = U_0^- e^{\alpha x} e^{\text{j}(\varphi_- + \beta x)} \tag{17-31b}$$

由式(17-31a)可知，电压相量 $\dot{U}^+$ 的模 $U_0^+ e^{-\alpha x}$ 随 x 增加而按指数衰减，其幅角($\varphi_+ - \beta x$)随 x 增加而减小。根据相量与正弦量的对应关系可以得出 $\dot{U}^+$ 所对应的瞬时值表示式为

$$\begin{aligned} u^+(x,t) &= \text{Im}[\sqrt{2}\dot{U}^+(x)e^{\text{j}\omega t}] = \text{Im}(\sqrt{2}U_0^+ e^{-\alpha x} e^{\text{j}(\omega t - \beta x + \varphi_+)}) \\ &= \sqrt{2}U_0^+ e^{-\alpha x}\sin(\omega t - \beta x + \varphi_+) \end{aligned} \tag{17-32a}$$

由式(17-31b)可知，电压相量 $\dot{U}^-$ 的模 $U_0^- e^{\alpha x}$ 随 x 增加而按指数增加，其幅角($\varphi_- + \beta x$)随 x 增加而增加。类似于 $u^+(x,t)$，可以得出相量 $\dot{U}^-$ 所对应的瞬时值表示式为

$$u^{-}(x,t)=\sqrt{2}U_0^{-}\mathrm{e}^{\alpha x}\sin(\omega t+\beta x+\varphi_{-}) \tag{17-32b}$$

根据正弦量相量变换的线性性质，由式(17-30a)可得均匀传输线上任意处正弦电压的瞬时值表示式为

$$\begin{aligned}u(x,t)&=\mathrm{Im}[\sqrt{2}\dot{U}\mathrm{e}^{\mathrm{j}\omega t}]=\mathrm{Im}\left[\sqrt{2}(\dot{U}^{+}+\dot{U}^{-})\mathrm{e}^{\mathrm{j}\omega t}\right]\\&=\sqrt{2}U_0^{+}\mathrm{e}^{-\alpha x}\sin(\omega t-\beta x+\varphi_{+})+\sqrt{2}U_0^{-}\mathrm{e}^{\alpha x}\sin(\omega t+\beta x+\varphi_{-})\\&=u^{+}(x,t)+u^{-}(x,t)\end{aligned} \tag{17-33}$$

考虑到 $Z_c=|Z_c|\mathrm{e}^{\mathrm{j}\varphi_c}$，按照类似的方法由式(17-30b)可以写出均匀传输线上任意处正弦电流的瞬时值表示式为

$$\begin{aligned}i(x,t)&=\sqrt{2}\frac{U_0^{+}}{|Z_c|}\mathrm{e}^{-\alpha x}\sin(\omega t-\beta x+\varphi_{+}-\varphi_c)-\sqrt{2}\frac{U_0^{-}}{|Z_c|}\mathrm{e}^{\alpha x}\sin(\omega t+\beta x+\varphi_{-}-\varphi_c)\\&=i^{+}(x,t)-i^{-}(x,t)\end{aligned} \tag{17-34}$$

17.5.2　均匀传输线上的正向行波和反向行波

由式(17-33)和式(17-34)(以始端作为 x 轴的原点)可知，均匀传输线上任一处线间电压 $u(x,t)$ 和线上电流 $i(x,t)$ 均由两个分量叠加而成，下面来讨论这两个分量的物理意义。

1. 均匀传输线上的正向行波

首先考察式(17-33)中电压 $u(x,t)$ 的第一个分量 $u^{+}(x,t)$。由于它同时是时间 t 和空间位置 x 的函数，所以在线路上任一指定点(x 为定值)，$u^{+}(x,t)$ 随时间 t 按正弦规律变化，其幅值和初相都有确定值，且离始端愈远即 x 值愈大处，幅值愈小，相位滞后也愈大。例如，固定某一点，设为 x，则有

$$u^{+}(x,t)=\sqrt{2}U_0^{+}\mathrm{e}^{-\alpha x}\sin(\omega t-\beta x+\varphi_{+})=U_{mx}\sin(\omega t+\varphi_x) \tag{17-35}$$

式中，$U_{mx}=\sqrt{2}U_0^{+}\mathrm{e}^{-\alpha x}$ 是正弦函数的振幅，$\varphi_x=-\beta x+\varphi_{+}$ 是正弦函数的初相。可见在某一固定点 x 的 $u^{+}(x,t)$ 是随时间而变的等幅正弦振荡。图 17-4 中以空间位置为参变量给出了两个不同点 x 和 $x+\Delta x$ 处 $u^{+}(x,t)$ 的波形。

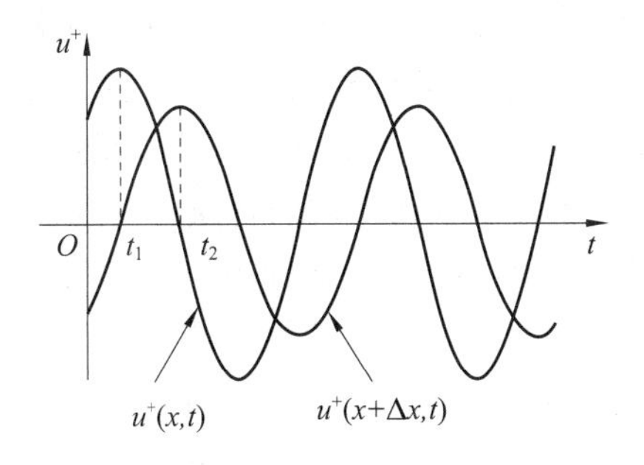

图 17-4　$u^{+}(x,t)$ 和 $u^{+}(x+\Delta x,t)$ 的波形

在任一指定的时刻(t 为定值)，$u^+(x,t)$仅为 x 的函数，故其沿线即随 x 按照幅度呈指数规律衰减的正弦波分布。例如，固定某一时刻，设为 t，则有

$$u^+(x,t)=\sqrt{2}U_0^+\mathrm{e}^{-\alpha x}\sin(\omega t-\beta x+\varphi_+) \tag{17-36}$$

式中，$u^+(x,t)$是随距离 x 变化的正弦衰减振荡，振幅为$\sqrt{2}U_0^+\mathrm{e}^{-\alpha x}$。图 17-5 中以时间变量为参变量绘出了在 t 和 $t+\Delta t(\Delta t>0)$两个瞬时 $u^+(x,t)$沿线分布曲线，它们是以$\pm\sqrt{2}U_0^+\mathrm{e}^{-\alpha x}$为包络线的衰减正弦曲线。可见，在这两个不同的时刻，$u^+(x,t)$在 x 轴上的位置不同。这表明，随着时间 t 的增加，这个幅值依指数 $\mathrm{e}^{-\alpha x}$ 衰减的正弦波在 x 轴上的位置会变化，或者说产生位移。为了能够够简单地分析出 $u^+(x,t)$随时间增大发生位移的方向，设$\alpha=0$，则 $u^+(x,t)=\sqrt{2}U_0^+\sin(\omega t-\beta x+\varphi_+)$，显然，这时 $u^+(x,t)$为一正弦波并且这样假设不会影响所要讨论的内容。现在可以根据此正弦波在两个不同时刻的同相位点(如极大值点)的位置变化情况来决定位移的方向。令 $\omega t-\beta x+\varphi_+$ 是角频率 ω 的正弦波上 x 处的点在 t 时刻的相位，经过 $\Delta t(\Delta t>0)$时间后，该点走过了一段距离，其相位仍保持不变。

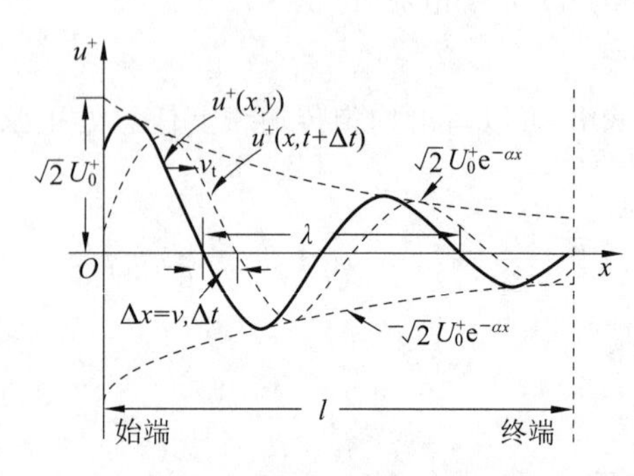

图 17-5　正弦稳态下均匀传输线上的电压正向行波

由于$(\omega t-\beta x+\varphi_+)$中 ωt 与 βx 是相减关系，所以当 t 增加了 Δt 时，要保持相位$(\omega t-\beta x+\varphi_+)$不变，距离必须相应的增加一个位移 Δx，即有 $x+\Delta x$。于是，若要求此正弦波上 x 处的点在 t 时刻的相位和 $x+\Delta x$ 处的点在 $t+\Delta t(\Delta t>0)$时刻的的相位相同，且设为 ψ，即有 $\omega t-\beta x+\varphi_+=\omega(t+\Delta t)-\beta(x+\Delta x)+\varphi_+=\psi$，因此可得

$$\Delta x=\frac{\omega}{\beta}\Delta t \tag{17-37}$$

式(17-37)表明，在 Δt 瞬间内，$u^+(x,t)$的相位保持为 ψ 而不变之点(称为同相位点或等相位点)所移动的距离为 $\Delta x=(\omega/\beta)\Delta t$。由于 Δt、ω、β 均为正数，故而 Δx 必大于零。因此，$u^+(x,t)$曲线上相位$(\omega t-\beta x+\varphi_+)$为某值 ψ 的一点 x 的位置随时间的增长在 Δt 时间内会沿 x 的正方向(由传输线的始端指向终端的方向)移动了一段距离 Δx，即随时间的增大，正弦波 $u^+(x,t)$的位置将向 x 增大即 x 的正方向移动并且在移动方向上其幅值逐渐衰减。从图形上来说，称这种随时间 t 的增加沿传输线某一方向(x 的正方向或负方向)不断推进(传播)且幅值衰减的正弦波为行波，其中由始端移向终端的行波称为正向行波，也称为入射波，即入射到负载终端的波；而由终端移向始端的行波称为反向行波，也称为反射波，它是入射波到达终端由负载所引起的反射的结果。显然，$u^+(x,t)$为一电压正向行波。

由式(17-34)可知，传输线上电流 $i(x,t)$的第一个分量 $i^+(x,t)$与 $u^+(x,t)$具有相似的数学形式，故而是一个电流正向行波。对于同一个 x 值，$i^+(x,t)$的幅值等于电压正向行波 $u^+(x,t)$的幅值除以$|Z_c|$，其相位滞后于 $u^+(x,t)$一个角度 φ_c。

行波沿线移动必定具有一定的速度，它可以用相位速度(简称相速)v_p(phase velocity)和波长 λ(wavelength)来描述。所谓行波的相速是指其波形上相位恒定的点[即$(\omega t-\beta x+$

φ_+）为某一常量的点］或者说相位相同的点向前移动的速度。由式(17-37)可知，具有一定相位的点的位置向 x 的正方向移动 Δx 距离所用的时间为 Δt，所以，正向行波 $u^+(x,t)$ 波形上某一点沿线移动的速度即相速为

$$v_p = \lim_{\Delta t \to 0} \frac{\Delta x}{\Delta t} = \frac{dx}{dt} = \frac{\omega}{\beta} \tag{17-38}$$

式(17-38)表明，相速 v_p 只决定于线路参数和电源频率。引入相速后可知，在 Δt 时段内同相位点的位置向前移动的距离可以表示为 $\Delta x = v_p \Delta t$，如图 17-5 所示，可以看出，$u^+(x,t)$是随时间增加而以恒速 v_p 行进的正向行波。

在行波传播方向上，在同一瞬间相位相差 2π 的相邻两点之间的距离称为波长，以 λ 表示。由 $u^+(x,t)$的表示式(17-32a)并根据波长 λ 的定义可得

$$(\omega t - \beta x + \varphi_+) - [\omega t - \beta(x + \lambda) + \varphi_+] = 2\pi$$

因此有

$$\lambda = \frac{2\pi}{\beta} \tag{17-39}$$

式(17-39)表明，波长仅取决于线路参数，而与电压、电流无关。将式(17-39)代入式(17-38)并考虑到 $\omega = 2\pi f = 2\pi/T$，则可以得出相速与波长的关系为

$$\lambda = \frac{v_p}{f} = v_p T \tag{17-40}$$

式中，f、T 分别为 $u^+(x,t)$的频率和周期，即是电源的频率和周期。可见，在相速一定时，波长与频率成反比。当 $t = T$ 时，波的移动距离为 $x = v_p t = (\lambda/T)T = \lambda$，这说明在一个周期的时间内，行波所行进的距离正好为一个波长，这也是波长定义的另一种表述方式。

2. 均匀传输线上的反向行波

式(17-33)中电压 $u(x,t)$的第二个分量为 $u^-(x,t) = \sqrt{2}U_0^- e^{\alpha x}\sin(\omega t + \beta x + \varphi_-)$，设所考虑的两个时刻也分别为 t 和 $t + \Delta t(\Delta t > 0)$，由于$(\omega t + \beta x + \varphi_-)$中 ωt 与 βx 是相加关系，所以当 t 增加了 Δt 时，要保持相位$(\omega t + \beta x + \varphi_-)$不变，距离上必须相应的减少一个位移 Δx 或者说增加一个负位移，即有 $x + \Delta x$。于是，若要求此正弦波在 t 和 $t + \Delta t(\Delta t > 0)$这两个不同时刻的相位相同，则应有

$$\omega t + \beta x + \varphi_- = \omega(t + \Delta t) + \beta(x + \Delta x) + \varphi_-$$

因此，可得 $\Delta x = -\dfrac{\omega}{\beta}\Delta t$，由于 Δt、ω、β 均为正数，所以 Δx 必小于零即为一负位移，这说明$u^-(x,t)$曲线上相位$(\omega t + \beta x + \varphi_-)$为某值的一点 x 随时间的增长在 Δt 时间内沿 x 的反方向即向 x 减小的方向（由传输线的终端指向始端的方向）移动了一段距离$|\Delta x|$，即随时间的增大，正弦波 $u^-(x,t)$的位置将向 x 减小即 x 的反方向移动并且在移动方向上其幅值逐渐衰减。因此，从图形上来说将 $u^-(x,t)$称为电压反向行波或反射波，用与正向行波同样的分析方法可知，电压反向行波 $u^-(x,t)$的移动速度与正向行波的大小相同，方向相反，即有 $v_p = -\dfrac{\omega}{\beta}$，波长亦为 $2\pi/\beta$。图 17-6 中以时间变量为参变量绘出了反向行波 $u^-(x,t)$在 t 和 $t + \Delta t(\Delta t > 0)$两个不同时刻的沿线分布。由式(17-34)可知，传输线上电流 $i(x,t)$的第二个

分量 $i^{-}(x,t)$ 与 $u^{-}(x,t)$ 具有相似的数学形式，故而称为电流反向行波。对于同一个 x 值，$i^{-}(x,t)$ 的幅值等于电压正向行波 $u^{-}(x,t)$ 的幅值除以 $|Z_c|$，其相位滞后于 $u^{-}(x,t)$ 一个角度 φ_c。

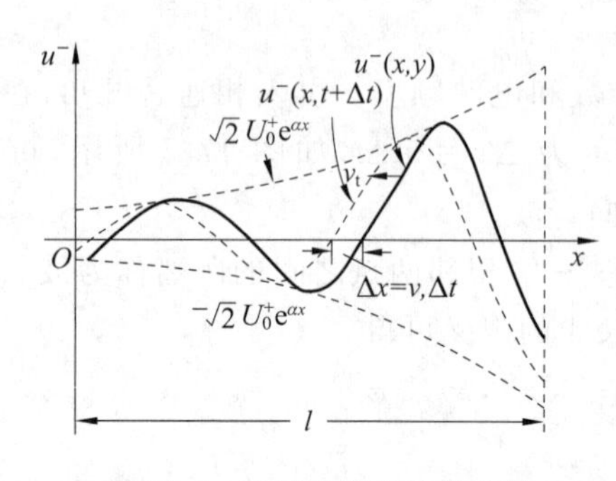

图 17-6　正弦稳态下均匀传输线上的电压反向行波

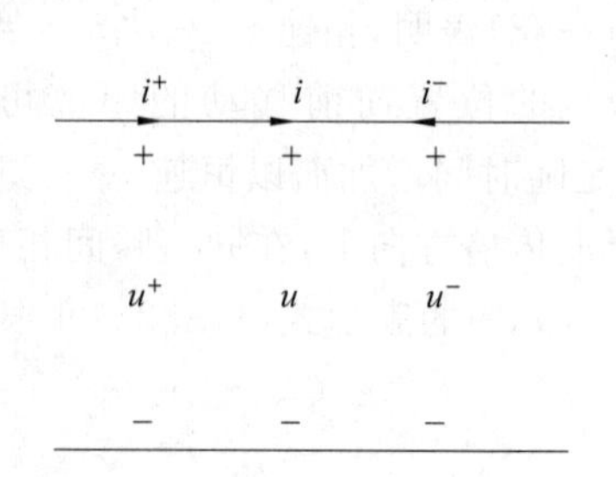

图 17-7　传输线上电压、电流及其入射波、反射波的参考方向

在引入了行波的概念后，传输线上任一点上电压或电流的瞬时值在一般情况下是由上述两个朝相反方向传播的行波即入射波和反射波叠加而成的，亦即为它们的代数和。如式(17-33)、式(17-34)所示，电压是入射波与反射波之和，电流则是入射波与反射波之差。这是因为 $u^{+}(x,t)$ 和 $u^{-}(x,t)$ 所取参考方向与 $u(x,t)$ 的参考方向一致，即均将传输线的来线取为正极；$i^{+}(x,t)$ 的参考方向与 $i(x,t)$ 的参考方向一致，而 $i^{-}(x,t)$ 的参考方向与 $i(x,t)$ 的参考方向相反，如图 17-7 所示。但是，需要注意的是，采用入射波与反射波概念的主要目的是为了便于分析问题，显然，传输线上实际只存在着由入射波与反射波合成后的电压和电流，这种合成的电压和电流沿线亦具有波动性，因此，在每一瞬刻，合成的电压和电流与/或相应的入射波和反射波在沿线的不同点处不仅大小不同，而且可能符号相反，如图 17-8 所示。

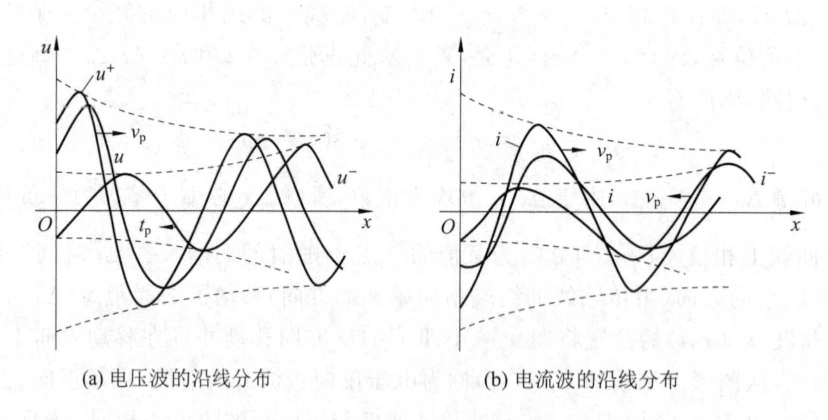

图 17-8　电压波和电流波的沿线分布

在应用入射波和反射波讨论问题时，为了方便起见，需要引入反射系数(reflection

coefficient)的概念。由于电压、电流的瞬时值表示式为入射波和反射波表示式的代数和，所以根据正弦量相量变换可知，与此对应，电压、电流的相量表示式则为入射波相量和反射波相量的同一代数和。于是，由式(17-21)可知有

$$\dot{U}=\frac{1}{2}(\dot{U}_1+Z_c\dot{I}_1)e^{-\gamma x}+\frac{1}{2}(\dot{U}_1-Z_c\dot{I}_1)e^{\gamma x}=\dot{U}^{+}+\dot{U}^{-} \tag{17-41a}$$

$$\dot{I}=\frac{1}{2Z_c}(\dot{U}_1+Z_c\dot{I}_1)e^{-\gamma x}-\frac{1}{2Z_c}(\dot{U}_1-Z_c\dot{I}_1)e^{\gamma x}=\dot{I}^{+}+\dot{I}^{-} \tag{17-41b}$$

而由式(17-27)可知有

$$\dot{U}=\frac{1}{2}(\dot{U}_2+Z_c\dot{I}_2)e^{\gamma x}+\frac{1}{2}(\dot{U}_2-Z_c\dot{I}_2)e^{-\gamma x}=\dot{U}^{+}+\dot{U}^{-} \tag{17-42a}$$

$$\dot{I}=\frac{1}{2Z_c}(\dot{U}_2+Z_c\dot{I}_2)e^{\gamma x}-\frac{1}{2Z_c}(\dot{U}_2-Z_c\dot{I}_2)e^{-\gamma x}=\dot{I}^{+}+\dot{I}^{-} \tag{17-42b}$$

式中，入射波和反射波的确定与 x 轴的取法有关。对于式(17-42)，其 x 轴的原点取在负载所在的终端点，x 轴自右向左。因此，由于 $\dot{U}^{+}=\frac{1}{2}(\dot{U}_2+Z_c\dot{I}_2)e^{\gamma x}$ 是向负 x 轴方向(由始端指向终端)传播的波，所以它是入射波，而 $\dot{U}^{-}=\frac{1}{2}(\dot{U}_2-Z_c\dot{I}_2)e^{-\gamma x}$ 自然就是反射波。

传输线上任一点的反射系数 N 定义为该点的反射波与入射波的电压相量或电流相量之比，即

$$N=\frac{\dot{U}^{-}}{\dot{U}^{+}}=\frac{\dot{I}^{-}}{\dot{I}^{+}} \tag{17-43}$$

由于通常以反射系数来表征负载终端不匹配的程度以及反射波的大小，即与负载阻抗关系密切，所以，采用以终端电压相量 $\dot{U}_2$ 和电流相量 $\dot{I}_2$ 表示入射波和反射波的相量式(17-42)来表示反射系数。设传输线终端所接的负载阻抗为 Z_2，如图 17-9 所示，则有

$$\dot{U}_2=\dot{I}_2Z_2 \tag{17-44}$$

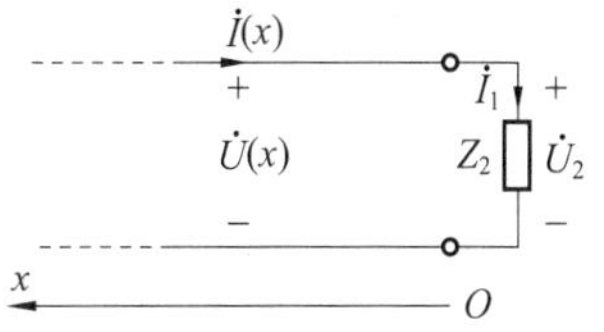

图 17-9　终端接负载阻抗 Z_2 的传输线

将式(17-41)代入式(17-42)再利用定义式(17-43)可得线上距终端 x 远处一点的反射系数

$$N=\frac{\dot{U}^{-}}{\dot{U}^{+}}=\frac{\dot{I}^{-}}{\dot{I}^{+}}=\frac{Z_2-Z_c}{Z_2+Z_c}e^{-2\gamma x} \tag{17-45}$$

若将式(17-41)代入式(17-43)再利用式(17-42)求出终端电压、电流与始端电压、电流之间的关系代入之并考虑到式(17-44)同样可以得到如式(17-45)所示的距终端 x 远处的反射系数。

由式(17-45)可知，在正弦稳态下，反射系数通常为一复数，即它不仅反映了反射波与入射波的大小之比，而且也反映了两者之间的相位关系，它既随 x 而变又与负载阻抗 Z_2 有关。因此，反射系数还反映了负载对传输线传输特性的影响以及反射波产生的原因。

显然，在反射系数的一般定义式(17-45)中令 $x=0$ 即可得到终端处即负载阻抗 Z_2 所在点的反射系数 N_2 为

$$N_2 = N\Big|_{x=0} = \frac{\dot{U}^-(0)}{\dot{U}^+(0)} = \frac{\dot{I}^-(0)}{\dot{I}^+(0)} = \frac{Z_2 - Z_c}{Z_2 + Z_c} \tag{17-46}$$

因此，线上距终端 x 处一点的反射系数与终端反射系数的关系为

$$N = N_2 e^{-2\gamma x'} \tag{17-47}$$

式(17-46)中，$\dot{U}^+(0)$ 和 $\dot{U}^-(0)$ 分别表示终端的电压入射波和反射波相量，$\dot{I}^+(0)$ 和 $\dot{I}^-(0)$ 分别表示终端的电流入射波相量和反射波相量。终端反射系数是一个仅随负载阻抗 Z_2 变化的复数。由于 $|N|=|N_2|$，所以反射系数的模在传输线上处处相等，即反射系数的模在均匀传输线上是不变的。

利用式(17-42)和终端反射系数，可以把将均匀传输线上任一处的电压、电流用终端电压、电流的入射波表示出来，即

$$\dot{U} = \frac{1}{2}(\dot{U}_2 + Z_c\dot{I}_2)(e^{\gamma x} + N_2 e^{-\gamma x}) = \dot{U}^+(0)(e^{\gamma x} + N_2 e^{-\gamma x}) \tag{17-48a}$$

$$\dot{I} = \frac{1}{2Z_c}(\dot{U}_2 + Z_c\dot{I}_2)e^{\gamma x}(e^{\gamma x} - N_2 e^{-\gamma x}) = \dot{I}^+(0)(e^{\gamma x} - N_2 e^{-\gamma x}) \tag{17-48b}$$

由式(17-46)可以得出下列终端反射系数 N_2 与负载阻抗 Z_2 相关的结论：① 若终端负载阻抗与特性阻抗相等即 $Z_2=Z_c$，则有 $N_2=N=0$，即传输线的电压与电流都没有反射波而只存在入射波(无反射)，此时称终端负载与传输线相“匹配”，工作在这种状态下的传输线称为无反射线(reflectionless line)。在电信工程中常常需要使设备工作在这种匹配状态，然而此处的匹配并不同于最大功率传输时的“匹配”；若终端负载与传输线不“匹配”即 $Z_2 \neq Z_c$，则传输线的电压与电流都既有入射波又有反射波，反射波是由于入射波在传输线终端受到不与线路相匹配的负载的反射而引起的，这也正是将正向行波和反向行波分别称为入射波和反射波的缘由；② 若终端开路即终端所接负载阻抗 $|Z_2|=\infty$ 时，$N_2=1$，这表明此时终端处出现最大反射，该处反射波与入射波相等，即终端处发生全反射且无符号变化；③ 若终端短路即终端所接负载阻抗 $|Z_2|=0$ 时，$N_2=-1$，这表明此时终端处也出现最大反射，该处反射波与入射波幅值相等，但相位相反，即终端处也发生全反射但有符号变化，简称负全反射。

【例 17-2】 某传输线上电压沿线分布的瞬时表达式为 $u(x,t)=10\sqrt{2}e^{-0.062x}\sin(2\pi\times 800t-0.0628x)$ V，式中 x 表示传输线某点距始端的距离。(1)试证明该电压是行波，且为入射波；(2)求相速、波长；(3)若已知波阻抗为 $50e^{-j10}\,\Omega$，试求电流入射波的瞬时表达式。

解　(1)行波的两个重要性能可作为识别判据；其一是当时间一定时，沿线按正弦波分布；

其二是当地点固定时，该点波形随时间作正弦变化。在所给表达式中，电压 $u(x,t)$ 是距离 x 和时间 t 的函数。若令 $2\pi\times 800t=C_1$，则有

$$u(x,t) = 10\sqrt{2}e^{-0.062x}\sin(C_1 - 0.0628x)$$

即在时间一定的情况下，$u(x,t)$ 随 x 增加作正弦变化。若令 $x=C_2$，则有

$$u(x,t) = 10\sqrt{2}e^{-0.062C_2}\sin(2\pi\times 800t - 0.0628C_2)$$

即在地点固定的情况下，$u(x,t)$ 随时间 t 增加作正弦变化，因此，$u(x,t)$ 为一行波，并且由于

随 x 增加，电压幅度减小，所以是一个入射波。

（2）由于线上只有正向行波，所以终端处于阻抗匹配状态，此时电压瞬时值通式为

$$u(x,t)=\sqrt{2}U_1\mathrm{e}^{-\alpha x}\sin(\omega t-\beta x)$$

对比可知 $\alpha=0.062\mathrm{Np/km}$，$\beta=0.0628\mathrm{rad/km}$，$\omega=2\pi\times800$，因此相速、波长和传播常数分别为 $v_p=\dfrac{\omega}{\beta}=\dfrac{2\pi\times800}{0.0628}=8\times10^4(\mathrm{km/s})$，$\lambda=\dfrac{2\pi}{\beta}=100\mathrm{km}$，$\lambda=\alpha+\mathrm{j}\beta=0.0883\mathrm{e}^{\mathrm{j}45.38}$。

（3）因为终端匹配，故传输线始端输入阻抗为 $Z_{\mathrm{in}}=Z_{\mathrm{C}}=50\mathrm{e}^{-\mathrm{j}10}$ $I_1=\dfrac{U_1}{Z_c}=0.2\mathrm{e}^{-\mathrm{j}10}$，故有

$$i(x,t)=0.2\sqrt{2}\mathrm{e}^{-0.062x}\sin(2\pi\times800t+10^\circ-0.0628x)$$

17.6 均匀传输线的传播常数与特性阻抗

由于传播常数 γ 和特性阻抗 Z_c 均作为参数出现在电压和电流的表示式(17-41)和式(17-42)中。因此，它们必然与传输线的工作特性密切相关。通常称 γ 和 Z_c 为传输线的副参数，而将导出这两个副参数的量 R_0、L_0、G_0 和 C_0 称为传输线的原参数。

17.6.1 传播常数

行波的传播特性表现为它的传播速度、波在行进过程中波幅衰减以及相位变化的程度。行波的传播速度即相速 ν_p 决定于电源频率 ω 和常数 β，而电压、电流行波的幅值沿线在单位长度上的衰减由衰减常数 α 确定，例如电压正向行波表示式中的 $\sqrt{2}U_0^+\mathrm{e}^{-\alpha x}$，$\alpha$ 越大，$\mathrm{e}^{-\alpha x}$ ($\mathrm{e}^{\alpha x}$)的衰减速度就越快，相应的，电压（电流）的行波衰减程度就越快，即是说在相同的传播距离内，消耗在传输线上的能量就越多。故 α 也称为衰减常数。相位改变情况由相位常数 β 表示，例如电压正向行波表示式中的($\omega t-\beta x+\varphi_+$)。$\beta$ 的大小影响着行波的速度和波长。因此，$\gamma=\alpha+\mathrm{j}\beta$ 能反映波的传播特性，故而称其为传播常数，它是由均匀传输线的原参数 R_0、L_0、G_0、C_0 以及电源频率 ω 导出的参数（复常数）。因此与负载以及电压、电流值无关，其单位分别为 1/m 和 rad/m。

若已知原参数 R_0、L_0、G_0 和 C_0，则可以计算出均匀传输线的 α 和 β。由 γ 的表示式

$$\gamma=\alpha+\mathrm{j}\beta=\sqrt{(R_0+\mathrm{j}\omega L_0)(G_0+\mathrm{j}\omega C_0)} \tag{17-49}$$

可得

$$|\gamma|^2=\alpha^2+\beta^2=\sqrt{[R_0{}^2+(\omega L_0)^2][G_0{}^2+(\omega C_0)^2]}=|Z_0||Y_0| \tag{17-50}$$

而

$$\gamma^2=\alpha^2-\beta^2+\mathrm{j}2\alpha\beta=R_0G_0-\omega^2L_0C_0+\mathrm{j}\omega(G_0L_0+R_0C_0) \tag{17-51}$$

对比复数恒等式(17-51)两边可得

$$\mathrm{Re}[\gamma^2]=\alpha^2-\beta^2=R_0G_0-\omega^2L_0C_0 \tag{17-52}$$

联立求解式(17-50)和式(17-52)可得

$$\alpha=\sqrt{\frac{1}{2}[R_0G_0-\omega^2L_0C_0+\sqrt{(R_0{}^2+\omega^2L^2{}_0)(G_0{}^2+\omega^2C_0{}^2)}]} \tag{17-53a}$$

$$\beta = \sqrt{\frac{1}{2}[\omega^2 L_0 C_0 - R_0 C_0 + \sqrt{(R_0{}^2 + \omega^2 L^2{}_0)(G_0{}^2 + \omega^2 C_0^2)}]} \tag{17-53b}$$

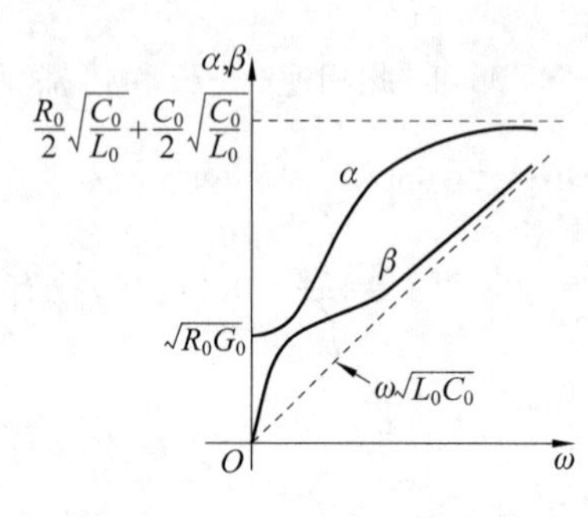

图 17-10　α、β的频率特性曲线

由式(17-53)可知,α 和 β 通常均与电源频率有关,图17-10中示出它们的频率特性,可见,α 随频率的增高在有限范围内变化,而 β 随频率的升高而无限单调地增加。当频率足够高时,α 趋近于一有限值,β 则趋近于一直线 $\omega\sqrt{L_0C_0}$。

现在以正向电压行波相量为例讨论衰减常数 α 和相位常数 β 的物理意义,由此所得出的结论对于电压、电流行波(入射波和反射波)是普遍成立的。由式(17-30a)可知,在距传输线始端 x 处的正向电压行波相量为

$$\dot{U}^+(x) = \dot{U}_0^+ \mathrm{e}^{-\gamma x} \tag{17-54}$$

式中,$\dot{U}_0^+$ 为 $x=0$ 即始端处电压入射波相量。应用式(17-54)可以得出在距始端 $x+1$ 处的电压入射波相量为

$$\dot{U}^+(x+1) = \dot{U}_0^+ \mathrm{e}^{-\gamma(x+1)} = \dot{U}^+(x)\mathrm{e}^{-\gamma} \tag{17-55}$$

由式(17-54)和式(17-55)可得

$$\frac{\dot{U}^+(x+1)}{\dot{U}^+(x)} = \mathrm{e}^{-\gamma} = \mathrm{e}^{-(\alpha+\mathrm{j}\beta)} \tag{17-56}$$

若设相量 $\dot{U}^+(x+1)$ 和 $\dot{U}^+(x)$ 分别为 $\dot{U}^+(x+1)=U^+(x+1)\mathrm{e}^{\mathrm{j}\phi_{x+1}}$,$\dot{U}^+(x)=U^+(x)\mathrm{e}^{\mathrm{j}\phi_x}$,则由式(17-56)可得

$$\frac{\dot{U}^+(x+1)}{\dot{U}^+(x)} = \frac{U^+(x+1)}{U^+(x)}\mathrm{e}^{\mathrm{j}(\phi_{x+1}-\phi_x)} = \frac{1}{\mathrm{e}^{\alpha}}\mathrm{e}^{-\mathrm{j}\beta} \tag{17-57}$$

对比恒等式(17-57)两边可得

$$\alpha = \ln\frac{U^+(x)}{U^+(x+1)} \tag{17-58}$$

由式(17-58)可知,衰减常数 α 表示单位长度上波的幅值的衰减量,它等于传输线上任一 x 处电压入射波的幅值 $U^+(x)$ 除以该波行进一单位长度后的幅值 $U^+(x+1)$ 再取自然对数,或者说行波每行进一单位长度,其幅值要衰减到原幅值的 $1/\mathrm{e}^{\alpha}$,经过长度为 l 的传输线,就会衰减到原幅值的 $1/\mathrm{e}^{\alpha l}$。根据 α 的单位可知,αl 为一纯数,用它可以表示传输线上行波的衰减程度,故称为衰减量,其单位为奈培(Neper,Np)。显然,行波的衰减是由传输线上消耗电能的电阻 R_0 和导线间的漏电导 G_0 引起的。

由式(17-57)可得

$$\beta = \phi_x - \phi_{x+1} \tag{17-59}$$

由式(17-59)可知,相移常数 β 表示波沿线传播时单位距离内相位的变化量,它等于电压入射波每行进一单位长度其相位滞后于原相位 β 弧度,故称其为行波的相移常数。此外,由式 (17-39)可得

$$\beta = \frac{2\pi}{\lambda} \tag{17-60}$$

这表明，β 值又等于长度为 2π 的一段传输线上波的个数，因而又称其为波数(wave number)

由式(17-30)可知，在同一条传输线上，电压的入射波、反射波和电流入射波、反射波都具有相同的传播常数 γ，因而都具有相同的衰减常数 α 和相移常数 β。工程应用中的架空传输线和电缆线的传播常数差别较大，前者的衰减常数 α 和相移常数 β 一般要小于后者，例如，工频($f=50\text{Hz}$)高压架空输电线的 α 为$(0.1\sim0.7)\times10^{-3}\,\text{Np/km}$，$\beta$ 约为 $4\times10^{-3}\,\text{Np/km}$。利用实际架空线的原参数所算得其波速非常接近于光速，而电缆中的波速约为光速的1/4。

若传输线满足 $R_0=0,G_0=0$，则称其为无损线，这时由式(17-49)可知有

$$\gamma=\sqrt{Z_0Y_0}=\sqrt{\text{j}\omega L_0\cdot\text{j}\omega C_0}=\text{j}\omega\sqrt{L_0C_0} \tag{17-61}$$

即线路的衰减常数 $\alpha=0$，相移常数 $\beta=\omega\sqrt{L_0C_0}$，如图17-10中的虚线所示。无损线上行波的波速为

$$v_\text{p}=\frac{\omega}{\beta}=\frac{1}{\sqrt{L_0C_0}} \tag{17-62}$$

均匀传输线广泛应用于信号传输，例如电话线路、有线电视线路等。对于这类传输线要求终端输出信号与始端输入信号的波形相同，它们的幅度和出现的时间可以不同，这种传输称之为无畸变传输。由于衰减常数 α 和相移常数 β 均为频率的复杂函数，因此当传输非正弦信号时，由于对各次谐波的衰减常数不同，就会产生信号的振幅畸变，此外，由于频率不同的各个谐波分量的相速不同还会产生信号的相位畸变。显然，只有同时避免这两种畸变才会使波形完全没有畸变。由于电力线路所传送的电压、电流波形都极为接近正弦波，故电力线路所传输的行波产生的畸变现象对于线路没有什么影响。但是在通信线路，例如长途电话线路上就必须降低或消除行波传输中的畸变现象。

若采用无损线，则不会产生畸变现象，对于存在损耗的线路，根据对于振幅畸变和相位畸变的分析可知，要做到无振幅畸变则须满足衰减常数 α 与频率无关的条件；而要避免相位畸变则须满足相速 v_p 与频率无关的条件，根据式(17-38)可知这就需要相移常数 β 与频率成正比。对于前者，可在式(17-53a)中求$\dfrac{\text{d}\alpha}{\text{d}\omega}=0$ 可得

$$\frac{R_0}{L_0}=\frac{G_0}{C_0} \tag{17-63}$$

将式(17-63)代入式(17-53)可得

$$\alpha=\sqrt{\frac{1}{2}[R_0G_0-\omega^2L_0C_0+R_0G_0+\omega^2L_0C_0]}=\sqrt{R_0G_0} \tag{17-64a}$$

$$\beta=\sqrt{\frac{1}{2}[\omega^2L_0C_0-R_0C_0+R_0C_0+\omega^2L_0C_0]}=\omega\sqrt{L_0C_0} \tag{17-64b}$$

$$v_\text{p}=\frac{1}{\sqrt{L_0C_0}} \tag{17-65}$$

由此可见，这时 α 为与频率无关的常数，它使线上传送的占有较宽频带的各频率成分具有同等的衰减；而 β 与频率成正比恰使相速 v_p 成为一个与频率无关的常数，于是，各频率分量的

波以同样的速度行进，不会出现相位失真。此外，这时 α、β 均达到最小值。因此，当线路满足式(17-63)时，可以同时消除线路在传输行波时的振幅畸变和相位畸变，故式(17-63)称为传输线的无畸变(即不失真)条件，而满足此条件的传输线则称为无畸变线。对于实际应用于通信技术中的均匀传输线即希望如此。通常情况下的架空传输线和电缆线都不满足无畸变条件式(17-63)，前者的 G_0 小，后者的 C_0 大，故而常常采用人为增加 L_0 的方法来满足无畸变传输，才能适合通信的要求，例如使用在线路上隔一定的距离接上一个电感线圈。

需要注意的是，满足无畸变条件只能保证单一方向的行波在其传输进程中不发生畸变，但是，如果在传输非正弦信号时线路中存在反射波，仍然会使线路上的实际电压和电流产生畸变，因而在使用通信线路时，为了消除畸变，还必须使负载与线路匹配，以消除反射波。由于无损线满足式(17-63)，因此无损线一定是无畸变线，其衰减常数为零。但是，无畸变线不一定是无损耗线。

17.6.2　特性阻抗

由式(17-18)可知，均匀传输线的特性阻抗 Z_c 定义为

$$Z_c = \sqrt{\frac{Z_0}{Y_0}} = \sqrt{\frac{R_0 + j\omega L_0}{G_0 + j\omega C_0}} = |Z_c| e^{j\varphi_c} \tag{17-66}$$

由于对于同一频率的电源，Z_c 是由均匀传输线的原参数决定的，故称其为特性阻抗。Z_c 的模和幅角分别为

$$|Z_c| = \left(\frac{R_0^2 + \omega^2 L_0^2}{G_0^2 + \omega^2 C_0^2}\right)^{1/4} \tag{17-67a}$$

$$\varphi_c = \frac{1}{2}\left[\arctan\left(\frac{\omega L_0}{R_0}\right) - \arctan\left(\frac{\omega C_0}{G_0}\right)\right] = \frac{1}{2}\arctan\frac{\omega(L_0 G_0 - C_0 R_0)}{R_0 G_0 + \omega^2 L_0 C_0} \tag{17-67b}$$

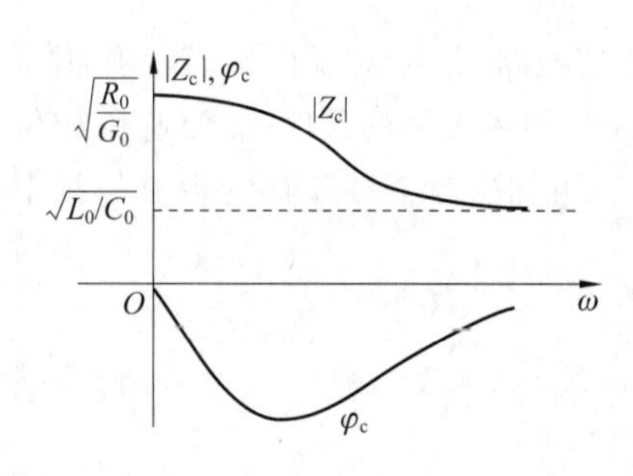

图 17-11　$|Z_c|$、φ_c 的频率特性曲线

由式(17-67)可知，$|Z_c|$、φ_c 均为电源角频率 ω 的函数，其频率特性曲线如图 17-11 所示，由此可见，$|Z_c|$ 随 ω 的增大而衰减，当 $\omega=0$ 即直流时，取值最大，为 $\sqrt{R_0/G_0}$，其间渐趋小当 $\omega\to\infty$ 时，$|Z_c| = \sqrt{L_0/C_0}$，其缘由是一般情况下均有 $(R_0/G_0) > (L_0/C_0)$；φ_c 在 $\omega=0$ 时为零，在 ω 足够大时也趋于零，其中取得一最大值。此外可以看到，φ_c 值总为负值(呈现容性)，这是由于实际传输线的 G_0 很小，因而 Z_0 的幅角小于 Y_0 的幅角所造成的。由式(17-41)或式(17-42)可知，均匀线上任意 x 处同向行进的电压行波相量与电流行波相量之比为特性阻抗，即

$$Z_c = \frac{\dot{U}^+}{\dot{I}^+} = \frac{\dot{U}^-}{\dot{I}^-} = |Z_c| \angle\varphi_c \tag{17-68}$$

式(17-68)表明了特性阻抗的物理意义，即虽然传输线上各点同向传播的电压行波相量或电流行波相量均不相同(为距离 x 的函数)，但两者之比却为同一常量，也就是说对于任意一点 x 处的入射波电压、电流相量与反射波电压、电流相量而言，都有相同的阻抗值

Z_c，并且与传输线终端负载无关，仅决定于线路的原参数和电源频率。Z_c 的模 $|Z_c|$ 代表同向行进的电压波与电流波幅值或有效值之比，幅角 φ_c 代表同一处行进方向相同的电压波和电流波之间的相位差。

如果将入射波或反射波单独存在的情况视为电压、电流波在没有边界条件影响下自然传播的的情形，而特性阻抗恰好反映了电压、电流相量受到传输线周边媒质的制约。由于特性阻抗可以视为沿同一方向行进的电压行波相量与电流行波相量之比，故又称之为波阻抗。

由式(17-66)可知，对于直流($\omega=0$)传输线，有

$$Z_c=\sqrt{\frac{R_0}{G_0}}\angle 0° \tag{17-69}$$

即此时特性阻抗是一个纯电阻，同向电压行波与电流行波同相。

在传输线的工作频率较高时，由于 $R_0 \ll \omega L_0$ 以及 $G_0 \ll \omega C_0$，故有

$$Z_c=\sqrt{\frac{R_0+\mathrm{j}\omega L_0}{G_0+\mathrm{j}\omega C_0}}=\sqrt{\frac{\mathrm{j}\omega L_0\left(1+\frac{R_0}{\mathrm{j}\omega L_0}\right)}{\mathrm{j}\omega C_0\left(1+\frac{R_0}{\mathrm{j}\omega C_0}\right)}}\approx\sqrt{\frac{L_0}{C_0}}\angle 0° \tag{17-70}$$

可见，在高频情况下，Z_c 接近一纯电阻，仅与传输线的形式、尺寸和介质的参数有关而与频率无关。这一点在图 17-11 中也可以看出。

对于无损耗传输线，其特性阻抗

$$Z_c=\sqrt{\frac{Z_0}{Y_0}}\bigg|_{R_0=0,G_0=0}=\sqrt{\frac{R_0+\mathrm{j}\omega L_0}{G_0+\mathrm{j}\omega C_0}}\bigg|_{R_0=0,G_0=0}=\sqrt{\frac{L_0}{C_0}} \tag{17-71}$$

这表明无损耗传输线的特性阻抗为一纯电阻，与工作频率较高传输线的大致相等。

对于满足条件$\dfrac{R_0}{L_0}=\dfrac{G_0}{C_0}$的无畸变线，其特性阻抗为

$$Z_c=\sqrt{\frac{R_0+\mathrm{j}\omega L_0}{G_0+\mathrm{j}\omega C_0}}=\sqrt{\frac{L_0\left(\frac{R_0}{L_0}+\mathrm{j}\omega\right)}{C_0\left(\frac{G_0}{C_0}+\mathrm{j}\omega\right)}}=\sqrt{\frac{L_0}{C_0}}=\sqrt{\frac{R_0}{G_0}} \tag{17-72}$$

可见，无畸变线的特性阻抗亦为一纯电阻。

一般架空线的电感 L_0 比电缆的要大，而其电容 C_0 比电缆的要小，因而架空线的特性阻抗比电缆的大。实际中一般架空线的特性阻抗 $|Z_c|$ 为 400～600Ω，而电力电缆的约为 50Ω，通信工程中使用的同轴电缆的 $|Z_c|$ 一般为 40～200Ω，常用的有 75Ω 和 50Ω 两种 。在实际应用中，为使整个频带内传输线终端所接的负载阻抗与传输线匹配，希望 Z_c 是一个与频率无关的电阻。

均匀传输线的原参数 R_0、L_0、G_0、C_0 和副参数 γ、Z_c 可以用后面介绍的终端开路和终端短路的实验方法加以确定。

【例 17-3】 已知均匀传输线的参数为 $Z_0=0.427\angle 79°\ \Omega/\mathrm{km}$，$Y_0=2.7\times 10^{-6}\angle 90°\ \mathrm{S/km}$，终端处电压、电流的相量分别为 $\dot{U}_2=220\angle 0°\ \mathrm{kV}$，$\dot{I}_2=455\angle 0°\ \mathrm{A}$。求传输线上距终端 900km 处的电压和电流。设信号频率为 50Hz。

解　传输线的特性阻抗 Z_c 和传播常数 γ 分别为

$$Z_c = \sqrt{\frac{Z_0}{Y_0}} = 397\angle -5.5°\Omega,\quad \gamma = \sqrt{Z_0 Y_0} = 1.073\times 10^{-3}\angle 84.5°/\text{km}$$

于是有 $\gamma x=1.073\times 10^{-3}\angle 84.5°\times 900=965.7\times 10^{-3}\angle 84.5°=0.0926+\text{j}0.961$,

$$\text{sh}\gamma x = \frac{1}{2}(\text{e}^{\gamma x}-\text{e}^{-\gamma x}) = \frac{\text{e}^{0.0926}\angle 55.1° - \text{e}^{-0.0926}\angle -55.1°}{2} = 0.824\angle 86.4°$$

$$\text{ch}\gamma x = \frac{1}{2}(\text{e}^{\gamma x}+\text{e}^{-\gamma x}) = \frac{\text{e}^{0.0926}\angle 55.1° + \text{e}^{-0.0926}\angle -55.1°}{2} = 0.581\angle 7.4°$$

因此,可得传输线上距终端 900km 处的电压和电流分别为

$$\dot{U} = \dot{U}_2\text{ch}\gamma x + \dot{I}_2 Z_C\text{sh}\gamma x = 222\angle 47.5°\text{kV},\quad \dot{I} = \dot{I}_2\text{ch}\gamma x + \frac{\dot{U}}{Z_C}\text{sh}\gamma x = 548\angle 63.2°\text{A}$$

时间函数形式为

$$u = 222\sqrt{2}\sin(314t+47.5°)\text{kV},\quad i = 548\sqrt{2}\sin(314t+63.2°)\text{A}$$

17.7　终端连接不同类型负载的均匀传输线

本节讨论均匀传输线终端处于四种不同端接负载情况下均匀传输线上电压和电流的分布规律,即均匀传输线的工作状态。由于这里所讨论的是终端连接各种可能负载的情况,故而为了方便将传输线的终端作为计算距离 x 的起点,即采用以终端电压 $\dot{U}_2$ 和终端电流 $\dot{I}_2$ 表示的均匀传输线上电压、电流的相量式(17-27)来进行分析计算。

17.7.1　终端接特性阻抗的传输线

如果传输线的终端接入的负载阻抗 Z_2 等于传输线的特性阻抗 Z_c,如图 17-12 所示,此时终端电压为 $\dot{U}_2=Z_c\dot{I}_2$,将此关系式代入式(17-27),则有

$$\dot{U} = \frac{1}{2}(\dot{U}_2 + Z_c\dot{I}_2)\text{e}^{\gamma x} = \dot{U}_2\text{e}^{\gamma x} \tag{17-73a}$$

$$\dot{I} = \frac{1}{2}\left(\frac{\dot{U}_2}{Z_c} + \dot{I}_2\right)\text{e}^{\gamma x} = \frac{\dot{U}_2}{Z_c}\text{e}^{\gamma x} = \dot{I}_2\text{e}^{\gamma x} \tag{17-73b}$$

可见,这时由于终端反射系数等于零,线上电压、电流都只含有入射波,而无反射波存在,电压电流之比等于传输线的特性阻抗。这种端接情况称为终端负载阻抗与传输线(特性)阻抗匹配或者说简称为终端匹配。

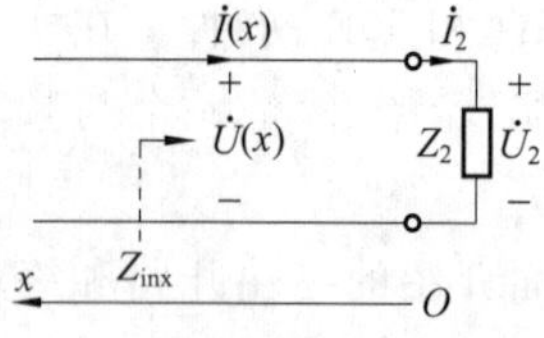

图 17-12　向终端看进去二端网络的输入阻抗

定义传输线上任一处电压相量与电流相量的比值即从该处向终端看进去二端网络的输入(等效)阻抗 Z_{inx},如图 17-12 所示。由以终端电压 $\dot{U}_2$、电流 $\dot{I}_2$ 表示的传输线电压相量、电流相量式(17-28)可得出传输线终端接负载阻抗 Z_2 时从线路上任一处向终端看去的输入阻抗为

$$Z_{\text{inx}}=\left.\frac{\dot{U}}{\dot{I}}\right|_x=\frac{\dot{U}_2\text{ch}(\gamma x)+Z_c\dot{I}_2\text{sh}(\gamma x)}{\frac{\dot{U}_2}{Z_c}\text{sh}(\gamma x)+\dot{I}_2\text{ch}(\gamma x)}=Z_c\frac{Z_2+Z_c\text{th}\gamma x}{Z_c+Z_2\text{th}\gamma x}\tag{17-74}$$

式中，$\dot{U}_2=Z_c\dot{I}_2$，x 是从终端算起的距离。由式(17-74)还可得出这时始端的输入阻抗 Z_{in1} 为

$$Z_{\text{in1}}=Z_c\frac{Z_2+Z_c\text{th}\gamma l}{Z_c+Z_2\text{th}\gamma l}\tag{17-75}$$

由式(17-74)可知，在匹配状态下，由于 $Z_2=Z_c$，线上距终端任一 x 处均有

$$Z_{\text{inx}}=\frac{\dot{U}}{\dot{I}}=\frac{\dot{U}_2}{\dot{I}_2}=Z_c\tag{17-76}$$

式(17-76)表明，在其终端接有匹配负载 Z_c 的有限长传输线上，由任一点 x 向线路终端看进去的输入阻抗都恒等于传输线的特性阻抗，因而均匀传输线的特性阻抗即为其重复阻抗。

在式(17-73)中，令 $x=l$ 得到始端电压相量和电流相量分别为

$$\dot{U}_1=\dot{U}_2\text{e}^{\gamma l}=\dot{U}_2\text{e}^{\alpha l}\text{e}^{\text{j}\beta l}\tag{17-77a}$$

$$\dot{I}_1=\dot{I}_2\text{e}^{\gamma l}=\dot{I}_2\text{e}^{\alpha l}\text{e}^{\beta l}\tag{17-77b}$$

因此，终端匹配时传输线上任意一处的电压相量和电流相量也可以分别用始端电压相量和电流相量表示为

$$\dot{U}=\dot{U}_2\text{e}^{\gamma(l-x)}=\dot{U}_1\text{e}^{-\gamma x}\tag{17-78a}$$

$$\dot{I}=\dot{I}_2\text{e}^{\gamma(l-x)}=\dot{I}_1\text{e}^{-\gamma x}\tag{17-78b}$$

式中，x 为线上距始端的距离。由式(17-76)和(17-78)可得

$$\frac{\dot{U}}{\dot{I}}=\frac{\dot{U}_2}{\dot{I}_2}=\frac{\dot{U}_1}{\dot{I}_1}=Z_c\tag{17-79}$$

由式(17-78)可得终端匹配时线上电压、电流有效值沿线变化的规律为

$$U=U_2\text{e}^{\alpha x'}=U_1\text{e}^{-\alpha x}\tag{17-80a}$$

$$I=I_2\text{e}^{\alpha x'}=I_1\text{e}^{-\alpha x}\tag{17-80b}$$

式中，x' 为距终端的距离，x 为距始端的距离。可见，沿线电压、电流的有效值和幅值均按指数规律从始端至终端单调衰减，如图 17-13 所示。

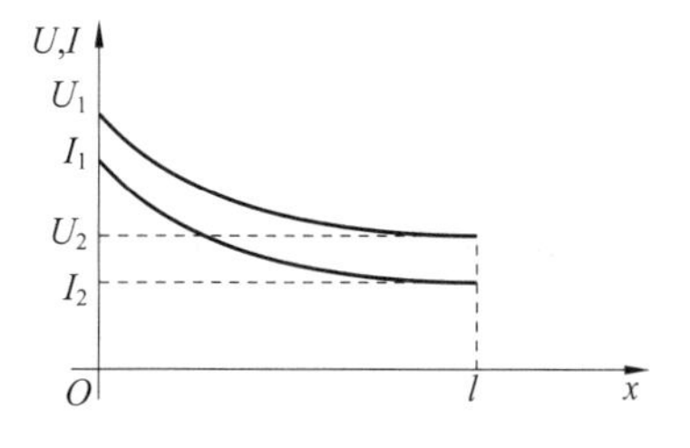

图 17-13 终端匹配的均匀传输线上电压、电流有效值的沿线分布

传输线的任务即是要将始端发出的功率输送至终端，在匹配状态下，终端负载所吸收的功率称为传输线的自然功率，有

$$P_2=U_2I_2\cos\varphi_c=\frac{U_2^2}{|Z_c|}\cos\varphi_c\tag{17-81}$$

式中，φ_c 为特性阻抗 Z_c 即此时的负载阻抗 Z_2 的阻抗角。由于在线上任一点 x 向线路终端看进去的输入阻抗都恒等于传输线的特性阻抗，所以利用二端网络的输入(等效)阻抗的概念可知，传输

线在距终端任一 x 处向终端负载传输的功率为

$$P = UI\cos\varphi_c = \frac{U_2^2}{|Z_c|}e^{2\alpha x}\cos\varphi_c = P_2 e^{2\alpha x} \tag{17-82}$$

式中，x 为从终端计起的距离，由此可知，传输线向终端输送的功率随着距离的增加而减小，这是由于线上的串联电阻、并联漏电导消耗功率而造成的。

利用式(17-77)、(17-81)可以求出始端电源发出的功率即传输线在始端从电源所吸收的功率为

$$P_1 = U_1 I_1\cos\varphi_c = U_2 I_2 e^{2\alpha l}\cos\varphi_c = P_2 e^{2\alpha l} \tag{17-83}$$

因此，传输线的传输效率为

$$\eta = \frac{P_2}{P_1} = e^{-2\alpha l} \tag{17-84}$$

显然，α 值愈小，线路损耗愈小，传输效率愈高。由于终端匹配时不存在反射波，而伴随着反射波在传输线上的传输必定会有能量损耗，所以在匹配下运行时，当入射波到达终端时，由入射波传输至终端的功率全部为负载所吸收，因此，在终端不会产生能量的反射即无电压、电流反射波。此时传输效率最高，传输线消耗的功率为

$$\Delta P = P_1 - P_2 = \frac{P_2}{\eta} - P_2 = (e^{2\alpha l} - 1)P_2$$

若终端负载阻抗与传输线(特性)阻抗不匹配，则终端吸收的功率要小于入射波向负载输送的功率，因此必然产生能量的反射，从而形成电压、电流的反射波，即入射波所传输的功率将有一部分由反射波带回至始端电源，故负载所得到的功率会比终端匹配时的小，因而传输效率也较低。

通信工程中有时并不使用传输效率而使用衰减度来衡量线路损失，其单位为“奈培”，或“分贝”。由于经过长为 l 的传输线，波的幅值要衰减到原幅值的 $e^{\alpha l}$ 分之一，αl 是一纯数，用它能表示传输线上波的衰减程度，称为衰减量，并以奈培(Np)表示。

由式(17-84)可以得出匹配情况下线路衰减的奈培数为

$$\alpha l = \frac{1}{2}\ln\frac{P_1}{P_2}\text{(奈培)} \tag{17-85}$$

若采用分贝作单位，则

$$\alpha l = 10\lg\frac{P_1}{P_2}\text{(分贝)} \tag{17-86}$$

当 $\alpha l=1$ 奈培时，由式(17-84)可得

$$P_1 = e^2 P_2 = 7.4P_2$$

许多电信工程用的传输线都工作在匹配状态下以避免产生反射波带来的不利影响，例如反射波所造成的信号传输失真。

对于假想的无限长($x\to\infty$)传输线，在均匀传输线方程解式(17-21)中令 $x\to\infty$时，可得 $|e^{\gamma x}|=e^{\alpha x}\to\infty$，但实际传输线上任一处的电压、电流均应为有限值，故可得出式(17-21)中第二项 $e^{\gamma x}$ 的系数项满足 $\dot{U}_1 - Z_c\dot{I}_1 = 0$。即由于波的传播速度总为有限值，所以在无限长线中是不存在电压、电流反射波，因而无限长线(无论终端接何种负载)与匹配情况下的有限长线两者的工作状态完全相同，即均无反射波。

应该强调指出的是，终端匹配的真正含义在于设法使全部入射功率被吸收，使之不产生反射，而并不一定是真的接入一个负载电阻。显然，终端匹配的传输线工作于行波且无反射波的状态。

【例 17-4】 某输电线长 100km，原参数为：$R_0=8\Omega/\text{km}$，$L_0=0.001\text{H/km}$，$C_0=11.2\times10^{-9}\text{F/km}$，$G_0=89.6\times10^{-6}\text{S/km}$。若线路始端的电压源 $u_1=100\sin\omega t\text{V}$，频率 $f=10^4\text{Hz}$，线路终端为匹配负载。求：(1)线路终端电压和电流的瞬时值；(2)线路的自然功率和传输效率；(3)线路上与终端电压 u_2 同相位的点的位置；(4)当 $t=0.01\text{s}$ 时电压和电流的沿线分布；(5)电压和电流有效值的沿线分布。

解 (1)计算特性阻抗和传播系数。

$$Z_c=\sqrt{\frac{R_0+\text{j}\omega L_0}{G_0+\text{j}\omega C_0}}=299\Omega$$

$$\gamma=\sqrt{(R_0+\text{j}\omega L_0)(G_0+\text{j}\omega C_0)}=0.212\angle 82.3^\circ=0.02679+\text{j}0.2103$$

$$\gamma l=2.679+\text{j}21.03,\quad \beta l=0.2103\times100\text{rad}=\left(21.03\times\frac{180}{\pi}\right)^\circ=3\times360^\circ+125^\circ$$

由于线路终端匹配而且为纯电阻性，因此始端电流最大值为 $I_{1\text{m}}=\dfrac{U_{1\text{m}}}{Z_C}=\dfrac{100}{299}=0.3344\text{A}$。线路终端电压和电流的瞬时值分别为

$$u_2(t)=U_{1\text{m}}\text{e}^{-\alpha l}\sin(\omega t-\beta l)=100\times\text{e}^{-2.679}\sin(\omega t-125^\circ)=6.863\sin(\omega t-125^\circ)\text{V}$$

$$i_2(t)=I_{1\text{m}}\text{e}^{-\alpha l}\cos(\omega t-\beta l)=0.3344\times\text{e}^{-2.679}\sin(\omega t-125^\circ)=0.023\sin(\omega t-125^\circ)\text{A}$$

(2) 自然功率和传输功率

$$P_\text{n}=P_2=U_2I_2\cos0^\circ=\frac{U_{2\text{m}}}{\sqrt{2}}\times\frac{I_{2\text{m}}}{\sqrt{2}}\times\cos0^\circ=\frac{1}{2}\times6.863\times0.023=0.0789\text{W},$$

$$P_1=\left(\frac{U_{1\text{m}}}{\sqrt{2}}\right)^2\Big/Z_c=\frac{100^2}{2\times299}$$

$$\eta=\frac{P_2}{P_1}=\frac{78.9\times10^{-3}}{\dfrac{100^2}{2\times299}}=0.472\%$$

(3) 波长 $\lambda=\dfrac{2\pi}{\beta}=30\text{km}$，线路长度 100km，因此，与终端电压 u_2 同相位的点距终端分别是 λ、2λ、3λ 即 30km，60km，90km。

(4) 当 $t=0.01\text{s}$ 时沿线电压和电流分别为

$$\begin{aligned}u(x)&=U_{1\text{m}}\text{e}^{-\alpha x}\sin(\omega\times0.01-\beta x)=U_{1\text{m}}\text{e}^{-\alpha x}\sin(200\pi-\beta x)\\&=-100\text{e}^{-0.02679x}\sin(0.2103x)\text{V}\\i(x)&=I_{1\text{m}}\text{e}^{-\alpha x}\sin(\omega\times0.01-\beta x)=I_{1\text{m}}\text{e}^{-\alpha x}\sin(200\pi-\beta x)\\&=-0.3344\text{e}^{-0.02679x}\sin(0.2103x)\text{A}\end{aligned}$$

(5) 电压和电流的有效值分别为

$$U(x)=\frac{U_{1\text{m}}}{\sqrt{2}}\text{e}^{-\alpha x}=70.71\text{e}^{-0.02679x}\text{V},\quad I(x)=\frac{I_{1\text{m}}}{\sqrt{2}}\text{e}^{-\alpha x}=0.236\text{e}^{-0.02679x}\text{A}$$

其分布曲线的形状如图 17-13 所示。

【例 17-5】 某电信电缆的传播系数 $\gamma=(0.0637\angle 46.25°)\ 1/\text{km}$，特性阻抗 $Z_C=35.7\angle -11.8°\Omega$，电缆始端直接连接的电源电压 $u_1=\sin 5000t\text{V}$。求在匹配情况下沿线电压和电流的分布函数 $u(x,t)$ 和 $i(x,t)$ 以及当电缆长 100km 时，信号由始端传输到终端所需的时间。

解 设始端电压相量 $\dot{U}(0)=\dot{U}_1=\dot{U}_s=\frac{1}{\sqrt{2}}\angle 0°\text{V}$。终端匹配传输线的终端反射系数等于零，终端无反向行波相量，即 $\dot{U}^-=\dot{I}^-=0$，于是 $\dot{U}=\dot{U}_0^+\text{e}^{-\gamma x}$，$\dot{I}=\frac{\dot{U}_0^+}{Z_c}\text{e}^{-\gamma x}$。将始端（$x=0$）边界条件 $\dot{U}(0)=\dot{U}_s=\frac{1}{\sqrt{2}}\angle 0°\text{V}$ 代入定出积分常数 $\dot{U}_0^+=\frac{1}{\sqrt{2}}\angle 0°\text{V}$，已知 $\gamma=0.0637\angle 46.25°=(0.044+\text{j}0.046)1/\text{km}$，则距始端 x 处的电压和电流相量分别为

$$\dot{U}=\dot{U}_1\text{e}^{-\gamma x}=(1/\sqrt{2})\times\text{e}^{-0.044x}\text{e}^{-\text{j}0.046x}\text{V}$$

$$\dot{I}=\frac{\dot{U}}{Z_c}\text{e}^{-\gamma x}=\frac{1}{\sqrt{2}\times 35.7\text{e}^{-\text{j}11.8°}}\text{e}^{-0.044x}\text{e}^{-\text{j}0.046x}=\frac{1}{\sqrt{2}}0.028\text{e}^{-0.044x}\text{e}^{-\text{j}(0.046x-11.8°)}(\text{A})$$

沿线电压、电流的分布函数为

$$u(x,t)=\text{e}^{-0.044x}\sin(5000t-0.046x)\text{V}$$
$$i(x,t)=0.028\text{e}^{-0.044x}\sin(5000t-0.046x+11.8°)\text{A}$$

相速为 $v_p=\frac{\omega}{\beta}=\frac{5000}{0.046}=108695\text{km/s}$，因此，信号由始端传输到终端所需的时间为

$$t=\frac{l}{v_p}=\frac{100}{108695}=0.92(\text{ms})$$

可见，在分布参数电路中，始端信号传输到终端是需要时间的，并不能瞬时完成。

下面分别讨论终端开路、短路和接阻抗 Z_L 时传输线上的电压、电流的分布。

17.7.2　终端开路时的工作状态

当终端开路（即空载）时，有 $|Z_2|=\infty$，$\dot{I}_2=0$。因此，由式(17-28)可知传输线距终端为 x 处的电压 $\dot{U}_{oc}$、电流 $\dot{I}_{oc}$ 分别为

$$\dot{U}_{oc}=\dot{U}_2\text{ch}(\gamma x)\tag{17-87a}$$

$$\dot{I}_{oc}=\frac{\dot{U}_2}{Z_c}\text{sh}(\gamma x)\tag{17-87b}$$

式中，下标字母“oc”表示开路，由式(17-87)或直接由式(17-74)可以得出此时线路上距终端 x 处的输入阻抗为

$$Z_{ocx}=\left.\frac{\dot{U}_{oc}}{\dot{I}_{oc}}\right|_x=Z_c\frac{\text{ch}(\gamma x)}{\text{sh}(\gamma x)}=Z_c\text{cth}(\gamma x)\tag{17-88}$$

由式(17-88)可以得到线路终端开路时始端处（$x=l$）的输入阻抗 Z_{ocl} 为

$$Z_{ocl}=\left.\frac{\dot{U}_{oc}}{\dot{I}_{oc}}\right|_{x=l}=Z_c\frac{\text{ch}(\gamma l)}{\text{sh}(\gamma)l}=Z_c\text{cth}(\gamma l)\tag{17-89}$$

由式(17-88)还可以得出无限长线($x\to\infty$)的输入阻抗为 Z_c。传输线终端开路时其输入阻抗 Z_{ocx} 的模 $|Z_{ocx}|$ 随 x 变化的曲线如图 17-14 所示,其中 x 是距离终端的距离。

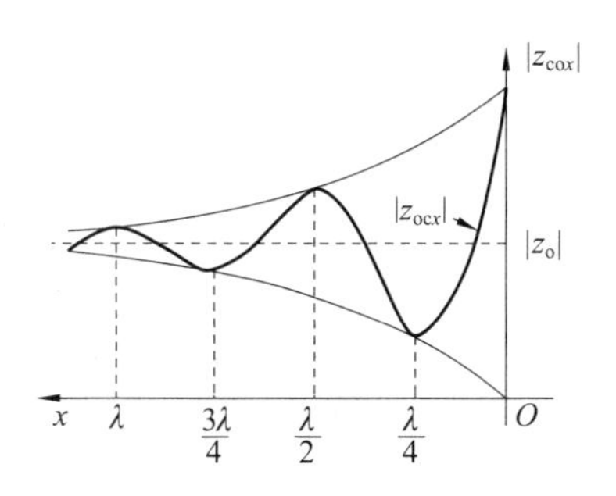

图 17-14 终端开路时传输线的输入阻抗随距离 x 的变化

现在分析终端开路时传输线上电压、电流有效值随 x 的变化规律。为此,将 $\gamma=\alpha+\mathrm{j}\beta$ 代入式(17-87)并将复数变量的双曲函数展开可得

$$\dot{U}_{oc}=\dot{U}_2(\mathrm{ch}\alpha x\,\mathrm{chj}\beta x+\mathrm{sh}\alpha x\,\mathrm{shj}\beta x)=\dot{U}_2(\mathrm{ch}\alpha x\cos\beta x+\mathrm{j}\,\mathrm{sh}\alpha x\sin\beta x)\tag{17-90a}$$

$$\dot{I}_{oc}=\frac{\dot{U}_2}{Z_c}(\mathrm{sh}\alpha x\,\mathrm{chj}\beta x+\mathrm{ch}\alpha x\,\mathrm{shj}\beta x)=\frac{\dot{U}_2}{Z_c}(\mathrm{sh}\alpha x\cos\beta x+\mathrm{j}\,\mathrm{ch}\alpha x\sin\beta x)\tag{17-90b}$$

在式(17-90)中利用了恒等式:$\mathrm{ch}(\mathrm{j}\beta x)=(\mathrm{e}^{\mathrm{j}\beta x}+\mathrm{e}^{-\mathrm{j}\beta x})/2=\cos(\beta x)$ 和 $\mathrm{sh}(\mathrm{j}\beta x)=(\mathrm{e}^{\mathrm{j}\beta x}-\mathrm{e}^{-\mathrm{j}\beta x})/2=\mathrm{j}(\mathrm{e}^{\mathrm{j}\beta x}-\mathrm{e}^{-\mathrm{j}\beta x})/2\mathrm{j}=\mathrm{j}\sin(\beta x)$,由式(17-90)可得线上电压、电流有效值的表示式分别为

$$\begin{aligned}U_{oc}&=U_2\,|(\mathrm{ch}\alpha x\cos\beta x+\mathrm{j}\,\mathrm{sh}\alpha x\sin\beta x)|=U_2\sqrt{\mathrm{ch}^2\alpha x\,\cos^2\beta x+\mathrm{sh}^2\alpha x\,\sin^2\beta x}\\&=U_2\sqrt{\mathrm{ch}^2\alpha x\,\cos^2\beta x+(\mathrm{ch}^2\alpha x-1)\sin^2\beta x}\\&=U_2\sqrt{\mathrm{ch}^2\alpha x-\sin^2\beta x}=U_2\sqrt{\frac{1}{2}(\mathrm{ch}2\alpha x+\cos2\beta x)}\end{aligned}\tag{17-91a}$$

$$\begin{aligned}I_{oc}&=\frac{U_2}{|Z_c|}\,|(\mathrm{sh}\alpha x\cos\beta x+\mathrm{j}\,\mathrm{ch}\alpha x\sin\beta x)|=\frac{U_2}{|Z_c|}\sqrt{\mathrm{sh}^2\alpha x\,\cos^2\beta x+\mathrm{ch}^2\alpha x\,\sin^2\beta x}\\&=\frac{U_2}{|Z_c|}\sqrt{(\mathrm{ch}^2\alpha x-1)\cos^2\beta x+\mathrm{ch}^2\alpha x\,\sin^2\beta x}\\&=\frac{U_2}{|Z_c|}\sqrt{\mathrm{ch}^2\alpha x-\cos^2\beta x}=\frac{U_2}{|Z_c|}\sqrt{\frac{1}{2}(\mathrm{ch}2\alpha x-\cos2\beta x)}\end{aligned}\tag{17-91b}$$

可见,$\mathrm{ch}\gamma x$ 的模 $|\mathrm{ch}\gamma x|=\sqrt{\frac{1}{2}(\mathrm{ch}2\alpha x+\cos2\beta x)}$ 是由两个实变量函数叠加而成,其一是双曲函数 $\mathrm{ch}2\alpha x$,当 x 由 $-\infty\to0$ 时,函数值由 $+\infty\to1$;当 x 由 $0\to+\infty$ 时,函数值由 $1\to+\infty$。其二为余弦函数 $\cos2\beta x$。类似地可以讨论 $\mathrm{sh}\gamma x$ 的模 $|\mathrm{sh}\gamma x|=\sqrt{\frac{1}{2}(\mathrm{ch}2\alpha x-\cos2\beta x)}$ 的情况。

为了作图方便，将式(17-91)两边平方，得出电压、电流有效值的平方为

$$U_{oc}^2=\frac{U_2^2}{2}(\mathrm{ch}2\alpha x+\cos 2\beta x) \tag{17-92a}$$

$$I_{oc}^2=\frac{U_2^2}{2\mid Z_c\mid^2}(\mathrm{ch}2\alpha x-\cos 2\beta x) \tag{17-92b}$$

在图 17-15 中分别绘出了 U_{oc}^2 和 I_{oc}^2 沿线分布曲线。由于 $|\mathrm{ch}\gamma x|^2$ 和 $|\mathrm{sh}\gamma x|^2$ 曲线起伏情况分别与 $\mathrm{ch}\gamma x$ 和 $\mathrm{sh}\gamma x$ 的相似，只是后者变动要小些，因此 U_{oc} 和 I_{oc} 的变化规律与 U_{oc}^2 和 I_{oc}^2 的分别相似，仅波动幅度较小而已。

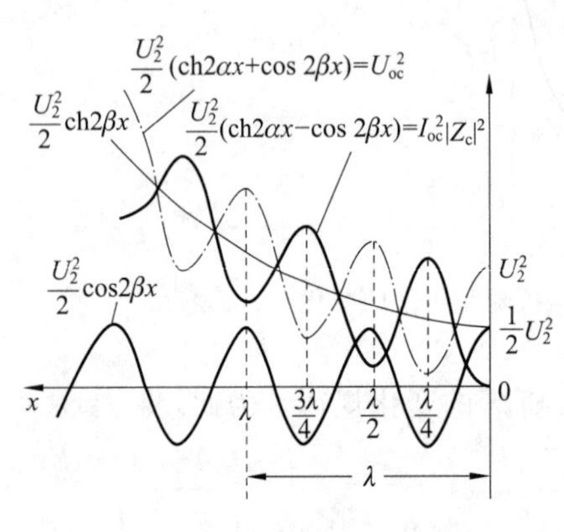

图 17-15　U_{oc}^2 和 I_{oc}^2 的沿线变化曲线

由图 17-15 可见：①由于出于 U_{oc}^2 和 I_{oc}^2 的表达式(17-92a)和(17-92b)中均含有正弦函数项 $\cos 2\beta x$，所以沿线的电压、电流有效值的平方值都是以一条衰减的曲线为中心轴由线路始端到终端按正弦规律分布的；②在 $x=0,\frac{\lambda}{4},\frac{\lambda}{2},\frac{3}{4}\lambda,\lambda,\cdots,\left(\lambda=\frac{2\pi}{\beta}\right)$ 处，U_{oc}^2 和 I_{oc}^2 均出现极值，即它们的极大值和极小值每隔约 $\frac{\lambda}{4}$ 更迭一次，但在 U_{oc}^2 取得极大值处，I_{oc}^2 取得极小值，反之亦然；③电流有效值的总体变化趋势是从始端逐渐减小，在终端处为零。从图 17-15 还可以看到，若线路长度 l 小于 $\frac{\lambda}{4}$(一般电力线均属于这种情况)，则终端开路时，电压的有效值从始端开始逐渐增大，在终端处取得最大值，且远远超过始端处的电压有效值。这种现象称为空载线路的电容效应，在高压输电线路工作时必须加以避免。

【例 17-6】 某三相高压输电线的参数如下：$R_0=0.107\Omega/\mathrm{km}$，$X_0=0.427\Omega/\mathrm{km}$，$B_0=2.66\times10^{-6}\mathrm{S/km}$，$G_0=0$。若始端电压为 151kV，求当终端开路，线路全长为 400km 时，终端电压是多少？

解　根据线路参数求得传播常数为 $\gamma=\sqrt{(R_0+\mathrm{j}X_0)(G_0+\mathrm{j}B_0)}=1.08\times10^{-3}\mathrm{e}^{\mathrm{j}83.81}/\mathrm{km}$，当 $l=400\mathrm{km}$ 时，据此可求得 $\alpha l=1.08\times10^{-3}\cos 83.81°\times400=0.0466$，$\beta l=1.08\times10^{-3}\sin 83.81°\times400=0.43\mathrm{rad}=24.65°$，$\cosh 2\alpha l=\cosh 0.0932=1.004$，$\cos 2\beta l=\cos 49.3°=0.652$。因此，终端相电压的有效值为

$$U_2=\frac{U_1}{\sqrt{\frac{1}{2}(\cosh 2\alpha l+\cos 2\beta l)}}=\frac{151}{\sqrt{\frac{1}{2}(1.004+0.652)}}=165.93(\mathrm{kV})$$

由此可知，当终端开路且线路长度 $l<\frac{1}{4}\lambda$ 时，线路终端电压将高于始端电压。如终端开路传输线的长度等于四分之一个波长即 $l=\frac{1}{4}\lambda$，则沿线电压分布将从线路始端到终端呈现单调上升状态，终端电压将远高于始端电压。这种现象称为空载线路的电容效应，在高压

输电线路运行时必须加以防范和避免。

17.7.3　终端短路时的工作状态

当终端短路时，有$|Z_2|=0$，$\dot{U}_2=0$。因此，由式(17-28)可知距传输线终端x处的电压$\dot{U}_{sc}$、电流$\dot{I}_{sc}$分别为

$$\dot{U}_{sc}=\dot{I}_2 Z_c \mathrm{sh}(\gamma x) \tag{17-93a}$$

$$\dot{I}_{sc}=\dot{I}_2 \mathrm{ch}(\gamma x) \tag{17-93b}$$

由式(17-93)或直接由式(17-74)可以得出此时线路上距终端x处的的输入阻抗为

$$Z_{scx}=\left.\frac{\dot{U}_{sc}}{\dot{I}_{sc}}\right|_{x}=Z_c\frac{\mathrm{sh}(\gamma x)}{\mathrm{ch}(\gamma x)}=Z_c\mathrm{th}(\gamma x) \tag{17-94}$$

由式(17-94)可以得到终端短路时始端处($x=l$)的输入阻抗Z_{scl}为

$$Z_{scl}=\left.\frac{\dot{U}_{sc}}{\dot{I}_{sc}}\right|_{x=l}=Z_c\frac{\mathrm{sh}(\gamma l)}{\mathrm{ch}(\gamma l)}=Z_c\mathrm{th}(\gamma l) \tag{17-95}$$

由式(17-95)也可以得出无限长线($x\to\infty$)的输入阻抗为Z_c。传输线终端短路时其输入阻抗Z_{scx}的模$|Z_{scx}|$随距x的变化曲线如图17-16所示，其中x是距离终端的距离。比较式(17-87)和(17-93)可以看出，由于开路和短路互为对偶连接，故这两种情况下的电压、电流也互为对偶，即电压有效值U_{sc}和电流有效值I_{oc}以及电流有效值I_{sc}和电压有效值U_{oc}沿传输线的分布规律分别相似。类似于分析终端开路时的情况，由式(17-93)可以得出电压、电流有效值平方的表达式为

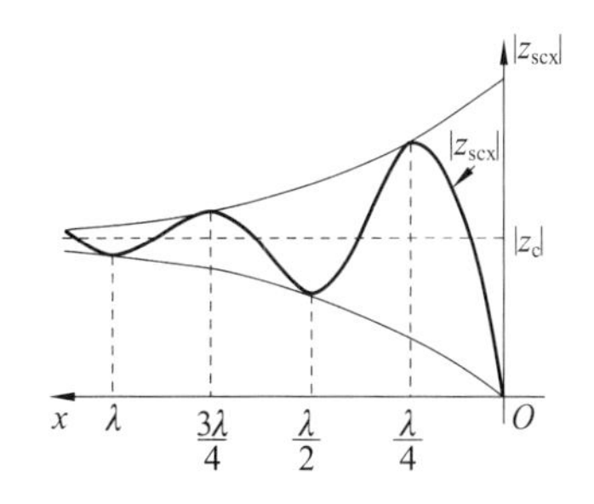

图 17-16　终端短路时传输线的输入阻抗随距离x的变化

$$U_{sc}^2=\frac{1}{2}I_2^2|Z_c|^2(\mathrm{ch}2\alpha x-\cos 2\beta x) \tag{17-96a}$$

$$I_{sc}^2=\frac{1}{2}I_2^2(\mathrm{ch}2\alpha x+\cos 2\beta x) \tag{17-96b}$$

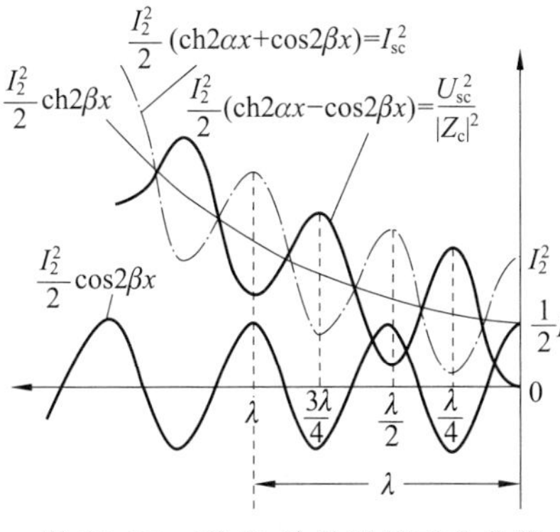

U_{sc}^2、I_{sc}^2距x的变化曲线如图17-17所示，其中x是距离终端的距离。由图17-17可见：①U_{sc}^2和I_{sc}^2沿线变化曲线分别相似于I_{oc}^2和U_{oc}^2的曲线；②电压、电流有效值的总体变化趋势是从始端逐渐减小，在终端处$U_{sc}=0$。从图17-17还可以看到，若线路长度l小于$\lambda/4$，则终端开路时，电流的有效值从始端开始逐渐增大，在终端处取得最大值，且远远超过始端处的电流有效值。这些均是由于开路和短路互为对偶连接，因而这两种连接状态下的电压、电流也互为对偶的缘故。

图 17-17　U_{sc}^2和I_{sc}^2的沿线变化曲线

下面介绍利用终端开路和终端短路实验来确定

均匀传输线的副参数 Z_c、γ 进而确定原参数 R_0、L_0、G_0、C_0 的方法。

由式(17-89)和式(17-95)可以解出

$$Z_c = \sqrt{Z_{ocl}Z_{scl}} \tag{17-97}$$

$$\text{th}\gamma l = \sqrt{Z_{scl}/Z_{ocl}} \tag{17-98}$$

由于

$$\text{th}\gamma l = \frac{\text{sh}\gamma l}{\text{ch}\gamma l} = \frac{e^{\gamma l} - e^{-\gamma l}}{e^{\gamma l} + e^{-\gamma l}} = \frac{e^{2\gamma l} - 1}{e^{2\gamma l} + 1} \tag{17-99}$$

由式(17-99)可得 $e^{2\gamma l} = \dfrac{1+\text{th}\gamma l}{1-\text{th}\gamma l}$,因此有

$$\gamma = \frac{1}{2l}\ln\left(\frac{1+\text{th}\gamma l}{1-\text{th}\gamma l}\right) \tag{17-100}$$

将式(17-98)代入式(17-100)即得

$$\gamma = \frac{1}{2l}\ln\left[\frac{1+\sqrt{Z_{scl}/Z_{ocl}}}{1-\sqrt{Z_{scl}/Z_{ocl}}}\right] \tag{17-101}$$

由此可知,如果在实际中利用空载和短路试验测出了 Z_{ocl} 和 Z_{scl} 便可利用式(17-97)和式(17-101)求出副参数 Z_c、γ。利用 $\gamma = \sqrt{Z_0Y_0} = \sqrt{(R_0+j\omega L_0)(G_0+j\omega C_0)}$ 和 $Z_c = \sqrt{Z_0/Y_0} = \sqrt{(R_0+j\omega L_0)/(G_0+j\omega C_0)}$ 可以得出原参数和副参数的关系为

$$R_0 + j\omega L_0 = \gamma Z_c \tag{17-102}$$

$$G_0 + j\omega C_0 = \frac{\gamma}{Z_c} \tag{17-103}$$

由式(17-102)和式(17-103)可以得出 4 个实数方程从而可以确定原参数 R_0、L_0、G_0、C_0。

【例 17-7】 某三相工频高压输电线,全长 $l=286\text{km}$,当终端开路时,始端线电压 $U_1=23\text{kV}$,$I_1=7\text{A}$(容性),$P_1=58\text{kW}$;当终端短路时,$U'_1=23\text{kV}$,$I'_1=70\text{A}$(感性),$P'_1=580\text{kW}$。求:(1)传播系数和特性阻抗;(2)单相传输线的原参数。

解　(1)终端开路时输入阻抗。$|Z_{oc}| = \dfrac{U_{oc}}{I_{oc}} = \dfrac{23\times10^3/\sqrt{3}}{7} = 1900\Omega$,$\cos\varphi_{oc} = \dfrac{58\times10^3}{\sqrt{3}\times23\times10^3\times7} - 0.208$,$\varphi_{oc}=78°$,$Z_{oc}=1900\angle-78°\Omega$,同理可求得终端短路时的输入阻抗为 $Z_{sc}=190\angle78°\Omega$,因此,由式(17-97)和式(17-101)可以求出

$$Z_c = \sqrt{Z_{ocl}Z_{scl}} = 600\Omega,\quad \gamma = (0.208 + j1.05)\times10^{-3}/\text{km}$$

(2)由式(17-102)和(17-103)可得

$$R_0 + j\omega L_0 = \gamma Z_c = (0.208 + j1.05)\times10^{-3}\times600 = 0.125 + j0.63$$

$$G_0 + j\omega C_0 = \frac{\gamma}{Z_c} = \frac{(0.208 + j1.05)\times10^{-3}}{600} = (0.347 + j1.75)\times10^{-6}$$

因此传输线的原参数为

$$R_0 = 0.125\Omega/\text{km},\quad G_0 = 0.347\text{S/km}$$

$$L_0 = \frac{0.63}{314} = 2\times10^{-3}\text{H/km},\quad C_0 = \frac{1.75\times10^{-6}}{314} = 5.57\times10^{12}\text{F/km}$$

17.7.4　终端接任意负载阻抗

终端接阻抗 Z_2 时的工作状态可由相应的终端开路时的状态和短路时的状态叠加得到。将 $\dot{U}_2 = Z_2\dot{I}_2$ 代入式(17-28)可得

$$\begin{aligned}\dot{U} &= \dot{U}_{oc} + \dot{U}_{sc} = \dot{U}_2 \mathrm{ch}\gamma x + Z_c \dot{I}_2 \mathrm{sh}\gamma x \\ &= \dot{U}_2\left(\mathrm{ch}\gamma x + Z_c \frac{\dot{I}_2}{\dot{U}_2}\mathrm{sh}\gamma x\right) = \dot{U}_2\left(\mathrm{ch}\gamma x + \frac{Z_c}{Z_2}\mathrm{sh}\gamma x\right)\end{aligned} \tag{17-104a}$$

$$\dot{I} = \dot{I}_{oc} + \dot{I}_{sc} = \frac{\dot{U}_2}{Z_c}\mathrm{sh}\gamma x + \dot{I}_2 \mathrm{ch}\gamma x = \dot{I}_2\left(\mathrm{ch}\gamma x + \frac{Z_2}{Z_c}\mathrm{sh}\gamma x\right) \tag{17-104b}$$

显然，式(17-104)所表示的这种叠加成立的条件是这时的 $\dot{U}_2$ 等于终端开路时的 $\dot{U}_2$，这时的 $\dot{I}_2$ 等于终端短路时的 $\dot{I}_2$。

为了将式(17-104)表示为简单的形式，引入复函数 $\mathrm{th}\sigma$，其中 $\sigma=\mu+\mathrm{j}\nu$，μ 和 ν 是实数并且是各自独立变化的。显然，它不同于前面讨论的 $\mathrm{ch}\gamma x$ 和 $\mathrm{sh}\gamma x$，因为后者的实部和虚部都是同一个变量 x 的函数。将 $\mathrm{th}\sigma$ 展开可得

$$\begin{aligned}\mathrm{th}\sigma &= \frac{\mathrm{sh}\sigma}{\mathrm{ch}\sigma} = \mathrm{th}(\mu+\mathrm{j}\nu) = \frac{\mathrm{sh}(\mu+\mathrm{j}\nu)}{\mathrm{ch}(\mu+\mathrm{j}\nu)} \\ &= \frac{\sqrt{\frac{1}{2}(\mathrm{ch}2\mu-\cos 2\nu)}}{\sqrt{\frac{1}{2}(\mathrm{ch}2\mu+\cos 2\nu)}} \mathrm{e}^{\mathrm{j}\left[\arctan\left(\frac{\mathrm{ch}\mu\sin\nu}{\mathrm{sh}\mu\cos\nu}\right)-\arctan\left(\frac{\mathrm{sh}\mu\sin\nu}{\mathrm{ch}\mu\cos\nu}\right)\right]} = |\mathrm{th}\sigma|\mathrm{e}^{\mathrm{j}\psi}\end{aligned}$$

显然，相角 ψ 可以在 $0\sim2\pi$ 范围内取值，而模值 $|\mathrm{th}\sigma| = \sqrt{(\mathrm{ch}2\mu-\cos2\nu)/(\mathrm{ch}2\mu+\cos2\nu)}$ 的取值范围在 $0\sim+\infty$ 内，这是因为其中自变量 μ、ν 是各自独立的，故模值的分子、分母均可在 $0\sim+\infty$ 范围内取值。由于式(17-104)中两个阻抗 Z_c 和 Z_2 的比值是一个复数，该复数的模和辐角的取值范围在 $|\mathrm{th}\sigma|$ 和 ψ 的取值范围内。因此，利用这一对应关系，可以令 $\frac{Z_c}{Z_2}=\mathrm{th}\sigma=\frac{\mathrm{sh}\sigma}{\mathrm{ch}\sigma}$，在 Z_c、Z_2 一定时，$\mathrm{th}\sigma$、$\mathrm{sh}\sigma$、$\mathrm{ch}\sigma$ 均为定值，则(17-104a)变为

$$\begin{aligned}\dot{U} &= \dot{U}_2\left(\mathrm{ch}\gamma x + \frac{\mathrm{sh}\sigma}{\mathrm{ch}\sigma}\mathrm{sh}\gamma x\right) = \frac{\dot{U}_2}{\mathrm{ch}\sigma}(\mathrm{ch}\gamma x\,\mathrm{ch}\sigma + \mathrm{sh}\sigma\mathrm{sh}\gamma x) \\ &= \dot{U}_2\frac{\mathrm{ch}(\gamma x+\sigma)}{\mathrm{ch}\sigma}\end{aligned} \tag{17-105a}$$

同理，式(17-104b)变为

$$\dot{I} = \dot{I}_2\frac{\mathrm{sh}(\gamma x+\sigma)}{\mathrm{sh}\sigma} \tag{17-105b}$$

由式(17-105)可以得出 $\dot{U}$ 和 $\dot{I}$ 的有效值表示式为

$$
\begin{aligned}
U &= \frac{U_2}{|\operatorname{ch}\sigma|}\,|\operatorname{ch}(rx+\sigma)| = \frac{U_2}{|\operatorname{ch}\sigma|}\,|\operatorname{ch}[(\alpha+\mathrm{j}\beta)x+(\mu+\mathrm{j}v)]| \\
&= \frac{U_2}{|\operatorname{ch}\sigma|}\,|\operatorname{ch}[(\alpha x+\mu)+\mathrm{j}(\beta x+v)]| \qquad (17\text{-}106\mathrm{a}) \\
&= \frac{U_2}{|\operatorname{ch}\sigma|}\sqrt{\frac{\operatorname{ch}2(\alpha x+\mu)+\cos 2(\beta x+v)}{2}}
\end{aligned}
$$

$$
I = \frac{I_2}{|\operatorname{sh}\sigma|}[\operatorname{ch}(\alpha x+\mu)-\mathrm{j}(\beta x+v)] = \frac{I_2}{|\operatorname{sh}\sigma|}\sqrt{\frac{\operatorname{ch}2(\alpha x+\mu)-\cos 2(\beta x+v)}{2}} \qquad (17\text{-}106\mathrm{b})
$$

由此可见，终端接有阻抗 Z_2 时，U^2 与 $\operatorname{ch}2(\alpha x+\mu)+\cos 2(\beta x+v)$ 成正比，I^2 与 $\operatorname{ch}2(\alpha x+\mu)-\cos 2(\beta x+v)$ 成正比。图 17-18 表示 U^2、I^2 的沿线变化曲线，它们的形状与终端开路、短路时相应的沿线变化曲线的形状很相似，其主要差别是终端电压 U_2、终端电流 I_2 均不为零。

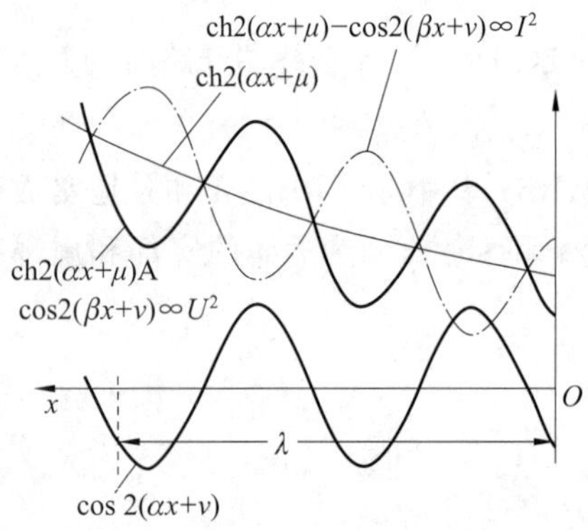

图 17-18　U^2 和 I^2 的沿线变化曲线

由式(17-105)或直接由式(17-74)可得终端接阻抗 Z_2 时线路上距终端 x 处的输入阻抗为

$$
Z_{\mathrm{inx}} = Z_{\mathrm{c}}\operatorname{cth}(\gamma x+\sigma) \qquad (17\text{-}107)
$$

由式(17-107)可以得到终端短路时始端处($x=l$)的输入阻抗 Z_{scl} 为

$$
Z_{\mathrm{scl}} = Z_{\mathrm{c}}\operatorname{th}(\gamma l) \qquad (17\text{-}108)
$$

17.8　无损耗均匀传输线

所谓无损耗均匀传输线，简称无损耗线，就是线上分布的串联电阻 $R_0=0$ 和线间的分布的并联漏电导 $G_0=0$ 的均匀传输线，它是不消耗功率的。实际上，这种传输线是不存在的，只不过若导体材料采用良导体且周围介质是低耗材料，则传输线的损耗相对较小，在分析其传输特性时，可以近视作为无损耗线，而在通信工程中，由于传输线的工作频率较高，故一般有 $\omega L_0 \gg R_0$，$\omega C_0 \gg G_0$，这时若将线路损耗忽略不计即近似认为有 $R_0=0$ 和 $G_0=0$ 而不至于引起较大误差，也就可以将传输线作为无损耗线处理，从而给分析计算带来很大的方便。因此，研究无损耗线有着重要的实际意义。图 17-19 为所示无损耗线上一微段的集中参数电路模型。

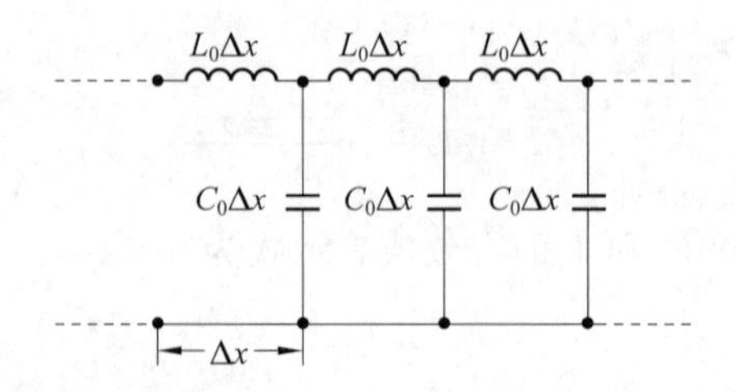

图 17-19　无损耗线上一微段的集中参数电路模型

17.8.1 无损耗线的传播常数和特性阻抗

无损耗线的传播常数和特性阻抗可以在传播常数和特性阻抗的一般定义中令 $R_0=0$ 和 $G_0=0$ 求出。

1. 传播常数

在式(17-49)中令 $R_0=0$ 和 $G_0=0$ 可得无损耗线的传播常数为

$$\gamma=\sqrt{Z_0Y_0}\Big|_{R_0=0,G_0=0}=\sqrt{(R_0+\mathrm{j}\omega L_0)\cdot(G_0+\mathrm{j}\omega C_0)}\Big|_{R_0=0,G_0=0}=\mathrm{j}\omega\sqrt{L_0C_0}=\mathrm{j}\beta \tag{17-109}$$

可见，对于无损耗线，有 $\alpha=0$，$\beta=\omega\sqrt{L_0C_0}$，前者表明无损耗线上的电压、电流在传播过程中其幅度不会衰减；后者说明相移常数与 ω 成正比，则在信号传输时其相位也不会发生畸变。由此可见，使用无损耗线可避免信号传输时产生失真。

无损耗线上波的传播速度即相位速度为

$$v_{\mathrm{p}}=\frac{\omega}{\beta}=\frac{\omega}{\omega\sqrt{L_0C_0}}=\frac{1}{\sqrt{L_0C_0}}\angle 0^\circ \tag{17-110}$$

2. 特性阻抗

在式(17-66)中令 $R_0=0$ 和 $G_0=0$ 可得无损耗线的特性阻抗为

$$Z_{\mathrm{c}}=\sqrt{\frac{Z_0}{Y_0}}\Big|_{R_0=0,G_0=0}=\sqrt{\frac{R_0+\mathrm{j}\omega L_0}{G_0+\mathrm{j}\omega C_0}}\Big|_{R_0=0,G_0=0}=\sqrt{\frac{L_0}{C_0}}\angle 0^\circ \tag{17-111}$$

即这时特性阻抗是一个与频率无关的纯电阻，因此，根据特性阻抗的物理意义（同向行波的电压相量与电流相量之比）可知无损耗线上同向的电压行波和电流行波是同相位的。

17.8.2 正弦稳态下无损耗线方程的定解

在均匀传输线方程的正弦稳态的定解式(17-22)和(17-28)中考虑到 $\gamma=\mathrm{j}\beta$ 可以得到其中 $\mathrm{ch}(\gamma x)$、$\mathrm{sh}(\gamma x)$ 的表示式为

$$\mathrm{ch}(\gamma x)=\mathrm{ch}(\mathrm{j}\beta x)=(\mathrm{e}^{\mathrm{j}\beta x}+\mathrm{e}^{-\mathrm{j}\beta x})/2=\cos(\beta x) \tag{17-112a}$$

$$\mathrm{sh}(\gamma x)=\sin(\mathrm{j}\beta x)=(\mathrm{e}^{\mathrm{j}\beta x}-\mathrm{e}^{-\mathrm{j}\beta x})/2=\mathrm{j}(\mathrm{e}^{\mathrm{j}\beta x}-\mathrm{e}^{-\mathrm{j}\beta x})/2\mathrm{j}=\mathrm{j}\sin(\beta x) \tag{17-112b}$$

因此，可以得出无损耗线方程电压相量、电流相量的定解表示式。

1. 已知始端电压相量为 $\dot{U}(0)=\dot{U}_1$、电流相量为 $\dot{I}(0)=\dot{I}_1$ 时的定解

将式(17-112)代入式(17-22)即可得出这时无损耗线方程的正弦稳态定解，即

$$\dot{U}=\dot{U}_1\cos(\beta x)-\mathrm{j}Z_{\mathrm{c}}\dot{I}_1\sin(\beta x) \tag{17-113a}$$

$$\dot{I}=-\mathrm{j}\frac{\dot{U}_1}{Z_{\mathrm{c}}}\sin(\beta x)+\dot{I}_1\mathrm{ch}(\beta x) \tag{17-113b}$$

式中，x 的起点为线路始端。

2. 已知终端电压相量为 $\dot{U}(l)=\dot{U}_2$、电流相量为 $\dot{I}(l)=\dot{I}_2$ 时的定解

将式(17-112)代入式(17-28)便可得出这时无损耗线方程的正弦稳态定解，即

$$\dot{U}=\dot{U}_2\cos(\beta x)+\mathrm{j}Z_c\dot{I}_2\sin(\beta x) \tag{17-114a}$$

$$\dot{I}=\mathrm{j}\frac{\dot{U}_2}{Z_c}\sin(\beta x)+\dot{I}_2\cos(\beta x) \tag{17-114b}$$

式中，x 的起点为线路终始端。将式(17-112)代入式(17-74)可以得到正弦稳态下无损线上从距终端 x 处向终端看进去的输入阻抗的一般表示式为

$$\begin{aligned}Z_{\mathrm{inx}}&=\frac{\dot{U}}{\dot{I}}=\frac{\dot{U}_2\cos(\beta x)+\mathrm{j}Z_c\dot{I}_2\sin(\beta x)}{\mathrm{j}\frac{\dot{U}_2}{Z_c}\sin(\beta x)+\dot{I}_2\cos(\beta x)}=\frac{Z_2\cos(\beta x)+\mathrm{j}Z_c\sin(\beta x)}{\mathrm{j}\frac{\dot{U}_2}{Z_c}\sin(\beta x)+\dot{I}_2\cos(\beta x)}\\&=Z_c\frac{Z_2\cos(\beta x)+\mathrm{j}Z_c\sin(\beta x)}{\mathrm{j}Z_2\sin(\beta x)+Z_c\cos(\beta x)}=Z_c\frac{Z_2+\mathrm{j}Z_c\tan(\beta x)}{Z_c+\mathrm{j}Z_2\tan(\beta x)}\\&=\frac{Z_2+\mathrm{j}Z_c\tan(\beta x)}{1+\mathrm{j}\frac{Z_2}{Z_c}\tan(\beta x)}\end{aligned} \tag{17-115}$$

由于 $\tan(\beta x-n\pi)=\tan(\beta x)$，$n=0,1,2,\cdots$，所以式(17-115)满足

$$Z_{\mathrm{inx}}\left(x-\frac{\lambda}{2}n\right)=Z_{\mathrm{inx}}(x) \tag{17-116}$$

即入端阻抗每隔半个波长重复出现一次或者说它具有 $\lambda/2$ 的重复性。由式(17-115)可得从无损线始端处向终端看进去的输入阻抗为

$$Z_{\mathrm{inl}}=\frac{Z_2+\mathrm{j}Z_c\tan\beta l}{1+\mathrm{j}\frac{Z_2}{Z_c}\tan\beta l} \tag{17-117}$$

17.8.3　无损耗线终端接有不同类型负载时的工作状态

本节讨论无损耗线上电压、电流的分布规律或分布状态即无损耗线的工作状态，它决定于终端反射系数，即取决于终端负载和传输线的特性阻抗。因此，根据终端接入阻抗 Z_2 的情况，无损耗线有三种工作状态：(1)行波状态或无反射工作状态(反射系数 $N=0$)；(2)纯驻波状态或全反射工作状态(反射系数的模值 $|N|=1$)；(3)行驻波状态或部分反射工作状态(反射系数 $0<|N|<1$)，前两者为极端情况，第三者为一般工作状态。

为了分析问题的方便，这里仍将传输线的终端作为计算距离 x 的起点，即采用以终端电压 $\dot{U}_2$ 和终端电流 $\dot{I}_2$ 表示的均匀传输线上电压、电流的相量式(17-114)来进行讨论。

1. 行波状态

与有耗均匀传输线一样，当无耗均匀传输线是无限长或其终端接有等于线路的特性阻抗的负载时，反射系数为零，电源传送给负载的能量将被负载完全吸收，而无反射(反射波为零)，此时传输效率最高，称无损耗线工作于行波状态，或者说无损耗线与负载处于匹配状态。

根据式(17-27)可以得出当负载 $Z_2=Z_c$ 时即行波状态下距终端 x 处的电压和电流相量的表示式为

$$\dot{U}=\frac{1}{2}(\dot{U}_2+Z_c\dot{I}_2)e^{\gamma x}=\frac{1}{2}\dot{U}_2\left(1+\frac{Z_c}{Z_2}\right)e^{j\beta x}=\dot{U}_2e^{j\beta x} \tag{17-118a}$$

$$\dot{I}=\frac{1}{2Z_c}(\dot{U}_2+Z_c\dot{I}_2)e^{\gamma x}=\frac{\dot{I}_2}{2}\left(1+\frac{Z_c}{Z_2}\right)e^{j\beta x}=\dot{I}_2e^{j\beta x} \tag{17-118b}$$

为了分析问题简便,设终端电压 $\dot{U}_2$ 为参考,即有 $\dot{U}_2=U_2\angle 0°$,则对应的瞬时表示式为 $u_2=\mathrm{Im}[\sqrt{2}\dot{U}_2e^{j\omega t}]=\sqrt{2}U_2\sin(\omega t)$,则由式(17-116)可得此时无损耗线上距终端 x 处电压、电流的时间函数表示式为

$$u(x,t)=\mathrm{Im}[\sqrt{2}\dot{U}e^{j\omega t}]=\sqrt{2}\,U_2\sin(\omega t+\beta x) \tag{17-119a}$$

$$i(x,t)=\mathrm{Im}[\sqrt{2}\dot{I}e^{j\omega t}]=\sqrt{2}\,\frac{U_2}{|Z_c|}\sin(\omega t+\beta x) \tag{17-119b}$$

由于式(17-119)中的 x 的起点为线路终端,故此时线上的电压、电流均只有一个幅值不衰减且由线路始端向终端行进的正向行波即入射波,而无反射波存在。线上各处的电压与电流是同相的,各处电压的有效值相等,各处电流的有效值也相等,且都分别等于终端负载的电压有效值 U_2、电流有效值 I_2。电压、电流处处同相,其相位随 x 的减小而连续滞后。

由式(17-115)可知,工作在行波状态下的传输线从距终端 x 处向终端看进去的输入阻抗为

$$Z_{\mathrm{inx}}=\frac{\dot{U}}{\dot{I}}=Z_c\frac{Z_2+jZ_c\tan(\beta x)}{jZ_2\tan(\beta x)+Z_c}=Z_c=\sqrt{\frac{L_0}{C_0}} \tag{17-120}$$

式(17-120)表明线路上任一处的输入阻抗均为同一常数,且恒等于负载阻抗即特性阻抗(纯电阻)。

图 17-20 是行波状态下无损耗线上电压的瞬时状态、电压和电流的有效值以及特性阻抗沿线的分布图。

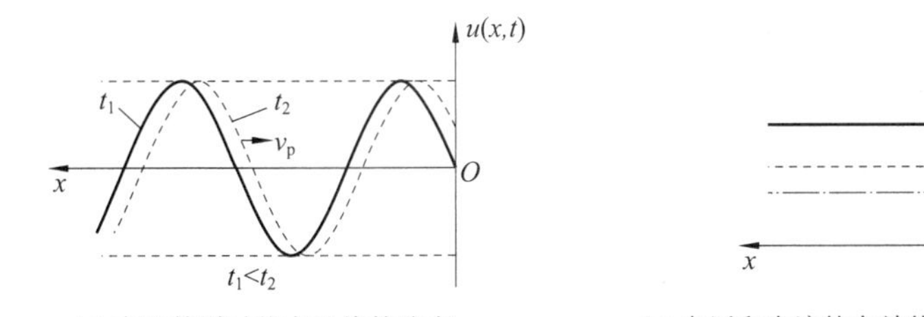

(a) 电压的瞬时状态沿线的分布　　(b) 电压和电流的有效值以及特性阻抗沿线的分布

图 17-20　行波电压的瞬时状态、行波电压和电流的有效值以及特性阻抗沿线的分布图

【例 17-8】 某无损耗线位于空气介质中,其线长 $l=4.5\mathrm{m}$,特性阻抗为 300Ω。始端接一内阻 $R_0=100\Omega$ 的正源电压源,其电压有效值为 10V,频率为 100MHz。试计算当终端接以 300Ω 的电阻时距始端 1m 处的电压、电流分布。

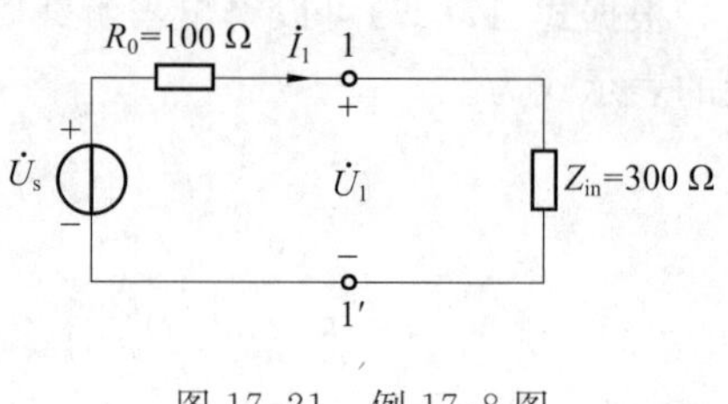

图 17-21　例 17-8 图

解　在空气介质中，无损耗线的相速近似为3×10^8 m/s，所以波长为$\lambda=\frac{v_p}{f}=\frac{3\times10^8}{10^8}=3$(m)，终端负载电阻为$Z_2=R_2=300\Omega$，与无损耗线的特性阻抗相等，无损耗线处于匹配状态，故而线路任意处的输入阻抗均等于特性阻抗，即$Z_{in}=Z_c=300\Omega$。以电压源电压为参考相量，始端电压，利用图 17-21 所示的集中参数等效电路可以求出始端电压$\dot{U}_1$和电流$\dot{I}_1$分别为

$$\dot{U}_1=\frac{Z_{in}}{R_0+Z_{in}}\times\dot{U}_S=\frac{300}{400}\times10\angle0^\circ=7.5\angle0^\circ(\mathrm{V}),\quad \dot{I}_1=\frac{\dot{U}_1}{Z_{in}}=\frac{7.5\angle0^\circ}{300}=0.025\angle0^\circ(\mathrm{A})$$

由于终端接特性阻抗的无损耗线上处处电压有效值相同，电流有效值相同，所以终端电压和电流有效值分别为$U_2=U_1=7.5\mathrm{V}$，$I_2=I_1=0.025\mathrm{A}$。角频率、相位常数可以求出为

$$\omega=2\pi f=2\pi\times10^8\,\mathrm{rad/m},\quad \beta=\frac{\omega}{v_p}=\frac{2\pi\times10^8}{3\times10^8}=\frac{2\pi}{3}\mathrm{rad/m},\quad \beta l=\frac{2\pi}{3}\times4.5=3\pi\mathrm{rad}$$

所以，由式(17-118)可得

$$\dot{U}_1=\dot{U}_2\mathrm{e}^{\mathrm{j}\beta l}=\dot{U}_2\mathrm{e}^{\mathrm{j}3\pi}=\dot{U}_2\mathrm{e}^{\mathrm{j}(2\pi+\pi)}=\dot{U}_2\mathrm{e}^{\mathrm{j}\pi}\mathrm{V},\quad \dot{I}_1=\dot{I}_2\mathrm{e}^{\mathrm{j}\beta l}=\dot{I}_2\mathrm{e}^{\mathrm{j}3\pi}=\dot{I}_2\mathrm{e}^{\mathrm{j}(2\pi+\pi)}=\dot{I}_2\mathrm{e}^{\mathrm{j}\pi}\mathrm{A}$$

因此，可得$\dot{U}_2=\dot{U}_1\mathrm{e}^{-\mathrm{j}\pi}=7.5\mathrm{e}^{-\mathrm{j}\pi}V$，$\dot{I}_2=\dot{I}_1\mathrm{e}^{-\mathrm{j}\pi}=0.025\mathrm{e}^{-\mathrm{j}\pi}A$ 于是距始端$x=1$m 即距终端$(4.5-1)=3.5$m 处的电压和电流相量分别为

$$\dot{U}\,|_{x=3.5\mathrm{m}}=\dot{U}_2\mathrm{e}^{\mathrm{j}\beta x}=7.5\mathrm{e}^{-\mathrm{j}\pi}\cdot\mathrm{e}^{\mathrm{j}\frac{2}{3}\pi\times3.5}=7.5\mathrm{e}^{\mathrm{j}\frac{4}{3}\pi}\mathrm{V},\quad \dot{I}\,|_{x=3.5\mathrm{m}}=\dot{I}_2\mathrm{e}^{\mathrm{j}\beta x}=0.025\mathrm{e}^{\mathrm{j}\frac{4}{3}\pi}\mathrm{A}$$

于是，可得距始端$x=1m$处电压电流分布分别为

$$u=7.5\sqrt{2}\sin\left(\omega t+\frac{4}{3}\pi\right)\mathrm{V},\quad i=0.025\sqrt{2}\sin\left(\omega t+\frac{4}{3}\pi\right)\mathrm{A}$$

2. 驻波状态

现在讨论无损耗线在终端阻抗不匹配时所产生的一种特殊工作状态即驻波状态，这时终端分别为开路、短路以及接有纯电抗负载。

1) 终端开路时的驻波状态

在终端开路(即空载)时，有$\dot{I}_2=0$，$|Z_2|=\infty$。因此，由式(17-114)可得此时线上任一处电压相量和电流相量分别为

$$\dot{U}_{oc}=\dot{U}_2\cos(\beta x)=\dot{U}_2\cos\left(\frac{2\pi}{\lambda}x\right)\tag{17-121a}$$

$$\dot{I}_{oc}=\mathrm{j}\frac{\dot{U}_2}{Z_c}\sin(\beta x)=\mathrm{j}\frac{\dot{U}_2}{Z_c}\sin\left(\frac{2\pi}{\lambda}x\right)\tag{17-121b}$$

仍设终端电压$\dot{U}_2$为参考相量，即有$\dot{U}_2=U_2\angle0^\circ$，则对应的瞬时表示式为$u_2=\mathrm{Im}[\sqrt{2}\dot{U}_2\mathrm{e}^{\mathrm{j}\omega t}]=\sqrt{2}U_2\sin(\omega t)$，则由式(17-121)可得此时无损耗线上任意一处电压、电流的时间函数式为

$$u_{oc}(x,t)=\mathrm{Im}[\sqrt{2}\dot{U}_{oc}\mathrm{e}^{\mathrm{j}\omega t}]=\sqrt{2}U_2\cos(\frac{2\pi}{\lambda}x)\sin(\omega t)\tag{17-122a}$$

$$i_{oc}(x,t)=\mathrm{Im}[\sqrt{2}\dot{I}_{oc}e^{j\omega t}]=\sqrt{2}\frac{U_2}{|Z_c|}\sin\left(\frac{2\pi}{\beta}x\right)\sin\left(\omega t+\frac{\pi}{2}\right)=\sqrt{2}\frac{U_2}{|Z_c|}\sin\left(\frac{2\pi}{\beta}x\right)\cos(\omega t) \tag{17-122b}$$

由式(17-122)可知，与行波的瞬时表示式不同，这两个电压、电流瞬时表示式中 $\sin(\omega t)$ 和 $\sin\left(\omega t+\frac{\pi}{2}\right)$ 的相位角均与 x 无关，即随着时间 t 的增长，电压和电流的波形不沿 $\pm x$ 方向移动，这种波形称之为驻波。

式(17-122)表明，对于终端开路的无损耗线，在沿线任一确定点($u_{oc}(x,t)$ 或 $i_{oc}(x,t)$ 恒为零值处除外)，电压与电流均随时间按正(余)弦规律变化且在时间相位上相差 $\pi/2$(电流比电压超前 $\pi/2$)。在一个波长 λ 内，当 $0\leqslant x\leqslant\frac{\lambda}{4}$，$\frac{\lambda}{2}\leqslant x\leqslant\frac{3\lambda}{4}$ 时，$\sin\beta x$ 和 $\cos\beta x$ 同号，电流的相位超前于电压 90°，而当 $\frac{\lambda}{4}\leqslant x\leqslant\frac{\lambda}{2}$，$\frac{3\lambda}{4}\leqslant x\leqslant\lambda$ 时，$\sin\beta x$ 和 $\cos\beta x$ 异号，电流的相位滞后于电压 90°；在任一确定时刻($u_{oc}(x,t)$ 或 $i_{oc}(x,t)$ 沿线均为零值的时刻除外)，电压和电流沿线按余(正)弦规律分布且在空间相位上也相差 $\pi/2$(电压比电流超前 $\pi/2$)。当 $\omega t_1=0$ 时，线上各点电压均为零，而电流的模值 $|i_{oc}(x,t)|$ 则达到各点的最大值，为 $\sqrt{2}\frac{U_2}{|Z_c|}\left|\sin\left(\frac{2\pi}{\beta}x\right)\right|$，当 t 逐渐增大，在 $0<\omega t<\pi/2$ 范围内，线上各点电压的模值 $|u_{oc}(x,t)|$ 逐渐增大，而电流的模值 $|i_{oc}(x,t)|$ 逐渐减小；当 $\omega t_4=\pi/2$ 时，线上各点电压的模值达到该点的最大值，为 $\sqrt{2}U_2\left|\cos\left(\frac{2\pi}{\lambda}x\right)\right|$，而各点电流均为零；当 t 继续增大，在 $\pi/2<\omega t<\pi$ 范围内，线上各点电压的模值逐渐减小，而电流的模值逐渐增大；当 $\omega t_5=\pi$ 时，线上各点电压均为零，各点电流的模值达到该点的最大值。

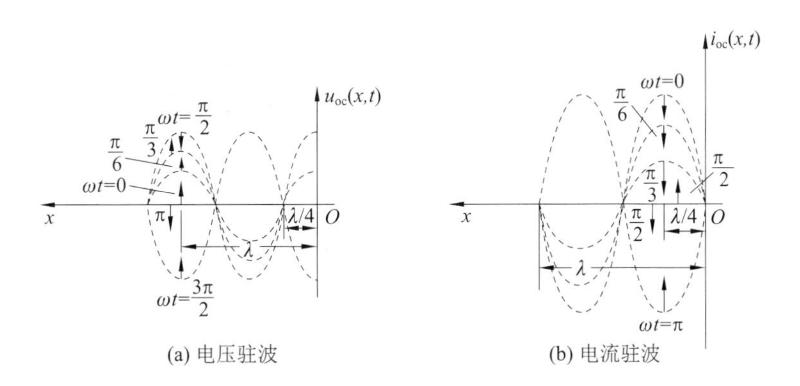

图 17-22 终端开路的无损耗线上电压、电流在不同时刻的沿线分布

图 17-22(a)、(b)分别给出了 $u_{oc}(x,t)$、$i_{oc}(x,t)$ 在不同确定时刻的沿线分布曲线，其中 x 的起点是线路终端。由该图可见，终端开路的无损耗线上的电压、电流沿线按正弦规律分布，并且正弦波的幅值、零点所处的位置固定不变，仅幅值或有效值的大小随时间不断变化。这种正弦电压和电流的沿线分布曲线虽然是波状曲线，但均随时间 t 的增长并不沿 x 方向

移动而是作原地上下振动即幅值随时间作正弦变化，不存在随时间变化，等相位点向前推移这种行波的典型特征，即沿线各点电压和电流均呈现停驻不动的波状分布即驻波分布。

由式(17-122)可见，由于满足$\frac{2\pi}{\lambda}x=k\pi$，即在离开终端距离为

$$x=k\frac{\lambda}{2}=(2k)\frac{\lambda}{4}\quad(k=0,1,2,\cdots)$$

的各点处，有$\cos(\beta x)=\pm1$，$\sin(\beta x)=0$，所以这些点处的电压的有效值或幅值总是沿线电压分布中的极值(最大或最小)，称之为电压驻波的波腹(wave loop)，而这些点处的电流的有效或幅值恒为沿线电流分布中的零值，称之为电流驻波的波节(wave node)，而由于满足$\frac{2\pi}{\lambda}x=(2k+1)\frac{\pi}{2}$，即在与终端距离为

$$x=(2k+1)\frac{\lambda}{4}\quad(k=0,1,2,\cdots)$$

的各点处，有$\cos(\beta x)=0$，$\sin(\beta x)=\pm1$，所以这些点处的电压的有效值或幅值总是沿线电压分布中的零值，称之为电压驻波的波节(wave node)，而这些点处的电流的有效或幅值恒为沿线电流分布中的极值(最大或最小)，称之为电流驻波的波腹(wave loop)。这就是说，驻波的极值处称为波腹，零值处称为波节。电压的波腹和电流的波节位置相同，反之亦然，即电压、电流在x轴上的相位差为$\lambda/4$。

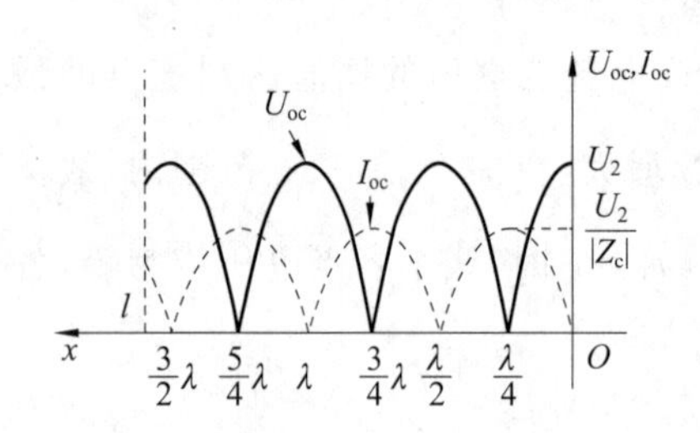

图 17-23　终端开路的无损耗线上电压、电流有效值的沿线分布

由式(17-121)绘出电压有效值$U_2\left|\cos\left(\frac{2\pi}{\lambda}x\right)\right|$、电流有效值$\frac{U_2}{|Z_c|}\left|\sin\left(\frac{2\pi}{\lambda}x\right)\right|$的沿线分布曲线，如图17-23所示。可以看出：(1)两个相邻的波节或波腹的距离为$\lambda/2$，两个相邻的电压与电流波节或波腹的距离为$\lambda/4$；(2)在$\cos(\beta x)$大于或小于零的空间半波长内，式(17-121a)中$\dot{U}_{oc}$的幅角与x无关，这表明相邻两个波节之间的电压是同相位的，同理，式(17-121b)表明相邻两个波节之间的电流也是同相位的。

利用积化和差公式可以将式(17-122a)和(17-122b)分别改写为

$$u_{oc}(x,t)=\frac{\sqrt{2}}{2}U_2[\sin(\omega t+\beta x)+\sin(\omega t-\beta x)]\tag{17-123a}$$

$$i_{oc}(x,t)=\frac{\sqrt{2}U_2}{2|Z_c|}[\sin(\omega t+\beta x)-\sin(\omega t-\beta x)]\tag{17-123b}$$

式中的两项分别为幅值不衰减(无损)的反射波和入射波，这说明由于终端开路时，反射系数$N_2=1$，所以不衰减的入射波在终端受到全反射且无符号变化，使得反射波成为一个与入射波幅值相等、行进方向相反而又不衰减的行波。因此可知驻波的形成是由两个等速等幅且不衰减而反向行进的正弦行波即入射波和反射波相叠加的结果。由此可见，形成驻波的条件是无损线且在终端全反射($|N_2=1|$)。驻波与行波的区别在于驻波在其传播的过程中，它的沿线分布不随时间t的增长沿x轴方向传播，仅仅上下摆动，其波腹和波节的位置均固

定不变、只是振幅随时间按正弦规律变化。驻波只是时间的函数并非空间的函数，而行波既是时间的函数又是空间的函数，因此，随着时间的增长，它会不断地向某一方向传播。

终端开路的无损线上距终端 x 处向终端看去的输入阻抗 Z_{ocin} 可以在式(17-115)中令 $|Z_2|=\infty$ 求出为

$$Z_{ocin}=\frac{\dot{U}_{oc}}{\dot{I}_{oc}}=-\mathrm{j}Z_c\cot(\beta x)=-\mathrm{j}Z_c\cot\left(\frac{2\pi}{\lambda}x\right)=\mathrm{j}X_{ocin} \tag{17-124a}$$

或

$$Z_{ocin}=-\mathrm{j}Z_c\tan\left(\beta x+\frac{\pi}{2}\right)=\mathrm{j}Z_c\tan\beta\left(x+\frac{\lambda}{4}\right) \tag{17-124b}$$

式中，$X_{ocin}=-Z_c\cot\left(\frac{2\pi}{\lambda}x\right)$。由于无损耗线的 Z_c 为纯电阻，因而终端开路的无损耗线上任一处向终端看去的输入阻抗 Z_{ocin} 均为纯电抗性(感抗或容抗)的。这与式 (17-121)所表示的终端开路的无损线上电压 $\dot{U}_{oc}$ 与电流 $\dot{I}_{oc}$ 的相位差为 $\pm 90°$ 是一致的。由于输入阻抗为纯电抗，因此终端开路的无损耗线只起储存能量的作用。显然，Z_{ocin} 的性质和量值取决于线上距离 x 和频率(波长)，即决定于余切函数 $\cot\left(\frac{2\pi}{\lambda}x\right)$。由于该函数是以 π 为周期的函数，故而输入阻抗 Z_{ocin} 的电抗性变化在空间距离上也呈周期性，周期为 $x=\pi/\beta=\lambda/2$。因此，在 $0<x<\lambda/4$ 处，$X_{ocin}<0$，$Z_{ocin}=-\mathrm{j}|X_{ocin}|$，输入电抗为容性电抗，故无损耗线可以等效为一个电容；在 $\lambda/4<x<\lambda/2$ 处，$X_{ocin}>0$，$Z_{ocin}=\mathrm{j}X_{ocin}$，输入电抗为感性电抗，故无损耗线可以等效为一个电感，以后每隔 $\lambda/4$，输入电抗的性质就会改变一次，也就会有对应的等效电容或电感，即在 $k\lambda/2<x<(2k+1)\lambda/4(k=0,1,2,\cdots)$ 区间，输入电抗为容性电抗；$(2k+1)\lambda/4<x<(k+1)\lambda/2(k=0,1,2,\cdots)$ 区间，输入电抗为感性电抗；在 $x=k\lambda/2=(2k)\lambda/4(k=0,1,2,\cdots)$ 即电流驻波的波节(电压驻波的波腹)处，输入电抗 $X_{ocin}=\infty$，$|Z_{ocin}|=\infty$，无损线相当于开路，故可以等效一个 LC 并联谐振回路，在 $x=(2k+1)\lambda/4(k=0,1,2,\cdots)$ 即电压驻波的波节(电流驻波的波腹)处，输入电抗 $X_{ocin}=0$，$Z_{ocin}=0$，无损耗线相当于短路(功率 $p_x=u_xi_x=0$)，故可以等效一个 LC 串联谐振回路。这表明，输入电抗沿线按上述规律以 $\lambda/2$ 长度为周期重复变化，而且每隔 $\lambda/4$ 长度电抗性质发生改变一次，即感抗变容抗或容抗变感抗。于是，从终端开路的无损耗线上任意 x 处开始到终端均可以用对应的集中参数电抗元件或它们的串、并联来等效替代，从而可以将无损耗线电路等效为集中参数电路。终端开路的无损耗线上输入电抗的沿线变化情况如图 17-24 所示。

此外，适当选择线路长度 l，在始端可以得到任意值的电感或电容，即可以将终端开路的无损耗线作成具有各种电抗值的电抗元件。

终端开路的无损耗线上任意一处输入或等效阻抗的纯电抗性质，表明通过线上任一处传输的平均功率均为零，显然，这是无损耗线的无损耗性质以及终端不存在消耗功率的负载(终端开路)的必然结果。但就瞬时功率而言，由于在任何瞬时只有在电压波节处的电压及电流波节处的电流恒为零(见图 17-23)，因此波节处的瞬时功率恒为零，而在线上的其余处，瞬时功率一般并不等于零。这表明相邻的电压波节处与电流波节之间的能量被封闭于本线段即长度为 $\lambda/4$ 的范围内，而不能与其他线段内的能量进行交换，即能量不能通过任一

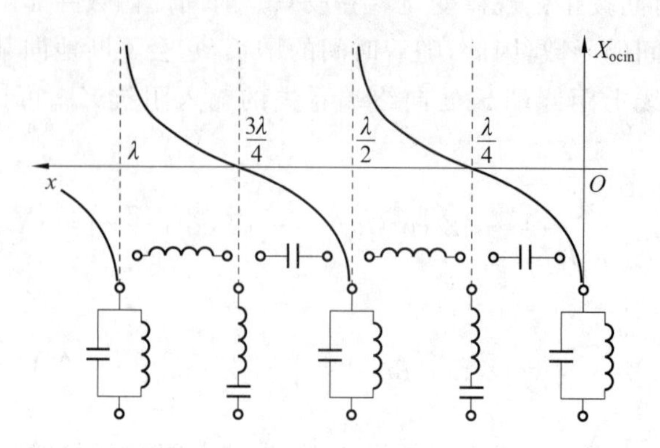

图 17-24　终端开路的无损耗线上输入电抗的沿线变化

波节由一段线路向另一段线路传递，亦即驻波不传输功率，然而在每个电压波节与电流波节之间的 $\lambda/4$ 长度的范围内，瞬时功率并非恒等于零，存在着如同谐振回路那样的电场能量与磁场能量不断相互转化的过程。因此，若传输线上出现驻波，则无能量即有功功率传输至终端负载。通常只有电压和电流行波才能传输有功功率。由于终端开路的无损耗线上电压驻波与电流驻波在时间上具有 $\pi/2$ 的相位差，因此线上传输的是无功能量。

【例 17-9】 某无损耗线位于空气介质中，其长度 $l=13\text{m}$，特性阻抗 $Z_c=346.4\Omega$。在始端接一内阻为 $R_0=150\Omega$、空载电压(有效值)为 5V、频率为 100MHz 的正弦交流电源。线路终端开路。①以电源电压向量为参考相量，求传输线始端电压相量 $\dot{U}_1$、电流相量 $\dot{I}_1$ 和终端电压相量 $\dot{U}_2$；②绘出电压、电流有效值的沿线分布图。

解　①对于空气中的无损线，其相速近似等于光速。因此可求出波长 λ 和 βl 分别为

$$\lambda=\frac{v_p}{f}=\frac{3\times10^8}{100\times10^6}=3\text{m},\quad \beta l=\frac{2\pi}{\lambda}l=\frac{2\pi}{3}\times13=8\,\frac{2}{3}\pi\ \text{rad}$$

线路始端输入阻抗、电流相量以及电压相量分别为

$$Z_1=-\text{j}Z_c\cot\beta l=-\text{j}346.4\times\cot\left(\frac{2}{3}\pi\right)=\text{j}200(\Omega)$$

$$\dot{I}_1=\frac{5\angle0^\circ}{150+\text{j}200}=20\angle-53.1^\circ(\text{mA})$$

$$\dot{U}_1=\text{j}200\times0.02\angle-53.1^\circ=4\angle36.9^\circ(\text{V})$$

根据 $\dot{I}_1=\text{j}(\dot{U}_2/Z_c)\sin\beta l$ 可求得

$$\dot{U}_2=-\text{j}\,\frac{\dot{I}_1Z_c}{\sin(2\pi/3)}=-\text{j}\,\frac{0.02\angle-53.1^\circ\times346.4}{0.866}=8\angle-143.1^\circ(\text{V})$$

② 根据终端开路无损耗线的电压、电流相量关系式(17-121)可得电压、电流有效值沿线分布情况如图 17-25 所示。线长 $l=13\text{m}=4\,\frac{1}{3}\lambda$。图 17-25 中，有

$$\lambda=3\text{m},\quad U_{\max}=U_2=8\text{V},\quad I_{\max}=\frac{U_2}{Z_c}=\frac{8}{346.4}=23(\text{mA})$$

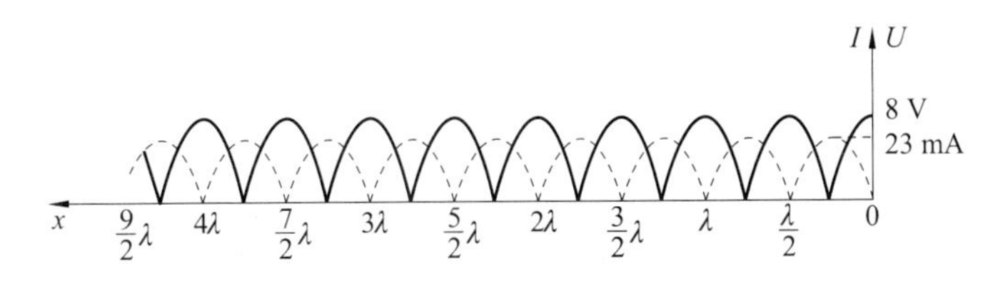

图 17-25　例 17-9 图

2）终端短路时的驻波状态

在终端短路时，有 $Z_2=0,\dot{U}_2=0$，因此由式(17-114)可得此时线上距终端 x 处的电压相量和电流相量分别为

$$\dot{U}_{sc}=\mathrm{j}Z_c\dot{I}_2\sin(\beta x)=\mathrm{j}Z_c\dot{I}_2\sin\left(\frac{2\pi}{\lambda}x\right)\tag{17-125a}$$

$$\dot{I}_{sc}=\dot{I}_2\cos(\beta x)=\dot{I}_2\cos\left(\frac{2\pi}{\lambda}x\right)\tag{17-125b}$$

设终端电流 $\dot{I}_2$ 为参考相量，即有 $\dot{I}_2=I_2\angle0°$，则对应的瞬时表示式为 $u_2=\mathrm{Im}[\sqrt{2}\dot{I}_2\mathrm{e}^{\mathrm{j}\omega t}]=\sqrt{2}I_2\sin(\omega t)$，则由式(17-125)可得此时无损耗线上任意一处电压、电流的时间函数式为

$$u_{sc}(x,t)=\mathrm{Im}[\sqrt{2}\dot{U}_{sc}\mathrm{e}^{\mathrm{j}\omega t}]=\sqrt{2}Z_cI_2\sin(\frac{2\pi}{\lambda}x)\sin\left(\omega t+\frac{\pi}{2}\right)=\sqrt{2}Z_cI_2\sin\left(\frac{2\pi}{\lambda}x\right)\cos(\omega t)\tag{17-126a}$$

$$i_{sc}(x,t)=\mathrm{Im}[\sqrt{2}\dot{I}_{sc}\mathrm{e}^{\mathrm{j}\omega t}]=\sqrt{2}I_2\cos\left(\frac{2\pi}{\lambda}x\right)\sin(\omega t)\tag{17-126b}$$

由式(17-126)可知，与终端开路时的情况相似，此时无损耗上出现的电压波 $u_{sc}(x,t)$ 和电流波 $i_{sc}(x,t)$ 在任一瞬时均按正弦规律沿线分布，亦为驻波。电压驻波的波节和电流驻波的波腹位于离开终端距离为 $x=k\frac{\lambda}{2}=(2k)\frac{\lambda}{4}(k=0,1,2,\cdots)$ 的位置，电压驻波的波腹和电流驻波的波节则位于离开终端距离为 $x=(2k+1)\frac{\lambda}{4}(k=0,1,2,\cdots)$ 的位置，电压的波节和电流的波腹位置相同，反之亦然。显然，此时电压与电流的沿线分布或驻波的波腹和波节的位置相对于终端开路时的恰好相差 $\lambda/4$ 的距离。图 17-26(a)、(b)分别给出了 $u_{sc}(x,t)$、$i_{sc}(x,t)$ 在不同时刻的沿线分布曲线，图 17-27 中则绘出了电压有效值 $I_2Z_c\left|\sin\left(\frac{2\pi}{\lambda}x\right)\right|$、电流有效值 $I_2\left|\cos\left(\frac{2\pi}{\lambda}x\right)\right|$ 的沿线分布曲线，其中 x 的起点是线路终端。

利用积化和差公式可以将式(17-126)改写为

$$u_{sc}(x,t)=\frac{\sqrt{2}}{2}Z_cI_2[\sin(\omega t+\beta x)-\sin(\omega t-\beta x)]\tag{17-127a}$$

$$i_{sc}(x,t)=\frac{\sqrt{2}I_2}{2}[\sin(\omega t+\beta x)+\sin(\omega t-\beta x)]\tag{17-127b}$$

式(17-127)同样说明此时的驻波也是幅值相同的入射波（正向行波）和反射波（反向行

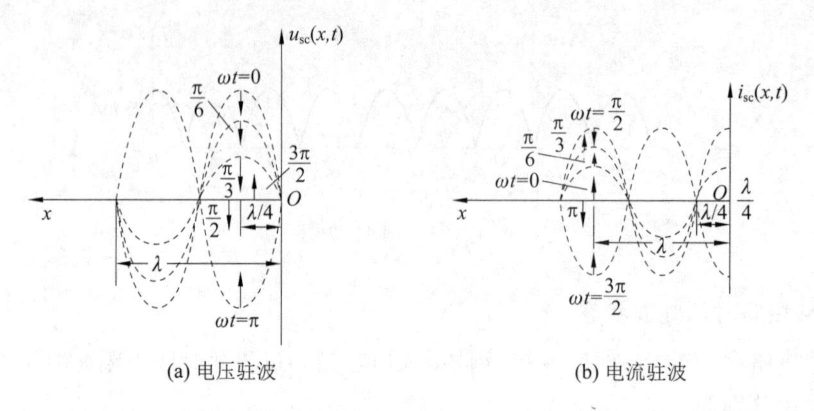

(a) 电压驻波　　(b) 电流驻波

图 17-26　终端短路的无损耗线上电压、电流在不同时刻的沿线分布

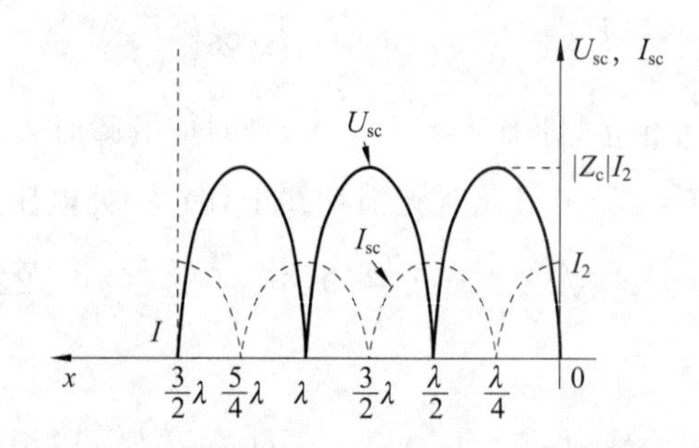

图 17-27　终端短路的无损耗线上电压、电流有效值的沿线分布

波)相叠加的结果(终端反射系数 $N_2=-1$)。

终端短路的无损耗线上距终端 x 处向终端看去的输入阻抗 Z_{sc} 可以在式(17-115)中令 $Z_2=0$ 求出为

$$Z_{scin}=\frac{\dot{U}_{sc}}{\dot{I}_{sc}}=\mathrm{j}Z_c\tan(\beta x)=\mathrm{j}Z_c\tan\left(\frac{2\pi}{\lambda}x\right)=\mathrm{j}X_{scin} \tag{17-128}$$

式中，$X_{scin}=Z_c\tan\left(\frac{2\pi}{\lambda}x\right)$。因此终端短路的无损耗线上任一处向终端看去的输入阻抗 Z_{scin} 也均为纯电抗性(感抗或容抗)的。由于输入阻抗为纯电抗，因此终端短路的无损线也只起储存能量的作用。显然，纯电抗的性质和量值亦取决于线上距离 x 和频率(波长)，即决定于正切函数 $\tan\left(\frac{2\pi}{\lambda}x\right)$，由于此函数是以 π 为周期的函数，故而输入阻抗 Z_{scin} 的电抗性质在空间距离上也呈周期性变化，周期为 $x=\frac{\lambda}{2}$。显然，在距终端相同距离处，终端短路的无损线与终端开路的无损耗线的输入电抗的性质相反，即在终端短路的无损耗线上。在 $0<x<\lambda/4$ 处，$X_{sc}>0$，输入电抗 $Z_{scin}=\mathrm{j}X_{scin}$ 为感性电抗，故无损耗线可等效为一电感，在 $\lambda/4<x<\lambda/2$ 处，$X_{sc}<0$，输入电抗 $Z_{scin}=-\mathrm{j}|X_{scin}|$ 为容性电抗，故无损耗线可等效为一电容，以后每

隔 $\lambda/4$，输入电抗的性质就会改变一次，也就会有对应的等效电抗，即在 $k\frac{\lambda}{2}<x<(2k+1)\frac{\lambda}{4}(k=0,1,2,\cdots)$ 区间，输入电抗为感性电抗；在 $(2k+1)\frac{\lambda}{4}<x<(k+1)\frac{\lambda}{2}(k=0,1,2,\cdots)$ 区间，输入电抗为容性电抗，而在 $x=k\frac{\lambda}{2}=2k\frac{\lambda}{4}(k=0,1,2,\cdots)$ 即电压驻波的波节(电流驻波的波腹)处，输入电抗 $X_{\text{scn}}=0$，$Z_{\text{scin}}=0$，无损耗线相当于短路(功率 $p_x=u_x i_x=0$)，故可以等效一个 LC 串联谐振回路；在 $x=(2k+1)\frac{\lambda}{4}(k=0,1,2,\cdots)$ 即电流驻波的波节(电压驻波的波腹)处，输入电抗 $X_{\text{scin}}=\infty$，$|Z_{\text{scin}}|=\infty$，无损耗线相当于开路，故可以等效为一个 LC 并联谐振回路。终端短路的无损耗线上输入电抗的沿线变化情况如图 17-28 所示。同样也可以将终端短路的无损耗线做成具有各种电抗值的电抗元件。

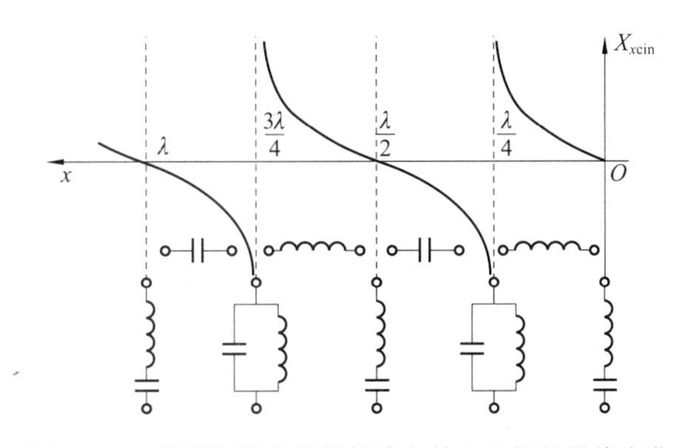

图 17-28 终端短路的无损耗线上输入电抗的沿线变化

比较终端开路与短路的无损耗线上电压、电流瞬时值的分布以及任意处输入阻抗值的分布图，可以发现，它们对应有相似之处，两者沿线分布相差 $\frac{\lambda}{4}$ 长度。只要将图 17-26 、图 17-28 中从 $\lambda/4$ 到终端去掉，剩下部分即为图 17-22、图 17-28，这并非一种巧合，而是一种必然，因为在终端短路的情况下，可以将 $x=\lambda/4$ 处到终端等效为一个并联谐振电路，这种电路的阻抗为 ∞，即是开路。对照终端短路的情况则可以看出，若将终端开路的无损耗线也从终端开始去掉 $\lambda/4$ 的长度，再将终端短路，线路工作情况不变，即它就可以用一条终端短路的无损耗线来等效(也就是短了 $\lambda/4$ 长度的终端短路无损耗线)，或者短路无损耗线可用延长 $\frac{\lambda}{4}$ 的开路无损耗线代替，不会影响原短路无损耗线的工作状态。

【例 17-10】 某空气中的无损耗传输线长 $l=7\text{m}$，其特性阻抗 $Z_c=100\Omega$，始端接有正弦电压源 $u_s=3\sqrt{2}\sin 10^8\pi t$ V，试求该无损耗传输线在终端短路情况下线上电压、电流有效值的沿线分布及其分布图。

解 对于空气中的无损线，其相速近似等于光速，故相位常数为

$$\beta=\frac{2\pi}{\lambda}=\frac{2\pi}{v_p/f}=\frac{2\pi}{3\times10^8/50\times10^6}=\frac{\pi}{3}(\text{rad/s})$$

当终端短路时，有$\dot{U}_2=0$。始端的输入阻抗为$Z_{in}=jZ_c\tan(\beta x)=j100\sqrt{3}\Omega$。因此，可求出始端电流相量为$\dot{I}_1=\dfrac{\dot{U}_1}{Z_{in}}=\dfrac{3\angle 0°}{j100\sqrt{3}}=-j17.3\text{mA}$，根据距终端$x$处的电压、电流表达式(17-125)可知，当$x=7\text{m}$时，终端电流相量为

$$\dot{I}_2=\frac{\dot{I}_1}{\cos\beta x}=\frac{\dot{I}_1}{\cos\frac{7\pi}{3}}=\frac{-j17.3}{\cos\frac{7\pi}{3}}=-j34.6(\text{mA})$$

由式(17-125)可知线上距终端x处的电压相量和电流相量分别为

$$\dot{U}=j100(-j34.6\times 10^{-3})\sin\beta x=3.46\sin\beta x\ \text{V},\quad \dot{I}=-j34.6\cos\beta x\ \text{mA}$$

对应的时间函数表达式为

$$u(x,t)=3.46\sqrt{2}\sin\frac{\pi}{3}x\sin\omega t\ \text{V},\quad i(x,t)=34.6\sqrt{2}\cos\frac{\pi}{3}x\sin\left(\omega t-\frac{\pi}{2}\right)\text{mA}$$

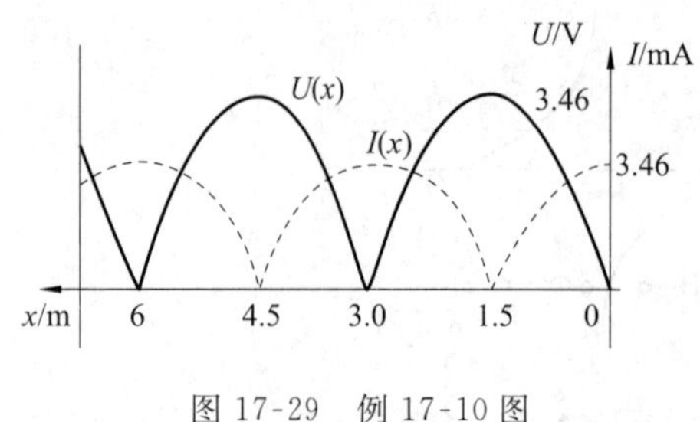

图 17-29　例 17-10 图

电压、电流有效值分别为$U=\left|3.46\sin\frac{\pi}{3}x\right|\text{V}$，$I=\left|34.6\cos\frac{\pi}{3}x\right|\text{mA}$。电压、电流有效值沿线分布如图 17-29 所示。

由图 17-29 可以看出，无损耗线上电压u、电流i呈驻波分布，即电压、电流振幅为最大和为零的点都出现在固定位置。如，在$x=1.5\text{m}$，4.5m处，电压u振幅最大，是波腹，而电流i振幅为零，是波节；在$x=3\text{m}$，6m处，电流i振幅最大，是波腹，电压u振幅为零，是波节。

3）有限长终端开路和终端短路无损耗线的实际应用

尽管终端开路和终端短路的无损耗线并不能用来传输能量和信息，但是由于它们在这种工作状态下其输入阻抗所具有的电抗特性，使得它们在高频和超高频电信技术中获得了较为广泛的应用，例如，在波长较短的电信设备中就常用终端开路或终端短路的无损耗线作为电容或电感元件使用。

(1)终端开路的无损耗线作为电容元件使用。

终端开路的无损耗线上任一处的输入阻抗均为一纯电抗且随线路长度的变化而呈现为一容抗或感抗，在电流波节处该电抗为无穷大，等效于开路，而在电压波节处该电抗为零，等效于短路。这些性质使其在实际中可以作为一容抗、感抗或谐振回路来利用。例如，对于终端开路的无损耗线来说，长度l小于$\lambda/4$的由于其输入阻抗为一容抗，故可以作为电容元件使用，长度在$\lambda/4$和$\lambda/2$之间的则由于其输入阻抗为一感抗，故可以作为电感元件使用。当用作电容元件使用时，若已知所需容抗为X_c，则应用式(17-124a)可以求得此时线路的长度为

$$l_c=\frac{\lambda}{2\pi}\text{arccot}\left(\frac{X_c}{Z_c}\right)\tag{17-129}$$

式中，$\text{arccot}\left(\dfrac{X_c}{Z_c}\right)$的单位应为弧度，且$0<\text{arccot}\left(\dfrac{X_c}{Z_c}\right)<\dfrac{\pi}{2}$。

从经济的角度考虑，会用长度小于$\lambda/4$的终端短路的无损耗线来代替一段$\lambda/4<l<\lambda/2$

的终端开路的无损耗线作为电感使用。

【例 17-11】 某无损耗线的原始参数 $L_0=2.2\times10^{-6}\text{H/m}$，$C_0=5.05\times10^{-12}\text{F/m}$，其波长 $\lambda=20\text{m}$，线长 $l=100\text{m}$。试求：①波阻抗 Z_c，相位常数 β 和波速 υ_p；②当终端接一个100pF的电容时，电压波和电流波距终端最近的波腹的位置。

解 ①所求波阻抗，相位常数和波速分别为

$$Z_c=\sqrt{\frac{L_0}{C_0}}=\sqrt{\frac{2.2\times10^{-6}}{5.05\times10^{-12}}}\approx660\Omega,\quad \beta=\frac{2\pi}{\lambda}=\frac{2\pi}{20}=0.314(\text{rad/m})$$

$$\upsilon_p=\frac{\omega}{\beta}=\frac{\omega}{\omega\sqrt{L_0C_0}}=\frac{1}{\sqrt{L_0C_0}}=\frac{1}{\sqrt{2.2\times10^{-6}\times5.05\times10^{-12}}}=3\times10^8(\text{m/s})$$

② 为求波腹位置可以用一段终端开路的无损耗线代替终端所接电容 C，再根据终端开路的特点找出波腹所在位置。以一段其长度小于 $\frac{\lambda}{4}$ 的终端开路的无损耗线代替 C 所得电路如图17-30中下部分图所示。终端负载为一纯电抗，其值为

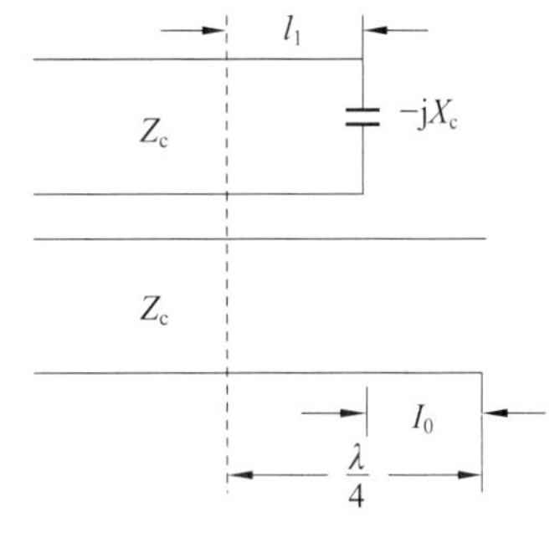

图 17-30 例 17-11 图

$$Z_2=-\text{j}\frac{1}{\omega C}=-\text{j}\frac{1}{2\pi fC}=-\text{j}\frac{1}{2\pi\frac{\upsilon_p}{\lambda}C}$$

$$=-\text{j}\frac{1}{2\pi\frac{3\times10^8}{20}\times100\times10^{-12}}$$

$$=-\text{j}106.1(\Omega)$$

线长 l_0 为

$$l_0=\frac{\lambda}{2\pi}\text{arccot}\frac{X_c}{Z_c}=\frac{20}{2\pi}\text{arccot}\frac{106.1}{660}$$

$$=3.183\times80.87^\circ=3.183\times80.87^\circ\times\frac{\pi}{180}=4.492(\text{m})$$

这样，就等同于把原来的无损耗线延长了 l_0 后并开路，与原电路等效。而终端开路的无损耗线距终端 $\frac{\lambda}{4}$ 处出现第一个电流波腹，这点在原线路中的位置为

$$l_1=\frac{\lambda}{4}-l_c=\frac{20}{4}-4.492=0.508(\text{m})$$

终端开路的无损耗线距终端 $\frac{\lambda}{2}$ 处出现第一个电压波腹，所以原线路中该点位置为

$$l_2=\frac{\lambda}{2}-4.492=\frac{20}{2}-4.492=5.508(\text{m})$$

此外，还可以直接利用式(17-136)得出电压和电流的波腹。

(2)终端短路的无损耗线的一些实际应用。

作为电感元件使用。由于长度 l 小于 $\lambda/4$ 的终端短路无损耗线的输入阻抗为一感抗，故可作为电感元件使用。若已知所需感抗为 X_L，则应用式(17-128)可以求得此时线路的长度为

$$l_L = \frac{\lambda}{2\pi}\arctan\left(\frac{X_L}{Z_c}\right) \tag{17-130}$$

式中，$\arctan\left(\frac{X_L}{Z_c}\right)$的单位应为弧度，且 $0<\arctan\left(\frac{X_L}{Z_c}\right)<\frac{\pi}{2}$。同理，不会用一段$\lambda/4<l<\lambda/2$的终端短路无损耗线作为电容使用。

由于当频率较高时，常用的电感线圈或电容器已经不可能作为电感元件或电容元件使用工作，因而，这种替代方法就显得非常重要。

【例 17-12】 空气绝缘的电缆线的特性阻抗 $Z_c=50\Omega$，终端短路，工作频率为 300MHz。问这个电缆最短的长度应等于多少才能使其输入阻抗相当于：①一个 0.025μH 的电感？②一个 10pF 的电容？

解　相位常数 β、感抗 X_L 和 X_c 分别为

$$\beta = \frac{\omega}{v_p} = \frac{2\pi\times 300\times 10^6}{3\times 10^8} = 2\pi(\text{rad/m})$$

$$X_L = \omega L = 2\pi\times 3\times 10^8\times 0.025\times 10^{-6} = 47.12(\Omega)$$

$$X_c = \frac{1}{\omega C} = \frac{1}{2\pi\times 300\times 10^6\times 10\times 10^{-12}} = 53.05(\Omega)$$

① 相当于一个 0.025 μH 电感时最短的长度为

$$l_L = \frac{\lambda}{2\pi}\arctan\left(\frac{X_L}{Z_c}\right) = \frac{1}{\beta}\arctan\left(\frac{X_L}{Z_c}\right) = \frac{1}{2\pi}(\arctan 0.9428)\times\frac{\pi}{180^\circ}\approx 0.12(\text{m})$$

② 相当于一个 10pF 电容时最短的长度为

$$l_C = \frac{1}{\beta}\left[\arctan\left(\frac{-X_c}{Z_c}\right)\right]\times\frac{\pi}{180^\circ} = \frac{1}{\beta}(\pi - 46.7^\circ)\times\frac{\pi}{180^\circ} = 0.37(\text{m})$$

即对于终端短路的无损耗线，长度 $l<\frac{\lambda}{4}$相当于电感，而$\frac{\lambda}{4}<l<\frac{\lambda}{2}$方可等效为电容。

长度为 $\lambda/4$ 的终端短路的无损耗线的实际应用。由式(17-128)可知，当 $x=\lambda/4$ 时，终端短路的无损耗线的输入阻抗$|Z_{\text{scin}}|=\infty$。这一性质使长度为 $\lambda/4$ 的终端短路的无损耗线在高频电信工程等中获得重要应用。

长度为 $\lambda/4$ 的终端短路的无损耗线用作高频电路的金属绝缘支撑（支撑绝缘子）。显然，任何传输线达到一定的长度就需要绝缘支撑。然而在高频下，普通的支撑绝缘子由于其绝缘介质中有很大的功率损耗而失去作用，这时可以采用如图 17-31 所示的 $\lambda/4$ 长的终端短路的金属杆作为高频传输线路的支撑绝缘子，其缘由就在于此种无损耗线的输入阻抗$|Z_{\text{scin}}|$极大（理想情况下为无穷大），相当于一个并联谐振电路，实际几乎不消耗功率，因而能够很好地支撑高频传输线。

长度为 $\lambda/4$ 的终端短路的无损耗线用于测量传输线上的电压分布。实际中还可以按图 17-32 所示，在 $\lambda/4$ 长的无损耗线的末端连接一个毫安表来测量均匀传输线上任意处的电压。由于电流表内阻很小，接于 $\lambda/4$ 长的无损耗线末端，则形成终端短路的无损耗线，对于这套测量装置而言，由式(17-125a)可得终端短路的无损耗线始端电压 $\dot{U}_1$ 和终端电流 $\dot{I}_2$ 的关系为

$$\dot{U}_1\big|_{a\text{-}a'} = jZ_c\dot{I}_2\sin\left(\frac{2\pi}{\lambda}x\right)\bigg|_{x=\lambda/4} = jZ_c\dot{I}_2\sin\left(\frac{\pi}{2}\right) = jZ_c\dot{I}_2 \tag{17-131}$$

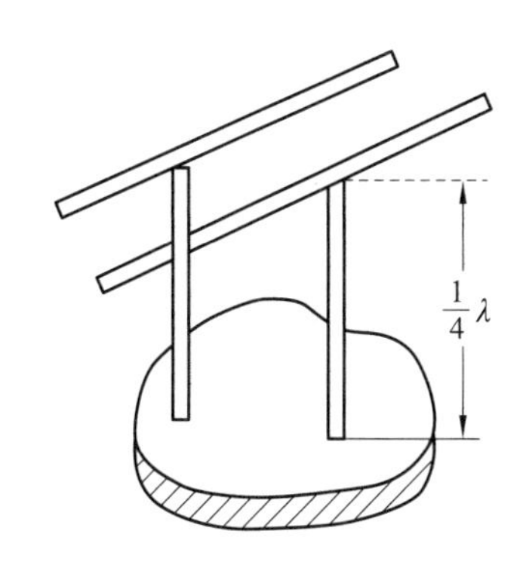

图 17-31 λ/4 长的终端短路的无损耗线用作“绝缘子”

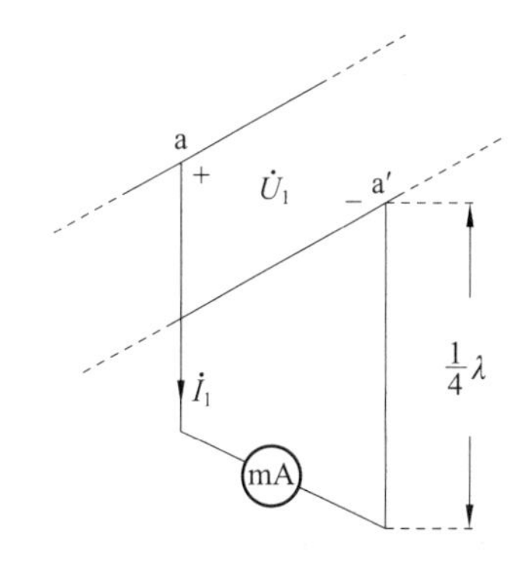

图 17-32 λ/4 长的终端短路的无损耗线用于测量传输线上任一处的电压

因此，由毫安表读数便由式求出传输线上任一处 a 与 a' 之间的电压 $\dot{U}_1$。由于 λ/4 长的终端短路的无损耗线的输入端阻抗极大，所以这一测量装置对线路的工作状态影响甚微。若改用一般电压表直接测量，则会因电压表内阻（远非无穷大）的影响而降低测量的准确性。

显然，终端开路无损耗线的输入阻抗为无穷大时其最短的线路长度也需要 λ/2，故不及 λ/4 长的终端短路无损耗线应用于上述相应场合的经济性好。

长度为 λ/4 的无损耗线作为阻抗变换器。λ/4 长的无损耗线还可以作为一个双口网络用于阻抗变换和阻抗匹配。因为根据式(17-115)，长度为 λ/4 的无损耗线终端接有负载阻抗 Z_2 时的输入阻抗为

$$\begin{aligned} Z_{\text{inx}} &= Z_c \left.\frac{Z_2 + \mathrm{j}Z_c\tan(\beta x)}{Z_c + \mathrm{j}Z_2\tan(\beta x)}\right|_{x=\frac{\lambda}{4}} \\ &= Z_c \frac{Z_2 + \mathrm{j}Z_c\tan\left(\frac{2\pi}{\lambda}\cdot\frac{\lambda}{4}\right)}{Z_c + \mathrm{j}Z_2\tan\left(\frac{2\pi}{\lambda}\cdot\frac{\lambda}{4}\right)} = Z_c \frac{Z_2 + \mathrm{j}Z_c\tan\left(\frac{\pi}{2}\right)}{Z_c + \mathrm{j}Z_2\tan\left(\frac{\pi}{2}\right)} \end{aligned} \tag{17-132a}$$

由于 $\tan\left(\frac{\pi}{2}\right)=\infty$，于是可得

$$Z_{\text{inx}} = \frac{Z_c^2}{Z_2} \tag{17-132b}$$

由式(17-132b)可知，输入阻抗与负载阻抗成反比。因此，λ/4 长的无损耗线相当于一个阻抗变换器，它可以将高阻抗变换为低阻抗，反之亦然。显然，阻抗的高低是相对于无损线的特性阻抗 Z_c 而言的。

由于 λ/4 长的无损耗线可以进行阻抗变换，故而可以用作接在传输线和负载之间的匹配元件，实现阻抗匹配。设无损线的特性阻抗 Z_{c1}，它向一阻抗为 $Z_2=R_2(Z_2\neq Z_{c1})$ 即一纯电阻负载供电。若要使无损线工作在匹配状态下，则应在无损线的终端与负载 Z_2 之间插入一段长度为 λ/4 的无损耗线，如图 17-33 所示。设插入无损耗线的特性阻抗为 Z_c，根据匹配的定义，应有 $Z_{\text{inx}}=Z_{c1}$，于是根据式(17-132b)可以求出此 λ/4 长无损耗线的特性阻抗应为 $Z_c=\sqrt{Z_{c1}Z_2}$。由此可知，经过所接入的 λ/4 长无损耗线的阻抗变换，将原来的负载阻抗

$Z_2=R_2$ 变成了 $Z_c^2/Z_2=Z_{c1}$，从而实现了特性阻抗为 Z_{c1} 的无损耗线的终端负载匹配。利用 $\lambda/4$ 长的无损耗线也可以对复数阻抗的负载进行匹配。

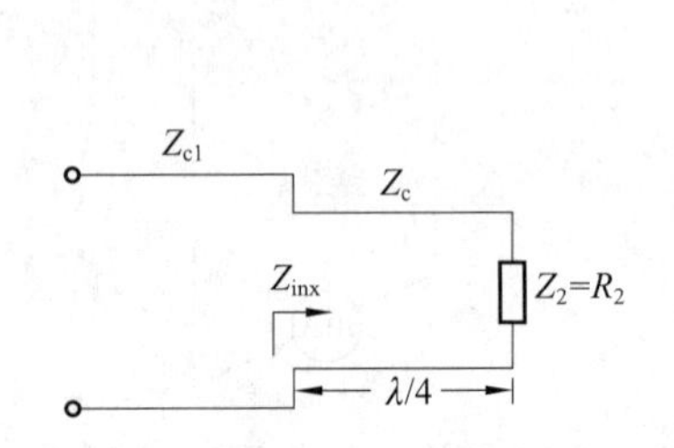

图 17-33　$\lambda/4$ 长的无损耗线作为阻抗变换器实现阻抗匹配

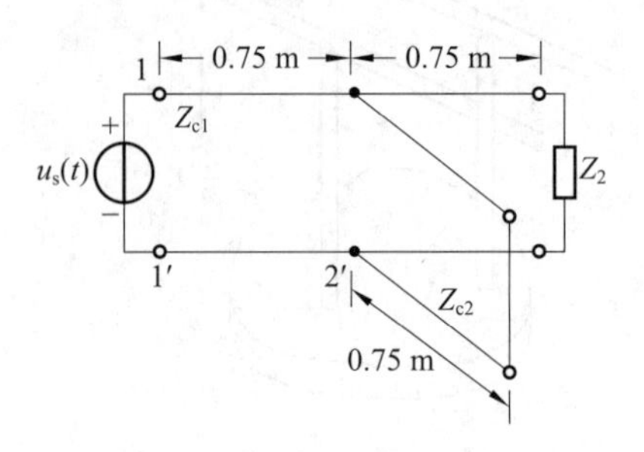

图 17-34　例 17-13 图

【例 17-13】　已知空气中的无损耗线的长度为 1.5m。特性阻抗 $Z_{c1}=100\Omega$，相速 $\upsilon_p=3\times10^8$ m/s，终端负载阻抗 $Z_2=10\Omega$，在距终端 0.75m 处接有另一特性阻抗 $Z_{c2}=100\Omega$，长度为 0.75m 且终端短路的无损耗均匀传输线，如图 17-34 所示。始端所接正弦电压源电压 $u_s(t)=10\sqrt{2}\sin2\times10^8\pi t$V，试求始端电流 i_1(t)。

解　空气介质中无损线的波长为 $\lambda=\frac{\upsilon_p}{f}=10^{-8}\times3\times10^8=3$(m)。由此可知，在 2-2′端口连接的特性阻抗为 Z_{c2} 的无损线的长度 0.75m 恰好为 $\lambda/4$，由于其终端短路，因此从 2-2′端口向该短路线看进去的输入阻抗 $|Z_{scin}|=\infty$，这表明此短路无损耗线相当于开路，其连接与否对于特性阻抗为 Z_{c1} 的无损耗线的工作状况毫无影响，因此刻意不予考虑。

对于特性阻抗为 Z_{c1} 的传输线的后半段，其长度正好是 $\lambda/4$。由于 $\lambda/4$ 长度的无损耗线均具有阻抗变换器的作用，故从 2-2′端口向终端看进去的输入阻抗为 $Z_{in22'}=\frac{Z_{c1}^2}{Z_2}=\frac{100^2}{10}=1000\Omega$。

从 2-2′端口到 1-1′端口即电源所在处的无损耗线的长度也是 $\lambda/4$，它亦具有阻抗变换器的作用，因此从 11′端向终端看的输入阻抗为 $Z_{in11'}=Z_{c1}^2/Z_{in22'}=100^2/1000=10\Omega$，于是，电源处即 11′端口的电流为 $\dot{I}_1=\dot{U}_s/Z_{in11'}=\frac{1}{10}\times10\angle0°=1\angle0°$A。所求的始端电流为

$$i_1(t)=\sqrt{2}\sin2\times10^8\pi t\text{A}$$

此外，也可以直接利用式(17-115)计算出 $Z_{in11'}$(式中取 $Z_c=Z_{c1}$，$x=1.5$m，$\beta=\omega/\upsilon_p=2\times10^8\pi/3\times10^8=\frac{2\pi}{3}$rad/m)，再算出 $\dot{I}_1$ 和 $i_1(t)$，特别是对于其长度不是 $\lambda/4$ 无损线因而无法应用前述输入阻抗公式的情况。

【例 17-14】　有三对传输线在同一对端点相连接，如图 17-35 所示。设第一对线上向连接点入射的行波功率为 P_1^+，且设第二对线和第三对线均工作于匹配状态，即不考虑波进入第二对线和第三对线后的反射，问：在连接点处反射回第一对线的功率是多少？进入第二对线和第三对线的入射功率是多少？

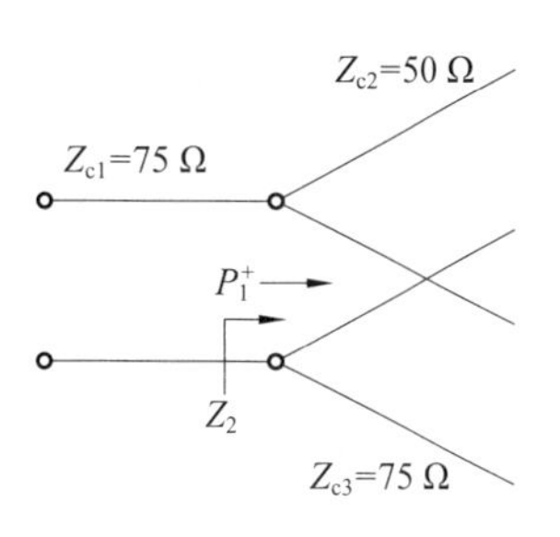

图 17-35 例 17-14 图

解 ①求第一对线的反射功率。设在连接点处的电压，电流分别为

$$N=\frac{\dot{U}^-}{\dot{U}^+}=\frac{\dot{I}^-}{\dot{I}^+},\quad \dot{U}_1=\dot{U}_1^++\dot{U}_1^-,\quad \dot{I}_1=\dot{I}_1^++\dot{I}_1^-$$

由于第二对线和第三对线工作于匹配状态即线上均无反射波，则该两对线在连接点处的输入阻抗均分别应等于其波阻抗，因此连接点处第一对线的等效负载阻抗应是这两个波阻抗的并联，即

$$Z_2=\frac{Z_{c2}Z_{c3}}{Z_{c2}+Z_{c3}}=\frac{50\times75}{50+75}=30(\Omega)$$

第一对线终端的反射系数即连接处的反射系数为

$$N=\frac{Z_2-Z_{c1}}{Z_2+Z_{c1}}=\frac{30-75}{30+75}=-\frac{3}{7}$$

因 $U_1^-=NU_1^+$，$I_1^-=NI_1^+$，则在连接点处反射回第一对线的功率为

$$P_1^-=U_1^-I_1^-=N^2U_1^+I_1^+=N^2P_1^+=\frac{9}{49}P_1^+$$

②求进入第二对线和第三对线上的入射功率。设连接点处进入第二对线和第三对线的电流分别为$\dot{I}_2^+$ 和$\dot{I}_3^+$，则有 $I_2^+=\dfrac{U_1}{Z_{c2}}$，$I_3^+=\dfrac{U_1}{Z_{c3}}$。这两对线在连接点处的入射功率分别为 $P_2^+=U_1I_2^+=\dfrac{U_1^2}{Z_{c2}}$，$P_3^+=U_1I_3^+=\dfrac{U_1^2}{Z_{c3}}$。因此可得

$$\frac{P_2^+}{P_3^+}=\frac{Z_{c2}}{Z_{c3}}=\frac{50}{75}=\frac{1}{1.5}$$

根据功率守恒定律有 $P_1^+=\mathrm{P}_2^++P_3^+-P_1^-$，因此可得

$$P_2^++P_3^+=P_1^+-\mathrm{P}_1^-=P_1^+-\frac{9}{49}P_1^+=\frac{40}{49}P_1^+$$

联立求解上述两式，可得 $P_2^+=\dfrac{24}{49}P_1^+$，$P_3^+=\dfrac{16}{49}P_1^+$。

③求终端接纯电抗负载时的驻波状态。当无损耗线终端接以纯电抗负载即 $Z_2=\pm\mathrm{j}X_2$ $(X_2>0)$时，有 $\dot{U}_2=\pm\mathrm{j}X_2\dot{I}_2=\mathrm{j}(\pm X_2)\dot{I}_2=\mathrm{j}X_2'\dot{I}_2$，因此，由式(17-114) 可得此时无损耗线上的电压相量、电流相量分别为

$$\dot{U}=\dot{U}_2\cos(\beta x)+\mathrm{j}Z_c\dot{I}_2\sin(\beta x)=\dot{U}_2\left[\cos(\beta x)+\frac{Z_c}{X'_2}\sin(\beta x)\right] \tag{17-133a}$$

$$\dot{I}=\mathrm{j}\frac{\dot{U}_2}{Z_c}\sin(\beta x)+\dot{I}_2\cos(\beta x)=\dot{I}_2\left[\cos(\beta x)-\frac{X'_2}{Z_c}\sin(\beta x)\right] \tag{17-133b}$$

由式(17-133)可见，此时，无损耗线上任意处的电压 $\dot{U}$ 和电流 $\dot{I}$ 均分别与终端电压 $\dot{U}_2$ 和终端电流 $\dot{I}_2$ 同相位，任意处的电流均与终端电流同相位。利用三角函数公式以及 $\dot{U}_2=\mathrm{j}X_2'\dot{I}_2$，式(17-133)可以表示为

$$\dot{U}=\frac{\dot{U}_2}{X'_2}[X'_2\cos(\beta x)+Z_c\sin(\beta x)]=\frac{\dot{U}_2}{\sin\theta}\sin(\beta x+\theta)=\mathrm{j}\frac{X'_2}{\sin\theta}\dot{I}_2\sin(\beta x+\theta)$$

(17-134a)

$$\dot{I}=\frac{\dot{I}_2}{Z_c}[Z_c\cos(\beta x)-X'_2\sin(\beta x)]=\frac{\dot{I}_2}{\cos\theta}\cos(\beta x+\theta) \quad (17\text{-}134b)$$

式中，$\theta=\arctan(X_2'/Z_c)$。当终端所接为电感时，$\theta=\arctan(X_L/Z_c)$，当终端所接为电容时，$\theta=\arctan(-X_C/Z_c)$。若以 $\dot{I}_2$ 作为参考相量，则由式(17-134)可得此时无损耗线上距终端任意一 x 处电压、电流的瞬时表示式为

$$u(x,t)=\mathrm{Im}[\sqrt{2}\dot{U}\mathrm{e}^{\mathrm{j}\omega t}]=\sqrt{2}\frac{U_2}{\sin\theta}\sin(\beta x+\theta)\cos(\omega t) \quad (17\text{-}135a)$$

$$i(x,t)=\mathrm{Im}[\sqrt{2}\dot{I}\mathrm{e}^{\mathrm{j}\omega t}]=\sqrt{2}\frac{I_2}{\cos\theta}\cos(\beta x+\theta)\sin(\omega t) \quad (17\text{-}135b)$$

由式(17-135)可知，此时无损耗线上的电压、电流在空间和时间上的相位差均为 $\pi/2$，且电压、电流均为驻波，即与终端开路、终端短路时无损耗线的情形相似，但是由于此时终端所接的纯电抗负载上电压、电流均不为零，因此与终端开路、终端短路时无损耗线上的驻波不同的是，这时终端处一般情况下既非电压、电流的波节，亦非电压、电流的波腹。这一点也可以从另一角度加以分析：由于一个纯电抗(无论是感抗或是容抗)元件总可以用一段适当长度的终端开路或终端短路的无损耗线作等效代替，因而可以将无损耗线终端所接电抗负载替换为一段适当长度的短路线或开路线，替换后线上的工作状态保持不变，即终端接有纯电抗负载的无损耗线上的电压、电流沿线分布也是驻波。假设终端负载是感抗，故可以用一长度 $l_L=\frac{\lambda}{2\pi}\arctan\left(\frac{X_L}{Z_c}\right)$ 的终端短路线等效，如图 17-36 所示，因此终端接感抗的无损线就等效于延长 l_L 的终端短路线，由图 17-36 可以算出电流的第一个波节距终端的距离为

$$x=\frac{\lambda}{4}-l_L=\frac{\lambda}{4}-\frac{\lambda}{2\pi}\arctan\left(\frac{X_L}{Z_c}\right)$$

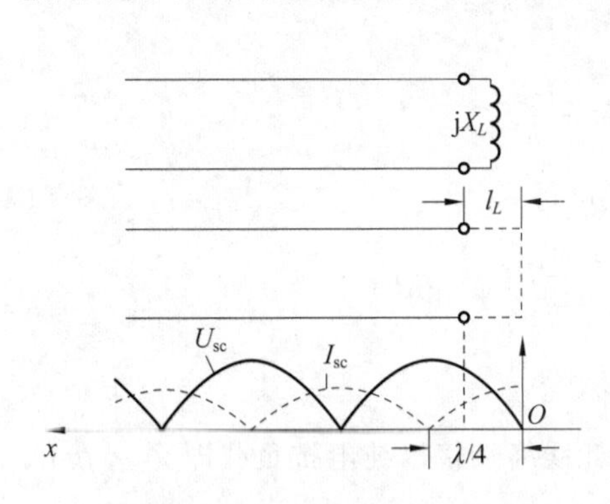

图 17-36　终端接电感的无损线的等效分析

由式(17-136)不难算出沿线电压、电流的各波腹和波节所在位置。由式(17-135)可知终端接纯电抗负载时电压波腹(电流波节)出现的位置距终端距离 x 为

$$\beta x+\theta=\frac{k\pi}{2}\quad(k=1,3,5,\cdots) \quad (17\text{-}136a)$$

电压波节(电流波腹)距终端出现的位置距终端距离 x 为

$$\beta x+\theta=\frac{(k+1)\pi}{2}\quad(k=0,1,3,5,\cdots) \quad (17\text{-}136b)$$

由式(17-115)可以得到此时无损耗线上距终端 x 处向终端看去的输入阻抗为

$$Z_{\mathrm{inx}}=\frac{\dot{U}}{\dot{I}}=Z_c\frac{Z_2+\mathrm{j}Z_c\tan(\beta x)}{\mathrm{j}Z_2\tan(\beta x)+Z_c}=\mathrm{j}Z_c\frac{X'_2+Z_c\tan(\beta x)}{-X'_2\tan(\beta x)+Z_c}=\mathrm{j}Z_c\tan(\beta x+\theta)$$

(17-137)

式中，$\theta=\arctan(X_2'/Z_c)$。由于 Z_c 为一纯电阻，所以 Z_{inx} 为一纯电抗，可见与终端开路、终端短路无损耗线的相同。由式(17-137)可以绘出 Z_{inx} 的沿线分布曲线，显然应与终端短路无损耗线时的相似。

由式(17-46)可得终端接纯电抗负载时无损耗线的终端反射系数为

$$N_2=\frac{Z_2-Z_c}{Z_2+Z_c}=\frac{jX'_2-Z_c}{jX'_2+Z_c}=\frac{1+jZ_c/X'_2}{1-jZ_c/X'_2}=e^{j2\arctan(Z_c/X'_2)} \tag{17-138}$$

即反射系数的模 $|N_2|=1$，故终端的入射波相量 $\dot{U}^+(0)(\dot{I}^+(0))$ 和反射波相量 $\dot{U}^-(0)$ $(\dot{I}^-(0))$ 的模相同，仅幅角不同而已。

【例 17-15】 空气中的某无损耗线长 $l=4.5\text{m}$，特性阻抗为 $Z_c=300\Omega$。始端接一有效值为 10V、频率为 100MHz 的正源电压源，电源内阻 $R_0=100\Omega$，终端所接负载 $Z_2=-j500\Omega$。试计算距始端 1m 处的电压相量。

解 角频率、相位常数、波长以及 βl 分别为

$$\omega=2\pi f=2\pi\times10^8\text{rad/m},\quad \beta=\frac{\omega}{v_p}=\frac{2\pi\times10^8}{3\times10^8}=\frac{2\pi}{3}(\text{rad/m}),$$

$$\lambda=\frac{v}{f}=\frac{3\times10^8}{100\times10^6}=3(\text{m}),\quad \beta l=\frac{2\pi}{3}\times4.5=3\pi$$

从线路始端即电源端看进去的输入阻抗为

$$Z_{11'}=\frac{Z_2+jZ_c\tan(\beta l)}{1+j\dfrac{Z_2}{Z_c}\tan(\beta l)}=\frac{Z_2+jZ_c\tan(3\pi)}{1+j\dfrac{Z_2}{Z_c}\tan(3\pi)}=Z_2$$

这说明，此时无论终端负载为何，线路始端的输入阻抗恒等于终端所接阻抗。由于已知的是线路始端的情况，因此应使用利用始端电压、电流计算线上任意处电压的公式。对式(17-22a)应用无损条件便可得到用始端电压、电流表示的无损线上距始端 x 处的电压相量为

$$\dot{U}=\dot{U}_1\text{ch}(\gamma x)-Z_c\dot{I}_1\text{sh}(\gamma x)=\dot{U}_1\cos(\beta x)-jZ_c\dot{I}_1\sin(\beta x)$$

求上式中始端电压相量 $\dot{U}_1$ 和电流相量 $\dot{I}_1$ 的电路如图 17-37 所示，由此可得

$$\dot{U}_1=\frac{Z_{11'}}{R_0+Z_{11'}}\dot{U}_s=\frac{-j500}{100-j500}\times10\angle10^\circ=9.806\angle-11.31^\circ(\text{V})$$

$$\dot{I}_1=\frac{\dot{U}_1}{Z_{11'}}=\frac{9.806\angle-11.31^\circ}{-j500}=0.0196\angle78.69^\circ(\text{A})$$

因此，距离线路始端 $x=1\text{m}$ 处的电压相量为

$$\begin{aligned}\dot{U}\Big|_{x=1\text{m}}&=\dot{U}_1\cos(\beta x)-jZ_c\dot{I}_1\sin(\beta x)\\&=9.806\angle-11.31^\circ\times\cos\left(\frac{2\pi}{3}\times1\right)-j0.0196\angle78.69^\circ\times300\times\sin\left(\frac{2\pi}{3}\times1\right)\\&=9.806\angle-11.31^\circ\times\left(-\frac{1}{2}\right)-j0.0196\angle78.69^\circ\times300\times\frac{\sqrt{3}}{2}\\&=0.192-j0.0366=0.195\angle-10.70^\circ(\text{V})\end{aligned}$$

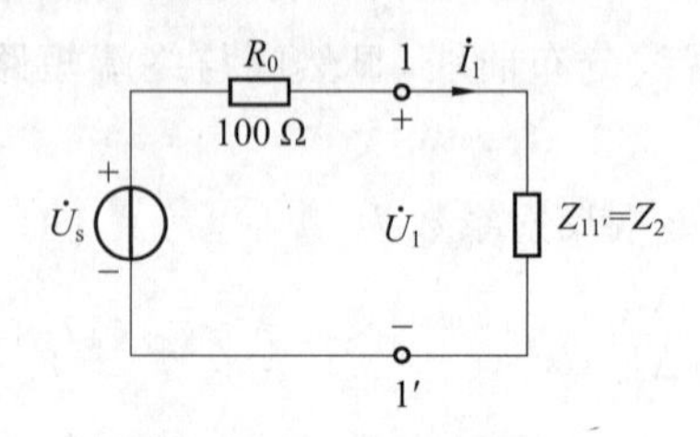

图 17-37　例 17-15 图

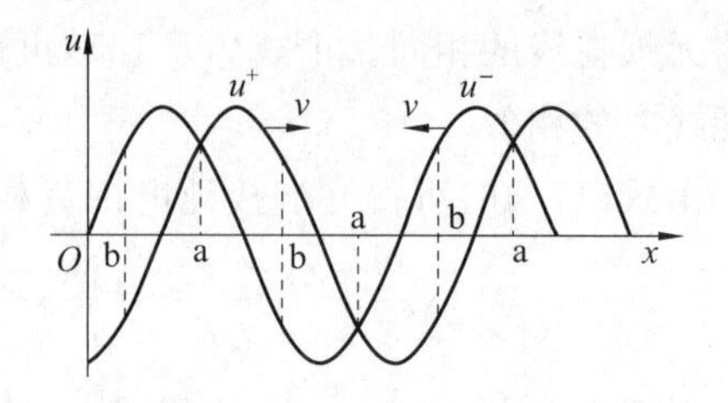

图 17-38　电压驻波的形成

现在我们知道，在终端开路、短路和接纯电抗负载的无损耗线上，沿线电压、电流的分布均形成驻波。入射波与其反射波能形成驻波需要同时满足两个条件：①行波沿线传播没有衰减，即衰减系数 $\alpha=0$；只有无损耗线才满足该条件；②反射波的幅度要与入射波的幅度相等，即终端反射系数的模 $|N_2|=1$ 亦即终端未接耗能负载，终端开路、短路或接纯电抗负载时满足此条件。在上述三种情况下，无损耗线终端都没有接入耗能负载，满足这两个条件，所以入射波到达终端后，它所携带的能量被全部反射回电源，即入射波在终端发生全反射(反射波可以说是入射波的继续，只是改变了传输方向)，于是得到两个以相等速度反向传播的不衰减的等幅正弦行波，它们相叠加便形成驻波，如图 17-38 所示。在波节处，它们的相位相反而互相抵消；在波腹处，它们的相位相同而互相叠加，如图 17-38 所示。图中 a 点为波腹，b 点为波节. 二者相距 $\lambda/4$。

从能量角度来分析，传输线的驻波工作状态的特点是，能量不能从电源端传递到负载端。一般说来，只有电压和电流的行波分量才能传输能量。与三种驻波工作状态不能传波能量相异的是，终端匹配的无损耗线上的入射波将能量单方向地从电源端传送至负载端。若将式(17-120)两边平方可得

$$\frac{U^2}{I^2}=\frac{L_0}{C_0}$$

因而有

$$\frac{1}{2}C_0U_m^2=\frac{1}{2}L_0I_m^2 \tag{17-139}$$

式中，U_m 和 I_m 分别代表电压、电流的最大值。该式说明，在负载匹配的情况下，无损耗线单位长度内电场能量的最大值等于磁场能量的最大值，此时因是无损耗线，故而入射波所携带的由始端电源发出的能量全部传输到终端纯阻负载上为其所吸收，这是无损耗线的理想传播方式。在电信工程中，为了获得较理想的传输效率，一般都要求传输线工作在匹配状态下。

3. 行驻波状态

当无损耗线终端接入任意负载阻抗 $Z_2=R_2\pm jX_2$ 时，由式(17-114)可得此时无损耗线上的电压相量、电流相量分别为

$$\dot{U}=\dot{U}_2\cos(\beta x)+jZ_c\dot{I}_2\sin(\beta x) \tag{17-140a}$$

$$\dot{I} = \mathrm{j}\frac{\dot{U}_2}{Z_c}\sin(\beta x) + \dot{I}_2\cos(\beta x) \tag{17-140b}$$

设终端电压 $\dot{U}_2$ 为参考相量即 $\dot{U}_2 = U_2\angle 0°\mathrm{V}$，则由 $\dot{U}_2 = Z_2\dot{I}_2$ 可知终端电流 $\dot{I}_2 = I_2\angle\varphi_2\mathrm{A}$，$\varphi_2$ 为 Z_2 的阻抗角。于是，由式(17-140)可得此时无损耗线上任意一处电压、电流的瞬时表示式为

$$u(x,t) = \mathrm{Im}[\sqrt{2}\dot{U}\mathrm{e}^{\mathrm{j}\omega t}] = \sqrt{2}U_2\sin(\omega t)\cos\beta x + \sqrt{2}Z_c I_2\sin(\omega t + \varphi_2)\sin(\beta x) \tag{17-141a}$$

$$i(x,t) = \mathrm{Im}[\sqrt{2}\dot{I}\mathrm{e}^{\mathrm{j}\omega t}] = \sqrt{2}I_2\sin(\omega t + \varphi_2)\cos\beta x + \sqrt{2}\frac{U_2}{Z_c}\cos(\omega t)\sin(\beta x) \tag{17-141b}$$

显然，式(17-141)是无损线上电压、电流的一般表示式，适合于终端接任意负载的情况，即前面各种终端端接情况下电压、电流的表示式均可由此导出。但是，当终端负载接下列三种负载：①纯电阻 $Z_2 = R_2 \neq Z_c$；②感性负载 $Z_2 = R_2 + \mathrm{j}X_2(R_2 \neq 0, X_2 > 0)$；③容性负载 $Z_2 = R_2 - \mathrm{j}X_2(R_2 \neq 0, X_2 > 0)$时，由式(17-46)可知，此时终端反射系数的模值 $0 < |N_2| < 1$，这表明，传送到负载的入射波能量，一部分被负载所吸收，其余部分则被反射回去，使无损耗线处于部分反射工作状态，线上即有行波成分，又有驻波成分，构成混合波状态，称之为行驻波状态，习惯上简称为驻波状态。

无损耗线终端接入任意负载阻抗 $Z_2 = R_2 \pm \mathrm{j}X_2$ 时，其距终端任意 x 处的输入阻抗由式(17-115)可以得出为

$$Z_{\mathrm{inx}} = \frac{Z_2 + \mathrm{j}Z_c\tan(\beta x)}{1 + \mathrm{j}(Z_2/Z_c)\tan(\beta x)} \tag{17-142}$$

【例 17-16】 某电缆的特性阻抗 $Z_c = 60\Omega$，其在聚乙烯绝缘介质中的相速 $v_p = 2\times 10^8\mathrm{m/s}$。线路始端所接电源电压有效值 $U_s = 1\mathrm{V}$，频率 $f = 50\mathrm{MHz}$，内阻 $R_0 = 300\Omega$，终端负载为一电阻 $Z_2 = R_2 = 12\Omega$，线路损耗可以忽略。试计算在下列不同电缆长度情况下负载端的电压和功率：(1) $l = 1\mathrm{m}$；(2)$l = 2\mathrm{m}$。

解 波长为

$$\lambda = \frac{v_p}{f} = \frac{2\times 10^8}{50\times 10^6} = 4(\mathrm{m})$$

(1) 电缆线长 $l = 1\mathrm{m}$ 时，有 $l = \frac{1}{4}\lambda$ 即为四分之一波长的线路，因此电缆始端输入阻抗为

$$Z_{11'} = \frac{Z_c^2}{Z_2} = \frac{60^2}{12} = 300(\Omega)$$

因此，电缆始端电流为 $I_1 = \dfrac{U_s}{R_0 + Z_{11'}} = \dfrac{1}{300+300} = \dfrac{1}{600}(\mathrm{A})$。

因是无损耗线，故终端负载吸收功率等于始端输入功率，即负载所吸收的功率为

$$P_2 = P_1 = I_1^2 Z_{11'} = \left(\frac{1}{600}\right)^2 \times 300 = 0.833(\mathrm{mW})$$

又因 $P_2 = U_2^2/Z_2$，故终端负载电压为

$$U_2 = \sqrt{Z_2 P_2} = \sqrt{12 \times \frac{1}{1200}} = 0.1(\mathrm{V})$$

(2) 电缆线长 $l=2\mathrm{m}$ 时，有 $l=\frac{1}{2}\lambda$，故电缆始端输入阻抗为

$$Z_{11'} = \frac{Z_2 + \mathrm{j}Z_c \tan\left(\frac{2\pi}{\lambda} \times \frac{\lambda}{2}\right)}{1 + \mathrm{j}\,\frac{Z_2}{Z_c}\tan\left(\frac{2\pi}{\lambda} \times \frac{\lambda}{2}\right)} = Z_2 = 12\Omega$$

电缆始端电流为 $I_1 = \frac{1}{300+12}\mathrm{A} = 3.205\mathrm{mA}$，负载吸收功率为

$$P_2 = P_1 = I_1^2 Z_{11'} = \left(\frac{1}{312}\right)^2 \times 12\mathrm{W} = 0.1233\mathrm{mW}$$

因是 $\lambda/2$ 线路，故终端电压等于始端电压，即有 $U_2 = U_1 = \frac{1}{312} \times 12\mathrm{V} = 0.03846(\mathrm{V})$。

17.9　均匀传输线的集中参数等效电路

对于一个传播常数、特性阻抗和长度分别为 γ、Z_c 和 l 的均匀传输线而言，根据所需计算其始端和终端或沿线各处的电压、电流即可以将整个传输线整个视为一个双口电路，也可以将其视为若干个双口电路的级联。

17.9.1　均匀传输线的单个双口等效电路

若只需计算均匀传输线始端和(或)终端电压、电流，而无须讨论沿线各处电压、电流的分布，则可以将整个传输线视为一双口电路，其输入端口和输出端口分别是传输线的始端和终端。因此，可以根据在给定频率下传输线始端与终端电压相量和电流相量的关系式(17-29)，令 $x=l$ 得出传输线等效双口电路的传输参数方程的矩阵形式，即

$$\dot{U}_1 = \mathrm{ch}(\gamma l)\dot{U}_2 + Z_c \mathrm{sh}(\gamma l)(-\dot{I}_2) \tag{17-143a}$$

$$\dot{I}_1 = \frac{\mathrm{sh}(\gamma l)}{Z_c}\dot{U}_2 + \mathrm{ch}(\gamma l)(-\dot{I}_2) \tag{17-143b}$$

式中，电流 $\dot{I}_2$ 前添加一负号，其目的是为了与第 13 章中所讨论的双口网络的端口电压、电流的参考方向一致。因此，这里传输线终端电流的参考方向与本章别处所设的相反。将式(17-143)与一般双口网络的传输参数方程式比较，整条传输线构成的双口网络的传输参数为

$$\left.\begin{aligned} A &= \mathrm{ch}(\gamma l), \quad B = Z_c \mathrm{sh}(\gamma l) \\ C &= \frac{1}{Z_c}\mathrm{sh}(\gamma l), \quad D = \mathrm{ch}(\gamma l) \end{aligned}\right\} \tag{17-144}$$

由式(17-144)可知有 $A=D$ 且 $AD-BC=1$，因此传输线双口网络具有对称性，故而也是互易的。根据第 9 章所讨论的双口网络参数间相互转换的方法易于由式(17-144))推出传输线双口网络的 Z、Y、H 等参数。

一般传输线在工作时，其始端和终端分别均接有电源和负载，这时若要求解传输线的始

端和/或终端的电压、电流 $\dot{U}_1$、$\dot{I}_1$、$\dot{U}_2$ 和 $\dot{I}_2$，除了可以根据式(17-143)以及始端电源侧的KVL方程和终端负载侧的KVL方程外，也可以将传输线的等效双口电路表示为一种具体的双口电路形式，进而用列电路方程的方法求解。由于传输线的等效双口电路具有互易性，所以其结构最为简单的是T形和Π形等效电路，如图17-39所示。

对图17-39(a)分别列出KCL和KVL可得

$$\dot{I}_1 = -\dot{I}_2 + Y_2(-\dot{I}_2 Z_3 + \dot{U}_2) = Y_2\dot{U}_2 + (1 + Z_3 Y_2)(-\dot{I}_2) \tag{17-145a}$$

$$\dot{U}_1 = \dot{I}_1 Z_1 + (-\dot{I}_2 Z_3 + \dot{U}_2) \tag{17-145b}$$

式中，$Y_2 = 1/Z_2$，将式(17-145a)代入式(17-145b)可得

$$\begin{aligned}\dot{U}_1 &= \dot{I}_1 Z_1 + (-\dot{I}_2 Z_3 + \dot{U}_2) = Z_1 Y_2 \dot{U}_2 + Z_1(1 + Z_3 Y_2)(-\dot{I}_2) + (-\dot{I}_2 Z_3 + \dot{U}_2)\\ &= (1 + Z_1 Y_2)\dot{U}_2 + [Z_1(1 + Z_3 Y_2) + Z_3](-\dot{I}_2)\end{aligned} \tag{17-145c}$$

比较式(17-145a)、式(17-145c)和式(17-143a)、式(17-143b)可得

$$\left.\begin{aligned}Z_1 &= Z_3 = \frac{A-1}{C} = \frac{\mathrm{ch}(\gamma l) - 1}{\mathrm{sh}(\gamma l)} Z_c\\ Z_2 &= \frac{1}{C} = \frac{1}{\mathrm{sh}(\gamma l)} Z_c\end{aligned}\right\} \tag{17-146}$$

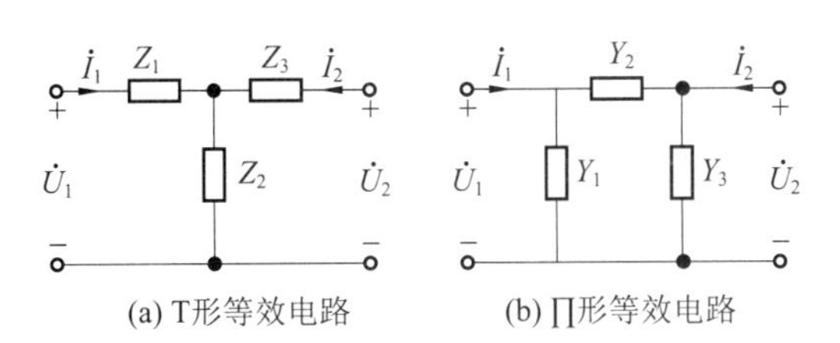

图17-39 均匀传输线的T形和Π形等效电路

类似可得如图17-39(b)所示Π形等效电路中的参数为

$$\left.\begin{aligned}Y_1 &= Y_3 = \frac{A-1}{B} = \frac{\mathrm{ch}(\gamma l) - 1}{Z_c \mathrm{sh}(\gamma l)}\\ Y_2 &= \frac{1}{B} = \frac{1}{Z_c \mathrm{sh}(\gamma l)}\end{aligned}\right\} \tag{17-147}$$

已知双曲正弦函数、余弦函数的级数展开式为

$$\mathrm{sh}(\gamma l) = \gamma l + \frac{(\gamma l)^3}{3!} + \frac{(\gamma l)^5}{5!} + \cdots \tag{17-148a}$$

$$\mathrm{ch}(\gamma l) = 1 + \frac{(\gamma l)^2}{2!} + \frac{(\gamma l)^4}{4!} + \cdots \tag{17-148b}$$

将式(17-148)代入式(17-146)经长除运算可得

$$\left.\begin{aligned}Z_1 &= Z_3 = \left[\frac{1}{2}\gamma l + \frac{(\gamma l)^3}{24} + \cdots\right] Z_c\\ Y_2 &= \left[\gamma l + \frac{1}{6}(\gamma l)^3 + \cdots\right]\frac{1}{Z_c}\end{aligned}\right\} \tag{17-149}$$

因此，对于中、短距离的传输线，线路相对波长较短，有$|\gamma l| \ll 1$，式(17-149)中含γl的高次方的各项可略去不计而只保留第一项，则得近似公式：

$$\left.\begin{aligned} Z_1 = Z_3 &\approx \frac{1}{2}\gamma l = \frac{1}{2}l(R_0 + \mathrm{j}\omega L_0) \\ Y_2 &\approx \frac{\gamma l}{Z_c} = l(G_0 + \mathrm{j}\omega C_0) \end{aligned}\right\} \tag{17-150}$$

这表明，对不太长的线路可以把线间总导纳集中在线路中部来作近似，从而形成中距离输电线(例如在工频下的 50～200km 的架空线路)的电路模型。如图 15-40(a)所示。

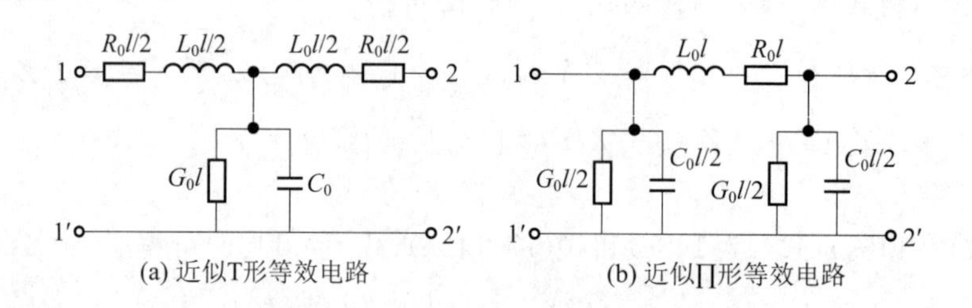

图 17-40　均匀传输线近似 T 形和Π形等效电路

同理，当线路不太长时，对将式(17-148)代入式(17-147)经长除运算后所得结果加以近似可得

$$\left.\begin{aligned} Y_1 = Y_3 &\approx \frac{1}{2Z_c}\gamma l = \frac{1}{2}l(G_0 + \mathrm{j}\omega C_0) \\ Z_2 &\approx Z_c\gamma l = l(R_0 + \mathrm{j}\omega L_0) \end{aligned}\right\} \tag{17-151}$$

式中，$Z_2 = 1/Y_2$，对应的近似等效电路如图 15-40(b)所示。

应该注意的是，由于参数的等效性与频率有关，所以将一段长度为l的线性均匀传输线整个等效为一个无源线性对称双口电路这种集中参数等效电路，只有在给定的频率下并且对于传输线两对端口之外才能成立。

17.9.2　均匀传输线的链形双口等效电路

一条均匀传输线用一个集中参数双口网络来等效，只解决了线路起端和终端的电压、电流关系，若要研究传输线沿线电压、电流的分布情况和它们的暂态过程，则需要将整个传输线视具体要求等分为n段，每一段均可视为一个无源线性对称双口电路，如图 17-41 所示，其中每一个双口电路$N_k(k=1,2,\cdots,n)$均可以用一个 T 型或Π型电路来等效，整个传输线就由n个对称双口电路级联而成，称为链形电路。这种链形电路常用于实验室对实际均匀传输线进行仿真研究，称为仿真线或人工线(artificial line)。图 17-42 所示为 T 形链形等效电路。由于参数的均匀性以及对传输线是进行等分的，故而每一段等效电路的参数完全相同。若要计算每个双口电路的等效参数，只需用l/n代替上面各式中的l。

对于任一段线路的双口等效电路$N_k(k=1,2,\cdots,n)$，由式(17-144)可得其传输参数为

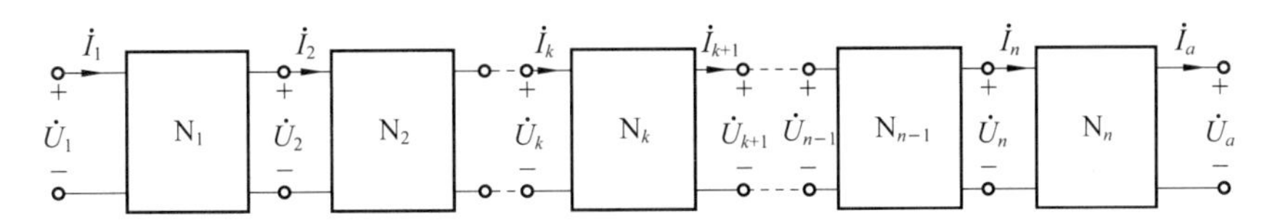

图 17-41 均匀传输线的级联型双口等效电路

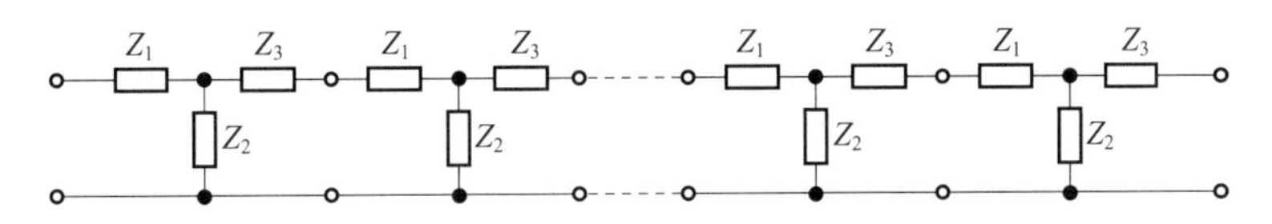

图 17-42 均匀传输线的 T 形链形双口等效电路

$$\left.\begin{aligned}&A=\operatorname{ch}\left(\gamma\frac{l}{n}\right),\quad B=Z_c\operatorname{sh}\left(\gamma\frac{l}{n}\right)\\&C=\frac{1}{Z_c}\operatorname{sh}\left(\gamma\frac{l}{n}\right),\quad D=A=\operatorname{ch}\left(\gamma\frac{l}{n}\right)\end{aligned}\right\}\tag{17-152}$$

由式(17-146)可得 T 形等效电路中的参数为

$$\left.\begin{aligned}&Z_1=Z_3=\frac{\operatorname{ch}\gamma\left(\frac{l}{n}\right)-1}{\operatorname{sh}\gamma\left(\frac{l}{n}\right)}Z_c\\&Z_2=\frac{1}{\operatorname{sh}\gamma\left(\frac{l}{n}\right)}Z_c\end{aligned}\right\}\tag{17-153}$$

由式(17-150)还可得到采用近似方法后的简化参数为

$$\left.\begin{aligned}&Z_1=Z_3\approx\frac{1}{2}\gamma\left(\frac{l}{n}\right)=\frac{1}{2}\frac{l}{n}(R_0+\mathrm{j}\omega L_0)\\&Y_2\approx\frac{\gamma}{Z_c}\left(\frac{l}{n}\right)=\frac{l}{n}(G_0+\mathrm{j}\omega C_0)\end{aligned}\right\}\tag{17-154}$$

按照类似的方法，可导出Ⅱ形链型等效电路中的参数表达式。

有了传输线的链型等效电路模型，就可以利用集中参数电路的分析方法研究传输线上任一处电压、电流的变化规律，即用集中参数元件构成的链型等效电路模型模拟实际的传输线进行模拟实验研究，这时对传输线分段的段数 n 愈大愈能逼近实际情况。

对于一条长为 l 且被分为 n 段的传输线，由于其每段的长度为 l/n，所以根据式 (17-22)，可得在已知传输线始端电压 $\dot{U}_1$、$\dot{I}_1$ 时求取链型电路中第 k 个双口电路的输出口处的电压、电流的相量式为

$$\dot{U}_{k+1}=\dot{U}_1\operatorname{ch}\left(k\gamma\cdot\frac{l}{n}\right)-Z_c\dot{I}_1\operatorname{sh}\left(k\gamma\cdot\frac{l}{n}\right)\tag{17-155a}$$

$$\dot{I}_{k+1}=-\frac{\dot{U}_1}{Z_c}\operatorname{sh}\left(k\gamma\cdot\frac{l}{n}\right)+\dot{I}_1\operatorname{ch}\left(k\gamma\cdot\frac{l}{n}\right)\tag{17-155b}$$

根据式(17-28)则可得在已知传输线终端电压 $\dot{U}_2$、$\dot{I}_2$ 时求取链型电路中第 k 个双口电路的输出口处的电压、电流的相量式为

$$\dot{U}_{k+1}=\dot{U}_2\operatorname{ch}\left(k\gamma\cdot\frac{l}{n}\right)+Z_c\dot{I}_2\operatorname{sh}\left(k\gamma\cdot\frac{l}{n}\right)\tag{17-156a}$$

$$\dot{I}_{k+1}=\frac{\dot{U}_2}{Z_c}\operatorname{sh}\left(k\gamma\cdot\frac{l}{n}\right)+\dot{I}_2\operatorname{ch}\left(k\gamma\cdot\frac{l}{n}\right)\tag{17-156b}$$

式中，k 值应以终端作为起点，即终端处所连接的为第一个双口，其编号为 $k=1$，一直下去到始端处所连接的双口编号为 $k=n$，正好与式(17-155)中的 k 值的计算顺序相反。

习　题

17-1　某传输线的参数为：$R_0=0.075\Omega/\text{km}$，线路感抗 $x_0=\omega L_0=0.401\Omega/\text{km}$，线间容纳 $B_0=2.75\times10^{-6}\text{s/km}$，线间漏电导忽略不计，传输线长 300km。若要线路终端保持在 127kV 的电压下输出功率 50MW，功率因数为 0.98(感性)，试计算线路始端的电压、电流。

17-2　题 17-2 图所示为某电信电缆，某传播常数 $\gamma=0.0637\text{e}^{\text{j}46.25^\circ}\text{km}^{-1}$，特性阻抗 $Z_c=35.7\text{e}^{-\text{j}11.8^\circ}\Omega$，始端电源电压 $u_s=\sin5000t\text{V}$，终端负载 Z_2 等于特性阻抗 Z_c。(1)求稳态时线上各处电压 u 和电流 i；(2)若电缆长度为 100km，求信号由始端传到终端所需的时间。

17-3　题 17-3 图所示均匀传输线正弦稳态电路中，电源两边的两段传输线完全相同，线长为 l、特性阻抗为 Z_c、传播常数为 γ。试求线上的电压和电流相量。

17-4　一对架空传输线原参数 $L_0=2.89\times10^{-3}\text{H/km}$，$C_0=3.85\times10^{-9}\text{F/km}$，$R_0=0.3\Omega/\text{km}$，$G_0=0$。试求当工作频率为 50Hz 时的特性阻抗 Z_c，传播常数 γ，相速 v_p 和波长 λ。如果频率为 10^4Hz，重求上述各参数。

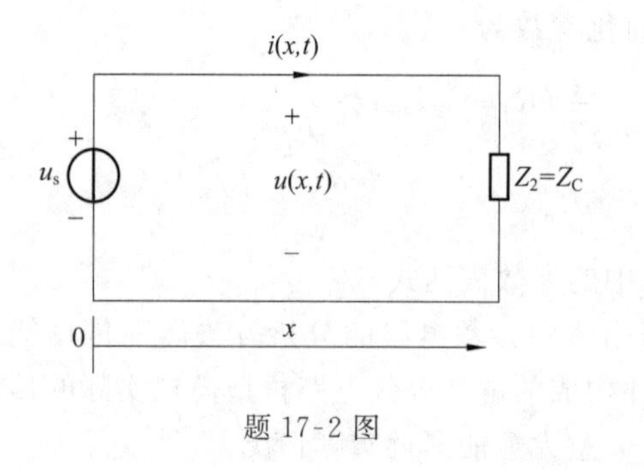

题 17-2 图

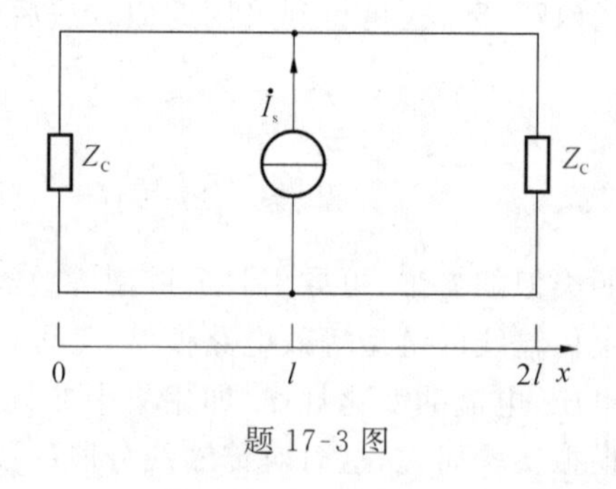

题 17-3 图

17-5　某均匀传输线的参数是 $R_0=2.8\Omega/\text{km}$，$L_0=0.2\times10^{-3}\text{H/km}$，$G_0=0.5\times10^{-6}\text{S/km}$，$C_0=0.6\times10^{-6}\text{F/km}$。试求工作频率为 1KHz 时传输线的特性阻抗 Z_c，传播常数 γ，相速 v_p 和波长 λ。

17-6　有一双导线架空线路，用以传输频率为 100kHz 的载波信号。铜线直径为 3mm，两导线的中心间距为 30cm。试求：(1)传输线的参数(电导 G 很小，可以忽略不计)；(2)特性阻抗；(3)衰减常数和相移常数；(4)线上信号传播的相速。

17-7　传输线的长度 $l=70.8\text{km}$，$R_0=1\Omega/\text{km}$，$\omega C_0=4\times10^{-4}\text{S/km}$，而 $G_0=0$，$L_0=0$。在线的终端所接阻抗 $Z_2=Z_c$。终端的电压 $U_2=3\text{V}$。试求始端的电压 U_1 和电流 I_1。

17-8　一条 330kV，$f=50\text{Hz}$ 的高压输电线长 534km，其终端开路时始端的入端阻抗 $Z_{1oc}=0.1\times10^{-4}\angle-89.9°\Omega$，终端短路时始端的入端阻抗 $Z_{1st}=96.3\angle82°\Omega$。试求：均匀传输线的特性阻抗 Z_c。

17-9　长度为 100km 的输电线，原参数如下：$R_0=8\Omega/\text{km}$，电感 $L_0=1\text{mH/km}$，电容 $C_0=11200\text{pF/km}$，$G_0=89.6\mu\text{S/km}$，始端电压 $u_1=100\sin\omega t\text{V}(f=10^4\text{Hz})$，线路终端匹配。求：(1)线路终端电压和电流的瞬时值；(2)线路的自然功率。

17-10　题 17-10 图所示电路中，无损耗均匀传输线的长度为 $l=75\text{m}$，特性阻抗 $Z_c=200\Omega$，$R_2=400\Omega$，电源内阻 $R_s=100\Omega$，电压源为 $u_s(t)=100\sqrt{2}\sin6\times10^6\pi t\text{V}$，波速为光速，求距始端 25m 处电压和电流相量。

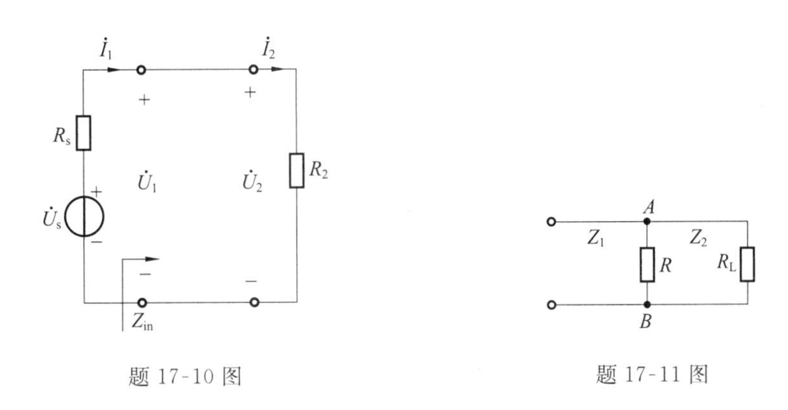

题 17-10 图　　　　题 17-11 图

17-11　两段无损耗均匀传输线连接如题 17-11 图所示。其特性阻抗分别为：$Z_1=600\Omega$，$Z_2=800\Omega$，终端负载电阻 $R_L=800\Omega$，为了在连接处 AB 不产生反射，可在 A、B 之间接一个集中参数电阻 R 可达此目的，试求 R 值。

17-12　架空无损耗双线传输线由 75MHz 的电压馈电，求解下列问题：

(1) 若终端电压为 100V，试分别求出在终端匹配和终端开路两种情况下距终端为 1、2、4 米处的线间电压；

(2) 若测得此传输线的特性阻抗为 300Ω，试问其每单位线长的电感量和电容量各为多少？

17-13　无损传输线长度为 25m，$L_0=1.68\mu\text{H/m}$，$C_0=6.62\text{pF/m}$，信号源频率 $f=5\text{MHz}$。试求终端开路时始端的入端阻抗。

17-14　如题 17-14 图所示，试证明长度为 $\dfrac{\lambda}{2}$ 的两端短路的无损耗线，不论哪点馈入均对电源频率呈现并联谐振。

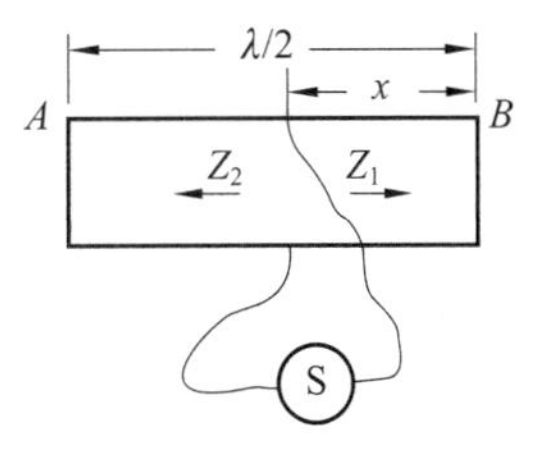

题 17-14 图

17-15　有一长度为 0.0425m 终端开路且 $Z_c=60\Omega$ 的无损耗线，已知其工作频率 $f=600\text{MHz}$，试求其输入阻抗，它相当于什么元件？

17-16　在高频电路中工作波长为 λ，为了得到 300Ω 的感抗，利用特性阻抗为 75Ω 终端短路的无损耗传输线来实现。问所需传输线的最短长度为多少？如想获得 300Ω 的容抗，该传输线最短又应取多长？

17-17　某无损耗架空线特性阻抗 $Z_c=300\Omega$，电源频率 $f=5\times10^6$ Hz，终端接以电感 $L=2\times10^{-6}$ H，已知波腹处电流有效值 $I=10$A，试画出电压、电流有效值沿线分布图。如果线长 $l=26$m，求始端电压 $\dot{U}_1$ 和 $\dot{I}_1$ 以及入端阻抗 Z_{in}。

17-18　如题 17-18 图所示，一段均匀无损长线，其特性阻抗 $Z_c=300\Omega$，长度 $l=\frac{\lambda}{4}$（λ 为波长），始端 11′接有电阻 $R=600\Omega$，终端 22′短路，求 11′端的入端阻抗 Z_{in}。

17-19　某均匀无损耗架空线的特性阻抗 $Z_c=300\angle0°\Omega$，线路长 $l=15$m，如题 17-19 图所示，频率 $f=5\times10^6$ Hz，终端接有电容 $C=0.0613\times10^{-9}$ F，始端加正弦电压，其有效值 $U_1=10$V，求负载端的电压相量及始端的输入阻抗。

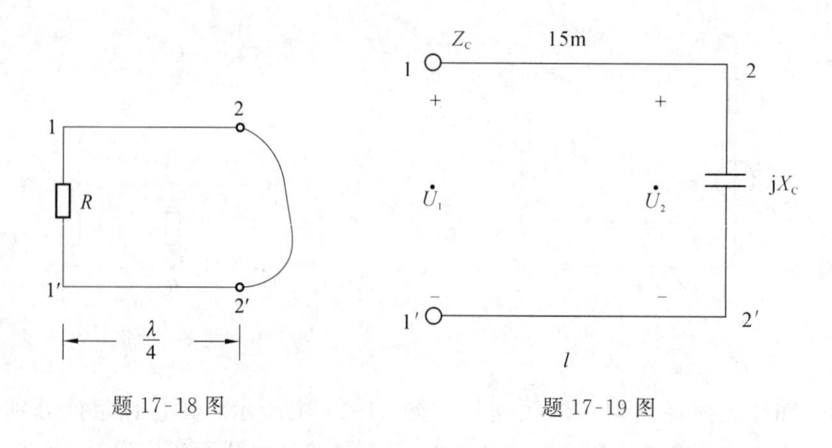

题 17-18 图　　　　题 17-19 图

17-20　某无损耗传输线的电源频率为 100MHz，特性阻抗为 50Ω，介质为空气。若在线路终端接一个 100pF 的电容元件，试求出距终端最近的电流波腹和电压波腹出现的位置。

17-21　已知架空无损线的特性阻抗 $Z_c=100\Omega$，线长 $l=60$m，工作频率 $f=10^6$ Hz。如欲使始端的输入阻抗为零，试问终端应接何负载？

17-22　一无损耗均匀传输线始端接信号源，终端接负载。信号源开路电压为 $U_s=1$V，内阻为 $Z_s=50\Omega$，传输线特性阻抗 $Z_c=75\Omega$，线长 15cm，信号以光速传播，$f=1\text{GHz}=10^9$ Hz。负载为 $Z_2=(30-\text{j}20)\Omega$，求负载得到的功率及终端的反射系数 N_2。

第 18 章 线性时不变无损耗均匀传输线的暂态分析

本章讨论零状态无损耗均匀传输线的暂态(过渡)过程,包括换路时波的发出以及在传输线的均匀性遭到破坏之处波的反射和折射。

18.1 均匀传输线暂态过程的基本概念

在第 17 章中分析了均匀传输线在正弦电压激励下的稳定运行状态。本章将讨论均匀传输线的暂态过程。与集总参数电路相似,当传输线发生换路,例如,电源与负载的接入或切除、负载参数的突然变化以及架空线遭受雷击时,就会出现暂态过程。此外,在电子技术中研究信号沿传输线的传播问题时,也会遇到暂态现象。

研究线性无损耗均匀传输线的暂态过程,需要根据边界和初始条件求解 17 章导出的有关均匀传输线的偏微分方程式(17-6)和式(17-7)。显然,该偏微分方程组的求解是十分困难的。实际上,绝缘性能良好的架空线的损耗是相当小的,因而将它作为无损耗线研究所得结果不会与实际情况有大的相差,而对于高频传输线,其线路参数一般满足 $\omega L_0 \gg R_0$,$\omega C_0 \gg G_0$,故而也可忽略线路损耗近似将它当作无损耗线处理,此外,在分析输电线遭受雷击放电的情况时,对雷电冲击的暂态过程本身亦只能作粗略估算,因为若严格考虑线路损耗的影响,则会大大增加分析计算的难度,而其所带来的实际意义并不太大。基于以上三方面的考虑,为了简化均匀传输线暂态问题的讨论而又不会造成较大的误差,本章仅研究无损耗均匀传输线的暂态过程,这样易于求出时域解析解从而便于暂态过程的分析讨论。在实际中,若有必要,可以在无损耗线分析结果的基础上再估算均匀传输线损耗所造成的影响。

18.2 无损耗线均匀传输线偏微分方程的通解

在方程(17-2)、(17-4)中令 $R_0=0$ 和 $G_0=0$ 便可得到无损耗线的偏微分方程,即

$$\begin{cases} -\dfrac{\partial u(x,t)}{\partial x} = L_0 \dfrac{\partial i(x,t)}{\partial t} \\ -\dfrac{\partial i(x,t)}{\partial x} = C_0 \dfrac{\partial u(x,t)}{\partial t} \end{cases} \tag{18-1a}$$

类似于在进行集中参数电路的分别分析时为了数学演算简便而采用复频域方法,这里也采用拉氏变换的方法来求取方程式(18-1)的时域通解 $u(x,t)$、$i(x,t)$,此时将 $u(x,t)$、$i(x,t)$中的距离 x 视为参变量,对它们以时间 t 为自变量施行单边拉氏交换可得

$$\begin{cases} \mathscr{L}[u(x,t)] = \int_{0_-}^{\infty} u(x,t)\mathrm{e}^{-st}\,\mathrm{d}t = U(x,s) \\ \mathscr{L}[i(x,t)] = \int_{0_-}^{\infty} i(x,t)\mathrm{e}^{-st}\,\mathrm{d}t = I(x,s) \end{cases} \tag{18-1b}$$

其中，$U(x,s)$、$I(x,s)$是复变数 s 和距离 x 的函数。

对式(18-1)两边以 t 为自变量取单边拉氏变换并应用微分性质可得

$$\begin{cases} -\dfrac{\mathrm{d}U(x,s)}{\mathrm{d}x} = L_0[sI(x,s) - i(x,0_-)] & (18\text{-}2\mathrm{a}) \\ -\dfrac{\mathrm{d}I(x,s)}{\mathrm{d}x} = C_0[sU(x,s) - u(x,0_-)] & (18\text{-}2\mathrm{b}) \end{cases}$$

由于式(18-2)中并不含对于复参变量 s 的导数而仅含对 x 的导数，故而这时将时域偏微分方程变成了复频域中关于变数 x 的常微分方程。若设无损耗线在 $t=0_-$ 时处于零原始状态，即线上各处电压 $u(x,t)$、电流 $i(x,t)$ 的原始值均为零，即有 $u(x,0_-)=0$，$i(x,0_-)=0$，则由式(18-2)可以得到零初始状态无损耗线的电压、电流的复频域方程式：

$$-\frac{\mathrm{d}U(x,s)}{\mathrm{d}x} = sL_0I(x,s) = Z_0(s)I(x,s) \tag{18-3a}$$

$$-\frac{\mathrm{d}I(x,s)}{\mathrm{d}x} = sC_0U(x,s) = Y_0(s)U(x,s) \tag{18-3b}$$

式(18-3a)中，$Z_0(s)=sL_0$ 和式(18-3b)中 $Y_0(s)=sC_0$ 分别表示无损耗线单位长度上的复频域阻抗以及单位长度导线间的复频域导纳。

在式(18-3a)中对 x 求导后，再将式(18-3b)代入其中以及在式(18-3b)中对 x 求导后，再将式(18-3a)代入其中便可以得到两个具有相同形式的线性常系数二阶齐次常微分方程，即

$$\frac{\mathrm{d}^2U(x,s)}{\mathrm{d}x^2} - \gamma^2(s)U(x,s) = 0,\quad \frac{\mathrm{d}^2I(x,s)}{\mathrm{d}x^2} - \gamma^2(s)I(x,s) = 0 \tag{18-4}$$

式中，$\gamma(s)$称为复频域传播常数，有

$$\gamma(s) = \sqrt{Z_0(s)Y_0(s)} = \sqrt{sL_0\cdot sC_0} = s\sqrt{L_0C_0} = \frac{s}{v_{\mathrm{w}}} \tag{18-5}$$

其单位为 1/m，$v_{\mathrm{w}}=1/\sqrt{L_0C_0}$。将无损耗线的复频域方程式(18-4)与均匀传输线的相量域方程式(17-14)作比较可知，两者具有相同的形式，因此，若将两个域的对应量作交换，则这两组方程便可以互相推出，故而它们的通解可以按照同样的数学求解方法得到相同的形式，即零状态无损耗线复频域微分方程式(18-4)的复频域通解应为

$$U(x,s) = U^+(s)\mathrm{e}^{-\gamma(s)x} + U^-(s)\mathrm{e}^{\gamma(s)x} \tag{18-6a}$$

$$\begin{aligned} I(x,s) &= -\frac{1}{Z_0}\cdot\frac{\mathrm{d}U(x,s)}{\mathrm{d}x} = \frac{\gamma(s)}{Z_0}[U^+(s)\mathrm{e}^{-\gamma(s)x} - U^-(s)\mathrm{e}^{-\gamma(s)x}] \\ &= \frac{U^+(s)}{Z_{\mathrm{c}}(s)}\mathrm{e}^{-\gamma(s)x} - \frac{U^-(s)}{Z_{\mathrm{c}}(s)}\mathrm{e}^{\gamma(s)x} \end{aligned} \tag{18-6b}$$

式中，$U^+(s)$、$U^-(s)$均为待定的积分常数，它们为复频率 s 的函数，可以由始端边界条件 $U(0,s)$和 $I(0,s)$或终端边界条件 $U(l,s)$和 $I(l,s)$来确定。$Z_{\mathrm{c}}(s)$称为复频域特性阻抗或波阻抗，其单位为 Ω，有

$$Z_c(s)=\frac{sL_0}{\gamma(s)}=\sqrt{\frac{Z_0(s)}{Y_0(s)}}=\sqrt{\frac{sL_0}{sC_0}}=\sqrt{\frac{L_0}{C_0}}=Z_c \tag{18-7}$$

可见，在无损线中，复频域波阻抗 $Z_c(s)$ 与 s 无关，它恰好等于正弦稳态下无损耗线的波阻抗。将式(18-5)代入式(18-6)可以得到复频域通解的一般形式，即

$$U(x,s)=U^{+}(s)\mathrm{e}^{-s\frac{x}{v_w}}+U^{-}(s)\mathrm{e}^{s\frac{x}{v_w}} \tag{18-8a}$$

$$I(x,s)=\frac{U^{+}(s)}{Z_c(s)}\mathrm{e}^{-s\frac{x}{v_w}}-\frac{U^{-}(s)}{Z_c(s)}\mathrm{e}^{s\frac{x}{v_w}} \tag{18-8b}$$

在第13章已经知道，集中参数电路中时域电压、电流的拉氏变换均为 s 的有理分式，故而不难求出其对应的时域函数，而在分布参数电路中，它们都不再是 s 的有理分式，例如式(18-8)。除某些特殊的均匀传输线外例如这里要讨论的无损耗线，一般情况下难以通过反变换求出其时域解析解，需利用数值拉氏反变换方法进行数值计算。

为了求出线上复频域电压 $U(x,s)$、电流 $I(x,s)$ 的时域通解，设式(18-8)中 $U^{+}(s)$ 和 $U^{-}(s)$ 的原函数分别为 $u^{+}(t)$ 和 $u^{-}(t)$，即

$$\left.\begin{aligned}u^{(+)}(t)&=\mathscr{L}^{-1}[U^{+}(s)]\\u^{(-)}(t)&=\mathscr{L}^{-1}[U^{-}(s)]\end{aligned}\right\} \tag{18-9}$$

应用式(18-9)对复频域通解式(18-8)进行拉氏反变换并应用其线性性质和时域延迟性质即可得出无耗线方程式(18-1)的通解为

$$\begin{aligned}u(x,t)&=\mathscr{L}^{-1}[U(x,s)]=u^{+}(x,t)+u^{-}(x,t)\\&=u^{(+)}\left(t-\frac{x}{v_w}\right)+u^{(-)}\left(t+\frac{x}{v_w}\right)\end{aligned} \tag{18-10a}$$

$$\begin{aligned}i(x,t)&=\mathscr{L}^{-1}[I(x,s)]=i^{+}(x,t)-i^{-}(x,t)\\&=\frac{1}{Z_c}u^{(+)}\left(t-\frac{x}{v_w}\right)-\frac{1}{Z_c}u^{(-)}\left(t+\frac{x}{v_w}\right)\end{aligned} \tag{18-10b}$$

式中，$\varepsilon(t)$ 是单位阶跃函数，并且有

$$u^{+}(x,t)=u^{(+)}\left(t-\frac{x}{v_w}\right),\quad u^{-}(x,t)=u^{(-)}\left(t+\frac{x}{v_w}\right)$$

$$i^{+}(x,t)=\frac{u^{+}(x,t)}{Z_c},\quad i^{-}(x,t)=\frac{u^{-}(x,t)}{Z_c}$$

现在来讨论零状态无损耗线方程式通解的物理意义。由式(18-10)可知，线上任一处的电压、电流均可以分别视为上面两个具有特定物理含义的分量的叠加。首先分析 $u(x,t)$ 的第一个分量 $u^{+}(x,t)$。设在某一时刻 t，$u^{+}(x,t)$ 于线路上位置 x 处的大小为 $u^{+}(x,t)=u^{(+)}\left(t-\frac{x}{v_w}\right)$，在 $t=t+\Delta t(\Delta t>0)$ 时刻，即经过 Δt 瞬间后，$u^{+}(x,t)$ 于线路上位置 $x+\Delta x$ 处的大小为 $u^{+}(x+\Delta x,t+\Delta t)=u^{(+)}\left[(t+\Delta t)-\frac{x+\Delta x}{v_w}\right]$ 因此，若要使在这两个不同时刻 $u^{+}(x,t)$ 的函数值相同，则应有

$$t-\frac{x}{v_w}=(t+\Delta t)-\frac{x+\Delta x}{v_w}$$

即有 $\Delta x=v_w\Delta t$。由于 Δt、v_w 均为正数，则 Δx 必大于零，这表明电压 $u^{+}(x,t)$ 上任一数值保持不变之点的位置在经过 Δt 瞬间后向 x 增加的方向(由无损耗线的始端向终端)移动了

一段距离 Δx，即 $u^+(x,t)$ 表示一个随着时间 t 的增加而沿 x 增加方向移动的行波，行波行进的速度称为波速，其值为

$$v_w = \lim_{\Delta t \to 0} \frac{\Delta x}{\Delta t} = \frac{dx}{dt} = \frac{1}{\sqrt{L_0 C_0}}$$

由此可见，$u^+(x,t)$ 具有和正弦稳态情况下的正向行波同样的性质，即 $u^+(x,t)$ 上某点经过时段 Δt 之后以速度 v_w 向 x 增加的方向行进了一段距离 Δx，或者说它所对应的波形随着时间 t 的增加由线路始端以速度 v_w 向终端行进，故将 $u^+(x,t)$ 称为电压正向行波。电流的第一个分量 $i^+(x,t)$ 的函数表示式与 $u^+(x,t)$ 相似，两者仅相差一常系数 $1/Z_c$，因而它们的变化规律相同，即 $i^+(x,t)$ 是一个电流正向行波，图 18-1(a)所示为 $u^+(x,t)$ 的沿线分布。可以证明，架空无损耗线的波速 $v_w = 1/\sqrt{L_0 C_0}$ 接近于光速 $c = 3\times 10^8\ \text{m/s}$。

为了更为方便地描述正向行波，对其定义了波前(wave front)的概念，即若在某一瞬时 t，传输线上有一个坐标点 x_f，在 $x > x_f$ 处，$u^+(x,t)=0$，$i^+(x,t)=0$，而在 $x < x_f$ 处，$u^+(x,t)\neq 0$，$i^+(x,t)\neq 0$，则称该点为正向行波的波前。显然，正向行波的波前以波速 v_w 向 x 增加的方向移动。

用与上面相似的方法分析式(18-10)中 $u(x,t)$ 和 $i(x,t)$ 的第二个分量 $u^-(x,t)$ 和 $i^-(x,t)$ 可知，它们会随时间 t 的增长向 x 减小的方向由无损耗线的终端向始端移动，即分别为电压反向行波和电流反向行波，其波速为 $v_w = -1/\sqrt{L_0 C_0}$，图 18-1(b)所示为 $u^-(x,t)$ 的沿线分布。

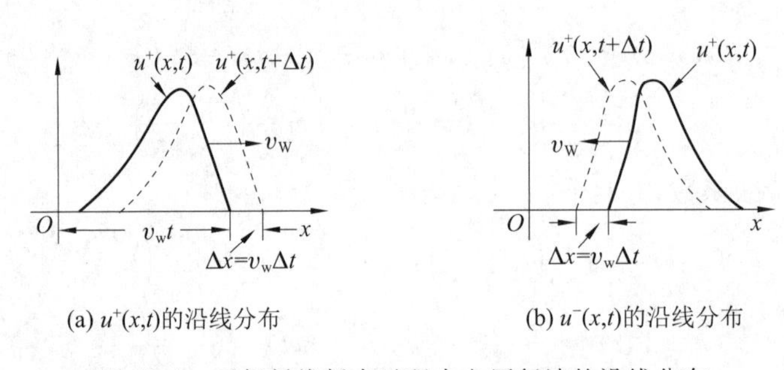

(a) $u^+(x,t)$ 的沿线分布　　(b) $u^-(x,t)$ 的沿线分布

图 18-1　无损耗线暂态过程中电压行波的沿线分布

对于反向行波也定义了波前(wave front)的概念，即若在某一瞬时对应的 $x < x_f$ 处，$u^-(x,t)=0$，$i^-(x,t)=0$，而在 $x > x_f$ 处，$u^-(x,t)\neq 0$，$i^-(x,t)\neq 0$，则称该点为反向行波的波前。显然，反向行波的波前以波速 v_w 向 x 减小的方向移动。

将无损耗线的暂态过程与正弦稳态传输线的情况相比可知，两者有相似之处，即当无损耗线发生换路而产生过渡过程时，线上的电压、电流一般也均分别由其正向行波(即入射波)和反向行波(即反射波)叠加而成，但是，正如在后面的分析中将会看到的一样，在实际发生的许多暂态过程中，正向行波和反向行波并不一定同时存在。在正弦稳态时，行波的速度 $v_p = \omega/\beta$ 既与线路参数有关，也与工作频率有关，而对无损耗线而言，暂态过程中行波的速度 $v_w = 1/\sqrt{L_0 C_0}$ 为一常数，仅与线路的原始参数有关而与工作频率无关。

由式(18-10)可知，同方向行进的电压行波与电流行波之间存在着正比关系，即

$$\frac{u^+(x,t)}{i^+(x,t)}=\frac{u^-(x,t)}{i^-(x,t)}=\sqrt{\frac{L_0}{C_0}}=Z_c$$

比值 Z_c 是一个仅由线路原始参数决定的正实常数，称为无损耗线的波阻抗，与无损耗线在正弦稳态下的特性阻抗完全相同。

由式(18-10)还可知，与正弦稳态时的情形相似，沿无损耗线任一处的电压及其正向行波分量、反向行波分量三者的参考方向均相同，沿线任一处的电流的参考方向与其正向行波分量的相同，而与其反向行波分量的相反。例如，无损耗线受雷击而充电，设在线电压波 $u(x,t)$ 和电流 $i(x,t)$ 的参考方向如图 18-2(a)所示。为了表示简便，取雷击瞬间 $t=0$，雷击点坐标 $x=0$，则雷击后所产生的充电电荷便沿线向两边传播，分别形成正向和反向行波，如图 18-2(b)所示，其中反向行波电流 $i^-(x,t)$ 的参考方向设定与 $i(x,t)$ 的参考方向相反，以便它也具有正值。

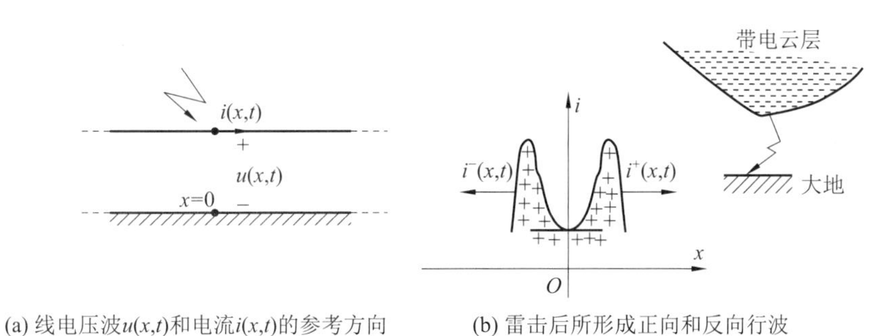

(a) 线电压波$u(x,t)$和电流$i(x,t)$的参考方向　　(b) 雷击后所形成正向和反向行波

图 18-2　无损耗在线的正向行波电流与反向行波电流

以上利用拉氏变换导出了无损耗线方程的复频域通解式(18-8)和时域通解式(18-10)即无损耗线上电压、电流行波的一般表达式，对于具体问题，尚需根据所讨论的无损耗线的电压、电流的初始条件和边界条件才能确定线上电压的正向行波分量 $u^+(x,t)$ 和反向行波分量 $u^-(x,t)$ 的函数形式。

18.3　零状态无损耗线在理想电压源激励下波的产生与正向传播

传输线过渡过程中较为简单的一种情况即是零初始状态的无损耗线与理想电压源接通后所产生的过渡过程。这种过渡过程表现在传输线与理想电压源接通即换路后会有行波的发出与传播。

18.3.1　直流电压源激励下波的产生与正向传播

首先讨论无限长零状态无损耗线在直流电压源激励下波的发出与正向传播。显然，这时由于波速是有限的，所以在所考察的有限时间内入射波不可能到达终端，因而在线无反射波存在，即有 $u^-(x,t)=0$，$i^-(x,t)=0$，于是线上任一处的电压、电流仅含入射波，由式(18-

10)可得

$$u(x,t) = u^{+}(x,t) = u^{(+)}\left(t - \frac{x}{v_{\mathrm{w}}}\right) \tag{18-11a}$$

$$i(x,t) = i^{+}(x,t) = \frac{1}{Z_{\mathrm{c}}}u^{(+)}\left(t - \frac{x}{v_{\mathrm{w}}}\right) \tag{18-11b}$$

如图 18-3 所示，无限长线始端在 $t=0$ 时接通一大小为 U_0 的直流电压源同时就会产生电压行波，其始端边界条件为

$$u(0,t) = U_0\varepsilon(t) \tag{18-12}$$

将此式代入式(18-11)可得 $u(x,t)$和 $i(x,t)$在 $x=0$ 即线路始端的函数形式

$$u(0,t) = u^{+}(0,t) = u^{+}(t) = U_0\varepsilon(t) \tag{18-12a}$$

$$i(0,t) = i^{+}(0,t) = \frac{1}{Z_{\mathrm{c}}}u^{+}(t) = \frac{U_0}{Z_{\mathrm{c}}}\varepsilon(t) \tag{18-12b}$$

将式(18-12)代入式(18-11)便可得到电压、电流的入射波表示式为

$$u(x,t) = u^{+}(x,t) = u^{+}\left(t - \frac{x}{v_{\mathrm{w}}}\right) = U_0\varepsilon\left(t - \frac{x}{v_{\mathrm{w}}}\right) \tag{18-13a}$$

$$i(x,t) = i^{+}(x,t) = i^{+}\left(t - \frac{x}{v_{\mathrm{w}}}\right) = \frac{1}{Z_{\mathrm{c}}}u^{+}\left(t - \frac{x}{v_{\mathrm{w}}}\right) = \frac{U_0}{Z_{\mathrm{c}}}\varepsilon\left(t - \frac{x}{v_{\mathrm{w}}}\right) \tag{18-13b}$$

根据单位延迟函数的性质，由式(18-13)可知，当 $t-\dfrac{x}{v_{\mathrm{w}}}>0$ 即在 $x<x_{\mathrm{w}}t$ 处，$u(x,t)=U_0$，$i(x,t)=\dfrac{U_0}{Z_{\mathrm{c}}}$，而当 $t-\dfrac{x}{v_{\mathrm{w}}}<0$ 即在 $x>x_{\mathrm{w}}t$ 处，$u(x,t)=0$，$i(x,t)=0$，这表明，线上的电压、电流入射波首先在 $t=0_+$ 时刻分别由零跃变到 U_0 和$\dfrac{U_0}{Z_{\mathrm{c}}}$出现在线路始端($x=0$)，即有 $u(0,0_+)=U_0$，$i(0,0_+)=\dfrac{U_0}{Z_{\mathrm{c}}}$，瞬时以波速 v_{w} 向 x 的正方向行进，经过时段 t 后所走过的距离为 $x=v_{\mathrm{w}}t$(此位置坐标点称为波前)。这时，线路上在入射波所到过的区域($0<x\leqslant v_{\mathrm{w}}t$)内，电压均为 $u(x,t)=U_0$，电流均为 $i(x,t)=U_0/Z_{\mathrm{c}}$，而在入射波尚未达到的区域($x>v_{\mathrm{w}}t$)，电压和电流均为零。因此，无限长零状态无损耗线在 $t=0$ 时接入一个直流电压源后在线上所形成的是一个以 $v_{\mathrm{w}}t$ 为波前的矩形正向行波，并以波速 v_{w} 由线路始端向前传播，如图 18-3(b)所示，由此可见，无损耗线上任一距始端任意 x 处的电压、电流随时间变化的规律均与线路始端电压、电流的变化规律完全相同，只是推迟行波由始端传播至该处所需的时间 x/v_{w}。

由式(18-13)可以看出，有$\dfrac{u(x,t)}{i(x,t)}=\sqrt{\dfrac{L_0}{C_0}}=Z_{\mathrm{c}}$。这说明，在线电压、电流行波已到达的区段，在任何位置和任一瞬刻，电压和电流的比值均等于波阻抗，为一实常数。

现在来讨论电压、电流正向行波在传播时所发生的电磁过程。在给定电压 U_0 的极性下，随着波的行进，线路上方导线(来线)的各微元相继获得一定数量的正电荷，而下方导线对应的各微元则失去等量的正电荷即获得同样数量的负电荷，于是，沿着波(前)所经过的区域，正、负电荷在导线之间形成了电场，那一部分电路的电压和电流就由零分别跃升至 U_0 和 U_0/Z_{c}。如图 18-4 所示，设经过时段 Δt 后. 波前由 ab 移动到 cd，其间的距离为 $\Delta x=v_{\mathrm{w}}\Delta t$。因此，这一段线路上线间的电容量为 $\Delta C=C_0\Delta x$，故而对此电容充电在其上建立电压

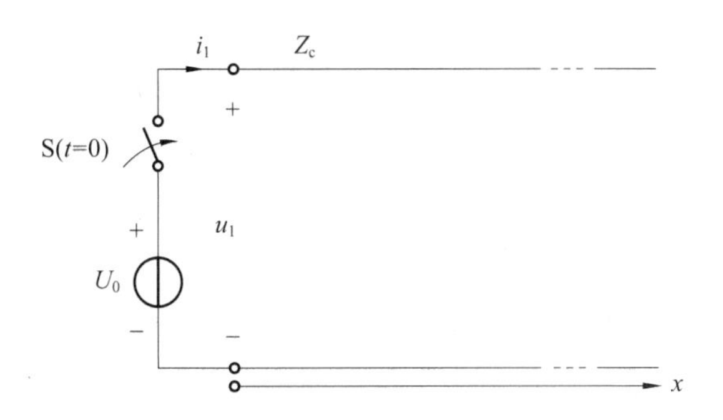

(a) 无限长零状态无损耗线始端接通直流电压源

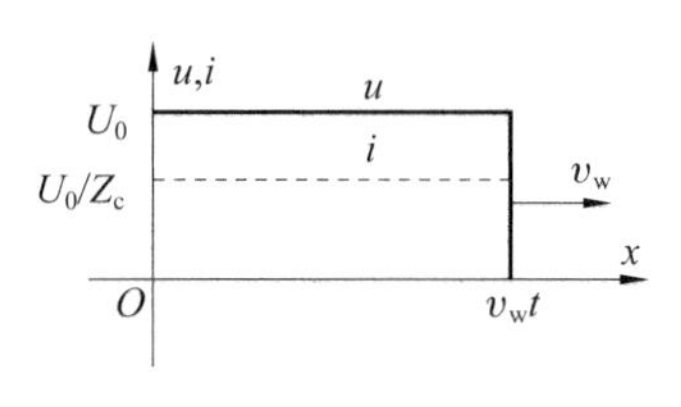

(b) 所产生的矩形正向行波

图 18-3 其始端在直流电压源激励下的无限长零状态无损耗线与所产生的正向行波

U_0 所需要的电荷量为 $\Delta q=U_0C_0\Delta x$。显然，该电荷量必须要通过 ab 左边所有导线截面，所以 ab 左边传输在线的充电电流即最终送入此 Δx 长度内的充电电流的瞬时值为

$$i_c=\lim_{\Delta t\to 0}\frac{\Delta q}{\Delta t}=U_0C_0\lim_{\Delta t\to 0}\frac{\Delta x}{\Delta t}=U_0C_0v_w=U_0C_0\frac{1}{\sqrt{L_0C_0}}=\frac{U_0}{\sqrt{L_0/C_0}}=\frac{U_0}{Z_c}=I_0$$

即传输在线充电所需的电流恰好等于传输在线波(前)已经到达区段的电流 I_0。这是符合克希霍夫电流定律的。需要注意的是，由电磁场理论可知，在所讨论的传输线新充电的 ac 和 bd 两小段之间，因为电场是在时段 Δt 内由零建立起来的，所以会有位移电流流过这两小段之间，故而电路仍然是闭合的。

在所围成的回路 $acdba$ 中，因为有充电电流 I_0 流过，必然形成了磁场。Δx 长度内的电感量为 $\Delta L=L_0\Delta x$，在 Δt 时段内流过该长度的电流由零增至 I_0 所产生的磁通链的增量 $\Delta\Psi=L_0I_0\Delta x$，磁场方向如图 18-4 所示，其中依据惯例用符号"×"表示垂直穿入纸面的方向，"·"表示垂直穿出纸面的方向。由于磁场的建立而在回路 $acdba$ 中产生一感应电动势，其大小为

图 18-4 电压、电流正向行波传播过程中所建立的电场和磁场(图中"+"，"−"表示电荷性质)

$$\begin{aligned}e&=\lim_{\Delta t\to 0}\frac{\Delta\Psi}{\Delta t}=\lim_{\Delta t\to 0}\left[-(L_0\Delta x)\frac{I_0-0}{\Delta t}\right]\\&=-L_0I_0\lim_{\Delta t\to 0}\frac{\Delta x}{\Delta t}=-L_0I_0v_w=-L_0I_0\frac{1}{\sqrt{L_0C_0}}=-I_0Z_c=-U_0\end{aligned}$$

可见，此感应电动势恰好与行波所到之处的线间电压 U_0 相平衡，从而使克希霍夫电压定律得到满足。

就电磁能量而言，凡行波所经过之处的周围空间均建立起了电场和磁场。于是，在线单位长度内所储存的电场能量 W_{e0} 为

$$W_{e0}=\frac{1}{2}C_0U_0^2=\frac{1}{2}C_0(Z_cI_0)^2=\frac{1}{2}C_0\frac{L_0}{C_0}I_o^2=\frac{1}{2}L_0I_o^2=W_{m0}$$

即线路上单位长度内储存的电场能量 W_{e0} 和磁场能量 W_{m0} 相等。

在 Δt 时段内，线路上静电场能量的增量和磁场能量的增量分别为

$$\Delta W_e=W_{e0}\Delta x=W_{e0}v_w\Delta t=\frac{1}{2}C_0U_0^2\frac{1}{\sqrt{L_0C_0}}\Delta t=\frac{1}{2}\frac{U_0^2}{\sqrt{L_0/C_0}}\Delta t=\frac{1}{2}U_0I_0\Delta t$$

$$\Delta W_m=W_{m0}\Delta x=W_{m0}v_w\Delta t=\frac{1}{2}L_0I_0^2\frac{1}{\sqrt{L_0C_0}}\Delta t=\frac{1}{2}I_0^2\sqrt{\frac{L_0}{C_0}}\Delta t=\frac{1}{2}U_0I_0\Delta t$$

在这一时段内电源所提供的能量为 $\Delta W_s=U_0I_0\Delta t$。这表明，无损线与阶跃电源 $U_0\varepsilon(t)$ 接通后，电源发出正向电压矩形波和正向电流矩形波，这两种行波在沿线推进时用它们所携带的电源能量给线路充电，电源所供给的能量一半用以建立电场，另一半则用以建立磁场。

18.3.2　任意函数形式的理想电压源激励下波的产生与正向传播

这里我们讨论一般的情况，即图 18-3(a)中无限长无损线始端在 $t=0$ 时所接通的不是直流电压源，而是任意函数形式的阶跃电压源 $u_s(t)\varepsilon(t)$，如图 18-5(a)所示，这时始端边界条件为 $u(0,t)=u_1(t)=u_s(t)\varepsilon(t)$，用前述方法可以得出线上任一处电压、电流解的函数形式，即

$$u(x,t)=u^+(x,t)=u_s\left(t-\frac{x}{v_w}\right)\varepsilon\left(t-\frac{x}{v_w}\right) \tag{18-14a}$$

$$i(x,t)=i^+(x,t)=\frac{1}{Z_c}u_s\left(t-\frac{x}{v_w}\right)\varepsilon\left(t-\frac{x}{v_w}\right) \tag{18-14b}$$

由式(18-14)可知，此时 $u(x,t)$、$i(x,t)$分别表示以速度 v_w 沿线向 x 增加方向传播、函数形式为 $u_s\left(t-\frac{x}{v_w}\right)\varepsilon\left(t-\frac{x}{v_w}\right)$的电压行波和电流行波，两者仅差一比例系数，故它们的波形相同。显然，零状态无损耗线在直流电压源激励下波的产生与正向传播只是在任意函数形式的阶跃电压源激励下的一个特例。下面讨论式(18-14)中电压、电流的变化情况。

首先讨论线上任意一个固定点处电压、电流随时间的变化情况。在开关闭合瞬间，线路始端即 $x=0$ 处的电压、电流波形如图 18-5(*b*)所示。由式(18-14)易知，距始端 x 处在任一瞬刻 t 的电压、电流之值，等于在该瞬刻以前 x/v_w 时间长度线路始端的电压、电流之值，这是由于电磁波只能以有限速度 v_w 传播，所以线上任一距始端 x 处的电压、电流随时间的变化规律与线路始端电压、电流随时间的变化规律（如图 18-5(a)所示）相同，只是推迟了行波由始端传播至该处所需要的时间即 x/v_w。例如，在线上任一指定处 $x=x_1$，当 $t<x_1/v_w$ 时，电压和电流均为零；当 $t>x_1/v_w$ 时，$u(x_1,t)$的波形与激励电压源的波形相同，只是在时间上延迟了 x/v_w，$u(x_1,t)$、$i(x_1,t)$随时间变化的波形如图 18-5(c)所示，与开关闭合瞬间线路始端即 $x=0$ 处 $u(0,t)=u_1(t)$、$i(0,t)=i_1(t)$随时间变化的波形（如图 18-5(a)所示）相同，只是时间上延迟了 x_1/v_w，即整个电压、电流波形向 t 轴正方向移动了一个时间段 $x_1/v\mathrm{w}$。

现在再来讨论在任一固定时刻线上电压、电流沿线分布情况。设某一时刻 $t=t_1$，由式(18-14)可得这时电压、电流的沿线分布表示式分别为

$$u(x,t_1)=u_s\left(t_1-\frac{x}{v_w}\right)\varepsilon\left(t_1-\frac{x}{v_w}\right),\quad i(x,t_1)=\frac{1}{Z_c}u_s\left(t_1-\frac{x}{v_w}\right)\varepsilon\left(t_1-\frac{x}{v_w}\right)$$

根据单位延迟函数的性质可知，在 $x>v_w t_1$ 处 $u(x,t_1)$ 和 $i(x,t_1)$ 为零，而在 $x<v_w t_1$ 处，$u(x,t_1)$ 和 $i(x,t_1)$ 的沿线分布曲线与始端电压 $u_1(t)$ 和电流 $i_1(t)$ 的相似，只是由于上述表示式中变量 x 前有一负号故而致使曲线倒转，这时波前 $x=v_w t_1$ 处的电压和电流分别等于始端初始电压 $u_s(0)$ 和电流 $u_s(0)/Z_c$，如图 18-6 所示，其中还给出了另一指定时刻 $t=t_2(t_2>t_1)$ 时，电压、电流的沿线分布曲线。

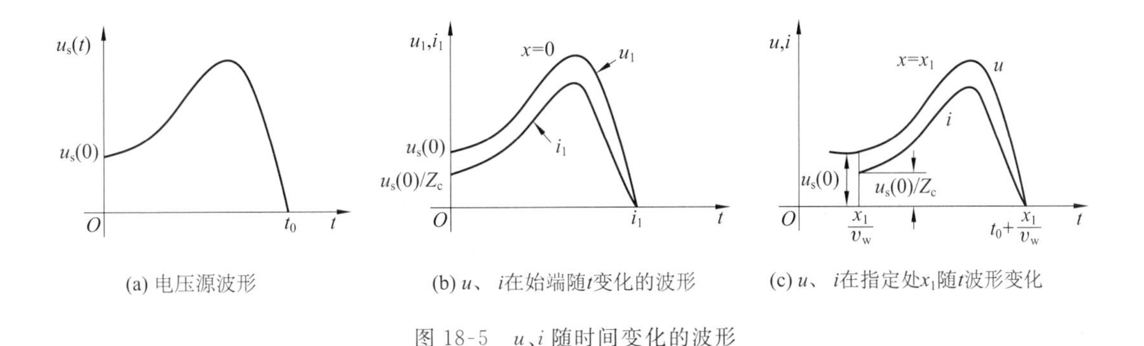

图 18-5 u、i 随时间变化的波形

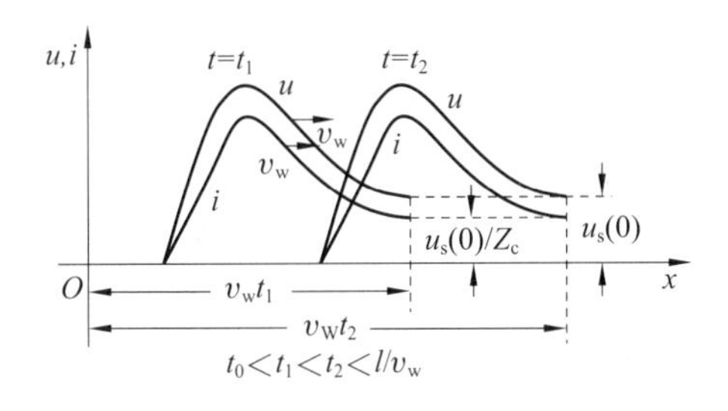

图 18-6 u、i 在指定时刻 $t(t>t_0)$ 的沿线分布

以上对无限长零状态无损耗线在电压源激励下波的发出及其正向传播情况作了分析。实际上，由这种分析以及所得出的所有结论对于有限长零状态无损耗线的情况也是完全适用的，但是，这时式(18-13)和式(18-14)中应添注：$0\leqslant t<\dfrac{l}{v_w}$，此时有限长线由始端发出的行波尚未到达终端故而线上仅存在正向行波。这是由于波速是有限的，因而有限长线在开始时由始端电压源产生的作用不可能瞬时到达线上各处直至终端，这时传输线上就只有正向行波，并且正向电压行波在所到之处，同时会在线路上建立起正向电流行波，由于电压与电流之比等于波阻抗，故电流行波仅决定于电压行波和波阻抗 $Z_c=\sqrt{L_0/C_0}$，而与线路终端与终端的情况(开路、短路或接入任意无源负载 Z_2)无关，即波从电源发出之际直到到达终端之前，无损耗线对电源来说相当于一个纯电阻负载，其电阻值即为线路的波阻抗 Z_c，故而以相同速度向终端行进的正向电压行波和正向电流行波的波形是相同。因此，若要计算如图 18-7(a)所示线上任意处正向行波电压、电流，可以先画出如图 18-7(b)所示的等效电路，从

中计算出 $u(0,t)=u_1(t)\varepsilon(t)$，$i(0,t)=i_1(t)\varepsilon(t)$，再将所得函数式中的 t 改为 $t-x/v_w$ 就得到在线任意点($x<l$)处的电压正向行波和电流正向行波。

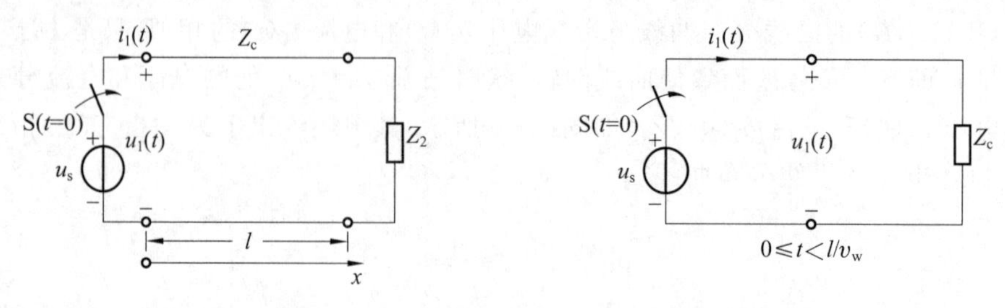

(a) 无损耗线与任意函数形式的阶跃理想电压源接通　　(b) 计算 u_1(t)、i_1(t)的等效电路

图 18-7　计算无损耗线正向行波的电路

无损耗线与直流电压源接通后在时段 $0\leqslant t<l/v_w$(l 为线路长度)中所产生的过渡过程是一种最为简单的情况，但是在实际中却具有指导意义。因为在电源是 50Hz($\lambda=6000$km)的正弦电压的情况下，当波行进的距离不超过几百公里(所需时间仅为毫秒级)时，电源的电压可以近似认为是不变的。

本节讨论了无损耗线在换路后的暂态过程中波的发出和正向传播即不存在反射波的情况，以说明无损耗线暂态过程中的一些重要概念。

18.4　无损耗线边界上波的反射

上一节讨论了无损耗线与理想电压源接通时电压和电流入射波的发出及其正向传播的情况，由于传输线的长度是有限的或是后面连接着另一段不同的传输线，因而由始端所发出的正向行波的波前经过一定的时间后总会到达该传输线的边界。这时，为了满足边界条件，在一般情况下，不仅要考虑发出波本身，还要考虑到在此传输线边界所造成的效应即波的反射和/或折射(亦称透射)，所谓折射或透射是指到达反射点的一部分波将穿过反射点透入与之连接的后续线路。

从某种意义上来说，这种边界实际上就是传输线参数的不均匀性之处。我们知道，行波在均匀传输线中传输时，线中每一区段的参数都是相同的。但是，实际线路的均匀性发生改变是极为常见的。例如，在线路的终端负载处、具有不同波阻抗的两传输线的连接处、接有集中参数组件之处等等，线路的均匀性都会有不同程度的改变。

当有限长无损耗均匀线的始端接通电源后，在上述发出波尚未传播到上述不均匀处时，波的正向传播过程与无限长无损耗均匀线的完全相同。但是一旦传播至传输线的连接处就会由所连接对象的不同产生两种情况：①当发出波传播至线路终端时，会产生波的反射。反射波所到之处的电压、电流均是由入射波与反射波迭加而成；②当发出波传播至传输线的分支处或是不同参数的传输线的连接处，不仅在连接处会产生反射波返回原线路，而且会有电压、电流行波进入连接处后续的传输线中，这种电压波与电流波称为折射波(refracted wave)或透射波。一般将传输在线使行波受到反射而产生反射波之处即线路的均匀性遭到破坏之处称为波的反射点。

因此，在无损耗线的暂态过程中，不仅会有入射波，而且还会有在线路的不均匀处所产生的反射波，即线路上的暂态过程实际上是一个波的多次反射的过程。

本节先讨论波的反射。由于随着终端所接负载的不同，反射波的情况有所差异，从而暂态波过程也不同。因此，这里先讨论几种最简单的负载情况即终端匹配、开路以及短路，然后再讨论终端接有集中参数负载的情况。

由于波的暂态解的具体形式取决于传输线的初始条件和边界条件。因此，下面首先根据无损耗线方程的复频域通解式(18-8)，针对一般边界条件得出其暂态特解的复频域形式，再利用它经由拉氏反变换得出几种给定边界情况下的时域暂态特解。

18.4.1　一般边界条件下无损耗线方程的复频域解

对于如图 18-8(a)所示的长度为 l 的无损耗线，设其原始参数为 L_0、C_0，始端激励为一内阻抗为 Z_1 的电压源，终端接以任意无源负载 Z_2。

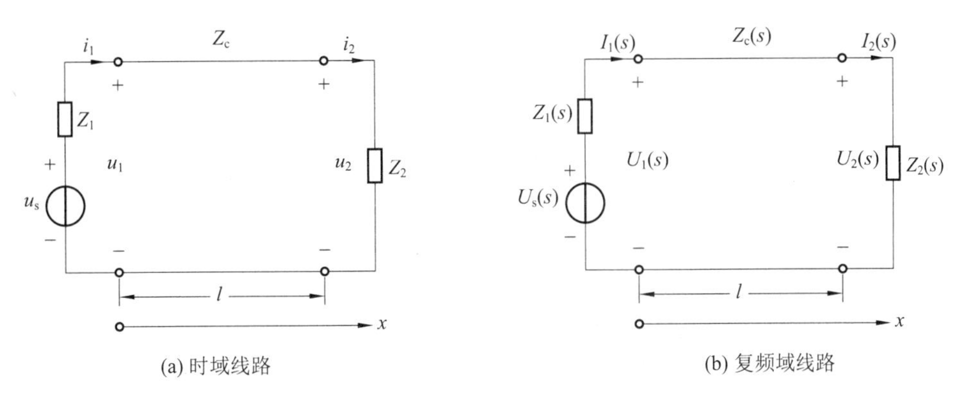

(a) 时域线路　　(b) 复频域线路

图 18-8　接有任意负载的无损耗线

再设初始条件即换路时刻 $t=0$ 时线路上 x 处的电压、电流分别为零(零初始条件)，即 $u(x,0)=u_0(x)=0$，$i(x,0)=i_0(x)=0$，线路始端的边界条件为 $u(0,t)=u_1(t)$，$i(0,t)=i_1(t)$，该边界条件的拉氏变换为

$$\mathscr{L}[u_1(t)]=\mathscr{L}[u(0,t)]=U(0,s)=U_1(s),\quad \mathscr{L}[i_1(t)]=\mathscr{L}[i(0,t)]=I(0,s)=I_1(s)$$

线路终端的边界条件为 $u(l,t)=u_2(t)$，$i(l,t)=i_2(t)$，该边界条件的拉氏变换为

$$\mathscr{L}[u_2(t)]=\mathscr{L}[u(l,t)]=U(l,s)=U_2(s),\quad \mathscr{L}[i_2(t)]=\mathscr{L}[i(l,t)]=I(l,s)=I_2(s)$$

对于图 18-8(a)中的电源 $u_s(t)$、内阻抗 Z_1、线路特性阻抗 Z_c、负载阻抗 Z_2 分别作出它们的对应的拉氏变换形式：$U_s(s)$、$Z_1(s)$、$Z_c(s)=Z_c$ 和 $Z_2(s)$，则可以得出图 18-8(a)的复频域电路，如图 18-8(b)所示。

为了满足边界条件，可以由图 18-8(b)所示电路的始端列出 KVL 方程，即

$$U_1(s)=U_s(s)-I_1(s)Z_1(s) \tag{18-15}$$

满足终端边界条件的 VCR 方程为

$$U_2(s)=I_2(s)Z_2(s) \tag{18-16}$$

而由线电压、电流的复频域通解式(18-6)可以得到线路始端与终端电压和电流的拉氏变换分别为

$$\left.\begin{aligned} U_1(s) &= U^+(s) + U^-(s) \\ I_1(s) &= \frac{U^+(s)}{Z_c(s)} - \frac{U^-(s)}{Z_c(s)} \end{aligned}\right\} \tag{18-17}$$

和

$$\left.\begin{aligned} U_2(s) &= U^+(s)\mathrm{e}^{-s\frac{l}{v_w}} + U^-(s)\mathrm{e}^{s\frac{l}{v_w}} \\ I_2(s) &= \frac{U^+(s)}{Z_c}\mathrm{e}^{-s\frac{l}{v_w}} - \frac{U^-(s)}{Z_c(s)}\mathrm{e}^{s\frac{l}{v_w}} \end{aligned}\right\} \tag{18-18}$$

一般情况下,$U_s(s)$、$Z_1(s)$、Z_c 和 $Z_2(s)$是已知的,因而需要求解的是两个待定积分常数 $U^+(s)$、$U^-(s)$,进而可以求出 $I^+(s)$、$I^-(s)$。为此将式(18-17)和(18-18)分别代入式(18-15)和(18-16)经运算整理便可得出关于变量即积分常数 $U^+(s)$、$U^-(s)$的二元一次方程,解之即可得

$$U^+(S) = \frac{Z_c(s)U_s(s)}{[Z_1(s)+Z_c(s)][1-N_1(s)N_2(s)\mathrm{e}^{-2sl/v_w}]} \tag{18-19}$$

$$U^-(s) = U^+(s)N_2(s)\mathrm{e}^{-2sl/v_w} \tag{18-20}$$

式中,有

$$N_1(s) = \frac{U_1^-(s)}{U_1^+(s)} = \frac{I_1^-(s)}{I_1^+(s)} = \frac{Z_1(s)-Z_c(s)}{Z_1(s)+Z_c(s)},\quad N_2(s) = \frac{U_2^-(s)}{U_2^+(s)} = \frac{I_2^-(s)}{I_2^+(s)} = \frac{Z_2(s)-Z_c(s)}{Z_2(s)+Z_c(s)}$$

$N_1(s)$、$N_2(s)$分别称为分别称为始端和终端的复频域反射系数。将所求出的积分常数 $U^+(s)$、$U^-(s)$代入通解式 (18-6)便可得到在特定边界条件下的复频域特解为

$$U(x,s) = U^+(s)\mathrm{e}^{-\gamma x} + U^-(s)\mathrm{e}^{\gamma x} = \frac{Z_c(s)U_s(s)[\mathrm{e}^{-s\frac{x}{v_w}} + N_2(s)\mathrm{e}^{-2s\frac{l}{v_w}}\mathrm{e}^{s\frac{x}{v_w}}]}{[Z_1(s)+Z_c(s)][1-N_1(s)N_2(s)\mathrm{e}^{-2s\frac{l}{v_w}}\mathrm{e}^{s\frac{x}{v_w}}]} \tag{18-21a}$$

$$I(x,s) = \frac{U^+(s)}{Z_c(s)}\mathrm{e}^{-\gamma x} - \frac{U^-(s)}{Z_c(s)}\mathrm{e}^{\gamma x} = \frac{U_s(s)[\mathrm{e}^{-s\frac{x}{v_w}} - N_2(s)\mathrm{e}^{-2s\frac{l}{v_w}}\mathrm{e}^{s\frac{x}{v_w}}]}{[Z_1(s)+Z_c(s)][1-N_1(s)N_2(s)\mathrm{e}^{-2s\frac{l}{v_w}}]} \tag{18-21b}$$

从原则上说,直接套用式(18-21)完全可以求出零初始条件的无损线方程在一般边界条件下的暂态解。但是对于某些比较简单的具体问题,有时运用上述基本求解步骤反而更容易得出在特定初始条件和边界条件下无损耗上线电压、电流的复频域暂态解,之后,再利用拉氏反变换就可得到其时域暂态解。

18.4.2　三种特殊边界条件下无损耗线上波的反射

这里讨论终端匹配、开路以及短路三种边界条件下无损耗线上波的反射情况,为了使求解过程简化,仍假设无损耗线原始状态为零且始端所接为一阶跃电压源。

1. 终端负载匹配时的无反射

终端匹配是有限长无损耗线波过程中最简单的一种负载情况,如图 18-9 所示,这时终

端所接入的负载电阻等于无损耗线的特征阻抗，即 $R_2=Z_c=\sqrt{L_0/C_0}$，始端在 $t=0$ 时接入一理想电压源。由 $R_2=Z_c$ 可知 $N_2(s)=0$，即终端匹配时，传输线处于无反射工作状态，反向行波 $u^-(x,t)=0$，$i^-(x,t)=0$。又由于 $|Z_1(s)|=0$，所以可得始端反射系数 $N_1(s)=-1$。将所得反射系数代入式(18-21a)和(18-21b)可得

$$U(x,s)=\frac{U_0}{s}e^{-s\frac{x}{v_w}},\quad I(x,s)=\frac{U_0}{sZ_c}e^{-s\frac{x}{v_w}}$$

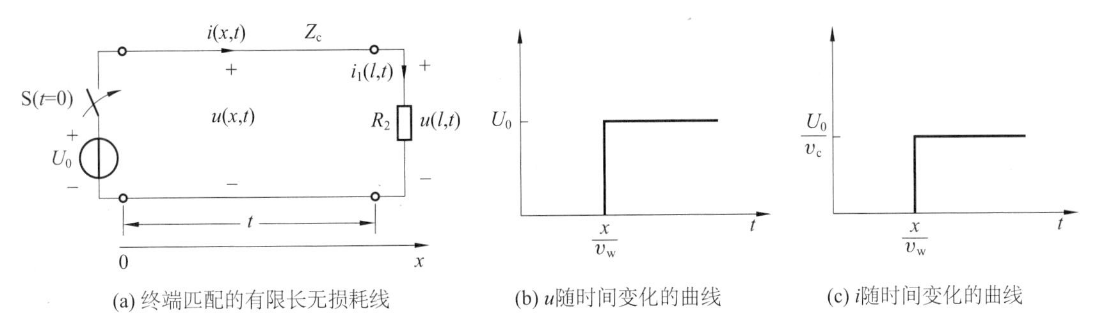

(a) 终端匹配的有限长无损耗线　(b) u随时间变化的曲线　(c) i随时间变化的曲线

图 18-9　终端匹配的有限长无损耗线及其 u、i 随时间变化曲线

对此两式施行拉氏反变换并利用其时域位移性质可得电压、电流的表示式分别为

$$u(x,t)=u^+(x,t)=U_0\varepsilon\left(t-\frac{x}{v_w}\right)$$

$$i(x,t)=i^+(x,t)=\frac{U_0}{Z_c}\varepsilon\left(t-\frac{x}{v_w}\right)=I_0\varepsilon\left(t-\frac{x}{v_w}\right)$$

这里再采用一般的解法来求解上述结果。显然，换路后，电压 $u(x,t)$ 和 $i(x,t)$ 在任意时刻均应满足下述边界条件，即

$$u(0,t)=U_0\varepsilon(t)$$

$$i(l,t)=\frac{u(l,t)}{Z_c}$$

对上面两式取拉氏变换可得

$$\left.\begin{aligned}U(0,s)&=\frac{U_0}{s}\\ I(l,s)&=\frac{U(l,s)}{Z_c}\end{aligned}\right\}$$

根据微分方程理论，式(18-4)的复频域通解即无损线的电压和电流的象函数可以表示为

$$U(x,s)=A_1(s)e^{-\gamma(s)x}+A_2(s)e^{\gamma(s)x}$$

$$I(x,s)=B_1(s)e^{-\gamma(s)x}+B_2(s)e^{\gamma(s)x}$$

由式(18-2)可知有

$$-\frac{dU(x,s)}{dx}=L_0sI(x,s)$$

对电压，电流象函数表示式利用上式并通过对比所得两式的系数得到

$$B_1(s)=\frac{A_1(s)}{Z_c}=A_1(s)\sqrt{\frac{C_0}{L_0}},\quad B_2(s)=-A_2(s)\sqrt{\frac{C_0}{L_0}}$$

由于终端匹配，线上电压波和电流波在各处均满足 $u(x,t)=Z_c i(x,t)$，因此有

$$\frac{U(x,s)}{I(x,s)}=Z_c(s)=\sqrt{\frac{L_0}{C_0}}$$

将所得 $B_1(s)$ 和 $B_2(s)$ 代入无损线电流的象函数并利用上式可得

$$A_1(s)e^{-\gamma(s)x}+A_2(s)e^{\gamma(s)x}=A_1(s)e^{-\gamma(s)x}-A_2(s)e^{\gamma(s)x}$$

显然，上式只有在 $A_2(s)=0$ 时才成立，这也表明，行波到达终端时，由于终端匹配时，所以电压波和电流波之间的关系已经满足终端边界条件，不会再有反射过程，即无反向行波。于是，无损耗线的电压和电流的象函数变为

$$U(x,s)=A_1(s)e^{-\gamma(s)x}$$

$$I(x,s)=\frac{A_1(s)}{Z_c}e^{-\gamma(s)x}$$

对于电压的始端边界条件 $u(0,t)=U_0\varepsilon(t)$ 施行拉氏变并与 $U(x,s)|_{x=0}=A_1(s)e^{-\gamma(s)x}|_{x=0}$ 作对比可求得 $A_1(s)=\frac{U_0}{s}$，于是有

$$U(x,s)=\frac{U_0}{s}e^{-s\frac{x}{v_w}}$$

$$I(x,s)=\frac{U_0}{sZ_c}e^{-s\frac{x}{v_w}}$$

对此两式施行拉氏反变换同样可得图 18-9(a)所示无损线上的电压、电流表示式。由上述讨论可见，这时的电压、电流与无限长无损耗线的阶跃响应相同。

线上距始端任一点 x 处的电压、电流的变化过程可以由其表示式中的单位阶跃函数的性质知道，即在 $0<t<\frac{x}{v_w}$ 时段内，线上电压、电流始终保持为零，即为始端电源接入前的状态，而在 $t=\frac{x}{v_w}$ 时刻，它们分别瞬时跃变到 U_0 和 $\frac{U_0}{Z_c}$ 的稳态值，在 $t>\frac{x}{v_w}$ 时间内，一直保持这一数值，进入稳态时($t\to\infty$)，无损线上各点均有 $u(x,\infty)=U_0$，$i(x,\infty)=\frac{U_0}{Z_c}$。电压和电流随时间变化的过程如图 18-9(b)、(c)所示。

当入射波到达终端时，终端电阻所吸收的功率恰好等于入射波向负载输送的功率，即等于电源发出的功率，这说明入射波所携带的由电源发出的电能全部被负载所吸收，即负载吸收的功率为 $p_R=u(l,t)i(l,t)=\frac{U_0^2}{Z_c}=U_0I_0$，因此，在终端不会产生能量的反射。但是，在非匹配的条件下，终端吸收的功率均会小于入射波向负载输送的功率，因此必然产生能量的反射，从而形成电压、电流的反射波。

由图 18-9(b)、(c)可知，线上距始端任一点 x 处的电压、电流需要延迟一段时间后才会有非零值，延迟时间为 $\frac{x}{v_w}$，这是因为无损线的始端接入电压源后，就会产生一个向终端流动的电压波和电流波，其流动速度即波速 v_w 为一有限值(近似接近光速：3×10^8 m/s)，所以当

电压和电流波从始端传播到线上任一点时，需要经过一段延迟时间，例如，假设某传输线长3000km，其电压和电流波传播到终端所经历的延迟时间近似为0.01s$\left(=\frac{3000\times10^3}{3\times10^8}\right)$。总而言之，传输线中电压和电流的延迟现象，实际上就是电压和电流以波的形式沿线传播的结果。关于这一点可以进一步通过讨论电压和电流沿线路随x的变化过程来说明。设在某一时刻t_1，由电压、电流解的结果可知有

$0\leqslant\frac{x}{v_w}\leqslant t_1$ 时段：　　$u(x,t_1)=U_0$，　$i(x,t_1)=\frac{U_0}{Z_c}$

$\frac{x}{v_w}>t_1$ 时段：　　$u(x,t_1)=0$，　$i(x,t_1)=0$

若设$x_1=v_w t_1$，则上述关系可以表示为

$0\leqslant x\leqslant x_1$ 线段：　　$u(x,t)=U_0$，　$i(x,t)=\frac{U_0}{Z_c}$

$x>x_1$ 线段：　　$u(x,t)=0$，　$i(x,t)=0$

其中，x_1是两种状态的分界点，随着时间的增加，$x_1=v_w t_1$将以波速v_w向终端移动，电压波的波幅为U_0，电流波的波幅为$\frac{U_0}{Z_c}$，对应于此，可以画出$u(x,t)$和$i(x,t)$沿线路的流动图，即在$t=\frac{x_1}{v_w}$时刻，在$0\leqslant x\leqslant x_1$范围内，$u(x,t)=U_0$，$i(x,t)=\frac{U_0}{Z_c}$，两者均以波速$v_w$向终端移动，而在$t\geqslant\frac{l}{v_w}$时段，在$0\leqslant x\leqslant l$范围内$u(x,t)=U_0$，$i(x,t)=\frac{U_0}{Z_c}$。

终端匹配的均匀传输线可以使作用于始端的电信号延迟一定的时间后在终端复现，用于该目的的均匀传输线称为延迟线(time delay line)。

【例 18-1】 现用1.5m长的延迟电缆以实现1μs的时间延迟，且要求该电缆与电阻为400Ω的负载匹配。求延迟电缆的线路参数L_0和C_0。

解　无损耗线中波的行进距离为

$$x=v_w t_d$$

将$x=1.5$m，$t_d=1\mu$s代入上式，解得波速v_w为

$$v_w=\frac{1}{\sqrt{L_0C_0}}=1.5\times10^6\text{m/s}$$

又因要求该段传输线与400Ω的负载匹配，故有

$$Z_c=\sqrt{L_0/C_0}=400\Omega$$

联立求解以上两式可得

$$C_0=\frac{1}{600}\times10^{-6}\text{F/m}=0.0017\mu\text{F/m},\quad L_0=\frac{3}{200}\times10^{-2}\text{H/m}=0.15\text{mH/m}$$

【例 18-2】 已知无损架空线波阻抗$Z_c=500\Omega$，线长$l=3$km，终端接电阻负载$R_2=300\Omega$，电路形式如图18-9所示。假定开关合上前线上各处电压、电流均为零，当$t=0$时闭合开关S，接通恒定电压U_s。试绘出$t=0$至$t=35\mu$s期间终端电压随时间t的变化曲线。

解　终端连接负载不匹配。由于波速为$v_w=3\times10^8$m/s，故电压波由始端传播到终端

所需时间为 $t=\frac{l}{v_w}=\frac{3000}{3\times10^8}=10(\mu s)$。当 $t=35\mu s$ 时，电压波行进的距离为 $v_w t=3\times10^8\times35\times10^{-6}=10.5(km)$，当 $t=0$ 时，开关 S 接通电源，在始端将发出一个矩形电压波（正向行波），电压波传播过程如下：

(1) 当 $0<t<10\mu s$ 时，传输线上只有入射波 $u_1^+=U_s$，电压波经过处，线上就有电压 U_s，其电压分布如图 18-10(a)所示。此时电压波 u_1^+ 未到终端，故终端电压为零。

(2) 当 $t=\frac{l}{v_w}=10\mu s$ 时，正向行波（入射波）u_1^+ 到达终端（$x=3km$）并产生反射，反射系数为 $n=\frac{R-Z_c}{R+Z_c}=\frac{300-500}{300+500}=-\frac{1}{4}$，故反向行波（反射波）为 $u_1^-=nu_1^+=-\frac{1}{4}U_s$。

(3) 当 $10\mu s<t<20\mu s$ 时，传输线上既有入射波 u_1^+，又有反射波 u_1^-，凡是反射波 u_1^- 经过处线上电压为 $u=u^++u^-=U_s-\frac{1}{4}U_s=\frac{3}{4}U_s$，反射波 u_1^- 未到处，线上电压仍为 U_s，其电压分布如图 18-10(b)所示。此时终端电压为$\frac{3}{4}U_s$。

(4) 当 $t=20\mu s$ 时，反射波 u_1^- 抵达始端（$x=6km$）并产生反射，始端是理想电压源，内阻为零，故始端反射系数 $n=-1$。因始端反射波由始端向终端传播，故称其为第 2 次入射波，用 u_2^+ 表示，即 $u_2^+=nu_1^-=-1\times\left(-\frac{1}{4}U_s\right)=\frac{U_s}{4}$。

(5) 当 $20\mu s<t<30\mu s$ 时，传输线上有入射波 u_1^+、反射波 u_1^- 和第 2 次入射波 u_2^+。第 2 次入射波 u_2^+ 经过处，线上电压为 $u=u_1^++u_1^-+u_2^+=U_s$，第 2 次入射波 u_2^+ 未到处，线上电压为 $u_1^++u_1^-=\frac{3}{4}U_s$，其电压分布如图 18-10(c)所示。此时 u_2^+ 未抵达终端，故终端电压仍为$\frac{3U_s}{4}$。

(6) 当 $t=\frac{3l}{v}=30\mu s$ 时，u_2^+ 抵达终端又产生反射，终端反射系数 $n=-\frac{1}{4}$，即 $u_2^-=nu_2^+=-\frac{1}{4}\times\left(\frac{1}{4}U_s\right)=-\frac{U_s}{16}$。

(7) 当 $30\mu s<t<40\mu s$ 时，传输线上有入射波 u_1^+、反射波 u_1^- 和入射波 u_2^+、反射波 u_2^-。第 2 次反射波 u_2^- 经过处，线上电压为 $u=u_1^++u_1^-+u_2^++u_2^-=\frac{15U_s}{16}$，第 2 次反射波 u_2^- 未到处，线上电压为 $u_1^++u_1^-+u_2^+=U_s$。其电压分布如图 18-10(d)所示。此时终端电压为 $u=u_1^++u_1^-+u_2^++u_2^-=U_s-\frac{1}{4}U_s+\frac{1}{4}U_s-\frac{1}{16}U_s=\frac{15U_s}{16}$。

(8) 当 $t=35\mu s$ 时，u_2^- 未抵达始端。

综合以上结果可得终端电压 u 随 t 变化曲线如图 18-10(e)所示。

由此可见，当终端连接不匹配负载的无损线在直流电压源的作用下，线上会有多次反射，即入射波既在负载端反射，又在电源端反射，可以通过反射系数计算出各个入射波和反射波，并将每次反射波和入射波正确叠加起来。

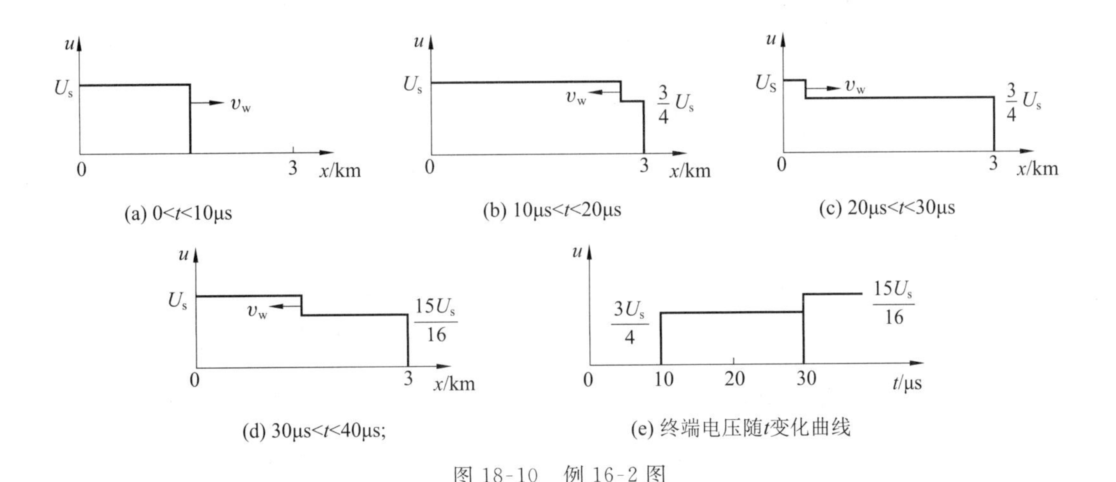

图 18-10 例 16-2 图

2. 终端开路时波的反射

始端接通直流电压源而终端开路的无损线如图 18-11 所示，这时有 $|Z_2(s)|=\infty$，因而终端反射系数 $N_2(s)=1$，终端发生正全反射，即在终端 $x=l$ 处，反射波等于入射波。又因 $|Z_1(s)|=0$，故始端反射系数 $N_1(s)=-1$，即始端发生负全反射。将所得反射系数这些代入式(18-21a)可得

$$U(x,s)=\frac{U_0}{s}\cdot\frac{\mathrm{e}^{-sx/v_w}+\mathrm{e}^{-s(2l-x)/v_w}}{1+\mathrm{e}^{-2sl/v_w}} \tag{18-22}$$

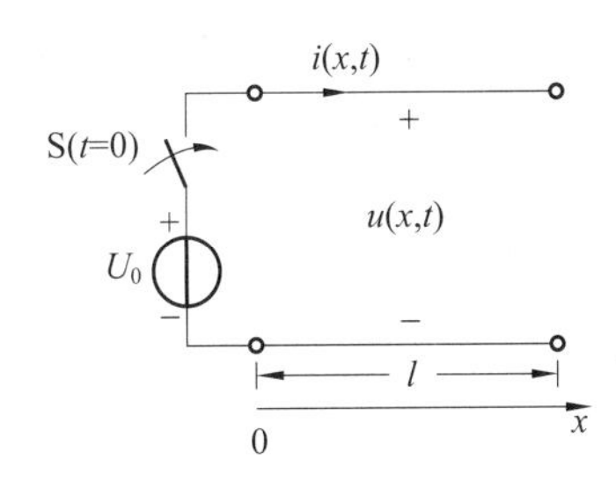

图 18-11 终端开路的有限长无损耗线

将式(18-22)中$(1+\mathrm{e}^{-2sl/v_w})^{-1}$展开为幂级数可得

$$(1+\mathrm{e}^{-2sl/v_w})^{-1}=1-\mathrm{e}^{-2sl/v_w}+\mathrm{e}^{-4sl/v_w}-\cdots \tag{18-23}$$

将式(18-23)代入到式(18-22)中，便可得出线上电压的复频域解 $U(x,s)$ 为一幂级数展开式，即

$$\begin{aligned}U(x,s)&=\frac{U_0}{s}[\mathrm{e}^{-sx/v_w}+\mathrm{e}^{-s(2l-x)/v_w}-\mathrm{e}^{-s(2l+x)/v_w}-\mathrm{e}^{-s(4l-x)/v_w}\\&\quad+\mathrm{e}^{-s(4l+x)/v_w}+\mathrm{e}^{-s(6l-x)/v_w}-\cdots]\\&=\frac{U_0}{s}\sum_{n=0}^{\infty}(-1)^n[\mathrm{e}^{-s(2nl+x)/v_w}+\mathrm{e}^{-s[(2n+1)l-x]/v_w}]\end{aligned} \tag{18-24a}$$

同理，由式(18-21b)可得线上电流的复频域解 $I(x,s)$，即

$$I(x,s)=\frac{U_0}{sZ_c}\sum_{n=0}^{\infty}(-1)^n\left[e^{-s(2nl+x)/v_w}-e^{-s[(2n+1)l-x]/v_w}\right] \tag{18-24b}$$

对式(18-24)施行拉氏反变换并利用时域位移性质可以得出线上电压和电流的时域解即电压行波和电流行波为

$$u(x,t)=U_0\sum_{n=0}^{\infty}(-1)^n\left[\varepsilon\left(t-\frac{2nl+x}{v}\right)+\varepsilon\left(t-\frac{2(n+1)l-x}{v}\right)\right] \tag{18-25a}$$

$$i(x,t)=\frac{U_0}{Z_c}\sum_{n=0}^{\infty}(-1)^n\left[\varepsilon\left(t-\frac{2nl+x}{v}\right)-\varepsilon\left(t-\frac{2(n+1)l-x}{v}\right)\right] \tag{18-25b}$$

下面对式(18-25)分析其波的传播过程。根据单位阶跃函数的性质可知，当 $0<t<l/v_w$ 时，$\varepsilon\left(t-\frac{x}{v_w}\right)=1$，因此，在 $0<t<l/v_w$ 期间，式(18-25)中仅有第一项($n=0$)，即$U_0\varepsilon\left(t-\frac{x}{v_w}\right)$和$\frac{U_0}{Z_c}\varepsilon\left(t-\frac{x}{v_w}\right)$这表明，在此期间在线只有大小分别为 U_0 和 $U_0/|Z_c|$ 的第一次电压入射波 $u^{+(1)}(x,t)$和第一次电流入射波 $i^{+(1)}(x,t)$由始端向终端传播，反射波尚未产生，情况完全与上一节所述的相同，如图 18-12(a)所示。

当 $t=l/v_w$ 时，第一次入射波 $u^{+(1)}(x,t)$，$i^{+(1)}(x,t)$到达终端，线上电流为 U_0/Z_c，不满足终端开路电流为零这一边界条件即 $i(l,t)=i^+(l,t)-i^-(l,t)=0$，所以电压和电流中都出现了由终端向始端行进的反射波，使入射波和反射波相加后在 $x=l$ 处满足终端边界条件。由式(18-25)中第二项($n=0$)可知，当 $t-\frac{2l-x}{v_w}\geqslant 0$，即 $t\geqslant\frac{2l-x}{v_w}$时，$\varepsilon\left(t-\frac{2l-x}{v_w}\right)=1$，因此，在终端 $x=l$ 处，只有当 $t\geqslant\frac{l}{v_w}$时才会出现反射波。该反射波即为式(18-25)中第二项($n=0$)。由终端边界条件可以求出终端 $x=l$ 处形成的第一次电流反射波的值为 $i^{-(1)}(l,l/v_w)=i^{+(1)}(l,l/v_w)=U_0/|Z_c|$，相应地有一电压反射波 $u^{-(1)}(l,l/v_w)=|Z_c|i^{-(1)}(l,l/v_w)=|Z_c|I_0=U_0$，可见，第一次反射波与第一次入射波大小相等，即发生了正全反射，它们的传播速度相同但传播方向相反。在 $t=l/v_w$ 时，终端 $x=l$ 处的反射波与入射波相迭加，在线电流为 $i(l,l/v_w)=i^{+(1)}(l,l/v_w)-i^{-(1)}(l,l/v_w)=0$，电压为 $u(l,l/v_w)=u^{+(1)}(l,l/v_w)+u^{-(1)}(l,l/v_w)=2U_0$。当 $t>l/v_w$，在 $x=l$ 处所形成的第一次电压反射波 U_0 和第一次电流反射波 I_0 将以波速 v_w 开始向始端传播。令 $t=(2l-x)/v_w$ 可得该反射波的波前 $x=2l-v_wt$。当 t 从 l/v_w 增长到 $2l/v_w$ 时，反射波 $u^{-(1)}(x,t)$、$i^{-(1)}(x,t)$的波前从线路终端($x=l$)传播到始端($x=0$)，故它们为一反向行波。因此，在 $l/v_w<t<2l/v_w$ 期间，线上反射波电压 $u^{-(1)}(x,t)$和以相同速度传播的入射波电压 $u^{+(1)}(x,t)$(即线上已有电压)迭加(相加)形成一个新的具有相同波速的反向电压行波，即

$$u(x,t)=u^{(1)}(x,t)=u^{+(1)}(x,t)+u^{-(1)}(x,t)=U_0\varepsilon\left(t-\frac{x}{v_w}\right)+U_0\varepsilon\left(t-\frac{2l-x}{v_w}\right) \tag{18-26a}$$

同一时段的在线电流 $i(x,t)$则为反射波电流 $i^{-(1)}(x,t)$和入射波电流 $i^{+(1)}(x,t)$(即线上已有电流)迭加(相减)形成一个新的具有相同波速的反向行波，即

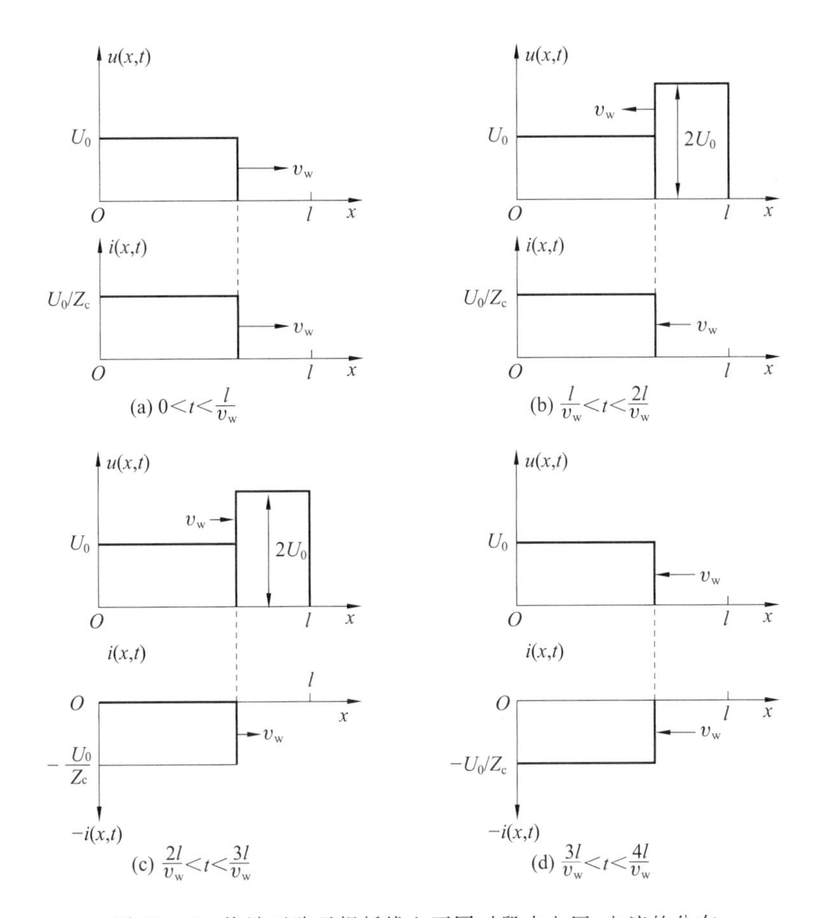

图 18-12 终端开路无损耗线上不同时段内电压、电流的分布

$$i(x,t)=i^{(1)}(x,t)=i^{+(1)}(x,t)-i^{-(1)}(x,t)=\frac{U_0}{Z_c}\varepsilon\left(t-\frac{x}{v_w}\right)-\frac{U_0}{Z_c}\varepsilon\left(t-\frac{2l-x}{v_w}\right) \tag{18-26b}$$

由式(18-26)可见,在第一次反射波 $u^{-(1)}(x,t)$、$i^{-(1)}(x,t)$到达始端之前,它们所经之处,线间电压为 $u^{(1)}(x,t)=u^{+(1)}(x,t)+u^{-(1)}(x,t)=U_0+U_0=2U_0$,电流为 $i^{(1)}(x,t)=i^{+(1)}(x,t)-i^{-(1)}(x,t)=I_0-I_0=0$,如图 18-12(b)。在 $l/v_w<t<2l/v_w$ 期间,由 $u^{+(1)}(x,t)$和 $u^{-(1)}(x,t)$合成 $u^{(1)}(x,t)$,$i^{+(1)}(x,t)$和 $i^{-(1)}(x,t)$合成 $i^{(1)}(x,t)$的过程如图 18-13 所示。

由图 18-13 可见,反射波所到之处电压升高一倍。其缘由可以这样认为,即入射波虽在 $x=l$ 处开始反射,但反射波在 $l/v_w\leqslant t<2l/v_w$ 期间尚未传播到始端,未对始端产生任何影响,因此,电源继续向传输线输送的充电电荷由于终端开路而受阻便在终端聚积起来,致使该处电压升高,并且这种电荷的聚积现象又从终端随反射波向始端方向沿线行进,从而使得反射波所到之处线路加倍充电,电压升高一倍。

从能量角度来看,电源每单位时间所提供的能量,在第一次入射波向终端行进即给线路充电的过程中一半转变为电场能量,一半转变为磁场能量。当行波开始从终端反射后,电源

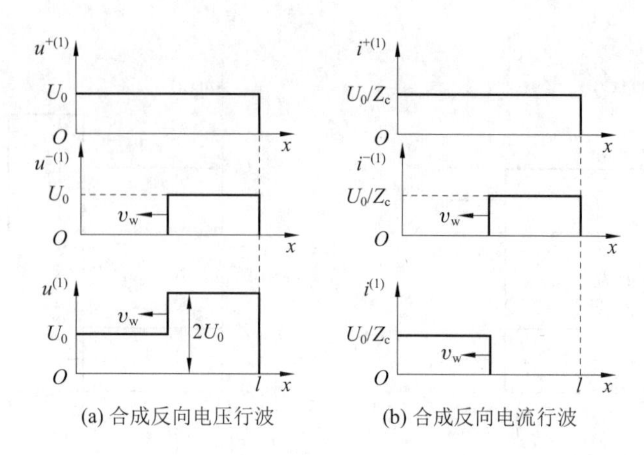

(a) 合成反向电压行波　　(b) 合成反向电流行波

图 18-13　$\frac{l}{v_w}<t<\frac{2l}{v_w}$期间入射波与反射波合成得到新的反向行波

仍按原有速率继续不断提供能量，这些能量沿线路依次传递到反射波已到达区段($l<x<2l-v_wt$)，由于反射波和入射波所携带的能量相等，故使得这些区段单位长度的总能量增加，且是仅有入射波地区的二倍。此外，由于反射波已到达区域($l<x<2l-v_wt$)内的电流处处为零，因此该段线路上不再储存有磁场能量，按照能量守恒原理其全部磁场能量均转化为电场能量，故该段线路上单位长度的总电场能量增加到原值的四倍，因此，按照电场能量与电压平方成正比的关系，反射波已到达的地区的电压上升到原值的二倍。

由上面的分析可知，在第一次反射波 $u^{-(1)}(x,t)$、$i^{-(1)}(x,t)$的波前到达始端的前一瞬刻，全线电流 $i^{(1)}(x,t)$为零，电压 $u^{(1)}(x,t)$为 $2U_0$。而当 $t=2l/v_w$ 即第一次反射波的波前(亦即新的具有相同波速的反向行波的波前)到始端时，由始端电压源的电压为 U_0 这一边界条件即 $u(0,t)=U_0$ 可知，此时始端电压应满足

$$
\begin{aligned}
u(0,2l/v_w) &= u^{(2)}(0,2l/v_w) = u^{(1)}(0,2l/v_w) + u^{+(2)}(0,2l/v_w) \\
&= 2U_0 + u^{+(2)}(0,2l/v_w) = U_0
\end{aligned}
$$

因此，为了满足始端边界条件又将出现从电源端发出的向终端传播的第二次电压入射波 $u^{+(2)}(x,t)=-U_0$。相应地，第二次电流入射波为 $i^{+(2)}(x,t)=u^{+(2)}(x,t)/Z_c=-U_0/Z_c=-I_0$。其表示式分别是式(18-24)中当 $n=1$ 时所得两项中的第一项。当 $t>2l/v_w$，在 $x=0$ 处所形成的第二次电压入射波$-U_0$、第二次电流入射波$-I_0$ 以波速 v_w 向终端传播。

在 $2l/v_w<t<3l/v_w$ 期间，如同第一次电源发出入射波的情况一样，第二次入射波尚未到达终端之前并未产生反射波。因此，第二次电压和电流入射波自始端向终端分别迭加于传输线上已有的电压和电流值上，组成新的以波速 v_w 向终端传播的电压和电流正向行波，即

$$
\begin{aligned}
u(x,t) &= u^{(2)}(x,t) = u^{(1)}(x,t) + u^{+(2)}(x,t) \\
&= u^{+(1)}(x,t) + u^{-(1)}(x,t) + u^{+(2)}(x,t) = U_0 + U_0 - U_0 = U_0 \\
i(x,t) &= i^{(2)}(x,t) = i^{(1)}(x,t) + i^{+(2)}(x,t) \\
&= i^{+(1)}(x,t) - i^{-(1)}(x,t) + i^{+(2)}(x,t) = i^{+(2)}(x,t) = -I_0
\end{aligned}
$$

第二次入射波波前所经过之处沿线电压变为 U_0、电流变为$-I_0$，其解析式即为式(18-25)中的前三项之和。从能量上来说，这一时间段的物理过程是传输线经电源放电的过程。

图 18-12(c)示出了在 $2l/v_w<t<3l/v_w$ 期间在线电压、电流的分布。

当 $t=3l/v_w$ 时,第二次入射波的波前到达终端,由终端开路电流为零这一边界条件可得

$$i(3l,3l/v_w)=i^{(2)}(3l,3l/v_w)-i^{-(2)}(3l,3l/v_w)=-I_0-i^{-(2)}(3l,3l/v_w)=0$$

由此可知,终端 $x=l$ 处形成的第二次反射波电流值为 $i^{-(2)}(3l,3l/v_w)=-I_0$。相应地有第二次电压反射波 $u^{-(2)}(3l,3l/v_w)=Z_c i^{-(2)}(3l,3l/v_w)=-Z_c I_0=-U_0$,其表示式分别为式(18-25a)和(18-25b)中当 $n=1$ 时所得两项中的第二项。因此,在 $3l/v_w<t<4l/v_w$ 期间,第二次反射波自终端向始端迭加于传输在线已有的电压或电流值上,组成新的以波速 v_w 向始端传播的电压和电流反向行波,即

$$\begin{aligned}u(x,t)&=u^{(3)}(x,t)=u^{(2)}(x,t)+u^{-(2)}(x,t)\\&=u^{+(1)}(x,t)+u^{-(1)}(x,t)+u^{+(2)}(x,t)+u^{-(2)}(x,t)\\&=U_0+(-U_0)=0\end{aligned}$$

$$\begin{aligned}i(x,t)&=i^{(3)}(x,t)=i^{(2)}(x,t)-i^{-(2)}(x,t)\\&=i^{+(1)}(x,t)-i^{-(1)}(x,t)+i^{+(2)}(x,t)-i^{-(2)}(x,t)\\&=-I_0-(-I_0)=0\end{aligned}$$

即第二次反射波波前所经过之处沿线电压变为 0、电流变为 0,其解析式即为式(18-25)中的前四项之和。传输线上的电压和电流分别如图 18-12(d)所示。

当 $t=4l/v_w$ 时,第二次反射波 $u^{-(2)}(x,t)$、$i^{-(2)}(x,t)$的波前到达始端,全线电压(除始端外)、电流均为零,与初始状态相同,即恢复到 $t=0$ 时开始接通的状态,这时完成了传输线与电源 U_0 接通后的第一次循环。此后,线上的电压、电流将周期性地重复此波的传输过程,显然,此周期等于波进行 4 倍线长所需的时间,即 $T=4l/v_w=4l\sqrt{L_0C_0}$。图 18-14 示出了终端开路的无损耗线终端电压 $u_2(t)=u(l,t)$和始端电流 $i_1(t)=i(0,t)$随时间的变化过程,可见,它们的周期均等于 $4l/v_w$。应该指出的是,虽然终端开路无损耗线始端所加电压为直流电压 U_0,但是线上的电压和电流却是如图 18-14 所示的周期性方波,这种现象在集中参数电路中是不会出现的。

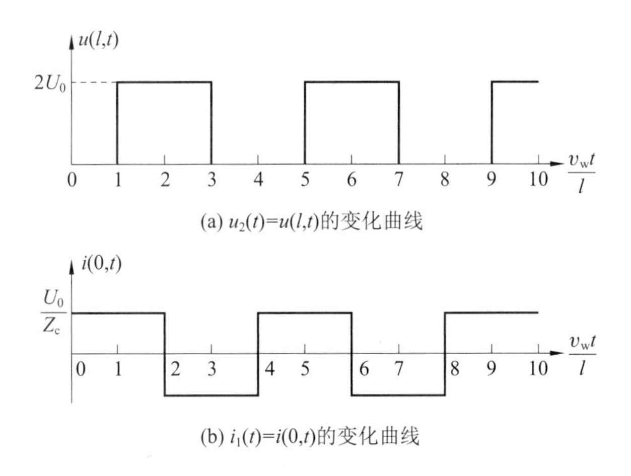

图 18-14　$u_2(t)=u(l,t)$、$i_1(t)=i(0,t)$的变化曲线

【例18-3】 图18-15(a)所示均匀无损线的特性阻抗 $Z_c=500\Omega$，终端接有负载阻抗 $R_2=250\Omega$，始端接有直流电压源 $U_0=500\text{V}$。若在达稳态后将负载 R_2 突然断开，试分析此时电压 、电流波如何沿线传播。

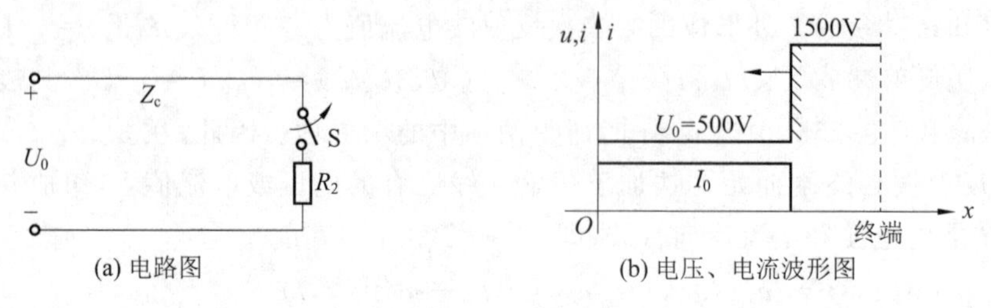

图18-15　例16-3图

解　在无损耗线达稳态后，终端发生换路的情况下，会产生反向行波从终端向始端发出，即为另一种形式的波的发出情况。在原稳态时，沿线电压均为 U_0，沿线电流则为负载中电流，故有 $U_0=500\text{V}$，$I_0=500/250=2\text{A}$。终端突然开路，即 $i_2=0$，由 $i_2=I_0-i^-$ 可得 $i^-=2\text{A}$，$u^-=Z_c i^-=1000\text{V}$。所以，在反向行波向始端推进过程中，波所到之处的电压、电流为

$$u=U_0+u^-=1500\text{V},\quad i=0$$

沿线波过程如图18-15(b)所示。

3. 终端短路时波的反射

对于始端接有阶跃电压源而终端短路的无损线而言，有 $|Z_1(s)|=0$，$|Z_2(s)|=0$，因此 $N_1(s)=-1$，$N_2(s)=-1$，线路两端皆发生负全反射。这时，将反射系数代入式(18-21a)可得

$$U(s,x)=\frac{U_0}{s(1-\mathrm{e}^{-2sl/v})}\left[\mathrm{e}^{-sx/v}-\mathrm{e}^{-s(2l-x)/v}\right]$$

已知上式中 $(1-\mathrm{e}^{-2sl/v})^{-1}=1+\mathrm{e}^{-2sl/v}+\mathrm{e}^{-4sl/v}+\cdots$，借此可将 $U(s,x)$ 展成指数级数形式，即有

$$\begin{aligned}U(x,s)&=\frac{U_0}{s}\left[\mathrm{e}^{-sx/v}-\mathrm{e}^{-s(2l-x)/v}+\mathrm{e}^{-s(2l+x)/v}-\mathrm{e}^{-s(4l-x)/v}+\cdots\right]\\&=\frac{U_0}{s}\sum_{n=0}^{\infty}\left[\mathrm{e}^{-s(2nl+x)/v}-\mathrm{e}^{-s[2(n+1)l-x]/v}\right]\end{aligned}\qquad(18\text{-}27\text{a})$$

同理可得

$$I(x,s)=\frac{U_0}{Z_c}\sum_{n=0}^{\infty}\left[\mathrm{e}^{-s(2nl+x)/v}+\mathrm{e}^{-s[2(n+1)l-x]/v}\right]\qquad(18\text{-}27\text{b})$$

式中，$I_0=U_0/Z_c$，$Z_c=\sqrt{L_0/C_0}$。对式(18-27)取拉氏反变换可得终端短路时无损线上的阶跃响应为

$$u(x,t)=U_0\sum_{n=0}^{\infty}\left[\varepsilon\left(t-\frac{2nl+x}{v}\right)-\varepsilon\left(t-\frac{2(n+1)l-x}{v}\right)\right]\qquad(18\text{-}28\text{a})$$

$$i(x,t)=\frac{U_0}{Z_c}\sum_{n=0}^{\infty}\left[\varepsilon\left(t-\frac{2nl+x}{v}\right)+\varepsilon\left(t-\frac{2(n+1)l-x}{v}\right)\right] \tag{18-28b}$$

由此可见，终端短路时无损线上的电压波和电流波同样是不断入射和反射的流动波。

同样，根据单位阶跃函数的性质可知，在 $0<t<l/v_w$ 期间，仅有向自始端电压源发出向终端行进的大小分别为 U_0 和 U_0/Z_c 的电压、电流入射波，其表示式为(18-28a)、(18-28b)中的第一项($n=0$)，如图 18-16(a)所示，与终端开路时的完全相同。当 $t=l/v_w$ 时，第一次入射波 $u^{+(1)}(x,t)$、$i^{+(1)}(x,t)$到达终端，由于电压为 U_0，不满足终端短路电压为零这一边界条件即 $u(l,t)=u^{+}(l,t)+u^{-}(l,t)=0$，所以电压和电流中都出现了由终端向始端行进的反射波，其表示式分别为(18-28a)(18-28b)中的第二项($n=0$)，使入射波和该反射波相加后在 $x=l$ 处满足终端边界条件。可见，在终端 $x=l$ 处，只有当 $t\geqslant\frac{l}{v_w}$时才会出现反射波。由终端边界条件可以求出终端 $x=l$ 处形成的第一次电流反射波的值为 $u^{-(1)}(l,l/v_w)=-u^{+(1)}(l,l/v_w)=-U_0$，相应地有一电流反射波 $i^{-(1)}(l,l/v_w)=u^{-(1)}(l,l/v_w)/Z_c=-U_0/Z_c=-I_0$，可见，第一次反射波与第一次入射波相差一负号，即发生了负全反射，它们的传播速度相同但传播方向相反。

类似于终端开路时的情况，在 $l/v_w\leqslant t<2l/v_w$ 期间，第一次反射波与第一次入射波(即线上已有电压、电流)迭加形成一个新的具有相同波速的反向行波。在该反向行波所到之处($x\geqslant 2l-v_wt$)

$$u(x,t)=u^{(1)}(x,t)=u^{+(1)}(x,t)+u^{-(1)}(x,t)=U_0+(-U_0)=0 \tag{18-29a}$$

$$i(x,t)=i^{(1)}(x,t)=i^{+(1)}(x,t)-i^{-(1)}(x,t)=I_0-(-I_0)=2I_0 \tag{18-29b}$$

由式(18-29a)、(18-29b)可见，在第一次反射波 $u^{-(1)}(x,t)$、$i^{-(1)}(x,t)$的波前到达始端之前，它们所经之处，沿线线间电压变为零，沿线在线电流变为 $2I_0$。电流增加一倍的原因可以参照终端开路情况应用对偶原理进行分析。$l/v_w\leqslant t<2l/v_w$ 期间无损耗线上电压、电流的分布如图 18-16(b)所示。

当 $t=2l/v_w$ 即第一次反射波的波前(亦即新的具有相同波速的反向行波的波前)到始端的瞬间，由始端电压源的电压为 U_0 这一边界条件即 $u(0,t)=U_0$ 可知，此时始端电压应满足

$$u(0,2l/v_w)=u^{(2)}(0,2l/v_w)=u^{(1)}(0,2l/v_w)+u^{+(2)}(0,2l/v_w)=+u^{+(2)}(0,2l/v_w)=U_0$$

即为了满足始端边界条件又将出现从电源端发出向终端传播的第二次电压入射波 $u^{+(2)}(x,t)=U_0$，亦即使波前处的电压立即上升到 U_0。相应地，第二次电流入射波为 $i^{+(2)}(x,t)=u^{+(2)}(x,t)/Z_c=U_0/Z_c=I_0$，其表示式分别是式(18-28a)，(18-28b)中当 $n=1$ 时所得两项中的第一项。当 $t>2l/v_w$，在 $x=0$ 处所形成的第二次电压入射波 U_0、第二次电流入射波 $-I_0$ 以波速 v_w 向终端传播。在 $2l/v_w<t<3l/v_w$ 期间，如同第一次电源发出入射波的情况一样，第二次入射波尚未到达终端之前并未产生反射波。因此，第二次入射波电压或电流自始端向终端分别迭加于传输在线已有的电压和电流值上，组成新的以波速 v_w 向终端传播的电压和电流正向行波，即

$$\begin{aligned}u(x,t)&=u^{(2)}(x,t)=u^{(1)}(x,t)+u^{+(2)}(x,t)\\&=u^{+(1)}(x,t)+u^{-(1)}(x,t)+u^{+(2)}(x,t)=0+U_0=U_0\end{aligned}$$

$$i(x,t)=i^{(2)}(x,t)=i^{(1)}(x,t)+i^{+(2)}(x,t)=2I_0+I_0=3I_0$$

由此可见，沿线电压重新变为 U_0，沿线电流增大到 $3I_0$。其解析式即分别为式(18-28a、b)中的前三项之和。图 18-16(c)示出了在 $2l/v_w<t<3l/v_w$ 期间线上电压、电流的分布。

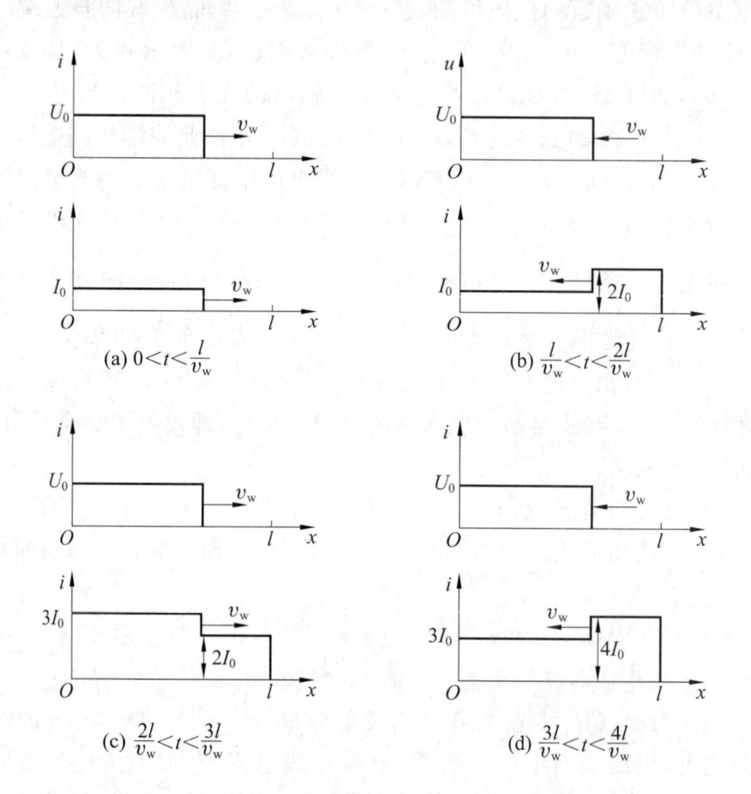

(a) $0<t<\frac{l}{v_w}$　(b) $\frac{l}{v_w}<t<\frac{2l}{v_w}$　(c) $\frac{2l}{v_w}<t<\frac{3l}{v_w}$　(d) $\frac{3l}{v_w}<t<\frac{4l}{v_w}$

图 18-16　不同时段短路无损耗线上电压、电流的分布

当 $t=3l/v_w$，第二次入射波到达终端，为了满足终端短路电压为零这一边界条件，电压和电流中都出现了由终端向始端行进的反射波，其表示式分别为(18-28a、b)中的第二项($n=1$)，使入射波和该反射波相加后在 $x=l$ 处满足终端边界条件。在 $3l/v_w<t<4l/v_w$ 期间，线上电压、电流分别为

$$u(x,t)=u^{(3)}(x,t)=u^{(2)}(x,t)+u^{-(2)}(x,t)=U_0+(-U_0)=0,$$

$$i(x,t)=i^{(3)}(x,t)=i^{(2)}(x,t)-i^{-(2)}(x,t)=3I_0-(-I_0)=4I_0$$

图 18-16(d)示出了在 $3l/v_w<t<4l/v_w$ 期间线上电压、电流的分布。

从图 18-16(a)、(b)可见，经 $2l/v_w$ 时间，电压就从 U_0 变到零，电流将从 I_0 增至 $2I_0$。此后每次由始端发出的入射波使沿线电压变为 U_0，由终端产生的反射波又使电压变为 0，但是，从接通电源开始，无论是始端发出的入射波还是终端产生的反射波总是使得沿线电流各增加一个 I_0。因此，可以说，沿线电压分布将以 $T=2l/v_w$ 为周期，在零和 U_0 之间变动，而电流则随时间的延续不断增大直至无穷大。从接通电源开始，电压波和电流波持续不断地由始端向终端传播，又由终端向始端传播，反复循环。

可以看到，与终端开路情况不同的是，当终端短路时，尽管线上有反射，但电压以及电流的合成行波却都是正的。

图 18-17 表示线路中点$\left(x=\frac{l}{2}\right)$电压和终端电流随时间的变化过程。由此可见,虽然在无损耗线始端所加的是直流电压,但线上电流却是阶梯式地增长,趋于无穷大,这是由于假设线路上电阻和电导均为零并且终端短路的缘故。但是,线上的电压则是周期性的方波脉冲。

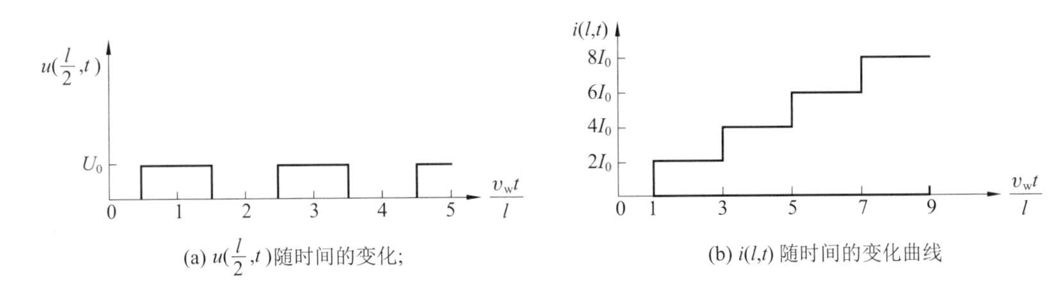

图 18-17 $u\left(\frac{l}{2},t\right)$,$i(l,t)$ 随时间的变化曲线

【例 18-4】 设有一无损耗线长为 10m,单位长度线间电容 $C_0=600\text{pF}$,当终端短路时,在始端测得一个信号脉冲沿线来回所需时间为 $t=0.1\mu\text{s}$。试求单位长度线段电感 L_0,线路的特性阻抗 Z_c。

解 当无损耗线终端短路时,反射系数为 $N_2=\frac{Z_2-Z_c}{Z_2+Z_c}=-1$,无损耗线发生全反射。信号脉冲从始端到终端一次所需时间为 $t_d=\frac{t}{2}=0.05\times10^{-6}\text{s}$,其传播速度

$$v_w=\frac{l}{t_d}=\frac{10}{0.05\times10^{-6}}=2\times10^8\text{m/s}$$

又

$$v_w=\frac{1}{\sqrt{L_0C_0}}=2\times10^8\text{m/s}$$

所以

$$L_0=\frac{1}{v_w{}^2C_0}=\frac{1}{(2\times10^8)^2\times600\times10^{-12}}=4.17\times10^{-8}\text{H}$$

特性阻抗为

$$Z_c=\sqrt{\frac{L_0}{C_0}}=\sqrt{\frac{4.17\times10^{-8}}{600\times10^{-12}}}=83.27\Omega$$

18.4.3 无损耗线终端接有集中参数负载时波的反射

当终端接有集中参数负载(电阻、电感或电容)时,可以按其所对应的终端边界条件来确定各次反射波,从而求出换路后线路上电压、电流的暂态解。

为了使所讨论的问题具有一般性,考虑始端所接的电压源具有内阻 R_1,因此始端的边

界条件应该包括 R_1。为了简化讨论，假设在 $t=0$ 时接入的直流电压源 U_s 与无损线始端匹配，即有 $R_1=Z_c$，因此，始端反射系数 $N_1(s)=(R_1-Z_c)/(R_1+Z_c)=0$。电压源 U_s 拉氏变换为 $U_s(s)=U_s/s$。此外，还假设无损线处于零初始状态。

1. 终端连接电阻负载的无损耗线上波的反射

终端接有电阻负载 R_2 的无损耗线如图 18-18 所示，这时 $Z_2(s)=R_2$，因此终端反射系数为 $N_2(s)=(R_2-Z_c)/(R_2+Z_c)=n_2$，它为一随 R_2 而变的实数。将这些结果代入式(18-21)可得线上电压、电流的瞬态复频域解为

$$U(s,x)=\frac{U_s}{2s}\left[e^{-s\frac{x}{v_w}}+N_2(S)e^{-2s\frac{l}{v_w}}e^{s\frac{x}{v_p}}\right] \tag{18-30a}$$

$$I(s,x)=\frac{U_s}{2sZ_c}\left[e^{-s\frac{x}{v_w}}-N_2(S)e^{-2s\frac{l}{v_w}}e^{s\frac{x}{v_p}}\right] \tag{18-30b}$$

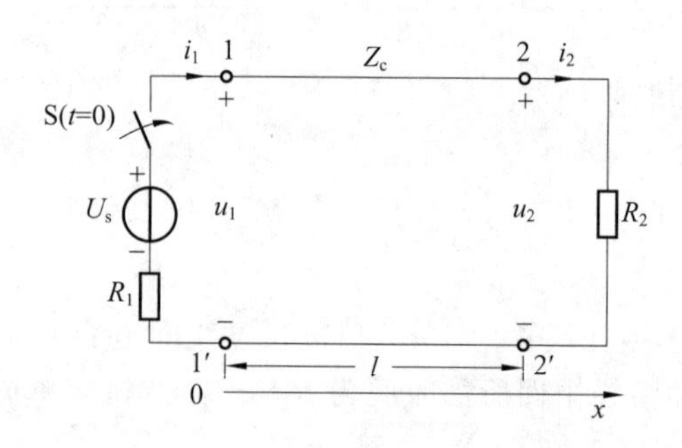

图 18-18　终端连接电阻负载的无损耗线

对式(18-30)施行拉氏反变换并利用时域位移定理可得电压、电流的瞬态时域解为

$$u(x,t)=\frac{U_s}{2}\left[\varepsilon\left(t-\frac{x}{v_w}\right)+n_2\varepsilon\left(t+\frac{x}{v_w}-\frac{2l}{v_w}\right)\right] \tag{18-31a}$$

$$i(x,t)=\frac{U_s}{2Z_c}\left[\varepsilon\left(t-\frac{x}{v_w}\right)-n_2\varepsilon\left(t+\frac{x}{v_w}-\frac{2l}{v_w}\right)\right] \tag{18-31b}$$

由式(18-31)可见，一般情况下，线上电压和电流均为入射波和反射波之代数和，其具体形式则可以根据终端反射系数 N_2 即终端所接电阻 R_2 与线路特性阻抗 Z_c 之间的相对大小而定。显然，N_2 的取值除了决定有无反射波外，还影响反射波幅值的大小。下面对于 N_2 的三种可能情况加以讨论：

(1) 若 $R_2>Z_c$，则 $n_2>0$，这时，线路终端会有反射波产生且不改变符号。由式(18-31)以及单位阶跃函数的性质可知，线上电压、电流的瞬时波过程从时间上可以划分为三个阶段：

在 $0<t<\dfrac{l}{v_w}$ 期间，线上只有电压、电流的矩形入射波，即

$$u(x,t)=u^+(x,t)=\frac{U_s}{2}\varepsilon\left(t-\frac{x}{v_w}\right),\quad i(x,t)=i^+(x,t)=\frac{U_s}{2Z_c}\varepsilon\left(t-\frac{x}{v_w}\right)$$

在这一时间段，以波速 v_w 由始端向终端行进的电压、电流入射波尚未到达终端负载处，因而线路上还没有反射波产生，如图 18-19(a)所示。

在$\frac{l}{v_w}<t<\frac{2l}{v_w}$期间，反射波开始由终端负载处发出，以速度 v_w 向始端行进。反射波与入射波（即在线已有电压）迭加形成一个新的具有相同波速的反向行波。在反射波所到之处（$x\geqslant 2l-v_w t$），电压或电流按式（18-31）为入射波和反射波之代数和，即有

$$u(x,t)=u^+(x,t)+u^-(x,t)=(1+n_2)u^+(x,t)=\frac{U_s}{2}(1+n_2)$$

$$i(x,t)=i^+(x,t)-i^-(x,t)=(1-n_2)i^+(x,t)=\frac{U_s}{2Z_c}(1-n_2)$$

反射波未到达的区段，则仍只有入射波，如图 18-19（b）所示。

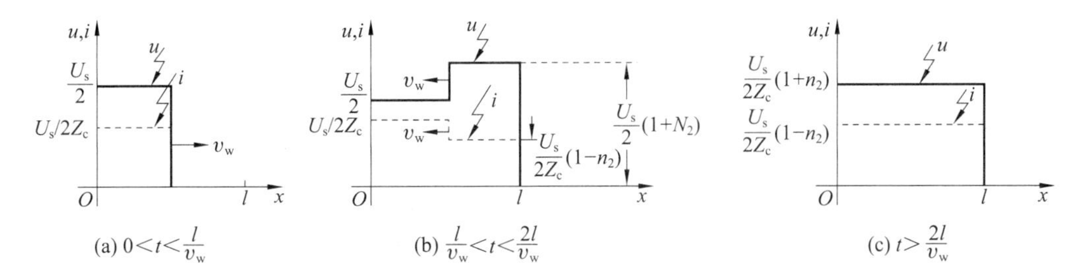

图 18-19　终端电阻负载 $R_2>Z_c$ 时无损线上电压、电流分布的瞬时曲线

在 $t>\frac{2l}{v_w}$期间，由终端发出的反射波已经到达始端，但是因为始端处于匹配状态（$R_1=Z_c$），故其反射系数 $N_1(s)=0$，即始端不再有反射波亦即第二次入射波发出，可以认为瞬时过程已经结束，这时线路进入稳定状态，如图 18-19（c）所示，线上的电压和电流分别为

$$u(x,t)=\frac{U_S}{2}(1+n_2),\quad i(x,t)=\frac{U_S}{2Z_c}(1-n_2)$$

由图 18-19 可见，这时终端电压比入射波电压高，其缘由在于入射波投射到终端时遇到比波阻抗 Z_c 要大的负载电阻 R_2，故线上的充电电荷因来不及全部流过该电阻而在终端产生堆积，结果使得终端电压升高，即 $u_2=\frac{U_s}{2}(1+n_2)>u_1=\frac{U_s}{2}(n_2>0)$。

【例 18-5】 如图 18-20（a）所示的均匀无损耗线长 $l=6\text{km}$，特性阻抗 $Z_c=600\Omega$，波速接近光速。电源内阻 $R_s=Z_c$，$U_s=240\text{V}$，$R_2=1800\Omega$。试确定无损线中点处的电流 $i(t)$在 $0<t<60\mu\text{s}$ 期间内的变化规律。

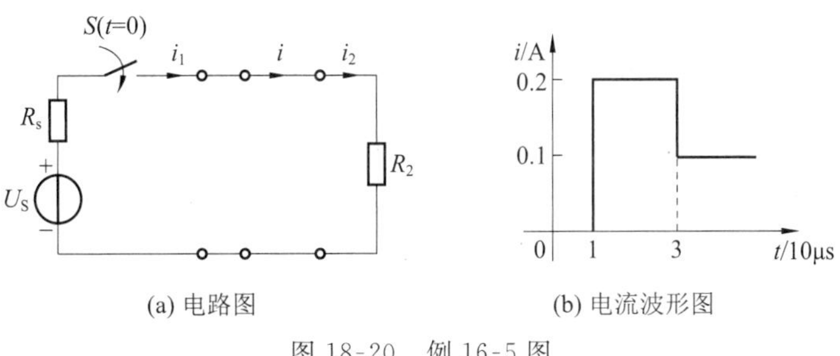

图 18-20　例 16-5 图

解　波从始端传到中点所用的时间为 $t_1=\left(\dfrac{l}{2}\right)\Big/v_w=\dfrac{3\times10^3}{3\times10^8}=10(\mu s)$，因此，

① 当 $0<t<10\mu s$ 时，入射波从始端发出，尚未到达中点，所以 $i(t)=0$。

② $10\mu s\leqslant t<30\mu s$ 时，入射波已经过中点，但在终端所产生的反射波还没有到达中点时

$$i(t)=i_1^+=\frac{U_s}{R_s+Z_c}=\frac{240}{600+600}=0.2A$$

③ 当 $30\mu s\leqslant t<60\mu s$ 时，在终端产生的反射波已经过中点，并于 $t=40\mu s$ 时刻到达始端，由于 $R_S=Z_c$，所以到达始端不再产生第二次反射。终端反射系数和电流分别为

$$n_2=\frac{R_2-Z_c}{R_2+Z_c}=\frac{1800-600}{1800+600}=0.5,\quad i_2^-=n_2i_2^+=n_2i_1^+=0.1A$$

因此，电流 $i(t)$ 在 $30\mu s<t<60\mu s$ 期间内的变化规律为

$$i(t)=i_1^+-i_2^-=0.2-0.1=0.1(A)$$

其变化规律如图18-20(b)。

(2) 若 $R_2=Z_c$，则 $n_2=0$，这时，负载与传输线匹配，又由于 $N_1=0$，故无论是线的始端或终端均无反射波，因此换路后，入射波一到达终端负载处，线路即时进入稳定状态，瞬时过程随之结束。由式(18-31)可知，线上的电压和电流分别为

$$u(x,t)=\frac{U_s}{2},\quad t\geqslant0,i(x,t)=\frac{U_s}{2Z_c},\quad t\geqslant0$$

(3) 若 $R_2<Z_c$，则 $n_2<0$，这时，线路终端会有反射波产生且要改变符号。由式(18-31)以及单位阶跃函数的性质可知，线上的电压和电流的瞬时波过程从时间上也可以划分为三个阶段：

① 在 $0<t<\dfrac{l}{v_w}$ 期间，线上只有电压、电流的入射波，其表示及其对应波形如同 $n_2>0$ 时的一样；

② 在 $\dfrac{l}{v_w}<t<\dfrac{2l}{v_w}$ 期间，反射波开始由终端负载处发出，以速度 v_w 向始端行进。在反射波所到之处($x\geqslant2l-v_wt$)，反射波与入射波(即线上已有电压)迭加形成一个新的具有相同波速的电压及电流反向行波，即

$$u(x,t)=u^+(x,t)+u^-(x,t)=(1-|n_2|)u^+(x,t)=\frac{U_s}{2}(1-|n_2|)$$

$$i(x,t)=i^+(x,t)-i^-(x,t)=(1+|n_2|)i^+(x,t)=\frac{U_s}{2Z_c}(1+|n_2|)$$

反射波未到达的区段，则仍只有入射波，如图18-21(a)所示。

③ 在 $t>\dfrac{2l}{v_w}$ 期间，由终端发出的反射波已经到达始端，但是因为始端处于匹配状态($R_1=Z_c$)，故其反射系数 $N_1(s)=0$，即始端不再有反射波亦即第二次入射波发出，可以认为瞬时过程已经结束，线路进入稳定状态，由式(18-21)可知，线上的电压和电流分别为

$$u(x,t)=\frac{U_S}{2}(1-|n_2|),\quad i(x,t)=\frac{U_S}{2Z_c}(1+|n_2|)$$

如图18-21(b)所示。

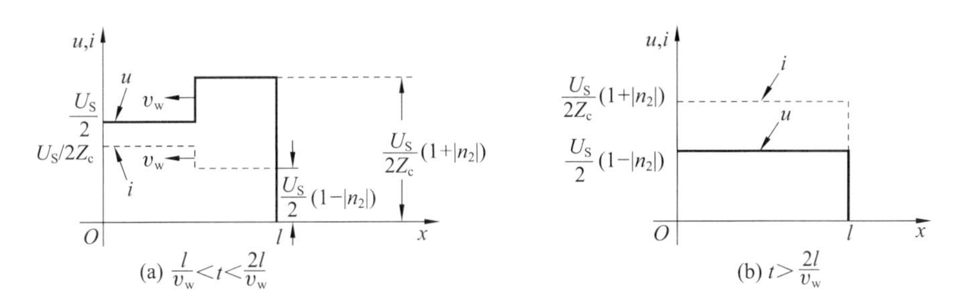

图 18-21　终端电阻负载 $R_2<Z_c$ 时无损线上电压、电流分布的瞬时曲线

由图 18-21 可见，这时终端电压比入射波电压低，其原因在于入射波投射到终端时遇到比波阻抗 Z_c 小的负载电阻 R_2，在同一瞬间内流过 R_2 的电荷多于入射波携带至终端的电荷，故而需要从已充电的导线上获取所差的电荷，结果使得线路终端电压降低，$u_2=\frac{U_s}{2}(1-|n_2|)<u_1=\frac{U_s}{2}$，$(n_2<0)$。

【例 18-6】　如图 18-22(a)所示的无损耗线已处于稳定状态，$t=0$ 将时终端开关 S 合上接入负载 R_L，试求在 $0<t<\frac{l}{v_w}$ 期间沿线电压 $u(x,t)$，已知：$U_0=36\text{V}$，$R_0=400\Omega$，$R_L=200\Omega$，$Z_c=400\Omega$。

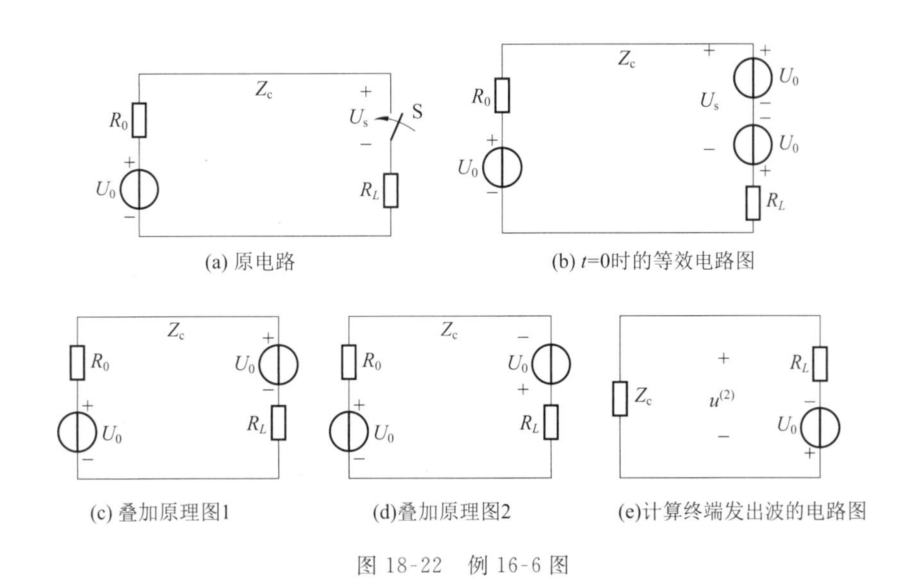

图 18-22　例 16-6 图

解　因为开关 S 合上前电路已处于稳态，所以沿线各处的电压为 U_0，而各处电流为零，故由 KVL 可知，开关的端电压为 $U_s=U_0$。当 $t=0$ 时，合上开关 S 时，则开关的端电压为 $U_s=0$。由替代定理和叠加定理可以得出 $t=0$ 时的等效电路如图 18-22(b)所示。该电路又可分解为图 18-22(c)和图 18-22(d)的叠加。

显然，图 18-22(c)就是图 18-22(a)所描述的稳态电路，沿线各处的电压和电流 $u^{(1)}=U_0\varepsilon(t)$，$i^{(1)}=0$。

在图 18-22(d)中，设线路长度为 l，该电路描述 $t=0$ 时开关 S 合上后线路终端有电流出现，在 $0<t<\dfrac{l}{v}$时间内，从终端向始端发出的波未行进到始端，始端对波过程不会发生影响，故终端发出波的计算电路如图 18-22(e)所示。这时有 $u^{(2)}=-\dfrac{Z_c}{Z_c+R_L}U_0$，故有

$$u^{(2)}(x,t)=-\frac{Z_c}{Z_c+R_L}U_0\varepsilon\left(t-\frac{l-x}{v_w}\right)$$

因此，$0<t<\dfrac{l}{v}$期间沿线电压 $u(x,t)$为

$$u(x,t)=U_0\varepsilon(t)-\frac{Z_c}{Z_c+R_L}U_0\varepsilon\left(t-\frac{l-x}{v_w}\right)$$

代入数值可得 $u(x,t)=36\varepsilon(t)-24\varepsilon\left(t-\dfrac{l-x}{v_w}\right)$。

特别地，当 $R_2=0$，即终端短路时，有 $n_2=-1$，终端发生全反射且改变符号，因此，终端电流加倍，而电压则降至零。于是，在$\dfrac{l}{v_w}<t<\dfrac{2l}{v_w}$期间，凡反射波所到之处($x\geqslant 2l-v_wt$)，电流加倍，而电压则降至零；当 $R_2=\infty$，即终端开路时，$N_2=1$，终端发生全反射且不改变符号，因此终端电压加倍，而电流则降至零。于是，在$\dfrac{l}{v_w}<t<\dfrac{2l}{v_w}$期间，凡反射波所到之处($x\geqslant 2l-v_wt$)，电压加倍，而电流则降至零。

此外，在终端连接电阻负载无损耗线上暂态时域解的一般式(18-31)中，令 $x=l$，可以得到终端电压、电流的表达式为

$$u_2=\frac{U_sR_2}{R_2+Z_c}\varepsilon\left(t-\frac{l}{v_w}\right),\quad i_2=\frac{U_s}{R_2+Z_c}\varepsilon\left(t-\frac{l}{v_w}\right)$$

这表明终端电压、电流的变化较始端延迟时间为$\dfrac{l}{v_w}$，因此在工程技术中，可在负载与信号源之间插入一段信号源内阻抗相匹配的无损耗线用作超高频电路的延迟线。

在以上的讨论中，设电源内阻与线路匹配，即 $R_1=Z_c$，故而简化了问题。这时，由于始端反射系数为零，所以当终端的反射波到达始端时全部为电源所吸收，始端再无反射波发出。但是，若始端不处于匹配状态、则当终端的反射波到达始端后，又会产生新的反射，这一过程称为波的多次反射。一般情况下，传输线的暂态过程在理论上是一个波的无限多次反射过程，最终才进入稳态。

2. 终端接有感性负载的无损耗在线波的反射

终端接有感性负载的无损耗线如图 18-23(a)所示。这时，因 $R_1=Z_c$，则始端的反射系数 $N_1=0$。终端反射系数为 $N_2(s)=[Z_2(s)-Z_c]/[Z_2(s)+Z_c]=(R+sL-Z_c)/(R+sL+Z_c)$，将 $Z_2(s)=R+sL$ 和终端反射系数代入式(18-21a)便可以得到暂态过程中电压的复频域解为

$$
\begin{aligned}
U(x,s) &= \frac{U_0}{2s}\mathrm{e}^{-s\frac{x}{v_w}} + \frac{U_0(R+sL-Z_c)}{2s(R+sL+Z_c)}\mathrm{e}^{-s\frac{2l-x}{v_w}} \\
&= \frac{U_0}{2s}\mathrm{e}^{-s\frac{x}{v_w}} + \left\{\frac{(R-Z_c)U_0}{(R+Z_c)2s} + \frac{2Z_cU_0}{2(R+Z_c)[s+(R+Z_c)]/L}\right\}\mathrm{e}^{-s\frac{2l-x}{v_w}}
\end{aligned}
\tag{18-32}
$$

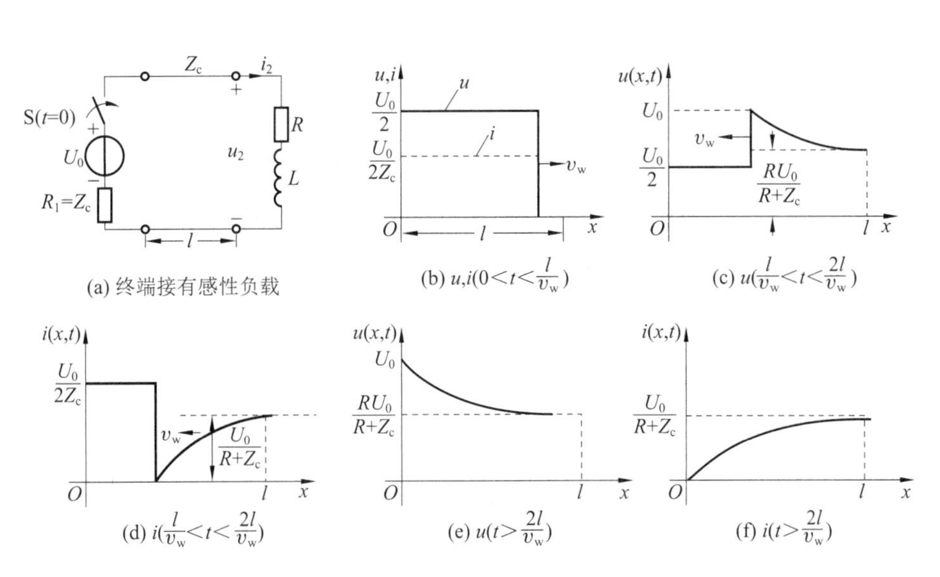

图 18-23 终端接有感性负载时无损线上的暂态电压 u、电流 i 曲线

对式(18-32)作拉氏反变换可得其对应的时域暂态解为

$$
u(x,t) = \frac{U_0}{2}\varepsilon\left(t-\frac{x}{v_w}\right) + \frac{U_0}{2}\left[\frac{R-Z_c}{R+Z_c} + \frac{2Z_c}{R+Z_c}\mathrm{e}^{-\frac{1}{\tau}\left(t-\frac{2l-x}{v_w}\right)}\right]\varepsilon\left(t-\frac{2l-x}{v_w}\right) \tag{18-33a}
$$

类似地,可得暂态过程中电流的时域暂态解为

$$
i(x,t) = \frac{U_0}{2Z_c}\varepsilon\left(t-\frac{x}{v_w}\right) - \frac{U_0}{2Z_c}\left[\frac{R-Z_c}{R+Z_c} + \frac{2Z_c}{R+Z_c}\mathrm{e}^{-\frac{1}{\tau}\left(t-\frac{2l-x}{v_w}\right)}\right]\varepsilon\left(t-\frac{2l-x}{v_w}\right) \tag{18-33b}
$$

时域表达式(18-33)中,时间常数 $\tau=L/(R+Z_c)$。由式(18-33)可知,这时传输线的波过程分为三个阶段,即

(1) 当 $0<t<\frac{l}{v_w}$ 时,线上只存在正向行波,该电压、电位矩形波的幅度分别为($U_0/2$)和 $\left(\frac{U_0}{2Z_c}\right)$ 并以速度 v_w 向终端推进,如图 18-23(b)所示。

(2) 当 $\frac{l}{v_w}<t<\frac{2l}{v_w}$ 时,正向行波到达终端负载处后产生的反射波以速度 v_w 向始端推进。反射波未到达之处,仍只有矩形正向行波,反射波经过的区域,电压和电流为正向、反向行波的叠加,分别如图 18-23(c)、(d)所示。

(3) 当 $t>\frac{2l}{v_w}$ 时,因始端匹配,故反射波到达始端后将不产生反射波,电压、电流的分布曲线分别如图 18-23(e)、(f)所示。

将 $x=l$ 代入电压和电流的时域表达式(18-33)中,可得终端处电压和电流表达式分别为

$$u_2(t)=\frac{U_0}{R+Z_c}\left[R+Z_c e^{-\frac{1}{\tau}\left(t-\frac{l}{v_w}\right)}\right]\varepsilon\left(t-\frac{l}{v_w}\right) \tag{18-34a}$$

$$i_2(t)=\frac{U_0}{R+Z_c}\left[1-e^{-\frac{1}{\tau}\left(t-\frac{l}{v_w}\right)}\right]\varepsilon\left(t-\frac{l}{v_w}\right) \tag{18-34b}$$

当 $t>\frac{l}{v_w}$ 后,传输线上的电压、电流分布,可视为式(18-34)中的终端电压 $u_2(t)$ 和电流 $i_2(t)$ 的波形以波速 v_w 向始端推进的结果。

此外,式(18-34)中终端处的电压 u_2 和 i_2 也可以用下节将要介绍的柏德生法则并结合一阶电路的三要素法予以求解,且可进而获得电压、电流的沿线分布函数。

3. 终端接有纯电容性负载的无损线上波的反射

无损耗线的负载换为纯电容负载,如图 18-24(a)所示。则始端的反射系数 $N_1=0$。终端反射系数为

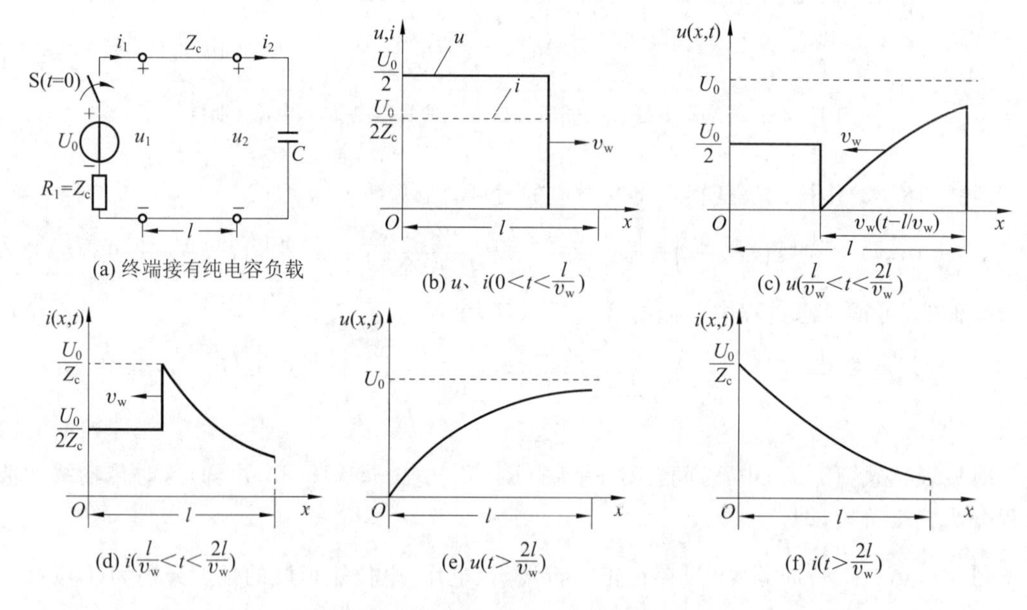

图 18-24　终端接有纯电容负载时无损线上的暂态电压 u、电流 i 曲线

$$N_2(s)=[Z_2(s)-Z_c]/[Z_2(s)+Z_c]=-\left(s-\frac{1}{Z_cC}\right)\bigg/\left(s+\frac{1}{Z_cC}\right)$$

将 $Z_2(s)=1/sC$ 和 $N_2(s)$ 代入式(18-21)便可以得到暂态过程中电压的复频域解为

$$U(x,s)=\frac{U_0}{2s}e^{-s\frac{x}{v_p}}-\frac{U_0\left(s-\frac{1}{Z_cC}\right)}{2s\left(s+\frac{1}{Z_cC}\right)}e^{-s\frac{2l}{v_p}}e^{s\frac{x}{v_p}} \tag{18-35a}$$

$$I(x,s)=\frac{U_0}{2Z_c s}e^{-s\frac{x}{v_w}}+\frac{U_0\left(s-\frac{1}{Z_cC}\right)}{2Z_c s\left(s+\frac{1}{Z_cC}\right)}e^{-s\frac{2l}{v_w}}e^{s\frac{x}{v_w}} \tag{18-35b}$$

作拉氏反变换可得时域解为

$$u(x,t)=\frac{U_0}{2}\varepsilon\left(t-\frac{x}{v_w}\right)+\frac{U_0}{2}\left[1-2e^{-\frac{1}{\tau}\left(t+\frac{x}{v_w}-\frac{2l}{v_w}\right)}\right]\varepsilon\left(t+\frac{x}{v_w}-\frac{2l}{v_w}\right) \tag{18-36a}$$

$$i(x,t)=\frac{U_0}{2Z_c}\varepsilon\left(t-\frac{x}{v_w}\right)-\frac{U_0}{2Z_c}\left[1-2e^{-\frac{1}{\tau}\left(t+\frac{x}{v_w}-\frac{2l}{v_w}\right)}\right]\varepsilon\left(t+\frac{x}{v_w}-\frac{2l}{v_w}\right) \tag{18-36b}$$

式中，时间常数 $\tau=Z_cC$。由式(18-36)可知，这时传输线的波过程分为以下三个阶段。

(1) 当 $0<t<\frac{l}{v_w}$ 时，线上只存在矩形正向行波，入射波以速度 v_w 向终端行进，如图 18-24(b)所示；

(2) 当 $\frac{l}{v_w}<t<\frac{2l}{v_w}$ 时，正向行波到达终端负载处产生的反射波以速度 v_w 向始端行进。反射波未到达之处只有矩形正向波，反射波经过的区域，电压、电流为正向、反向行波的叠加，波形分别如图 18-24(c)、(d)所示。

(3) 当 $t>\frac{2l}{v_w}$ 时，反射波到达始端后，因始端匹配，则不产生新的反射波，电压、电流的分布曲线如图 18-24(e)、(f)所示。

将 $x=l$ 代入电压和电流的时域表达式(18-36)中，可得这时终端处电压和电流表达式分别为

$$u_2(t)=U_0\left[1-e^{-\frac{1}{\tau}\left(t-\frac{l}{v_w}\right)}\right]\varepsilon\left(t-\frac{l}{v_w}\right) \tag{18-37a}$$

$$i_2(t)=\frac{U_0}{Z_c}e^{-\frac{1}{\tau}\left(t-\frac{l}{v_w}\right)}\varepsilon\left(t-\frac{l}{v_w}\right) \tag{18-37b}$$

终端处的电压 $u_2(t)$、电流 $i_2(t)$ 随时间的变化曲线如图 18-25 所示，从中可见，当正向行波到达终端的瞬时，电容电压为零而电流为始端电流的两倍。

类似于终端接电感性负载时的情况，式(18-37)中终端处的电压和电流同样也可以用下节将要介绍的柏德生法则并结合一阶电路的三要素法予以求解，且可进而获得电压、电流的沿线分布函数。

18.5 求解无损线暂态过程中波的反射和折射的柏德生法则

我们知道，当无损耗线始端接通激励源后，所产生的电压行波与电流行波由始端向终端行进，当这些发出波传播至线路终端时，就会产生波的反射，反射波所至之处的电压、电流由入射波与反射波叠加而成。但是，如果无损耗线上连有不同波阻抗的传输线，则当上述发出波传播至这些连接处时，不仅会在线路连接处产生反射波沿原线路返回，而且同时还会有电压、电流行波进入连接处后续的传输线中。这种由一条传输线进入另一条传输线的电压波与电流波称为折射波或透射波。波的这种传输方式则称为波的折射或透射。

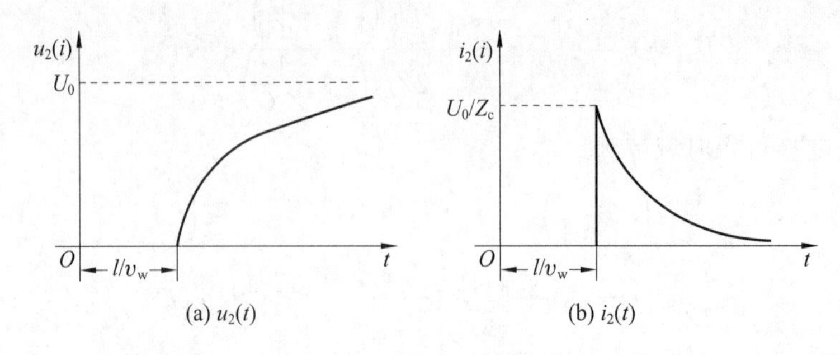

图 18-25　终端接有纯电容负载无损线上终端电压 $u_2(t)$、电流 $i_2(t)$曲线

在研究当入射波投射到反射点以后所引起的反射波与折射波以及整个波过程时，可以利用复频域通解式(18-8)，求解无损耗线方程满足给定初始条件和边界条件的瞬时特解，也可以利用时域通解式(18-11)，通过确定反射点的电压、电流以求取传输线上电压、电流的反射波与折射波的解。本节仅介绍后者，即所谓的柏德生法则，这是一种较为直接简便的分析方法。

18.5.1　终端负载处波的反射

设入射波沿无损线投射于某一负载上无损耗线及其端接情况如图 18-8(a)所示，一旦接通电源就会产生一电压发出波，同时也会产生一电流入射波，它们由始端向终端行进。在暂态解的一般式(18-10)中令 $x=l$ 可以求出终端反射点即负载处电压和电流分别为

$$\begin{aligned} u(l,t) &= u_2^+(l,t) + u_2^-(l,t) \\ &= f^+\left(t-\frac{l}{v_w}\right)+f^-\left(t+\frac{l}{v_w}\right)=u_2^+(t)+u_2^-(t) \end{aligned} \tag{18-38a}$$

$$\begin{aligned} i(l,t) &= i_2^+(l,t) - i_2^-(l,t) \\ &= \frac{1}{Z_c}f^+\left(t-\frac{l}{v_w}\right)-\frac{1}{Z_c}f^-\left(t+\frac{l}{v_w}\right)=i_2^+(t)-i_2^-(t)=\frac{u_2^+(t)}{Z_c}-\frac{u_2^-(t)}{Z_c} \end{aligned} \tag{18-38b}$$

式中，f^+ 和 f^- 为两个任意函数，它们的具体形式有初始条件和边界条件确定。$u_2^+(l,t)=u_2^+(t)$，$u_2^-(l,t)=u_2^-(t)$，$i_2^+(l,t)=i_2^+(t)$，$i_2^-(l,t)=i_2^-(t)$。由式(18-38)可见，终端负载上电压 $u(l,t)$和电流 $i(l,t)$分别为终端入射波和反射波的迭加。终端边界条件可以表示为 $u(x,t)|_{x=l}=u(l,t)=u_2(t)$，$i(x,t)|_{x=l}=i(l,t)=i_2(t)$。由式(18-38)解得终端电压 $u_2(t)$与终端电流 $i_2(t)$的关系为

$$u_2(t) = 2u_2^+(t) - Z_c i_2(t) \tag{18-39a}$$

或

$$i_2(t)=-\frac{u_2(t)}{Z_c}+2i_2^+(t) \tag{18-39b}$$

式(18-39)从无损线的终端口方面建立了联系负载电压 $u_2(t)$和电流 $i_2(t)$之间的关系，显然，要确定 $u_2(t)$和 $i_2(t)$还必须补充一个方程，即由负载所决定的 $u_2(t)$和电流 $i_2(t)$之间的关系，即

$$u_2(t) = f[i_2(t)] \tag{18-40}$$

由式(18-39)可知,终端电压 $u_2(t)$ 和电流 $i_2(t)$ 之间的关系可以用如图 18-26(b)所示的集中参数戴维南等效电路表示或用诺顿等效电路表示,它们均等效于有入射波沿其行进的无损耗线。也就是说,当发出波电压 $u^+(x,t)=f^+\left(t-\dfrac{x}{v_w}\right)$ 沿波阻抗为 Z_c 的无损线投射到 $x=l$ 处的反射点以后,对于该反射点而言,传送入射波的无损耗线等效于一个集中参数的戴维南等效电路(或诺顿等效电路),其中等效电压源的电压等于反射点处入射波电压的二倍,等效电阻则等于无损线的波阻抗 Z_c。

图 18-26 中的开关 S 在入射波到达反射点(负载处)的瞬间 $t=l/v_w$ 合上,将负载与戴维南等效电路接通。这种利用集中参数电路暂态过程的分析方法来计算无损线上反射点即终端负载处的瞬时电压 $u_2(t)$ 和瞬时电流 $i_2(t)$ 的方法称为柏德生法则(Peterson's Rule),其实质是将分布参数电路的瞬时过程转化为集中参数电路的过渡过程来求解。

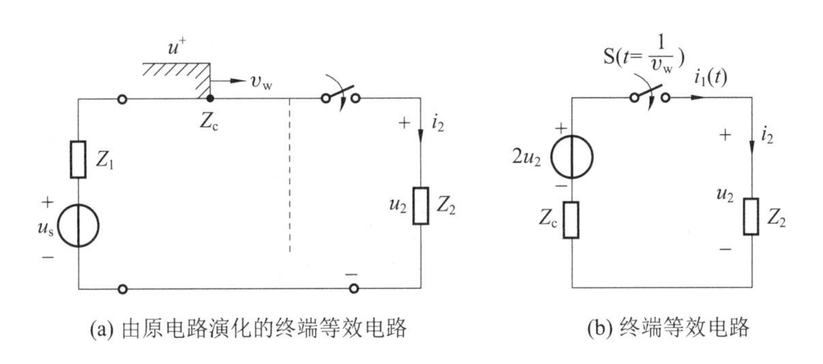

图 18-26 计算终端反射点(负载处)的电压 u_2 和电流 i_2 的集中参数等效电路

由图 18-26 可知,在利用柏德生法则求解定负载处即反射点的电压 $u_2(t)$ 和电流 $i_2(t)$ 之前,首先必须求出终端电压入射波 $u_2^+(t)=f^+\left(t-\dfrac{l}{v_w}\right)$,这样再联立求解式(18-39)和(18-40)便可求出 $u_2(t)$ 和 $i_2(t)$。一旦求得反射点电压,由式(18-38a)就可以确定终端负载处的电压反射波,即

$$u_2^-(t) = u_2(t) - u_2^+(t)$$

该反射波由终端反射点向始端行进,故它在距始端 $x(0<x<l)$ 处的值要比终端处($x=l$)的值延时 $l-x/v_w$ 长的时间,因此,当电压反射波在终端的时间函数 $u_2^-(t)=f^-\left(t+\dfrac{l}{v_w}\right)$ 确定之后,即可得出该反射波在任何处的表示式为

$$\begin{aligned} u_2^-(x,t) &= f^-\left(t+\frac{x}{v_w}\right) \\ &= u_2\left[t-\frac{(l-x)}{v_w}\right]-f^+\left[t-\frac{l}{v_w}-\frac{(l-x)}{v_w}\right] \\ &= u_2\left(t+\frac{x}{v_w}-\frac{l}{v_w}\right)-f^+\left(t+\frac{x}{v_w}-\frac{2l}{v_w}\right) \end{aligned} \tag{18-41}$$

式(18-41)右边是变量$\left(t+\frac{x}{v_w}\right)$的函数，说明反射波以速度 v_w 由终端向始端行进。

一旦求出电压、电流反射波，将它们分别与入射波按式(18-10)迭加，即可求得反射波向始端返回途中，波所到之处的合成沿线电压、电流的表示式。

当终端连接负载 R_2 时，终端反射波也可以根据终端反射系数 N_2 来确定，即 $u_2^-(t)=N_2u_2^+(t)$，$i_2^-(t)=N_2i_2^+(t)$，此两式中 $N_2=u_2^-(t)/u_2^+(t)=i_2^-(t)/i_2^+(t)=(R_2-Z_c)/(R_2+Z_c)$。

18.5.2　两线连接处波的折射与反射

如果在无损耗线的反射点处连接的不是集中参数负载，而是另一具有不同特性阻抗的无损线，则当入射波投射到该点时，将在该点同时产生反射波和折射(透射)波，后者实际上就是第二条传输线的入射波，如图 18-27 所示。设第一条线和第二条线在连接处的电压和电流分别为 u_1、i_1 和 u_2、i_2，故两条线连接处的边界条件可以表示为

$$\left.\begin{aligned}u_1&=u_2\\i_1&=i_2\end{aligned}\right\}\tag{18-42}$$

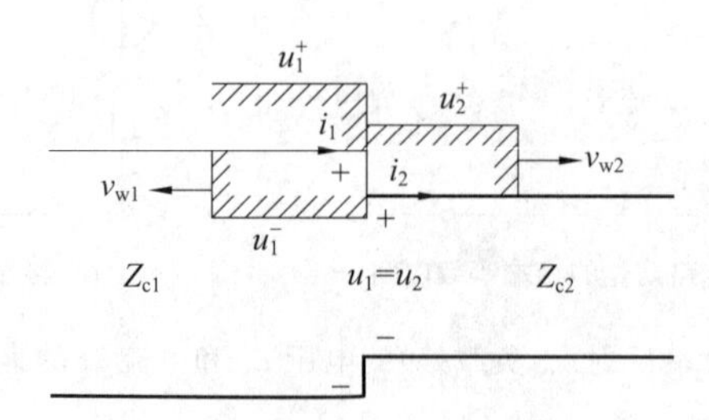

图 18-27　不同特性阻抗无损线连接点处的反射和折射

设 u_1^+、i_1^+ 和 u_1^-、i_1^- 分别为第一条线路上的入射电压、电流和反射电压、电流，u_2^+ 和 i_2^+ 分别为折射到第二条线路上的电压波和电流波在该线始端之值。在进入第二条无损线的折射波尚未从其终端反射回来之前，这条线上的折射波所经之处任意点的电压、电流之比均等于该线的特性阻抗，因此有

$$\left.\begin{aligned}u_2&=u_2^+\\i_1&=i_2^+\end{aligned}\right\}\tag{18-43}$$

由式 (18-42)和式(18-43)可得

$$\left.\begin{aligned}u_1^++u_1^-&=u_1=u_2^+\\i_1^+-i_1^-&=i_1=i_2^+\end{aligned}\right\}\tag{18-44}$$

在式(18-44)中利用 $u_1^+=Z_{c1}i_1^+$，$u_1^-=Z_{c1}i_1^-$ 可得第一条线路终端的反射波电压和电流的表示式，即

$$u_1^-=\frac{Z_{c2}-Z_{c1}}{Z_{c2}+Z_{c1}}u_1^+,\quad i_1^-=\frac{Z_{c2}-Z_{c1}}{Z_{c2}+Z_{c1}}i_1^+=\frac{Z_{c2}-Z_{c1}}{Z_{c2}+Z_{c1}}\cdot\frac{u_1^+}{Z_{c1}}$$

还可以得出第二条线路上的折射波电压和电流的表示式，即

$$u_2^+ = \frac{2Z_{c2}}{Z_{c2}+Z_{c1}}u_1^+, \quad i_2^+ = \frac{2Z_{c1}}{Z_{c2}+Z_{c1}}i_1^+ = \frac{2}{Z_{C_2}+Z_{c1}}u_1^+$$

第二条线路上的折射波电压和电流以由该线的原始参数所决定的速度 v_{w_2} 向该线终端推进。

由于在进入第二条无损线的折射波尚未从其终端反射回来之前，这条线上的折射波所经之处任意点的电压、电流之比均等于该线的特性阻抗，所以无论第二条线路终端边界条件如何，在其终端的反射波末到达之前(这是应用柏德生法则的前提)，对第一条线路来说，第二条线路相当于一个连接在第一条线路终端的纯电阻负载 Z_{c2}。因此可知连接处的反射系数为 $N=(Z_{c2}-Z_{c1})/(Z_{c2}+Z_{c1})$。

由计算折射波电压 u_2^+ 和电流 i_2^+ 的表示式可得其计算电路，如图 18-28 所示，利用柏德生法则所求出的这一集中参数负载 Z_{c2} 中的电压、电流也就是连接于反射点的第二条传输线中的折射波电压、电流。图 18-28 只需将图 18-26 中的 Z_2 换成 Z_{c2} 即得。

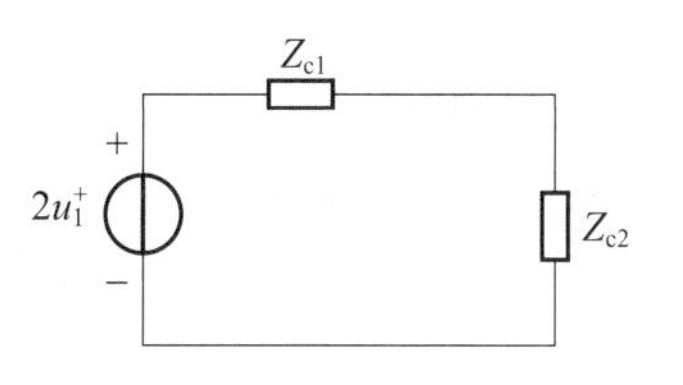

图 18-28 计算折射波的等效电路

由于架空线的波阻抗一般都比电缆的波阻抗大，而大型变压器绕组的波阻抗又比架空线的高得多，因此，当波由电缆折射进入到架空线或从架空线折射进入大型变压器绕组时，由 u_2^+ 和 i_2^+ 的表示式可知，若 $Z_{c2}>Z_{c1}$，就有 $u_2^+>u_1^+$，连接处的电压将会升高，而反射波则有可能使电压进一步升高。因此，从绝缘方面考虑，接入电缆的电气设备，不应在两者之间插入一段架空线。相反，若 $Z_{c2}<Z_{c1}$，则波在线路连接处折射时，会使电压降低。这时，为了减小由于雷电在架空线上产生的电压行波对电气设备绝缘的威胁，对于连接架空线的电气设备可考虑在该设备与架空线之间插入一段电缆。波的多次反射会引起波的多次折射，对此不再讨论。

【例 18-7】 如图 18-29(a)所示两段均匀无损线的特性阻抗分别为 $Z_{c1}=100\Omega$，$Z_{c2}=100\Omega$，连接处还接有集中参数元件 $R=50\Omega$，$C=20\mu F$，今由始端发来一矩形入射波电压 $U_0=30kV$，试求(1)入射波波到达连接处后 2-2′端电压 u_2；(2)反射波电流 i^-；(3)折射波电压 u_2^+。

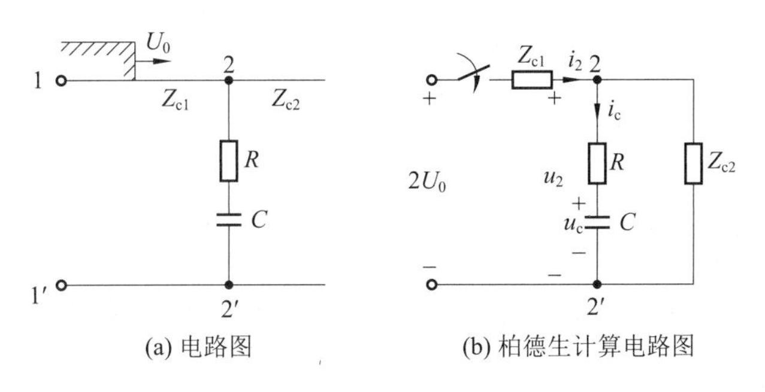

图 18-29 例 18-7 图

解　(1)当 U_0 到达联接点处时，除在第一段线上产生反射波外，还将产生折射波电压在第二段线上向终端推进，当其反射波尚未返回 2-2′之前，从 2-2′看进去可用电阻 Z_{c2} 代替，由此画出柏德生计算电路，如图 18-29(b)所示。正向波电压、电流分别为 $u^+=U_0=30\text{kV}$，$i^+=\dfrac{U_0}{Z_{c1}}=300\text{A}$。在连接点处，有

$$u_c(0)=0,\quad u_c(\infty)=30\text{kV},\quad \tau=R_{eq}C=(50+50)\times 20\times 10^{-6}=\frac{1}{500}(\text{s})$$

所以，求得电容的零状态响应电压

$$u_c(t)=30(1-\text{e}^{-500t})\text{kV}$$

因此，2-2′端电压 $u_2(t)$ 为 $u_2(t)=u_c(t)+C\dfrac{\text{d}uc}{\text{d}t}\times R=30-15\text{e}^{-500t}(\text{kV})$。

(2) 由 $u_2=u_2^++u_2^-$ 的关系得出 2-2′端反射波电压 $u_2^-=u_2-u_2^+=-15\text{e}^{-500t}\text{kV}$，故 2-2′端反射波电流为 $i_2^-=u_2^-/Z_{c1}=-150\text{e}^{-500t}\text{A}$。

(3) 第二段线上的折射波电压以 u_2 为边界条件，故

$$u_2^+=u_2=30-15\text{e}^{-500t}\text{kV}$$

习　题

18-1　如题 18-1 图所示，设零初始条件的无损耗线由始端延伸至无限远处。在 $t=0$ 时，电压为 U_0 的理想直流电压源与线路接通，已知 $E_0=6\text{V}$，试求该传输线的暂态解 $u(x,t)$ 和 $i(x,t)$。

18-2　设零初始条件的无限长无损耗线与理想电压源 $u_s(t)$ 在 $t=0$ 时接通，如题 18-2 图所示，设 $u_s(t)=(6+\sin t)\text{V}$，试求其暂态解 $u(x,t)$，$i(x,t)$。

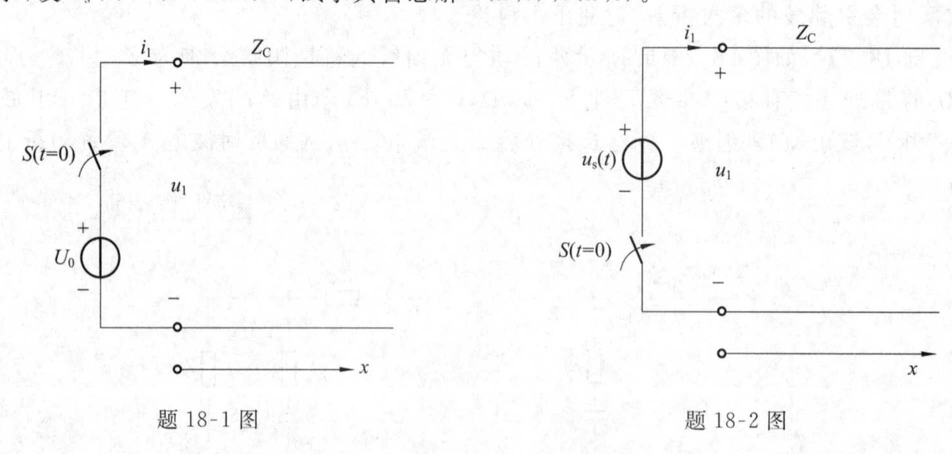

题 18-1 图　　　　题 18-2 图

18-3　试画出终端开路的无损线与直流电压源接通时多次反射的全过程，设接通前线路为零状态。

18-4　无损耗线长 1m，终端短路，已知 $Z_c=300\Omega$，原来不带电。当 $t=0$ 时始端接通电压源 $0.21\varepsilon(t)\text{V}$。求传输线上任一点的电压和电流。

18-5　题 18-5 图所示无损耗均匀线，线长 $l=6000\text{m}$，波速 $v=3\times 10^8\text{m/s}$。此均匀线

的波阻抗等于 600Ω，设在 $t=0$ 时将此均匀线与直流电压源 $u_s=120$V 接通，计算距起端 3000m 处的电流 $i(t)$ 在 $t=0$ 到 45μs 间隔内的变动规律，并画出它的波形图。

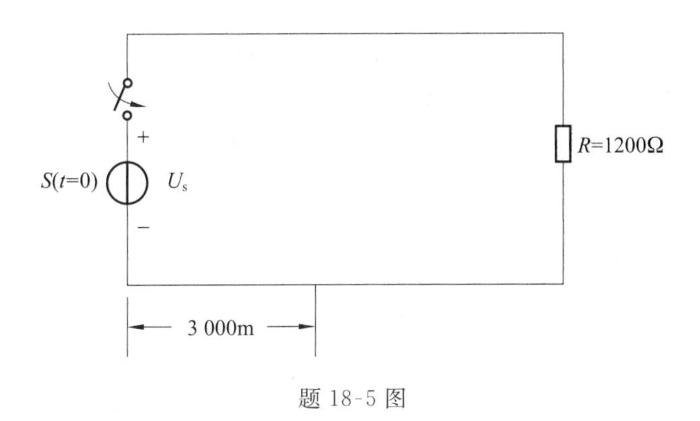

题 18-5 图

18-6　如题 18-6 图所示，两无损架空线长度 $l_1=l_2=l$，特性阻抗 $Z_{c2}=2Z_{c1}$，负载电阻 $R_1=R_2=2Z_{c1}$，开关 S 闭合前，传输线已达稳态。求开关闭合后传输线上电压的波过程。

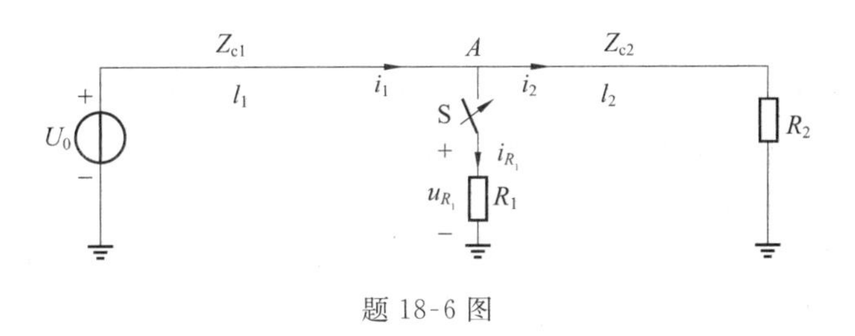

题 18-6 图

18-7　在题 18-7 图无损耗均匀传输线中间某处串接集中电感 $L=1$H。传输线波阻抗 $Z_c=500\Omega$。设入射波为 $U_0=10^4$V 的矩形波。试求通过电感后的透射波 $u(t)$。

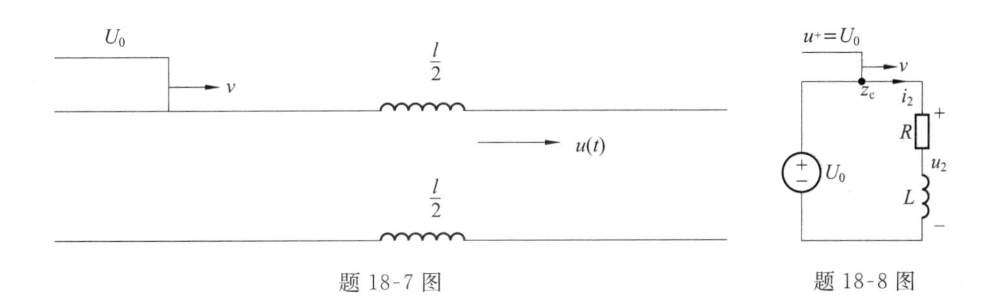

题 18-7 图　　题 18-8 图

18-8　如题 18-8 图所示在波阻抗为 300Ω 的无损耗线的终端接有电阻和电感相串联的负载，电阻 $R=15\Omega$，电感 $L=5$H，求当始端和直流电压 $U_0=6.3$kV 接通时，入射波传到终端后，负载中的电流和电压，以及终端的反射波电压和电流。

18-9　有一长为 50km 的架空输电线，其波阻抗为 400Ω，负载由 $R=100\Omega$，$C=1\mu$F 的阻抗组成，当输电线与恒定电压 $U_0=35$kV 接通后，求负载电压，电流及反射波，当反射波行进到离终端 30km 处时，求终端电压，电流及反射波。

18-10　一无损均匀线经集中参数电容 C 与两条并联的无损均匀线相连，如题 18-10 图所示，已知 $C=3\mu F$，$Z_{c1}=100\Omega$，$Z_{c2}=Z_{c3}=400\Omega$。现由始端 1-1′传来一波前为矩形的电压波 $U_0=15kV$。求波到达连接处 22′后的电压 $u_2(t)$，第一条线上的反射波电压 u_1^- 及第二条线上的透射波电流 i_2^+。（设波尚未到达 3-3′和 4-4′）

18-11　已知题 18-11 图所示无损架空线长度 $l=150km$，特性阻抗 $Z_c=500\Omega$，终端接 $0.5\mu F$ 电容，电容无初始储能。$t=0$ 时闭合开关 S。求接通电源后 $800\mu s$ 时电压、电流沿线分布。

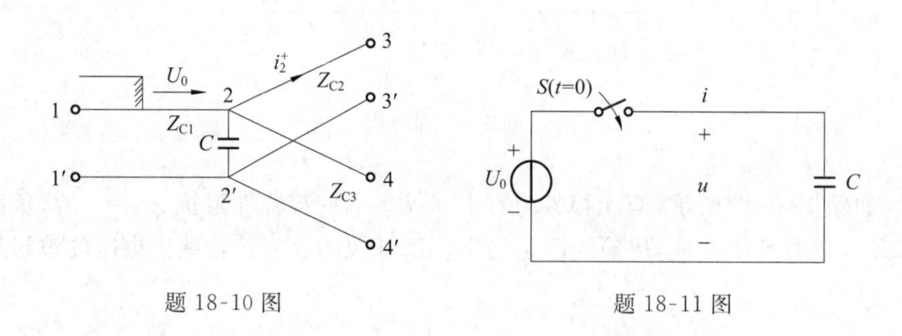

题 18-10 图　　　　题 18-11 图

18-12　(1) 无限长矩形电压波沿架空线向着该线与电缆的连接处传播。设架空线的波阻抗为 $Z_{c1}=400\Omega$，电缆的波阻抗为 $Z_{c2}=60\Omega$，行波电压为 100kV。求行波到达连接处时，电缆入口处的电压和电流。

(2) 如果同一幅值的电压波沿电缆向着电缆与架空线的连接处行进，则当其到达连接处时，架空线入口处的电压和电流各应等于多少？

18-13　题 18-13 图所示两段均匀无损线，其特性阻抗分别为 $Z_{c1}=300\Omega$，$Z_{c2}=600\Omega$，两无损线联接处 2-2′端钮还接有集中参数电感，$L=0.5H$，现由始端发出一矩形波 $U_0=6kV$，试求 U_0 到达均匀性被破坏处后的反射波及在第二段线上的透射波情况。

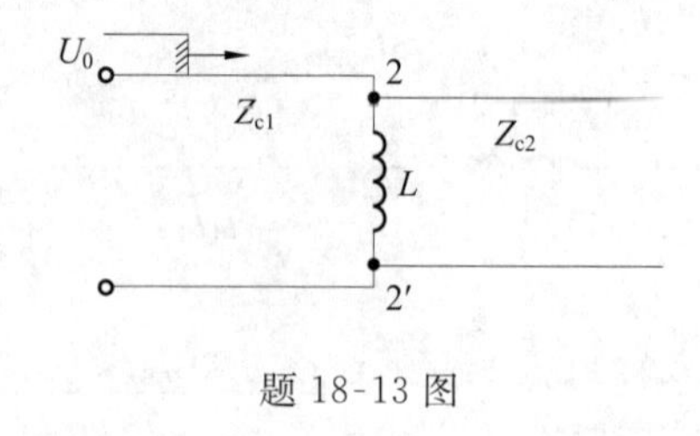

题 18-13 图

第 19 章 非线性电路

本章讨论非线性电路的基本内容，其中包括非线性电阻、电感和电容，简单非线性电阻电路方程的建立，非线性电阻电路的基本分析法，其 DP 图为分段线性的非线性电阻电路的设计，非线性动态电路的微分方程与状态方程以及非线性自治电路的分段线性化方法。

19.1 非线性元件与非线性电路的基本概念

在本书前面各章里所讨论的电路均为线性电路，即其中的元件除独立源之外均为线性元件，这类元件的参数不随其端电压或端电流（磁链或电荷）即电路变量而变化，而其伏安特性、库伏特性或韦安特性为不通过坐标原点的直线的元件则是非线性元件，因此这类元件的参数值会随其端电压或端电流（或磁链或电荷）的数值或方向而变化。大多数现代电子器件和电力系统部件是非线性的，若以合适电路元件的组合来模拟这些器部件时，电路中往往要出现具有非线性 u-i 特性、u-q 特性或 ψ-i 特性等元件，这些就是非线性电阻元件、电容元件或电感元件。含有非线性电路元件的电路称为非线性电路。仅由非线性电阻元件、线性电阻元件和独立电源和受控源组成的电路称为非线性电阻电路。非线性电阻电路在非线性电路中占有重要的地位，它不仅可以构成许多实际电路的合理模型，其分析方法也是研究含有非线性电容元件、电感元件的非线性动态电路的基础。

严格地说，任何实际的电路元器件在一定程度上都是非线性的。在工程分析计算中，对于那些非线性程度较弱的元器件，在其电压和电流的一定工作范围内将它们作为线性元件来处理，既不会产生太大的误差，又可以简化电路的分析计算，因而是可行的。但是，大量的非线性元件实际上具有很强的非线性，这时，如果忽略其非线性特性来进行分析计算，则必然会使得计算结果与实际数据相差甚远，有时还会产生本质上的别异，以至于根本无法正确解释电路中所发生的物理现象。因此，对于这类非线性元件必须采用相应的分析方法，所以分析研究非线性元件和非线性电路具有重要的实际意义。

非线性元件也分为二端元件和多端以及时变和时不变元件，本章仅讨论非线性时不变二端元件及其所构成的电路。

19.2 非线性电阻

线性电阻的伏安特性可以用欧姆定律即 $u=Ri$ 来表示，它在 u-i 平面上是一条通过坐标原点的直线。不满足欧姆定律的电阻元件即其伏安特性不能用通过坐标原点的直线来表示的电阻元件，称为非线性电阻元件，其电路符号如图 19-1 所示。

19.2.1　非线性电阻的分类

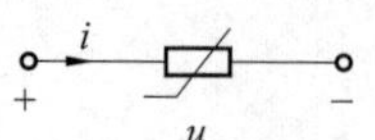

图 19-1　非线性电阻的电路符号

实际中的绝大多数非线性电阻的伏安特性由于其固有的复杂性，一般无法用数学解析式描述而只能用曲线或实验数据来表示。非线性电阻按其伏安特性可以分为三大类，即非单调电阻、单调电阻和多值电阻。

1. 非单调型电阻

顾名思义，所谓非单调型电阻就是其电压与电流的函数关系呈现非单调性，或者说其伏安特性在 $u-i$ 平面上表现为一条非单调曲线。按照其自变量的选取不同，非单调电阻又可以分为流控电阻（current-controlled resistor）和压控电阻元件（voltage-controlled resistor）两类。

（1）流控电阻。若非线性电阻的端电压 u 可以表示为其端电流 i 的单值函数，即有

$$u = f(i)\text{，单值函数} \tag{19-1}$$

则称之为电流控制型非线性电阻，简称流控电阻。若以电压为横轴，电流为纵轴，则一种典型的流控电阻的伏安特性曲线如图 19-2 所示（只画出 $u>0,i>0$ 的部分）。由该曲线可以看到：对于任一电流值 i，有且仅有一个电压值 u 与之相对应，如 i_1 对应 u_1，i_2 对应 u_2，…，即 u 为 i 的单值函数；而对于某一电压值 u，却可能有多个电流值 i 与之对应，如电压 u_2，有 i_2，i_4，i_5 这 3 个电流值与之对应，即端电流 i 不能表示为端电压 u 的单值函数。充气二极管就是具有流控电阻元件特性的一种典型器件，其伏安特性曲线即如图 19-2 所示，这种曲线呈 S 形，因而在一段曲线内，电压随电流增加而下降$\left(\frac{\mathrm{d}u}{\mathrm{d}i}<0\right)$，各点斜率均为负，故而称具有这类伏安特性的电阻为 S 形（微分）负阻，若需通过实验测得其全部伏安特性曲线，只有外加电流（即自变量）测量电压（即因变量）。

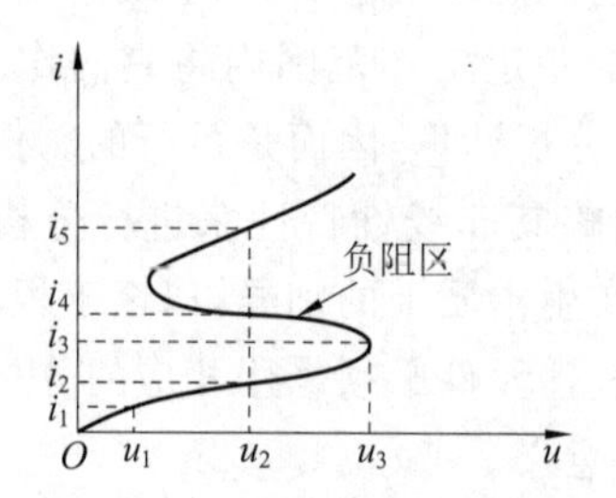

图 19-2　流控电阻的典型伏安特性曲线

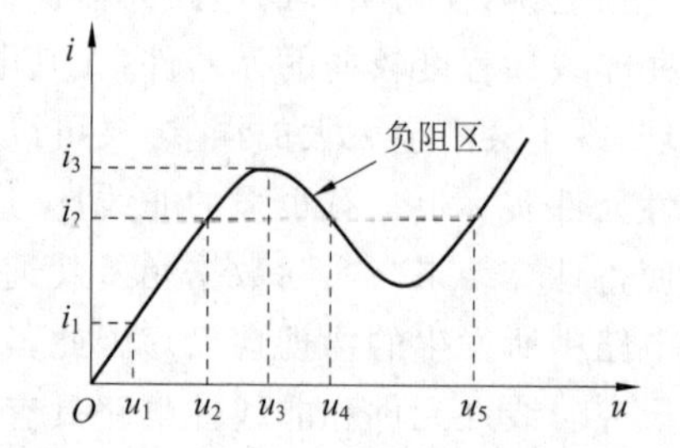

图 19-3　压控电阻的典型伏安特性曲线

（2）压控电阻。若非线性电阻的端电流 i 可以表示为其端电压 u 的单值函数，即有

$$i = g(u)\text{，单值函数} \tag{19-2}$$

则称之为电压控制型非线性电阻，简称压控电阻。一种典型的压控电阻的伏安特性曲线如图 19-3 所示（只画出 $u>0,i>0$ 的部分）。由该曲线可以看到：对于任一电压值 u，有且只有一个电流值 i 与之相对应，如 u_1 对应 i_1，u_2 对应 i_2，…，即 i 为 u 的单值函数；而对于某一电流值 i，与之对应的电压值 u 却可能有多个，如电流 i_2，有 u_2，u_4，u_5 这 3 个电压值与之对

应，因而，端电压 u 不能表示为端电流 i 的单值函数。隧道二极管就是具有压控电阻元件特性的一种典型器件，其伏安特性曲线即如图 19-3 所示，这种曲线呈 N 形，因而在一段曲线内，电流随电压增加而下降，各点斜率均为负，故而称具有这类伏安特性的电阻为 N 形（微分）负阻，若需通过实验测得其全部伏安特性曲线，只有外加电压（即自变量）来测量电流（即因变量），实际上，电压控制型的含义就是用连续地改变加在元件两端电压的方法可以获得该元件的完整的特性曲线.

2. 单调型电阻

若非线性电阻的端电压 u 可以表示为其端电流 i 的单值函数，端电流 i 又可以表示为其端电压 u 的单值函数，即有

$$u = f(i)\text{，单值函数} \tag{19-3a}$$

$$i = g(u)\text{，单值函数} \tag{19-3b}$$

同时成立，而且 f 和 g 互为反函数。则称之为单调型电阻，这说明，单调型电阻既是流控电阻又是压控电阻，其伏安特性曲线为严格单调增或严格单调减的。PN 结二极管是最为典型的单调型电阻，其伏安特性方程为

$$i = I_s(e^{\frac{qu}{kT}} - 1) \tag{19-4}$$

式中，I_s 为一常数，称为反饱和电流，q 是电子的电荷（1.6×10^{-19} C），k 是玻尔兹曼常数（1.38×10^{-23} J/K），T 为热力学温度。在 T=30K（室温下）时

$$\frac{q}{kT} = 40\ (\mathrm{J/C})^{-1} = 40\mathrm{V}^{-1}$$

因此式(19-4)可以表示为

$$i = I_s(e^{40u} - 1)$$

由式(19-4)可以求出其反函数为

$$u = \frac{kT}{q}\ln\left(\frac{1}{I_s}i + 1\right)$$

图 19-4(a)中给出了 PN 结二极管的的电路符号，图 19-4(b)中的粗实线定性地表示了 PN 结二极管的伏安特性曲线，图 19-4(c)为用折线分段替代曲线近似表示的 PN 结二极管的伏安特性曲线。

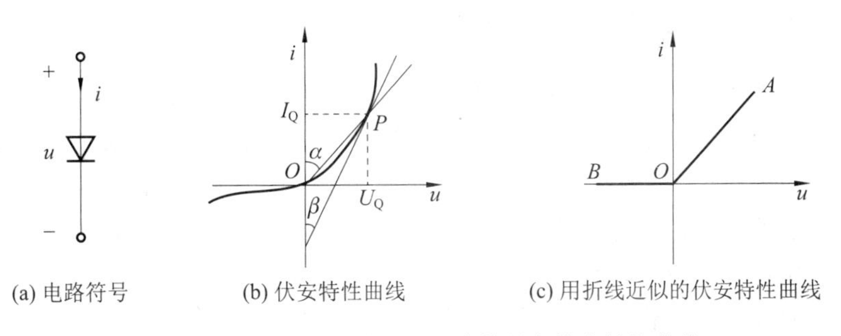

图 19-4　PN 结二极管的的电路符号与伏安特性曲线

3. 多值电阻

若非线性电阻对于其某些端电流对应多个端电压值，而对于某些端电压又对应多个端电流值，则称为多值电阻。理想二极管就是一种典型的多值电阻，其伏安特性为

$$\left.\begin{aligned} u=0, i>0(\text{导通}) \\ i=0, u<0(\text{截止}) \end{aligned}\right\}$$

与此式对应的伏安特性曲线如图 19-5 所示，它由 u-i 平面上两条直线段组成，即电压负轴和电流正轴。这表明，在电压为正向($i>0$)时，理想二极管处于导通状态(实际二极管呈现的电阻很小，因而近似作短路处理)，电压为零，它相当于短路，此刻的伏安特性曲线为图 19-5(b)中的垂直部分；在电压为反向($u<0$)时，理想二极管处于截止状态(即不导通，实际二极管呈现的电阻很大，因而近似作开路处理)，电流为零，它相当于开路，这时的伏安特性曲线为图 19-5(b)中的水平部分。图 19-5(b)中的坐标原点($u=0, i=0$)称为转折点。

显然，多值电阻即不能将电压表示成电流的单值函数，也不能将电流表示成电压的单值函数，或者说，它既非流控电阻又非压控电阻。

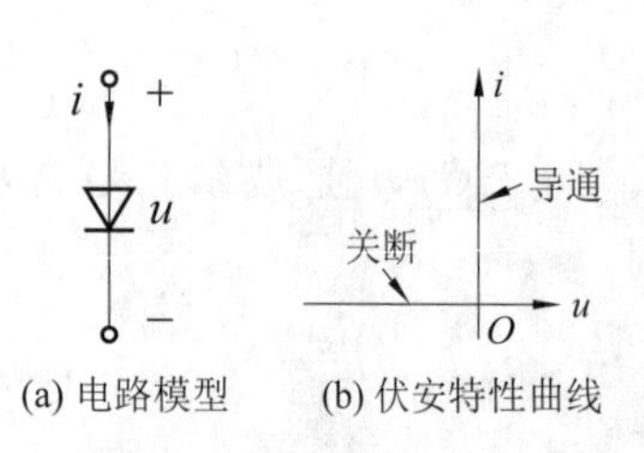

(a) 电路模型　　(b) 伏安特性曲线

图 19-5　理想二极管的电路模型与伏安特性曲线

由图 19-4(c)可知，一个实际二级管的伏安特性可以用其中的折线$\overline{BOA}$近似逼近。因此，实际二级管的模型可以用一个理想二级管和一个线性电阻串联组成。当对一个实际二级管外加正向电压时，由于其模型中理想二级管处于导通(开启)状态，电压为零(短路)，所以实际二级管相当于一个线性电阻，其伏安特性可以用直线$\overline{OA}$表示；当外加反向电压时，由于其模型中理想二级管处于截止(关断)状态，电流为零(开路)，其伏安特性可以用直线$\overline{BO}$表示。

电阻元件存在双向性和单向性的差异。若其伏安特性曲线对称于坐标原点的电阻，则称为双向性电阻，所有线性电阻均为双向性电阻。若其伏安特性曲线非对称于坐标原点的电阻，则称为单向性电阻。大多数非线性电阻都属于单向性电阻，例如各种晶体二极管。对于单向性电阻，当加在其两端的电压方向不同时，流过它的电流完全不同，因而其特性曲线也就不对称于坐标原点。在工程实际中，非线性电阻的单向导电性可作整流之用。

19.2.2　静态电阻和动态电阻的概念

由于非线性电阻的伏安特性曲线并非过坐标原点的直线，所以不能像线性电阻那样用常数表示其电阻值并应用欧姆定律分析问题。因此，需要引入静态工作点、静态电阻 R_Q 和动态电阻 R_d 的概念。所谓静态，是指非线性电阻电路在直流电源作用下的工作状态，而此时非线性电阻上的电压值和电流值为 u-i 平面上一个确定的点，该点即称为静态工作点，此点所对应的电压值和电流值也称为静态电压和静态电流。

非线性电阻在某一工作状态下(例如图 19-4(b)中 PN 结二极管特性曲线上某一工作点 $P(u,i)$)的静态电阻 R_s 定义为该点电压 U_Q 和 I_Q 的比值，即

$$R_s = \frac{U_Q}{I_Q}$$

由图 19-4(b)可见,R_s 正比于 $\tan\alpha$,且随着静态工作点 P 的不同而相异,即随着加在该电阻上的电压或电流数值的不同而不同,显然,它对恒定的电压和电流才有意义。

非线性电阻在某一工作状态下(例如图 19-4(b)中的曲线上某一工作点 $P(u,i)$)下的动态电阻 R_d 定义为该点电压对电流的导数值,即

$$R_d = \left.\frac{du}{di}\right|_P$$

由图 19-4(b)可见,R_d 正比于 $\tan\beta$,为 P 点切线斜率的倒数,虽然它也随着工作点 P 的不同而不同,但它对 P 点附近变化的电压和电流才有意义. R_d 所表征的精确度与 P 点附近电压和电流的变化幅度及 P 点附近曲线的形状有关,故而是分析交流小信号电路的一个线性化参数。

【例 19-1】 一流控非线性电阻的伏安特性为 $u=f(i)=3i-4i^3$。(1)试分别求出 $i_1=0.05\text{A}$,$i_2=0.5\text{A}$,$i_2=5\text{A}$ 时对应的电压 u_1、u_2、u_3 之值;(2)试求 $i=\sin\omega t$ 时对应的电压 u 的值;(3)试求 $u_{12}=f(i_1+i_2)$,并验证一般情况下 $u_{12}\neq u_1+u_2$。

解　(1)$i_1=0.05\text{A}$ 时,$u_1=[3\times0.05-4\times(0.05)^3]\text{V}=(0.15-5\times10^{-4})\text{V}$,$i_2=0.5\text{A}$ 时,$u_2=[3\times0.5-4\times(0.5)^3]\text{V}=1\text{V}$;$u_3=[3\times5-4\times(5)^3]\text{V}=(15\text{-}4\times125)\text{V}=-485\text{V}$。由此可见,若将该非线性电阻作为 3Ω 的线性电阻处理,不同的电流输入引起的输出电压误差是不同的,电流值较小时,产生的误差也小。

(2) $i=\sin\omega t$ 时,$u=3\sin\omega t-4(\sin\omega t)^3=\sin3\omega t$,可见,输出电压也是正弦波,但其频率却为输入频率的 3 倍,所以此流控非线性电阻实为一变频器。实际上,电阻元件的作用已经远远超出了“将电能转化为热能”的范围,在现代电子技术中,非线性电阻和线性时变电阻被广泛地应用于整流、变频、调制、限幅等信号处理的众多方面。

(3) 利用 $u=f(i)=3i-4i^3$,可以求出

$$\begin{aligned} u_{12} &= f(i_1+i_2) = 3(i_1+i_2)-4(i_1+i_2)^3 = 3(i_1+i_2)-4(i_1^3+i_2^3)-12i_1i_2(i_1+i_2) \\ &= u_1+u_2-12i_1i_2(i_1+i_2) \end{aligned}$$

由于一般情况下,$(i_1+i_2)\neq0$,所以有

$$u_{12}\neq u_1+u_2$$

可见,叠加原理不适用于非线性电路。

19.3　非线性电感

若电感的韦安特性曲线不是一条通过 Ψ-i 平面坐标原点的直线,则为非线性电感,其非线性电感的电路符号如图 19-6 所示。

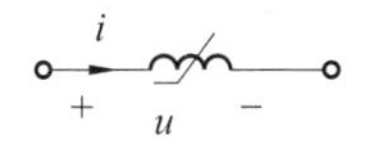

图 19-6　非线性电感的电路符号

按照韦安特性曲线的性状,非线性电感也分为四种类型,即流控电感、链控电感、单调电感和多值电感,其含义与非线性电阻的四种类型类似。例如,链控电感的韦安特性可用形如 $i=g(\Psi)$ 的单值函数表示。约瑟夫逊结是一种典型的链控电感,其韦安特性方程为

$$i = I_0 \sin(K\Psi)$$

式中，I_0、K 均为常数。一般铁心线圈在忽略损耗和磁滞影响时的电路模型就是单调型非线性电感，其韦安特性曲线如图 19-7 所示，可见，当电流较大时，磁通增大极为缓慢，即磁通已达饱和。显然，单调电感既是链控电感也是流控电感。多值电感既不能把磁链表示成电流的单值函数，也不能把电流表示成磁链的单值函数，亦即既不是流控的也不是链控的。若磁滞影响不可忽略，则铁心线圈就是一个典型的多值电感，其在正弦电流激励下的韦安特性曲线如图 19-8 所示，该闭合曲线称为磁滞回线。

为了便于电路计算，对于非线性电感引入两个参数，即静态电感和动态电感。电感韦安特性曲线上任一工作点 P 的静态电感 L_s 定义为该点的磁链坐标值与电流坐标值之比，即

$$L_s = \frac{\Psi}{i}\bigg|_P$$

电感韦安特性曲线上任一工作点 P 的动态电感 L_d 定义为该点切线的斜率，即

$$L_d = \frac{d\Psi}{di}\bigg|_P$$

如图 19-9 所示的非线性电感韦安特性曲线上 P 点的静态电感 L_s 正比于 $\tan\alpha$，动态电感 L_d 正比于 $\tan\beta$。显然，任一工作点 P 的静态电感 L_s 和动态电感 L_d 一般都是 Ψ 和 i 的函数。

当磁链是电流的单值函数时，非线性电感的电压和电流之间的关系为

$$u_L = \frac{d\Psi}{dt} = \frac{d\Psi}{di} \cdot \frac{di}{dt} = L_d \frac{di}{dt}$$

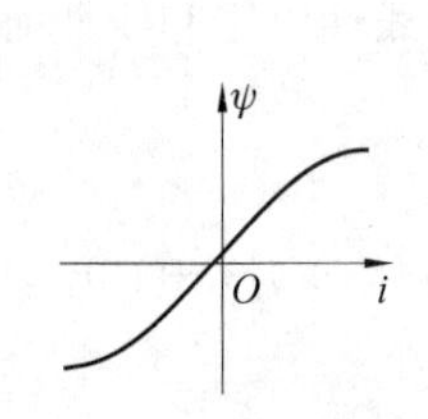

图 19-7　一般铁芯线圈的韦安特性曲线

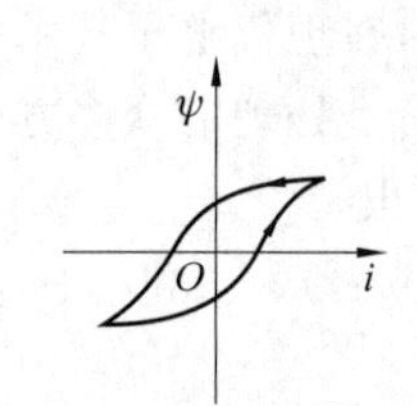

图 19-8　铁芯线圈的韦安特性曲线

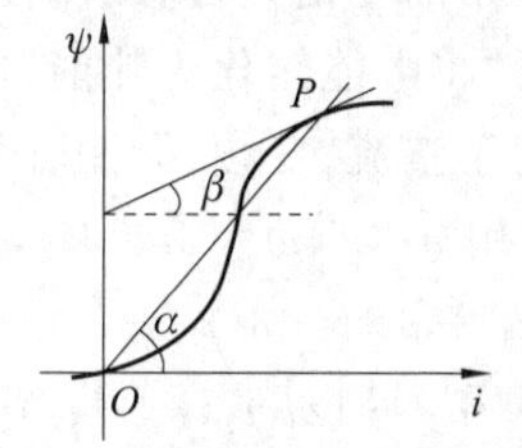

图 19-9　非线性电感的静态电感和动态电感示例

19.4　非线性电容

若电容的库伏特性曲线不是一条通过 q-u 平面坐标原点的直线，则为非线性电容。其电路符号如图 19-10 所示。

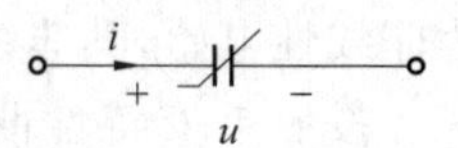

图 19-10　非线性电容的电路符号

与非线性电阻的四种类型类似，按照非线性电容的库伏特性曲线的性状，非线性电容也分为四种类型，即压控电容、荷控电容、单调电容和多值电容。大多数实际电容器均为单调型电容，例如，金属氧化物半导体(MOS)电容器的模型就是一种典型的单调型电容，其 $q-u$

曲线如图 19-11 所示，可见，它既是 u 的单值函数，也是 q 的单值函数。

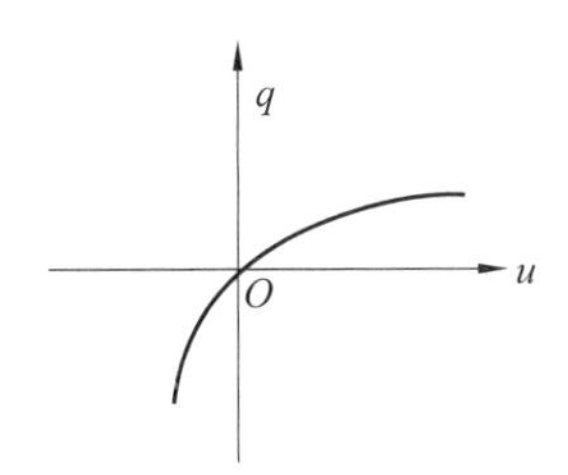

图 19-11 金属氧化物半导体(MOS)电容器的 q-u 曲线

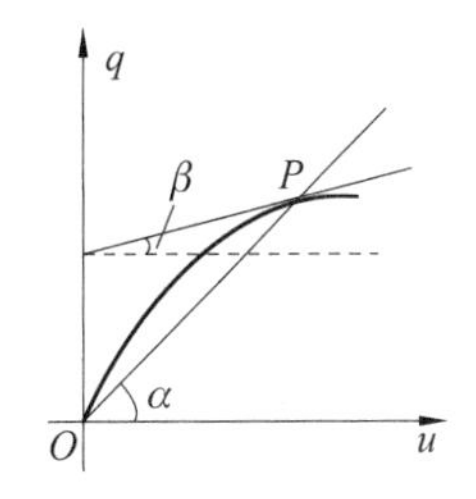

图 19-12 非线性电容的静态电容和动态电容示例

以铁电物质(如钛酸钡)为介质的电容器是多值电容的典型例子，呈现滞回现象。

对于非线性电容也引入两个参数，即静态电容电感和动态电容。电容库伏特性曲线上任一工作点 P 的静态电容 C_s 和动态电容 C_d 的定义分别为

$$C_s = \left.\frac{q}{u}\right|_P \text{和 } C_d = \left.\frac{dq}{du}\right|_P$$

如图 19-12 所示的非线性电容库伏特性曲线 P 点的静态电容 C_s 正比于 $\tan\alpha$，动态电容 C_d 正比于 $\tan\beta$。同理，任一工作点 P 的的静态电容 C_s 和动态电容 C_d 一般也都是 q 和 u 的函数。

当电荷是电压的单值函数时，非线性电容的电压和电流之间的关系为

$$i_C = \frac{dq}{dt} = \frac{dq}{du} \cdot \frac{du}{dt} = C_d \frac{du}{dt}$$

19.5 非线性电阻电路方程的建立

非线性元件的参数不为常数这一特点决定了非线性电路与线性电路的一个根本区别，即前者不具有线性性质，因而不能应用依据线性性质推出的各种定理，如叠加原理、戴维南定理、诺顿定理等。因此，分析非线性电路的基本依据是 KCL、KVL 以及元件的 VCR。由于 KCL 和 KVL 与元件特性无关，因此将这两个定律应用于非线性电路与线性电路分析时不存在任何差异。但是，线性电阻满足欧姆定律，而非线性电阻的伏安关系一般为高次函数，故建立线性电阻电路方程与建立非线性电阻电路方程时的不同点来源于非线性电阻元件与线性电阻元件之间的上述差异。因此，在采用第三章介绍的各种建立电路方程的方法来建立非线性电阻电路方程时需要根据非线性电阻元件伏安特性的不同情况而采用相应的方法，否则在应用某一方法来建立电路方程时会遇到困难，有时甚至得不出所要列写的电路方程。类似于线性电阻电路，本节所介绍的列写方程方法属于利用手工建立较为简单非线性电阻电路方程时采用的“观察法”，对于复杂非线性电阻电路一般采用适宜于计算机分析的“系统法”

19.5.1 节点法

对于简单的非线性电阻电路，可以先采用 2b 法即直接列写独立的 KCL、KVL 以及元

件的 VCR，再通过将 VCR 方程代入到 KCL、KVL 方程中消去尽可能多的电流、电压变量，从而最终得到方程数目最少的电路方程，这种方法称为代入消元法，可用于既有压控型又有流控型非线性电阻的非线性电路。

【例 19-2】 在如图 19-13 所示的非线性电路中，已知 $I_s=2\text{A}, R_1=2\Omega, R_2=6\Omega, U_s=7\text{V}$，非线性电阻是流控型的，有 $u_3=(2i_3^2+1)\text{V}$，试求 u_{R_1} 之值。

解　(1)电路元件(非线性电阻、线性电阻)的特性方程为

$$u_3=2i_3^2+1,\quad u_{R_1}=R_1i_1=2i_1,\quad u_{R_2}=R_2i_3=6i_3$$

(2) KCL 与 KVL 分别为

$$i_3=I_s-i_1,\quad u_{R_1}=u_3+u_{R_2}+U_S$$

将电路元件方程代入所列 KCL 与 KVL 可得

$$i_3=2-\frac{1}{2}u_{R_1} \tag{19-5}$$

$$u_{R_1}=2i_3^2+6i_3+8 \tag{19-6}$$

将式(19-5)代入式(19-6)可得 $u_{R_1}^2-16u_{R_1}+56=0$。解之得 $u_{R_1}=10.828\text{V}$ 或 $u_{R_1}=5.172\text{V}$，由此可见，非线性电路的解不是唯一的，有时在某种情况下还可能出现无穷多组解。此外，若非线性电阻是压控型，例如 $i_3=(2u_3^2+1)\text{V}$，则电路方程就要复杂一些，而且求解也较困难。

若电路中的非线性电阻均为压控型电阻或单调电阻，则宜选用节点法列写非线性电阻电路方程。当电路中既有压控型电阻又有流控型电阻时，直接建立节点电压方程的过程就会比较复杂。

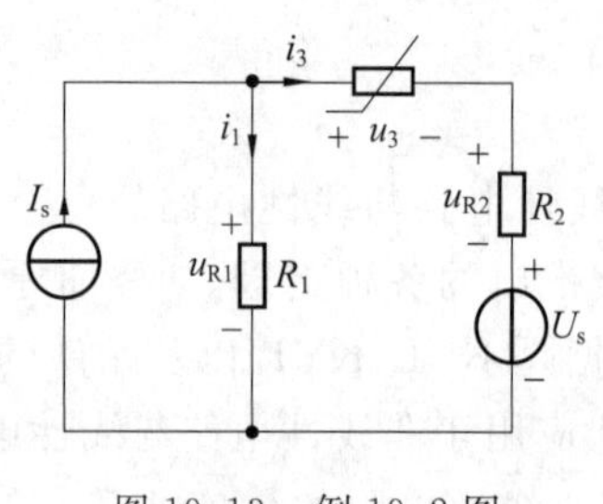

图 19-13　例 19-2 图

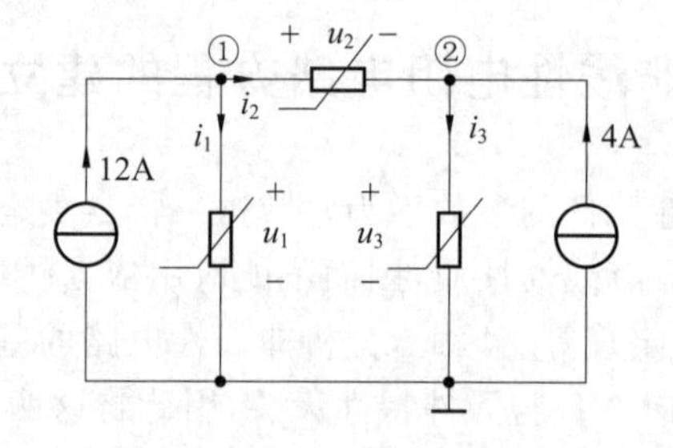

图 19-14　例 19-3 图

【例 19-3】 写出如图 19-14 示电路的节点电压方程，假设各电路中非线性电阻的伏安特性为 $i_1=u_1^3, i_2=u_2^2, i_3=u_3^{3/2}$。

解　对节点①和②分别运用 KCL 可得

$$\left.\begin{aligned} i_1+i_2&=12\\ -i_2+i_3&=4 \end{aligned}\right\} \tag{19-7}$$

应用 KVL 将非线性电阻支路的电压表示为节点电压的代数和可得 $u_1=u_{n1}, u_2=u_{n1}-u_{n2}, u_3=u_{n3}$，再将它们分别代入各非线性电阻的伏安特性方程得

$$i_1=u_{n1}^3,\quad i_2=(u_{n1}-u_{n2})^2,\quad i_3=u_{n3}^{3/2} \tag{19-8}$$

将式(19-8)代入式(19-7)可得

$$\begin{cases} u_{n1}^3 + (u_{n1} - u_{n2})^2 = 12 \\ -(u_{n1} - u_{n2})^2 + u_{n3}^{3/2} = 4 \end{cases}$$

19.5.2 回路法

若电路中的非线性电阻均为流控型电阻或单调电阻，则宜选用回路法或网孔法列写非线性电阻电路方程。当电路中既有流控型电阻又有压控型电阻时，建立回路方程的过程就会比较复杂。

【例 19-4】 在图 19-15 所示的非线性电阻电路中，已知两非线性电阻的伏安特性分别为 $u_3 = a_3 i_3^{\frac{1}{2}}$，$u_4 = a_4 i_4^{\frac{1}{3}}$，试列出求解 i_3 和 i_4 的方程。

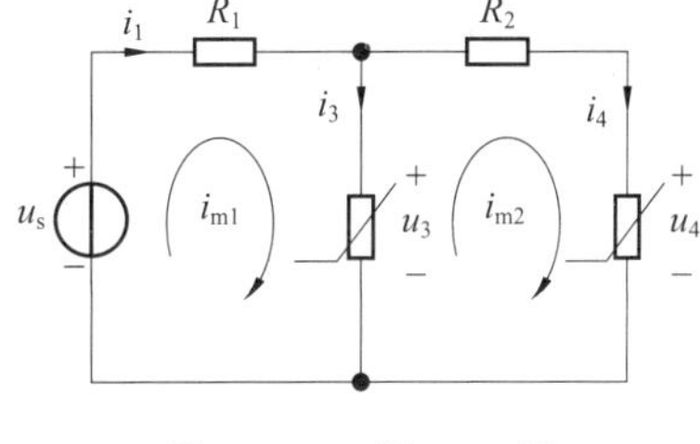

图 19-15 例 19-4 图

解 设网孔电流分别为 i_{m_1} 和 i_{m_2} 列写网孔电流方程为

$$\left.\begin{aligned} R_1 i_{m_1} + u_3 &= u_s \\ R_2 i_{m_2} + u_4 &= u_3 \end{aligned}\right\} \tag{19-9}$$

将 $i_{m_1} = i_3 + i_4$，$i_{m_2} = i_4$，$u_3 = 5i_3^{\frac{1}{2}}$，$u_4 = 6i_4^{\frac{1}{3}}$ 代入式(19-9)可得关于 i_3 和 i_4 的方程，即

$$\begin{cases} a_3 i_3^{\frac{1}{2}} + R_1 i_3 + R_1 i_4 = u_s \\ -a_3 i_3^{\frac{1}{2}} + R_2 i_4 + a_4 i_4^{\frac{1}{3}} = 0 \end{cases}$$

可以看出，依据两类基本约束对于非线性电阻电路所建立的方程是一个非线性代数方程组，其一般形式可以表示为

$$\left.\begin{aligned} f_1(x_1, x_2 \cdots, x_n, t) &= 0 \\ f_2(x_1, x_2 \cdots, x_n, t) &= 0 \\ &\cdots\cdots \\ f_n(x_1, x_2 \cdots, x_n, t) &= 0 \end{aligned}\right\} \tag{19-10}$$

式中，$x_1, x_2, \cdots, x_n$ 是 n 个独立的电压或电流变量。若所讨论的电路中含有时变电源时，式(19-10)中就显含时间参变量 t，而当电路中仅含直流电源即为一直流非线性电阻电路时，式(19-10)中就不含时间参变量 t。由于时变电阻电路在任一瞬刻 t_k 可以看做一个直流电阻电路，所以若能求出后者的解，则必可求出前者的解，只是所需计算量要大一些。由于对于非线性电阻电路所建立的非线性代数方程组一般难以得到其解析解，故而需要在计算机上用数值方法求解。

19.6 非线性电阻电路的基本分析法

本节介绍分析非线性电阻电路时常用的基本方法的依据亦然是 KCL、KVL 和元件的 VCR，由 KCL、KVL 所列写的拓扑方程同线性电阻电路时的一样仍为代数方程组，但是由于非线性电阻的 VCR 不同于线性电阻的 VCR，一般是高次函数关系，故而使得分析非线性电阻电路的方法有其特殊性，不能套用线性电阻电路的各种分析方法。

19.6.1　图解法

由于非线性电阻伏安关系的固有复杂性，所以在很多情况下无法获得这种伏安关系的解析表示式，只得借助于元件的伏安特性曲线来对其进行描述，因此，图解法就构成分析计算非线性电阻电路的一种非常重要的常用方法，可用于求解非线性电阻电路的工作点，DP 图(驱动点图)和 TC 图(转移特性图)。下面介绍非线性电阻电路直流工作点和非线性电阻串联、并联所得网络的 DP 图。

1. 求非线性电阻电路直流工作点的图解法

(1) 直流工作点。直流电阻电路的解称为该电路的直流工作点或静态工作点，简称工作点。对于直流非线性电阻电路来说，电路的解即电路方程式(19-10)的解 $x_1, x_2, \cdots, x_n$ 称为该电路的直流工作点。从几何的角度而言，式(19-10)中的任一方程均是 n 维空间中的一个曲面，因此，电路的工作点：$x_1, x_2, \cdots, x_n$ 即为这 n 个曲面的交点。由于这些曲面可能有一个、多个或无限多个交点甚至不存在交点，所以电路的工作点也就相应地可能有一个、多个或无限多个工作点或者没有工作点。这种工作点的多样性可以用图 19-16(b) 加以说明。当 $U_s = U_{s1}$ 时，U_s 和电阻 R 串联组成的一端口电路的伏安特性曲线($u = U_s - Ri$)和压控型非线性电阻的伏安特性曲线[$i = g(u)$]只有一个交点，即电路只有一个工作点，当 $U_s = U_{s3}$ 时，电路有二个工作点，当 $U_s = U_{s2}$ 时，电路有三个工作点，当 $U_s = U_{s4}$ 时，两条伏安特性无交点，则此时电路无工作点。显然，两个伏安特性曲线具有多个交点即电路同时具有多个工作点的现象是由于非线性电阻的多值性造成的。但是，任何一个实际电路在任一时刻总可以有一个而且只能有一个工作点，因为一个电路不可能同时工作在两种不同状态。若一个电路出现有多个、无限个或者没有工作点的不合理情况在于电路理论所研究的对象是模型而不是实际装置。当模型取得过分简单或近似时会造成图解结果与事实不符，但只要通过改善模型即可解决。

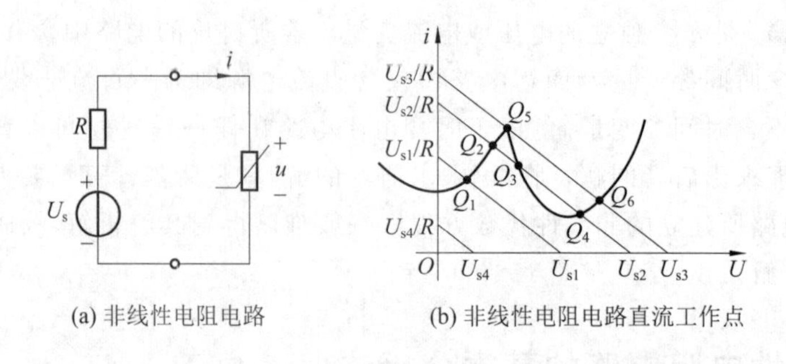

图 19-16　非线性电阻电路直流工作点多样性图示

(2) 非线性电阻电路工作点的图解法。当非线性电阻的 VCR 可以表示为函数式，一般可以利用上述列写电路方程的解析法建立方程最终解出非线性电阻的端电压和端电流即求得非线性电阻电路的工作点，而当非线性电阻的 VCR 无法表示为函数式时，解析法就无能为力了，通常用图解法即曲线相交法或分段线性化方法来确定非线性电阻电路的工作点，这里仅介绍前者，如图 19-16(b)所示。

【例 19-5】 非线性电阻电路如图 19-17(a)所示，其中非线性电阻的伏安特性曲线如图 19-17(c)所示，试用图解法求该电路的工作点。

解 对于仅含一个非线性电阻的电路，通常先将非线性电阻以外部分的线性二端电路用戴维南等效电路替代，如图 19-17(b)所示。一般将端口伏安特性曲线较为简单的视为负载，相应的伏安特性曲线称为负载线。据此，将端口 a-a' 以左部分视为一个非线性电阻负载，则负载线方程为

$$u=\frac{4}{3}-\frac{2}{3}i$$

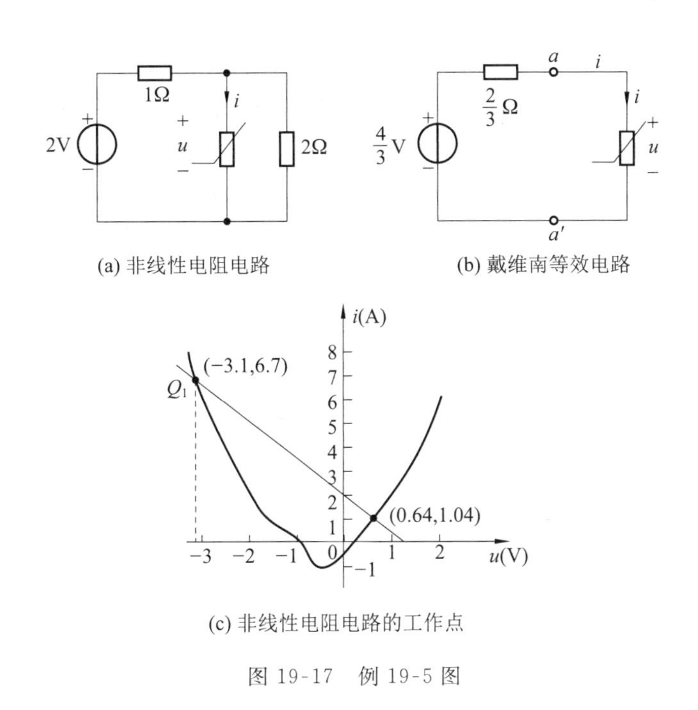

(a) 非线性电阻电路

(b) 戴维南等效电路

(c) 非线性电阻电路的工作点

图 19-17 例 19-5 图

在同一坐标系下绘出非线性电阻的伏安特性曲线和负载线，如图 19-17(c)所示，两条曲线有两条交点，即该电路共有两个工作点 Q_1 和 Q_2，其坐标分别为 Q_1(0.64,1.04)，Q_2(−3.1,6.7)。由于在正常工作条件下，负载线应限制于第一象限，因此在图 19-17(c)中，工作点 Q_1 是合理的，即电路将工作在该点，工作点 Q_2 是不合理的。在电子线路中，图 19-17(b)中的线性电阻 R（这里为(2/3)Ω）通常表示负载，因此，图 19-17(c)中的直线习惯称之为负载线，故而这种求工作点的方法又称为负载线法。

例 19-5 表明，对于仅含一个非线性电阻但结构比较复杂的非线性电阻电路，可以自非线性电阻两端断开，所剩电路为一线性含源二端电路，对它作戴维南等效，就得到与图 19-17(b)类似的单回路电路，再采用图解法（若非线性电阻的伏安关系可以表示为方程式，则

可用解析法）即可求解出非线性电阻的端电压 u 或端电流 i，如果所求的不是非线性电阻的端电压或电流，仍需通过上述过程先求得非线性电阻端电压 u 值或端电流 i 值，再应用替代定理将原始电路中非线性电阻替代为数值为 u 的独立电压源或数值为 i 的独立电流源，替代后的电路为一线性电路，再用线性电路的各种分析方法求出欲求的电路变量包括功率等。对于通常的非线性电路大多可以求出多个解，解个数的多寡取决于非线性电阻的 VCR 函数的次数。

对于含有多个非线性电阻的一端口电路（其中还可以含有线性电阻），这时应用非线性与线性电阻的串、并联等效及非线性电阻的串、并联等效，将该一端口等效为一个非线性电阻，并将剩下的线性有源一端口电路应用戴维南定理等效，即可得出类同于图 19-17(b) 所示的电路，以此电路，按上述的方法便可求出所求电量。

2. 求 DP 图的图解法

表征由任意一个含有电阻的一端口电路（单个电阻或仅由电阻构成的网络为其特例）的端口伏安特性曲线称为该二端电路的驱动点特性图，简称 DP 图。下面讨论如何利用单个非线性电阻的 DP 图通过图解法得出由这些非线性电阻串联、并联与混联电路构成的非线性电阻一端口电路的 DP 图，即求出这种电路的非线性等效电阻的 DP 图。

(1) 非线性电阻的串联、并联与混联等效概念。类似于线性无源一端口电阻或正弦稳态电路可以等效为一个电阻或阻抗，非线性无源一端口电阻电路也可以等效为一个电阻，等效的定义仍然是两者在端口上具有相同的电压电流关系。

非线性电阻串联、并联、混联所构成的一端口电路的等效不像线性电阻那样简易，也没有固定的公式可以套用。当非线性电阻串联或并联时，只有所有非线性电阻的控制类型相同时，才有可能得出其等效电阻伏安特性的解析表达式。但是，由于大多数的非线性电阻，往往只知道它们的伏安特性曲线，而对有些曲线却难于写出或无法写出其具体的函数关系式，故而不可能应用两类基本约束解析得出非线性电阻串联、并联或混联时其等效电阻的伏安特性表达式。因此，在一般情况下，非线性电阻串联、并联与混联等效只能借助图解法即利用 DP 图进行，这时需要利用两类基本约束。

(2) 非线性电阻串联时的 DP 图。图 19-18(a) 表示伏安特性分别为 $u_1=f_1(i_1)$ 和 $u_2=f_2(i_2)$ 的两个流控或单调型非线性电阻串联构成的一端口，各电压、电流的参考方向如图 19-18(a) 中所示。根据 KCL 可知有

$$i=i_1=i_2 \tag{19-11}$$

应用 KVL 及式(19-11)并将两个非线性电阻的伏安特性代入可得

$$u=u_1+u_2=f_1(i_1)+f_2(i_2)=f_1(i)+f_2(i)=f(i) \tag{19-12}$$

式(19-12) 表示了图 19-18(a) 所示两相串联非线性电阻的伏安特性方程与等效非线性电阻的伏安特性方程之间的关系。设两电阻的伏安特性曲线如图 19-18(b) 所示，由式(19-12) 可知，只要将同一电流值 i 所对应的曲线 $f_1(i_1)$、$f_2(i_2)$ 上的电压值 u_1 和 u_2 相加即得该电流值所对应的等效电阻的电压值 u。取不同的 i 值便可逐点描绘出等效电阻的伏安特性曲线 $u=f(i)$，如图 19-18(b) 中所示，由此可以得出非线性电阻串联的等效电阻的模型，如图 19-18(c) 所示，该等效电阻亦是流控或单调型非线性电阻。这表明：两个流控或单调型

非线性电阻相串联，其等效电阻亦为一个流控或单调型非线性电阻。

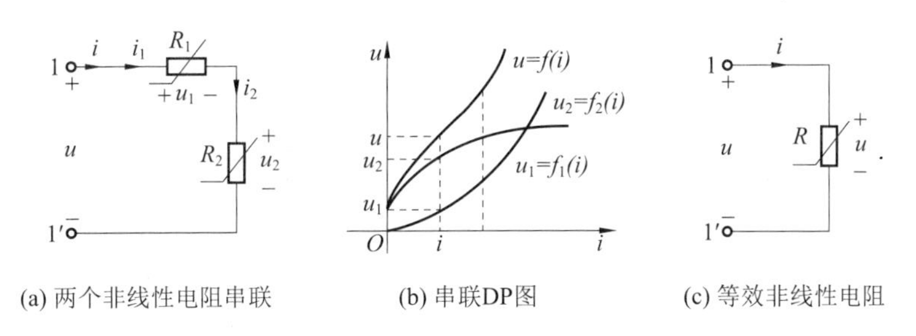

(a) 两个非线性电阻串联　(b) 串联DP图　(c) 等效非线性电阻

图 19-18　图解法求非线性电阻串联电路的 DP 图示例

以上讨论均假定是流控的或单调型的。若相串联的电阻中有一个是压控电阻，由于在电流值的某范围内电压是多值的，故而式(19-12)所对应的解析形式的分析法就不便使用，难以写出其等效一端口的伏安特性 $u=f(i)$ 的解析式，但可使用图解法得到等效电阻的伏安特性曲线。这种方法可推广于多个非线性电阻串联的情况。

(3) 非线性电阻并联时的 DP 图。非线性电阻的并联是非线性电阻串联的对偶情况。图 19-19(a)表示伏安特性分别为 $i_1=g_1(u_1)$ 和 $i_2=g_2(u_2)$ 的两个压控或单调型非线性电阻并联构成的一端口，各电压、电流的参考方向如图 19-19(a)中所示。根据 KVL 可知有

$$u = u_1 = u_2 \tag{19-13}$$

应用 KCL 及式(19-13)并将两个非线性电阻的伏安特性代入可得

$$i = i_1 + i_2 = g_1(u_1) + g_2(u_2) = g_1(u) + g_2(u) = g(u) \tag{19-14}$$

式(19-14)表示了图 19-19(a)所示两个并联非线性电阻的伏安特性方程与等效非线性电阻的伏安特性方程之间的关系。在设两电阻的伏安特性曲线如图 19-19(b)所示，由式(19-14)可知，只要将同一电压值 u 所对应的曲线 $g_1(u)$、$g_2(u)$ 上的电流值 i_1 和 i_2 相加即得该电压值所对应的等效电阻的电流值 i。取不同的 u 值便可逐点描绘出等效电阻的伏安特性曲线 $i=g(u)$，如图 19-19(b)所示，该等效电阻也是压控或单调型非线性电阻，由此可以得出非线性电阻并联的等效电阻的模型，如图 19-19(c)所示。这表明，两个压控或单调型非线性电阻相并联，其等效电阻亦为一个压控或单调型非线性电阻。

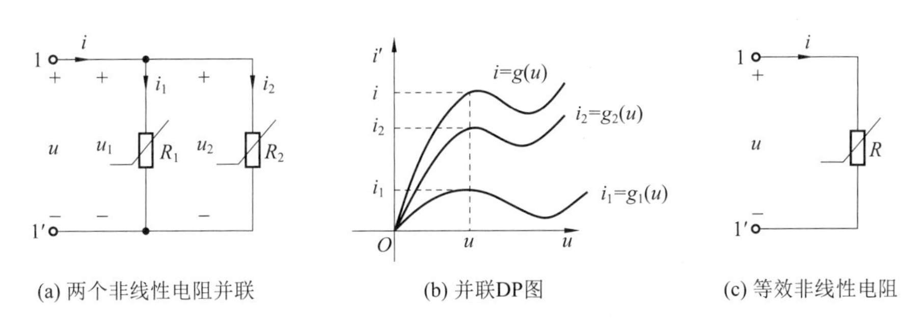

(a) 两个非线性电阻并联　(b) 并联DP图　(c) 等效非线性电阻

图 19-19　图解法求非线性电阻并联电路的 DP 图示例

与串联时的情况对偶，若相并联的电阻中有一个是流控电阻，就难以得到解析式 $i=f(u)$，但却可以使用图解法得到等效电阻的伏安特性曲线。

显然，上述方法可以推广到任意多个非线性电阻（其中可以有线性电阻）的串联或并联电路。对于由非线性电阻（其中可以有线性电阻）串联和并联而形成的混联电路也可以运用串联和并联相互之间的关系，根据联接情况，逐步用图解法进行等效就得到混联等效电阻的伏安特性。例如，假设在一个非线性电路中，电路末端有两个非线性电阻并联后再与靠近电路始端的第三个非线性电阻串联，可以按先求并联部分等效伏安特性曲线的方法，即取一系列不同的电压值，将同一电压值下两伏安特性曲线的电流坐标值相加从而先得到并联部分端口即等效电阻的伏安特性曲线，这时整个电路变为两个非线性电阻串联，再按求串联部分等效伏安特性曲线的方法，即取一系列不同的电流值，将同一电流值下两伏安特性曲线的电压坐标值相加从而先得到整个电路端口即等效电阻的伏安特性曲线。这种逐级等效的思想完全类同于线性电阻构成的一端口电路，从离端口的最远处开始，逐级按串联或并联向端口处等效。

应该指出的是，用图解逐点描迹求等效非线性电阻的 DP 图（即端口伏安特性）是比较麻烦的。在大多数实际场合，在允许存在一定工程误差的条件下，常对实际中非线性电阻的 DP 图，使用折线近似作简化处理。

上面介绍的对非线性电阻串、并联以及混联作 DP 图的图解法称为曲线相加法。这种方法普遍适用于流控电阻、压控电阻以及单调型电阻的串联、并联以及混联，这些电阻连接电路中也可以含有线性电阻，但最终等效电阻一般必为一非线性电阻。

TC 图是非线性电阻构成的双口电路中两个端口的激励与响应之间的关系曲线，其求取方法除了图解法还有分段线性化法。限于篇幅，本书不作介绍。

19.6.2　分段线性化解析法

分段线性化解析法又称折线近似法，它是目前分析非线性电路的一种最一般和非常重要的解析法。其基本思想是，在一定允许工程误差要求下，将非线性元件复杂的伏安特性曲线用若干直线段构成的折线近似替代，即所谓分段线性化。由于各直线段所对应的线性区段分别对应一个线性电路，因而可以采用线性电路的分析计算方法，从而将非线性电路的求解转化为若干个（直线段的个数）结构和元件相同而参数各异的线性电路的分析计算。用分段线性函数表示强非线性函数具有很多优点，首先是在线性段内，原电路变为一个线性电路，可以利用线性电路的分析方法求解，其次是非线性特性通常由测量数据用拟合法求得，如果用分段线性逼近，则很容易写出分段线性函数。分段线性化法实质上是一种近似等效方法。

对于含有多个非线性电阻的电路，可以将其中每一非线性电阻元件的伏安特性曲线用若干直线段近似表示，而对每一段特性直线段总可以得出其对应的一个戴维南等效电路或诺顿等效电路，因而可以在该直线段范围内，用所得到的戴维南等效电路或诺顿等效电路替代对应的非线性电阻元件，在对每一非线性电阻元件都进行这样的替代后，原非线性电阻电路就变为线性电阻电路，对后者计算便可得到前者的解。由于每一非线性电阻的特性曲线都由若干条特性直线段组成，所以通常需要将所有直线段组合所对应的电路进行计算才能确定电路的解。假设电路中共有 n 个非线性电阻元件，而每一非线性电阻元件的伏安特性曲线由 m_k 条折线段组成，将所有这些非线性电阻特性曲线的各直线段进行组合可以得出需计算的线性电阻电路共有 $m_1 \cdot m_2 \cdot \cdots \cdot m_k \cdot \cdots \cdot m_n$ 个，求出每一线性电路中对应于非线性电阻的每一等效支路的电压和电流。

由于非线性电阻元件的工作状态（电压值和电流值）不能超过该替代线性段的范围，而在求解电路过程中，并没有考虑每一非线性电阻元件的确切的工作范围，因此，需要在得出计算结果后检验每一线性电路计算结果的合理性。由于一非线性电阻的每一直线段都位于一个电压和电流的取值区间，所以当用一条直线段对应的戴维南或诺顿等效电路来替代该非线性电阻时，即给定了这个电阻的电压和电流的取值范围（直线段的电压和电流的取值区间），因此，若由此直线段对应的等效电路计算得出的电压值和电流值都落在所给定的电压和电流的取值范围内，该计算结果就是正确的，即是电路的真实解；若计算出的电压值和电流值中只要有一个不在所给定的电压和电流的取值范围内，则该计算结果就是不合理性，即不是电路的真实解，应予剔除。这种检验过程无论对于含有单个非线性电阻元件或多个非线性电阻元件的电路都是必需的。一旦求得非线性电阻上的电压或电流值，则可以利用含戴维南或诺顿等效电路的线性化电路求出原非线性电路中任意支路的电压和电流。

由于在整个计算过程中所用的任一线性电路的拓扑结构都是相同的，唯一不断改变的是戴维南或诺顿等效电路中的参数，因此可以用迭代的方法进行计算，计算的工作量和准确程度取决于对曲线划分的折线段数的多少，段数越多，折线越接近原曲线，分析计算的准确度愈高。

【例 19-6】 在图 19-20(a)中的非线性电阻 R_1，R_2 的伏安特性曲线分别用折线逼近，如图 19-20(b)和(c)所示。试求 I_1 和 U_2。

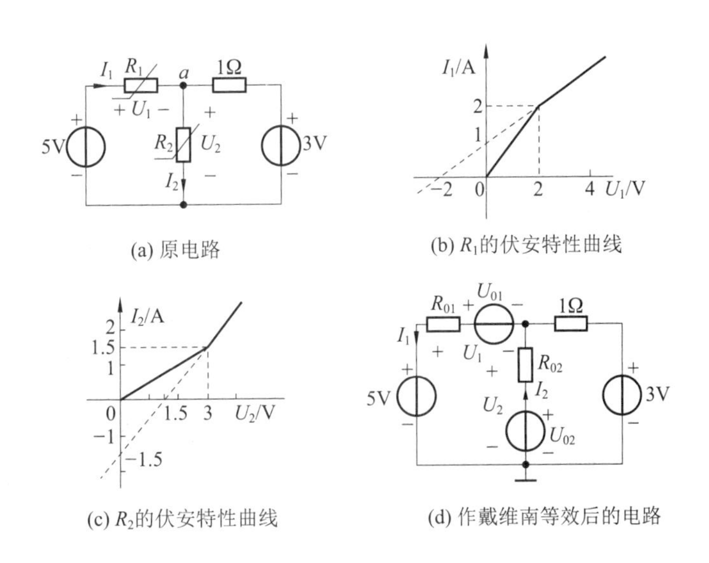

图 19-20　例 19-6 图

解　由图 19-20(b)和(c)可知，R_1，R_2 在某一电压、电流区域内，可等效为一线性电阻；

在另一电压、电流区间则可等效为一戴维南电路。为分析方便，分别用两个戴维南电路去替代图19-20(a)中的非线性电阻元件R_1，R_2得到等效电路见图19-20(d)。

(1) 首先分别根据R_1，R_2的伏安特性曲线讨论其对应戴维南电路中的各元件参数。由图19-20(b)可知，对R_1而言，当$0<I_1\leqslant 2\text{A}$时，R_1为一线性电阻，有

$$R_{01}=1\Omega,\quad U_{01}=0 \tag{19-15a}$$

当$I_1\geqslant 2\text{A}$时，R_1为一戴维南电路，有

$$R_{01}=2\Omega,\quad U_{01}=-2\text{V} \tag{19-15b}$$

由图19-20(c)可知，对R_2而言，当$0<U_2\leqslant 3\text{V}$时，R_2为一线性电阻，有

$$R_{02}=2\Omega,\quad U_{02}=0 \tag{19-15c}$$

当$U_2\geqslant 3\text{V}$时，R_2为一戴维南电路，有

$$R_{02}=1\Omega,\quad U_{02}=1.5\text{V} \tag{19-15d}$$

(2) 对图19-20(d)中电路分别列写节点方程和回路方程可得

$$U_2=\frac{\dfrac{5-U_{01}}{R_{01}}+\dfrac{U_{02}}{R_{02}}+\dfrac{3}{1}}{\dfrac{1}{R_{01}}+\dfrac{1}{R_{02}}+1} \tag{19-16}$$

$$I_1=\frac{5-U_{01}-U_2}{R_{01}} \tag{19-17}$$

(3) 分别对R_1，R_2伏安特性各直线段组合求解。首先将式(19-15a)、式(19-15c)代入式(19-16)、式(19-17)中，求得$U_2=\dfrac{\dfrac{5}{1}+\dfrac{3}{1}}{1+\dfrac{1}{2}+1}=3.2(\text{V})$，$I_1=\dfrac{5-3.2}{1}=1.8(\text{A})$，由于$U_2$超出了式(19-15c)成立的范围，所以不是解；再将式(19-15a)、式(19-15d)代入式(19-16)、式(19-17)中，求得$U_2=\dfrac{\dfrac{5}{1}+\dfrac{1.5}{1}+\dfrac{3}{1}}{1+1+1}\approx 3.17(\text{V})$，$I_1=1.83\text{A}$；这两个值在式(19-15a)、式(19-15d)成立的范围内，故是所求解；又将式(19-15b)、式(19-15c)代入式(19-16)、式(19-17)中，求得$U_2=\dfrac{\dfrac{7}{2}+\dfrac{3}{1}}{\dfrac{1}{2}+\dfrac{1}{2}+1}=3.25(\text{V})$，$I_1=1.875\text{A}$，由于$U_2$超出了式(19-15c)成立的范围，所以不是解；最后将式(19-15b)、式(19-15d)代入式(19-16)、式(19-17)中求得$U_2=\dfrac{\dfrac{7}{2}+\dfrac{1.5}{1}+3}{\dfrac{1}{2}+1+1}=3.2(\text{V})$，$I_1=1.9\text{A}$。由于$I_1$不在式(19-15b)成立的范围内，所以不是解。综上所述可知所求解为$I_1=1.83\text{A}$，$U_2\approx 3.17\text{V}$。

19.6.3　小信号分析法

在分段线性化解析法中，输入信号变动的范围较大，因而必须考虑非线性元件特性曲线的全部。若电路中电压、电流变化范围较小，则可以采用小信号分析法，它所涉及的仅是非

线性元件特性曲线的一个局部，即按照工作点附近局部线性化的概念，用非线性元件伏安特性在工作点处的切线（其斜率为动态电导）将非线性元件线性化，建立起局部的线性模型并据此分析由小信号引起的电流增量或电压增量。但是，这两种方法却有一个共同点，即在某一范围内，用一段直线来近似非线性元件特性曲线，以便用熟知的线性电路的求解方法在工程实际允许的误差范围内近似地分析非线性电路问题。小信号分析法共有两种，即非线性电阻电路的小信号分析法和非线性动态电路的小信号分析法，其基本原理是完全相同的。这里仅讨论前者。

小信号分析法是电子工程上分析非线性电路的一个重要的常用方法，特别是电子电路中有关放大器的分析、设计就是以小信号分析为基础的。

小信号是一个相对的概念，它通常是指电路中某一时变电量相对于一个直流电量而言，其幅值很小。例如，图 19-21(a)所示为一非线性电阻电路，其中 U_s 为直流电压源（常称为偏置电源），输入电压源 $u_s(t)$ 是时变的（一般为正弦交流信号源），且满足 $|u_s(t)| \ll U_s$，即 $u_s(t)$ 的变化幅度很小，例如，U_s 为伏数量级，$u_s(t)$ 为微伏数量级，则称 $u_s(t)$ 为小信号电压源。R_s 为线性电阻，非线性电阻为压控型的，其伏安特性方程为 $i=g(u)$，伏安特性曲线如图 19-21(b)所示。下面利用小信号分析法求解非线性电阻的端电压 $u(t)$ 和端电流 $i(t)$。

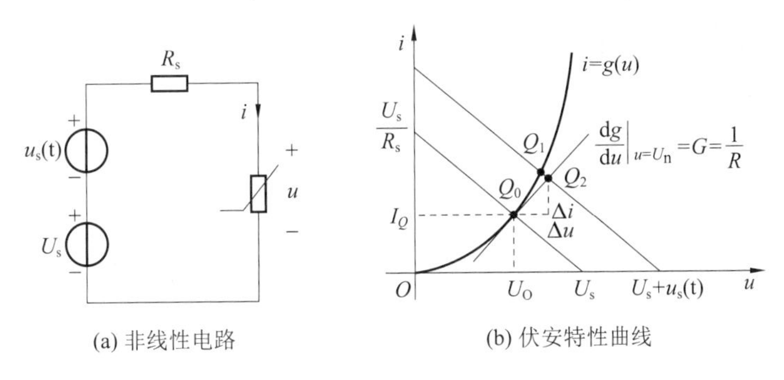

图 19-21　小信号分析法原理图示

在图 19-21(a)所示电路中，应用 KVL 列写回路方程可得

$$R_s i + u = U_s + u_s(t) \tag{19-18}$$

而

$$i=g(u) \tag{19-19}$$

首先设电路中并无时变电源，即 $u_s(t)=0$，仅 U_s 单独作用。此时，式(19-18)变为

$$R_s i + u = U_s \tag{19-20}$$

根据式(19-20)在图 19-21(b)中画出负载线，采用图解法求出这时电路的静态工作点为 $Q_0(U_Q, I_Q)$，该点满足式(19-19)和式(19-20)，即有 $I_Q=g(U_Q)$ 和 $R_s I_Q+U_Q=U_s$。

若图 19-21(a)所示的电路中 $u_s(t)\neq 0$，即 U_s 和 $u_s(t)$ 共同作用于电路即在直流电源 U_s 上叠加了时变电压源 $u_s(t)$，由于所加 $u_s(t)$ 的振幅非常之小（$|u_s(t)| \ll U_s$），则在任一时刻，电路中各支路的电压、电流的变化范围均在静态工作点 $Q_0(U_Q, I_Q)$ 附近。例如，在如图 19-21(b)中，Q_1 即是直流电压源 U_s 和小信号电压源 $u_s(t)$ 共同作用下，电路在某一时刻 t 的工作点，它位于 Q_0 点附近。由于 $u_s(t)$ 的变化幅度甚小，因而可以在静态工作点（直流工作点）

$Q_0(U_Q,I_Q)$处作非线性电阻伏安特性曲线的切线，它将相交同一时刻 t 的负载线于 Q_2。由于$|u_s(t)|$足够小，故而 Q_2 与 Q_1 之间相差极其细微，因此，可以用 Q_0 处的切线（直线段）来近似代替 Q_0 到 Q_1 范围内非线性电阻伏安特性曲线即 Q_0Q_1 曲线段，即可以用点 Q_2 处的电压和电流作为点 Q_1 处电压和电流真值解的近似。由图 19-21(b) 可知，Q_2 点的电压 u、电流 i 可以分别表示为 U_Q、I_Q 与增量 Δu、Δi 之和形式来近似所求 Q_1 点的真解，即

$$u = U_Q + \Delta u \tag{19-21a}$$

$$i = I_Q + \Delta i \tag{19-21b}$$

式中，U_Q，I_Q 分别是静态工作点 Q_0 对应的电压和电流，亦分别是 u 和 i 的直流分量；而 Δu，Δi 则分别是在小信号 $u_s(t)$作用下在静态工作点 $Q(U_Q,I_Q)$附近所引起的电压增量与电流增量，它们在任意时刻相对于 U_Q 和 I_Q 均是很小的量，即有$|\Delta u|\ll U_Q$ 以及$|\Delta i|\ll I_Q$。

将式(19-21)和代入式(19-19)可得

$$I_Q + \Delta i = g(U_Q + \Delta u) \tag{19-22}$$

由于 Δu 很小，因而可以将式(19-22)右端在 $Q_0(U_Q,I_Q)$点附近用泰勒级数展开，即

$$I_Q + \Delta i \approx g(U_Q) + \left.\frac{\mathrm{d}g}{\mathrm{d}u}\right|_{U_Q} \cdot \Delta u + \frac{1}{2!}\left.\frac{\mathrm{d}^2 g}{\mathrm{d}^2 u}\right|_{U_Q}(\Delta u)^2 + \cdots \tag{19-23}$$

式中，$\left.\frac{\mathrm{d}g}{\mathrm{d}u}\right|_{u=U_Q}$是非线性电阻伏安特性曲线在静态工作点 $Q_0(U_Q,I_Q)$处切线的斜率，如图 19-21(b)所示。由于 Δu 足够小，故可忽略式(19-23)中含 Δu 的大于以及等于二次方的项即仅取其前两项作为近似表示可得

$$I_Q + \Delta i \approx g(U_Q) + \left.\frac{\mathrm{d}g}{\mathrm{d}u}\right|_{U_Q} \cdot \Delta u \tag{19-24}$$

由此可见，将式(19-22)的右边近似为式(19-24)的右边，实际上就是用工作点 $Q_0(U_Q,I_Q)$处非线性电阻伏安特性曲线的切线（直线）近似代表该点附近的曲线。在式(19-24)中考虑到 $I_Q=g(U_Q)$可得

$$\Delta i = \left.\frac{\mathrm{d}g}{\mathrm{d}u}\right|_{U_Q} \cdot \Delta u \tag{19-25}$$

式中，$\left.\frac{\mathrm{d}g}{\mathrm{d}u}\right|_{U_Q}$ 可以表示为

$$\left.\frac{\mathrm{d}g}{\mathrm{d}u}\right|_{U_Q} = \left.\frac{\mathrm{d}i}{\mathrm{d}u}\right|_{U_Q} = G_\mathrm{d} = \frac{1}{R_\mathrm{d}} \tag{19-26}$$

根据动态电阻的定义可知，$\left.\frac{\mathrm{d}g}{\mathrm{d}u}\right|_{U_Q}$ 为非线性电阻在静态工作点 $Q_0(U_Q,I_Q)$处的动态电导或动态电阻 R_d 的倒数。于是，式(19-25)可写为

$$\Delta i = G_\mathrm{d}\Delta u \quad 或 \quad \Delta u = R_\mathrm{d}\Delta i \tag{19-27}$$

式(19-27)表明，对于由小信号电压 $u_s(t)$作用而引起的增量电压 Δu 与增量电流 Δi 而言，非线性电阻可以用一个线性电导 G_d 或线性电阻 R_d 作为它的模型。将式(19-21)及 $R_sI_Q+U_Q=U_s$ 代入式(19-18)得

$$R_s(I_Q + \Delta i) + U_Q + \Delta u = R_sI_Q + U_Q + u_s(t) \tag{19-28}$$

整理式(19-28)可得

$$R_s\Delta i + \Delta u = u_s(t) \tag{19-29}$$

将式(19-27)代入式(19-29)可得

$$R_s \Delta i + R_d \Delta i = u_s(t) \tag{19-30}$$

式(19-30)是一个线性代数方程，据此可以得出其电路模型即如图 19-22 所示的线性电路，它是非线性电阻元件在工作点 $Q_0(U_Q, I_Q)$ 处的增量模型，由于从该电路中可以求出因小信号电压源 $u_s(t)$ 对非线性电阻元件在 $Q_0(U_Q, I_Q)$ 处所引起的增量电压 Δu 与增量电流 Δi，故称为非线性电阻在静态工作点 $Q_0(U_Q, I_Q)$ 处的小信号等效电路，简称小信号等效电路，它是一个与原非线性电路具有相同拓扑结构的线性电路，其区别仅在于将原电路中的直流电源置零并将非线性电阻用其在直流工作点处的动态电阻替代。显然，对于给定的非线性电路仅仅改变其中直流电源就能得到不同的小信号等效电路。由图 19-22 所示的线性电路可以求得

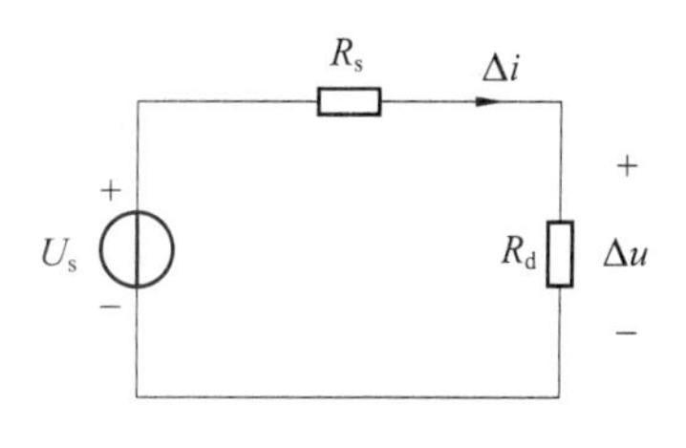

图 19-22 小信号等效电路

$$\Delta i = \frac{u_s(t)}{R_s + R_d}, \quad \Delta u = R_d \Delta i = \frac{R_d u_s(t)}{R_s + R_d}$$

因此，可以求出在图 19-21(a)所示非线性电路中由直流电源与小信号电源共同作用下工作点 Q_2 处即非线性电阻的端电压和端电流(工作点 Q_1 的电压值与电流值)的近似值为

$$\left.\begin{aligned} u &= U_Q + \Delta u \\ i &= I_Q + \Delta i \end{aligned}\right\} \tag{19-31}$$

需要注意的是，式(19-31)并非是应用叠加原理的结果，因为非线性电路不满足叠加原理。以上分析方法也适用于非线性电阻为流控型的。

【例 19-7】 在如图 19-23(a)所示的电路中，已知非线性电阻的伏安特性为 $u = \begin{cases} i^2 + 2i, & i \geqslant 0 \\ 0, & i < 0 \end{cases}$，$R_1 = 0.4\Omega$，$R_2 = 0.6\Omega$，$i_s(t) = 4.5\sin(\omega t + 20°)$ A，$U_s = 18$V，试求电路中电压 $u(t)$ 和电流 $i(t)$。

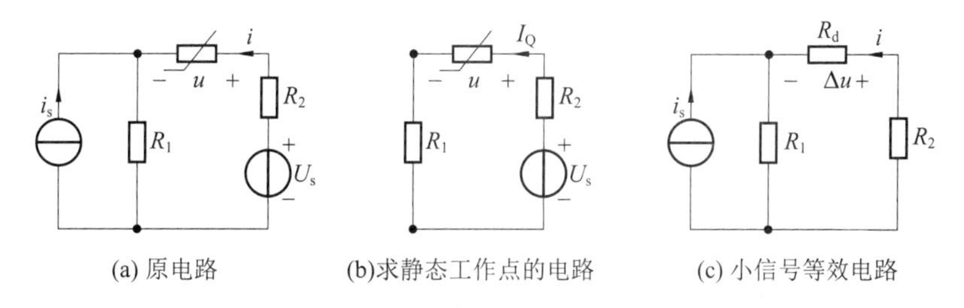

图 19-23 例 19-7 图

解 (1)先求电路的静态工作点。设静态工作点为 $Q_0(U_Q, I_Q)$，令 $i_s(t) = 0$，则求静态工作点的电路如图 19-23(b)所示，列出该电路的回路方程为

$$U_Q + (R_1 + R_2) I_Q = U_s$$

将 $U_Q = I_Q^2 + 2I_Q$ 以及已知数据代入可得 $I_Q^2 + 3I_Q - 18 = 0$。解之可得 $I_{Q1} = 3$A，$I_{Q2} =$

$-6\mathrm{A}$(不合题意故舍去),即 $U_Q=15\mathrm{V}, I_Q=3\mathrm{A}$。

(2) 求 $Q_0(U_Q,I_Q)$ 处非线性电阻的动态电阻 R_d,有

$$R_\mathrm{d}=\left.\frac{\mathrm{d}u}{\mathrm{d}i}\right|_{Q_0}=2I_Q+2=8\Omega$$

(3) 作出小信号等效电路如图 19-23(c),并由该电路求出小信号电源引起的增量 Δu 和 Δi 分别为

$$\Delta i=-\frac{R_1}{R_1+R_2+R_\mathrm{d}}i_\mathrm{s}=-0.2\sin(\omega t+20°)\mathrm{A},\quad \Delta u=R_\mathrm{d}\Delta i=-1.6\sin(\omega t+20°)\mathrm{V}$$

(4) 工作点处解与小信号解之和为所求解,即

$$i=I_Q+\Delta i=3-0.2\sin(\omega t+20°)\mathrm{A},\quad u=U_Q+\Delta u=15-1.6\sin(\omega t+20°)\mathrm{V}$$

19.7　DP 图为分段线性的非线性电阻电路的设计

对于给定的激励,设计电路的结构与元件值以实现预定的响应称为电路设计,也称为电路综合。电路综合设计是一个与电路分析相反的命题,也有着系统的理论与方法。本节仅讨论其 DP 图为分段线性的非线性电阻电路的设计,由于非线性电阻是建立在所谓凹型和凸型电阻概念基础上的,即一般的非线性电阻可以用凹型电阻和凸型电阻构成的电路逼近,这种电路就是分段线性电路模型,所以下面首先介绍最为基本的凹型电阻和凸型电阻的设计问题。

1. 凹型电阻与凸型电阻

1) 凹型电阻

将线性电阻 $R(R>0)$、理想二极管 D、电压源 $U_\mathrm{s}(U_\mathrm{s}>0)$三者串联即可构成凹型电阻,其电路实现、凹型电阻中三元件的伏安特性、凹型电阻自身的伏安特性和电路符号分别如图 19-24(a)、(b)、(c)、(d)所示。

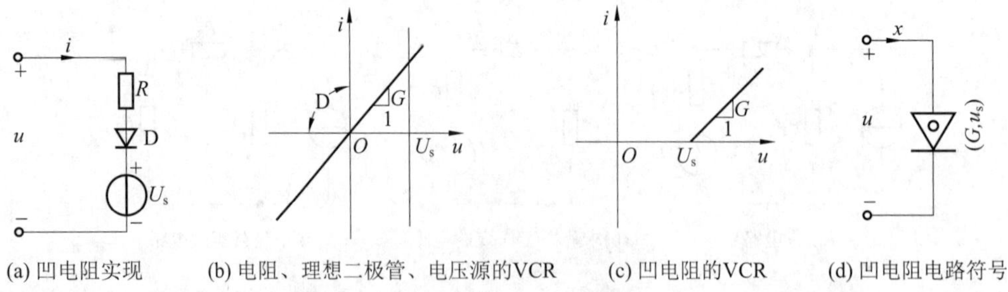

(a) 凹电阻实现　(b) 电阻、理想二极管、电压源的VCR　(c) 凹电阻的VCR　(d) 凹电阻电路符号

图 19-24　凹型电阻的电路实现、各元件的 VCR 以及凹型电阻的电路符号

当 $u<U_\mathrm{s}$ 时,$i=0$;当 $u>U_\mathrm{s}$ 时,二极管完全导通,电路的 KVL 方程为

$$u=Ri+u_\mathrm{d}+U_\mathrm{s},\quad i>0 \tag{19-32}$$

根据式(19-32)按照串联电路 DP 图在同一电流下各元件的伏安特性相应电压值相加的原理将图 19-24(b)中 3 个元件特性曲线中相应电压值相加(图 19-24(a)中 3 个元件特性

曲线所公共允许的电流只能为大于和等于零的范围)便可以得到图19-24(c)所示的凹型电阻的伏安特性曲线,其形状为凹型,故称为凹型电阻,该特性曲线是电压控制型的,可以表示为

$$i = g(u) = \frac{1}{2}G\{|u - U_s| + (u - U_s)\} \tag{19-33}$$

可见,凹型电阻为一分段线性压控电阻,它被直线段的斜率 $G=1/R$ 和曲线转折点电压 U_s 两个参数唯一地确定。改变这两个参数值就可以获得所需的各种凹型电阻。由式(19-33)可知,当 $u>U_s$,则 $u-U_s>0$,得 $i=\frac{u-U_s}{R}$,当 $u<U_s$,则 $u-U_s<0$,这时 $i=0$。式(19-33)中 $\frac{1}{2}G(u-U_s)$ 和 $\frac{1}{2}G|u-U_s|$ 所对应的图形分别如图19-25(a)、(b)所示,将它们相加即为图19-24(c)所示的图形。

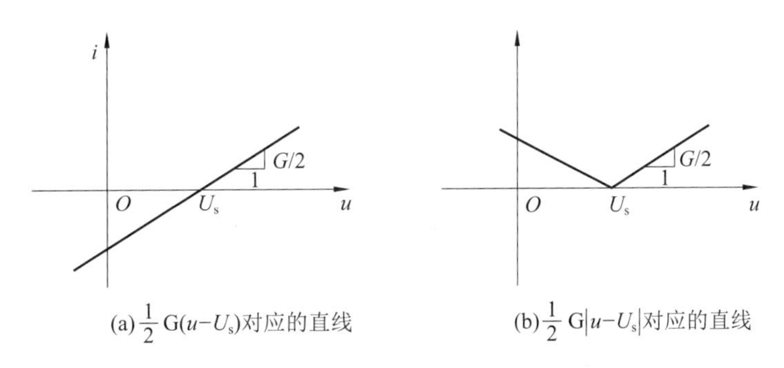

图19-25 凹型电阻的VCR分解图

2) 凸型电阻

与凹型电阻对偶,只要将线性电阻 $R(R>0)$、理想二极管 D、电流源 $I_s(I_s>0)$ 三者并联即可形成凸型电阻,其电路实现、凸型电阻中三元件的伏安特性、凸型电阻自身的伏安特性和电路符号分别如图19-26(a)、(b)、(c)、(d)所示。图19-26(b)中二极管仍为理想二极管。当 $u<0$ 时,二极管完全导通,整个电路被短路;当 $u>0$ 时,电路的KCL方程为

$$i = Gu + i_d, \quad u > 0 \tag{19-34}$$

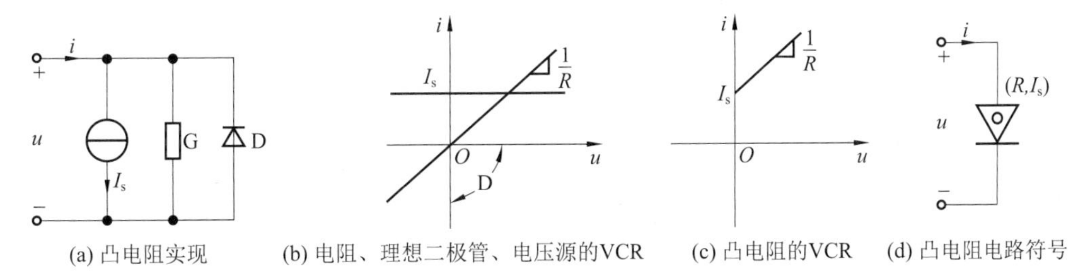

图19-26 凸型电阻的电路实现、各元件的VCR以及凸型电阻的电路符号

根据式(19-34)按照并联电路 DP 图在同一电压下各元件的伏安特性相应电流值相加的原理用图解法(图 19-26(a)中三个元件特性曲线所公共允许的电压只能为大于和等于零的范围)可以得到图 19-26(c)所示电路的伏安特性曲线，其形状为凸型，故称为凸型电阻，该特性曲线是电流控制型的，可以表示为

$$u = f(i) = \frac{1}{2}R\{|i - I_s| + (i - I_s)\} \tag{19-35}$$

可见，凸型电阻为一分段线性流控电阻，它被直线段的斜率 $G=1/R$ 和转折点电流 I_s 两个参数唯一地确定。改变这两个参数值就可以获得所需的各种凸型电阻。

凹型电阻和凸型电阻互为对偶，参数 G 与 R、U_S 和 I_s 分别对偶。

由此可见，应用一些线性电阻、二极管、电压源或电流源的串并联可以得到各种凹型电阻和凸型电阻，再将它们适当串并联就可以获得所需的具有各种形状伏安特性的一端口电路，即凹型电阻和凸型电阻可以作为一些基本的积木块，用它们可以堆垒出所期望的各种各样的伏安特性。注意在设计中，允许 G 为负值。

【例 19-8】 要求一个一端口电路具有如图 19-27(a)所示的伏安特性曲线，试设计该一端口电路。

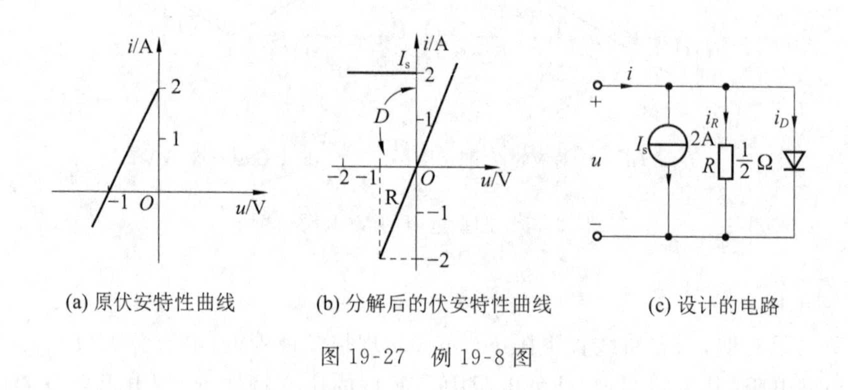

(a) 原伏安特性曲线　(b) 分解后的伏安特性曲线　(c) 设计的电路

图 19-27　例 19-8 图

解　由图 19-27(a)所示的伏安特性曲线可得出

$$u = \begin{cases} 0 & i \geqslant 2\text{A} \\ \frac{1}{2}i - 1 & i \leqslant 2\text{A} \end{cases}$$

因此可得

$$i = 2u + 2 = \frac{1}{R}u + I_s, \quad u < 0$$

综合上面结果可得

$$i = \begin{cases} \frac{u}{0.5} + 2, & u \leqslant 0 \\ 2, & u > 0 \end{cases}$$

于是可将图 19-27(a)所示的伏安特性曲线分解为图 19-27(b)所示的三条伏安特性曲线，根据它们所构成的电路如图 19-27(c)所示。

2. 隧道二极管的分段线性化模型设计

隧道二极管是具有一段负阻区的非线性电阻，广泛用于微波振荡器中。图 19-28(a)所示的虚线是隧道二极管的伏安特性曲线，它可用图 19-28(a)中的 3 个实线直线段来近似表示，它们的斜率分别为

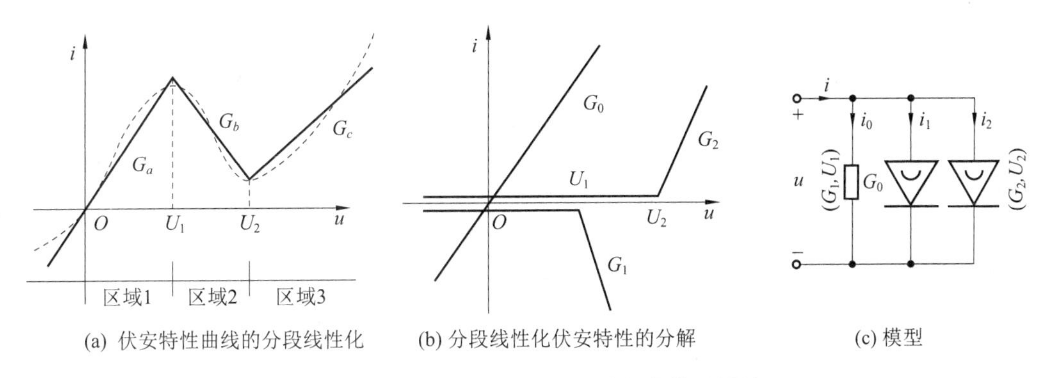

(a) 伏安特性曲线的分段线性化　(b) 分段线性化伏安特性的分解　(c) 模型

图 19-28　隧道二极管的分段线性化模型设计

$$\left.\begin{array}{l} G=G_a,\ u\leqslant U_1(\text{区域 }1) \\ G=G_b,\ U_1\leqslant u\leqslant U_2(\text{区域 }2) \\ G=G_c,\ u>U_2(\text{区域 }3) \end{array}\right\} \tag{19-36}$$

式中，U_1 和 U_2 均为对应转折点的电压值。由图 19-28(a)可知，其中的伏安特性可以分解为图 19-28(b)所示的三个伏安特性曲线，其中直线段的斜率分别设为 G_0、G_1 和 G_2。因此，可将分段线性特性分解成三个电阻元件的并联，第一个电阻是其伏安特性具有斜率 G_0(正值)通过原点的直线的线性正电阻；第二个电阻是其伏安特性转折于 U_1 且具有斜率 G_1(负值)的凹型电阻；第三个电阻是其伏安特性转折于 U_2 且具有斜率 G_2(正值)的凹型电阻。参数 G_0、G_1 和 G_2 可以根据图 19-28(a)中已知的直线段斜率 G_a、G_b 和 G_c 加以确定，即有

$$G_0u=G_au \quad \text{或} \quad G_0=G_a \quad (\text{区域 }1) \tag{19-37a}$$

$$G_0u+G_1u=G_bu \quad \text{或} \quad G_0+G_1=G_b \quad (\text{区域 }2) \tag{19-37b}$$

$$G_0u+G_1u+G_2u=G_cu \quad \text{或} \quad G_0+G_1+G_2=G_c \quad (\text{区域 }3) \tag{19-37c}$$

由式(19-37)可以求出

$$\left.\begin{array}{l} G_0=G_a \\ G_1=-G_a+G_b,\quad U_1 \\ G_2=-G_b+G_c,\quad U_2 \end{array}\right\} \tag{19-38}$$

由线性电阻的欧姆定律以及式(19-33)可以得出每个电阻的伏安关系为

$$i_0=G_0u,\quad i_1=\frac{1}{2}G_1\{|u-U_1|+(u-U_1)\},\quad i_2=\frac{1}{2}G_2\{|u-U_2|+(u-U_2)\}$$

再利用 KCL：$i=i_0+i_1+i_2$ 便可得出如图 19-27(c)所示的隧道二极管的分段线性化电路模型。

19.8　非线性动态电路的微分方程与状态方程

若动态电路中除独立电源外至少含有一个非线性元件，就称之为非线性动态电路。非线性动态电路按组成其非线性元件的类型可以分为三种类型：①电阻元件中至少有一个是非线性的，而动态元件均为线性的；②动态元件中至少有一个是非线性的，而电阻元件均为线性的；③至少有一个非线性电阻元件和一个非线性动态元件。

与描述线性动态电路的数学模型一样，非线性动态电路的数学模型也分为两类即输入输出模型和状态空间模型，前者为非线性微分方程，后者为一阶非线性微分方程组。

本节介绍非线性动态电路分析的基础知识，但所得出的众多结论和方法也适用于一般非线性动态电路的分析。

19.8.1　非线性动态电路微分方程的建立

类似于线性动态电路，用一阶非线性微分方程描述的电路称为一阶非线性电路，典型的一阶非线性电路是只含一个线性或非线性储能元件的非线性电路。同理，用二阶非线性微分方程描述的电路标为二阶非线性电路，典型的二阶非线性电路是只含一个电感和一个电容的非线性电路。

建立非线性动态电路微分方程的基本依据仍然是两类约束。

与线性动态电路一样，要完整地描述一个非线性动态电路，除了需要电路方程，还需要足够的初始条件，利用初始条件，才能解出待求的电路变量。

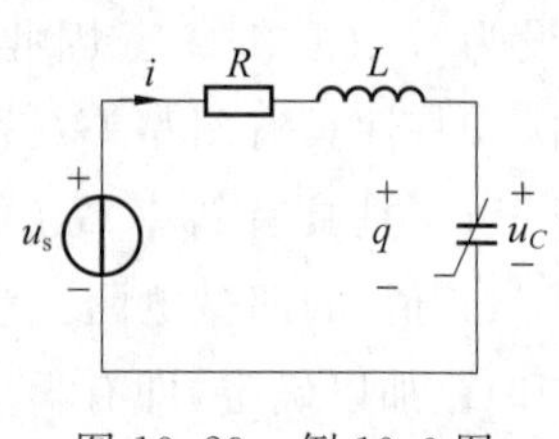

图 19-29　例 19-9 图

【例 19-9】　一含有非线性电容的动态电路如图 19-29 所示，设电路中电阻 R 和电感 L 为线性的，非线性电容的库伏特性为 $q=ku_C^3$（k 为常数），试以 q 为电路变量列写微分方程。

解　设电路的输入变量为 $u_s(t)$，由于电容电流为 $i=\frac{dq}{dt}$，利用 KVL 以及电阻和电感元件的伏安特性可得电路的微分方程为

$$L\frac{d^2q}{dt^2}+R\frac{dq}{dt}+\left(\frac{q}{k}\right)^{\frac{1}{3}}=u_s$$

非线性代数方程与微分方程的解析解一般是难以求得的，通常是利用计算机应用数值法来求得数值解。

当电路中所有元件（包括电源）均为非时变元件时，所列出的微分方程不会显含时间变量 t，这种电路称为自治电路，对应的方程则称为自治方程，否则称为非自治电路和非自治方程。因此，对于例 19-9，当电压源为直流电源即 $u_s=U_s$ 时，则为自治电路。

应该注意的是，由于非线性动态电路的复杂性，有时建立非线性动态电路的微分方程甚至是不可能的。

19.8.2 非线性动态电路状态方程与输出方程

1. 非线性动态电路的状态方程与输出方程

非线性动态电路的状态方程与线性动态电路的相似，也是一个一阶微分方程组，其标准形式为

$$\dot{x}=f(x,u,\dot{u},t) \tag{19-39}$$

式中，x 是表示状态的 n 维状态矢量，它对应 n 个独立的动态元件，u 是表示独立电源的 m 维电源矢量，它对应 m 个独立电源。由于电路中含有非线性元件，所以 f 为一非线性矢量函数。与线性动态电路不同的是，列写一般非线性动态电路状态方程的标准形式是相当困难的，有时甚至是不可能的。因此，这里仅讨论一些特殊的非线性时不变动态电路，例如，所有电感都是链控的，所有电容都是荷控的。

若状态方程式(19-39)中显含时间变量 t，则称为非自治状态方程，对应的电路则称为非自治电路，其中含有时变电源；若状态方程式(19-39)中不显含时间变量 t，则称为自治状态方程，对应的电路则称为自治电路，其中不含有时变电源(仅含直流电源)。非线性微分方程与非线性状态方程一样，也有自治方程和自治电路以及非自治方程和非自治电路的概念。

非线性动态电路的输出方程与线性动态电路的标准形式为

$$y=g(x,u,\dot{u},t) \tag{19-40}$$

式中，y 为输出变量 l 维输出矢量，f 亦为一非线性矢量函数。

2. 状态变量

非线性动态电路的状态变量可以选电容电压 u_C 或电荷 q_C 以及电感电流 i_L 或磁链 Ψ_L。我们知道，对于线性电感，既可选 i_L 也可选 Ψ_L 作状态变量，对于线性电容，既可选 u_C 也可选 q_C 作状态变量；对于非线性动态元件，则需根据元件特性方程的具体情况来选择状态变量，一般是选控制变量作为状态变量，即若电感元件是电流控制型的，则选 i_L 作为状态变量，若它是磁链控制型的，则选 Ψ_L 作为状态变量。对于电容元件，则分别对偶选 u_C 或 q_C。对于单调电感或电容，则可任选状态变量，但是，选择电容电荷 q_C 和电感磁链 Ψ_L 十分有利于计算。

3. 非线性动态电路的状态方程与输出方程的建立

(1) 非线性动态电路的状态方程的建立。与线性电路类似，非线性动态电路状态方程的建立方法也可以采用观察法和系统法。这里只简要介绍观察法，其中包括直接法、电源替代法和常态树方法，这些方法更适合于手工列写，而不像系统法那样适合于计算机列写。由于非线性动态电路一般比较复杂，因而无法找到一种具有普适性的方法，只能根据具体电路选用合适的方法来建立其状态方程。

① 用直接法建立非线性动态电路的状态方程。观察法直接应用 KCL、KVL 和 VCR 来建立电路的状态方程，因此，它仅适用于结构简单的电路。

【例 19-10】 试列写如图 19-30 所示非线性时不变电路的状态方程. 图中所有元件都是非线性的,电阻是流控的:$u_{R_1}=f_{R_1}(i_{R_1})=i_{R_1}^3$,$u_{R_2}=f_{R_2}(i_{R_2})=i_{R_2}^2$,电感是磁控的:$i_1=i_{L_1}=f_{L_1}(\Psi_{L_1})=\Psi_{L_1}^3$,$i_2=i_{L_2}=f_{L_2}(\Psi_{L_2})=6\Psi_{L_2}^2$,电容是荷控的:$u_C=f_C(q_C)=q_C^{1/3}+q_C^4$。

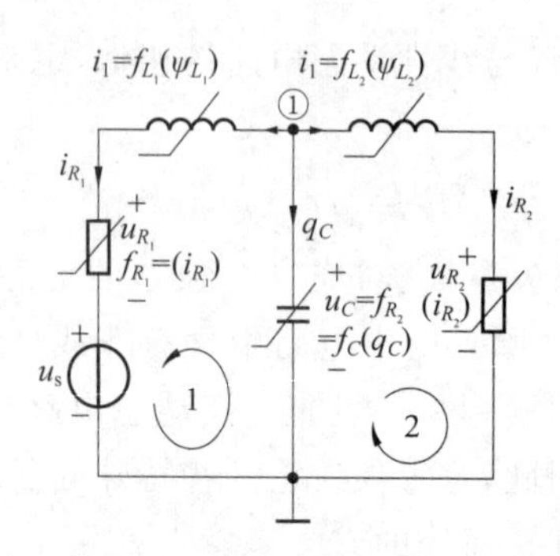

图 19-30 例 19-10 图

解 因非线性电感元件都是链控的,故选磁链 Ψ_{L_1}、Ψ_{L_2} 为状态变量,非线性电容元件都是荷控的,故选电荷 q_C 为状态变量。对节点①列写 KCL 可得

$$\dot{q}_C=-i_1-i_2 \tag{19-41}$$

对图 19-30 中回路 1 和 2 分别列写 KVL 可得

$$\dot{\Psi}_{L_1}=u_C-u_{R_1}-u_s \tag{19-42}$$

$$\dot{\Psi}_{L_2}=u_C-u_{R_2} \tag{19-43}$$

将元件特性代入式(19-41)~式(19-43)可得

$$\left.\begin{aligned}\dot{q}_C&=-f_{L_1}(\Psi_{L_1})-f_{L_2}(\Psi_{L_2})=-\Psi_{L_1}^3-6\Psi_{L_2}^2\\ \dot{\Psi}_{L_1}&=q_C^{1/3}+q_C^4-\Psi_{L_1}^9-u_s\\ \dot{\Psi}_{L_2}&=q_C^{1/3}+q_C^4-36\Psi_{L_2}^4\end{aligned}\right\} \tag{19-44}$$

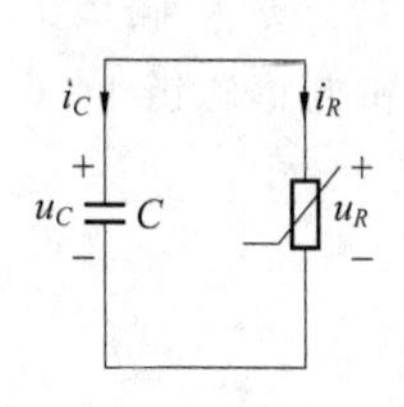

图 19-31 例 19-10 图

从以上消去非状态变量的过程可知,只有当图 19-30 所示的两个电阻部是流控的,两个电感都是磁控的,电容是荷控的才能导出状态方程式(19-44)。这表明非线性状态方程的存在是有严格限制条件的,有时甚至一个很简单的非线性电路,其状态方程也可能不存在。例如,对于图 19-31 所示的简单 RC 电路而言,若所含非线件电阻的特性是流控的,即有 $u_R=f(i_R)$,则此电路的状态方程不存在。因为由 KCL 可得

$$C\frac{\mathrm{d}u_C}{\mathrm{d}t}=-i_R \tag{19-45}$$

由于式(19-45)中的非状态变量不可能消去,所以无法导出该电路的状态方程。但是,应该指出的是,对于具有合理模型的电路而言,其状态方程的标准形式是一定存在的。

(2) 用电源替代法建立非线性动态电路的状态方程。我们知道,对于线性动态电路可

以用电源替代法建立其状态方程。采用这种方法也可以对于某些特定类型的非线性动态电路建立其状态方程，这些非线性动态电路是指其中所含的非线性电容元件应是荷控型的，非线性电感元件应是链控的，而所有的电阻元件一般应是线性的。因此，选取非线性电容元件的电荷 q_C 和非线性电感元件 Ψ_L 作为状态变量。若电容和电感元件是线性的，也可选电容元件的电压 u_C 和电感元件的电流 i_L。

在用电源替代法建立非线性动态电路的状态方程时，首先将原电路中的电容元件和电感元件分别用电压为 u_c 的电压源和电流为 i_L 的电流源替代，再用叠加原理或其他合适的电路分析方法在替代后的电路中求解出电容支路的电流 i_C 和电感支路的电压 u_L 的表示式，最后应用 $i_C=\dfrac{\mathrm{d}q_C}{\mathrm{d}t}$ 和 $u_L=\dfrac{\mathrm{d}\Psi_L}{\mathrm{d}t}$ 代入所求出的 i_C 和 u_L 的表示式得出状态方程。

【例 19-11】 试列出图 19-32(a)所示电路的状态方程和输出方程，输出变量为 u_{R_2}。已知 $R_1=R_2=R_3=2\Omega$，$u_C=100q^3$，$i_L=200\Psi^3$。

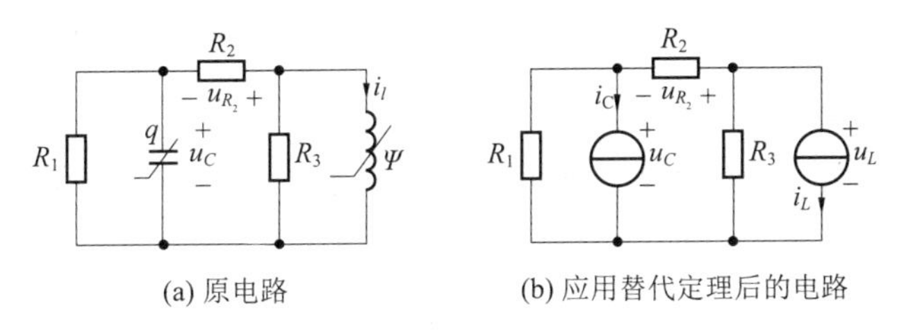

图 19-32　例 19-11 图

解　用电压源 u_C 代替电容，用电流源 i_L 代替电感，得到图 19-32(b)所示的等效电路。根据叠加原理可得

$$i_C=-\left(\frac{1}{R_1}+\frac{1}{R_2+R_3}\right)u_C-\frac{R_3}{R_2+R_3}i_L=-0.75u_C-0.5i_L \tag{19-46}$$

$$u_L=\frac{R_3}{R_2+R_3}u_C-\frac{R_2R_3}{R_2+R_3}i_L=0.5u_C-i_L \tag{19-47}$$

以 q 和 Ψ 为状态变量，将 $u_C=100q^3$，$i_L=200\Psi^3$，$i_C=\dfrac{\mathrm{d}q}{\mathrm{d}t}$，$u_L=\dfrac{\mathrm{d}\Psi}{\mathrm{d}t}$ 分别代入式(19-46)和式(19-47)，可得状态方程为

$$\frac{\mathrm{d}q}{\mathrm{d}t}=-75q^3-100\Psi^3$$

$$\frac{\mathrm{d}\Psi}{\mathrm{d}t}=50q^3-200\Psi^3$$

电路的输出方程为 $u_{R_2}=-50q^3-200\Psi^3$。

(3) 用常态树的方法建立非线性动态电路的状态方程。在对非线性动态电路选常态树时，应将所有的电容支路和流控型电阻选为树支，而将所有的电感支路和压控型电阻选为连支，并将尽可能多的电压源支路选入树支，而将尽可能多的电流源支路选入连支。一旦选好这种常态树并得出对应的有向图，则可以列写含有电容树支的基本割集的 KCL 方程和含有电感连支的基本回路的 KVL 方程，再依据所选的状态变量，将 $i_C=\dfrac{\mathrm{d}q_C}{\mathrm{d}t}$ 或 $i_C=C\dfrac{\mathrm{d}u_C}{\mathrm{d}t}$ 代入所得出的 KCL 方程，将 $u_L=\frac{\mathrm{d}\Psi_L}{\mathrm{d}t}$ 或 $u_L=L\frac{\mathrm{d}i_L}{\mathrm{d}t}$ 代入所得出的 KVL 方程，并用代入法或消元法等消去 KCL、KVL 方程中的非状态变量，最终得出待求的状态方程。

【例 19-12】 在图 19-33 所示电路中，已知 $R_1=R_2=2\Omega$，$g=0.5\mathrm{S}$，$u_C=f_1(q)$，$i_L=f_2(\Psi)$，$u_3=f_3(i_3)$ 以 q 和 Ψ 为状态变量列出该电路的状态方程。

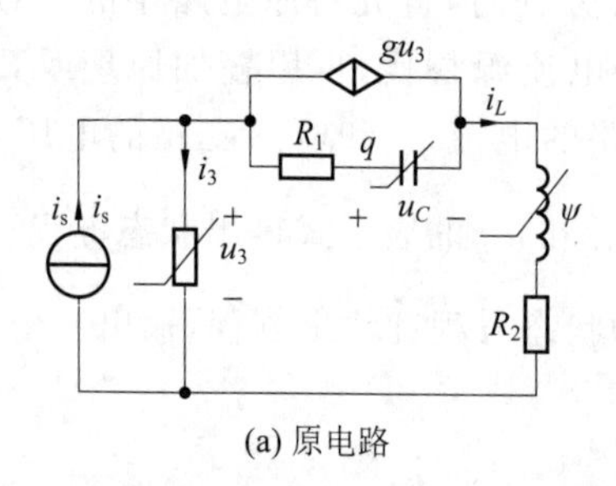

(a) 原电路

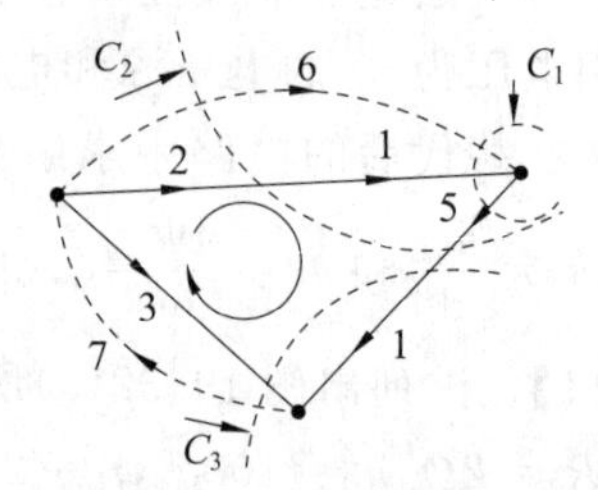

(b) 原电路的图及其基本割集与基本回路

图 19-33　例 19-12 图

解　在图 19-33(b)图中，常态树的树支如图中实线所示。对含电容的基本割集 C_1 有 $i_1=i_5-i_6$，即有

$$\frac{\mathrm{d}q}{\mathrm{d}t}=f_2(\Psi)-gu_3 \tag{19-48}$$

对含电感的基本回路 l_5 有 $u_5=-u_1-u_2+u_3-u_4$，即有

$$\frac{\mathrm{d}\Psi}{\mathrm{d}t}=-f_1(q)-u_2+u_3-R_2f_2(\Psi) \tag{19-49}$$

为解出非状态变量 u_2 和 u_3 列下列方程。对含支路 3 的基本割集 c_3 有

$$i_3=-i_5+i_7=-f_2(\Psi)+i_s$$

所以有

$$u_3=f_3(i_3)=f_3[-f_2(\psi)+i_s] \tag{19-50}$$

再对含 R_1 的基本割集 c_2 列出方程有

$$i_2=i_5-i_6=f_2(\Psi)-gu_3$$

所以有

$$u_2=R_1i_2=R_1f_2(\Psi)-R_1gf_3[-f_2(\Psi)+i_s] \tag{19-51}$$

将式(19-50)和式(19-51)及已知数代入式(19-48)和式(19-49)得状态方程

$$\frac{\mathrm{d}q}{\mathrm{d}t}=f_2(\Psi)-0.5f_3[-f_2(\Psi)+i_s]$$

$$\frac{\mathrm{d}\Psi}{\mathrm{d}t}=-f_1(q)-4f_2(\Psi)+2f_3[-f_2(\Psi)+i_s]$$

19.9　非线性自治电路的分段线性化方法

一般来说，非线性动态电路的解析解是很难得到的，其分析方法通常有图解法(相平面

法等)、数值解法、小信号等效电路法和分段线性化方法等。这里只讨论非线性自治电路的分段线性化方法且仅限于一阶电路。这种分析方法适用于一阶电路中的非线性电阻电路部分的端口伏安特性以及非线性动态元件的特性曲线可以用若干直线段近似表示的情况,显然,分段数目愈多,计算结果越准确,但是计算过程也愈复杂。与非线性电阻电路的分段线性化方法的思路相似,这种分析方法也是将非线性电路的分析转化为线性电路的计算,而由非线性电路得到线性电路是通过所谓"动态路径" 来进行的,即根据非线性元件在电路动态变化过程中的"动态路径"画出线性等效电路. 因此确定非线性元件的"动态路径" 就是用分段线性化方法求解非线性一阶自治电路的关键,而所谓"动态路径"是指电路中的变量在非线性特性曲线上演变的点所移动的"方向"和"路径"。

对于一阶非线性自治电路,若将储能元件以外的部分电路(含源或无源的电阻电路)用N表示,则可以分为三种情况:①N 为有源或无源的非线性电阻电路,储能元件是线性的,如图 19-34(a)、(b)所示;②N 为有源或无源的线性电阻电路,储能元件是非线性的,如图 19-34(c)、(d)所示;③N 为有源或无源的非线性电阻电路,储能元件亦为非线性的。但是,所含电源均为直流电源以构成自治电路。下面仅以图 19-34(a)的情况进行分析。

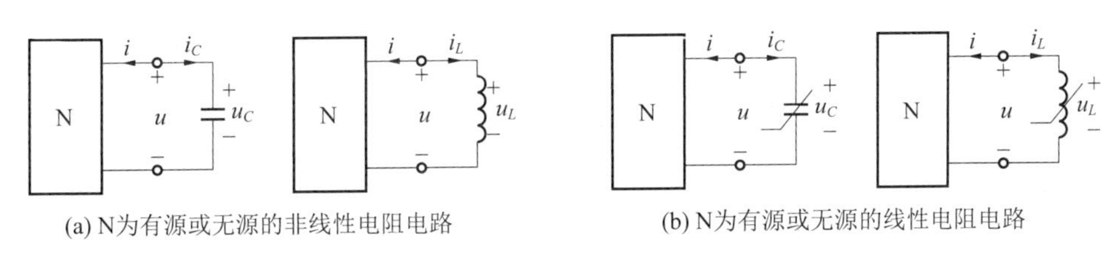

(a) N为有源或无源的非线性电阻电路　　(b) N为有源或无源的线性电阻电路

图 19-34　一阶非线性自治电路的四种类型

在图 19-35(a)所示的一阶非线性自治电路中,电容 C 是线性的,含有非线性电阻的电阻性一端口电路 N 的 DP 图可以用分段线性化曲线即分段折线近似表示,如图 19-35(b)所示。当图 19-35(a)所示电路的过渡过程从某一初始点开始后,其端口电压 $u(t)$ 和电流 $i(t)$ 的变化就对应图 19-35(b)中的一个动态点在 N 的 DP 图上移动,其移动的"方向"和"路径"即是"动态路径"。一旦确定了"动态路径",即可根据动态点在 DP 图所处的位置,由对应的折线段作出等效的线性电路,从而求出电路的暂态响应。这就是说,给定电容的初始状态,就可以用分段线性化方法求出换路后的电容电压等的变化规律。

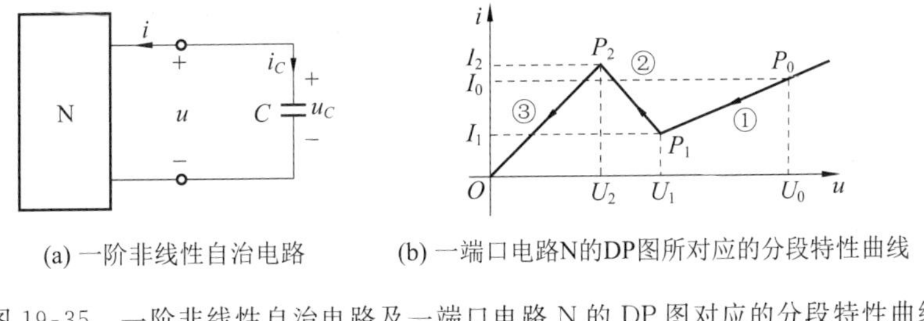

(a) 一阶非线性自治电路　　(b) 一端口电路N的DP图所对应的分段特性曲线

图 19-35　一阶非线性自治电路及一端口电路 N 的 DP 图对应的分段特性曲线

在图 19-35(a)所示的电路中，设电容的初始状态为已知值 $u_C(0^+)=U_0$。由于 $u_C(t)=u(t)$，故有 $u(0^+)=u_C(0^+)=U_0$，所以动态路径的初始点 $P_0(U_0,I_0)$ 位于 DP 图上第一段折线上。由 $i=-i_C$，$u=u_C$ 可知，二端电路 N 的端口电压 u 和电流 i 在任一时刻除了必须位于其 DP 图上，还必须满足

$$\frac{\mathrm{d}u}{\mathrm{d}t}=\frac{\mathrm{d}u_C}{\mathrm{d}t}=\frac{i_C}{C}=-\frac{i}{C} \tag{19-52}$$

因此，满足式(19-52)的 u 和电流 i 在 DP 图移动的方向和路径称为它们的动态路径。下面结合 DP 图和式(19-52)确定动态点所途经的动态路径从而得出对应的一阶电路。

在 P_0 点有 $i>0$，$i_C<0$，，故 $\frac{\mathrm{d}u_C}{\mathrm{d}t}=\frac{\mathrm{d}u}{\mathrm{d}t}<0$，这说明电压 u 在该点的变化趋势是随着时间增长而减小，因此，动态点在 DP 图沿折线段①向左移动，如图 19-35(b)的箭头所示。当动态点移动到点 $P_1(U_1,I_1)$，将进入第二折线段，在此线段内仍有 $i>0$，$i_C<0$，$\frac{\mathrm{d}u_C}{\mathrm{d}t}=\frac{\mathrm{d}u}{\mathrm{d}t}<0$，电压继续减小，动态点将按 DP 图中箭头所示的方向沿折线段；②向左移动，当动态点移动到点 $P_2(U_2,I_2)$，将进入第三折线段，在此线段内仍有 $i>0$，$i_C<0$，$\frac{\mathrm{d}u_C}{\mathrm{d}t}=\frac{\mathrm{d}u}{\mathrm{d}t}<0$，因而电压继续减小，动态点将按 DP 图中箭头所示的方向沿折线段；③向左移动一直到达原点。这时有 $i=0$，$\frac{\mathrm{d}u}{\mathrm{d}t}=0$，电压不再变化，即动态点停止于原点，因此原点又称平衡点 Q，电容处于平衡状态，电路就工作于该点处，从暂态进入了稳态。可见，在给定的初始状态下，如图 19-35(b)所示的电路动态点 $P(u,i)$ 的动态路径为 $P_0(U_0,I_0)\to P_1(U_1,I_1)\to P_2(U_2,I_2)\to O(0,0)$。显然，对于同一 DP 图，不同的初始状态对应不同的动态路径，即动态路径与初始状态有关。

由于 N 的 DP 图上每一折线段对应的电路模型为一戴维南等效电路或诺顿等效电路，故而图 19-35(a)所示的一阶非线性自治电路在每一折线段都转化为一个一阶线性电路，即一阶 RC 电路，应用一阶线性动态电路暂态过程的求解方法可以求出自治电路在各个折线段也即各个时间段内一阶电路的响应，从而得出总响应(解析解)。

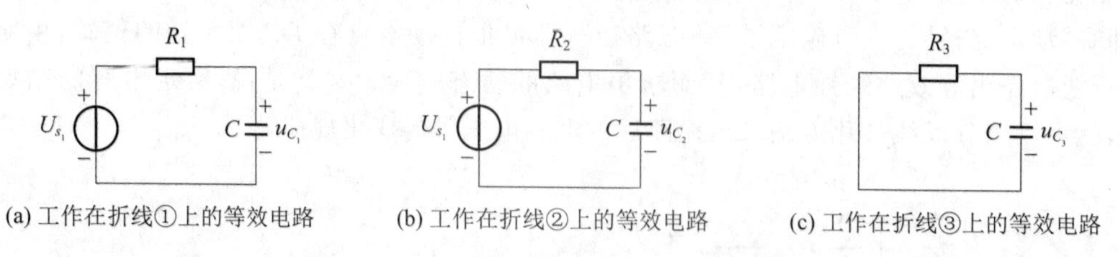

图 19-36　图 19-35(a)所示的一阶非线性自治电路的分段等效电路

设 DP 图中的第一折线段的表示式为 $u=R_1i+U_{s_1}$(R_1、U_{s_1} 均为已知值)由此可以作出工作在第一折线段内的等效电路，如图 19-36(a)所示。直接利用三要素法可得这时的解为

$$u_C(t)=U_{s_1}+(U_0-U_{s_1})\mathrm{e}^{-\frac{t}{R_1C}},\quad 0_+\leqslant t\leqslant t_1 \tag{19-53}$$

式中，t_1 是动态点到达 P_1 点的时刻，亦即离开折线段①进入折线段②的时刻。由于该时刻有 $u_C(t_1)=U_1$，故可由式(19-53)求出

$$t_1 = R_1 C\ln\frac{U_0 - U_{s_1}}{U_1 - U_{s_1}} 0_+ \leqslant t \leqslant t_1$$

设 DP 图中的折线段②的表示式为 $u=R_2 i+U_{s_2}$（R_2、U_{s_2} 均为已知值）由此可以作出工作在折线段②内的等效电路，如图 19-36(b)所示。直接利用三要素法可得这时的解为

$$u_C(t) = U_{s_2} + (U_1 - U_{s_2})\mathrm{e}^{-\frac{t-t_1}{R_2 C}}, \quad t_{1+} \leqslant t \leqslant t_2 \tag{19-54}$$

式中，t_2 是动态点到达 P_2 点的时刻，由于该时刻有 $u_C(t_2)=U_2$，故可由式(19-54)求出

$$t_2 = t_1 + R_2 C\ln\frac{U_1 - U_{s_2}}{U_2 - U_{s_2}}$$

设 DP 图中的折线段③的表示式为 $u=R_3 i$（R_3 为已知值）由此可以作出工作在折线段③内的等效电路，如图 19-36(c)所示。直接利用三要素法可得这时的解为

$$u_C(t) = U_2\mathrm{e}^{-\frac{t-t_2}{R_3 C}}, \quad t \geqslant t_{2+}$$

利用门函数的特性可以将以上三个时间段的电容电压响应函数 $u_C(t)$ 写成一个表示式，也可以作出 $u_C(t)$ 的变化曲线。

对于储能元件为电感的情况，可以从初始条件出发，利用 $u=u_L=L\dfrac{\mathrm{d}i_L}{\mathrm{d}t}$ 并同时结合电路 N 的 DP 图和储能元件的特性来判断 u、i 的增减趋势，从而确定动态路线。对于情况(3)即 N 为有源或无源的非线性电阻电路，储能元件亦为非线性的时，也可按上述方法相似处理，只是需要在两条用折线段表示的特性曲线上确定动态路径，其过程显然要复杂一些。

【例 19-13】 在图 19-37(a)所示的电路中，已知 $U_s=10\text{V}$，$C=1\text{F}$，电容初始电压为零，非线性电阻的伏安特性曲线如图 19-37(b)所示，试求开关 S 在 $t=0$ 时闭合后的电流 $i(t)$。

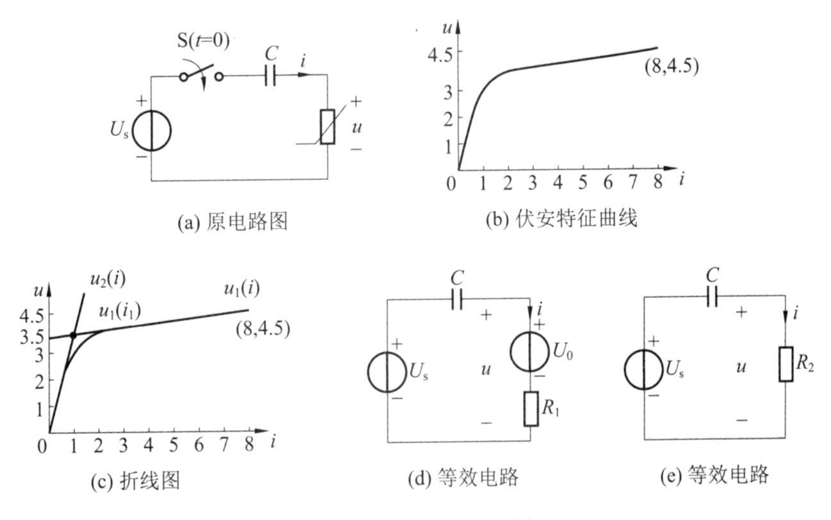

图 19-37 例 19-13 图

解 由图 19-37(b)可见，非线性电阻的伏安特性曲线，可用两段直线逼近，如图 19-37(c)所示。开关 S 闭合后，非线性电阻的电压从 U_s 减少到零，电流也从某一确定值逐渐减少为零。因此，开关 S 闭合后，非线性电阻的特性可用 $u_1(i)$ 直线替代，当电流变为 i_1 后，则可

用$u_2(i)$直线替代。由图19-37(c)可知，曲线$u_1(i)$和曲线$u_2(i)$的直线方程分别为

$$u = 3.5 + \frac{1}{8}i = U_0 + iR_1, \quad u = 4i = R_2 i$$

联立解之可得$i=0.90\text{A}$，即$i_1=0.90\text{A}$。开关S闭合后，计算电路如图19-37(d)所示，利用三要素法可得

$$i(0_-) = \frac{U_s - U_0}{R_1} = \frac{10-3.5}{\frac{1}{8}} = 52(\text{A}), \quad \tau_1 = R_1 C = \frac{1}{8}\text{s}$$

由此可得$i=52\text{e}^{-8t}\text{A}$。当$i=i_1=0.9\text{A}$时，即$52\text{e}^{-8t_1}=0.9$时，可得$t_1=\frac{1}{8}\ln\left(\frac{52}{0.9}\right)=0.507\text{s}$，由此可知，当$t>0.507\text{s}$后，非线性电阻的伏安特征用$u_2(i)$直线替代，其电阻为$4\Omega$，即此时电路参数发生变化，电路再次发生换路，换路后的计算电路如图19-37(e)所示。利用三要素法，可得$i(\infty)=0\text{A}$，$i(0.507_+)=i(0.507_-)=0.9\text{A}$，$\tau=R_2C=4\text{s}$，故

$$i = 0.9\text{e}^{-\frac{1}{4}t}\text{A}, \quad t \geqslant 0.507\text{s}$$

因而有$i=\begin{cases}52\text{e}^{-8t}\text{A}, 0\leqslant t<0.507\text{s},\\ 0.9\text{e}^{-\frac{1}{4}t}\text{A}, t\geqslant 0.507\text{s}。\end{cases}$

习 题

19-1 已知非线性电阻的电流为$\sin(\omega t)\text{A}$，要使该电阻两端电压的角频率为2ω，电阻应该具有什么样的伏安特性。

19-2 某非线性电阻的u-i特性$u=i^3$，如果通过非线性电阻的电流为$i=\cos\omega t\text{A}$，则该电阻端电压中将含有哪些频率分量？

19-3 设有一个非线性电阻的伏安特性为：$u=f(i)=30i+5i^3$（i、u的单位分别为A和V）。试求：

(1) $i_1=1\text{A}$、$i_2=2\text{A}$时所对应的电压u_1、u_2；

(2) $i=2\sin(100t)\text{A}$时所对应的电压u；

(3) 设$u_{12}=f(i_1+i_2)$，试问u_{12}是否等于(u_1+u_2)。

19-4 已知非线性电阻的电压，电流关系为$u=i+2i^3$，求：(1)$i=1\text{A}$处的静态电阻和动态电阻；(2)$i=\sin\omega t\text{A}$时电阻两端电压。

19-5 非线性电感的韦安特性为$\psi=i^2$，当有3A电流通过该电感时，求此时的静态电感和动态电感。

19-6 一个非线性电容的库伏特性为$u=1+2q+3q^2$，如果电容从$q(t_0)=0$充电至$q(t)=1\text{C}$，求此电容储存的能量。

19-7 一个变容二极管，当$u<U_0$($U_0=0.5\text{V}$)时可看作是电容，如题19-7图所示，如其库伏特性为$q=-40\times10^{-12}(0.5-u)^{\frac{1}{2}}$，求$u<0.5\text{V}$时的动态电容$C_d$。

19-8 在题19-8图所示电路中，非线性电阻的伏安特性为

$$u = f(i) = \begin{cases} i^2, & i > 0 \\ 0, & i < 0 \end{cases}$$

试用解析法求出电路的静态工作点，并求出工作点处的动态电阻 R_d。

19-9　如题 19-9 图的电路，若非线性电阻 R 的伏安特性为 $i_R=f(u_R)=u_R^2-3u_R+1$。

(1) 求一端口电路 N 的伏安特性；

(2) 如 $U_s=3V$，求 u 和 i_R。

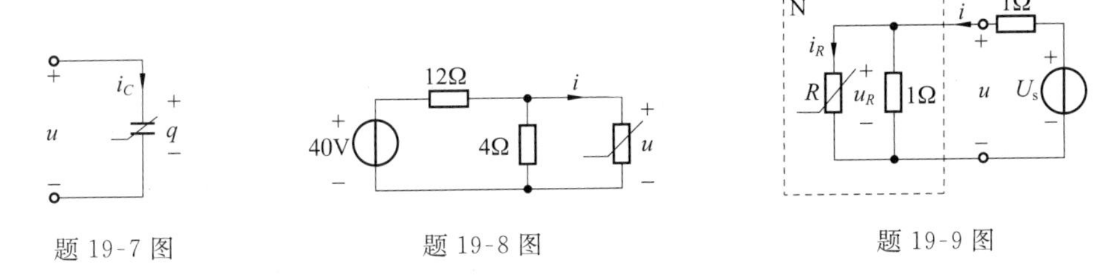

题 19-7 图　　题 19-8 图　　题 19-9 图

19-10　在题 19-10 图所示电路中，非线性电阻 R 的伏安特性为 $U=I^2-5I-3(I>0)$。试求(1)端口 a-b 左侧电路的戴维南等效电路；(2)通过非线性电阻 R 的电流 I。

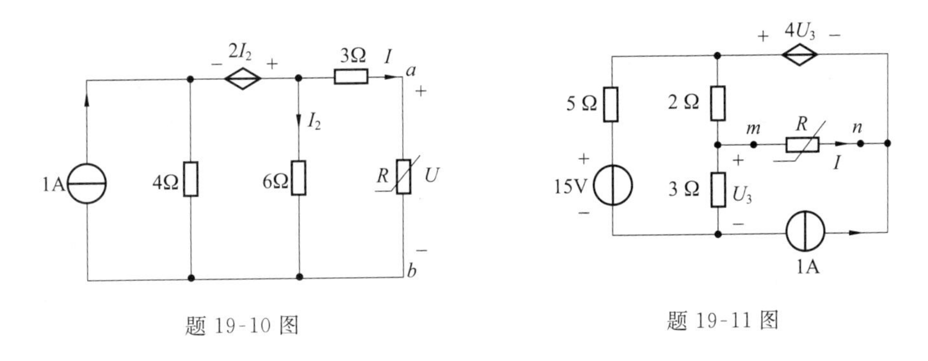

题 19-10 图　　题 19-11 图

19-11　在题 19-11 图所示电路中，非线性电阻的伏安特性为 $U=I^2-9I+6(I>0)$。求(1)除去非线性电阻 R 外，从 m-n 端看进去的戴维南等效电路；(2)通过非线性电阻 R 的电流 I。

19-12　电路如题 19-12 图所示，非线性电阻 R_1 和 R_2 的伏安关系分别为：$i_1=f_1(u_1)$，$i_2=f_2(u_2)$。试列出非线性电路方程。

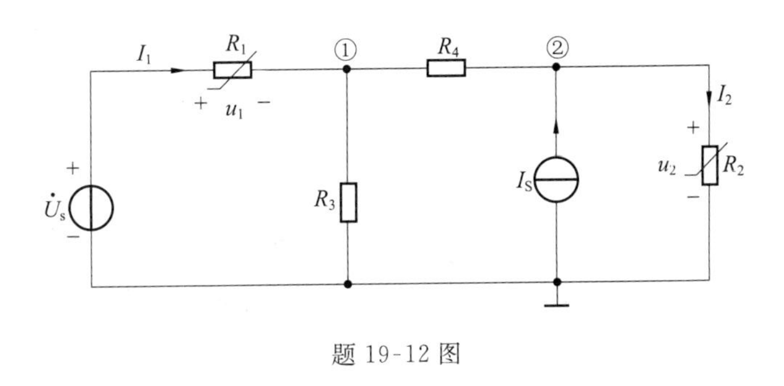

题 19-12 图

19-13　电路如题 19-13 图所示。其中非线性电阻的伏安特性为 $i=u^2-u+1.5$(i、u

的单位分别为 A 和 V)。试求 u 和 i。

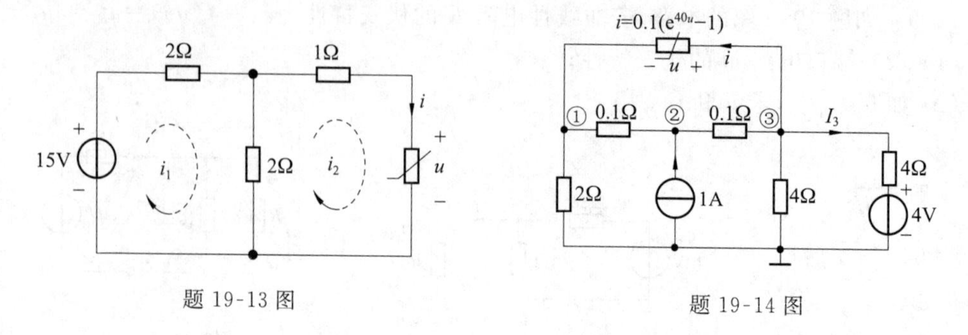

题 19-13 图　　　　题 19-14 图

19-14　试求题 19-14 图所示的电路中各结点电压和通过电压源的电流 I_3,其中非线性电阻元件的伏安特性为 $i=0.1(e^{40u}-1)$,其中 i、u 的单位分别为 A 和 V。

19-15　在题 19-15 图所示电路中,非线性电阻的伏安特性为 $i=\frac{5}{3}u^3$ A。试用图解法求 u。

19-16　如题 19-16 图(a)所示电路中的非线性电阻具有方向性,其特性如题 19-16 图(b)所示,当正向连接(a 与 c 连接,b 与 d 连接)时测得 $i=2$A。求反向连接(a 与 d 连接,b 与 c 连接)时电流 i。

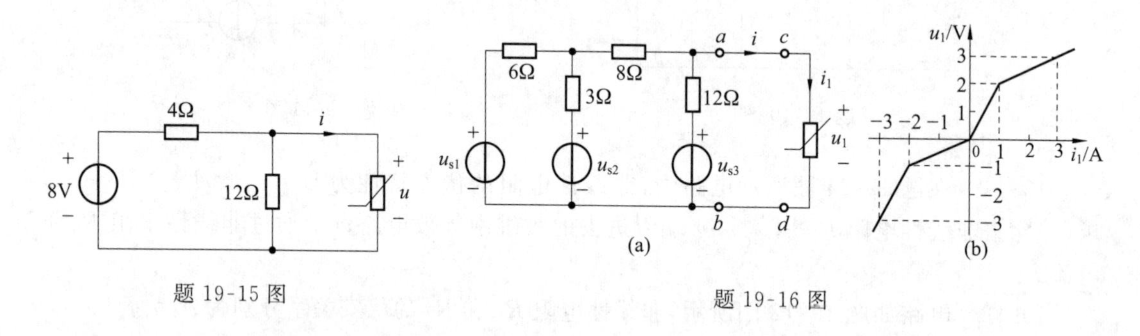

题 19-15 图　　　　题 19-16 图

19-17　非线性电阻的混联电路如题 19-17 图(a)所示,电路中三个非线性电阻的伏安特性分别为题 19-17 图(b)中的 f_1,f_2 和 f_3 曲线,试做出端口的 DP 图。若端口电压为 $u=U_0=5$V,求各非线性电阻的电压和电流。

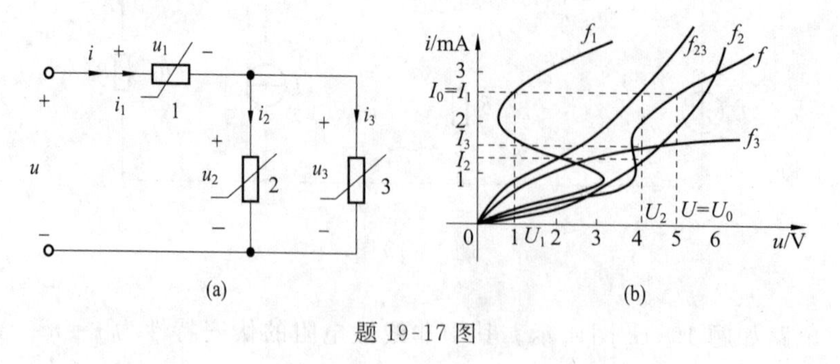

题 19-17 图

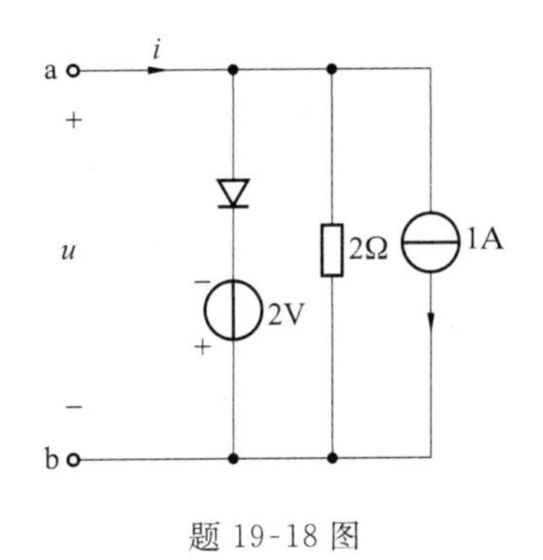

题 19-18 图

19-18　含理想二极管的电路如题 19-18 图所示。试画出 ab 端的伏安特性曲线。

19-19　非线性电阻 R_1 和 R_2 相串联(如题 19-19 图(a)),它们各自的伏安特性分别如题 19-19 图(b)和(c)所示。求端口的伏安特性。

19-20　题 19-20 图(a)中,电阻网络 N 的传输参数矩阵为 $\boldsymbol{A}=\begin{pmatrix}1 & 10\Omega\\0 & 1\end{pmatrix}$,非线性电阻的电压、电流关系如题 19-20 图(b)所示。求电流 I_1。

19-21　试用分段线性化法求解题 19-21 图(a)电路,其中非线性电阻的特性由题 19-21 图(b)曲线表示。

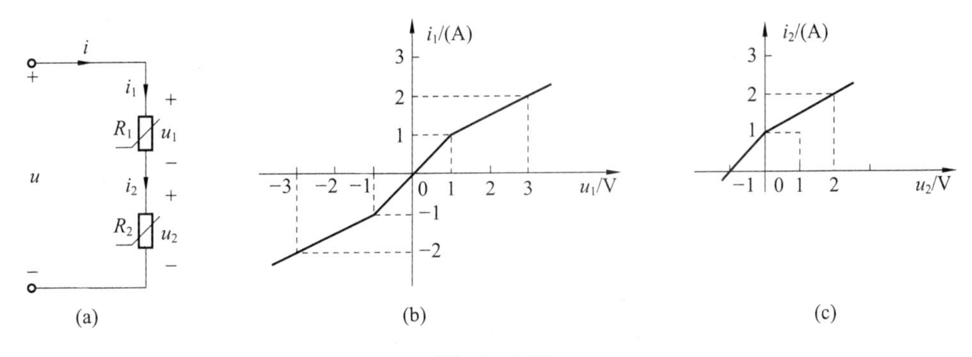

题 19-19 图

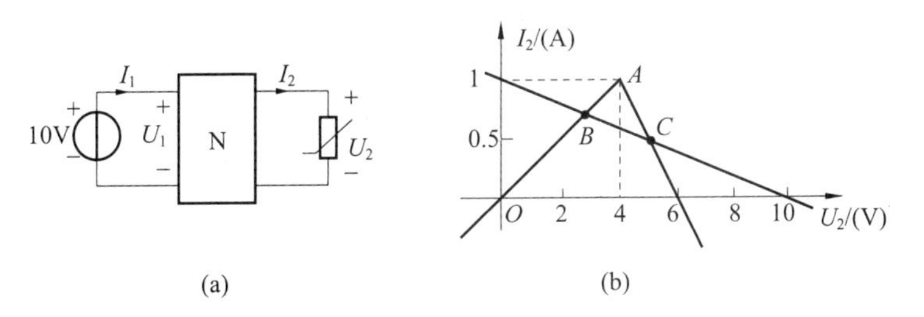

题 19-20 图

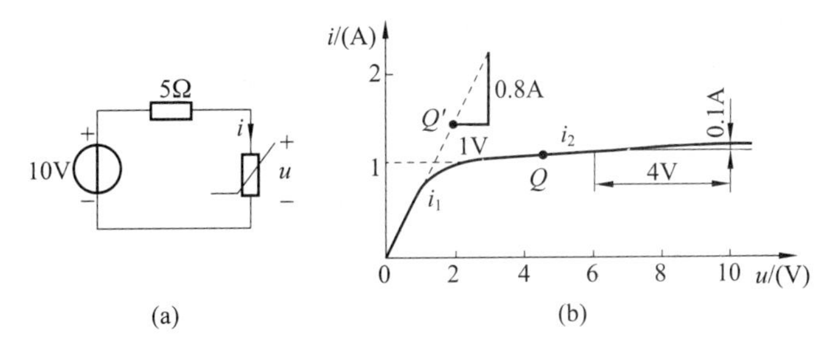

题 19-21 图

19-22　如题 19-22 图(a)的电路中，非线性电阻 R 的伏安特性如题 19-22 图(b)所示。

(1) 求 $u_s=0V$、$2V$、$4V$ 时的 u 和 i。

(2) 如输入信号 u_s 的波形如题 19-22 图(c)所示，求电流 i 和电压 u。

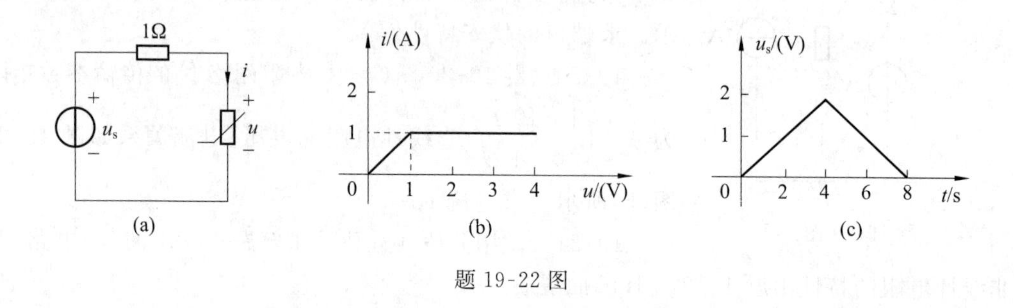

题 19-22 图

19-23　如题 19-23 图(a)的电路中，其中两个非线性电阻的伏安特性如题 19-23 图(b)、(c)所示。求 u_1、i_1 和 u_2、i_2。

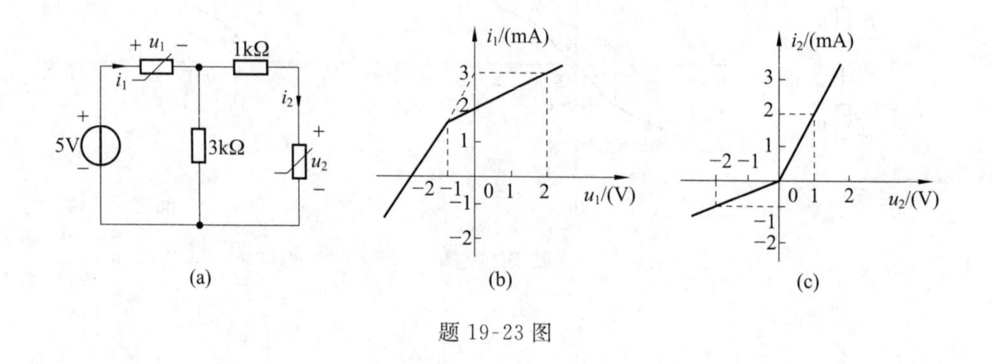

题 19-23 图

19-24　如题 19-24 图(a)的电路中，非线性电阻的伏安特性如题 19-24 图(b)所示。

(1) 如 $u_s(t)=10V$，求直流工作点及工作点处的动态电阻。

(2) 如 $u_s(t)=10+\cos t\,V$，求工作点在特性曲线中负斜率段时的电压 u。

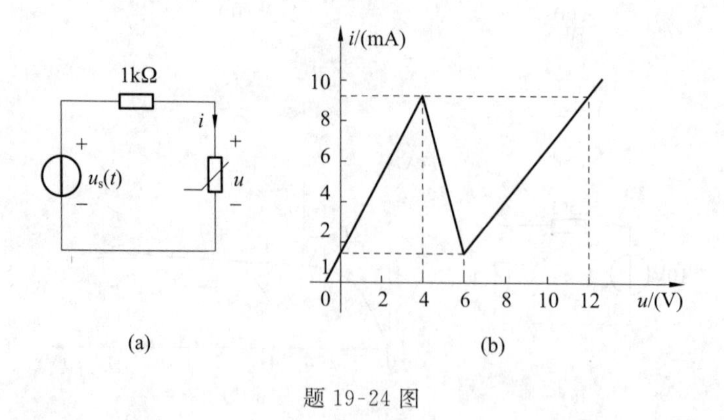

题 19-24 图

19-25　题 19-25 图所示电路中，直流电流源 $I_s=10\text{A}$，$R_s=1/3\Omega$，小信号电流源 $i_s(t)=0.5\sin t\text{A}$，非线性电阻为电压控制型，其伏安特性的解析式为（i、u 的单位分别为 A 和 V）

$$i=g(u)=\begin{cases}u^2, & u>0\\ 0, & u<0\end{cases}$$

试用小信号分析法求 $u(t)$ 和 $i(t)$。

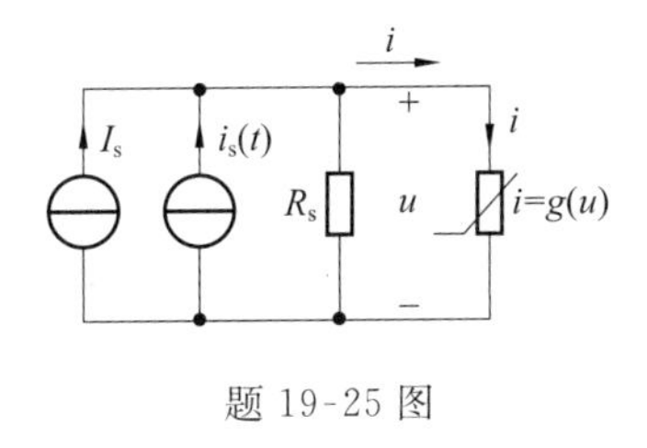

题 19-25 图

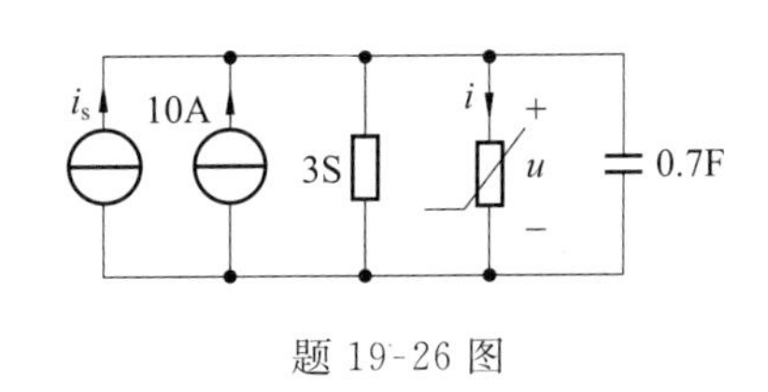

题 19-26 图

19-26　题 19-26 图电路中非线性电阻电压、电流关系为 $i=\begin{cases}u^2, & u>0\\ 0, & u<0\end{cases}$，$i_s=\varepsilon(t)\text{A}$。求电压 u。

19-27　非线性电路如题 19-27 图所示，设 $u=0.5i^2$（$i\geqslant 0$，单位 V，A），$u_s=[9+\sqrt{2}\sin(100t)]\text{V}$。试用小信号分析法求电流 i。

19-28　题 19-28 图所示电路中，已知 $R=1\Omega$，$u_1=i_1^3-i_1^2+i_1$（单位：V，A），$\psi=(10^{-3}/3)i_L{}^3$（单位：Wb，A），$q=(10^{-3}/54)u_C{}^2$（单位：C，V），直流电压源 $U_s=8\text{V}$，非正弦电压源 $u_s=(10+\cos 10^3 t)\text{V}$。用小信号分析法求 $u_C(t)$ 及其有效值。

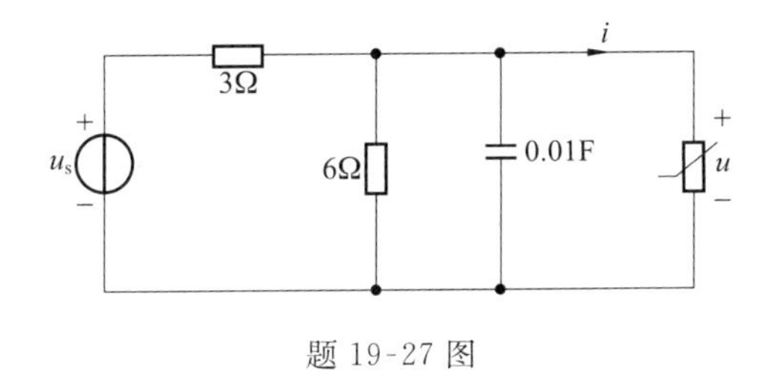

题 19-27 图

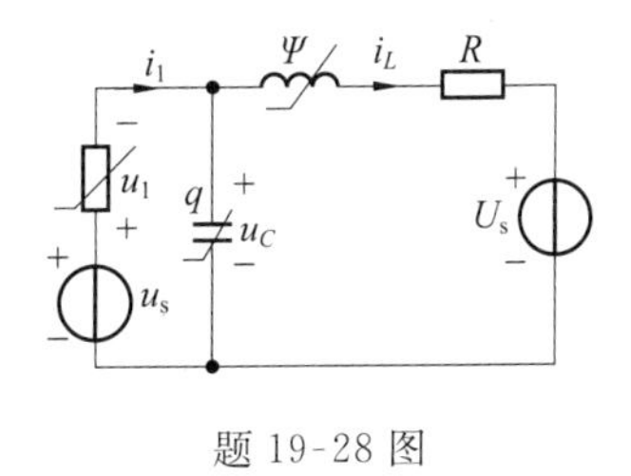

题 19-28 图

19-29　如题 19-29 图所示电路中，设 $i_s=[2+0.1\varepsilon(t)]\text{A}$，$u_R=\begin{cases}i_R^2\text{（单位：V，A）}, & i_R\geqslant 0\\ 0, & i_R<0\end{cases}$，$\psi_L=0.05i_L^2$（单位：Wb、A），$q_C=\dfrac{1}{24}u_C^3$（单位：C、V）。试求电流 i_L。

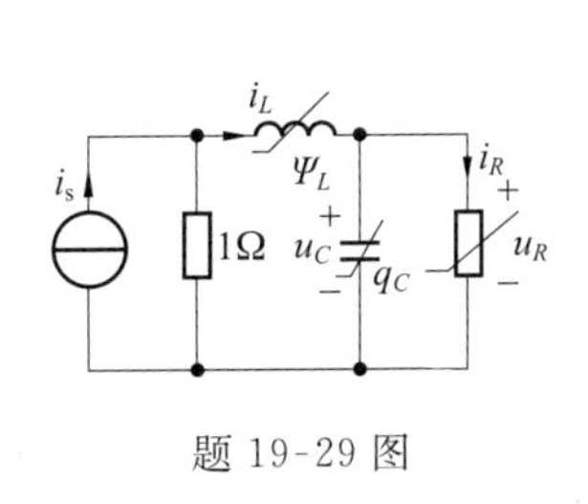

题 19-29 图

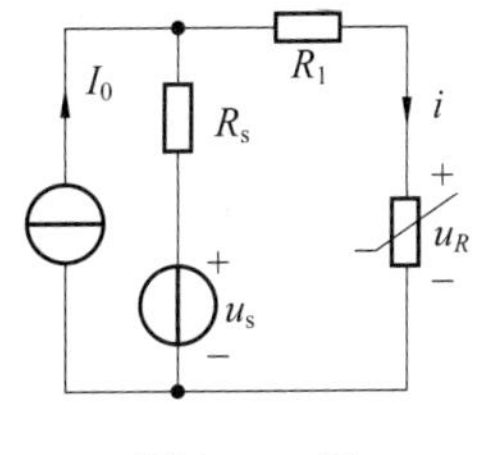

题 19-30 图

19-30　在题 19-30 图所示电路中，已知：$I_0=5\text{A}$，$R_s=4\Omega$，$R_1=6\Omega$，$u_s=0.02\sin100t\text{V}$，$i=0.5u^2(u>0)$，用小信号分析法求电流 i。

19-31　某非线性电阻电路具有题 19-31 图所示的端口伏安特性，试设计该电路。

19-32　含有隧道二极管的非线性电阻电路如题 19-32 图(a)所示，题 19-32 图(b)中实线是隧道二极管的伏安特性曲线。已知 $u_s=6\text{V}$，$R_s=2\Omega$。求 u 和 i。

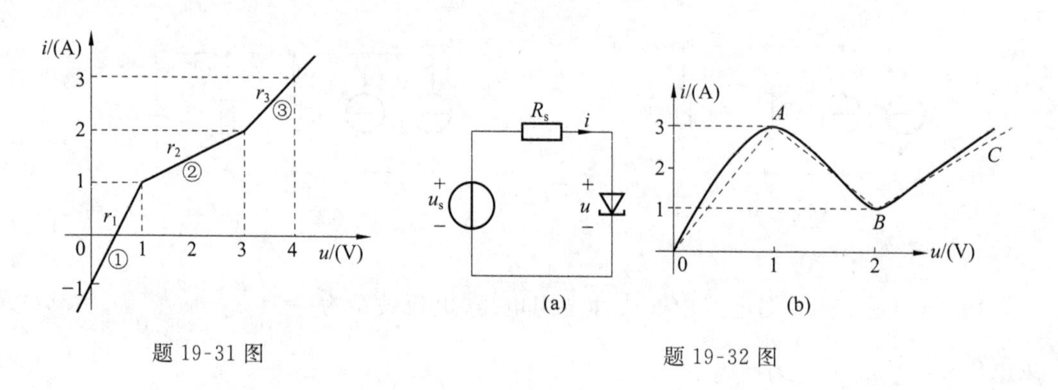

题 19-31 图　　　　题 19-32 图

19-33　含非线性电容的电路如题 19-33 图所示，其中非线性电容的库伏特性为 $u=0.5kq^2$，试以 q 为电路变量写出微分方程。

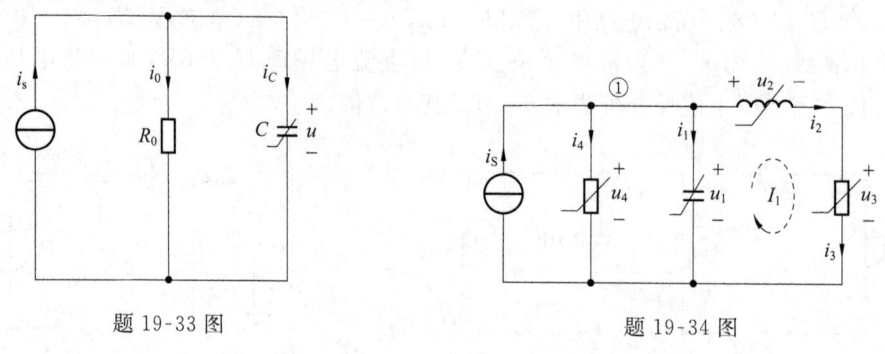

题 19-33 图　　　　题 19-34 图

19-34　题 19-34 图所示电路中，$u_1=f_1(q_1)$，$i_2=f_2(\psi_2)$，$u_3=f_3(i_3)$，$i_4=f_4(u_4)$。试列出状态方程。

19-35　题 19-35 图所示电路中，设 $q_1=\alpha_1u_1+\beta_1u_1^2$，$\psi_2=\alpha_2i_2+\beta_2i_2^2$。试以 u_1 和 i_2 为状态变量列出状态方程。

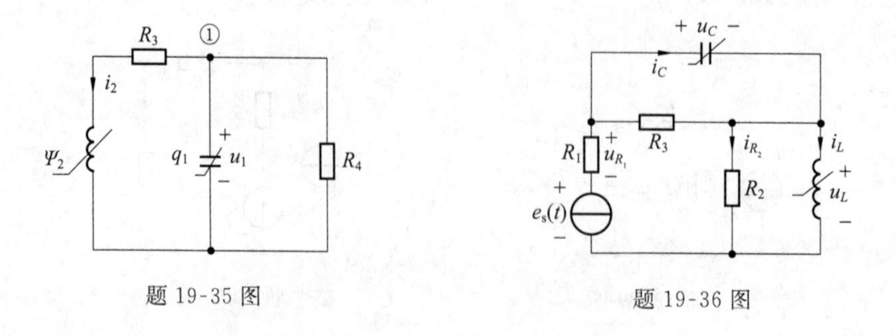

题 19-35 图　　　　题 19-36 图

19-36　电路如题19-36图所示，已知非线性电容的特性方程为 $u_C=f_1(q_C)=q_C^2+q_C^{1/3}$，非线性电感的特性方程为 $i_L=f_2(\psi_L)=2\psi_L^3+\psi_L$，试编写该电路的状态方程及输出方程，设输出量为 u_{R1} 和 i_{R2}。

19-37　在题19-37图所示的电路中，各非线性元件的特性方程为 $i_{L1}=f_{L1}(\psi_{L1})$，$i_{L2}=f_{L2}(\psi_{L2})$，$u_C=f_C(q_C)$，$u_{R1}=f_{R1}(i_{R1})$，$u_{R2}=f_{R2}(i_{R2})$。试建立该电路的状态方程。

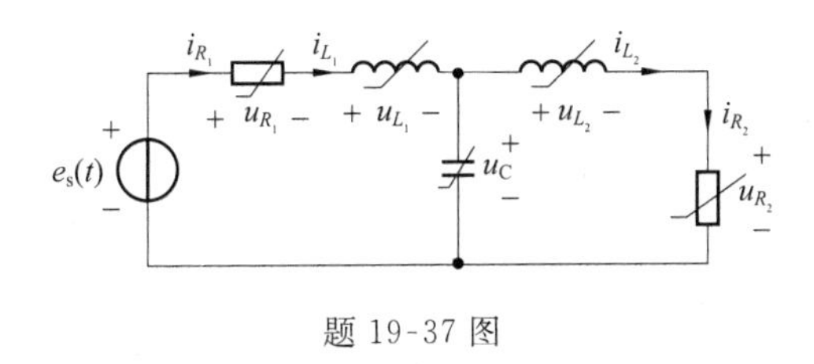

题19-37图

19-38　题19-38图(a)所示电路中，已知 $R=20\Omega$，$C_1=C_2=10\mu F$，$U_S=10V$，非线性电阻的电压、电流关系见题19-38图(b)，$t=0$ 时开关接通。求 $t>0$ 时的零状态响应 $u_1(t)$。

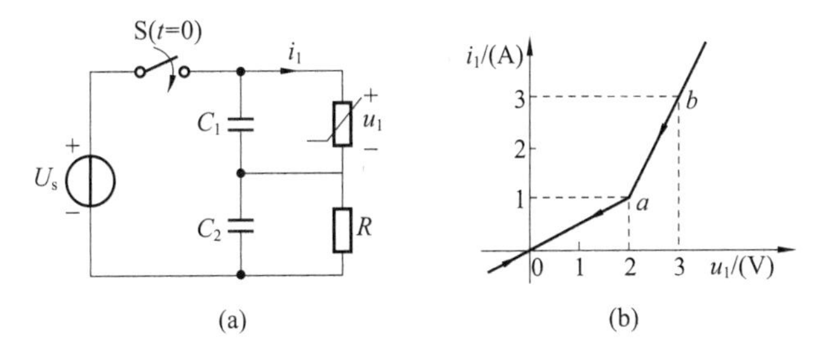

题19-38图

参考文献

[1] 邱关源,罗先觉.电路[M].第6版.北京:高等教育出版社,2022.

[2] 何松柏,吴涛,游飞.电路电子学基础[M].北京:高等教育出版社,2020.

[3] 孙立山,陈希有.电路理论基础[M].第3版.北京:高等教育出版社,2017.

[4] 李瀚荪.简明电路分析基础[M].第5版.北京:高等教育出版社,2017.

[5] 史健芳,李凤莲,陈惠英.电路分析基础[M].第3版.北京:清华大学出版社,2023.

[6] 李天利,侯勇严,汤伟.电路电子学基础[M].北京:清华大学出版社,2022.

[7] [美]Albert Malvino,David Bates.电子电路原理[M].第8版.李冬梅,译.北京:机械工业出版社,2019.

[8] [美]威廉·H.海特,杰克·E.凯默利,史蒂文·M.德宾.Engineering Circuit Analysis[M].周玲玲,蒋乐天,译.北京:电子工业出版社,2012.

[9] [美]Thomas L Floyd ,David M Buchla.Principles of Circuit Analysis[M].第10版.北京:机械工业出版社,2021.

[10] [美]James W Nilsson, Susan A Riedel.Electric Circuits, Tenth Edition[M].北京:电子工业出版社,2015.

[11] [美]Charles K Alexander, Matthew N O Sadiku .Fundamentals of Electric Circuits[M].第6版.北京:机械工业出版社,2018.